中 国 国 家 标 准 汇 编

2014 年修订-6

中国标准出版社　编

中国标准出版社

北　京

图书在版编目(CIP)数据

中国国家标准汇编:2014年修订.6/中国标准出版社编.—北京:中国标准出版社,2015.12
ISBN 978-7-5066-7941-1

Ⅰ.①中…　Ⅱ.①中…　Ⅲ.①国家标准-汇编-中国-2014　Ⅳ.①T-652.1

中国版本图书馆CIP数据核字(2015)第179695号

中国标准出版社出版发行
北京市朝阳区和平里西街甲2号(100029)
北京市西城区三里河北街16号(100045)

网址 www.spc.net.cn
总编室:(010)68533533　发行中心:(010)51780238
读者服务部:(010)68523946

中国标准出版社秦皇岛印刷厂印刷
各地新华书店经销

*

开本 880×1230 1/16　印张 37.5　字数 1 154 千字
2015年12月第一版　2015年12月第一次印刷

*

定价 220.00 元

出 版 说 明

1.《中国国家标准汇编》是一部大型综合性国家标准全集。自1983年起，按国家标准顺序号以精装本、平装本两种装帧形式陆续分册汇编出版。它在一定程度上反映了我国建国以来标准化事业发展的基本情况和主要成就，是各级标准化管理机构，工矿企事业单位，农林牧副渔系统，科研、设计、教学等部门必不可少的工具书。

2.《中国国家标准汇编》收入我国每年正式发布的全部国家标准，分为"制定"卷和"修订"卷两种编辑版本。

"制定"卷收入上一年度我国发布的、新制定的国家标准，顺延前年度标准编号分成若干分册，封面和书脊上注明"20××年制定"字样及分册号，分册号一直连续。各分册中的标准是按照标准编号顺序连续排列的，如有标准顺序号缺号的，除特殊情况注明外，暂为空号。

"修订"卷收入上一年度我国发布的、被修订的国家标准，视篇幅分设若干分册，但与"制定"卷分册号无关联，仅在封面和书脊上注明"20××年修订-1，-2，-3，……"字样。"修订"卷各分册中的标准，仍按标准编号顺序排列(但不连续)；如有遗漏的，均在当年最后一分册中补齐。需提请读者注意的是，个别非顺延前年度标准编号的新制定的国家标准没有收入在"制定"卷中，而是收入在"修订"卷中。

读者配套购买《中国国家标准汇编》"制定"卷和"修订"卷则可收齐由我社出版的上一年度我国制定和修订的全部国家标准。

3. 由于读者需求的变化，自1996年起，《中国国家标准汇编》仅出版精装本。

4. 2014年我国制修订国家标准共1 611项。本分册为"2014年修订-6"，收入新制修订的国家标准39项。

中国标准出版社

2015年8月

目　　录

ICS 19.020
A 21

中华人民共和国国家标准

GB/T 4797.3—2014
代替 GB/T 4797.3—1986

电工电子产品自然环境条件　生物

Environmental conditions appearing in nature for electric and electronic products—Living organisms

2014-06-24 发布　　　　2015-01-22 实施

中华人民共和国国家质量监督检验检疫总局
中国国家标准化管理委员会　发布

前　言

GB/T 4797 目前包括以下 8 个部分：

——GB/T 4797.1　电工电子产品自然环境条件　温度和湿度；
——GB/T 4797.2　电工电子产品自然环境条件　第 2 部分：海拔与气压、水深与水压；
——GB/T 4797.3　电工电子产品自然环境条件　生物；
——GB/T 4797.4　电工电子产品自然环境条件　太阳辐射与温度；
——GB/T 4797.5　电工电子产品环境条件分类　自然环境条件　降水和风；
——GB/T 4797.6　电工电子产品自然环境条件　尘、沙、盐雾；
——GB/T 4797.7　电工电子产品环境条件分类　自然环境条件　地震振动和冲击；
——GB/T 4797.8　电工电子产品环境条件分类　自然环境条件　火灾暴露。

本部分为 GB/T 4797 的第 3 部分。

本部分按照 GB/T 1.1—2009 给出的规则起草。

本部分代替 GB/T 4797.3—1986《电工电子产品自然环境条件　生物》。本部分与 GB/T 4797.3—1986 相比主要变化如下：

——根据 IEC 60721-2-7：1987《环境条件分类　第 2 部分：自然环境条件　动物群与植物群》，对第 1 章范围进行了补充和修改；
——根据 GB/T 1.1—2009，增加第 2 章；
——将 IEC 60721-2-7：1987 的内容补充到标准中，即第 3、4 章的内容；
——将“2.3 动物”的内容分开，修改为“5.3 鸟类”和“5.4 鼠类”。

本部分由全国电工电子产品环境条件与环境试验标准化技术委员会(SAC/TC 8)提出并归口。

本部分起草单位：中国电器科学研究院有限公司、宁波捷胜海洋开发有限公司。

本部分主要起草人：黄开云、柯赐龙。

本部分所代替标准的历次版本发布情况为：

——GB/T 4797.3—1986。

电工电子产品自然环境条件　生物

1　范围

GB/T 4797 的本部分规定了在自然环境条件下危害电工电子产品的生物环境条件,并据此作了区域划分。

本部分描述了产品在贮存、运输与使用过程中可能受到的生物影响。

本部分目的是为产品应用选择合适的严酷程度提供背景信息。

当为产品应用选择合适的严酷程度时,应考虑 GB/T 4796 的分类。

本部分涉及的有危害生物主要指霉菌、昆虫、鸟类、鼠类。

2　规范性引用文件

下列文件对于本文件的应用是必不可少的。凡是注日期的引用文件,仅注日期的版本适用于本文件。凡是不注日期的引用文件,其最新版本(包括所有的修改单)适用于本文件。

GB/T 4796　电工电子产品环境条件分类　第 1 部分:环境参数及其严酷程度(GB/T 4796—2008,IEC 60721-1:2002,IDT)

3　生物对电工电子产品的主要影响

3.1　机械力的破坏

3.1.1　在生物的物理作用侵袭下,产品破坏的原因有:

a)　动物群,尤其是啮齿动物与昆虫,可能以如下的方式破坏产品材料:

——以产品材料为食粮;

——咬、啃产品材料;

——蛀坏产品材料;

——咀嚼产品材料;

——往产品材料中打洞。

注:需要特别重视白蚁以此方式对产品材料严重破坏。

木材、纸、皮革、纤维、塑料材料(包括人造橡胶)甚至某些金属(锡与铅),都是易于遭受侵袭的材料。

产品材料遭受各种动物的另外一种侵袭方式如下:

——敲击或撞击;

——刺穿。

b)　植物群,尤其是霉菌及植物分支的生长,可能以如下的方式破坏产品材料:

——生长过度;

——刺穿;

——撞击。

3.1.2　在生物的物理作用侵袭下,产品破坏的种类有:

——产品材料、部件、单元及装置的物理破坏;

——机械变形或压缩;

——机械故障，例如运行中部件；
——表面劣化；
——由以上机械破坏引起的电故障。

3.2 沉积物引起的劣化

3.2.1 产品的功能会受到来源于动物群和植物群的沉积物的影响。这些表面的沉积通过化学作用与机械作用影响产品。

3.2.2 在沉积物作用下，产品破坏的原因有：

a) 动物，尤其是昆虫、啮齿类、鸟类等引起的沉积物，可能由以下成分组成：
——动物自身；
——巢或者窝；
——饲养原料；
——代谢产物，例如排泄物、酶。

b) 各种植物的沉积物可能由以下成分组成：
——植物的分支部分(叶、花、种子、果实等)；
——霉菌或细菌及其代谢产物的生长层。

3.2.3 在沉积物作用下，产品破坏的种类有：
——材料的劣化、腐蚀等；
——运行中的部件的机械故障；
——由以下原因引起的电故障：
- 绝缘体导电性能的增加；
- 绝缘失效；
- 接触电阻的增大；

——由于潮湿或化学物质引起的电解作用与老化作用；
——湿气的吸收与吸附；
——热耗散劣化。

注：以下列举引起这些破坏效果的两个例子：
- 电路的中断；
- 光学表面模糊(包括玻璃)。

4 动物群与植物群的出现

少数情况除外，动物群与植物群会出现在产品贮存、运输或使用的各种场所。

动物群可能会在户外及建筑物内产生破坏，而植物群则主要在户外条件中产生破坏。霉菌和细菌可能会在户外及建筑物内出现。

可能对产品产生破坏的动物群与植物群的出现频率，取决于温度与湿度条件。在暖湿气候的地理位置，动物群与植物群，尤其是昆虫和霉菌、细菌等微生物，有良好的生存生长环境。然而，建筑物内湿润或潮湿，或者产生湿气的房间，也是啮齿动物、昆虫和微生物生存生长的适合场所。

例如，霉菌的生长温度范围为 0 ℃～40 ℃，而对绝大多数生物来说，最佳生长温度范围是 22 ℃～28 ℃。

如果产品表面有有机物质涂层(例如油脂、油、灰尘)或者有源于动物和植物的沉积物，这些表面将是霉菌与细菌生长的理想环境。

注：动物群与植物群按 IEC 60721-2-7:1987 改写。

5 有危害的生物种类与分布

5.1 霉菌

5.1.1 环境条件

霉菌在温度 18 ℃～37 ℃，相对湿度 60％以上的环境条件下，对电工电子产品可造成危害。

5.1.2 危害的主要菌种

危害的主要菌种包括：

——安氏曲霉；
——黑曲霉；
——黄曲霉；
——米曲霉；
——杂色曲霉；
——萨氏曲霉；
——焦曲霉；
——土曲霉；
——赭色青霉；
——常现青霉；
——桔青霉；
——产黄青霉；
——顶青霉；
——圆弧青霉；
——绳状青霉；
——短密青霉；
——宛氏拟青霉；
——出芽茁霉；
——蜡叶枝孢霉；
——绿色木霉；
——互隔交链孢霉；
——球毛壳霉；
——黑根霉。

5.1.3 危害地区或城市

地区：山东、江苏、浙江、安徽、湖北、四川、云南、贵州、湖南、江西、广东、海南、广西、福建、香港、澳门及台湾等。

城市：北京、天津、上海、重庆、哈尔滨、长春、沈阳、石家庄、郑州、西安、兰州等。

5.2 昆虫

5.2.1 概述

本部分涉及的有害昆虫，在其生命活动的过程中，会蛀蚀电工电子产品，导致产品的损坏。

5.2.2 有害的主要昆虫

白蚁、蚂蚁、蜚蠊、木蜂、蠹虫、天牛幼虫、金龟子幼虫、衣蛾。

5.2.3 危害地区

广东、海南、广西、福建、云南、四川、重庆、贵州、湖南、湖北、浙江、上海、江苏、山东、香港、澳门及台湾等。

5.3 鸟类

5.3.1 概述

本部分涉及的有害鸟类，在其生命活动的过程中，会对电工电子产品造成破坏。

5.3.2 有害的主要鸟类

乌鸦、喜鹊、麻雀。

5.3.3 有害鸟类危害地区

湖南、江西、河南、黑龙江等。

5.4 鼠类

5.4.1 概述

本部分涉及的有害鼠类，在其生命活动的过程中，会对电工电子产品造成破坏。

5.4.2 有害的主要鼠类

有害的主要鼠类包括：

——黑线姬鼠；

——板齿鼠；

——草原黄鼠；

——黑线仓鼠；

——长爪沙鼠；

——布氏田鼠；

——小家鼠；

——中华鼢鼠；

——高原鼠兔；

——黄胸鼠；

——黄毛鼠；

——褐家鼠；

——中华竹鼠。

5.4.3 有害鼠类危害地区

遍及全国各地。

6 生物环境条件的划分原则

6.1 根据大气温度、湿度条件进行区域性划分。

6.2 根据生物对电工电子产品的危害程度进行区域性划分。

6.3 根据地面环境条件与有害生物的分布进行区域性划分。

7 生物环境条件区域的划分

按照第 6 章的划分原则将全国划分成四个区域(见图 1)。

图 1 生物环境条件区域图

7.1 B_1 区

7.1.1 范围

北起额尔古纳河、海拉尔、锡林浩特、呼和浩特、榆林、吴忠、兰州、西宁、昌都、林芝、雅鲁藏布江的以北地区(见图 1)。

7.1.2 环境条件

7.1.2.1 本区气候条件复杂，虽为南温带、中温带或高原气候区，但多数为干旱地区。

7.1.2.2 本区仅有鼠类危害。

7.2 B_2 区

7.2.1 范围

东起富锦、哈尔滨、长春、沈阳、辽阳、秦皇岛、北京、石家庄、郑州、西安、宝鸡、天水、武都、马尔康、康定、德钦以西 B_1 区以南的地区（见图 1）。

7.2.2 环境条件

7.2.2.1 全年月平均相对湿度大于或等于 70%，同时月平均温度大于或等于 18 ℃的月份达 1～2 个月。

7.2.2.2 年平均相对湿度大于 60%，年平均温度约为 0 ℃～5 ℃。

7.2.2.3 本区生存在霉菌、鼠类与鸟类的危害。

7.3 B_3 区

7.3.1 范围

东起连云港、靖江、南京、六安、武汉、宜昌、万县、南充、绵阳、雅安、南昌、渡口、腾冲以北，B_2 区以南的地区（见图 1）。

7.3.2 环境条件

7.3.2.1 全年月平均相对湿度大于或等于 70%，同时月平均温度大于或等于 18 ℃的月份达 3～4 个月。

7.3.2.2 年平均相对湿度大于 60%，年平均温度 10 ℃～15 ℃。

7.3.2.3 本区生物活动较为频繁，存在霉菌、鼠类、蚁类、鸟类等主要生物的危害。

7.4 B_4 区

7.4.1 范围

B_3 区以南地区（见图 1）。

7.4.2 环境条件

7.4.2.1 全年月平均相对湿度大于或等于 70%，同时月平均温度大于或等于 18 ℃的月份可持续 5 个月以上。

7.4.2.2 全年相对湿度在 70%以上的月份达 10 个月。

7.4.2.3 每年梅雨季节达 2～3 个月。

7.4.2.4 本区生物活动频繁，存在各种生物的危害。

参 考 文 献

[1] IEC 60721-2-7:1987 环境条件分类 第2部分:自然环境条件 动物群与植物群

ICS 83.180
G 38

中华人民共和国国家标准

GB/T 4851—2014
代替 GB/T 4851—1998

胶粘带持粘性的试验方法

Measurement of static shear adhesion for adhesive types

（ISO 29863：2007，Self adhesive tapes—Measurement of static shear adhesion，MOD）

2014-07-08 发布　　　　2014-12-01 实施

中华人民共和国国家质量监督检验检疫总局
中国国家标准化管理委员会　发布

前　言

本标准按照 GB/T 1.1—2009 给出的规则起草。

本标准代替 GB/T 4851—1998《压敏胶粘带持粘性试验方法》，本标准与 GB/T 4851—1998 相比，主要技术差异如下：

——修改了标准名称，将标准的名称修改为《胶粘带持粘性的试验方法》

——删除了引用标准 JB/T 7499—1994《耐水砂纸》(见 1998 版的第 2 章)；

——增加了“表面平均粗糙度”术语(见 3.2)；

——修改了清洗剂的种类(见 5.2.2，1998 版的 4.4.1)；

——增加了试样的裁取方法(见 5.3.1)；

——修改了标准试验钢板的要求(见 5.3.2，1998 版的 4.2)；

——修改了压辊的尺寸和质量(见 5.3.3.1，1998 版的 4.3.1 和 4.3.3)；

——修改了试验架的要求(见 5.3.4.1，1998 版的 4.1)；

——修改了试验室的标准试验条件(见 5.4.1，1998 版的 6.1)；

——修改了试样的标准尺寸(见 5.4.2，1998 版的第 5 章)；

——修改了钢板的清洗方法(见 5.5.2，1998 版的 7.1)；

——修改了滚压粘贴次数(见 5.5.3.1，1998 版的 7.2)；

——修改了试样的制样时间和试验前的滞留时间(见 5.5.3.1，1998 版的 7.4)；

——修改了试验结果的处理(见 5.6，1998 版的第 8 章)；

——增加了纤维增强胶粘带与水平标准钢板持粘性试验方法(见第 8 章)；

——增加了纤维增强胶粘带与覆有 NIST SRM1810A 标准纤维板的水平试验板持粘性试验方法(见第 9 章)；

——增加了纤维增强胶粘带与覆有买卖双方指定纤维板的水平试验板持粘性试验方法(见第 10 章)；

——增加了胶粘带与垂直钢板在高温中放置 10 min 后的持粘性试验方法(见第 11 章)。

本标准使用重新起草法修改采用 ISO 29863：2007《自粘胶带　静态剪切附着力的测量》。

考虑到我国国情，在采用 ISO 29863：2007 时，本标准在结构上作了一些修改，在附录 A 中列出了本标准与 ISO 29863：2007 的章条编号对照一览表。

本标准与 ISO 29863：2007 相比，存在技术性差异，这些差异涉及的条款已通过在其外侧页边空白位置的垂直单线(|)进行了标示，附录 B 中给出了技术性差异及其原因的一览表。

为了便于使用，本标准还对 ISO 29863：2007 作了下列编辑性修改：

a)　“本国际标准”一词改为“本标准”；

b)　增加了失效时间的注解(见 5.1 注)。

本标准由中国石油和化学工业联合会提出

本标准由全国胶粘剂标准化技术委员会(SAT/TC 185)归口

本标准起草单位：上海橡胶制品研究所、开平市齐裕胶粘制品科技有限公司、联冠(中山)胶粘制品有限公司、永大(中山)有限公司、广州宏昌胶粘带厂、无锡市万力粘合材料有限公司、宁波综研化学有限公司、上海晶华粘胶制品发展有限公司。

本标准起草人：张建庆、熊海琨、王灿、陈维斌、徐建、罗吉尔、陈华昌、程新、杨春强、殷煜晟。

本标准所代替标准的历次版本发布情况为：

——GB/T 4851—1984、GB/T 4851—1998。

胶粘带持粘性的试验方法

1 范围

本标准规定了胶粘带与基材在平行恒荷载情况下保持粘接能力的一系列试验方法。

本标准适用于胶粘带持粘性的试验方法。

2 规范性引用文件

下列文件对于本文件的应用是必不可少的。凡是注日期的引用文件，仅注日期的版本适用于本文件。凡是不注日期的引用文件，其最新版本(包括所有的修改单)适用于本文件。

GB/T 2523—2008 冷轧金属薄板(带)表面粗糙度和峰值数测量方法

GB/T 3280—2007 不锈钢冷轧钢板和钢带

GB/T 22396 压敏胶粘制品术语

3 术语与定义

GB/T 22396 界定的以及下列术语和定义适用于本文件。

3.1

持粘性 static shear adhesion

压敏胶粘带抵抗平行剪切外力所引起的粘接表面破坏的能力。

3.2

表面平均粗糙度 roughness average

表面粗糙度轮廓的算术平均偏差。即在取样长度内表面粗糙度轮廓偏距绝对值的算术平均值。

3.3

样件 test assembly

将被测试胶粘带粘贴在试验板后形成的组合件。

4 分类

4.1 本标准方法按胶粘带粘接的不同对象、温度条件可分为以下几种：

——方法 A：胶粘带与垂直标准钢板持粘性的试验方法；

——方法 B：胶粘带与覆有 NIST SRM1810A 标准纤维板的垂直试验板持粘性的试验方法；

——方法 C：胶粘带与覆有买卖双方指定的纤维板的垂直试验板持粘性的试验方法；

——方法 D：纤维增强胶粘带与水平标准钢板持粘性的试验方法；

——方法 E：纤维增强胶粘带与覆有 NIST SRM1810A 标准纤维板的水平试验板持粘性的试验方法；

——方法 F：纤维增强胶粘带与覆有买卖双方指定纤维板的水平试验板持粘性的试验方法；

——方法 G：胶粘带与垂直钢板在高温中放置 10 min 后的持粘性的试验方法。

4.2 胶粘带持粘性试验方法选用说明见表 1。

表 1　胶粘带持粘性试验方法使用说明

方法	使用对象	方式	结果表征	参考范围	样品尺寸	砝码质量
A	胶粘带对标准试验钢板	垂直	时间(对数还原)	＜4 h	(12±0.5)mm×150 mm	(1 000±5)g
B	胶粘带对用标准的纤维板覆盖的钢板	垂直	(时间(对数还原)	＜4 h	(12±0.5)mm×150 mm	(1 000±5)g
C	胶粘带对用供需双方认可的纤维板覆盖的钢板	垂直	时间(对数还原)	＜4 h	(12±0.5)mm×150 mm	(1 000±5)g
D	纤维增强胶粘带对标准实验钢板	水平	位移(算术平均)	≥4 h	(12±0.5)mm×300 mm	(4 500±200)g
E	纤维增强胶粘带对用标准的纤维板覆盖的钢板	水平	位移(算术平均)	≥4 h	(12±0.5)mm×300 mm	(4 500±200)g
F	纤维增强胶粘带对用供需双方认可的纤维板覆盖的钢板	水平	位移(算术平均)	≥4 h	(12±0.5)mm×300 mm	(4 500±200)g
G	同方法 A，但样件需在设定测试温度放置 10 min 然后在同一测试温度下进行测试	垂直	时间(对数还原)		(12±0.5)mm×150 mm	(1 000±5)g

5　方法 A:胶粘带与垂直标准钢板的持粘性试验方法

5.1　原理

本标准中的方法 A 是在恒定荷载以及温度为(23±1)℃、相对湿度为(50±5)%条件下，通过胶粘带的失效时间来测量胶粘带对标准钢板的持粘性。

对标准钢板的持粘性:将一条胶粘带在受控滚压速率下粘贴到一块标准钢板上。该钢板垂直安装，在胶粘带的自由端悬挂一个标准质量的砝码，测定粘合失效的时间。

注：此方法用于在恒定荷载条件下，失效时间在 4 h 以内的持粘性测定。

5.2　材料

5.2.1　吸收性清洁材料:医用纱布、棉线和棉纸等。为方便使用，要求材料在使用过程中不掉绒、易吸收，不含有可溶于 5.2.2 中所述溶剂的添加剂，且完全由原生材料制成。

5.2.2　清洗剂:下列溶剂中的一种或多种：

——双丙酮醇(4-羟基-4-甲基-2-戊酮)，无残留级；

——甲醇；

——甲基乙基酮；

——丙酮；

——正庚烷；

——异丙醇；

——正庚烷和某种氟化烃(例如:制冷剂)的混合物(在有毒性或可燃性限制条件时适用)。

溶剂为普通化学试剂级，用合适的分装容器贮存。

5.3 仪器

5.3.1 试样裁刀

试样裁刀将两个单刃刀片固定在平行的平面内，两个刀片分开，保持一个精确的距离，形成一个具有准确试样宽度的切刀；适合的两个切刀保证切割宽度为 12 mm 和 24 mm，或者使用不会使边缘产生损害的合适的其他刀具。刀片之间距离的精确度为标称宽度±0.1 mm。

5.3.2 不锈钢板

不锈钢板非常平整，至少长 125 mm、宽 50 mm、厚 1.1 mm，不锈钢（以下简称钢板）种类符合 GB/T 3280—2007 规定的 06Cr19Ni10 材质，退火抛光，钢板表面光亮，表面粗糙度（GB/T 2523—2008）为(50±25)nm。

不使用有污点、变色或划痕较多的钢板。在使用之前，按照 5.5.2 中的说明，将新钢板清洁。在使用中，保护钢板试验表面不被划伤和污染，并按 5.4.1 中描述的条件保存。

5.3.3 机动或手动压辊

5.3.3.1 圆柱体的钢质压辊（简称压辊）的直径为(85±2.5)mm，宽(45±1.5)mm，表面包覆有约 6 mm 厚的橡胶，硬度为(80±5)邵氏 A。表面圆整、无凸凹偏差。压辊的质量为(2 000±100)g。

5.3.3.2 在使用过程中，任何仪器部分都不应增加压辊的重量。压辊以(10±0.5)mm/s 的速率通过机动或手动方式滚动。

5.3.4 试验架和辅助仪器

5.3.4.1 试验架

试验架将样件固定在与垂直方向呈 0°～2°的范围内，以便在有质量作用在胶粘带上时，不会有剥离力施加在胶粘带上。

5.3.4.2 夹具

夹具将使砝码固定在试样上，使荷载均匀分布在胶粘带试样宽度范围内。

5.3.4.3 试验砝码

试验砝码质量为(1 000±5)g，或采用其他质量的砝码。5.3.4.2 中夹具的质量包含在总砝码质量中。

5.3.4.4 计时系统

计时系统是用来记录对试样施加荷载至试样从钢板上分离之间的时间间隔。

5.4 样品和试样

5.4.1 状态调节。将胶粘带样卷置于温度为(23±1)℃、相对湿度为(50±5)%的状态条件恒温停放 24 h。

如果无法维持这些公差，则使用最接近的可能公差，并在报告中注明。

5.4.2 该试验需要三个试样，每个试样的宽度为(12±0.5)mm，长约 150 mm。若使用宽(24±0.5)mm 或其他宽度的试样，在结果中说明。

5.4.3 制样前，先除去样卷最外的 3～6 层胶粘带。

5.4.4 每次试验，制取 3 个试样。以 500 mm/s ～ 750 mm/s 的速率从自由转动的胶粘带样品卷上解卷试样。若胶粘带的解卷力大，无法以规定速率解卷胶粘带试样时，以接近 500 mm/s 的速率解卷取样。

5.4.5 当胶粘带宽度超过测试规定的宽度时，采用 5.3.1 中所述的试样裁刀，从符合 5.4.4 中规定的胶粘带卷的中心位置，裁取规定宽度的试样。

5.4.6 在解卷后的 5 min 内将试样粘贴在试验板上。

5.5 试验步骤

5.5.1 标准试验条件

标准试验条件和 5.4.1 中样品和试样调节的条件相同。

5.5.2 试验板的制备

用 5.2.2 中列出的一种试剂擦拭试验板表面，并用新的吸收性清洁材料擦干。用同种溶剂重复清洗 3 次。

最后用甲基乙基酮或丙酮擦拭，并将钢板干燥至少 10 min。10 h 内未使用的试验板重新清洗。

为了获得一致结果，在使用新试验板前，使用最后的清洗溶剂擦拭 10 次。

注：丢弃有污点、变色或多处有划痕的试验板。避免用手指接触试验板表面。贮存过程，避免钢板受破坏或污染。

5.5.3 持粘性

5.5.3.1 试样制备

将试样置于试验钢板一端的中心位置，在不施加压力的情况下，以压辊自身的质量将胶粘带试样均匀地滚压粘贴在一个(12±0.5)mm ×(12±0.5)mm 的面积范围内，试样自由区域内裸露的胶粘剂部分可以遮蔽起来。

在滚压贴合过程中，为了防止试验板的端部试样损坏，将另一块相同的试验板或稍薄一点的试验板置于试样自由端下方，与试验板末端对齐。将试样从粘贴试验区域沿长度方向来回滚压一次。

至少制备 3 个试样。单独准备每个试样，然后在 1 min 内开始测试。对于包装用胶粘带以外的其他胶粘带，可以采用其他放置时间，在报告中注明。

注：延长操作时间，热会传递到不锈钢试验钢板上。因此将胶粘带粘贴到试验钢板上后，检测人员尽快操作。

5.5.3.2 持粘性试验

在按照 5.5.3.1 中说明粘贴试样后，1 min 内完成以下动作。

将夹具夹在试样的自由端，确保夹具完全夹住试样的整个宽度，并使荷载均匀分布。

将整个试验样件放在试验架上，使试样的自由端垂直，确保没有剥离力作用在试样上。

将砝码轻轻施加到夹具上，以免对试样产生剪切冲击力。记录试样从试验板上完全分离所用时间。

5.6 试验结果

将每个试样结果转化成它的常用对数或自然对数。获得所有对数的算术平均值，然后求合适的逆对数，得到时间。

5.7 试验报告

试验报告应包括下列信息：

a) 参照的标准；

b） 使用本试验方法的说明，指明与本标准的偏差；

c） 每卷试验胶粘带的标识；

d） 根据5.6中计算得到的胶粘带从钢板上完全分开所需的时间；

e） 样件放置时间(非1 min需注明)；

f） 注明(12± 0.5)mm×(12± 0.5)mm以外的试样接触面积；

g） 破坏模式：内聚破坏、粘结破坏或其他观察到的破坏：

——内聚破坏：粘合破坏，胶粘剂内部分开；

——粘结破坏：粘合破坏，胶粘剂与基材界面分开，留下可忽略的残留。

h） 非标准试验条件。

6 方法B：胶粘带与覆有NIST SRM 1810A标准纤维板的垂直试验板的持粘性试验方法

6.1 原理

方法B给出了在温度为23 ℃、相对湿度为50%以及恒定荷载条件下，通过测定粘合失效时间，测定胶粘带对标准纤维板表面持粘性的方法。

对标准纤维板的持粘性：在规定条件下，将一条胶粘带滚压粘贴到一块覆有标准纤维板的试验板上。将该试验板垂直安装，在胶粘带的自由端悬挂一个标准质量砝码，测定粘合失效时间。

6.2 材料

6.2.1 标准纤维板：NIST SRM 1810A标准纤维板。

6.2.2 双面胶粘带。双面胶粘带的宽度适合将纤维板粘到试验板上。

6.3 仪器

6.3.1 试样裁刀

同5.3.1。

6.3.2 合适的试验板

任何尺寸为50 mm×50 mm以上、厚度不小于1.1 mm的合适的干净刚性板。

6.3.3 机动或手动压辊

同5.3.3。

6.3.4 试验架和辅助仪器

同5.3.4。

6.4 样品和试样

同5.4。

6.5 试验步骤

6.5.1 标准试验条件

同5.4.1。

6.5.2 试验板的准备

将一段双面胶粘带粘贴在干净试验板的中央。粘贴一块比被测试样品更宽更长的纤维板，确保粘贴正确，测试面朝上，纤维板纸的纹理与试验板纵向垂直，并滚压牢固。

6.5.3 持粘性

6.5.3.1 试样制备

按照 5.5.3.1，将试样粘贴到纤维板上。

6.5.3.2 持粘性试验

同 5.5.3.2。

6.6 试验结果

同 5.6。

6.7 试验报告

同 5.7。

7 方法 C：胶粘带与覆有买卖双方协商确定纤维板的垂直试验板的持粘性试验方法

7.1 原理

方法 C 给出了在温度为 23 ℃，相对湿度为 50%以及恒定荷载条件下，通过测定粘合失效时间，测定胶粘带对覆有买卖双方协商确定的纤维板的垂直试验板的持粘性的方法。

对指定纤维板的持粘性：在规定条件下，将一条胶粘带滚压粘贴到一块覆有指定纤维板的试验板上。该板垂直安装，在胶粘带的自由端悬挂一个标准质量砝码，测定粘合失效时间。

7.2 试验步骤

该方法与方法 B(6.5.1 至 6.5.3.2)相同，除了所使用纤维板的选择以外。

纤维板的特性记录在结果中。

8 方法 D：纤维增强胶粘带与水平标准试验钢板的持粘性试验方法

8.1 原理

方法 D 给出了在温度为 23 ℃、相对湿度为 50%以及恒定荷载条件下作用 48 h 之后，根据滑动位移，测定水平粘贴在一块标准试验钢板上的纤维增强胶粘带的持粘性的方法。

对水平标准试验钢板的持粘性：在规定条件下，将一条胶粘带滚压粘贴到一块标准试验钢板上。该板水平安装，胶粘带的自由端垂直悬在试验板的圆端上。在胶粘带的自由端悬挂一个标准质量砝码，让其作用一定时间测定产生的滑动位移。精确到 1 mm。

8.2 材料

同 5.2。

8.3 仪器

8.3.1 试样裁刀

同 5.3.1。

8.3.2 不锈钢板

不锈钢板至少长 125 mm、宽 50 mm，符合 5.3.2 中的要求。

将不锈钢板一端长 12 mm 的板进行弯曲，使其与试验表面成 120°，弯曲部分的曲率半径为 1.5 mm～3 mm(见图 2)。

8.3.3 机动或手动压辊

同 5.3.3。

8.3.4 试验架和辅助仪器

8.3.4.1 试验架

试验架应将粘有胶粘带的试验钢板固定在一个水平面上，大约在工作面上方 300 mm 处。

8.3.4.2 夹具

同 5.3.4.2。

8.3.4.3 试验砝码

试验砝码质量为(4 500±200)g，或采用其他规定砝码。8.3.4.2 描述的夹具的质量包含在总砝码中。

8.3.4.4 量尺

读数能够精确到 1 mm 的量尺。

8.4 样品和试样

同 5.4，试样宽度为(12±0.5)mm，长度约为 300 mm。

8.5 试验步骤

8.5.1 标准试验条件

同 5.4.1。

8.5.2 试验板的准备

同 5.5.2。

8.5.3 持粘性

8.5.3.1 试样制备

有关制备指南，参考图 1 和图 2。

沿试验钢板纵向方向，将大概 100 mm 的试样一端粘贴到试验钢板中央。胶粘带的粘贴宜使之与钢板的弯曲边成一个直角。使试样余下的 200 mm 悬在钢板的弯曲边上。

利用一把直尺从钢板端部弯曲处前面 75 mm 的位置沿胶粘带宽面切断试样。

按照 5.3.3 中描述，在长度方向上用压辊来回滚压一次。

注：延长操作时间，热会传递到不锈钢试验板上。因此在胶粘带粘贴到试验钢板上后，测试人员尽快操作。

8.5.3.2 持粘性试验

按 8.5.3.1 滚压粘贴试样后 1 min 内，完成以下动作。将夹具夹住试样的自由端，确保夹具完全夹住试样的整个宽度，并使荷载均匀分布。

将实验样件放在试验架上，使钢板水平，粘有胶粘带面向上，试样的自由端垂直。

将一个 4 500 g 的砝码轻轻施加到夹具上，防止对试样产生剪切冲击力。

在荷载作用下 48 h 后，检查试样是否出现滑动。测定出现的滑动位移，精确到 1 mm。

8.6 试验结果

计算每个试样所记录滑动位移的算数平均值。

注：以 mm 为单位报告记录的滑动位移。

8.7 试验报告

试验报告应包括下列信息：

a) 参照的标准；

b) 有关使用本试验方法的说明，指明任何与本标准的差别；

c) 每卷试验胶粘带的标识；

d) 样件放置时间；

e) 12 mm 以外的试样宽度；

f) 滑动位移，以 mm 表示；

g) 试验条件。

9 方法 E：纤维增强胶粘带与覆有 NIST SRM1810A 标准纤维板的水平试验板持粘性试验方法

9.1 原理

方法 E 给出了在温度为 23 ℃、相对湿度为 50%以及恒定荷载条件下作用 48 h 之后，通过滑动位移，测定水平粘贴在覆有标准纤维板的标准试验板上的纤维增强胶粘带的持粘性的方法。

对标准纤维板的持粘性：在规定条件下，将一条胶粘带滚压粘贴到一块覆有标准纤维板的试验板上，该试验板水平安装，胶粘带的自由端垂直悬在试验板的圆端上。在胶粘带的自由端悬挂一个标准质量砝码，作用一定的时间，测定产生的滑动位移。

9.2 试验步骤

与方法 D 中的试验步骤(8.5.1 至 8.5.3.2)相同，除了试验表面为粘接到试验板上的标准纤维板以外。粘贴按照 6.5.2 中描述的方式用双面胶粘带完成。

10 方法 F：纤维增强胶粘带与覆有买卖双方指定纤维板的水平试验板持粘性试验方法

10.1 原理

方法 F 给出了在温度为 23 ℃ 、相对湿度为 50%以及恒定荷载条件下作用 48 h 之后，通过滑动位移，测定水平粘贴在覆有已商定纤维板的标准板上的纤维增强胶粘带的持粘性的方法。

对指定纤维板的持粘性，在规定条件下，将一条胶粘带滚压粘贴到一块覆有指定纤维板的钢板上，该钢板水平安装，胶粘带的自由端垂直悬在钢板的圆端上。在胶粘带的自由端悬挂一个标准质量砝码，作用一个规定的时间，测定产生的滑动位移。

10.2 试验步骤

与方法 D 中的试验步骤(8.5.1 至 8.5.3.2)相同，除了试验表面为粘接到试验板上的已商定的纤维板以外，粘贴按照 6.5.2 中描述的方式用双面胶粘带完成。

纤维板的特性记录在结果中。

11 方法 G：胶粘带与垂直试验钢板在高温中放置 10 min 后的持粘性试验方法

11.1 原理

方法 G 给出了在高温条件下，试样放置 10 min 后，通过粘合失效时间，测定胶粘带对标准试验钢板的持粘性的方法。

对标准试验钢板的持粘性：在规定条件下，将一条胶粘带滚压粘贴到标准试验钢板上，该板垂直挂在试验温度条件下的烘箱中。在胶粘带的自由端悬挂一个标准质量砝码，测定粘合失效时间。

11.2 试验步骤

该方法与方法 A(5.5.1 至 5.5.3.2)相同，除了要将试验架安装在能够将温度保持在所需高温度±1 ℃的烘箱中。在悬挂砝码之前，将试样置于烘箱中恒温 10 min。

试验温度记录在结果中。

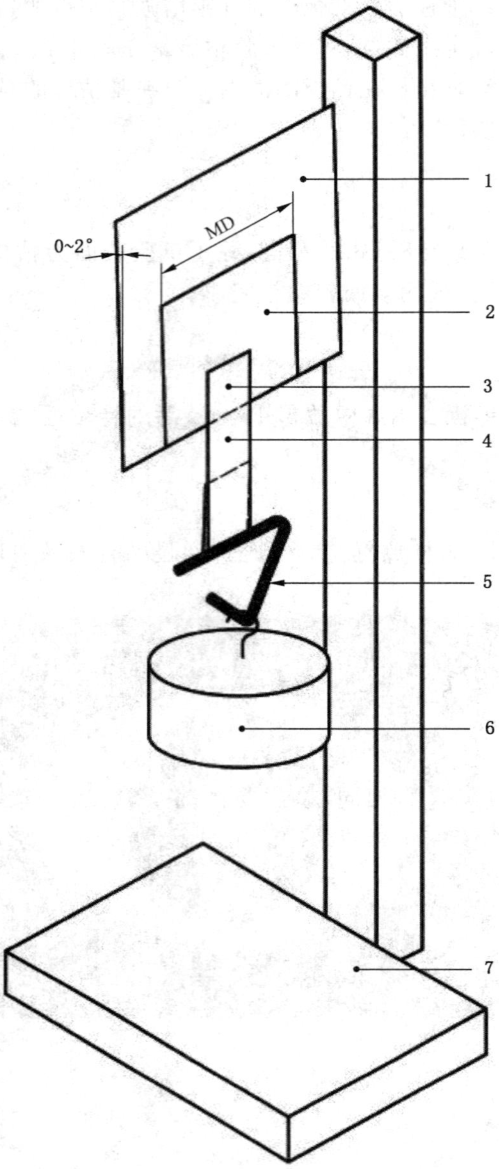

说明：
1——钢板；
2——纤维板；
3——试验区域；
4——试样；
5——钩或夹具；
6——砝码；
7——带有计时系统的底座。

图 1　试验方法 A、B 和 C、G 中使用的典型持粘性试验仪器示意图

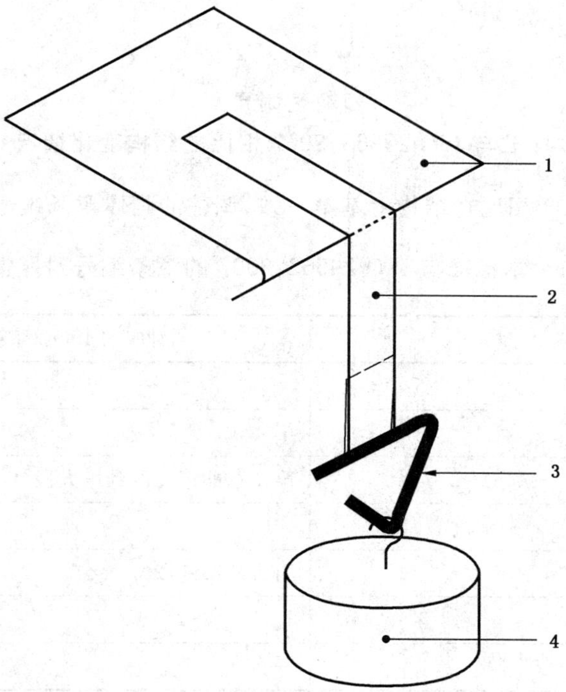

说明：

1——板；

2——试样；

3——钩或夹具；

4——砝码。

图 2　试验方法 D、E、F 中使用的典型持粘性试验仪器示意图

附 录 A
（资料性附录）
本标准与 ISO 29863:2007 相比的结构变化情况

本标准与 ISO 29863:2007 相比在结构上基本一致，调整的具体章条编号对照情况见表 A.1。

表 A.1 本标准与 ISO 29863:2007 的章条编号对照情况

本标准章条编号	对应的 ISO 29863:2007 章条编号
3.2	—
—	第 4 章
第 4 章	第 1 章的第三段到第九段
第 4 章表 1	—
5.1	引言的第三段
附表 A	—
附表 B	—
注：表中没列出的章条与 ISO 章条一致。	

附 录 B
（资料性附录）
本标准与 ISO 29863:2007 的技术性差异及其原因

表 B.1 给出了本标准与 ISO 29863:2007 的技术性差异及其原因。

表 B.1 本标准与 ISO 29863:2007 的技术性差异及其原因

本标准章条编号	技术性差异	原因
第 1 章	将“方法的包含内容介绍”列入 4.1	方法的包含内容介绍不宜放在范围中
第 2 章	关于规范性引用文件，本标准做了具有技术性的调整，调整的情况集中反映在第 2 章“规范性引用文件”中，具体调整如下： 删除了引用 EN 12418:2000 增加了引用 GB/T 22396； 删除了引用 EN 10088-2:1995 增加了引用 GB/T 2523—2008 增加引用了 GB/T 3280—2007	引用 GB/T 22396，便于标准使用者使用中文术语； 引用 GB/T 2523—2008 和 GB/T 3280—2007，便于标准使用者理解和使用，以适应我国国情
3.2	增加了“表面平均粗糙度”术语	增加可操作性，便于标准的执行
3.3	增加了“样件”术语	增加可操作性，便于标准的理解和执行
—	删除了原第 4 章：重要性和用途	这章内容是对标准技术内容的说明，不宜写在标准正文中。以适应我国国情
第 4 章	增加了新第四章	根据 GB/T 1.1—2009 要求，将 ISO 标准的范围中方法种类的描述另起一章，明确了标准的技术内容概况，同时与同类方法标准结构形式互为统一，体现标准的统一性
第 4 章 表 1	增加了“表 1 胶粘带持粘性试验方法使用说明”	明确使用对象，便于标准执行
5.2.2	增加了“异丙醇”为清洗剂	根据我国的实际情况，无论从环保还是从成本角度，“异丙醇”都是清洗剂的最佳选择之一
5.4.1	增加了：样品在标准环境条件下放置时间 24 h	增加可操作性，便于标准的执行

ICS 17.140
A 59

中华人民共和国国家标准

GB/T 4854.6—2014/ISO 389-6:2007

声学 校准测听设备的基准零级 第6部分:短时程测试信号的基准听阈

Acoustics—Reference zero for the calibration of audiometric equipment—Part 6: Reference hearing threshold levels for test signals of short duration

(ISO 389-6:2007,IDT)

2014-09-03 发布　　2015-02-01 实施

中华人民共和国国家质量监督检验检疫总局
中国国家标准化管理委员会　发布

前　言

GB/T 4854《声学　校准测听设备的基准零级》分为以下几个部分：

——GB/T 4854.1　声学　校准测听设备的基准零级　第1部分：压耳式耳机纯音基准等效阈声压级；

——GB/T 16402　声学　插入式耳机纯音基准等效阈声压级；

——GB/T 4854.3　声学　校准测听设备的基准零级　第3部分：骨振器纯音基准等效阈力级；

——GB/T 4854.4　声学　校准测听设备的基准零级　第4部分：窄带掩蔽噪声的基准级；

——GB/T 4854.5　声学　校准测听设备的基准零级　第5部分：8 kHz～16 kHz频率范围纯音基准等效阈声压级；

——GB/T 4854.6　声学　校准测听设备的基准零级　第6部分：短时程测试信号的基准听阈；

——GB/T 4854.7　声学　校准测听设备的基准零级　第7部分：自由场与扩散场测听的基准听阈；

——GB/T 4854.8　声学　校准测听设备的基准零级　第8部分：耳罩式耳机纯音基准等效阈声压级；

——GB/T 4854.9　声学　校准测听设备的基准零级　第9部分：测定基准听阈级的优选测试条件。

注：在制定本标准的第2部分时，尚未形成我国的系列标准，其标准号为GB/T 16402，在对该部分进行修订时，其标准号将改为GB/T 4854.2。

本部分为GB/T 4854的第6部分。

本部分按照GB/T 1.1—2009给出的规则起草。

本部分使用翻译法等同采用ISO 389-6:2007《声学　校准测听设备的基准零级　第6部分：短时程测试信号的基准听阈级》。

本部分由中国科学院提出。

本部分由全国声学标准化技术委员会(SAC/TC 17)归口。

本部分起草单位：解放军总医院耳鼻咽喉研究所、中国科学院声学研究所。

本部分主要起草人：武文明、陈洪文、于宁、于黎明、吕亚东、李晓东。

引　言

GB/T 7341.3 规定了短时程听觉测试信号。这些短时程信号包括短声和短纯音，用于不同的听力诊断测试，如听觉电生理(耳蜗电图、听觉脑干反应等)和瞬态诱发耳声发射等方面的听觉诱发反应。本部分给出了短时程测试信号的基准听阈值。

本部分中叙述的规定类型换能器的基准听阈值，可使听阈测量结果的表达一致和统一。

声学　校准测听设备的基准零级 第6部分:短时程测试信号的基准听阈

1　范围

GB/T 4854 的本部分规定了短时程测试信号的基准听阈级。

本部分适用于对使用这种信号的测听设备的校准。

注 1：附录 A 给出了关于不同参数及其对听阈级影响的说明。

注 2：ISO 389-9 中规定了标准化听阈测定的优选测试条件。

2　规范性引用文件

下列文件对于本文件的应用是必不可少的。凡是注日期的引用文件，仅注日期的版本适用于本文件。凡是不注日期的引用文件，其最新版本(包括所有的修改单)适用于本文件。

GB/T 4854.1—2004　声学　校准测听设备的基准零级　第 1 部分:压耳式耳机纯音基准等效阈声压级(ISO 389-1:1998,IDT)

GB/T 7341.3—1998　听力计　第 3 部分:用于测听与神经耳科的短持续听觉测试信号(IEC 60645-3:1994,IDT)

GB/T 20441.1　电声学　测量传声器　第 1 部分:实验室标准传声器规范(IEC 61094-1)

IEC 60318-1　电声学　人头和耳模拟器　第 1 部分:校准压耳式耳机和耳罩式耳机用的耳模拟器(Electroacoustics—Simulators of human head and ear—Part 1:Ear simulator for the calibration of supra-aural and circumaural earphones)

IEC 60318-4　电声学　人头和耳模拟器　第 4 部分:插入式耳机测量用的堵塞耳模拟器(Electroacoustics—Simulators of human head and ear—Part 4:Occluded-ear simulator for the measurement of earphones coupled to the ear by inserts)[1)]

IEC 60318-6　电声学　人头和耳模拟器　第 6 部分:骨振器测量用的机械耦合器(Electroacoustics—Simulators of human head and ear—Part 6:Mechanical coupler for the measurements on bone vibrators)[2)]

3　术语和定义

GB/T 4854.1 界定的以及下列术语和定义适用于本文件。

3.1

短时程信号　short-duration signal

持续时间小于 200 ms 的信号。

1)　IEC 60711:1981 的修订版。

2)　IEC 60373:1990 的修订版。

3.2

短声(喀哒声)　click

由单向矩形电脉冲作用于换能器产生的宽频带瞬时声或振动信号。

3.3

短纯音(猝发音)　tone-burst

持续时间小于 200 ms 的正弦声信号。

3.4

密波信号　condensation signal

短时程信号的初始声压波,在换能器的输出端面产生的超过环境大气压的声压,或初始力波产生的超过静力的压力。

3.5

疏波信号　rarefaction signal

短时程信号的初始声压波,在换能器的输出端面产生的低于环境大气压的声压,或初始力波产生的低于静力的压力。

3.6

极性交替的信号　alternating polarity signal

疏波和密波之间交替出现的短时程信号序列。

3.7

标准脉冲　reference pulse

符合 IEC 60645-3:2007 中 5.2 规定的上升与下降时间小于 25 μs,持续时间为(100±10)μs 的矩形电脉冲(单相方波)。

注:换能器的声输出(信号)可能因所用的换能器类型不同会有显著差异。

3.8

标准短纯音　reference tone-burst

符合 IEC 60645-3:2007 中 5.3 规定的包含 5 个周期基频正弦波、线性上升与下降时间为 1.6 个周期、持续时间为 3 个周期的电信号。

注:线性上升与下降 1.6 个周期,相当于幅值从 0 到 100%的两个周期。对于一个周期,信号的包络保持在 100%的幅度。标准短纯音还可按"2-1-2"的规则描述,其中"2"是指幅值从 0 到 100%再回到 0 的周期数,"1"是指幅值为 100%的周期数。

3.9

基准等效听阈声压级　reference equivalent threshold sound pressure level;RETSPL

对规定的频率,用规定型号的耳机,在规定的耳模拟器中测得的足够大数量的男女两性,年龄为 18 岁～25 岁的耳科正常人耳之等效阈声压级的中位数。

3.10

基准等效阈振动力级,单耳测听　reference equivalent threshold vibratory force level,monaural listening;RETVFL

对规定的频率,用规定型号的骨振器,在规定的机械耦合器上测得的足够大数量的男女两性,年龄为 18 岁～25 岁的耳科正常人耳之等效阈力级的中位数。

3.11

基准听阈声压级　reference threshold sound pressure level;RTSPL

对规定的频率,在自由声场条件下测得的足够大数量的男女两性,年龄为 18 岁～25 岁的耳科正常人之阈值声压级的中位数。

3.12

峰-峰等效信号级　peak-peak equivalent signal level

一个长时程正弦信号的均方根值(r.m.s),在同样的测试条件下,与从换能器输出的短时程信号相比具有相同的峰-峰值(即正负极大值之差)。

注1: 对于短声(3.2),长时程正弦信号的频率宜为1 000Hz;对于短纯音(3.3),其频率宜等于短纯音的基频。

注2: 术语峰-峰等效信号级通常称为峰值等效信号级。

注3: 短时程信号的峰值声压级比峰-峰等效声压级大3 dB和9 dB,即与零基线完全对称时为3 dB,完全在零电平一侧时为9 dB。

注4: 对峰-峰等效(Pe)声压级和振动力级,推荐的缩写为peSPL和peVFL。

3.13

峰-峰等效基准等效阈声压级或振动力级　peak-to-peak equivalent reference equivalent threshold sound pressure level or vibration force level;peRETSPL/peRETVFL

峰-峰等效基准等效阈声压级或振动力级的值。

注: 当使用本条中专用术语(peRETSPL或peRETVFL)时,是指两种不同信号之间的等效。当短时程信号被标准化作为声压级和振动力级用于听阈测定时,而按照在耳模拟器中或在机械耦合器上分别测量听阈级的方法产生的等效值,即为等效阈声压级或振动力级。

3.14

峰-峰等效基准听阈声压级　peak-to-peak equivalent reference threshold sound pressure level;peRTSPL

峰-峰等效基准听阈声压级的值。

4　技术要求

基准听阈级与测试信号的种类(短声、短纯音),换能器类型(耳机、骨振器、扬声器)和用于校准的设备(耳模拟器、自由声场)有关。表1～表3中给出了基于标准脉冲的短声信号的推荐标准值,这些值是从测定耳科正常人的听阈得出的(参考文献[4]～[6]给出测试条件)。

表4中给出了标准短纯音信号的推荐标准值,这些值也是从测定耳科正常人的听阈得出的(参考文献[6]～[8]给出测试条件)。

表1　耳机测得的一组短声群的推荐peRETSPLs值(单耳测听)
(重复率为20 Hz、时程为1 s的基于标准电脉冲的短声串序列信号)

耳机型号	使用的耳模拟器依据的标准	peRETSPL(基准值:20 μPa)/dB[a]
Sennheiser HDA 200	IEC 60318-1	28.0
Maico BERA Phone	IEC 60318-1	33.0[b]
Telephonics TDH-39	IEC 60318-1	31.0
Beyer DT 48	IEC 60318-1	32.0[b]
Sennheiser HDA 280	IEC 60318-1	31.5[b]
Etymotic Research ER-2	IEC 60318-4	43.5[b]
Etymotic Research ER-3A	IEC 60318-4	35.5[b]

注: 表中所列的数据是根据电脉冲宽度为100 μs极性交替的短声测得的听阈级的中位数。

[a] 数值修约到0.5 dB。

[b] 仅为一个实验室报告的实验数据。

表 2 扬声器测得的一组短声群的推荐 peRETSPLs 值(双耳测听)
(重复率为 20 Hz、时程为 1 s 的基于标准电脉冲的短声串序列信号)

扬声器型号	使用的传声器	peRETSPL(基准值:20 μPa)/dB[a]
KEF RDM1	WS2F 符合 GB/T 20441.1 的规定	20.0[b]
注 1:表中所列的数据是根据电脉冲宽度为 100 μs 极性交替的短声测得的听阈级的中位数。 注 2:由扬声器测得的值仅适用于自由场条件的测听(GB/T 16296)。		
[a] 数值修约到 0.5 dB。 [b] 仅为一个实验室报告的实验数据。		

表 3 骨振器测得的一组短声群的推荐 peRETVFLs 值(非测试耳无掩蔽)
(重复率为 20 Hz、时程为 1 s 的基于标准电脉冲的短声串序列信号)

骨振器型号	使用的机械耦合器依据的标准	peRETVFL(基准值:1 μN)/dB[a]
Radioear B-71	IEC 60318-6	51.5[b]
注:表中所列的数据是根据电脉冲宽度为 100 μs 极性交替的短声测得的听阈级的中位数。		
[a] 数值修约到 0.5 dB。 [b] 仅为一个实验室报告的实验数据。		

表 4 耳机测得的一组短纯音的推荐 peRETSPLs 值(单耳测听,中位数)
(重复率为 20 Hz、时程为 1 s 的标准短纯音串序列信号)

耳机(耳模拟器)	peRETSPL(基准值:20 μPa)/dB[a]							
	频率/Hz							
	250	500	1 000	2 000	3 000	4 000	6 000	8 000
Sennheiser HDA 200 (耳模拟器:IEC 60318-1)	28.0[b]	21.5	19.5	20.0	22.0[b]	29.0	38.0[b]	41.0
Sennheiser HDA 280(耳模拟器:IEC 60318-1)	33.0[b]	23.5[b]	21.5[b]	25.0[b]	—	29.5[b]	—	41.0[b]
Telephonics TDH-39(耳模拟器:IEC 60318-1)	32.0[b]	23.0	18.5	25.0	25.5[b]	27.5	36.0[b]	41.0
Etymotic Research ER-3A(耳模拟器:IEC 60318-4)	28.0[b]	23.5[b]	21.5[b]	28.5[b]	—	32.5[b]	—	—
[a] 数值修约到 0.5 dB。 [b] 仅为一个实验室报告的实验数据。								

附 录 A
（资料性附录）
使用人头和躯干模拟装置不同的刺激重复率测量基准听阈级的修正值

A.1 重复率和短声

表 A.1 中的数值是当重复率高于或低于 20 Hz 时对基准听阈级的修正值。刺激的重复率越高，测得的听阈级越低。

短声序列的持续时间为 1 s。

表 A.1 基于标准脉冲的不同刺激重复率与听阈级关系的修正值

单位为分贝

换能器	重复率					
	10 Hz	20 Hz	40 Hz	60 Hz	80 Hz	100 Hz
Sennheiser HDA 200	1.1	0	−2.1	−3.4	−4.2	−5.5
Telephonics TDH-39	1.3	0	−1.7	−2.9	−3.2	−4.9

A.2 1 次/s 与重复率 20 次/s 短声听阈的差别

表 A.2 中的数值是用 1 次/s 短声与重复率 20 次/s 的短声相比，对基准听阈级的修正值，1 次/s 短声串测得的听阈较高。

表 A.2 1 次/s 与重复率 20 次/s 标准脉冲短声串序列（1 s）对听阈的修正值

换能器	修正值/dB
Sennheiser HDA 200	8.0
Telephonics TDH-39	9.0

在参考文献[4]～[8]中可得到有关参数的详细资料。

附　录　B
（资料性附录）
用短声在人头和躯干模拟装置上测量

使用规定的带有软耳廓模拟器的人头和躯干模拟装置(B&K 4128)测量，对于所有耳机和扬声器，不同换能器之间基准听阈级的最大差值约少于 4 dB。用这种设备测得的 peRETSPL 初始值(基准值：20 μPa)为 35.0 dB，见参考文献[5]。将来，基准等效阈数据有可能以这种模拟装置为依据。而表 1 中所列的是用耳模拟器测得的基准听阈级，测量不确定度较小。

附 录 C
（资料性附录）
关于短声和短纯音测得的基准听阈级的说明

表 C.1 用基于标准脉冲的短声和/或标准短纯音测量听阈的研究资料

资料来源	文献[4]	文献[5]	文献[6]	文献[7]	文献[8]
年份	1998	2005	2004	2005	2007
测试信号	短声	短声	短声和短纯音	短纯音	短纯音
重复率/Hz	20	20 和 10～100	20	20	20
中心频率/Hz	—	—	250,500,1 000, 2 000,3 000,4 000, 6 000,8 000	500,1 000, 2 000,4 000, 8 000	250,500,1 000, 2 000,4 000, 8 000
换能器型号	HDA 200	HDA 200 BERAphone TDH-39,DT48, HDA 280, ER-2,ER-3A, B-71, RDM 1	HDA 200, TDH-39	HDA 200, TDH-39	HDA 200, ER-3A
耳模拟器型号	IEC 60318-1	IEC 60318-1, IEC 60318-4	IEC 60318-1	IEC 60318-1	IEC 60318-1, IEC 60318-4
受试者数	28	25	26	25	25
耳数	56	25	52	25	25
年龄范围/岁	18～25	18～25	18～25	18～25	18～25
男/女	15/13	12/13	13/13	13/12	HDA 280:13/12 ER-3A:15/10
统计值	中位数	中位数	中位数	中位数	中位数

参 考 文 献

[1] ISO 389-9:2009 Acoustics—Reference zero for the calibration of audiometric equipment—Part 9:Preferred test conditions for the determination of reference hearing threshold levels.

[2] ISO 8253-2:2009 Acoustics—Audiometric test methods—Part 2:Sound field audiometry with pure tone and narrow-band test signals.

[3] IEC 60645-3:2007 Electroacoustics—Audiometric equipment—Part 3:Test signals of short duration.

[4] POULSEN, T. and DAUGAARD, C. Equivalent threshold sound pressure levels for acoustic test signals of short duration. In:Proceedings of the NATO Advanced Study Institute on Computational Hearing. II Ciocco (Tuscany), pp. 245-249, 1998.

[5] RICHTER, U., and FEDTKE, T. Reference zero for the calibration of audiometric equipment using "clicks" as test signals. International Journal of Audiology, 44, pp. 478-87, 2005.

[6] LEGARTH, S, and POULSEN, T. Hearing threshold of signals for evoked response audiometry. Acoustic Technology, Φrsted-DTU, Technical University of Denmark, Lyngby, Denmark, 2004. (Internal AT Report No. 30)

[7] FEDTKE, T. and RICHTER, U. Bezugsschwellen für audiometrische Kurzzeitsignale—Messungen mit Kurztoenen (Tonbursts). In: Fortschritte der Akustik, DAGA, München, pp. 419-20, 2005.

[8] FEDTKE, T. and RICHTER, U. Reference zero for the calibration of air-conduction audiometric equipment using 'tone bursts' as test signals. International Journal of Audiology, 46, pp. 1-10, 2007.

ICS 55.180.20
A 85

中华人民共和国国家标准

GB/T 4995—2014
代替 GB/T 4995—1996

联运通用平托盘 性能要求和试验选择

General-purpose flat pallets for through transit of goods—Performance requirements and selection of tests

(ISO 8611-2:2011, Pallets for materials handling—Flat pallets—Part 2: Performance requirements and selection of tests, NEQ)

2014-09-03 发布　　　　2014-12-01 实施

中华人民共和国国家质量监督检验检疫总局
中国国家标准化管理委员会　发布

前 言

在《联运通用平托盘》总标题下，包括以下三个标准：

——GB/T 2934《联运通用平托盘　主要尺寸及公差》

——GB/T 4995《联运通用平托盘　性能要求和试验选择》

——GB/T 4996《联运通用平托盘　试验方法》

本标准按照 GB/T 1.1—2009 给出的规则起草。

本标准代替 GB/T 4995—1996《联运通用平托盘　性能要求》，与 GB/T 4995—1996 相比，除编辑性修改外主要技术变化如下：

——增加了有关选择预处理环境条件的内容(见第 4 章)；

——修改了托盘性能要求(见第 6 章，1996 年版第 4、6、7 章)；

——增加了试验选择原则(见第 7 章)；

——增加了确定试验载荷方法的内容(见第 8 章，1996 年版 6.1 和 7.1)。

本标准使用重新起草法参考 ISO 8611-2:2011《物料搬运托盘　平托盘　第 2 部分：性能要求和试验选择》编制，与 ISO 8611-2:2011 的一致性程度为非等效。

本标准由全国物流标准化技术委员会(SAC/TC 269)提出并归口。

本标准起草单位：北京科技大学、交通部科学研究院、中国物流与采购联合会托盘专业委员会、无锡市前程包装工程有限公司、全亚供应链管理(上海)有限公司、铁道部标准计量研究所、中国包装联合会、中国国际海运集装箱(集团)股份有限公司、大连中集物流装备有限公司、深圳宝兴木器制品厂、苏州大森塑胶工业有限公司、山东力扬塑业有限公司。

本标准主要起草人：唐英、熊才启、吴清一、徐平、孙延安、张锦、王利、倪建生、杨橙双、常红、韩庆勋。

本标准于 1985 年首次发布，1996 年第一次修订，本次为第二次修订。

联运通用平托盘 性能要求和试验选择

1 范围

本标准规定了联运通用平托盘的性能要求和试验选择原则。

本标准适用于公路、铁路和水路的联运通用平托盘的设计、生产、检验及使用。

2 规范性引用文件

下列文件对于本文件的应用是必不可少的。凡是注日期的引用文件，仅注日期的版本适用于本文件。凡是不注日期的引用文件，其最新版本(包括所有的修改单)适用于本文件。

GB/T 3716—2000 托盘术语(ISO 445:1996,IDT)

GB/T 4996—2014 联运通用平托盘 试验方法(ISO 8611-1:2011,MOD)

GB/T 18354—2006 物流术语

ISO 8611-3—2011 搬运货物用托盘——平托盘——第3部分:最大工作负载

3 术语和定义

GB/T 3716、GB/T 18354和GB/T 4996—2014界定的以及下列术语和定义适用于本文件。

3.1

安全系数 safety factor

极限载荷与额定载荷的比值。

4 性能要求

对GB/T 4996—2014中试验1、2、3、4、5、6和9的性能要求见表1。试验最大测定值应与表1的性能要求进行比较。

表1 联运通用平托盘性能要求明细表

试验号	试验项目	装载操作或试验目的	试验载荷水平	性能极限	参见GB/T 4996—2014的条款
额定载荷试验					
1	抗弯试验	货架存取			8.1
1a	抗弯强度试验[a,d]		极限载荷(U_1)或导致产生L_1(L_2)×6%的挠度的载荷(U_1)		8.1.2.4
1b	抗弯刚度试验[b,d]		≤U_1×50%	负载下挠度为L_1(L_2)×2%，卸载后挠度为L_1(L_2)×0.7%	8.1.2.5

表 1（续）

试验号	试验项目	装载操作或试验目的	试验载荷水平	性能极限	参见 GB/T 4996—2014 的条款
2	叉举试验	叉车和托盘搬运车叉举			8.2
2a	抗弯强度试验[a]		极限载荷(U_2)		8.2.2.2
2b	抗弯刚度试验[b]		$\leqslant U_2 \times 50\%$	负载下挠度为 20 mm 或挠曲角小于 4.5°[g] 中导致较小挠曲的一方；卸载后挠度为 7 mm	8.2.2.3
3	垫块或纵梁抗压试验	压挤垫块或纵梁的任何作业，包括堆码			8.3
3a	垫块或纵梁强度试验		各垫块的极限载荷 U_3 或者导致产生 10% 的 y 向变形的载荷(U_3)		8.3.2.4
3b	垫块或纵梁刚度试验[c]		≤各垫块的 $U_3 \times 50\%$	负载下变形为 4 mm，卸载后变形为 1.5 mm	8.3.2.5
4	堆码试验[f]	堆码	有效载荷		8.4
4a	铺板强度试验		顶铺板和底铺板的极限载荷(U_4)或导致产生 $L_1(L_2) \times 6\%$ 的挠度的载荷(U_4)		8.4.2.2
4b	铺板刚度试验[b]	堆码	$\leqslant U_4 \times 50\%$	负载下挠度为 $L_1(L_2) \times 2\%$，卸载后挠度为 $L_1(L_2) \times 0.7\%$	8.4.2.3
5	底铺板抗弯试验	双轨输送机			8.5
5a	抗弯强度试验[a,e]		极限载荷(U_5)或导致产生 $L_1(L_2) \times 6\%$ 的挠度的载荷(U_5)		8.5.2.3
5b	抗弯刚度试验[b,e]		$\leqslant U_5 \times 50\%$	负载下挠度为 15 mm，卸载后挠度为 7 mm	8.5.2.4
6	翼托盘抗弯试验	吊索提升			8.6
6a	抗弯强度试验[a]		极限载荷(U_6)或导致产生 $L_1(L_2) \times 6\%$ 的挠曲的载荷(U_6)		8.6.2.2
6b	抗弯刚度试验[b]		$\leqslant U_6 \times 50\%$	负载下挠度为 $L_1(L_2) \times 2\%$，卸载后挠度为 $L_1(L_2) \times 0.7\%$	8.6.2.3
最大工作载荷试验——有效载荷或使用气囊加载					
1	抗弯试验	货架存取			8.1
1b	抗弯刚度试验		有效载荷	挠度不应超过加载 1/2 U_1 时的挠度	8.1.2.5

表 1（续）

试验号	试验项目	装载操作或试验目的	试验载荷水平	性能极限	参见 GB/T 4996—2014 的条款
7	气囊抗弯试验	货架存取			8.7
7a	抗弯强度试验[a]		极限载荷(U_1)或导致产生 L_1(L_2)×6%挠度的载荷(U_1)		8.7.2.8
7b	抗弯刚度试验[b]		气囊	挠度不应超过加载 1/2 U_1 时的挠度	8.7.2.9
2	叉举试验	叉车和托盘搬运车叉举			8.2
2b	抗弯刚度试验		有效载荷	挠度不应超过加载 1/2 U_2 时的挠度	8.2.2.3
4	堆码试验[f]	堆码			8.4
4b	铺板刚度试验		有效载荷	挠度不应超过加载 1/2 U_4 时的挠度	8.4.2.3
5	底铺板抗弯试验	双轨输送机			8.5
5b	抗弯刚度试验[b,e]		有效载荷	负载下挠度为 15 mm，卸载后挠度为 7 mm	8.5.2.4
6	翼托盘抗弯试验	吊索提升			8.6
6b	抗弯刚度试验[b]		有效载荷	挠度不应超过加载 1/2 U_6 时的挠度	8.6.2.3
耐久性试验					
8	静态剪切试验	抗变形		对比试验	8.8
9	角跌落试验	抗冲击	空托盘	$h=0.5$ m 跌落时 $D_y \leqslant 4\%$，无影响托盘性能或功能的破损或损坏	8.9
10	剪切冲击试验	抗变形		对比试验	8.10
11	顶铺板边缘冲击试验	抵抗货叉冲击		对比试验	8.11
12	垫块冲击试验	抵抗货叉叉头冲击		对比试验	8.12
13	静摩擦系数试验	货叉防滑	自重 W_s	对比试验	8.13
14	滑动角试验	载荷防滑	自重	对比试验	8.14

注： 对 GB/T 4996—2014 的试验 8、10、11、12、13 和 14 的性能要求未在表中列出。有待经过上述试验积累更多数据后，最终确定这些性能要求。

[a] 托盘应在其进行货架存取的方向上进行试验（见附录 A）。

[b] 刚度试验中的变形率应逐渐减小。

[c] 压挤托盘垫块的搬运作业是指托盘的堆码作业，而无论托盘带不带上部结构或立柱以及刚性重载。

[d] 只要试验中出现托盘在加载头处因应力集中而损坏的情况，应终止试验且应更换托盘重新进行试验。

[e] 试验中托盘顶铺板应保持平整。

[f] 如 ISO 8611-3—2011 所述，试验 4b 用于确定托盘的最大工作载荷。

[g] 该角度是通过测量加载前水平面内的支撑梁边缘到托盘边缘所形成的直线与加载后支撑梁边缘到托盘边缘的同一点所形成的直线之间的夹角而得到。

5 试验条件

5.1 概述

应参照4.2～4.6根据托盘材料确定试验条件，且在试验过程中应保持试验条件不变。如果托盘是由多种不同的材料构成，则应根据条件改变对性能影响最大的材料确定试验时的湿度和温度条件。

5.2 木托盘

基准含水率为20%±2%。如果需要托盘在更高的含水率条件下使用，则托盘应在该较高的含水率条件下进行试验，并将该含水率的值记录在试验报告中。

5.3 金属托盘

湿度和温度条件不适用于金属托盘。

5.4 塑料托盘

5.4.1 塑料托盘的额定载荷试验、最大工作载荷试验和耐久性试验应按GB/T 4996—2014在以下条件下进行：

——试验1a、1b、2a、2b、3a、3b、4a、4b、5a、5b、6a、6b、8、9、10、11、12和13:23 ℃±2 ℃

——最大工作载荷试验施加有效载荷:40 ℃±2 ℃

——试验9:23 ℃±2 ℃和-10 ℃±2 ℃

5.4.2 如果塑料托盘需在某指定条件或极端条件下使用，则GB/T 4996—2014中最大工作载荷试验和试验9的试验条件由供货方与购买方商定确定。

5.5 纸托盘

5.5.1 纸托盘的额定载荷试验、最大工作载荷试验和耐久性试验应按GB/T 4996—2014在以下条件下进行：

——试验1a、1b、2a、2b、3a、3b、4a、4b、5a、5b、6a、6b、8、9、10、11、12和13:23 ℃±2 ℃和50%RH±5%RH

——最大工作载荷试验施加有效载荷:23 ℃±2 ℃和90%RH±5%RH

5.5.2 如果纸托盘需在某指定条件或更极端条件下使用，则GB/T 4996—2014中最大工作载荷试验和试验9的试验条件应由供货方与购买方协商确定。

5.6 人造板托盘

5.6.1 人造板托盘的额定载荷试验、最大工作载荷试验和耐久性试验，应按GB/T 4996—2014在以下条件下进行：

——试验1a、1b、2a、2b、3a、3b、4a、4b、5a、5b、6a、6b、8、9、10、11、12和13:23 ℃±2 ℃和50%RH±5%RH

——最大工作载荷试验:23 ℃±2 ℃和90%RH±5%RH

5.6.2 如果托盘在其流通环境中会暴露于水中，则在试验时应将试件托盘完全浸没于温度为20 ℃±5 ℃的水中24 h。

5.6.3 对于刨花板材垫块，如果垫块已经按照国家认证标准进行过试验，则不调节试件的湿度和温度。

5.6.4 如果人造板托盘需在某指定条件或极端条件下使用，则GB/T 4996—2014中最大工作载荷试验和试验9的试验条件应由供货方与购买方协商确定。

6 试验样品数

每个托盘试验，至少要使用 3 个待测样品进行重复试验。

7 试验选择

7.1 托盘预定用途

7.1.1 应对以下四种用途的托盘进行试验：

a) 用于货架存取和堆码的托盘；

b) 仅用于堆码而不用于货架存取的托盘；

c) 既不用于货架存取也不用于堆码的载货托盘；

d) 在其他情况下使用的载货托盘。

7.1.2 不同用途托盘所需进行的试验项目见表 2，试验项目编号对应 GB/T 4996—2014。

表 2 不同用途托盘所需进行的试验项目

额定载荷试验					
搬运方式	用于货架存取和堆码	仅用于堆码而不用于货架存取	既不用于货架存取也不用于堆码	特殊情况	
				输送机	吊取
货架存取	1a 和 1b				
叉举	2a 和 2b	2a 和 2b	2a 和 2b		
压挤	3a 和 3b	3a 和 3b	3a 和 3b		
堆码	4a 和 4b	4a 和 4b			
底铺板支撑				5a 和 5b	
吊取翼板					6a 和 6b

7.1.3 用于搬运或运输的一般用途托盘应按 7.2 进行测试，在某限定范围内进行搬运和运输的特殊用途托盘应按 7.3 或 7.4 进行测试。

注：除了以上所列的试验，可能还需要进行其他试验来测试托盘及其设计性能。

7.2 用于货架存取和堆码的托盘

用于货架存取和堆码的托盘应进行 GB/T 4996—2014 中的试验 1a、1b、2a、2b、3a、3b、4a、4b、5a 和 5b。

注：试验 5a 和 5b 涵盖链式和辊式输送机或其他支撑条件下使用托盘的情况。

7.3 仅用于堆码而不用于货架存取的托盘

仅用于堆码而从不用于货架存取的托盘应进行 GB/T 4996—2014 中的试验 2a、2b、3a、3b、4a 和 4b。

注：叉举试验是必需进行的一项抗弯试验，因为叉举的支撑可能限制有些托盘的使用范围。

7.4 既不用于货架存取也不用于堆码的载货托盘

对于既不用于货架存取也不用于堆码的载货托盘应进行 GB/T 4996—2014 中的试验 2a、2b、3a 和 3b。

7.5 其他用途

7.5.1 自动搬运或输送机用托盘

在某些特殊应用场合中，例如在链式和辊式输送机上使用托盘时，托盘底铺板的强度和刚度可能是托盘最薄弱的环节。在这种情况下，需要进行 GB/T 4996—2014 中的试验 5a 和 5b。

7.5.2 吊索提升用托盘

从事吊索提升作业的托盘应进行 GB/T 4996—2014 中的试验 6a 和 6b，见表 2。

7.5.3 抗冲击性要求高的托盘

如果需要了解在特殊条件下使用的托盘的耐久性能，则应根据托盘用途选择进行 GB/T 4996—2014 中的试验 8、9、10、11 和 12。

7.5.4 有摩擦性能要求的托盘

如果需要对比不同类型托盘与所运输货物或搬运设备的相互关系，应进行 GB/T 4996—2014 中的试验 13 和 14。

8 试验载荷

8.1 强度试验载荷

除了 GB/T 4996—2014 中试验 10 和 11 之外，强度试验的试验载荷应无固定值。

8.2 极限载荷，*U*

如第 7 章所述，应依照托盘用途不同，进行确定托盘极限承载能力的试验(GB/T 4996—2014 中的试验 1a,2a,3a,4a,5a 或 6a)并由此确定托盘的极限载荷值 U_1、U_2、U_3、U_4、U_5 或 U_6。

8.3 刚度试验载荷

GB/T 4996—2014 中刚度试验 1b、2b、3b、4b、5b 和 6b 的试验载荷 P，应等于极限载荷的 50%(安全系数为 2)或者是某一低于极限载荷的 50%的使挠度达到极限的载荷值。

8.4 额定载荷

对于如第 7 章所述用途的托盘而言，刚度试验中试验载荷 P 的最低值应为托盘的额定载荷 R。

注：托盘预定用途是货架存取和堆码。

表 3 示例了如何确定用于货架存取和堆码的托盘的额定载荷。表中的数值为假定值。该托盘的额定载荷 R 是 1 250 kg。

表 3 测定用于货架存取和堆码的托盘的额定载荷的示例

测定用于货架存取和堆码的托盘的额定载荷	
试验 1a 的极限载荷 U_1=2 840 kg	U_1[a] 的 50%为额定载荷 P_{1a}=1 420 kg
试验 1b(最大为 L_1 的 2%)	达到 P_{1b}=1 250 kg
试验 2a 的极限载荷 U_2=3 500 kg	U_2[a] 的 50%为额定载荷 P_{2a}=1 750 kg

表 3（续）

测定用于货架存取和堆码的托盘的额定载荷	
试验 2b(最大为 20 mm 或 4.5°)	得到 P_{2b}=1 750 kg
试验 3a 的极限载荷 U_3=4 500 kg	U_3[a] 的 50%为额定载荷 P_{3a}=2 250 kg
试验 3b(最大为 4 mm)	得到 P_{3b}=2 250 kg
试验 4a 的极限载荷 U_4=4 420 kg	U_4[a] 的 50%为额定载荷 P_{4a}=2 210 kg
试验 4b(最大为 L_1 的 2%)	得到 P_{4b}=2 210 kg
试验 5a 的极限载荷 U_5=4 060 kg	U_5[a] 的 50%为额定载荷 P_{5a}=2 030 kg
试验 5b(最大为 15 mm)	得到 P_{5b}=2 030 kg
[a] 载荷安全系数为 2。	

9 静态刚度试验的持续时间

GB/T 4996—2014 中静态刚度试验 1b、3b、4b、5b 和 7b 的满载试验时间如表 4 所示。所有类型的托盘在进行 GB/T 4996—2014 中的试验 6b 和 2b 时，试验时间和卸载时间应为 30 min。

表 4 静态刚度试验的满载试验时间

托盘材料		试验时间/h	卸载时间/h
采用金属紧固件连接的未经加工(切锯)的木材		2	1
所有金属材料(焊接或冲压结构)		2	1
整体性能由塑料或塑料零件决定	试验 4b	48	2
	其他试验	24	2
整体性能由纸基材和已经加工的木材(如锯木板)决定		24	1
主要部件通过黏合剂粘结而成的托盘		24	1
注：如果建立了可靠的蠕变模型，可以缩短试验时间，以提高试验效率。			

10 动态试验的冲击次数

按照 GB/T 4996—2014 第 9 章的规定，在各次动态试验中，应对每个托盘表面或在托盘的水平轴线方向进行 3 次冲击。各试验的结果应取 3 次冲击下的平均值。

附　录　A
（资料性附录）
反映托盘试验中在极限载荷 *U* 作用下变形的典型力-变形关系曲线

反映托盘试验中在极限载荷 *U* 作用下变形的典型力-变形关系曲线如图 A.1、A.2 和 A.3 所示。

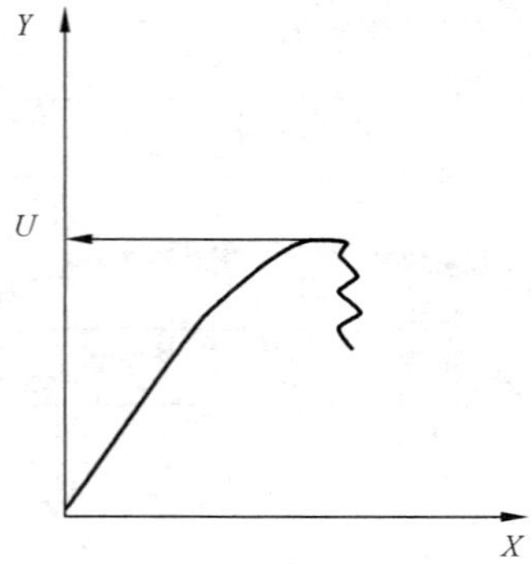

说明：
X ——载荷；
Y ——变形量；
U ——极限载荷。

图 A.1　反映托盘整体损坏的力-变形关系曲线

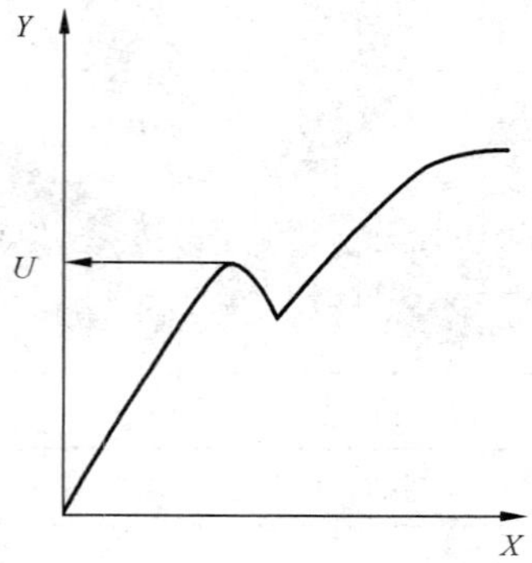

说明：
X ——载荷；
Y ——变形量；
U ——极限载荷。

图 A.2　反映托盘部件损坏的力-变形关系曲线

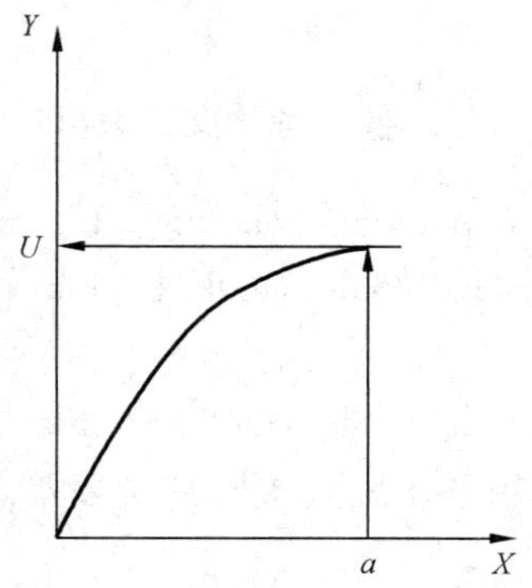

说明：

X ——载荷；

Y ——变形量；

U ——极限载荷；

a ——试验跨距的 6%。

图 A.3 反映托盘过度变形的力-变形关系曲线

参 考 文 献

[1] ISO 8611-1:2011 Pallets for materials handling—Flat pallets—Part 1:Test methods

[2] ISO 8611-2:2011 Pallets for materials handling—Flat pallets—Part 2:Performance requirements and selection of tests

[3] ISO 8611-3:2011 Pallets for materials handling —Flat pallets —Part 3:Maximum working loads

[4] GB/T 2934—2007 联运通用平托盘 主要尺寸及公差

ICS 55.180.20
A 85

中华人民共和国国家标准

GB/T 4996—2014
代替 GB/T 4996—1996

联运通用平托盘 试验方法

General-purpose flat pallets for through transit of goods—Test methods

(ISO 8611-1:2011, Pallets for materials handling—Flat pallets—Part 1: Test methods, MOD)

2014-10-10 发布 2015-06-01 实施

中华人民共和国国家质量监督检验检疫总局
中国国家标准化管理委员会 发布

前　言

本标准按照 GB/T 1.1—2009 给出的规则起草。

本标准代替 GB/T 4996—1996《联运通用平托盘　试验方法》，与 GB/T 4996—1996 相比，主要变化如下：

——修改了试验方法的分组方法（见第 7 章，1996 年版第 8 章和第 9 章）；

——修改了“堆码试验”的内容（见 8.4，1996 年版 8.1）；

——增加了“叉举试验”、“垫块或纵梁抗压试验”、“气囊抗弯试验”、“静态剪切试验”、“静摩擦系数试验”和“滑动角试验”等试验项目（见 8.2、8.3、8.7、8.8、8.13 和 8.14）；

——修改了试验方法在试验载荷、试验时间、加载设备结构尺寸及其安放位置、挠度或变形量的测量与评定、试验次数等方面的内容（见第 8 章，1996 年版第 8 章）；

——删除了有关选择预处理环境条件的内容（见 1996 年版第 6 章）。

本标准采用重新起草法修改采用 ISO 8611-1:2011《物料搬运托盘　平托盘　第 1 部分:试验方法》。

本标准与 ISO 8611-1:2011 的技术性差异及其原因如下：

——有关范围，删除了有关试验方法划分及标准不适用范围的描述，明确了标准的适用范围（见第 1 章）。

——有关规范性引用文件，本标准作了具有技术性差异的调整，以适应我国的技术条件，调整的情况集中反映在第 2 章“规范性引用文件”中，具体调整如下：

- 用修改采用国际标准的 GB/T 4995—2014 代替 ISO 8611-1:2011 引用的 ISO 8611-2:2011（见 6.1、8.1、8.2、8.3、8.4、8.5、8.6、8.7、8.10、8.11 和 8.12）；
- 增加引用了 GB/T 18354—2006；
- 删除了 ISO 8611-1:2011 引用的 ISO 2244:2000（见 ISO 8611-1:2011 的第 2 章）。

——删除了 ISO 8611-1:2011 第 3 章中以下术语的定义：安全系数、实体载荷、均匀分布的连接载荷均匀分布的不连接载荷（见 ISO 8611-1:2011 的第 3 章）。

——删除了 ISO 8611-1:2011 第 5 章中有关试验设备及仪器要求及试验精度的注（见 ISO 8611-1:2011 的第 5 章）。

本标准由全国物流标准化技术委员会（SAC/TC 269）提出并归口。

本标准起草单位：北京科技大学、交通部科学研究院、中国物流与采购联合会托盘专业委员会、无锡市前程包装工程有限公司、全亚供应链管理（上海）有限公司、铁道部标准计量研究所、中国包装联合会、中国国际海运集装箱（集团）股份有限公司、大连中集物流装备有限公司、深圳宝兴木器制品厂、苏州大森塑胶工业有限公司、山东力扬塑业有限公司。

本标准主要起草人：唐英、熊才启、吴清一、徐平、孙延安、张锦、王利、倪建生、杨橙双、常红、韩庆勋。

GB/T 4996 于 1985 年首次发布，1996 年第一次修订时将 GB/T 4996—1985《木制联运平托盘试验方法》中文名称进行了修改，标准中文名称改为 GB/T 4996—1996《联运通用平托盘　试验方法》；本次为第二次修订。

联运通用平托盘　试验方法

1　范围

本标准规定了评价联运通用平托盘性能的试验方法。

本标准适用于公路、铁路和水路的联运通用平托盘的设计、生产、检验及使用。

2　规范性引用文件

下列文件对于本文件的应用是必不可少的。凡是注日期的引用文件，仅注日期的版本适用于本文件。凡是不注日期的引用文件，其最新版本(包括所有的修改单)适用于本文件。

GB/T 3716—2000　托盘术语(idt ISO 445:1996)

GB/T 4995—2014　联运通用平托盘　性能要求和试验选择(ISO 8611-2:2011，MOD)

GB/T 18354—2006　物流术语

EN 13183-2—2002　片锯材的含水率　第2部分:电阻法测量(Moisture content of a piece of sawn timer—Part 2:Estimation by electrical resistance method)

3　术语和定义

GB/T 3716—2000 和 GB/T 18354—2006 界定的以及下列术语和定义适用于本文件。为了便于使用，以下重复列出 GB/T 3716—2000 中的某些术语和定义。

3.1

平托盘　flat pallets

一种用来集结、堆存货物以便于装卸和搬运的水平板。

注：其最低高度应能适应托盘搬运车、叉车和其他适用的装卸设备的搬运要求。

3.2

额定载荷　rating

R

额定载荷指在平均且均匀分布载荷的情况下，指定的以千克为单位的托盘的装载能力。未标明净载重能力的特定托盘只有一个额定值。额定值通过试验确定，且不能改变。

[GB/T 3716—2000，定义 2.2]

3.3

极限载荷　ultimate load

U

使试件产生不可承受的压缩、位移或挠曲而导致试件或试件的某个构件破裂，或者导致试件或试件的某个构件产生过度位移、变形或挠曲的载荷。

3.4

试验载荷　test load

P

加载头、加载杠、加载板或加载箱以及所加载荷本身之和。

3.5

有效载荷　payload

Q

托盘在使用中承受的载荷。

3.6

最大工作载荷　maximum working load

托盘在特定负载和支撑条件下能够承受的最大有效载荷。

3.7

刚度　stiffness

承载状态下托盘或托盘构件抵抗变形的能力。

注：刚度高表明在给定载荷下位移、挠曲或变形小。

3.8

构件破裂　breaking of one component

某个对托盘强度、刚度以及功能有较大影响的结构构件发生破裂。

3.9

压板　platen

在试验机上测试托盘试件时加载所用的坚硬刚性平板构件。

3.10

堆码　stacking

把单元载荷一件件摞起来放置，而不需要中间梁。

[GB/T 3716—2000，定义 B4]

3.11

货架存取　racking

将装载单元存放在自由无支撑跨距的贯通式货架或横梁式货架上的作业。

4　试验前的准备

4.1　待测托盘均需接受检查，以保证托盘的材料、结构及尺寸符合其注明的技术指标。

4.2　试验时应检测并记录各托盘的质量和材料。

4.3　进行木托盘试验时，应按 EN 13183-2—2002 电阻法测量并记录木托盘的含水率。

4.4　试验中以及试验报告中应记录的其他细节信息参看第 9 章。

5　试验设备和仪器

5.1　试验设备应满足以下要求：

a)　试验设备各尺寸公差应为±2%。

b)　试验所用测量仪器的精度应为±0.05 mm。

c)　除试验载荷外，托盘各构件定位精度应为±2 mm；测量仪器的定位精度应为±4 mm。

d)　所加试验载荷中心的定位精度应为±10 mm。

e)　所加试验载荷的总质量应在设定值的±3%之内。

5.2　加载最大试验载荷时，试验台任意部位的变形都不应大于±3 mm。测量托盘挠度时应将试验台的变形考虑在内。

6 试验载荷

6.1 各项试验的试验载荷应参照 GB/T 4995—2014 确定。

6.2 试验设备施加试验载荷时，试验载荷应连续地或阶梯式增加直至试件损坏（用于确定极限载荷）或达到某个定值（用于托盘质量鉴定试验）。

7 试验项目

7.1 试验项目见表 1，分为 3 组，分别为额定载荷试验、最大工作载荷试验和耐久性试验。试验选择和托盘性能的评估依照 GB/T 4995—2014 中的规定进行。

7.2 试验 1、2、3、4、5、6 和 7 应使用新托盘进行试验。试验 1、2、3、4、5 和 7 可以用同一个试样进行，也可以用单独的不同试样进行。若试验 1、2、3、4、5 和 7 使用同一个试样进行时，确定额定载荷后应首先进行刚度试验然后进行强度试验。

表 1 试验项目明细表

试验号	试验项目	特征	装载操作或试验目的	条款
额定载荷试验				
1	**抗弯试验**	托盘长度、宽度	货架存取	8.1
1a	抗弯强度试验			8.1.2.4
1b	抗弯刚度试验			8.1.2.5
2	**叉举试验**	顶铺板	叉车或托盘搬运车叉举	8.2
2a	抗弯强度试验			8.2.2.2
2b	抗弯刚度试验			8.2.2.3
3	**垫块或纵梁抗压试验**	垫块、纵梁的高度	压挤垫块或纵梁的任何作业，包括堆码	8.3
3a	垫块或纵梁强度试验			8.3.2.3
3b	垫块或纵梁刚度试验			8.3.2.4
4	**堆码试验**	顶铺板和底铺板	堆码	8.4
4a	铺板强度试验			8.4.2.3
4b	铺板刚度试验			8.4.2.4
5	**底铺板抗弯试验**	底铺板	双轨输送机	8.5
5a	抗弯强度试验			8.5.2.3
5b	抗弯刚度试验			8.5.2.4
6	**翼托盘抗弯试验**	托盘长度、宽度	吊索提升	8.6
6a	抗弯强度试验			8.6.2.2
6b	抗弯刚度试验			8.6.2.3

表 1（续）

试验号	试验项目	特征	装载操作或试验目的	条款
最大工作载荷试验—有效载荷或气囊加载				
1	**抗弯试验**	托盘长度、宽度	货架存取	8.1
1b	抗弯刚度试验			8.1.2.5
7	**气囊抗弯试验**	托盘长度、宽度	货架存取	8.7
7a	抗弯强度试验			8.7.2.8
7b	抗弯刚度试验			8.7.2.9
2	**叉举试验**	顶铺板	叉车或托盘搬运车叉举	8.2
2b	抗弯刚度试验			8.2.2.3
4	**堆码试验**	顶铺板和底铺板	堆码	8.4
4b	铺板刚度试验			8.4.2.3
5	**底铺板抗弯试验**	底铺板	双轨输送机和小跨度梁式货架存取	8.5
5b	抗弯刚度试验			8.5.2.4
6	**翼托盘抗弯试验**	托盘长度、宽度	吊索提升	8.6
6b	抗弯刚度试验			8.6.2.3
耐久性试验				
8	**静态剪切试验**	铺板、垫块、纵梁	抗变形能力	8.8
9	**角跌落试验**	对角刚度	抗冲击能力	8.9
10	**剪切冲击试验**	铺板、垫块、纵梁	抗变形能力	8.10
11	**顶铺板边缘冲击试验**	顶铺板上导边	抗货叉侧向水平冲击的能力	8.11
12	**垫块冲击试验**	拐角垫块、纵梁	抗货叉叉尖冲击的能力	8.12
13	**静摩擦系数试验**	底铺板与货叉	货叉的防滑性能	8.13
14	**滑动角试验**	顶铺板与有效载荷	载荷的防滑性能	8.14

8 试验

8.1 试验 1:抗弯试验

8.1.1 目的

本试验的目的是确定托盘在货架存取条件下的抗弯强度(试验 1a)和抗弯刚度(试验 1b)。

8.1.2 步骤

8.1.2.1 用一个托盘在其长度方向进行试验，测量其挠度值。用另一个托盘在其宽度方向上进行试验，测量其挠度值。挠度值大的方向为托盘支撑刚度低的方向。除非上述两方向上的挠度值之差小于两挠度值中大者的 15%，否则仅需在托盘支撑刚度低的方向上进行以下进一步的试验。

8.1.2.2 换一个新的托盘，使托盘顶铺板朝上并横跨于支座上，支座支撑在托盘刚度低的方向上，支座内侧离托盘外边缘 75 mm。如图 1 所示，加载杠中心距支座内侧 $0.18L_1$ 或 $0.18L_2$。

单位为毫米

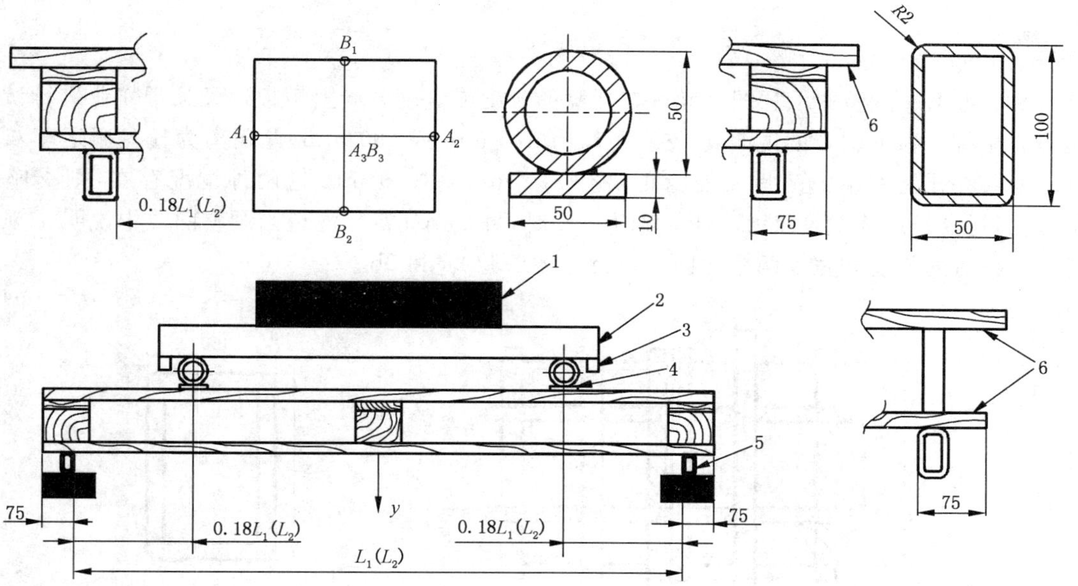

说明：

1 ——试验载荷；
2 ——加载板；
3 ——安全挡块；
4 ——加载杠；
5 ——支座；
6 ——翼；
y ——挠度值；
$L_1(L_2)$——两支座在托盘长度(宽度)方向上的内间距。

图 1 抗弯试验

8.1.2.3 加载杠、支座应与托盘外缘平齐或伸出托盘外缘。托盘外缘应加工出半径 2 mm±1 mm 的圆角。若加载杠位于托盘铺板缝隙处，应在相应的缝隙位置插入与铺板同厚的铺板，铺板间间距为 3 mm～6 mm。将加载杠和加载板放在托盘铺板上，然后施加其余的试验载荷。

8.1.2.4 试验 1a：测定抗弯强度

在加载板上加载直至托盘的某个构件破裂或产生过度变形或挠曲。记录该极限载荷值，作为托盘在货架存取条件下的抗弯强度。

8.1.2.5 试验 1b：测定抗弯刚度

以试验 1a 测定的极限载荷值的(1.5±0.5)%为试验的基准载荷。依照 GB/T 4995—2014 表 1 中的试验载荷水平确定满载。如图 1 所示，根据支座位置不同，在各 A 点或 B 点测量挠度值 y，记录 $A_1(B_1)$、$A_2(B_2)$、$A_3(B_3)$处 y 的最大值。测量应在以下时刻进行：

a） 加到基准载荷时；

b） 加到满载时；

c） 满载结束时；

d） 卸载结束时。

依照 GB/T 4995—2014 表 1 中的性能极限确定托盘在货架存取条件下的抗弯刚度。

8.2 试验 2：叉举试验

8.2.1 目的

本试验的目的是确定既不用于货架存取也不用于堆码的单面或双面托盘由货叉在托盘顶铺板下支

撑时托盘的挠曲。此类托盘的极限工作条件由该挠度值决定。

8.2.2　步骤

8.2.2.1　图 2 为叉举试验的示意图。允许在托盘的长度或宽度方向上模拟货叉叉举作业进行试验。支座应与图 2 相符。参见图 2 的说明 a，支座距离为 570 mm 或 690 mm，此距离为托盘搬运车双叉的外缘距离。如果在托盘使用中两货叉外缘距离有 570 mm 和 690 mm 这两种情况存在，则支座距离取 570 mm。当托盘长度或宽度尺寸大于 1 219 mm 时，可根据托盘尺寸适当调整图 2 中说明 a 规定的支座距离。在托盘的长度和宽度两个方向上进行下述试验 2a 和 2b。

单位为毫米

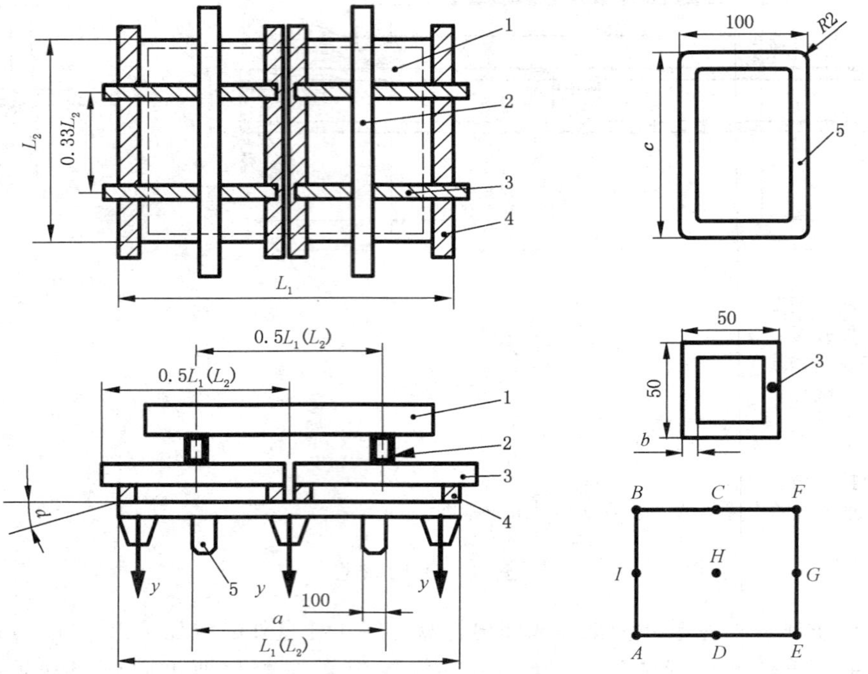

说明：

1	——试验载荷；
2	——加载杠；
3	——钢制加载杠，50 mm×50 mm×L [$\geqslant L_1/2$]；
4	——钢制加载杠，50 mm×50 mm×L [$\geqslant L_1$]；
5	——支座；
$A\sim I$	——挠度的各测量位置；
y	——挠度值；
a	——支座间距离，为 570 mm 或 690 mm；
b	——钢制加载棒厚度，≥2 mm；
c	——支座高度，≤200 mm；
d	——试验中托盘铺板的挠曲角；
$L_1(L_2)$	——托盘长度(宽度)。

图 2　叉举试验

8.2.2.2　试验 2a：测定抗弯强度

施加试验载荷，直至托盘的某个构件破裂或产生过度变形或挠曲。记录该极限载荷值，作为托盘在叉举条件下的抗弯强度。

8.2.2.3 试验 2b：测定抗弯刚度

以试验 2a 测定的极限载荷值的(1.5±0.5)%为试验的基准载荷。依照 GB/T 4995—2014 表 1 中的试验载荷水平确定满载。如图 2 所示，根据支座位置不同，在托盘各边的中间位置或在托盘各顶角处测量挠度值 y，记录在不同支撑方向上 A、B、C、D、E、F、G、H、I 处 y 的最大值。测量应在以下时间进行：

a) 加到基准载荷时；

b) 加到满载时；

c) 满载结束时；

d) 卸载结束时。

依照 GB/T 4995—2014 表 1 中的性能极限确定托盘在叉举条件下的抗弯刚度。

8.3 试验 3：垫块或纵梁抗压试验

8.3.1 目的

本试验的目的是确定托盘垫块、纵梁或支柱的抗压强度(试验 3a)和抗压刚度(试验 3b)。应对支撑上部结构或承受重型刚性负载的垫块或纵梁进行试验。

8.3.2 步骤

8.3.2.1 将托盘放到一个坚硬的刚性水平平面上。如图 3 所示，将一尺寸为(300±5)mm×(300±5)mm×(25±5)mm 的刚性加载头放在待试垫块上或纵梁上，加载头的长宽与托盘长宽平行。

单位为毫米

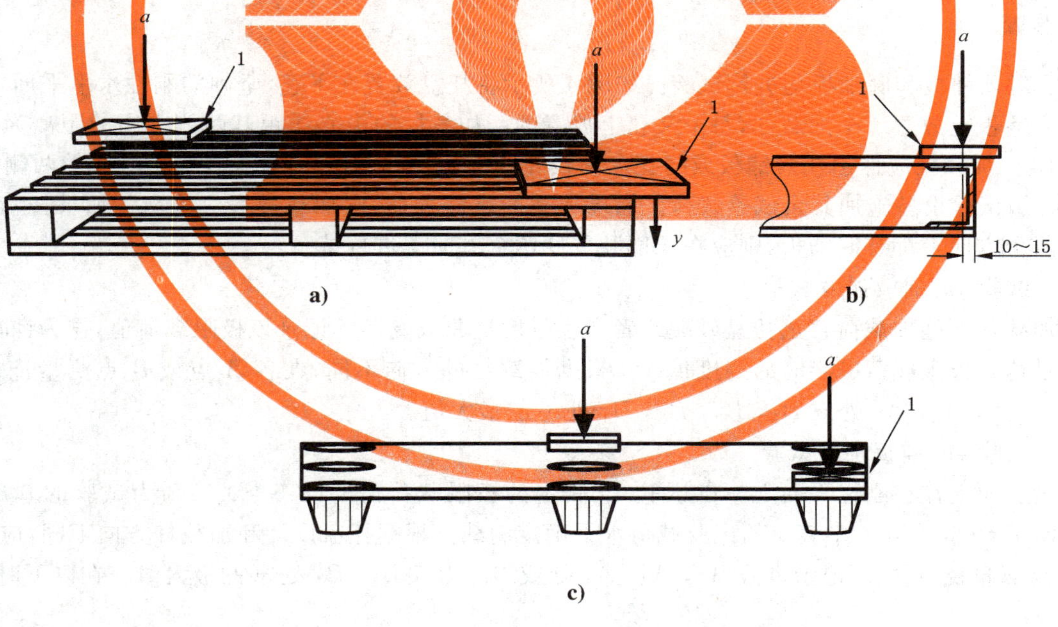

说明：

1——加载头；

y——挠度值；

a——试验载荷。

图 3 垫块或纵梁抗压试验

8.3.2.2　如图 3a)、图 3b)和图 3c)中的箭头所示，试验载荷集中施加在加载头上。如果托盘上的各纵梁或垫块结构不同，则每种结构的纵梁或垫块都应进行试验。可以选择在几个相同拐角、垫块或纵梁上进行试验。

8.3.2.3　试验 3a：测定垫块或纵梁的抗压强度

加载直至托盘某个垫块或纵梁破裂或产生过度变形或挠曲。记录该极限载荷值，作为垫块或纵梁的抗压强度。

8.3.2.4　试验 3b：测定垫块或纵梁的抗压刚度

以试验 3a 测定的极限载荷值的(1.5±0.5)%作为试验的基准载荷。依照 GB/T 4995—2014 表 1 中的试验载荷水平确定满载。在以下时刻测量挠度值 y：

a)　加到基准载荷时；

b)　加到满载时；

c)　满载结束时；

d)　卸载结束时。

依照 GB/T 4995—2014 表 1 中的性能极限确定垫块或纵梁的抗压刚度。

8.4　试验 4：堆码试验

8.4.1　目的

本试验的目的是确定托盘在块状堆码状态下横跨于垫块或纵梁之间的顶铺板和底铺板承受大范围变化的局部有效载荷的能力。如图 4 所示，若托盘有两个以上叉孔时，加载杠应放置在跨距最大(即最外侧)的两个叉孔上。在跨距最大的单个叉孔上进行试验无效。

8.4.2　步骤

8.4.2.1　对顶铺板和底铺板均进行试验。如图 4 所示将托盘放置在平整、坚硬的刚性水平平面上，在顶铺板或底铺板上放置 4 个加载杠，每个叉孔上放置的两加载杠的中心线距其两侧支座的距离为 $0.18L_1$ 或 $0.18L_2$。加载杠应伸出托盘铺板或与托盘铺板外缘平齐，且应对称布置在托盘中心线的两侧。

8.4.2.2　用试验设备施加其余试验载荷。如果加载的是静载荷，则加载过程应均衡。如果托盘在长度和宽度两个方向上都有底铺板，则应在长度和宽度两个方向上进行试验。

8.4.2.3　试验 4a：铺板强度试验

在加载板上施加载荷直至托盘破裂或者产生过度挠曲或变形。记录该极限载荷值，作为铺板强度。

记录达到极限载荷一半时的挠度值 y。根据加载杠的方向不同，在各 A 点或 B 点测量挠度值 y。记录 A_1，A_2，A_3，A_4 处或 B_1，B_2，B_3，B_4 处 y 的最大值。

8.4.2.4　试验 4b：铺板刚度试验

托盘底面支撑在刚性平面上。以试验 4a 测定的极限载荷值的(1.5±0.5)%为试验的基准载荷。依照 GB/T 4995—2014 中表 1 的试验载荷水平确定满载。根据托盘设计和加载杠方向不同，应在各 A 点或 B 点测量挠度值 y，记录 A_1，A_2，A_3，A_4 处或 B_1，B_2，B_3，B_4 处 y 的最大值。在以下时刻测量挠度值 y：

a)　加到基准载荷时；

b)　加到满载时；

c)　满载结束时；

d)　卸载结束时。

依照 GB/T 4995—2014 表 1 中的性能极限确定铺板刚度。

单位为毫米

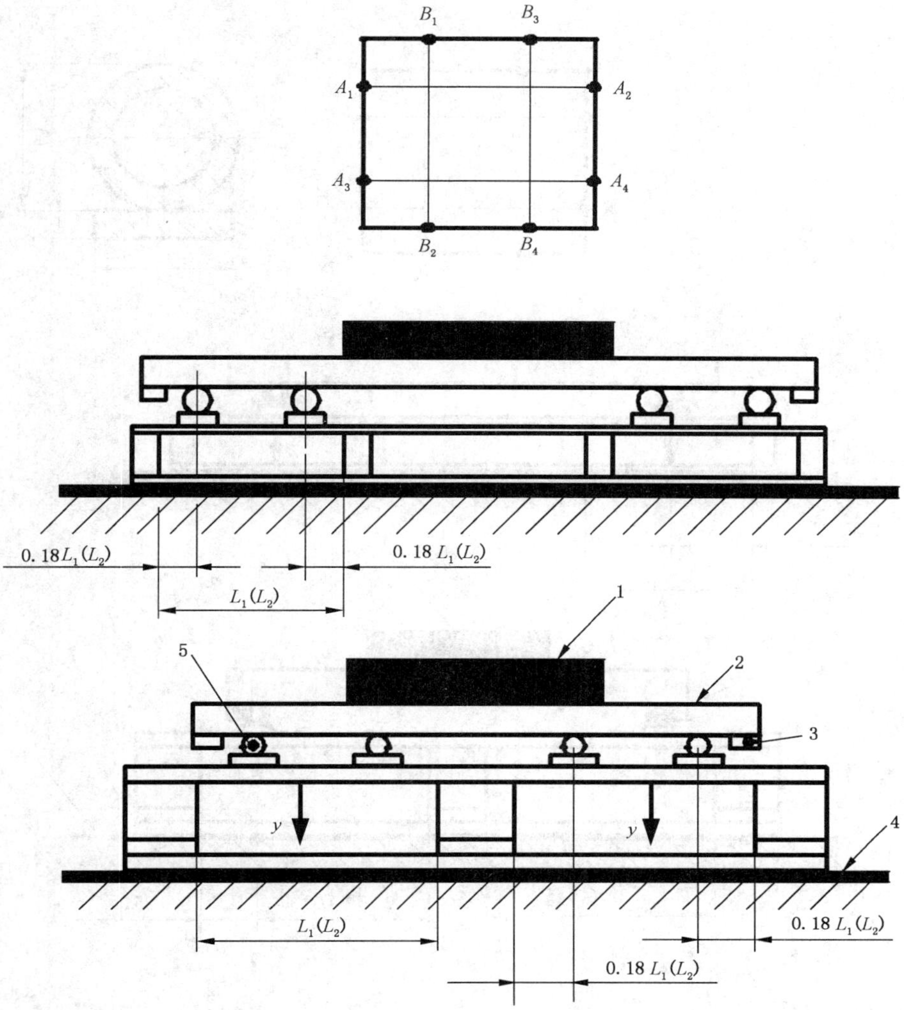

说明：

1 ——试验载荷；
2 ——加载板；
3 ——安全挡块；
4 ——刚性支撑面；
5 ——加载杠；
y ——挠度值；
L_1(L_2) ——托盘长度(宽度)方向上叉孔的宽度。

图 4 铺板强度和刚度试验

8.5 试验 5:底铺板抗弯试验

8.5.1 目的

本试验的目的是确定双轨输送机和小跨度梁式货架上使用的托盘进行搬运作业时横跨在托盘垫块或纵梁之间的底铺板的强度和刚度。

8.5.2 步骤

8.5.2.1 如图 5 所示，托盘顶铺板朝下放在一个平整、坚硬的刚性水平面上，将两加载杠放在托盘底铺板上，加载杠中心距托盘外侧垫块或纵梁的内侧边的距离为 $0.25L_1$ 或 $0.25L_2$。加载杠应伸出托盘铺板或与托盘铺板外缘平齐，且应对称布置在托盘中心线的两侧。

单位为毫米

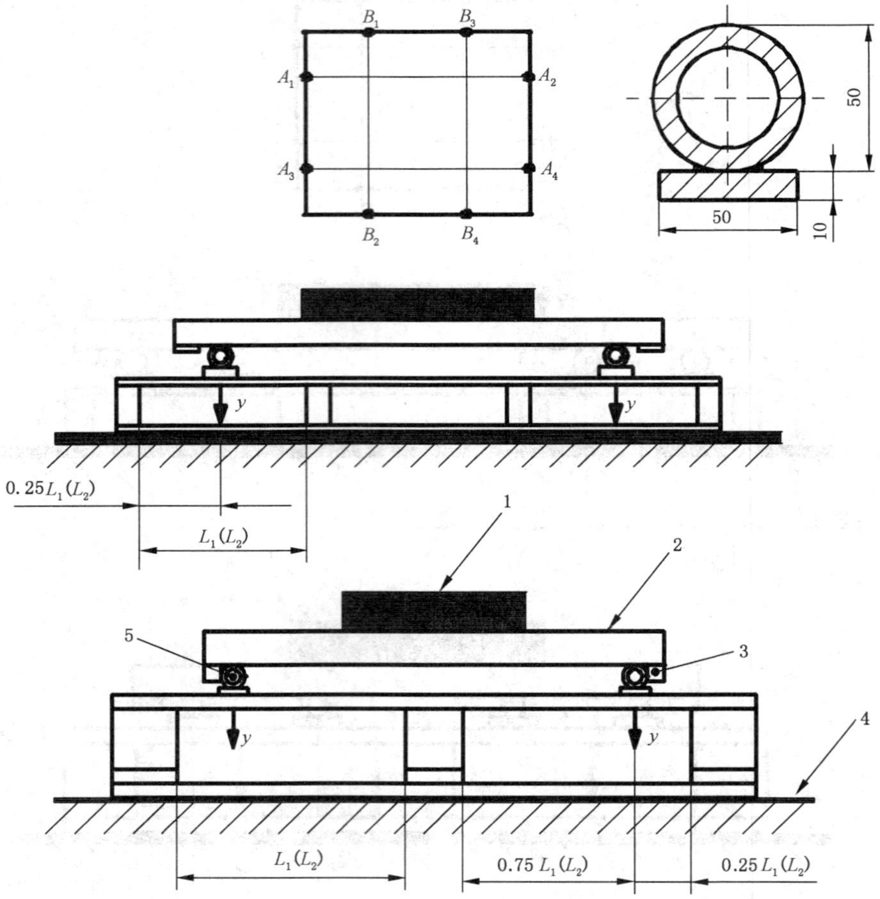

说明：

1 ——试验载荷；
2 ——加载板；
3 ——安全挡块；
4 ——刚性支撑面；
5 ——加载杠；
y ——挠度值；
$L_1(L_2)$ ——托盘长度(宽度)方向上叉孔的宽度。

图 5　底铺板强度和刚度试验

8.5.2.2　用试验设备施加其余试验载荷。如果加载的是静载荷，则加载过程应均衡。如果托盘在长度和宽度两个方向上都有底铺板，则应在长度和宽度两个方向上进行试验。

8.5.2.3　试验 5a：抗弯强度

在加载板上施加载荷直到某一底铺板破裂或者产生过度挠曲或变形。记录该极限载荷值，作为底铺板抗弯强度。

8.5.2.4　试验 5b：抗弯刚度

以试验 5a 测定的极限载荷值的(1.5±0.5)%为试验的基准载荷。参见 GB/T 4995—2014 表 1 的试验载荷水平确定满载。根据加载杠方向不同，应在各 A 点或 B 点测量挠度值 y，记录 A_1，A_2，A_3，A_4 处或 B_1，B_2，B_3，B_4 处 y 的最大值。在以下时刻测量挠度值 y：

a)　加到基准载荷时；

b)　加到满载时；

c) 满载结束时；

d) 卸载结束时。

参见 GB/T 4995—2014 表 1 的性能极限确定底铺板抗弯刚度。

8.6 试验 6：翼托盘抗弯试验

8.6.1 目的

本试验的目的是确定用翼托盘由吊索吊起作业时翼托盘的抗弯强度(试验 6a)和抗弯刚度(试验 6b)。

8.6.2 步骤

8.6.2.1 翼托盘顶铺板朝上放在 4 个 50 mm×50 mm 的支柱上，4 个支柱位于托盘顶铺板翼板下方且与托盘端头齐平。调整支柱支撑高度应保证底铺板下侧面与地面或试验台面间的间距至少为 50 mm。如图 6 所示，各加载杠中心线至支柱内侧面的距离为 $0.18L_1$ 或 $0.18L_2$。加载板放在加载杠上，然后施加其余的试验载荷。

单位为毫米

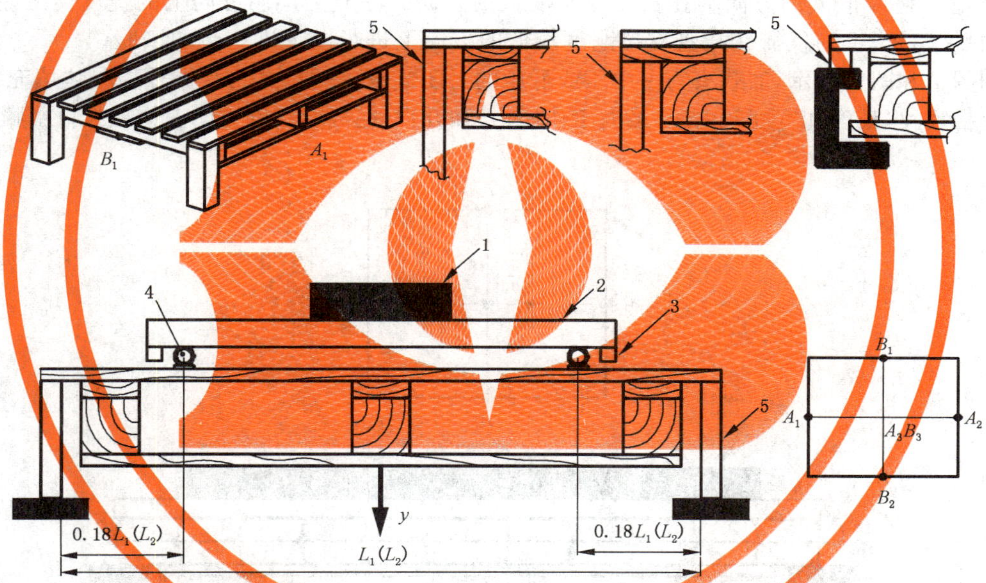

说明：

1 ——试验载荷；
2 ——加载板；
3 ——安全挡块；
4 ——加载杠；
5 ——支座；
y ——挠度值；
$L_1(L_2)$ ——托盘长度(宽度)方向上支柱之间的内间距。

图 6 翼托盘抗弯试验

8.6.2.2 试验 6a：测定抗弯强度

在加载板上施加载荷直到托盘的某个构件破裂或者产生过度挠曲或变形。记录该极限载荷值，作为翼托盘的抗弯强度。

8.6.2.3 试验 6b：测定抗弯刚度

以试验 6a 测定的极限载荷值的(1.5±0.5)%作为试验的基准载荷。依照 GB/T 4995—2014 中表 1

的试验载荷水平确定满载。根据支座位置不同，在各 $A(B)$ 点处测量挠度值 y，记录 $A_1(B_1)$、$A_2(B_2)$、$A_3(B_3)$ 处 y 的最大值。测量应在以下时刻进行：

a） 加到基准载荷时；

b） 加到满载时；

c） 满载结束时；

d） 卸载结束时。

依照 GB/T 4995—2014 中表 1 的性能极限确定翼托盘抗弯刚度。

8.7 试验 7：气囊抗弯试验

8.7.1 目的

本试验的目的是模拟现场常常出现的托盘承受均匀柔性载荷的情况。本试验中使用的加载头模拟了这种均匀柔性载荷，如箱装货物或袋装货物等。8.1.2 中所述的加载杠无法模拟均匀柔性载荷。

8.7.2 步骤

8.7.2.1 用一个托盘在其长度方向进行试验，测量其挠度值。用另一个托盘在其宽度方向上进行试验，测量其挠度值。挠度值大的方向为托盘支撑刚度低的方向。除非上述两方向上的挠度值之差小于两挠度值中大者的 15%，否则仅需在托盘支撑刚度较低的方向上进行以下进一步的试验。

8.7.2.2 如图 7 和图 8 所示，加载头为一中压或低压的封闭气囊，一般称之为“提升袋”或“填充袋”。气囊技术指标包括尺寸（长度和宽度）、内压（最大工作压力）和升程（在气囊高度方向上的最大自由膨胀量）等。

单位为毫米

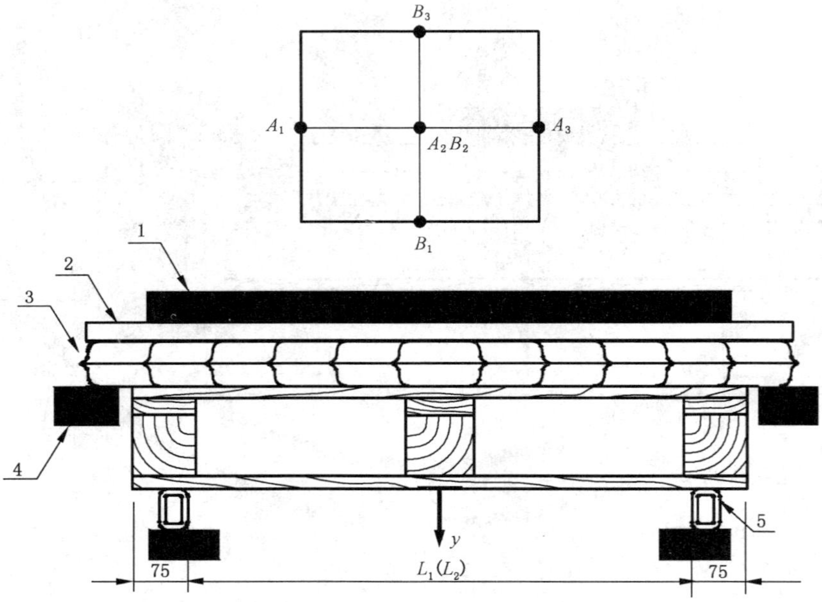

说明：

1 ——载荷块；
2 ——加载板；
3 ——气囊；
4 ——气囊支撑梁；
5 ——支座；
y ——挠度值；
$L_1(L_2)$ ——托盘长度（宽度）方向上支座之间的内间距。

图 7 载荷块加载气囊抗弯试验

单位为毫米

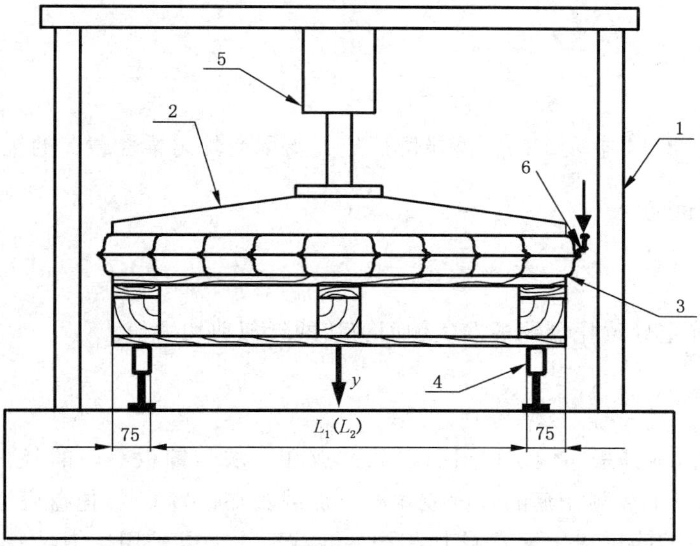

说明：

1 ——试验装置；

2 ——载荷压板；

3 ——气囊；

4 ——支座；

5 ——加载头；

6 ——充气管；

y ——挠度值；

$L_1(L_2)$ ——托盘长度(宽度)方向上支座之间的内间距。

图 8 充气加载气囊抗弯试验

8.7.2.3 选择气囊尺寸保证充气后气囊与托盘整个铺板接触。一般选用比待测托盘顶铺板的长度和宽度长约 150 mm 的气囊。

8.7.2.4 若气囊侧面伸出托盘各边或端面 75 mm 以上时，则应增加气囊支撑梁以保证试验中气囊悬伸部分保持与托盘铺板上表面平齐。若试验须从托盘上方测量施加在托盘上的载荷，则不应使用图 8 中所示的支座，而应依照 8.7.2.3 所述选用与托盘匹配的气囊。

8.7.2.5 气囊的内压或工作压力应能足以破坏所有待试托盘。根据经验，工作压力至少为 0.07 MPa～0.08 MPa。

8.7.2.6 气囊高度方向上的膨胀量或升程与试验设备的设计有关。气囊中部和边缘的膨胀量不一致时，应根据膨胀量最小的区域选择气囊。为了避免气囊刚度对试验数据的影响，气囊膨胀量应至少是导致托盘损坏所需膨胀量的两倍。如图 1 所示，托盘支座的内边缘(或中心线)应距托盘外缘 75 mm。

8.7.2.7 对置于托盘顶铺板上的气囊充气或者在充气气囊上加载时应控制加载量或试验速度。

8.7.2.8 试验 7a：测定抗弯强度

增加载荷直至托盘的某个构件破裂或产生过度挠曲或变形。记录此极限载荷值，作为托盘承受均匀柔性载荷的抗弯强度。

8.7.2.9 试验 7b：测定抗弯刚度

以试验 7a 测定的极限载荷值的(1.5±0.5)%为试验的基准载荷。依照 GB/T 4995—2014 中表 1 的试验载荷水平确定满载。根据支座位置不同，在各 A 点或 B 点处测量挠度值 y，记录 $A_1(B_1)$、$A_2(B_2)$、$A_3(B_3)$处 y 的最大值。测量应在以下时刻进行：

a) 加到基准载荷时；

b) 加到满载时；

c) 满载结束时；

d) 卸载结束时。

依照 GB/T 4995—2014 中表 1 的性能极限确定托盘承受均匀柔性载荷的抗弯刚度。

8.8 试验 8：静态剪切试验

8.8.1 目的

本试验的目的是确定导致托盘铺板发生侧面剪切的近似剪切力值。

8.8.2 步骤

8.8.2.1 托盘竖立放置，顶铺板靠向试验设备机架并放在一块与铺板等厚的竖立支撑板上。如图 9 所示，支撑板的长度应不小于被测托盘的长度或宽度。加载头在位置 C 与托盘底铺板的整个长度或宽度接触。也可以采用压力试验机在位置 C 施加相同的线载荷。如果采用压力试验机进行试验，应约束加载点 C 处压板的位置使得 $L_2 > 150$ mm，且压板除仅能在竖直方向上移动以外不能在其他任何平面内移动。

单位为毫米

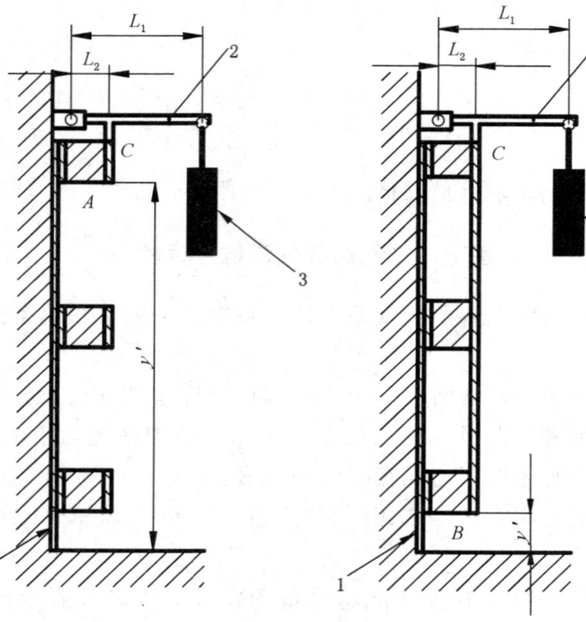

说明：

1 ——支撑板；

2 ——加载头；

3 ——载荷 W；

y′ ——变形量；

A～C——变形测量位置；

L_1 ——加载载荷至加载头铰链的距离；

L_2 ——加载点 C 至加载头铰链的距离。

图 9 静态剪切试验

8.8.2.2 加载，载荷值为 W。由式(1)求得位置 C 处的试验载荷 F。应根据托盘底铺板是否连续，选择在 A 或 B 处测量托盘的竖向变形量 y'。应在撤销载荷时和卸载后测量并记录 y' 的变化。

$$F=\frac{L_1 \cdot W}{L_2} \qquad \cdots\cdots(1)$$

式中：

F ——加载点 C 处的试验载荷，单位为千克(kg)；

W ——加载载荷，单位为千克(kg)；

L_1 ——加载载荷至加载头铰链的距离，单位为毫米(mm)；

L_2 ——加载点 C 至加载头铰链的距离，单位为毫米(mm)。

8.9 试验9:角跌落试验

8.9.1 目的

本试验的目的是为了确定托盘顶铺板的对角刚度和抗冲击性能。

8.9.2 步骤

8.9.2.1 如图10所示，在距托盘各顶角约50 mm处标记两个测量点 A 和 B。把托盘按对角线 AB 方向吊起，使其上升高度为 h，然后使托盘自由跌落至一个坚硬的水平撞击平面平滑、坚硬、刚性水平冲击面上。在同一顶角和同一高度上应进行3次跌落试验。

注：对于不对称托盘，由试验者判断确定托盘跌落方向。

单位为毫米

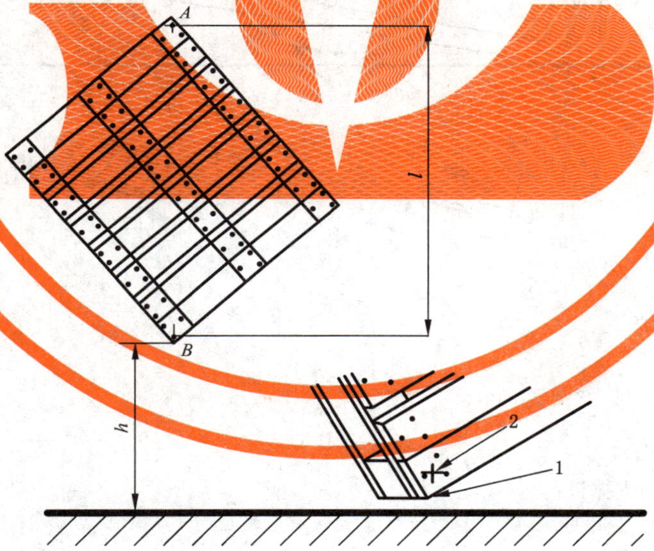

说明：

1——托盘顶角；

2——测量点；

h——跌落高度；

l——对角长度。

图10 角跌落试验

8.9.2.2 在第1次跌落试验前和第3次跌落试验后测量对角线长度 l,并记录托盘的所有损伤情况。

8.10 试验10:剪切冲击试验

8.10.1 目的

本试验的目的是为了确定位于顶铺板、垫块、纵梁、纵梁板和底铺板之间的托盘构件抵抗侧向水平冲击的能力。

8.10.2 步骤

8.10.2.1 如图11所示,将一个钢制或高密度硬木制、公称截面尺寸(90±10) mm×(90±10)mm、至少与托盘最大边长等长的撞击条固定在挡板上。应保证当台车处于最低位置时该撞击条的上缘比托盘底面(台车顶面)高15 mm。

单位为毫米

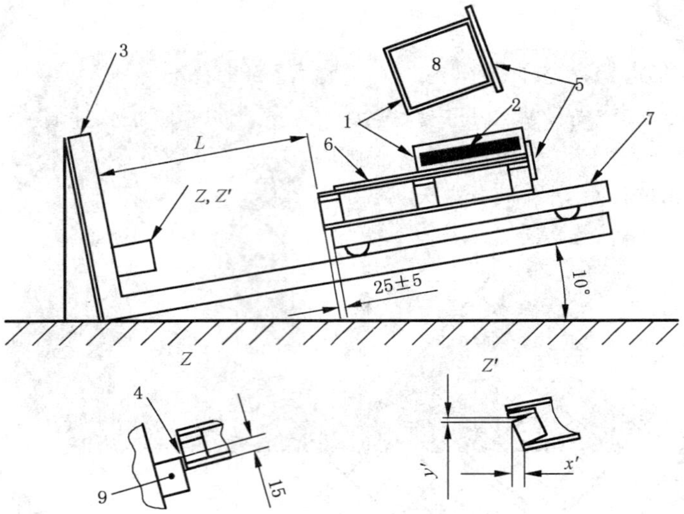

说明:
1 ——载荷箱;
2 ——载荷块;
3 ——挡板;
4 ——15 mm重叠冲击线;
5 ——载荷箱的可拆卸支撑板;
6 ——载荷扩展板;
7 ——台车;
8 ——俯视图;
9 ——撞击条;
L ——释放点与冲击点的距离;
x' ——X 方向变形量;
y' ——Y 方向变形量。

图11 剪切冲击试验

8.10.2.2 将托盘放在斜面冲击试验机台车上，应保证当托盘的前缘碰撞撞击条时台车和撞击条之间有25 mm±5 mm 的距离。

8.10.2.3 如图 11 所示，将载荷块放入平面尺寸为(600±50)mm×(800±50)mm 的载荷箱中。利用长度至少与待测托盘铺板长度相等的载荷箱可拆卸支撑板，将载荷箱与载荷扩展板置于托盘顶铺板右侧，借助于载荷扩展板试验载荷分布在距托盘左侧端面 100 mm 以外的顶铺板右侧表面上，且试验载荷中心位于下行运动轨道的中心线上。试验载荷由载荷块、载荷箱和载荷扩展板构成，试验载荷不应包括台车重量。

注：载荷扩展板一般由厚度为 18 mm～25 mm 的高强度胶合板制成。载荷扩展板用于分散载荷以使得托盘损坏发生在撞击点处。纸托盘试验一般需要使用载荷扩展板。

8.10.2.4 如图 11 所示，将台车和加载托盘沿斜面向上提升至离冲击点 L 处的预定位置，然后释放。L 值的大小根据客户要求自行确定。

8.10.2.5 记录托盘在 X 和 Y 平面的变形量(x'和 y')以及其他任何损坏情况。应记录沿冲击表面不同位置变形量的变化。

8.10.2.6 按 GB/T 4995—2014 要求的试验次数重复上述步骤。

8.10.2.7 以同样的试验步骤沿托盘另一方向的水平轴线进行试验。

8.11 试验 11：顶铺板边缘冲击试验

8.11.1 目的

本试验的目的是确定顶铺板边缘抵抗叉车货叉侧向水平冲击的能力。

8.11.2 步骤

8.11.2.1 使用如图 13 所示冲击挡块在如图 12 所示的斜面试验机上进行试验。试验时冲击挡块应位于托盘纵梁或垫块的中点，且冲击挡块在与托盘叉孔对齐时，在高度上应确保托盘前缘与冲击挡块叉板止动面相撞且撞击点距冲击挡块竖直端面 100 mm～250 mm 的距离。各次试验的撞击点都应落在此区域内。

单位为毫米

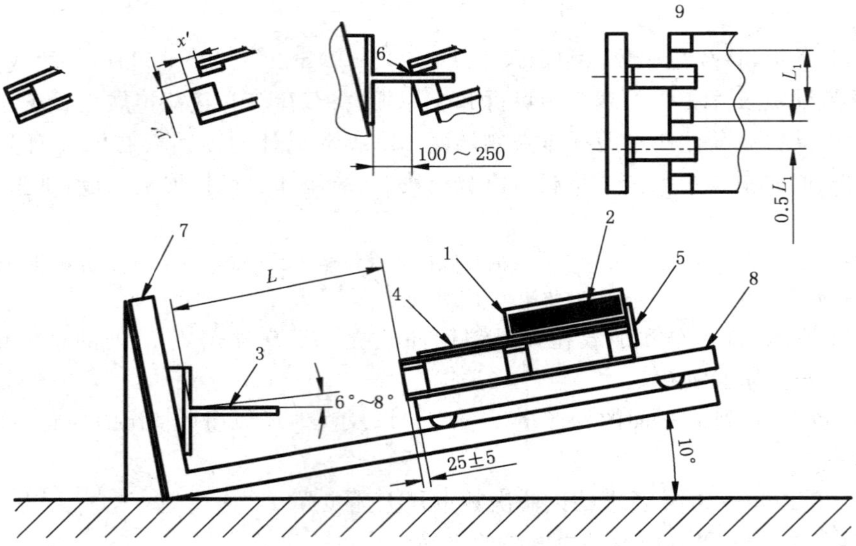

说明：

1 ——载荷箱；

2 ——载荷块；

3 ——冲击挡块；

4 ——载荷扩展板；

5 ——载荷箱的可拆卸支撑板；

6 ——冲击点；

7 ——挡板；

8 ——台车；

9 ——俯视图；

L ——释放点与冲击点的距离；

x' ——X 平面内的变形量；

y' ——Y 平面内的变形量。

图 12 顶铺板边缘冲击试验

单位为毫米

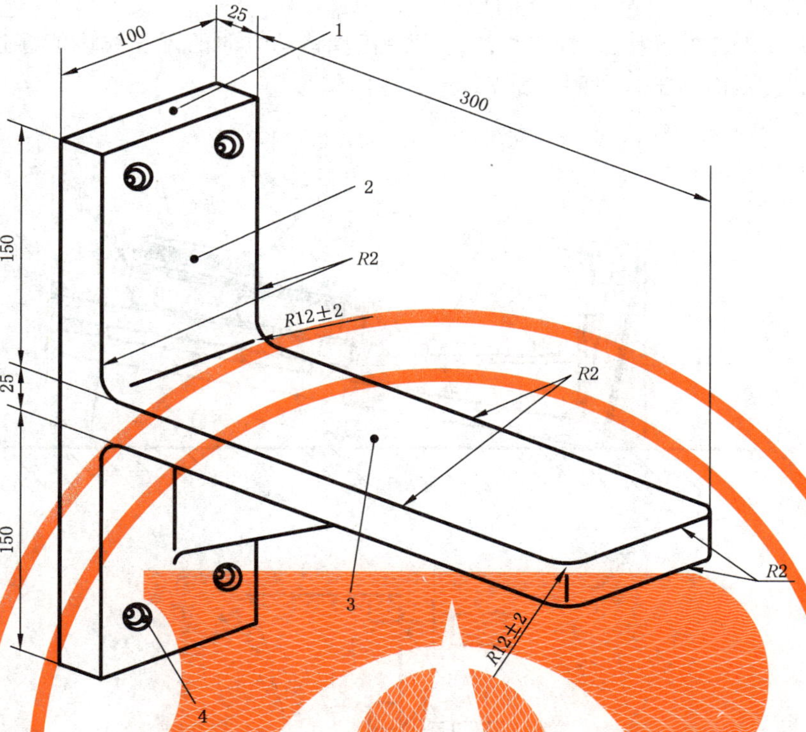

说明：

1——挡块柄；

2——挡块柄端面；

3——叉板；

4——沉头孔；

R——过渡圆角半径。

图 13 顶铺板边缘和垫块冲击试验用冲击挡块

8.11.2.2 如 8.10.2.3 所述将带有试验载荷的托盘放在斜面冲击试验机台车上，应保证当托盘的前缘碰撞冲击挡块时台车和冲击挡块之间有 25 mm±5 mm 的距离。

8.11.2.3 如图 12 所示，将托盘和台车沿斜面向上提升至距冲击挡块竖直端面 L 距离的位置，然后释放。

8.11.2.4 记录托盘在 X 和 Y 平面的变形量(x' 和 y')。并记录冲击挡块叉板刺入托盘的深度以及撞击点处的损坏情况。

8.11.2.5 按 GB/T 4995—2014 第 10 章规定的试验次数重复上述步骤。

8.11.2.6 以同样的试验步骤沿托盘另一方向的水平轴线进行试验。

8.12 试验 12：垫块冲击试验

8.12.1 目的

本试验的目的是确定垫块、纵梁及其连接件抵抗叉车货叉叉尖冲击的能力。

8.12.2 步骤

8.12.2.1 使用如图 13 所示的冲击挡块在如图 14 所示的斜面冲击试验机上进行试验。试验时，如

8.10.2.3所述将带有试验载荷的托盘放在斜面冲击试验机台车上，应保证当托盘的前缘碰撞冲击挡块时台车和冲击挡块之间有 25 mm±5 mm 的距离。

8.12.2.2　如图 14 所示，放置托盘，冲击档块边缘沿托盘移动方向的延长线应能穿过垫块 D、E 的前端面，且冲击挡块叉板顶面高于台车的顶面 75 mm，侧向偏移 30 mm。

单位为毫米

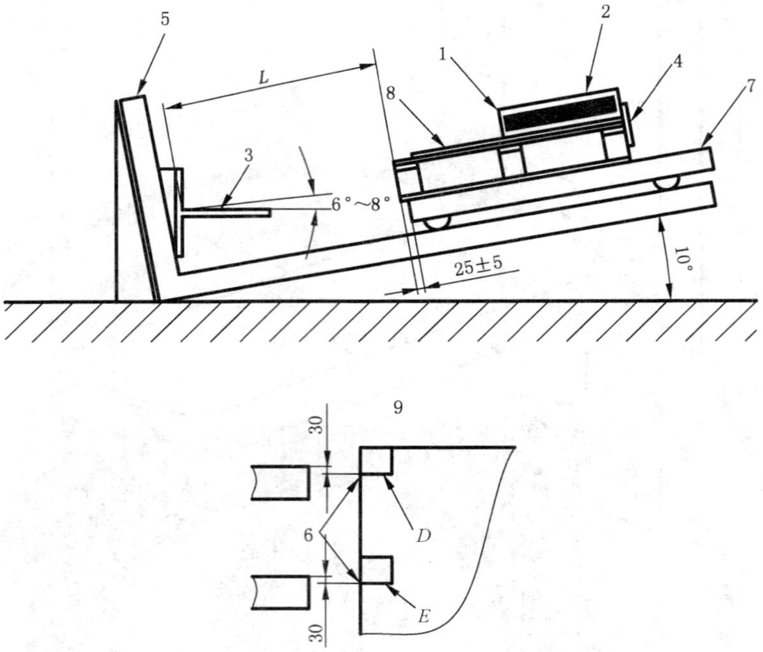

说明：

1——载荷箱；

2——载荷块；

3——冲击挡块；

4——载荷箱的可拆卸支撑板；

5——挡板；

6——冲击点；

7——台车；

8——载荷扩展板；

9——俯视图；

L——释放点与冲击点的距离。

图 14　垫块斜面冲击试验

8.12.2.3　将托盘和台车一起沿斜面向上提升 L 距离，然后释放。

8.12.2.4　记录每次撞击后的垫块位移以及冲击凹痕的深度，并记录其他损伤的情况。

8.12.2.5　按 GB/T 4995—2014 第 10 章规定的试验次数重复上述步骤。

8.12.2.6　以同样的试验步骤沿托盘另一方向的水平轴线进行试验。

8.13　试验 13：静摩擦系数试验

8.13.1　目的

本试验的目的是为了确定托盘顶铺板底面与叉车货叉之间的静摩擦系数。

注：本试验采用空载托盘进行试验。本试验结果可用于预测重载货物滑脱。

8.13.2 步骤

8.13.2.1 测量空载托盘的重量，然后将空载托盘放入一水平放置、未涂润滑脂的干燥钢制货叉中。货叉宽度应为 100 mm。如图 15 所示，将货叉水平抬起倾斜约 1°。

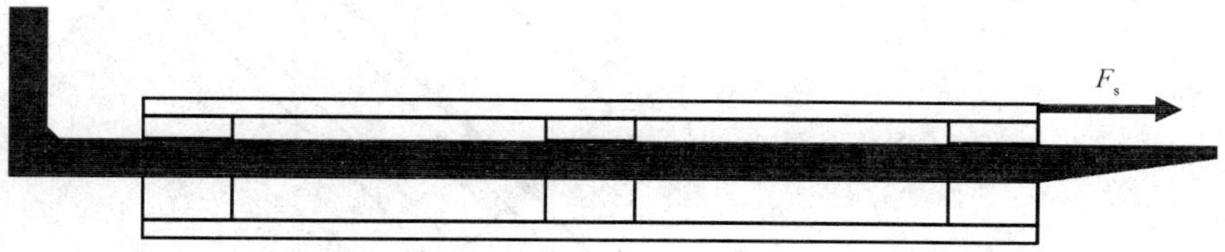

图 15 静摩擦系数试验

8.13.2.2 应在平行于空载托盘长度与宽度两个方向的叉孔上进行试验。如果顶铺板下面贴有橡胶或大摩擦系数衬垫，试验时应确保钢叉与橡胶或衬垫保持接触。

8.13.2.3 逐渐增加对托盘的拉力，直至托盘开始运动，记录下此时的拉力值 F_s。根据式(2)求得托盘顶铺板底面与叉车货叉之间的静摩擦系数。

$$\mu_s = \frac{F_s}{W_s} \qquad \cdots\cdots(2)$$

式中：

μ_s——静摩擦系数；

F_s——使托盘开始运动时所需的拉力，单位为千克(kg)；

W_s——托盘重量，单位为千克(kg)。

8.14 试验 14：滑动角试验

8.14.1 目的

本试验的目的是为了确定使试验箱开始滑动的倾斜角度，以对比托盘及其构件材料不同时托盘与载荷间的接触关系。

8.14.2 步骤

8.14.2.1 用一 600 mm×400 mm 的载荷箱加载，载荷箱的宽度方向平行于托盘提升端，载荷箱底部覆垫一块未涂润滑脂的干燥钢板，加载至 30kg。如图 16 所示，以(45°± 4.5°)/min 的速度从水平位置开始倾斜托盘。在托盘长度和宽度两个方向上重复进行上述试验。

注：滑动角试验因载荷箱的高速滑行而有一定的危险性。试验设备的设计应有特定安全措施，以降低操作者和观察者的危险以及确保试验的重复性。

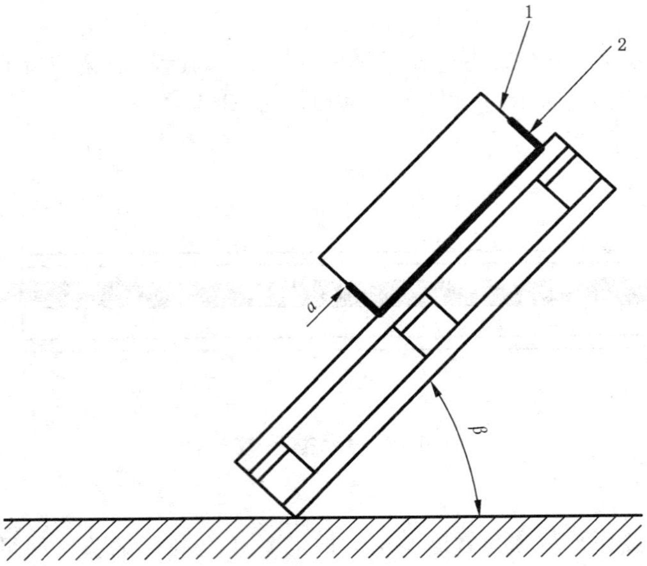

说明：
1——400 mm×600 mm 载荷箱；
2——摩擦材料；
β——载荷开始滑动的角度；
a——滑动方向。

图 16　滑动角试验

8.14.2.2　记录载荷从托盘铺板开始下滑时的角度 β。

注：考虑试验的可重复性，本试验中选择钢板作为试验表面。将该试验的结果用于预测其他包装材料的抗滑阻力时需谨慎。用每一种现场实际包装材料进行试验来确定其具体的抗滑阻力大小是必要的。

9　试验记录

9.1　一般信息——所有材质

所有材质托盘的试验记录都应至少包括以下内容：

a）引用本标准；
b）识别试验样品的所有信息；
c）试验日期；
d）试验人员的签名；
e）托盘尺寸和类型(标准或说明)；
f）托盘材质；
g）使用试验设备；
h）施加载荷的精度；
i）试验地点；
j）试验时试验室的湿度和温度；
k）重复试验的次数；
l）各次试验的试验次数和试验结果；
m）试验结果，包括各次试验测定值及其平均值；

n）和标准中规定的试验方法的任何偏差；

o）试验中观察到的任何异常。

9.2 实木和人造板托盘的信息

除了 9.1 所列的信息外，实木和人造板托盘试验还应给出以下信息：

a）材料种类，可能时甚至是各构件的密度；

b）用电阻法测量的在组装托盘时托盘木质样品的含水率；

c）试验时的含水率；

d）构件的等级和质量；

e）从组装托盘到进行托盘试验所经过的时间；

f）紧固件的尺寸和柄部形状；

g）紧固件抗弯强度；

h）试验中紧固件的脱落情况。

9.3 塑料托盘的信息

除了 9.1 所列的信息外，塑料托盘试验还应给出以下信息：

a）塑料成分；

b）引用标准号、系列号、产品代码等。

9.4 其他材质托盘的信息

除了 9.1 所列的信息外，对于 9.2 和 9.3 未覆盖的其他材质托盘进行试验还应给出以下信息：

a）连接方法；

b）试验中可能影响托盘性能的材料特性。

参 考 文 献

［1］ ISO 8611-1:2011 Pallets for materials handling—Flat pallets—Part 1: Test methods

［2］ ISO 8611-2:2011 Pallets for materials handling—Flat pallets—Part 2: Performance requirements and selection of tests

［3］ ISO 8611-3:2011 Pallets for materials handling —Flat pallets —Part 3: Maximum working loads

［4］ GB/T 2934—2007 联运通用平托盘 主要尺寸及公差

［5］ GB/T 4857.11—2005 包装 运输包装件基本试验 第11部分:水平冲击试验方法(ISO 2244:2000,MOD)

中华人民共和国国家标准

GB 5009.15—2014

食品安全国家标准
食品中镉的测定

2015-01-28 发布　　2015-07-28 实施

中华人民共和国
国家卫生和计划生育委员会　发布

前　言

本标准代替 GB/T 5009.15—2003《食品中镉的测定》。

本标准与 GB/T 5009.15—2003 相比，主要变化如下：

——标准名称修改为“食品安全国家标准　食品中镉的测定”；

——删除第二法原子吸收光谱法、第三法比色法、第四法原子荧光法。

食品安全国家标准
食品中镉的测定

1 范围

本标准规定了各类食品中镉的石墨炉原子吸收光谱测定方法。

本标准适用于各类食品中镉的测定。

2 原理

试样经灰化或酸消解后，注入一定量样品消化液于原子吸收分光光度计石墨炉中，电热原子化后吸收 228.8 nm 共振线，在一定浓度范围内，其吸光度值与镉含量成正比，采用标准曲线法定量。

3 试剂和材料

注 1：除非另有说明，本方法所用试剂均为分析纯，水为 GB/T 6682 规定的二级水。

注 2：所用玻璃仪器均需以硝酸溶液(1+4)浸泡 24 h 以上，用水反复冲洗，最后用去离子水冲洗干净。

3.1 试剂

3.1.1 硝酸(HNO_3)：优级纯。

3.1.2 盐酸(HCl)：优级纯。

3.1.3 高氯酸($HClO_4$)：优级纯。

3.1.4 过氧化氢(H_2O_2，30%)。

3.1.5 磷酸二氢铵($NH_4H_2PO_4$)。

3.2 试剂配制

3.2.1 硝酸溶液(1%)：取 10.0 mL 硝酸加入 100 mL 水中，稀释至 1 000 mL。

3.2.2 盐酸溶液(1+1)：取 50 mL 盐酸慢慢加入 50 mL 水中。

3.2.3 硝酸-高氯酸混合溶液(9+1)，取 9 份硝酸与 1 份高氯酸混合。

3.2.4 磷酸二氢铵溶液(10 g/L)：称取 10.0 g 磷酸二氢铵，用 100 mL 硝酸溶液(1%)溶解后定量移入 1 000 mL 容量瓶，用硝酸溶液(1%)定容至刻度。

3.3 标准品

金属镉(Cd)标准品，纯度为 99.99%或经国家认证并授予标准物质证书的标准物质。

3.4 标准溶液配制

3.4.1 镉标准储备液(1 000 mg/L)：准确称取 1 g 金属镉标准品(精确至 0.000 1 g)于小烧杯中，分次加 20 mL 盐酸溶液(1+1)溶解，加 2 滴硝酸，移入 1 000 mL 容量瓶中，用水定容至刻度，混匀；或购买经国家认证并授予标准物质证书的标准物质。

3.4.2 镉标准使用液(100 ng/mL):吸取镉标准储备液 10.0 mL 于 100 mL 容量瓶中,用硝酸溶液(1%)定容至刻度,如此经多次稀释成每毫升含 100.0 ng 镉的标准使用液。

3.4.3 镉标准曲线工作液:准确吸取镉标准使用液 0 mL、0.50 mL、1.0 mL、1.5 mL、2.0 mL、3.0 mL 于 100 mL 容量瓶中,用硝酸溶液(1%)定容至刻度,即得到含镉量分别为 0 ng/mL、0.50 ng/mL、1.0 ng/mL、1.5 ng/mL、2.0 ng/mL、3.0 ng/mL 的标准系列溶液。

4 仪器和设备

4.1 原子吸收分光光度计,附石墨炉。

4.2 镉空心阴极灯。

4.3 电子天平:感量为 0.1 mg 和 1 mg。

4.4 可调温式电热板、可调温式电炉。

4.5 马弗炉。

4.6 恒温干燥箱。

4.7 压力消解器、压力消解罐。

4.8 微波消解系统:配聚四氟乙烯或其他合适的压力罐。

5 分析步骤

5.1 试样制备

5.1.1 干试样:粮食、豆类,去除杂质;坚果类去杂质、去壳;磨碎成均匀的样品,颗粒度不大于 0.425 mm。储于洁净的塑料瓶中,并标明标记,于室温下或按样品保存条件下保存备用。

5.1.2 鲜(湿)试样:蔬菜、水果、肉类、鱼类及蛋类等,用食品加工机打成匀浆或碾磨成匀浆,储于洁净的塑料瓶中,并标明标记,于−16 ℃～−18 ℃冰箱中保存备用。

5.1.3 液态试样:按样品保存条件保存备用。含气样品使用前应除气。

5.2 试样消解

可根据实验室条件选用以下任何一种方法消解,称量时应保证样品的均匀性:

a) 压力消解罐消解法:称取干试样 0.3 g～0.5 g(精确至 0.000 1 g)、鲜(湿)试样 1 g～2 g(精确到 0.001 g)于聚四氟乙烯内罐,加硝酸 5 mL 浸泡过夜。再加过氧化氢溶液(30%)2 mL～3 mL(总量不能超过罐容积的 1/3)。盖好内盖,旋紧不锈钢外套,放入恒温干燥箱,120 ℃～160 ℃保持 4 h～6 h,在箱内自然冷却至室温,打开后加热赶酸至近干,将消化液洗入 10 mL 或 25 mL 容量瓶中,用少量硝酸溶液(1%)洗涤内罐和内盖 3 次,洗液合并于容量瓶中并用硝酸溶液(1%)定容至刻度,混匀备用;同时做试剂空白试验。

b) 微波消解:称取干试样 0.3 g～0.5 g(精确至 0.000 1 g)、鲜(湿)试样 1 g～2 g(精确到 0.001 g)置于微波消解罐中,加 5 mL 硝酸和 2 mL 过氧化氢。微波消化程序可以根据仪器型号调至最佳条件。消解完毕,待消解罐冷却后打开,消化液呈无色或淡黄色,加热赶酸至近干,用少量硝酸溶液(1%)冲洗消解罐 3 次,将溶液转移至 10 mL 或 25 mL 容量瓶中,并用硝酸溶液(1%)定容至刻度,混匀备用;同时做试剂空白试验。

c) 湿式消解法:称取干试样 0.3 g～0.5 g(精确至 0.000 1 g)、鲜(湿)试样 1 g～2 g(精确到 0.001 g)于锥形瓶中,放数粒玻璃珠,加 10 mL 硝酸-高氯酸混合溶液(9+1),加盖浸泡过夜,加一小漏斗在电热板上消化,若变棕黑色,再加硝酸,直至冒白烟,消化液呈无色透明或略带微黄色,放冷后将消化液洗入10 mL～25 mL 容量瓶中,用少量硝酸溶液(1%)洗涤锥形瓶 3 次,洗液合并于容量瓶中并用硝酸溶液(1%)定容至刻度,混匀备用;同时做试剂空白试验。

d) 干法灰化:称取 0.3 g~0.5 g 干试样(精确至 0.000 1 g)、鲜(湿)试样 1 g~2 g(精确到 0.001 g)、液态试样 1 g~2 g(精确到 0.001 g)于瓷坩埚中,先小火在可调式电炉上炭化至无烟,移入马弗炉 500 ℃灰化 6 h~8 h,冷却。若个别试样灰化不彻底,加 1 mL 混合酸在可调式电炉上小火加热,将混合酸蒸干后,再转入马弗炉中 500 ℃继续灰化 1 h~2 h,直至试样消化完全,呈灰白色或浅灰色。放冷,用硝酸溶液(1%)将灰分溶解,将试样消化液移入 10 mL 或 25 mL 容量瓶中,用少量硝酸溶液(1%)洗涤瓷坩埚 3 次,洗液合并于容量瓶中并用硝酸溶液(1%)定容至刻度,混匀备用;同时做试剂空白试验。

注:实验要在通风良好的通风橱内进行。对含油脂的样品,尽量避免用湿式消解法消化,最好采用干法消化,如果必须采用湿式消解法消化,样品的取样量最大不能超过 1 g。

5.3 仪器参考条件

根据所用仪器型号将仪器调至最佳状态。原子吸收分光光度计(附石墨炉及镉空心阴极灯)测定参考条件如下:

——波长 228.8 nm,狭缝 0.2 nm~1.0 nm,灯电流 2 mA~10 mA,干燥温度 105 ℃,干燥时间 20 s;

——灰化温度 400 ℃~700 ℃,灰化时间 20 s~40 s;

——原子化温度 1 300 ℃~2 300 ℃,原子化时间 3 s~5 s;

——背景校正为氘灯或塞曼效应。

5.4 标准曲线的制作

将标准曲线工作液按浓度由低到高的顺序各取 20 μL 注入石墨炉,测其吸光度值,以标准曲线工作液的浓度为横坐标,相应的吸光度值为纵坐标,绘制标准曲线并求出吸光度值与浓度关系的一元线性回归方程。

标准系列溶液应不少于 5 个点的不同浓度的镉标准溶液,相关系数不应小于 0.995。如果有自动进样装置,也可用程序稀释来配制标准系列。

5.5 试样溶液的测定

于测定标准曲线工作液相同的实验条件下,吸取样品消化液 20 μL(可根据使用仪器选择最佳进样量),注入石墨炉,测其吸光度值。代入标准系列的一元线性回归方程中求样品消化液中镉的含量,平行测定次数不少于两次。若测定结果超出标准曲线范围,用硝酸溶液(1%)稀释后再行测定。

5.6 基体改进剂的使用

对有干扰的试样,和样品消化液一起注入石墨炉 5 μL 基体改进剂磷酸二氢铵溶液(10 g/L),绘制标准曲线时也要加入与试样测定时等量的基体改进剂。

6 分析结果的表述

试样中镉含量按式(1)进行计算:

$$X = \frac{(c_1 - c_0) \times V}{m \times 1\,000} \qquad \cdots\cdots(1)$$

式中:

X ——试样中镉含量,单位为毫克每千克或毫克每升(mg/kg 或 mg/L);

c_1 ——试样消化液中镉含量,单位为纳克每毫升(ng/mL);

c_0 ——空白液中镉含量,单位为纳克每毫升(ng/mL);

V ——试样消化液定容总体积,单位为毫升(mL);

m ——试样质量或体积,单位为克或毫升(g 或 mL);

1 000 ——换算系数。

以重复性条件下获得的两次独立测定结果的算术平均值表示,结果保留两位有效数字。

7 精密度

在重复性条件下获得的两次独立测定结果的绝对差值不得超过算术平均值的 20%。

8 其他

方法检出限为 0.001 mg/kg,定量限为 0.003 mg/kg。

中华人民共和国国家标准

GB 5009.16—2014

食品安全国家标准
食品中锡的测定

2015-01-28 发布　　2015-07-28 实施

中华人民共和国
国家卫生和计划生育委员会　发布

前 言

本标准代替 GB/T 5009.16—2003《食品中锡的测定》。

本标准与 GB/T 5009.16—2003 相比，主要变化如下：

——标准名称修改为“食品安全国家标准 食品中锡的测定”；

——修改了标准溶液配制；

——增加了罐头食品的试样制备方法；

——修改了仪器测定部分的描述；

——增加了方法定量限；

——修改了方法检出限；

——修改了计算公式。

食品安全国家标准
食品中锡的测定

1 范围

本标准规定了食品中锡的氢化物原子荧光光谱法和苯芴酮比色法的测定方法。

本标准适用于罐装固体食品、罐装饮料、罐装果酱、罐装婴幼儿配方及辅助食品中锡的测定。

第一法 氢化物原子荧光光谱法

2 原理

试样经消化后，在硼氢化钠的作用下生成锡的氢化物(SnH_4)，并由载气带入原子化器中进行原子化，在锡空心阴极灯的照射下，基态锡原子被激发至高能态，在去活化回到基态时，发射出特征波长的荧光，其荧光强度与锡含量成正比，与标准系列溶液比较定量。

3 试剂和材料

注：除特别注明外，本方法所使用试剂均为分析纯，水为GB/T 6682规定的二级水。

3.1 试剂

3.1.1 硫酸(H_2SO_4)：优级纯。

3.1.2 硝酸(HNO_3)：优级纯。

3.1.3 高氯酸($HClO_4$)：优级纯。

3.1.4 硫脲(CH_4N_2S)。

3.1.5 抗坏血酸($C_6H_8O_6$)。

3.1.6 硼氢化钠($NaBH_4$)。

3.1.7 氢氧化钠(NaOH)。

3.2 试剂配制

3.2.1 硝酸-高氯酸混合溶液(4+1)：量取400 mL硝酸和100 mL高氯酸，混匀。

3.2.2 硫酸溶液(1+9)：量取100 mL硫酸倒入900 mL水中，混匀。

3.2.3 硫脲(150 g/L)+抗坏血酸(150 g/L)混合溶液：分别称取15.0 g硫脲和15.0 g抗坏血酸溶于水中，并稀释至100 mL，置于棕色瓶中避光保存或临用时配制。

3.2.4 氢氧化钠溶液(5.0 g/L)：称取氢氧化钠5.0 g溶于1 000 mL水中。

3.2.5 硼氢化钠溶液(7.0 g/L)：称取7.0 g硼氢化钠，溶于氢氧化钠溶液中，临用时配制。

3.3 标准品

金属锡(Sn)标准品，纯度为99.99%或经国家认证并授予标准物质证书的标准物质。

3.4 标准溶液的配制

3.4.1 锡标准溶液(1.0 mg/mL):准确称取0.1 g(精确到0.000 1 g)金属锡标准品,置于小烧杯中,加入10.0 mL硫酸,盖以表面皿,加热至锡完全溶解,移去表面皿,继续加热至发生浓白烟,冷却,慢慢加入50 mL水,移入100 mL容量瓶中,用硫酸溶液(1+9)多次洗涤烧杯,洗液并入容量瓶中,并稀释至刻度,混匀。

3.4.2 锡标准使用液(1.0 μg/mL):准确吸取锡标准溶液1.0 mL于100 mL容量瓶中,用硫酸溶液(1+9)定容至刻度。此溶液浓度为10.0 μg/mL。准确吸取该溶液10.0 mL于100 mL容量瓶中,用硫酸溶液(1+9)定容至刻度。

4 仪器和设备

4.1 原子荧光光谱仪。

4.2 电热板。

4.3 电子天平:感量为0.1 mg和1 mg。

5 分析步骤

5.1 试样制备

罐头食品全量取可食内容物制成匀浆或者均匀粉末。

5.2 试样消化

5.2.1 称取试样1.0 g～5.0 g于锥形瓶中,加入20.0 mL硝酸-高氯酸混合溶液(4+1),加1.0 mL硫酸,3粒玻璃珠,放置过夜。次日置电热板上加热消化,如酸液过少,可适当补加硝酸,继续消化至冒白烟,待液体体积近1 mL时取下冷却。用水将消化试样转入50 mL容量瓶中,加水定容至刻度,摇匀备用。同时做空白试验(如试样液中锡含量超出标准曲线范围,则用水进行稀释,并补加硫酸,使最终定容后的硫酸浓度与标准系列溶液相同)。

5.2.2 取定容后的5.2.1试样10.0 mL于25 mL比色管中,加入3.0 mL硫酸溶液(1+9),加入2.0 mL硫脲(150 g/L)+抗坏血酸(150 g/L)混合溶液,再用水定容至25 mL,摇匀。

5.3 仪器参考条件

原子荧光光谱仪分析参考条件:

——负高压:380 V;

——灯电流:70 mA;

——原子化温度:850 ℃;

——炉高:10 mm;

——屏蔽气流量:1 200 mL/min;

——载气流量:500 mL/min ;

——测量方式:标准曲线法;

——读数方式:峰面积;

——延迟时间:1 s;

——读数时间:15 s;

——加液时间:8 s;

——进样体积:2.0 mL。

5.4 标准系列溶液的配制

标准曲线：分别吸取锡标准使用液 0.00 mL、0.50 mL、2.00 mL、3.00 mL、4.00 mL、5.00 mL 于 25 mL 比色管中，分别加入硫酸溶液(1+9)5.00 mL、4.50 mL、3.00 mL、2.00 mL、1.00 mL、0.00 mL，加入2.0 mL 硫脲(150 g/L)+抗坏血酸(150 g/L)混合溶液，再用水定容至 25 mL。该标准系列溶液浓度为：0 ng/mL、20 ng/mL、80 ng/mL、120 ng/mL、160 ng/mL、200 ng/mL。

5.5 仪器测定

按照 5.3 设定好仪器测量最佳条件，根据所用仪器的型号和工作站设置相应的参数，点火及对仪器进行预热，预热 30 min 后进行标准曲线及试样溶液的测定。

6 分析结果的表述

试样中锡含量按式(1)进行计算：

$$X = \frac{(c_1 - c_0) \times V_1 \times V_3}{m \times V_2 \times 1\ 000} \quad \cdots\cdots (1)$$

式中

X ——试样中锡含量，单位为毫克每千克(mg/kg)；

c_1 ——试样消化液测定浓度，单位为纳克每毫升(ng/mL)；

c_0 ——试样空白消化液浓度，单位为纳克每毫升(ng/mL)；

V_1 ——试样消化液定容体积，单位为毫升(mL)；

V_3 ——测定用溶液定容体积，单位为毫升(mL)；

m ——试样质量，单位为克(g)；

V_2 ——测定用所取试样消化液的体积，单位为毫升(mL)；

1 000 ——换算系数。

当计算结果小于 10 mg/kg 时保留小数点后两位数字，大于 10 mg/kg 时保留两位有效数字。

7 精密度

在重复性条件下获得的两次独立测定结果的绝对差值不得超过算术平均值的 10%。

8 其他

当取样量为 1.0 g 时，本方法定量限为 2.5 mg/kg。

第二法 苯芴酮比色法

9 原理

试样经消化后，在弱酸性溶液中四价锡离子与苯芴酮形成微溶性橙红色络合物，在保护性胶体存在下与标准系列溶液比较定量。

10 试剂和材料

注：除特别注明外，本方法所使用试剂均为分析纯，水为 GB/T 6682 规定的三级水。

10.1 试剂

10.1.1 酒石酸($C_4H_4O_6H_2$)。
10.1.2 抗坏血酸($C_6H_8O_6$)。
10.1.3 酚酞($C_{20}H_{14}O_4$)。
10.1.4 氨水(NH_4OH)。
10.1.5 硫酸(H_2SO_4)。
10.1.6 乙醇(C_2H_5OH)。
10.1.7 甲醇(CH_3OH)。
10.1.8 苯芴酮($C_{19}H_{12}O_5$)。
10.1.9 动物胶(明胶)。

10.2 试剂配制

10.2.1 酒石酸溶液(100 g/L)：称取 100 g 酒石酸溶于 1 L 水中。
10.2.2 抗坏血酸溶液(10.0 g/L)：称取 10.0 g 抗坏血酸溶于 1 L 水，临用时配制。
10.2.3 动物胶溶液(5.0 g/L)：称取 5.0 g 动物胶溶于 1 L 水，临用时配制。
10.2.4 氨溶液(1+1)：量取 100 mL 氨水加入 100 mL 水中，混匀。
10.2.5 硫酸溶液(1+9)：量取 10 mL 硫酸，搅拌下缓缓倒入 90 mL 水中，混匀。
10.2.6 苯芴酮溶液(0.1 g/L)：称取 0.01 g(精确至 0.001 g)苯芴酮加少量甲醇及硫酸数滴溶解，以甲醇稀释至 100 mL。
10.2.7 酚酞指示液(10.0 g/L)：称取 1.0 g 酚酞，用乙醇溶解至 100 mL。

10.3 标准品

金属锡(Sn)标准品，纯度为 99.99%或经国家认证并授予标准物质证书的标准物质。

10.4 标准溶液的配制

10.4.1 锡标准溶液(1.0 mg/mL)：准确称取 0.1 g(精确至 0.000 1 g)金属锡，置于小烧杯中，加入 10 mL 硫酸，盖以表面皿，加热至锡完全溶解，移去表面皿，继续加热至发生浓白烟，冷却，慢慢加入 50 mL 水，移入 100 mL 容量瓶中，用硫酸溶液(1+9)多次洗涤烧杯，洗液并入容量瓶中，并稀释至刻度，混匀。
10.4.2 锡标准使用液：吸取 10.0 mL 锡标准溶液，置于 100 mL 容量瓶中，以硫酸溶液(1+9)稀释至刻度，混匀。如此再次稀释至每毫升相当于 10.0 μg 锡。

11 仪器和设备

11.1 分光光度计。
11.2 电子天平：感量为 0.1 mg 和 1 mg。

12 分析步骤

12.1 试样制备

12.1.1 试样消化，同 5.2.1。

12.1.2 吸取1.00 mL～5.00 mL试样消化液和同量的试剂空白溶液，分别置于25 mL比色管中。于试样消化液、试剂空白液中各加0.5 mL酒石酸溶液(100 g/L)及1滴酚酞指示液(100 g/L)，混匀，各加氨溶液(1+1)中和至淡红色，加3.0 mL硫酸溶液(1+1)、1.0 mL动物胶溶液(5.0 g/L)及2.5 mL抗坏血酸溶液(10.0 g/L)，再加水至25 mL，混匀，再各加2.0 mL苯芴酮溶液(0.1 g/L)，混匀，放置1 h后测量。

12.2 标准曲线的制作

吸取0.00 mL、0.20 mL、0.40 mL、0.60 mL、0.80 mL、1.00 mL锡标准使用液(相当于0.00 μg、2.00 μg、4.00 μg、6.00 μg、8.00 μg、10.00 μg锡)，分别置于25 mL比色管中，各加0.5 mL酒石酸溶液(100 g/L)及1滴酚酞指示液(10.0 g/L)，混匀，各加氨溶液(1+1)中和至淡红色，加3.0 mL硫酸溶液(1+9)、1.0 mL动物胶溶液(5.0 g/L)及2.5 mL抗坏血酸溶液(10.0 g/L)，再加水至25 mL，混匀，再各加2.0 mL苯芴酮溶液，混匀，放置1 h后测量。

用2 cm比色杯于波长490 nm处测吸光度，标准各点减去零管吸光值后，以标准系列溶液的浓度为横坐标，以吸光度为纵坐标，绘制标准曲线或计算直线回归方程。

12.3 试样溶液的测定

用2 cm比色杯以标准系列溶液零管调节零点，于波长490 nm处分别对试剂空白溶液和试样溶液测定吸光度，所得吸光值与标准曲线比较或代入回归方程求出含量。

13 分析结果的表述

试样中锡的含量按式(2)进行计算：

$$X=\frac{(m_1-m_2)\times V_1}{m_3\times V_2} \qquad \cdots\cdots(2)$$

式中：

X ——试样中锡的含量，单位为毫克每千克或毫克每升(mg/kg或mg/L)；

m_1 ——测定用试样消化液中锡的质量，单位为微克(μg)；

m_2 ——试剂空白液中锡的质量，单位为微克(μg)；

V_1 ——试样消化液的定容体积，单位为毫升(mL)；

m_3 ——试样质量，单位为克(g)；

V_2 ——测定用试样消化液的体积，单位为毫升(mL)。

计算结果保留两位有效数字。

14 精密度

在重复性条件下获得的两次独立测定结果的绝对差值不得超过算术平均值的10%。

15 其他

当取样量为1.0 g，取消化液为5.0 mL测定时，本方法定量限为20 mg/kg。

中华人民共和国国家标准

GB 5009.123—2014

食品安全国家标准
食品中铬的测定

2015-01-28 发布　　2015-07-28 实施

中华人民共和国
国家卫生和计划生育委员会　发布

前　　言

本标准代替 GB/T 5009.123—2003《食品中铬的测定方法》。

本标准与 GB/T 5009.123—2003 相比，主要变化如下：

——标准名称修改为“食品安全国家标准　食品中铬的测定方法”；

——样品前处理增加了微波消解法和湿法消解法；

——增加了方法定量限(LOQ)；

——基体改进剂采用磷酸二氢铵代替磷酸铵；

——删除第二法示波极谱法。

食品安全国家标准
食品中铬的测定

1 范围

本标准规定了食品中铬的石墨炉原子吸收光谱测定方法。

本标准适用于各类食品中铬的含量测定。

2 原理

试样经消解处理后,采用石墨炉原子吸收光谱法,在 357.9 nm 处测定吸收值,在一定浓度范围内其吸收值与标准系列溶液比较定量。

3 试剂和材料

注:除非另有规定,本方法所用试剂均为优级纯,水为 GB/T 6682 规定的二级水。

3.1 试剂

3.1.1 硝酸(HNO_3)。

3.1.2 高氯酸($HClO_4$)。

3.1.3 磷酸二氢铵($NH_4H_2PO_4$)。

3.2 试剂配制

3.2.1 硝酸溶液(5+95):量取 50 mL 硝酸慢慢倒入 950 mL 水中,混匀。

3.2.2 硝酸溶液(1+1):量取 250 mL 硝酸慢慢倒入 250 mL 水中,混匀。

3.2.3 磷酸二氢铵溶液(20 g/L):称取 2.0 g 磷酸二氢铵,溶于水中,并定容至 100 mL,混匀。

3.3 标准品

重铬酸钾($K_2Cr_2O_7$):纯度>99.5%或经国家认证并授予标准物质证书的标准物质。

3.4 标准溶液配制

3.4.1 铬标准储备液:准确称取基准物质重铬酸钾(110 ℃,烘 2 h)1.431 5 g(精确至 0.000 1 g),溶于水中,移入 500 mL 容量瓶中,用硝酸溶液(5+95)稀释至刻度,混匀。此溶液每毫升含 1.000 mg 铬。或购置经国家认证并授予标准物质证书的铬标准储备液。

3.4.2 铬标准使用液:将铬标准储备液用硝酸溶液(5+95)逐级稀释至每毫升含 100 ng 铬。

3.4.3 标准系列溶液的配制:分别吸取铬标准使用液(100 ng/mL)0 mL、0.500 mL、1.00 mL、2.00 mL、3.00 mL、4.00 mL 于 25 mL 容量瓶中,用硝酸溶液(5+95)稀释至刻度,混匀。各容量瓶中每毫升分别含铬 0 ng、2.00 ng、4.00 ng、8.00 ng、12.0 ng、16.0 ng。或采用石墨炉自动进样器自动配制。

4 仪器设备

注：所用玻璃仪器均需以硝酸溶液(1+4)浸泡 24 h 以上，用水反复冲洗，最后用去离子水冲洗干净。

4.1 原子吸收光谱仪，配石墨炉原子化器，附铬空心阴极灯。

4.2 微波消解系统，配有消解内罐。

4.3 可调式电热炉。

4.4 可调式电热板。

4.5 压力消解器：配有消解内罐。

4.6 马弗炉。

4.7 恒温干燥箱。

4.8 电子天平：感量为 0.1 mg 和 1 mg。

5 分析步骤

5.1 试样的预处理

5.1.1 粮食、豆类等去除杂物后，粉碎，装入洁净的容器内，作为试样。密封，并标明标记，试样应于室温下保存。

5.1.2 蔬菜、水果、鱼类、肉类及蛋类等水分含量高的鲜样，直接打成匀浆，装入洁净的容器内，作为试样。密封，并标明标记。试样应于冰箱冷藏室保存。

5.2 样品消解

5.2.1 微波消解

准确称取试样 0.2 g～0.6 g(精确至 0.001 g)于微波消解罐中，加入 5 mL 硝酸，按照微波消解的操作步骤消解试样(消解条件参见 A.1)。冷却后取出消解罐，在电热板上于 140 ℃～160 ℃赶酸至 0.5 mL～1.0 mL。消解罐放冷后，将消化液转移至 10 mL 容量瓶中，用少量水洗涤消解罐 2 次～3 次，合并洗涤液，用水定容至刻度。同时做试剂空白试验。

5.2.2 湿法消解

准确称取试样 0.5 g～3 g(精确至 0.001 g)于消化管中，加入 10 mL 硝酸、0.5 mL 高氯酸，在可调式电热炉上消解(参考条件：120 ℃保持 0.5 h～1 h、升温至 180 ℃ 2 h～4 h、升温至 200 ℃～220 ℃)。若消化液呈棕褐色，再加硝酸，消解至冒白烟，消化液呈无色透明或略带黄色，取出消化管，冷却后用水定容至 10 mL。同时做试剂空白试验。

5.2.3 高压消解

准确称取试样 0.3 g～1 g(精确至 0.001 g)于消解内罐中，加入 5 mL 硝酸。盖好内盖，旋紧不锈钢外套，放入恒温干燥箱，于 140 ℃～160 ℃下保持 4 h～5 h。在箱内自然冷却至室温，缓慢旋松外罐，取出消解内罐，放在可调式电热板上于 140 ℃～160 ℃赶酸至 0.5 mL～1.0 mL。冷却后将消化液转移至 10 mL 容量瓶中，用少量水洗涤内罐和内盖 2 次～3 次，合并洗涤液于容量瓶中并用水定容至刻度。同时做试剂空白试验。

5.2.4 干法灰化

准确称取试样 0.5 g～3 g(精确至 0.001 g)于坩埚中，小火加热，炭化至无烟，转移至马弗炉中，于

550 ℃恒温 3 h～4 h。取出冷却，对于灰化不彻底的试样，加数滴硝酸，小火加热，小心蒸干，再转入 550 ℃高温炉中，继续灰化 1 h～2 h，至试样呈白灰状，从高温炉取出冷却，用硝酸溶液(1+1)溶解并用水定容至 10 mL。同时做试剂空白试验。

5.3 测定

5.3.1 仪器测试条件

根据各自仪器性能调至最佳状态。参考条件见 A.2。

5.3.2 标准曲线的制作

将标准系列溶液工作液按浓度由低到高的顺序分别取 10 μL(可根据使用仪器选择最佳进样量)，注入石墨管，原子化后测其吸光度值，以浓度为横坐标，吸光度值为纵坐标，绘制标准曲线。

5.3.3 试样测定

在与测定标准溶液相同的实验条件下，将空白溶液和样品溶液分别取 10 μL(可根据使用仪器选择最佳进样量)，注入石墨管，原子化后测其吸光度值，与标准系列溶液比较定量。

对有干扰的试样应注入 5 μL(可根据使用仪器选择最佳进样量)的磷酸二氢铵溶液(20.0 g/L)(标准系列溶液的制作过程应按 5.3.3 操作)。

6 分析结果的表述

试样中铬含量的计算见式(1)：

$$X=\frac{(c-c_0)\times V}{m\times 1\,000} \qquad \cdots\cdots(1)$$

式中：

X ——试样中铬的含量，单位为毫克每千克(mg/kg)；

c ——测定样液中铬的含量，单位为纳克每毫升(ng/mL)；

c_0 ——空白液中铬的含量，单位为纳克每毫升(ng/mL)；

V ——样品消化液的定容总体积，单位为毫升(mL)；

m ——样品称样量，单位为克(g)；

1 000 ——换算系数。

当分析结果≥1 mg/kg 时，保留三位有效数字；当分析结果<1 mg/kg 时，保留两位有效数字。

7 精密度

在重复性条件下获得的两次独立测定结果的绝对差值不得超过算术平均值的 20%。

8 其他

以称样量 0.5 g，定容至 10 mL 计算，方法检出限为 0.01 mg/kg，定量限为0.03 mg/kg。

附　录　A

样品测定参考条件

A.1　微波消解参考条件见表 A.1。

表 A.1　微波消解参考条件

步骤	功率(1 200 W)变化/%	设定温度/℃	升温时间/min	恒温时间/min
1	0～80	120	5	5
2	0～80	160	5	10
3	0～80	180	5	10

A.2　石墨炉原子吸收法参考条件见表 A.2。

表 A.2　石墨炉原子吸收法参考条件

元素	波长/nm	狭缝/nm	灯电流/mA	干燥/(℃/s)	灰化/(℃/s)	原子化/(℃/s)
铬	357.9	0.2	5～7	(85～120)/(40～50)	900/(20～30)	2 700/(4～5)

中华人民共和国国家标准

GB 5009.139—2014

食品安全国家标准
饮料中咖啡因的测定

2014-12-01 发布　　　　2015-05-01 实施

中华人民共和国
国家卫生和计划生育委员会　发布

前　言

本标准代替 GB/T 5009.139—2003《饮料中咖啡因的测定》、GB/T 19182—2003《咖啡　咖啡因含量的测定　液相色谱法》。

本标准与 GB/T 5009.139—2003 相比，主要变化如下：

——删除了原标准 GB/T 5009.139—2003 中第一法　紫外分光光度法；

——增加了样品分类；

——修改了样品处理条件；

——修改了检出限，增加了定量限；

——修改了色谱条件。

本标准所代替标准的历次版本发布情况为：

——GB/T 5009.139—2003；

——GB/T 19182—2003。

食品安全国家标准
饮料中咖啡因的测定

1 范围

本标准规定了可乐型饮料，咖啡、茶叶及其固体和液体饮料制品中咖啡因含量的测定方法——高效液相色谱法。

本标准适用于可乐型饮料，咖啡、茶叶及其固体和液体饮料制品中咖啡因含量的测定。

2 原理

可乐型饮料脱气后，用水提取、氧化镁净化；不含乳的咖啡及茶叶液体饮料制品用水提取、氧化镁净化；含乳的咖啡及茶叶液体饮料制品经三氯乙酸溶液沉降蛋白；咖啡、茶叶及其固体饮料制品用水提取、氧化镁净化；然后经 C_{18} 色谱柱分离，用紫外检测器检测，外标法定量。

3 试剂和材料

注：除非另有说明，本方法所用试剂均为分析纯，水为 GB/T 6682 规定的一级水。

3.1 试剂

3.1.1 氧化镁（MgO）。

3.1.2 三氯乙酸（CCl_3COOH）。

3.1.3 甲醇（CH_3OH）：色谱纯。

3.2 试剂配制

三氯乙酸溶液（10 g/L）：称取 1 g 三氯乙酸（3.1.2）于 100 mL 容量瓶中，用水定容至刻度。

3.3 标准品

咖啡因标准品（$C_8H_{10}N_4O_2$）：纯度≥99%。

3.4 标准溶液配制

3.4.1 咖啡因标准储备液（2.0 mg/mL）：准确称取咖啡因标准品 20 mg（精确至 0.1 mg）于 10 mL 容量瓶中，用甲醇溶解定容。放置于 4 ℃冰箱，有效期为 6 个月。

3.4.2 咖啡因标准中间液（200 μg/mL）：准确吸取 5.0 mL 咖啡因标准储备液（3.4.1）于 50 mL 容量瓶中，用水定容。放置于 4 ℃冰箱，有效期为 1 个月。

3.4.3 咖啡因标准曲线工作液：分别吸取咖啡因标准中间液（3.4.2）0.5 mL、1.0 mL、2.0 mL、5.0 mL、10.0 mL 至 10 mL 容量瓶中，用水定容。该标准系列溶液浓度分别为 10.0 μg/mL、20.0 μg/mL、40.0 μg/mL、100 μg/mL、200 μg/mL。临用时配制。

4 仪器和设备

4.1 高效液相色谱仪，带紫外检测器或二极管阵列检测器。

4.2 天平：感量为 0.1 mg。

4.3 水浴锅。

4.4 超声波清洗器。

4.5 0.45 μm 微孔水相滤膜。

5 分析步骤

5.1 试样制备

5.1.1 可乐型饮料：

a) 脱气：样品用超声清洗器在 40 ℃下超声 5 min；

b) 净化：称取 5 g(精确至 0.001 g)样品，加水定容至 5 mL(使样品溶液中咖啡因含量在标准曲线范围内)，摇匀，加入 0.5 g 氧化镁，振摇，静置，取上清液经微孔滤膜过滤，备用。

5.1.2 不含乳的咖啡及茶叶液体制品：称取 5 g(精确至 0.001 g)样品，加水定容至 5 mL(使样品溶液中咖啡因含量在标准曲线范围内)，摇匀，加入 0.5 g 氧化镁，振摇，静置，取上清液经微孔滤膜过滤，备用。

5.1.3 含乳的咖啡及茶叶液体制品：称取 1 g(精确至 0.001 g)样品，加入三氯乙酸溶液定容至 10 mL(使样品溶液中咖啡因含量在标准曲线范围内)，摇匀，静置，沉降蛋白，取上清液经微孔滤膜过滤，备用。

5.1.4 咖啡、茶叶及其固体制品：称取 1 g(精确至 0.001 g)经粉碎低于 30 目的均匀样品于 250 mL 锥形瓶中，加入约 200 mL 水，沸水浴 30 min，不时振摇，取出流水冷却 1 min，加入 5 g 氧化镁，振摇，再放入沸水浴 20 min，取出锥形瓶，冷却至室温，转移至 250 mL 容量瓶中，加水定容至刻度(使样品溶液中咖啡因含量在标准曲线范围内)，摇匀，静置，取上清液经微孔滤膜过滤，备用。

5.2 仪器参考条件

仪器参考条件如下：

色谱柱：C_{18}柱(粒径 5 μm，柱长 150 mm×直径 3.9 mm)或同等性能的色谱柱；

流动相：甲醇＋水＝24＋76；

流速：1.0 mL/min；

检测波长：272 nm；

柱温：25 ℃；

进样量：10 μL。

5.3 标准曲线的制作

将标准系列工作液分别注入液相色谱仪中，测定相应的峰面积，以标准工作液的浓度为横坐标，以峰面积为纵坐标，绘制标准曲线(咖啡因标准溶液色谱图见附录 A 中的图 A.1)。

5.4 试样溶液的测定

将试样溶液注入液相色谱仪中，以保留时间定性，同时记录峰面积，根据标准曲线得到待测液中咖啡因的浓度，平行测定次数不少于两次。

6 分析结果的表述

试样中咖啡因含量按式(1)计算：

$$X = \frac{c \times V}{m} \times \frac{1\ 000}{1\ 000} \quad \cdots\cdots(1)$$

式中：

X ——试样中咖啡因的含量，单位为毫克每千克(mg/kg)；

c ——试样溶液中咖啡因的质量浓度，单位为微克每毫升(μg/mL)；

V ——被测试样总体积，单位为毫升(mL)；

m ——称取试样的质量，单位为克(g)；

1 000——换算系数。

计算结果以重复性条件下获得的两次独立测定结果的算术平均值表示，结果保留三位有效数字。

7 精密度

可乐型饮料：在重复性条件下获得的两次独立测定结果的绝对差值不得超过算术平均值的5%；咖啡、茶叶及其固体液体饮料制品：在重复性条件下获得的两次独立测定结果的绝对差值不得超过算术平均值的10%。

8 其他

本方法线性范围为220 ng/mL～439 μg/mL。检出限：以3倍基线噪声信号确定检出限为0.7 ng；可乐、不含乳的咖啡及茶叶液体饮料制品检出限为0.07 mg/kg，定量限为0.2 mg/kg；以含乳咖啡及茶叶液体饮料制品取样量1 g，确定检出限为0.7 mg/kg，定量限为2.0 mg/L；以咖啡、茶叶及其固体饮料制品取样量1 g，确定检出限为18 mg/kg，定量限为54 mg/kg。

附　录　A
咖啡因标准溶液色谱图

图 A.1 为咖啡因标准溶液色谱图。

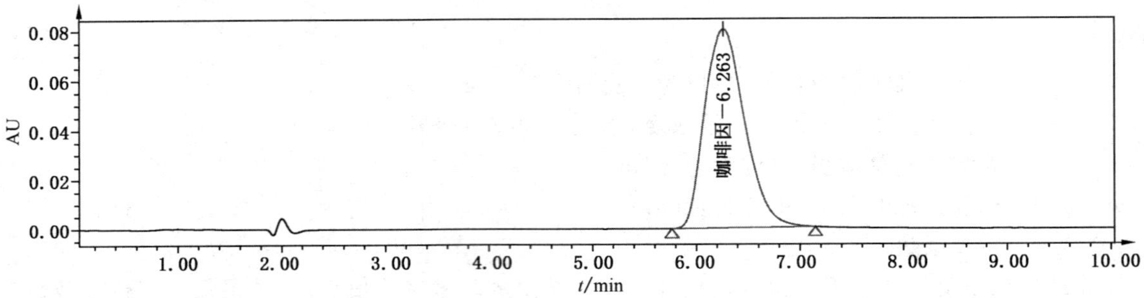

图 A.1　咖啡因标准溶液色谱图

中华人民共和国国家标准

GB 5009.148—2014

食品安全国家标准
植物性食品中游离棉酚的测定

2015-02-04 发布　　　　2015-05-01 实施

中华人民共和国
国家卫生和计划生育委员会　发布

前　　言

本标准代替 GB/T 5009.148—2003《植物性食品游离棉酚的测定》。

本标准与 GB/T 5009.148—2003 相比，主要变化如下：

——修改了原理；

——修改了检出限；

——增加了附录 A 中样品加标液相色谱图 A.2。

食品安全国家标准
植物性食品中游离棉酚的测定

1 范围

本标准规定了植物油或以棉籽饼为原料的其他液体食品中游离棉酚的测定方法。

本标准适用于植物油或以棉籽饼为原料的其他液体食品中游离棉酚的测定。

2 原理

植物油中游离棉酚经无水乙醇提取，利用高效液相色谱法检测，色谱峰保留时间定性，外标法定量。

以棉籽饼为原料的水溶性液体样品中的游离棉酚经无水乙醚提取，浓缩至干，再加入乙醇溶解，利用高效液相色谱法检测，色谱峰保留时间定性，外标法定量。

3 试剂和材料

注：除非另有说明，本方法所用试剂均为分析纯，水为GB/T 6682规定的一级水。

3.1 试剂

3.1.1 磷酸(H_3PO_4)。

3.1.2 无水乙醇(CH_3CH_2OH)。

3.1.3 丙酮(C_3H_6O)。

3.1.4 氮气(N_2)。

3.1.5 甲醇(CH_3OH)。

3.2 试剂配制

磷酸溶液：取300 mL水，加6.0 mL磷酸，混匀，经0.45 μm滤膜过滤。

3.3 标准品

棉酚($C_{32}H_{34}O_{10}$)标准品：纯度>95%。

3.4 标准溶液配制

3.4.1 棉酚标准储备液(1.0 mg/mL)：准确称取0.1 g(精确到0.000 1 g)棉酚纯品，用丙酮溶解，并定容至100.00 mL。

3.4.2 棉酚中间标准溶液(50 μg/mL)：取棉酚标准储备液(1.0 mg/mL)5.0 mL于100 mL容量瓶中，用无水乙醇定容至刻度。

3.4.3 棉酚标准工作液：准确吸取1.00 mL、2.00 mL、5.00 mL、8.00 mL棉酚中间标准液于10 mL容量瓶中，用无水乙醇稀释至刻度，此溶液相应于5 μg/mL、10 μg/mL、25 μg/mL、40 μg/mL的标准系列溶液。

4 仪器和设备

4.1 高效液相色谱仪：带紫外检测器或者二极管阵列检测器。

4.2 浓缩仪。

4.3 离心机：3 000 r/min。

5 分析步骤

5.1 试样制备

5.1.1 植物油：称取油样 1 g(精确至 0.01 g)于离心试管中，加入 5 mL 无水乙醇，剧烈振摇 2 min，静置分层(或冰箱过夜)，取上清液滤纸过滤，4 000 r/min 离心 10 min，上清液过 0.45 μm 滤膜，即为试样液。

5.1.2 以棉籽饼为原料的水溶性液体样品：称取样品 10 g(精确至 0.01 g)于离心试管中，加入 10 mL 无水乙醇，振摇 2 min，静置 5 min，取上层乙醚层 5 mL，用氮气吹干，用 1.0 mL 无水乙醇定容，过 0.45 μm 滤膜，即为试样液。

5.2 色谱测定

5.2.1 参考色谱条件

参考色谱条件如下：

——色谱柱：C_{18}柱，250 mm×4.6 mm，5 μm，或具同等性能的色谱柱；

——流动相：甲醇：磷酸溶液＝85：15；

——流速：1.0 mL/min；

——柱温：40 ℃±1 ℃；

——测定波长：235 nm；

——进样体积：10 μL。

5.2.2 标准曲线的绘制

分别将棉酚标准工作液注入高效液相色谱仪中，记录峰高或峰面积。以峰高或者峰面积为纵坐标，以棉酚标准工作液浓度为横坐标绘制标准曲线(标准溶液液相色谱图参见附录 A 中的图 A.1)。

5.2.3 试样测定

将试样液注入高效色谱仪中，记录峰高或者峰面积，根据标准曲线计算的待测液中棉酚的浓度(样品加标液相色谱图参见图 A.2)。

6 分析结果的表述

试样 5.1.1 中游离棉酚含量按式(1)计算：

$$X=\frac{5\times c}{m} \qquad \cdots\cdots(1)$$

式中：

X ——试样中棉酚的含量，单位为毫克每千克(mg/kg)；

5 ——5.1.1 折合所用无水乙醇的体积，单位为毫升(mL)；

c ——测定试样液中棉酚的含量,单位为微克每毫升(μg/mL);

m ——试样的质量,单位为克(g)。

试样 5.1.2 中游离棉酚含量按式(2)计算:

$$X = \frac{2 \times c}{m} \quad \cdots\cdots\cdots(2)$$

式中:

X ——试样中棉酚的含量,单位为毫克每千克(mg/kg);

2 ——5.1.2 折合所用无水乙醇的体积,单位为毫升(mL);

c ——测定试样液中棉酚的含量,单位为微克每毫升(μg/mL);

m ——试样的质量,单位为克(g)。

计算结果以重复性条件下获得的 2 次独立测定结果的算术平均值表示,结果保留 2 位有效数字。

7 精密度

在重复性条件下获得的 2 次独立测定结果的绝对差值不得超过算术平均值的 10%。

8 其他

植物油体样品取样 1.0 g 时,检出限为 2.5 mg/kg,定量限为 7.5 mg/kg。以棉籽饼为原料的水溶性液体样品取样 10 g 时,检出限为 0.25 mg/kg,定量限为 0.75 mg/kg。

附 录 A

棉酚标准溶液和样品加标色谱图

A.1 棉酚标准溶液液相色谱图

棉酚标准溶液液相色谱图见图 A.1。

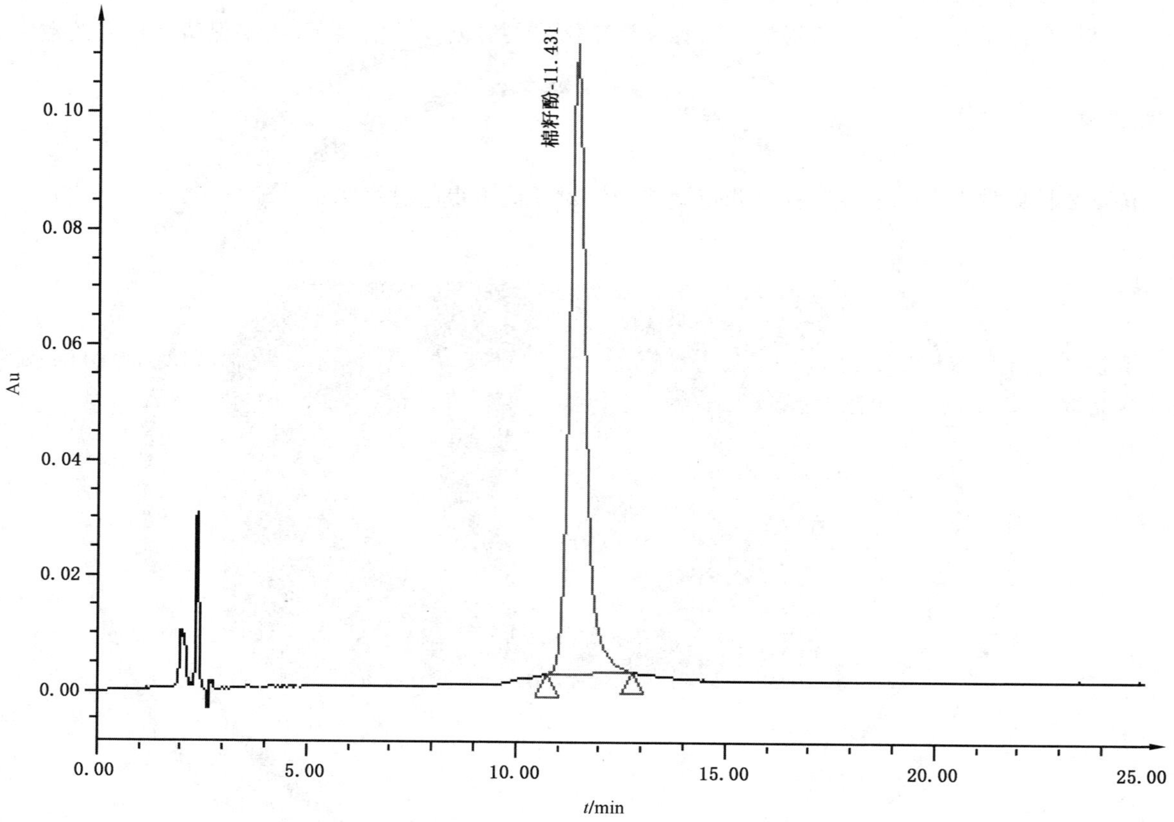

图 A.1 棉酚标准溶液液相色谱图

A.2 样品加标液相色谱图

样品加标液相色谱图见图 A.2。

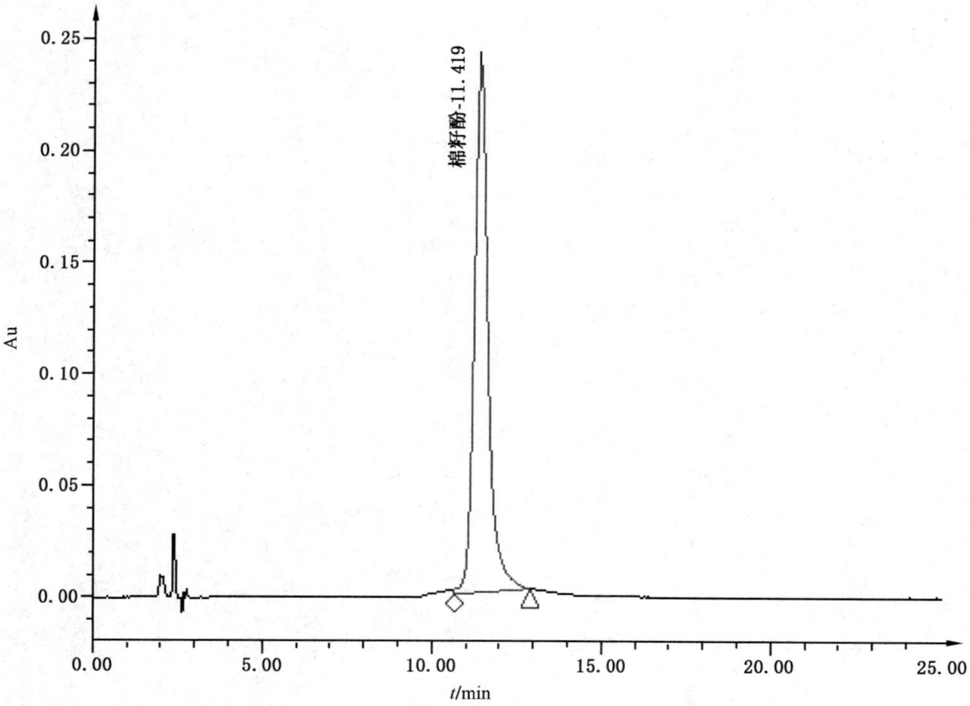

图 A.2 样品加标液相色谱图

中华人民共和国国家标准

GB 5009.190—2014

食品安全国家标准
食品中指示性多氯联苯含量的测定

2014-12-01 发布　　　　2015-05-01 实施

中华人民共和国国家卫生和计划生育委员会 发布

前　　言

本标准代替 GB/T 5009.190—2006《食品中指示性多氯联苯含量的测定》和 GB/T 22331—2008《水产品中多氯联苯残留量的测定气相色谱法》。

本标准与 GB/T 5009.190—2006 相比，主要变化如下：

——修改了标准格式。

食品安全国家标准
食品中指示性多氯联苯含量的测定

1 范围

本标准第一法规定了食品中多氯联苯(polychlorinated biphenyls,PCBs)包括全球环境监测系统/食品规划中规定的指示性 PCBs(PCB28、PCB52、PCB101、PCB118、PCB138、PCB153 和 PCB180)及 PCB18、PCB33、PCB44、PCB70、PCB105、PCB128、PCB170、PCB187、PCB194、PCB195、PCB199 和 PCB206 含量的测定方法,第二法规定了 PCB28、PCB52、PCB101、PCB118、PCB138、PCB153 和 PCB180 的测定方法。

本标准适用于鱼类、贝类、蛋类、肉类、奶类及其制品等动物性食品和油脂类试样中指示性 PCBs 的测定。

第一法 稳定性同位素稀释的气相色谱-质谱法

2 原理

应用稳定性同位素稀释技术,在试样中加入$^{13}C_{12}$标记的 PCBs 作为定量标准,经过索氏提取后的试样溶液经柱色谱层析净化、分离,浓缩后加入回收内标,使用气相色谱-低分辨质谱联用仪,以四极杆质谱选择离子监测(SIM)或离子阱串联质谱多反应监测(MRM)模式进行分析,内标法定量。

3 试剂和材料

3.1 试剂

3.1.1 正己烷(C_6H_{14}):农残级。

3.1.2 二氯甲烷(CH_2Cl_2):农残级。

3.1.3 丙酮(C_3H_6O):农残级。

3.1.4 甲醇(CH_3OH):农残级。

3.1.5 异辛烷(C_8H_{18}):农残级。

3.1.6 无水硫酸钠(Na_2SO_4):优级纯。将市售无水硫酸钠装入玻璃色谱柱,依次用正己烷和二氯甲烷淋洗两次,每次使用的溶剂体积约为无水硫酸钠体积的两倍。淋洗后,将无水硫酸钠转移至烧瓶中,在 50 ℃下烘烤至干,然后 225 ℃烘烤 8 h～12 h,冷却后干燥器中保存。

3.1.7 硫酸(H_2SO_4):含量 95%～98%,优级纯。

3.1.8 氢氧化钠(NaOH):优级纯。

3.1.9 硝酸银($AgNO_3$):优级纯。

3.1.10 色谱用硅胶(75 μm～250 μm):将市售硅胶装入玻璃色谱柱中,依次用正己烷和二氯甲烷淋洗两次,每次使用的溶剂体积约为硅胶体积的两倍。淋洗后,将硅胶转移到烧瓶中,以铝箔盖住瓶口置于烘箱中 50 ℃烘烤至干,然后升温至 180 ℃烘烤 8 h～12 h,冷却后装入磨口试剂瓶中,干燥器中保存。

3.1.11 44%酸化硅胶:称取活化好的硅胶100 g,逐滴加入78.6 g硫酸,振摇至无块状物后,装入磨口试剂瓶中,干燥器中保存。

3.1.12 33%碱性硅胶:称取活化好的硅胶100 g,逐滴加入49.2 g 1 mol/L的氢氧化钠溶液,振摇至无块状物后,装入磨口试剂瓶中,干燥器中保存。

3.1.13 10%硝酸银硅胶:将5.6 g硝酸银溶解在21.5 mL去离子水中,逐滴加入到50 g活化硅胶中,振摇至无块状物后,装入棕色磨口试剂瓶中,干燥器中保存。

3.1.14 碱性氧化铝:色谱层析用碱性氧化铝,660 ℃烘烤6 h后,装入磨口试剂瓶中,干燥器中保存。

3.2 标准溶液

3.2.1 时间窗口确定标准溶液:由各氯取代数的PCBs在DB-5ms色谱柱上第一个出峰和最后一个出峰的同族化合物组成,见附录A中表A.1。

3.2.2 定量内标标准溶液:见附录A中表A.2。

3.2.3 回收率内标标准溶液:见附录A中表A.3。

3.2.4 校正标准溶液:见附录A中表A.4。

3.2.5 精密度和准确度试验标准溶液:见附录A中表A.5。

4 仪器和设备

4.1 气相色谱-四极杆质谱联用仪(GC-MS)或气相色谱-离子阱串联质谱联用仪(GC-MS/MS)。

4.2 色谱柱:DB-5ms柱,30 m×0.25 mm×0.25 μm,或等效色谱柱。

4.3 组织匀浆器。

4.4 绞肉机。

4.5 旋转蒸发仪。

4.6 氮气浓缩器。

4.7 超声波清洗器。

4.8 振荡器。

4.9 分析天平:感量为0.1 g。

4.10 玻璃仪器的准备:所有需重复使用的玻璃器皿应在使用后尽快认真清洗,清洗过程如下:

a) 用该器皿最后接触的溶剂洗涤;

b) 依次用正己烷和丙酮洗涤;

c) 用含碱性洗涤剂的热水清洗;

d) 依次用热水和去离子水冲洗;

e) 依次用丙酮、正己烷和二氯甲烷洗涤。

采用超声波清洗设备,加入碱性洗涤剂的热水有很好的清洗效果。如果使用刷子清洗,需特别注意不要划损玻璃器皿的内表面。

5 分析步骤

5.1 试样制备

5.1.1 预处理

5.1.1.1 用避光材料如铝箔、棕色玻璃瓶等包装现场采集的试样,并放入小型冷冻箱中运输到实验室,

−10 ℃以下低温冰箱保存。

5.1.1.2　固体试样如鱼、肉等可使用冷冻干燥或使用无水硫酸钠干燥并充分混匀。油脂类可直接溶于正己烷中进行净化处理。

5.1.2　提取

5.1.2.1　提取前，将一空纤维素或玻璃纤维提取套筒装入索氏提取器中，以正己烷＋二氯甲烷(50＋50)为提取溶剂，预提取 8 h 后取出晾干。

5.1.2.2　将预处理试样 5.0 g～10.0 g 装入上述 5.1.2.1 处理的提取套筒中，加入$^{13}C_{12}$标记的定量内标(3.2.2)，用玻璃棉盖住试样，平衡 30 min 后装入索氏提取器，以适量正己烷＋二氯甲烷(50＋50)为提取溶剂，提取 18 h～24 h，回流速度控制在 3 次/h～4 次/h。

5.1.2.3　提取完成后，将提取液转移到茄形瓶中，旋转蒸发浓缩至近干。如分析结果以脂肪计则需要测定试样的脂肪含量。

5.1.2.4　脂肪含量的测定：浓缩前准确称重茄形瓶，将溶剂浓缩至干后准确称重茄形瓶，两次称重结果的差值为试样的脂肪量。测定脂肪量后，加入少量正己烷溶解瓶中残渣。

5.1.3　净化

5.1.3.1　酸性硅胶柱净化

净化柱装填：玻璃柱底端用玻璃棉封堵后从底端到顶端依次填入 4 g 活化硅胶、10 g 酸化硅胶、2 g 活化硅胶、4 g 无水硫酸钠(见附录 D 中的图 D.1)。然后用 100 mL 正己烷预淋洗。

净化：将浓缩的提取液全部转移至柱上，用约 5 mL 正己烷冲洗茄形瓶 3 次～4 次，洗液转移至柱上。待液面降至无水硫酸钠层时加入 180 mL 正己烷洗脱，洗脱液浓缩至约 1 mL。

如果酸化硅胶层全部变色，表明试样中脂肪量超过了柱子的负载极限。洗脱液浓缩后，制备一根新的酸性硅胶净化柱，重复上述操作，直至硫酸硅胶层不再全部变色。

5.1.3.2　复合硅胶柱净化

净化柱装填：玻璃柱底端用玻璃棉封堵后从底端到顶端依次填入 1.5 g 硝酸银硅胶、1 g 活化硅胶、2 g 碱性硅胶、1 g 活化硅胶、4 g 酸化硅胶、2 g 活化硅胶、2 g 无水硫酸钠(见附录 D 中的图 D.1)。然后用 30 mL 正己烷＋二氯甲烷(97＋3)预淋洗。

净化：将经过 5.1.3.1 净化后浓缩洗脱液全部转移至柱上，用约 5 mL 正己烷冲洗茄形瓶 3 次～4 次，洗液转移至柱上。待液面降至无水硫酸钠层时加入 50 mL 正己烷＋二氯甲烷(97＋3)洗脱，洗脱液浓缩至约 1 mL。

5.1.3.3　碱性氧化铝柱净化

净化柱装填：玻璃柱底端用玻璃棉封堵后从底端到顶端依次填入 2.5 g 经过烘烤的碱性氧化铝、2 g 无水硫酸钠(见附录 D 中的图 D.1)。15 mL 正己烷预淋洗。

净化：将经过 5.1.3.2 净化后浓缩洗脱液全部转移至柱上，用约 5 mL 正己烷冲洗茄形瓶 3 次～4 次，洗液转移至柱上。当液面降至无水硫酸钠层时加入 30 mL 正己烷(2×15 mL)洗脱柱子，待液面降至无水硫酸钠层时加入 25 mL 二氯甲烷＋正己烷(5＋95)洗脱。洗脱液浓缩至近干。

5.1.4　上机分析前的处理

将净化后的试样溶液转移至进样小管中，在氮气流下浓缩，用少量正己烷洗涤茄形瓶 3 次～4 次，洗涤液也转移至进样内插管中，氮气浓缩至约 50 μL，加入适量回收率内标标准溶液(3.2.3)，然后封盖待上机分析。

5.2 仪器参考条件

5.2.1 色谱条件

5.2.1.1 色谱柱:采用 30 m 的 DB-5ms(或相当于 DB-5ms 的其他类型)石英毛细管柱进行色谱分离,膜厚为 0.25 μm,内径为 0.25 mm。

5.2.1.2 采用不分流方式进样时,进样口温度为 300 ℃。

5.2.1.3 色谱柱升温程序如下:初始温度为 100 ℃,保持 2 min;15 ℃/min 升温至 180 ℃;3 ℃/min 升温至 240 ℃;10 ℃/min 升温至 285 ℃并保持 10 min。

5.2.1.4 使用高纯氦气(纯度>99.999%)作为载气。

5.2.2 质谱参数

5.2.2.1 四极杆质谱仪

电离模式:电子轰击源(EI),能量为 70 eV。

离子检测方式:选择离子监测(SIM),检测 PCBs 时选择的特征离子为分子离子,见附录 B 中的表 B.1。

离子源温度为 250 ℃,传输线温度为 280 ℃,溶剂延迟为 10 min。

5.2.2.2 离子阱质谱仪

电离模式:电子轰击源(EI),能量为 70 eV。

离子检测方式:多反应监测(MRM),检测 PCBs 时选择的母离子为分子离子(M+2 或 M+4),子离子为分子离子丢掉两个氯原子后形成的碎片离子(M-2Cl),见附录 B 中的表 B.2。

离子阱温度为 220 ℃,传输线温度 280 ℃,歧盒(manifold)温度 40 ℃。

5.3 灵敏度检查

进样 1 μL(20 pg)CS1 溶液,检查 GC-MS 灵敏度。要求 3~7 氯取代的各化合物检测离子的信噪比应达到 3 以上;否则,应重新进行仪器调谐,直至符合规定。

5.4 PCBs 的定性和定量

5.4.1 PCBs 色谱峰的确认要求:所检测的色谱峰信噪比应在 3 以上(参见附录 C 中的图 C.1 或图 C.3)。

5.4.2 监测的两个特征离子的丰度比应在理论范围之内,分别见附录 B 中的表 B.1 和表 B.2。

5.4.3 检查色谱峰对应的质谱图(参见附录 C 中的图 C.2 或图 C.4),当浓度足够大时,应存在丢掉两个氯原子的碎片离子(M-70),见附录 B 中的表 B.1。

5.4.4 检查色谱峰对应的质谱图(参见附录 C 中的图 C.2 或图 C.4),对于三氯联苯至七氯联苯色谱峰中,不能存在分子离子加两个氯原子的碎片离子(M+70),见附录 B 中的表 B.1。

5.4.5 被确认的 PCBs 保留时间应处在通过分析窗口确定标准溶液预先确定的时间窗口内。时间窗口确定标准溶液由各氯取代数的 PCBs 在 DB-5ms 色谱柱上第一个出峰和最后一个出峰的同族化合物组成。使用确定的色谱条件、采用全扫描质谱采集模式对窗口确定标准溶液进行分析(1 μL),根据各族 PCBs 所在的保留时间段确定时间窗口。由于在 DB-5ms 色谱柱上存在三族 PCBs 的保留时间段重叠的现象,因此在单一时间窗口内需要对不同族 PCBs 的特征离子进行检测。为保证分析的选择性和灵敏度要求,在确定时间窗口时应使一个窗口中检测的特征离子尽可能少。

5.5 分析结果的表述

5.5.1 本标准中对于 PCB28、PCB52、PCB118、PCB153、PCB180、PCB206 和 PCB209 使用同位素稀释技术进行定量，对其他目标化合物采用内标法定量；对于定量内标的回收率计算使用内标法。本标准所测定的 20 种目标化合物包括了 PCBs 工业产品中的大部分种类。从三氯联苯到八氯联苯每族三个化合物，九氯联苯和十氯联苯各一个，见附录 A 中的表 A.4。每族使用一个$^{13}C_{12}$标记化合物作为定量内标，见附录 A 中表 A.2。计算定量内标回收率的回收内标为两个，见附录 A 中的表 A.3。在计算定量内标的回收率时，$^{13}C_{12}$-PCB101 作为$^{13}C_{12}$-PCB28、$^{13}C_{12}$-PCB52、$^{13}C_{12}$-PCB18 和$^{13}C_{12}$-PCB153 的回收率内标，$^{13}C_{12}$-PCB194 为$^{13}C_{12}$-PCB180、$^{13}C_{12}$-PCB202、$^{13}C_{12}$-PCB206 和$^{13}C_{12}$-PCB209 的回收率内标。

5.5.2 相对响应因子（*RRF*）：本标准采用 *RRF* 进行定量计算，使用校正标准溶液计算 *RRF* 值，见式(1)和式(2)。

$$RRF_n = \frac{A_n \times c_s}{A_s \times c_n} \quad \cdots\cdots(1)$$

$$RRF_r = \frac{A_s \times c_r}{A_r \times c_s} \quad \cdots\cdots(2)$$

式中：

RRF_n ——目标化合物对定量内标的相对响应因子；

A_n ——目标化合物的峰面积；

c_s ——定量内标的浓度，单位为微克每升(μg/L)；

A_s ——定量内标的峰面积；

c_n ——目标化合物的浓度，单位为微克每升(μg/L)；

RRF_r ——定量内标对回收内标的相对响应因子；

A_r ——回收率内标的峰面积；

c_r ——回收率内标的浓度，单位为微克每升(μg/L)。

各化合物五个浓度水平的 *RRF* 值的相对标准偏差(*RSD*)应小于 20%。达到这个标准后，使用平均 RRF_n 和平均 RRF_r 进行定量计算。

5.5.3 含量计算：试样中 PCBs 含量的计算见式(3)。

$$c_n = \frac{A_n \times m_s}{A_s \times RRF_n \times m} \quad \cdots\cdots(3)$$

式中：

c_n ——试样中 PCBs 的含量，单位为微克每千克(μg/kg)；

A_n ——目标化合物的峰面积；

m_s ——试样中加入定量内标的量，单位为纳克(ng)；

A_s ——定量内标的峰面积；

RRF_n ——目标化合物对定量内标的相对响应因子；

m ——取样量，单位为克(g)。

5.5.4 定量内标回收率计算：按式(4)计算定量内标回收率(*R*)，其数值以%表示。

$$R = \frac{A_s \times m_r}{A_r \times RRF_r \times m_s} \times 100\% \quad \cdots\cdots(4)$$

式中：

R ——定量内标回收率，%；

A_s ——定量内标的峰面积；

m_r ——试样中加入回收率内标的量，单位为纳克(ng)；

A_r ——回收率内标的峰面积；

RRF_r——定量内标对回收率内标的相对响应因子；

m_s ——试样中加入定量内标的量，单位为纳克(ng)。

定量结果保留小数点后两位数字。

5.5.5 检测限：本标准的试样检测限规定为当信噪比为3时，同位素丰度比符合要求的响应所对应的试样浓度。检测限的计算见式(5)。

$$DL = \frac{3 \times N \times m_s}{H \times RRF_n \times m} \quad \cdots\cdots (5)$$

式中：

DL ——检测限，单位为微克每千克(μg/kg)；

N ——噪声峰高；

m_s ——加入定量内标的量，单位为纳克(ng)；

H ——定量内标的峰高；

RRF_n——目标化合物对定量内标的相对响应因子；

m ——试样量，单位为克(g)。

试样基质、取样量、进样量、定量内标的回收率、色谱分离状况、电噪声水平以及仪器灵敏度均可能对试样检出限造成影响，因此噪声水平应从实际试样谱图中获取。当某目标化合物的结果报告未检出时应同时报告试样检测限。

6 质量控制和质量保证

6.1 初始精密度和准确度试验

在分析实际试样前实验室应达到可接受的精密度和准确度水平。通过对加标试样的分析，验证分析方法的可靠性。

取不少于3份基质与实际试样相似的空白试样，分别加入精密度准确度试验标准溶液，见附录A中的表A.5，再分别加入定量内标标准溶液。将制备好的加标试样按与实际试样相同的方法进行分析，计算目标化合物的回收率和定量内标的回收率。每份试样的目标PCBs的测定值应在加入量的75%～120%范围之内，$RSD<30\%$。定量内标的平均回收率应在50%～120%之间，并且单个试样的定量内标回收率在30%～130%之间。

在进行实际试样分析之前，应达到上述标准。当试样的提取、净化方法进行修改后以及更换分析操作人员后，应重复上述试验并直至达到上述标准。实验室每6个月应进行上述试验并直至达到上述标准要求。

如果可以获得与试样具有相似基质的标准参考物，则可以用标准参考物代替加标试样进行精密度和准确度试验。

6.2 定量内标回收率

试样提取前加入定量内标以校正试样提取、净化过程中目标化合物的损失。定量内标的回收率应在30%～130%之间，如果试样分析结果的定量内标回收率没有达到上述要求则该试样应重新进行提取、净化和上机分析。

6.3 方法空白

每个批次最多15个试样，需做一次方法空白试验。

6.4 质控样品

每个批次最多15个试样，需带一个质控样品。质控样品可以是标准参考物也可以是已知浓度的加标样品。目标化合物的测定值应在标准值的75%～125%范围之内。

6.5 保留时间窗口

每周进行时间窗口确定标准溶液的分析，确定保留时间窗口的正确。当更换色谱柱、切割色谱柱或改变色谱参数后均应使用时间窗口确定标准溶液对保留时间窗口进行校准。

6.6 校准标准溶液

初始校准使用5个浓度水平的校准标准溶液。*RRF* 的 *RSD* 小于20%表明校准成功。在分析过程中，每12 h应进行一次确证试验。使用校正标准溶液中的CS3上机分析，分析结果应在其定值的20%范围之内，定量内标的回收率应在75%～125%范围之内。

7 其他

各目标化合物定量限为0.5 μg/kg。

第二法 气相色谱法

8 原理

本方法以PCB198为定量内标，在试样中加入PCB198，水浴加热振荡提取后，经硫酸处理、色谱柱层析净化，采用气相色谱-电子捕获检测器法测定，以保留时间定性，内标法定量。

9 试剂和材料

9.1 试剂

9.1.1 正己烷(C_6H_{14})：农残级。

9.1.2 二氯甲烷(CH_2Cl_2)：农残级。

9.1.3 丙酮(C_3H_6O)：农残级。

9.1.4 无水硫酸钠(Na_2SO_4)：优级纯。将市售无水硫酸钠装入玻璃色谱柱，依次用正己烷和二氯甲烷淋洗两次，每次使用的溶剂体积约为无水硫酸钠体积的两倍。淋洗后，将无水硫酸钠转移至烧瓶中，在50 ℃下烘烤至干，并在225 ℃烘烤过夜，冷却后干燥器中保存。

9.1.5 浓硫酸(H_2SO_4)：优级纯。

9.1.6 碱性氧化铝，色谱层析用碱性氧化铝。将市售色谱填料在660 ℃中烘烤6 h，冷却后于干燥器中保存。

9.2 标准溶液

指示性多氯联苯的系列标准溶液，见附录A中的表A.6。

10 仪器和设备

10.1 气相色谱仪,配电子捕获检测器(ECD)。
10.2 色谱柱:DB-5ms 柱,30 m×0.25 mm×0.25 μm 或等效色谱柱。
10.3 组织匀浆器。
10.4 绞肉机。
10.5 旋转蒸发仪。
10.6 氮气浓缩器。
10.7 超声波清洗器。
10.8 漩涡振荡器。
10.9 分析天平。
10.10 水浴振荡器。
10.11 离心机。
10.12 层析柱。

11 分析步骤

11.1 试样提取

11.1.1 固体试样:称取试样 5 g~10 g(精确到 0.1 g),置具塞锥形瓶中,加入定量内标 PCB198 后,以适量正己烷+二氯甲烷(50+50)为提取溶液,于水浴振荡器上提取 2 h,水浴温度为 40 ℃,振荡速度为 200 r/min。
11.1.2 液体试样(不包括油脂类样品):称取试样 10 g(精确到 0.1 g),置具塞离心管中,加入定量内标 PCB198 和草酸钠 0.5 g,加甲醇 10 mL 摇匀,加 20 mL 乙醚+正己烷(25+75)振荡提取 20 min,以 3 000 r/min 离心 5 min,取上清液过装有 5 g 无水硫酸钠的玻璃柱;残渣加 20 mL 乙醚+正己烷(25+75)重复以上过程,合并提取液。
11.1.3 将提取液转移到茄形瓶中,旋转蒸发浓缩至近干。如分析结果以脂肪计,则需要测定试样脂肪含量。
11.1.4 试样脂肪的测定:浓缩前准确称取空茄形瓶重量,将溶剂浓缩至干后,再次准确称取茄形瓶及残渣重量,两次称重结果的差值即为试样的脂肪含量。

11.2 净化

11.2.1 硫酸净化

将浓缩的提取液转移至 10 mL 试管中,用约 5 mL 正己烷洗涤茄形瓶 3 次~4 次,洗液并入浓缩液中,用正己烷定容至刻度,并加入 0.5 mL 浓硫酸,振摇 1 min,以 3 000 r/min 的转速离心 5 min,使硫酸层和有机层分离。如果上层溶液仍然有颜色,表明脂肪未完全除去,再加入一定量的浓硫酸,重复操作,直至上层溶液呈无色。

11.2.2 碱性氧化铝柱净化

净化柱装填:玻璃柱底端加入少量玻璃棉后,从底部开始,依次装入 2.5 g 经过烘烤的碱性氧化铝、2 g 无水硫酸钠,用 15 mL 正己烷预淋洗。

净化:将 11.2.1 的浓缩液转移至层析柱上,用约 5 mL 正己烷洗涤茄形瓶 3 次~4 次,洗液一并转移至层析柱中。当液面降至无水硫酸钠层时,加入 30 mL 正己烷(2×15 mL)洗脱;当液面降至无水硫酸钠层时,用 25 mL 二氯甲烷+正己烷(5+95)洗脱。洗脱液旋转蒸发浓缩至近干。

11.3 试样溶液浓缩

将 11.2.2 试样溶液转移至进样瓶中,用少量正己烷洗茄形瓶 3 次~4 次,洗液并入进样瓶中,在氮气流下浓缩至 1 mL,待 GC 分析。

12 测定

12.1 色谱条件

12.1.1 色谱柱:DB-5ms 柱,30 m×0.25 mm×0.25 μm 或等效色谱柱。
12.1.2 进样口温度:290 ℃。
12.1.3 升温程序:开始温度 90 ℃,保持 0.5 min;以 15 ℃/min 升温至 200 ℃,保持 5 min;以 2.5 ℃/min 升温至 250 ℃,保持 2 min;以 20 ℃/min 升温至 265 ℃,保持 5 min。
12.1.4 载气:高纯氮气(纯度>99.999%),柱前压 67 kPa(相当于 10 psi)。
12.1.5 进样量:不分流进样 1 μL。
12.1.6 色谱分析:以保留时间定性,以试样和标准的峰高或峰面积比较定量。

12.2 PCBs 的定性分析

以保留时间或相对保留时间进行定性分析,所检测的 PCBs 色谱峰信噪比(S/N)大于 3。

12.3 PCBs 的定量测定

12.3.1 相对响应因子(*RRF*)

采用内标法,以相对响应因子(*RRF*)进行定量计算。以校正标准溶液进样,按式(6)计算 *RRF* 值:

$$RRF = \frac{A_n \times c_s}{A_s \times c_n} \quad \cdots\cdots\cdots\cdots (6)$$

式中:
RRF ——目标化合物对定量内标的相对响应因子;
A_n ——目标化合物的峰面积;
c_s ——定量内标的浓度,单位为微克每升(μg/L);
A_s ——定量内标的峰面积;
c_n ——目标化合物的浓度,单位为微克每升(μg/L)。
在系列标准溶液中,各目标化合物的 *RRF* 值相对标准偏差(*RSD*)应小于 20%。

12.3.2 含量计算

按式(7)计算试样中 PCBs 含量:

$$X_n = \frac{A_n \times m_s}{A_s \times RRF \times m} \quad \cdots\cdots\cdots\cdots (7)$$

式中:
X_n ——目标化合物的含量,单位为微克每千克(μg/kg);
A_n ——目标化合物的峰面积;
m_s ——试样中加入定量内标的量,单位为纳克(ng);

A_s ——定量内标的峰面积；

RRF——目标化合物对定量内标的相对响应因子；

m ——取样量，单位为克(g)。

12.3.3 检测限

本方法的检测限规定为具有 3 倍信噪比、相对保留时间符合要求的响应所对应的试样浓度见式(8)：

$$DL = \frac{3 \times N \times m_s}{H \times RRF \times m} \quad \cdots\cdots\cdots\cdots\cdots (8)$$

式中：

DL ——检测限，单位为微克每千克(μg/kg)；

N ——噪声峰高；

m_s ——加入定量内标的量，单位为纳克(ng)；

H ——定量内标的峰高；

RRF——目标化合物对定量内标的相对响应因子；

m ——试样量，单位为克(g)。

试样基质、取样量、进样量、色谱分离状况、电噪声水平以及仪器灵敏度均可能对试样检测限造成影响，因此噪声水平应从实际试样图谱中获取。当某目标化合物的结果报告未检出时应同时报告试样检测限。

13 精密度

在重复性条件下获得的两次独立测定结果绝对差值不得超过算术平均值的 20%。

14 其他

各目标化合物定量限为 0.5 μg/kg。

附 录 A
指示性多氯联苯用标准溶液

表 A.1～表 A.6 规定了食品中多氯联苯含量测定时需要使用的时间窗口确定、定量内标、回收率内标、标准系列、精密度和准确度检查的标准溶液。

表 A.1 GC-MS 方法测定的指示性多氯联苯的时间窗口确定标准溶液

化合物	氯原子数	浓度 mg/L
Biphenyl	0	2.5±0.25
PCB1	1	2.5±0.25
PCB3	1	2.5±0.25
PCB10	2	2.5±0.25
PCB15	2	2.5±0.25
PCB30	3	2.5±0.25
PCB37	3	2.5±0.25
PCB54	4	2.5±0.25
PCB77	4	2.5±0.25
PCB104	5	2.5±0.25
PCB126	5	2.5±0.25
PCB155	6	2.5±0.25
PCB169	6	2.5±0.25
PCB188	7	2.5±0.25
PCB189	7	2.5±0.25
PCB194	8	2.5±0.25
PCB202	8	2.5±0.25
PCB206	9	2.5±0.25
PCB208	9	2.5±0.25
PCB209	10	2.5±0.25

表 A.2 GC-MS 方法中指示性多氯联苯定量内标的标准溶液

化合物	氯原子数	浓度 mg/L
$^{13}C_{12}$-PCB28	3	2.0
$^{13}C_{12}$-PCB52	4	2.0
$^{13}C_{12}$-PCB118	5	2.0

表 A.2（续）

化合物	氯原子数	浓度 mg/L
$^{13}C_{12}$-PCB153	6	2.0
$^{13}C_{12}$-PCB180	7	2.0
$^{13}C_{12}$-PCB202	8	2.0
$^{13}C_{12}$-PCB206	9	2.0
$^{13}C_{12}$-PCB209	10	2.0

表 A.3　GC-MS 方法中指示性多氯联苯回收率内标的标准溶液

化合物	氯原子数	浓度 mg/L
$^{13}C_{12}$-PCB101	5	2.0
$^{13}C_{12}$-PCB194	8	2.0

表 A.4　GC-MS 方法中指示性多氯联苯系列标准溶液

目标化合物		浓度 μg/L				
		CS1	CS2	CS3	CS4	CS5
天然化合物	PCB18	20	50	200	800	2 000
	PCB28	20	50	200	800	2 000
	PCB33	20	50	200	800	2 000
	PCB52	20	50	200	800	2 000
	PCB44	20	50	200	800	2 000
	PCB70	20	50	200	800	2 000
	PCB101	20	50	200	800	2 000
	PCB118	20	50	200	800	2 000
	PCB105	20	50	200	800	2 000
	PCB153	20	50	200	800	2 000
	PCB138	20	50	200	800	2 000
	PCB128	20	50	200	800	2 000
	PCB187	20	50	200	800	2 000
	PCB180	20	50	200	800	2 000
	PCB170	20	50	200	800	2 000
	PCB199	20	50	200	800	2 000

表 A.4（续）

目标化合物		浓度 μg/L				
		CS1	CS2	CS3	CS4	CS5
天然化合物	PCB195	20	50	200	800	2 000
	PCB194	20	50	200	800	2 000
	PCB206	20	50	200	800	2 000
	PCB209	20	50	200	800	2 000
同位素标记的定量内标	$^{13}C_{12}$-PCB180	400	400	400	400	400
	$^{13}C_{12}$-PCB202	400	400	400	400	400
	$^{13}C_{12}$-PCB206	400	400	400	400	400
	$^{13}C_{12}$-PCB209	400	400	400	400	400
	$^{13}C_{12}$-PCB28	400	400	400	400	400
	$^{13}C_{12}$-PCB52	400	400	400	400	400
	$^{13}C_{12}$-PCB118	400	400	400	400	400
	$^{13}C_{12}$-PCB153	400	400	400	400	400
同位素标记的回收率内标	$^{13}C_{12}$-PCB101	400	400	400	400	400
	$^{13}C_{12}$-PCB194	400	400	400	400	400

表 A.5 GC-MS 方法中指示性多氯联苯精密度和准确度试验标准溶液

化合物	浓度 μg/L	化合物	浓度 μg/L
PCB18	100	PCB138	100
PCB28	100	PCB128	100
PCB33	100	PCB187	100
PCB52	100	PCB180	100
PCB44	100	PCB170	100
PCB70	100	PCB199	100
PCB101	100	PCB195	100
PCB118	100	PCB194	100
PCB105	100	PCB206	100
PCB153	100	PCB209	100

表 A.6 GC-ECD 方法中指示性多氯联苯的系列标准溶液

化合物	浓度 μg/L				
	CS1	CS2	CS3	CS4	CS5
PCB28	5	20	50	200	800
PCB52	5	20	50	200	800
PCB101	5	20	50	200	800
PCB118	5	20	50	200	800
PCB138	5	20	50	200	800
PCB153	5	20	50	200	800
PCB180	5	20	50	200	800
PCB198(定量内标)	50	50	50	50	50

附　录　B
特征离子及同位素丰度比

表B.1和表B.2分别规定了采用四极杆质谱仪和离子阱质谱仪测定食品中指示性多氯联苯的特征离子及同位素丰度比的要求。

表B.1　四极杆质谱仪选择离子监测(SIM)的特征离子及同位素丰度比

同族物	特征离子/(m/z)	离子类型	理论丰度比	确证离子
T_3CB	256/258	M/M+2	1.03	188[a]　326[b]
T_4CB	290/292	M/M+2	0.78	222[a]　360[b]　326[c]
P_5CB	324/326	M/M+2	0.62	256[a]　396[b]　360[c]
H_6CB	358/360	M/M+2	0.52	290[a]　430[b]　394[c]
H_7CB	394/396	M+2/M+4	1.04	324[a]　464[b]　430[c]
O_8CB	428/430	M+2/M+4	0.89	358[a]　464[c]
N_9CB	462/464	M+2/M+4	0.78	394[a]
$D_{10}CB$	498/500	M+4/M+6	1.17	428[a]
$^{13}C_{12}$-T_3CB	270	M+2	—	—
$^{13}C_{12}$-T_4CB	304	M+2	—	—
$^{13}C_{12}$-P_5CB	338	M+2	—	—
$^{13}C_{12}$-H_6CB	372	M+2	—	—
$^{13}C_{12}$-H_7CB	406	M+2	—	—
$^{13}C_{12}$-O_8CB	442	M+4	—	—
$^{13}C_{12}$-N_9CB	476	M+4	—	—
$^{13}C_{12}$-$D_{10}CB$	510	M+4	—	—

[a] 存在的碎片离子。

[b] 不能存在的碎片离子。

[c] 这些离子为分子离子加一个氯的碎片离子(M+35)，出现这些离子表明可能存在来自相邻族PCBs的干扰。

表B.2　串联离子阱质谱仪多重反应离子监测(MRM)的特征离子及同位素丰度比

同族化合物	母离子/(m/z)	子离子/(m/z)	理论丰度比
T_3CB	258	186/188	2.00
T_4CB	292	220/222	1.00
P_5CB	326	254/256	0.67
H_6CB	360	288/290	0.50
H_7CB	396	324/326	1.00
O_8CB	430	358/360	0.80

表 B.2（续）

同族化合物	母离子/(m/z)	子离子/(m/z)	理论丰度比
N_9CB	464	392/394	0.67
D_{10}CB	498	426/428	0.55
$^{13}C_{12}$-T_3'CB	270	198/200	2.00
$^{13}C_{12}$-T_4CB	304	232/234	1.00
$^{13}C_{12}$-P_5CB	338	266/268	0.67
$^{13}C_{12}$-H_6CB	372	300/302	0.50
$^{13}C_{12}$-H_7CB	408	336/338	1.00
$^{13}C_{12}$-O_8CB	442	370/372	0.80
$^{13}C_{12}$-N_9CB	476	404/406	0.67
$^{13}C_{12}$-D_{10}CB	510	438/440	0.55

附　录　C

GC-MS 测定的 PCBs 质量色谱图和质谱图

图 C.1 和图 C.2 为采用四极杆质谱仪测定多氯联苯的 SIM 色谱图和质谱图，图 C.3 和图 C.4 为离子阱质谱仪测定多氯联苯的 MRM 色谱图和质谱图，图 C.5 为 GC-ECD 测定的指示性多氯联苯标准溶液色谱图。

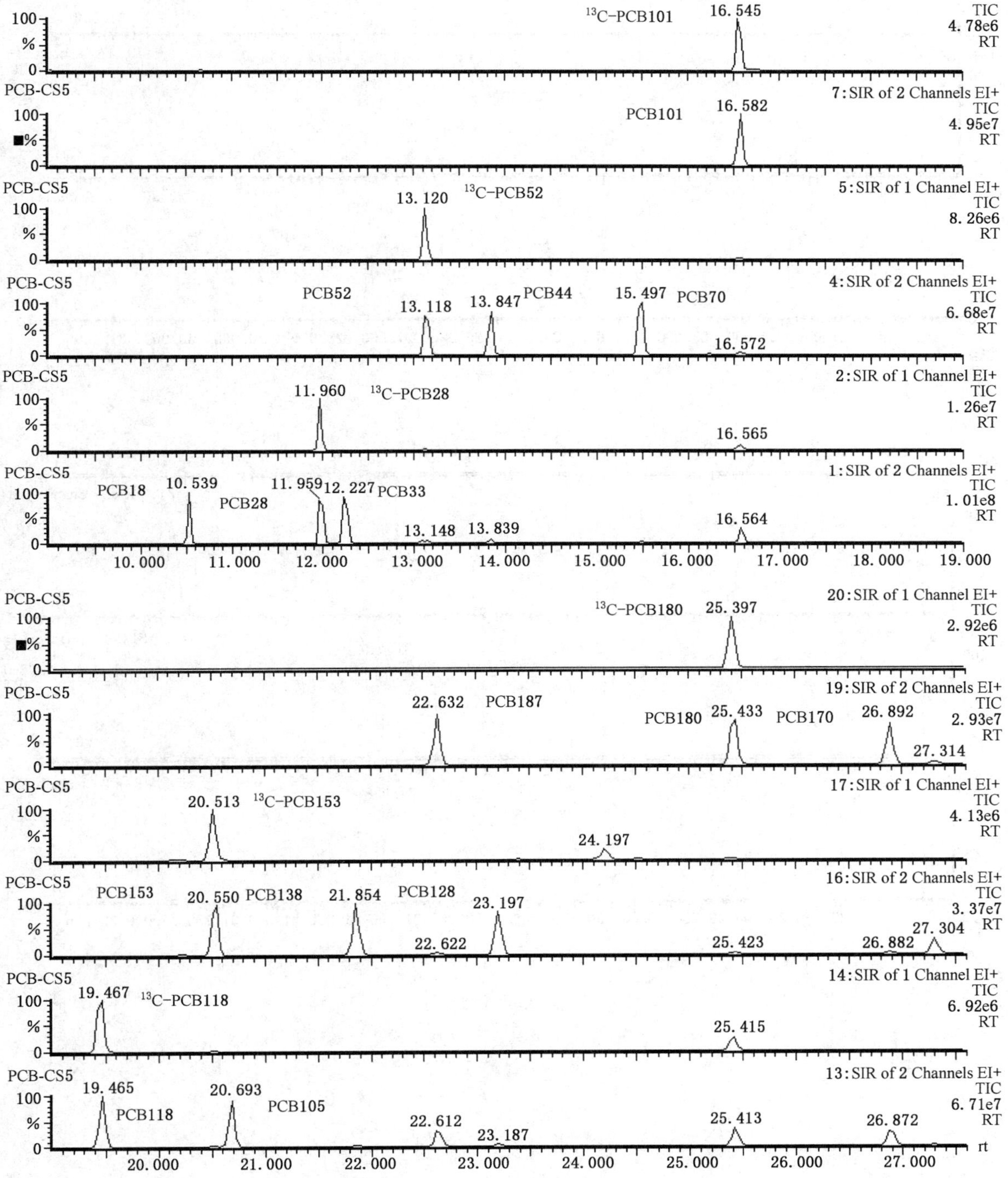

图 C.1　SIM 检测的目标 PCBs 特征离子的质量色谱图

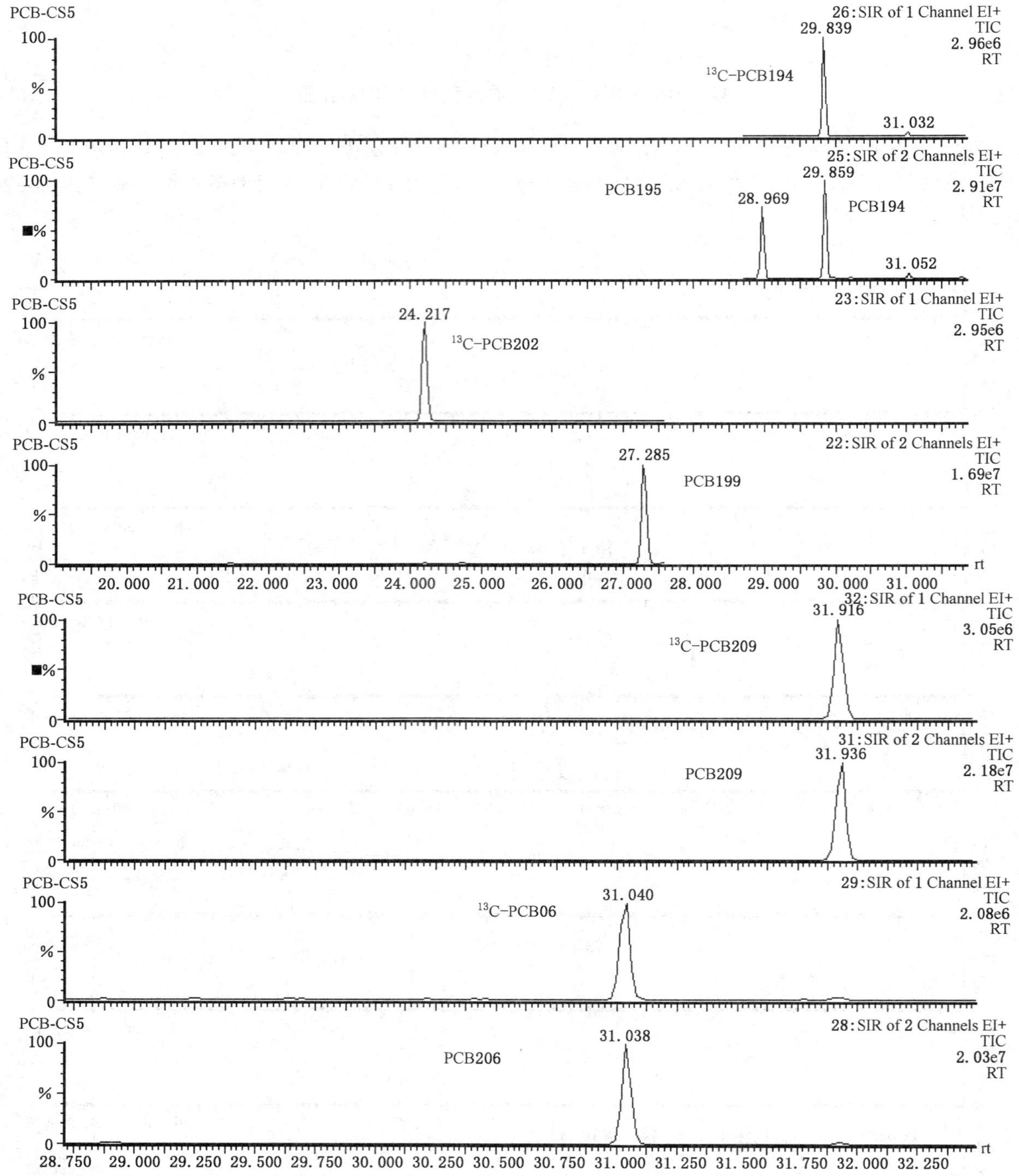
PCB-CS5
26:SIR of 1 Channel EI+
TIC
2.96e6
RT
29.839
13C-PCB194
31.032
PCB-CS5
25:SIR of 2 Channels EI+
TIC
2.91e7
RT
PCB195
28.969
29.859
PCB194
31.052
PCB-CS5
23:SIR of 1 Channel EI+
TIC
2.95e6
RT
24.217
13C-PCB202
PCB-CS5
22:SIR of 2 Channels EI+
TIC
1.69e7
RT
27.285
PCB199
20.000 21.000 22.000 23.000 24.000 25.000 26.000 27.000 28.000 29.000 30.000 31.000
rt
PCB-CS5
32:SIR of 1 Channel EI+
TIC
3.05e6
RT
31.916
13C-PCB209
PCB-CS5
31:SIR of 2 Channels EI+
TIC
2.18e7
RT
31.936
PCB209
PCB-CS5
29:SIR of 1 Channel EI+
TIC
2.08e6
RT
31.040
13C-PCB06
PCB-CS5
28:SIR of 2 Channels EI+
TIC
2.03e7
RT
31.038
PCB206
28.750 29.000 29.250 29.500 29.750 30.000 30.250 30.500 30.750 31.000 31.250 31.500 31.750 32.000 32.250
rt
100
%
0

图 C.1（续）

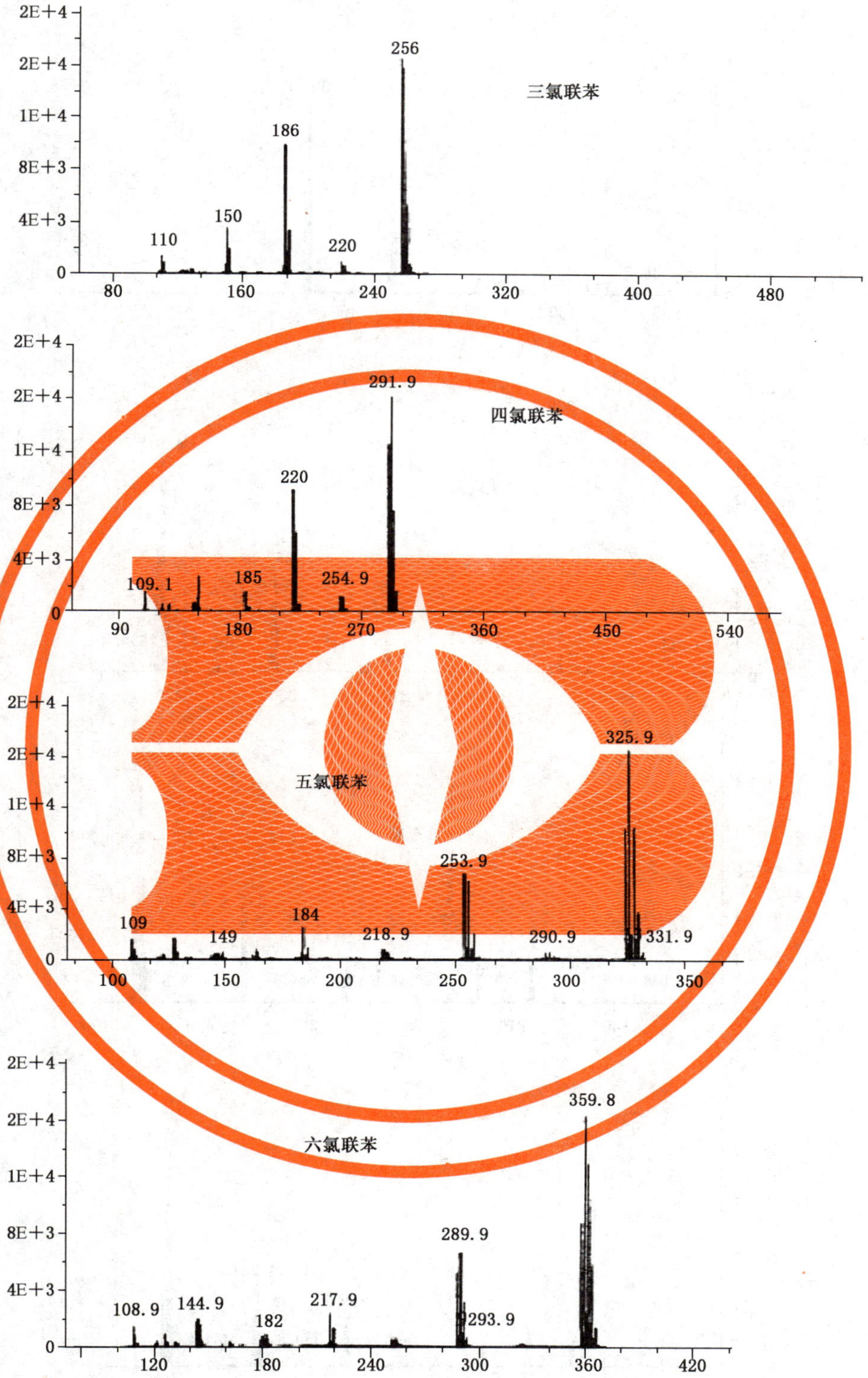

图 C.2　SIM 检测的各族 PCBs 特征离子质谱图

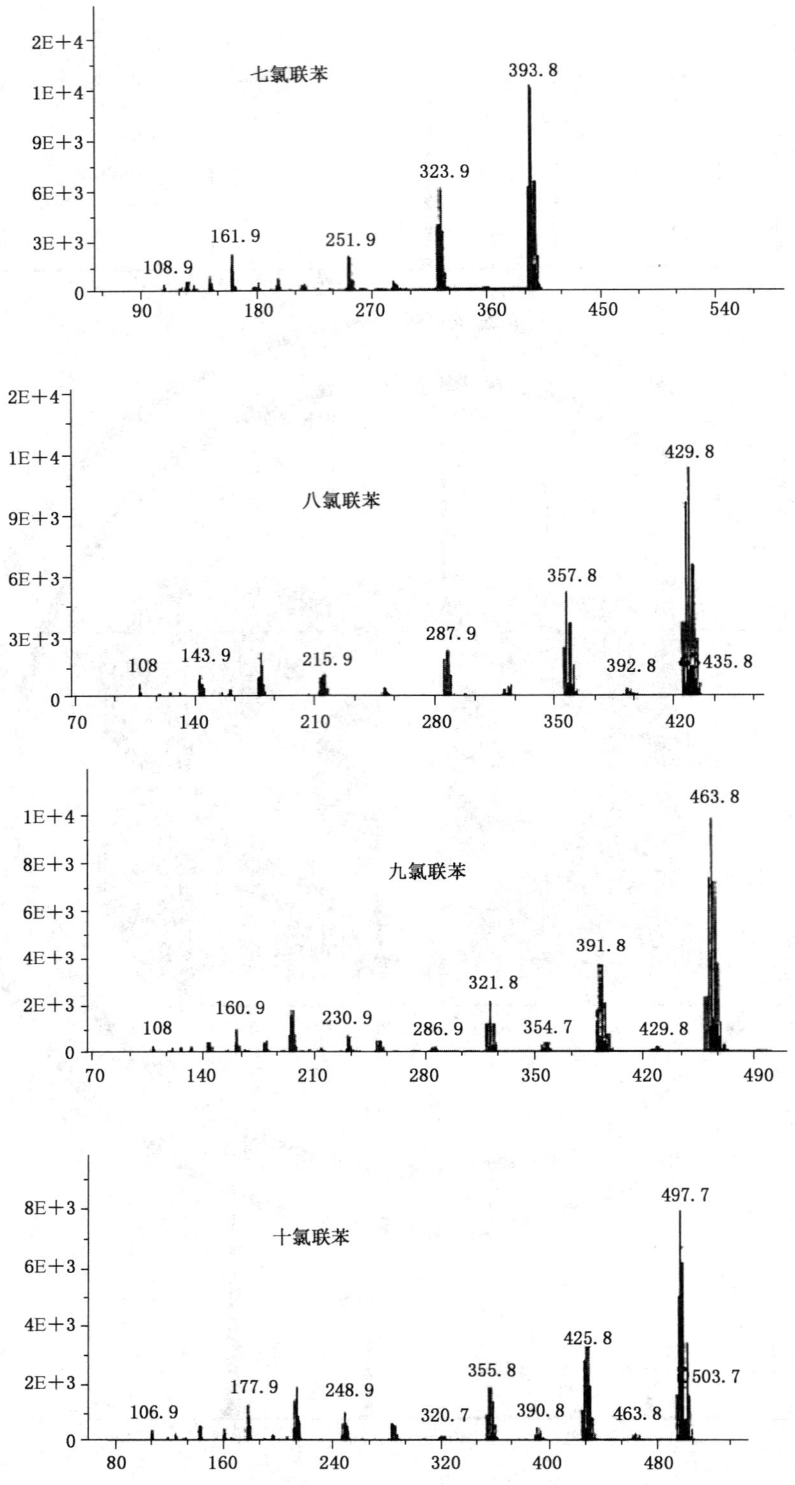
七氯联苯
2E+4
1E+4
9E+3
6E+3
3E+3
0
108.9
161.9
251.9
323.9
393.8
90
180
270
360
450
540
八氯联苯
2E+4
1E+4
9E+3
6E+3
3E+3
0
108
143.9
215.9
287.9
357.8
392.8
429.8
435.8
70
140
210
280
350
420
九氯联苯
1E+4
8E+3
6E+3
4E+3
2E+3
0
108
160.9
230.9
286.9
321.8
354.7
391.8
429.8
463.8
70
140
210
280
350
420
490
十氯联苯
8E+3
6E+3
4E+3
2E+3
0
106.9
177.9
248.9
320.7
355.8
390.8
425.8
463.8
497.7
503.7
80
160
240
320
400
480

图 C.2（续）

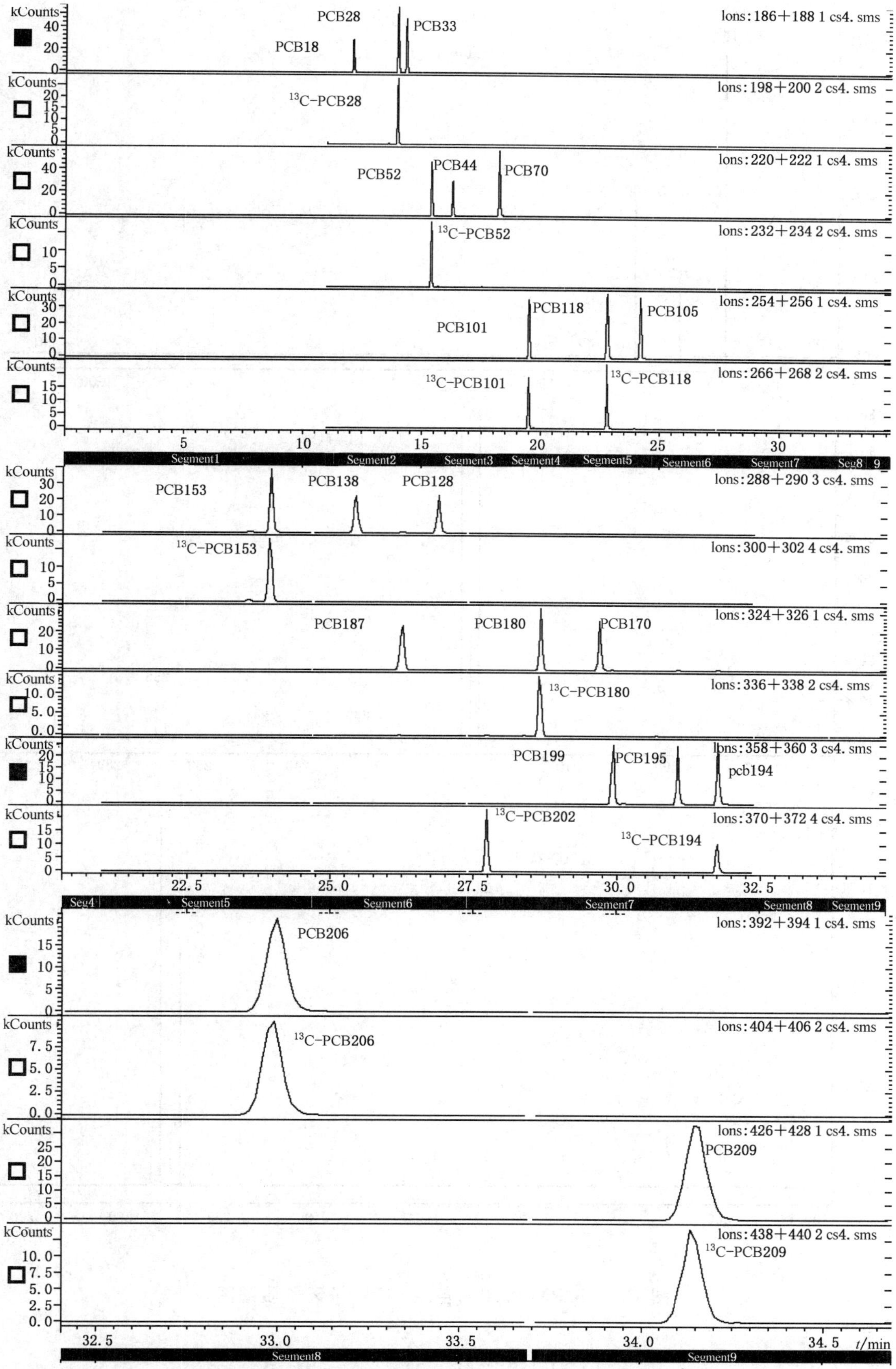

图 C.3　MRM 检测各目标 PCBs 子离子的重组离子流图

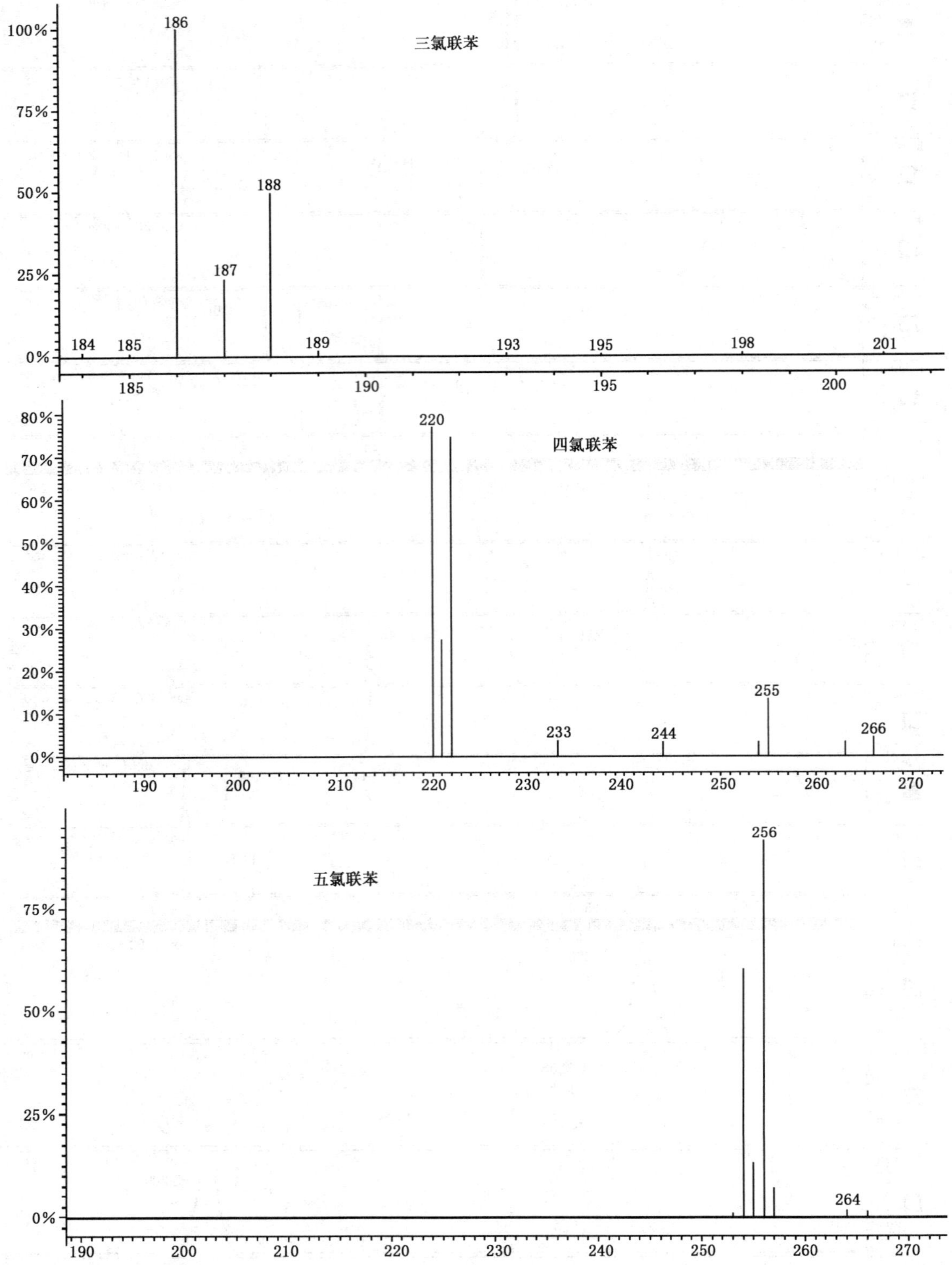

图 C.4　MRM 检测的各族 PCBs 子离子质谱图

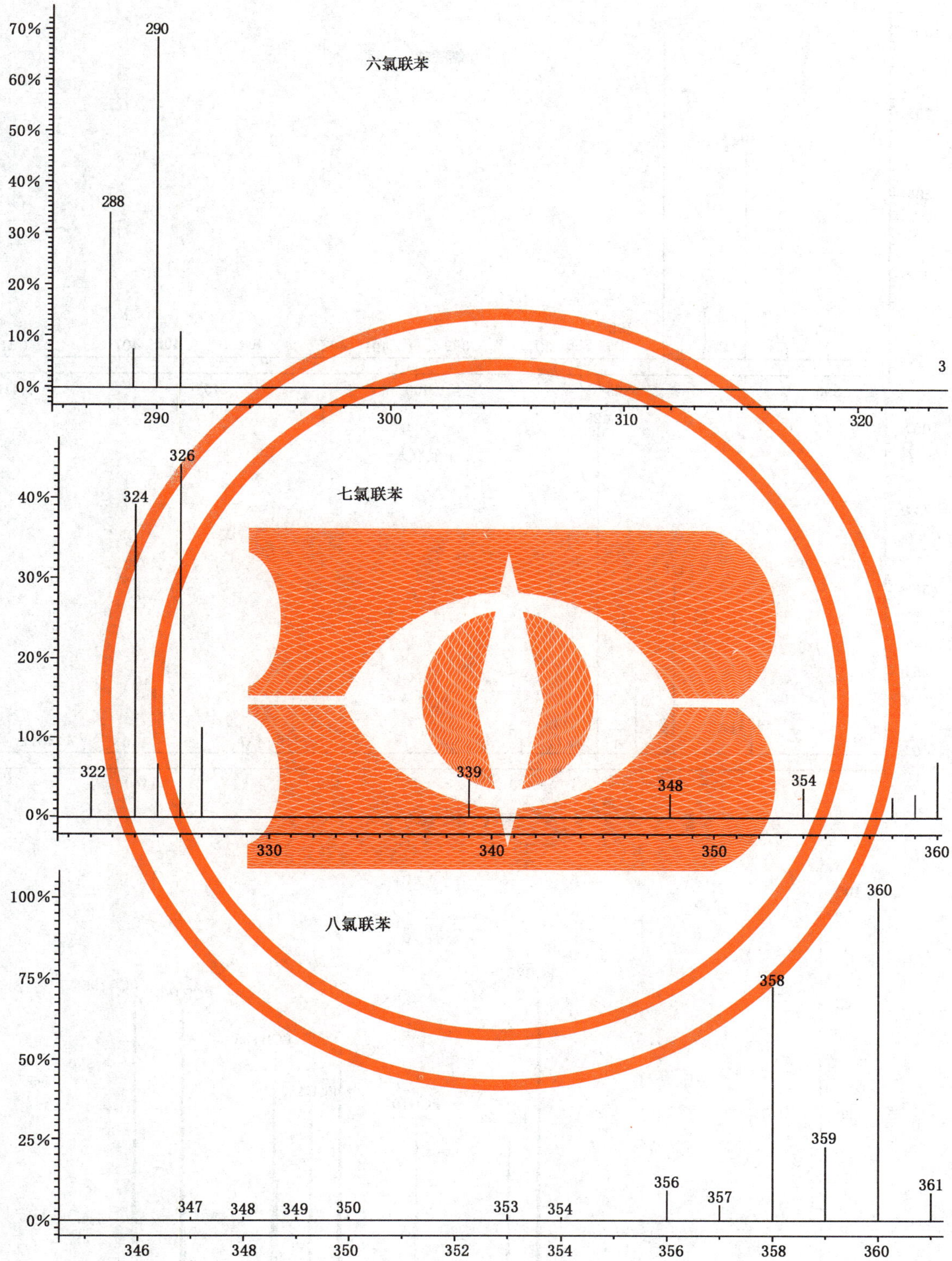

六氯联苯
70%
60%
50%
40%
30%
20%
10%
0%
290
288
3
290
300
310
320
七氯联苯
40%
30%
20%
10%
0%
326
324
322
339
348
354
330
340
350
360
八氯联苯
100%
75%
50%
25%
0%
360
358
359
356
357
361
347
348
349
350
353
354
346
348
350
352
354
356
358
360

图 C.4（续）

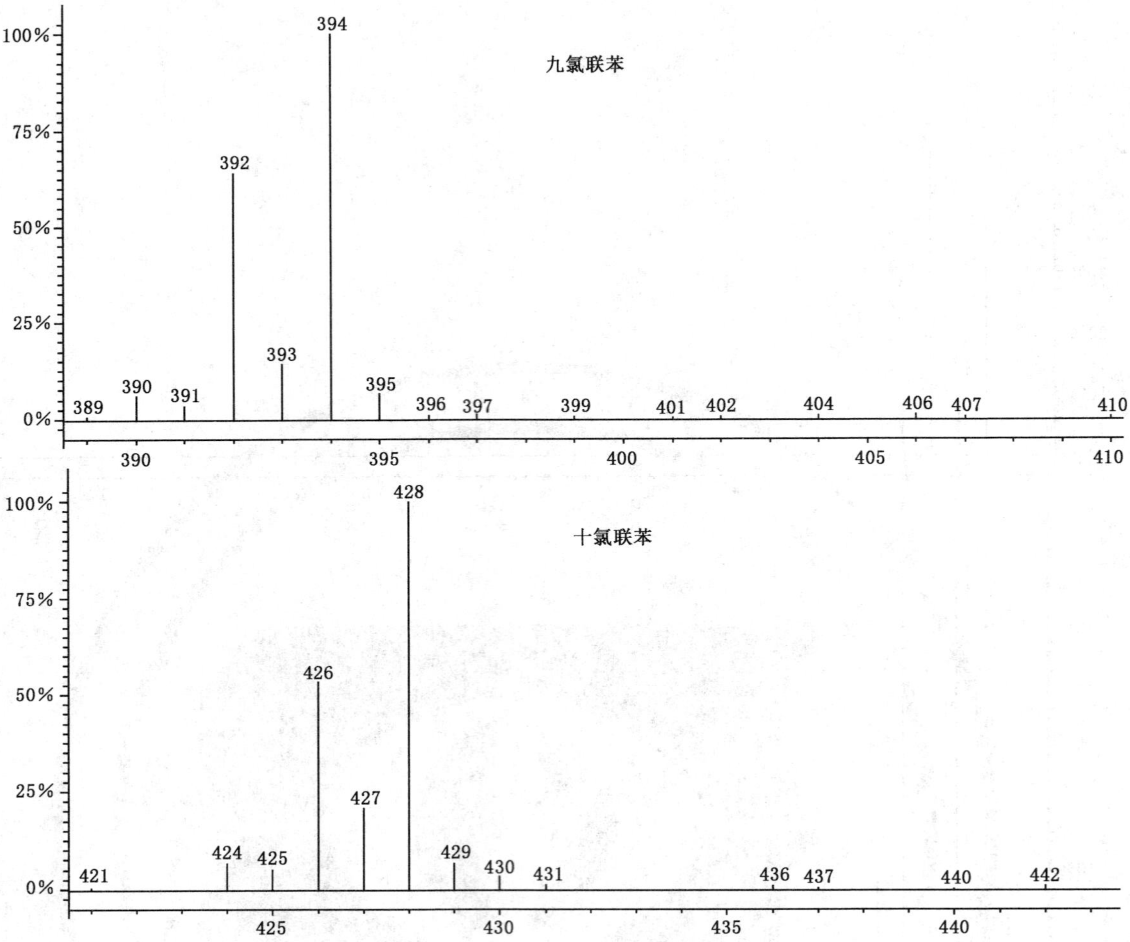

图 C.4（续）

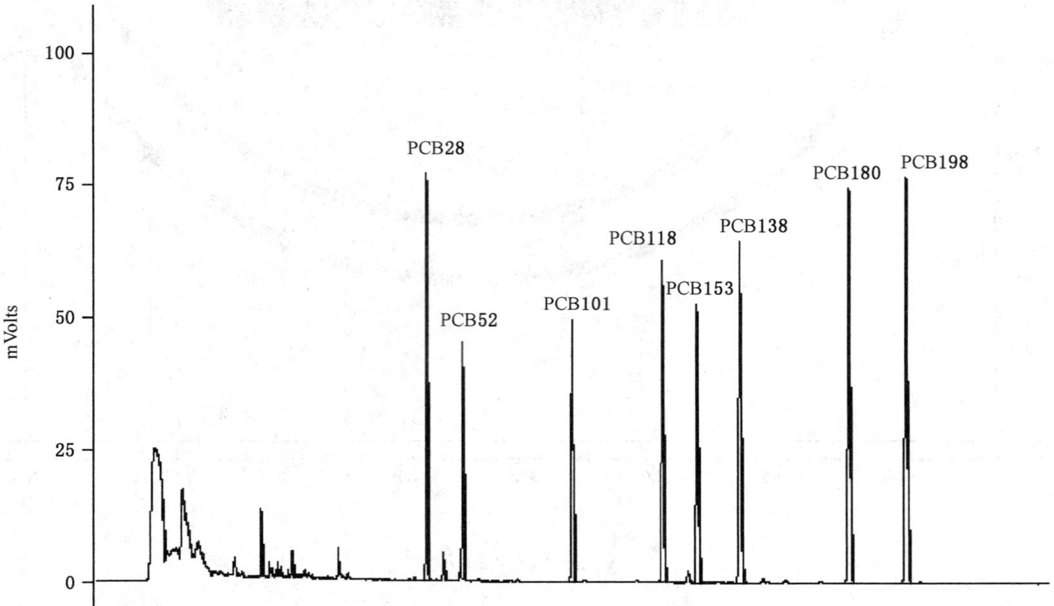

图 C.5　GC-ECD 测定的指示性多氯联苯标准溶液色谱图

附 录 D
净化流程图

图 D.1 为净化柱示意图，图 D.2 为 GC-MS 测定流程图，图 D.3 为 GC-ECD 测定流程图。

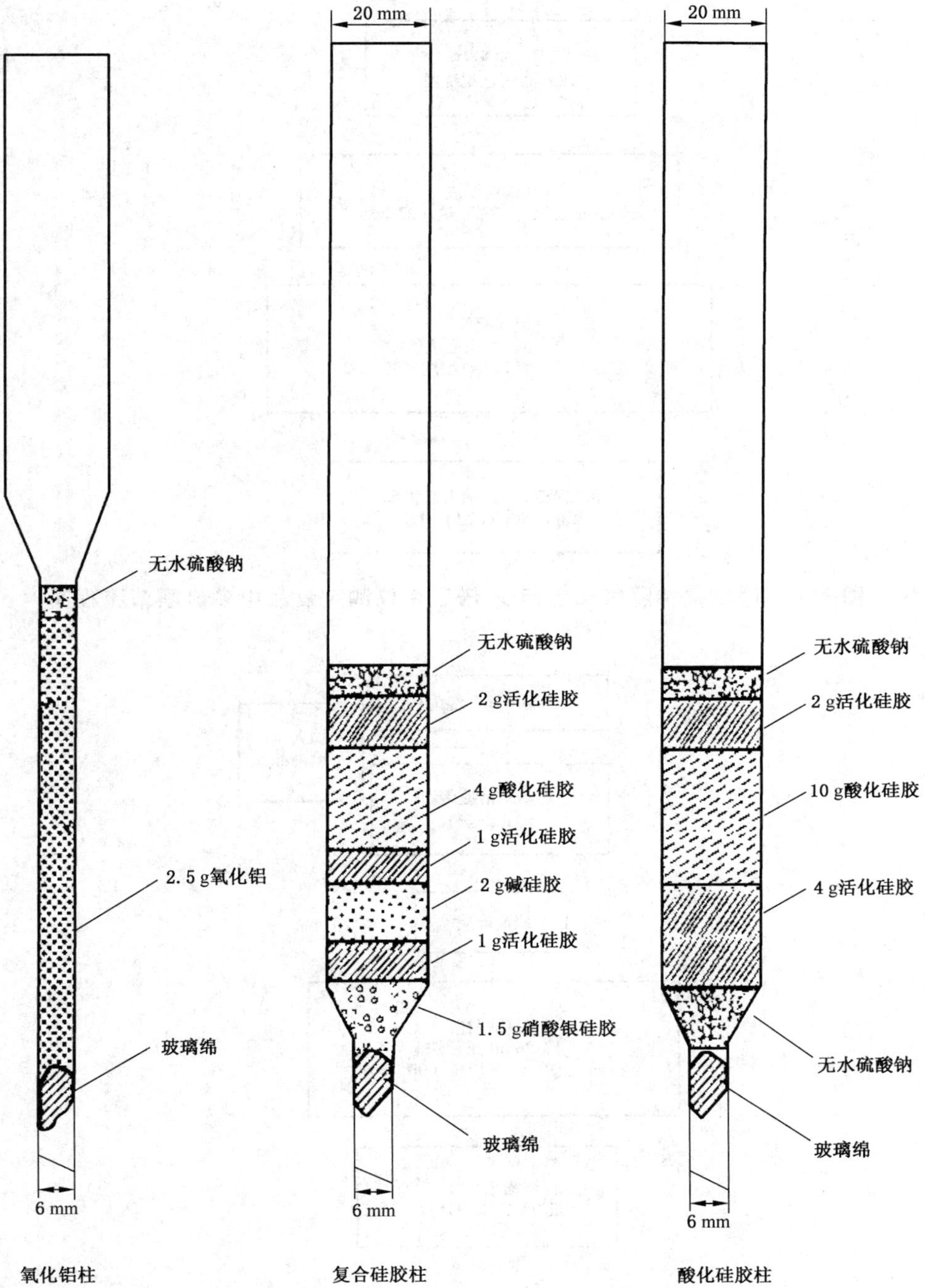

图 D.1 GC-MS 方法的净化柱示意图

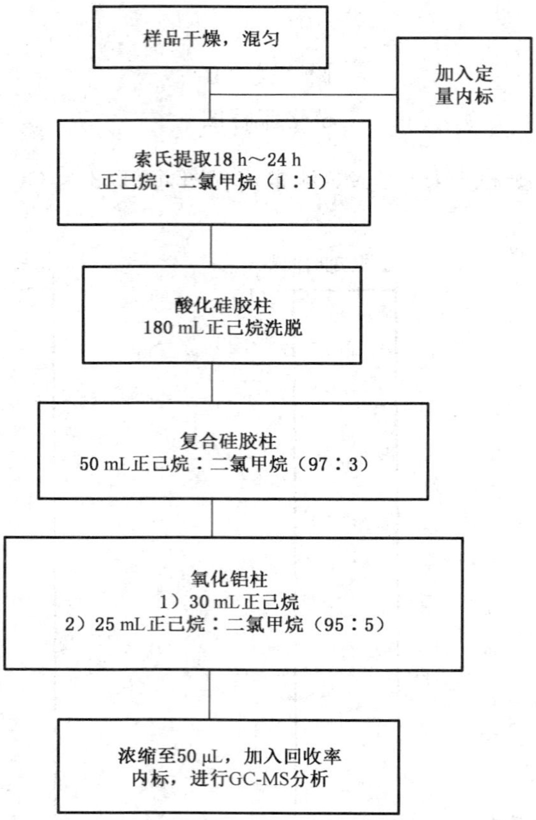

图 D.2　同位素稀释气相色谱-质谱联用仪测定食品中多氯联苯流程图

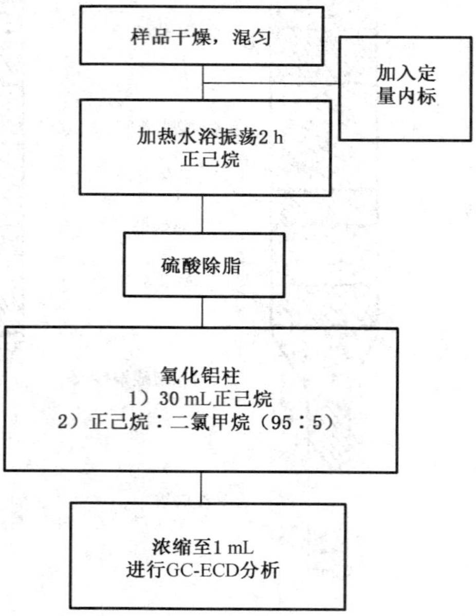

图 D.3　气相色谱-电子捕获检测器测定食品中多氯联苯流程图

中华人民共和国国家标准

GB 5009.204—2014

食品安全国家标准
食品中丙烯酰胺的测定

2014-12-01 发布　　2015-05-01 实施

中华人民共和国
国家卫生和计划生育委员会　发布

前　言

本标准代替 GB/T 5009.204—2005《食品中丙烯酰胺含量的测定方法　气相色谱-质谱(GC-MS)法》。

本标准与 GB/T 5009.204—2005 相比,主要变化如下:

——增加第一法　稳定性同位素稀释的液相色谱-质谱/质谱法;

——气相色谱-质谱法将外标法改为稳定性同位素稀释法。

食品安全国家标准
食品中丙烯酰胺的测定

1 范围

本标准规定了食品中丙烯酰胺的测定方法。

本标准适用于热加工(如煎、炙烤、焙烤等)食品中丙烯酰胺的测定。

第一法 稳定性同位素稀释的液相色谱-质谱/质谱法

2 原理

本标准应用稳定性同位素稀释技术，在试样中加入$^{13}C_3$ 标记的丙烯酰胺内标溶液，以水为提取溶剂，经过固相萃取柱或基质固相分散萃取净化后，以液相色谱-质谱/质谱的多反应离子监测(MRM)或选择反应监测(SRM)进行检测，内标法定量。

3 试剂和材料

注：除非另有说明，本方法所用试剂均为分析纯，水为 GB/T 6682 规定的一级水。

3.1 试剂

3.1.1 甲酸 (HCOOH)：色谱纯。

3.1.2 甲醇 (CH_3OH)：色谱纯。

3.1.3 正己烷 (n-C_6H_{14})：分析纯，重蒸后使用。

3.1.4 乙酸乙酯 ($CH_3COOC_2H_5$)：分析纯，重蒸后使用。

3.1.5 无水硫酸钠 (Na_2SO_4)：400 ℃，烘烤 4 h。

3.1.6 硫酸铵 [$(NH_4)_2SO_4$]。

3.1.7 硅藻土：Extrelut™ 20 或相当产品。

3.2 标准品

3.2.1 丙烯酰胺 ($CH_2=CHCONH_2$) 标准品(纯度>99%)。

3.2.2 $^{13}C_3$－丙烯酰胺($^{13}CH_2={}^{13}CH^{13}CONH_2$)标准品(纯度>98%)。

3.3 标准溶液的配制

3.3.1 丙烯酰胺标准溶液的配制

3.3.1.1 丙烯酰胺标准储备溶液(1 000 mg/L)：准确称取丙烯酰胺标准品，用甲醇溶解并定容，使丙烯酰胺浓度为 1 000 mg/L，置－20 ℃冰箱中保存。

3.3.1.2 丙烯酰胺中间溶液(100 mg/L)：移取丙烯酰胺标准储备溶液 1 mL，加甲醇稀释至 10 mL，使丙烯酰胺浓度为 100 mg/L，置－20 ℃冰箱中保存。

3.3.1.3 丙烯酰胺工作溶液Ⅰ(10 mg/L):移取丙烯酰胺中间溶液 1 mL,用 0.1% 甲酸溶液稀释至 10 mL,使丙烯酰胺浓度为 10 mg/L。临用时配制。

3.3.1.4 丙烯酰胺工作溶液Ⅱ(1 mg/L):移取丙烯酰胺工作溶液Ⅰ1 mL,用 0.1%甲酸溶液稀释至 10 mL,使丙烯酰胺浓度为 1 mg/L。临用时配制。

3.3.2 $^{13}C_3$-丙烯酰胺内标溶液

3.3.2.1 $^{13}C_3$-丙烯酰胺内标储备溶液(1 000 mg/L):准确称取$^{13}C_3$-丙烯酰胺标准品,用甲醇溶解并定容,使$^{13}C_3$-丙烯酰胺浓度为 1 000 mg/L,置－20 ℃冰箱保存。

3.3.2.2 内标工作溶液(10 mg/L):移取内标储备溶液 1 mL,用甲醇稀释至 100 mL,使$^{13}C_3$-丙烯酰胺浓度为 10 mg/L,置－20 ℃冰箱保存。

3.3.3 标准曲线工作溶液

取 6 个 10 mL 容量瓶,分别移取 0.1 mL、0.5 mL、1 mL 丙烯酰胺工作溶液Ⅱ(1 mg/L)和 0.5 mL、1 mL 和 3 mL 丙烯酰胺工作溶液Ⅰ(10 mg/L)与内标工作溶液(10 mg/L)0.1 mL,用 0.1%甲酸溶液稀释至刻度。标准系列溶液中丙烯酰胺的浓度分别为 10 μg/L、50 μg/L、100 μg/L、500 μg/L、1 000 μg/L、3 000 μg/L,内标浓度为 100 μg/L。临用时配制。

4 仪器和设备

4.1 液相色谱-质谱/质谱联用仪(LC-MS/MS)。
4.2 HLB 固相萃取柱:6 mL、200 mg,或相当产品。
4.3 Bond Elut-Accucat 固相萃取柱:3 mL、200 mg,或相当产品。
4.4 组织粉碎机。
4.5 旋转蒸发仪。
4.6 氮气浓缩器。
4.7 振荡器。
4.8 玻璃层析柱:柱长 30 cm,柱内径 1.8 cm。
4.9 涡旋混合器。
4.10 超纯水装置。
4.11 分析天平:感量为 0.1 mg。
4.12 离心机:转速≤10 000 r/min。

5 分析步骤

5.1 试样制备

5.1.1 样品提取

取 50 g 试样,经粉碎机粉碎,－20 ℃冷冻保存。准确称取试样 1 g～2 g(精确到 0.001 g),加入 10 mg/L $^{13}C_3$-丙烯酰胺内标工作溶液 10 μL(或 20 μL),相当于 100 ng(或 200 ng)的$^{13}C_3$-丙烯酰胺内标,再加入超纯水 10 mL,振摇 30 min 后,于 4 000 r/min 离心 10 min,取上清液待净化。

5.1.2 样品净化

注:任选下列一种方法进行净化。

5.1.2.1 基质固相分散萃取方法(选择 1):在试样提取的上清液中加入硫酸铵 15 g,振荡 10 min,使其充分溶解,于 4 000 r/min 离心 10 min,取上清液 10 mL,备用。如上清液不足 10 mL,则用饱和硫酸铵补足。取洁净玻璃层析柱,在底部填少许玻璃棉并压紧,依次填装 10 g 无水硫酸钠、2 g 硅藻土。称取 5 g 硅藻土 Extrelut™ 20 与上述试样上清液搅拌均匀后,装入层析柱中。用 70 mL 正已烷淋洗,控制流速为 2 mL/min,弃去正已烷淋洗液。用 70 mL 乙酸乙酯洗脱丙烯酰胺,控制流速为 2 mL/min,收集乙酸乙酯洗脱溶液,并在 45 ℃水浴中减压旋转蒸发至近干,用乙酸乙酯洗涤蒸发瓶残渣三次(每次 1 mL),并将其转移至已加入 1 mL 0.1%甲酸溶液的试管中,涡旋振荡。在氮气流下吹去上层有机相后,加入 1 mL 正已烷,涡旋振荡,于 3 500 r/min 离心 5 min,取下层水相经 0.22 μm 水相滤膜过滤,待 LC-MS/MS 测定。

5.1.2.2 固相萃取柱净化(选择 2):在试样提取的上清液中加入 5 mL 正已烷,振荡萃取 10 min,于 10 000 r/min 离心 5 min,除去有机相,再用 5 mL 正已烷重复萃取一次,迅速取水相 6 mL 经 0.45 μm 水相滤膜过滤,待进行 HLB 固相萃取柱净化处理。HLB 固相萃取柱使用前依次用 3 mL 甲醇、3 mL 水活化。取上述滤液 5 mL 上 HLB 固相萃取柱,收集流出液,并用 4 mL 80%的甲醇水溶液洗脱,收集全部洗脱液,并与流出液合并待进行 Bond Elut-Accucat 固相萃取柱净化;Bond Elut-Accucat 固相萃取柱依次用 3 mL 甲醇、3mL 水活化后,将 HLB 固相萃取柱净化的全部洗脱液上样,在重力作用下流出,收集全部流出液,在氮气流下将流出液浓缩至近干,用 0.1%甲酸溶液定容至 1.0 mL,待 LC-MS/MS 测定。

5.2 仪器参考条件

5.2.1 色谱条件

色谱柱为 Atlantis C_{18} 柱(5 μm、2.1 mm I.D.×150 mm)或等效柱。
预柱:C_{18} 保护柱(5 μm、2.1 mm I.D.×30 mm)或等效柱。
流动相:甲醇:0.1%甲酸(10:90,体积分数)。
流速:0.2 mL/min 。
进样体积:25 μL。
柱温:26 ℃。

5.2.2 质谱参数

5.2.2.1 三重四极串联质谱仪

检测方式:多反应离子监测(MRM)。
电离方式:阳离子电喷雾电离源(ESI+)。
毛细管电压:3 500 V。
锥孔电压:40 V。
射频透镜 1 电压:30.8 V。
离子源温度:80 ℃。
脱溶剂气温度:300 ℃。
离子碰撞能量:6 eV。
丙烯酰胺:母离子 m/z 72、子离子 m/z 55、子离子 m/z 44。
$^{13}C_3$ 丙烯酰胺:母离子 m/z 75、子离子 m/z 58、子离子 m/z 45。
定量离子:丙烯酰胺为 m/z 55,$^{13}C_3$ 丙烯酰胺为 m/z 58。

5.2.2.2 离子阱串联质谱仪

检测方式:选择反应离子监测(SRM)。

电离方式：阳离子电喷雾电离源(ESI+)。

喷雾电压：5 000 V。

加热毛细管温度：300 ℃。

鞘气：N_2，40 Arb。

辅助气：N_2，20 Arb。

碰撞诱导解离(CID)：10 V。

碰撞能量：40 V。

丙烯酰胺：母离子 m/z 72、子离子 m/z 55、子离子 m/z 44。

$^{13}C_3$ 丙烯酰胺：母离子 m/z 75、子离子 m/z 58、子离子 m/z 45。

定量离子：丙烯酰胺为 m/z 55，$^{13}C_3$ 丙烯酰胺为 m/z 58。

5.3 标准曲线的绘制

将标准系列工作液分别注入液相色谱-质谱/质谱系统，测定相应的丙烯酰胺及其内标的峰面积，以各标准系列工作液的丙烯酰胺进样浓度(μg/L)为横坐标，以丙烯酰胺(m/z 55)和$^{13}C_3$丙烯酰胺内标(m/z 58)的峰面积比为纵坐标，绘制标准曲线。

5.4 试样溶液的测定

将试样溶液注入液相色谱-质谱/质谱系统中，测得丙烯酰胺(m/z 55)和$^{13}C_3$ 丙烯酰胺内标(m/z 58)的峰面积比，根据标准曲线得到待测液中丙烯酰胺进样浓度(μg/L)，平行测定次数不少于两次。

5.5 质谱分析

分别将试样和标准系列工作液注入液相色谱-质谱/质谱仪中，记录总离子流图和质谱图(见附录A中图A.1、图A.2)及丙烯酰胺和内标的峰面积，以保留时间及碎片离子的丰度定性，要求所检测的丙烯酰胺色谱峰信噪比(S/N)大于3，被测试样中目标化合物的保留时间与标准溶液中目标化合物的保留时间一致，同时被测试样中目标化合物的相应监测离子丰度比与标准溶液中目标化合物的色谱峰丰度比一致，允许的偏差见表1。

表 1 定性测定时相对离子丰度的最大允许偏差

相对离子丰度 (基线峰的%)	允许的相对偏差 (RSD)
>50%	±20%
>20%～50%	±25%
>10%～20%	±30%
≤10%	±50%

6 分析结果的表述

试样中丙烯酰胺含量按式(1)内标法计算：

$$X = \frac{A \times f}{M} \quad \cdots\cdots(1)$$

式中：

X ——试样中丙烯酰胺的含量，单位为微克每千克（μg/kg）；

A ——试样中丙烯酰胺（m/z 55）色谱峰与 $^{13}C_3$ 丙烯酰胺内标（m/z 58）色谱峰的峰面积比值对应的丙烯酰胺质量，单位为纳克（ng）；

f ——试样中内标加入量的换算因子（内标为 10 μL 时 $f=1$ 或内标为 20 μL 时 $f=2$）；

M ——加入内标时的取样量 ，单位为克（g）。

计算结果以重复性条件下获得的两次独立测定结果的算术平均值表示，结果保留三位有效数字（或小数点后 1 位）。

7 精密度

在重复性条件下获得的两次独立测定结果的绝对差值不得超过算术平均值的 20%。

8 其他

方法定量限为 10 μg/kg。

第二法 稳定性同位素稀释的气相色谱-质谱法

9 原理

本标准应用稳定性同位素稀释技术，在试样中加入 $^{13}C_3$ 标记的丙烯酰胺内标溶液，以水为提取溶剂，试样提取液采用基质固相分散萃取净化、溴试剂衍生后，采用气相色谱-串联质谱仪的多反应离子监测（MRM）或气相色谱-质谱仪的选择离子监测（SIM）进行检测，内标法定量。

10 试剂和材料

注：除非另有说明，本方法所用试剂均为分析纯，水为超纯水。

10.1 试剂

10.1.1 正己烷（n-C_6H_{14}）：分析纯，重蒸后使用。

10.1.2 乙酸乙酯（$CH_3COOC_2H_5$）：分析纯，重蒸后使用。

10.1.3 无水硫酸钠（Na_2SO_4）：400 ℃，烘烤 4 h。

10.1.4 硫酸铵［$(NH_4)_2SO_4$］。

10.1.5 硫代硫酸钠（$Na_2S_2O_3 \cdot 5H_2O$）。

10.1.6 溴（Br_2）。

10.1.7 氢溴酸（HBr）：含量＞48.0%。

10.1.8 溴化钾（KBr）。

10.1.9 超纯水，电导率（25 ℃）≤0.01 mS/m。

10.1.10 溴试剂。

10.1.11 硅藻土：Extrelut™ 20 或相当产品。

10.2 试剂配制

10.2.1 饱和溴水：量取 100 mL 超纯水，置于 200 mL 的棕色试剂瓶中，加入 8 mL 溴，4 ℃避光放置

8 h，上层为饱和溴水溶液。

10.2.2 溴试剂：称取溴化钾 20.0 g，加超纯水 50 mL，使完全溶解，再加入 1.0 mL 氢溴酸和 16.0 mL 饱和溴水，摇匀，用超纯水稀释至 100 mL，4 ℃避光保存。

10.2.3 硫代硫酸钠溶液（0.1 mol/L）：称取硫代硫酸钠 2.48 g，加超纯水 50 mL，使完全溶解，用超纯水稀释至 100 mL，4℃避光保存。

10.2.4 饱和硫酸铵溶液：称取 80 g 硫酸铵晶体，加入超纯水 100 mL，超声溶解，室温放置。

10.3 标准品

10.3.1 丙烯酰胺（$CH_2=CHCONH_2$）标准品：纯度>99%。

10.3.2 $^{13}C_3$-丙烯酰胺（$^{13}CH_2=^{13}CH^{13}CONH_2$）标准品：纯度>98%。

10.4 标准溶液的配制

10.4.1 丙烯酰胺及其内标溶液：同 3.3.1 和 3.3.2。

10.4.2 标准曲线工作溶液：取 5 个 10 mL 容量瓶，分别移取 0.1 mL、0.5 mL、2 mL 丙烯酰胺工作溶液Ⅱ（1 mg/L）和 0.5 mL 及 1 mL 丙烯酰胺工作溶液Ⅰ（1 mg/L）与 0.5 mL 内标工作溶液（1 mg/L），用超纯水稀释至刻度。标准系列溶液中丙烯酰胺浓度分别为 10 μg/L、50 μg/L、200 μg/L、500 μg/L、1 000 μg/L，内标浓度为 50 μg/L。临用时配制。

11 仪器和设备

11.1 气相色谱-四级杆质谱联用仪（GC-MS）。

11.2 色谱柱：DB-5 ms 柱（30 m×0.25 mm I.D.×0.25 μm）或等效柱。

11.3 组织粉碎机。

11.4 旋转蒸发仪。

11.5 氮气浓缩器。

11.6 振荡器。

11.7 玻璃层析柱：柱长 30 cm，柱内径 1.8 cm。

11.8 涡旋混合器。

11.9 超纯水装置。

11.10 分析天平：感量为 0.1 mg。

11.11 离心机：转速≤10 000 r/min。

12 分析步骤

12.1 试样制备

12.1.1 样品提取

取 50 g 试样，经粉碎机粉碎，－20 ℃冷冻保存。准确称取试样 2 g（精确到 0.001 g），加入 10.0 mg/L $^{13}C_3$-丙烯酰胺内标溶液 10 μL（或 20 μL），相当于 100 ng（或 200 ng）的 $^{13}C_3$-丙烯酰胺内标，再加入超纯水 10 mL，振荡 30 min 后，于 4 000 r/min 离心 10 min，取上清液备用。

12.1.2 样品净化

在试样提取的上清液中加入硫酸铵 15 g，振荡 10 min，使其充分溶解，于 4 000 r/min 离心 10 min，取上清液 10 mL,备用。如上清液不足 10 mL,则用饱和硫酸铵补足。取洁净玻璃层析柱,在底部填少许玻璃棉,压紧,依次填装无水硫酸钠 10 g、Extrelut™ 20 硅藻土 2 g。称取 5 g Extrelut™ 20 硅藻土与上述备用的试样上清液搅拌均匀后,装入层析柱中。用 70 mL 正己烷淋洗,控制流速为 2 mL/min,弃去正己烷淋洗液。用 70 mL 乙酸乙酯洗脱,控制流速为 2 mL/min,收集乙酸乙酯洗脱溶液,并在 45 ℃水浴下减压旋转蒸发至近干,用乙酸乙酯洗涤蒸发瓶残渣三次(每次 1 mL),并将其转移至已加入 1 mL 超纯水的试管中,涡旋振荡。在氮气流下吹去上层有机相后,加入 1 mL 正己烷,涡旋振荡,于 3 500 r/min离心 5 min,取下层水相备用衍生。

12.1.3 衍生

试样的衍生:在试样提取液中加入溴试剂 1 mL,涡旋振荡,4 ℃放置至少 1 h 后,加入 0.1 mol/L 硫代硫酸钠溶液约 100 μL,涡旋振荡除去剩余的衍生剂;加入 2 mL 乙酸乙酯,涡旋振荡 1 min,于 4 000 r/min离心 5 min,吸取上层有机相转移至加有 0.1 g 无水硫酸钠的试管中,加入乙酸乙酯 2 mL 重复萃取,合并有机相;静置至少 0.5 h,转移至另一试管,在氮气流下吹至近干,加 0.5 mL 乙酸乙酯溶解残渣(注意:根据仪器的灵敏度,调整溶解残渣的乙酸乙酯体积,通常情况下,采用串联质谱仪检测,其使用量为 0.5 mL,采用单级质谱仪检测,其使用量为 0.1 mL。),备用。

标准系列溶液的衍生:量取标准系列溶液各 1.0 mL,按照上述试样衍生方法同步操作。

13 仪器参考条件

13.1 色谱条件

色谱柱:DB-5 ms 柱(30 m× 0.25 mm I.D.×0.25 μm)或等效柱。

进样口温度:120 ℃保持 2 min,以 40 ℃/min 速度升至 240 ℃,并保持 5 min。

色谱柱程序温度:65 ℃保持 1 min,以 15 ℃/min 速度升至 200 ℃,再以 40 ℃/min 的速度升至 240 ℃,并保持 5 min。

载气:高纯氦气(纯度>99.999%),柱前压为 69 mPa,相当于 10 psi。

不分流进样,进样体积 1 μL。

13.2 质谱参数

检测方式:选择离子扫描(SIM)采集。

电离模式:电子轰击源(EI),能量为 70 eV。

传输线温度:250 ℃。

离子源温度:200 ℃。

溶剂延迟:6 min;质谱采集时间:6 min~12 min。

丙烯酰胺监测离子为 m/z 106、133、150 和 152,定量离子为 m/z150。

$^{13}C_3$-丙烯酰胺内标监测离子为 m/z108、136、153 和 155,定量离子为 m/z155。

13.3 标准曲线的制作

将衍生的标准系列工作液分别注入气相色谱-质谱系统,测定相应的丙烯酰胺及其内标的峰面积,以各标准系列工作液的丙烯酰胺进样浓度(μg/L)为横坐标,以丙烯酰胺及其内标 $^{13}C_3$ 丙烯酰胺定量离子质量色谱图上测得的峰面积比为纵坐标,绘制线性曲线。

13.4 试样溶液的测定

将衍生的试样溶液注入气相色谱-质谱系统中,得到丙烯酰胺和内标 $^{13}C_3$ 丙烯酰胺的峰面积比,根据标准曲线得到待测液中丙烯酰胺进样浓度(μg/L),平行测定次数不少于两次。

13.5 质谱分析

分别将试样和标准系列工作液注入气相色谱-质谱仪中,记录总离子流图和质谱图(见附录A中图A.3、图A.4)及丙烯酰胺和内标的峰面积,以保留时间及碎片离子的丰度定性,要求所检测的丙烯酰胺色谱峰信噪比(S/N)大于3,被测试样中目标化合物的保留时间与标准溶液中目标化合物的保留时间一致,同时被测试样中目标化合物的相应监测离子丰度比与标准溶液中目标化合物的色谱峰丰度比一致,允许的偏差见表1。

14 分析结果的表述

采用内标法,按公式(1)计算试样中丙烯酰胺含量。

计算结果以重复性条件下获得的两次独立测定结果的算术平均值表示,结果保留三位有效数字(或小数点后1位)。

15 精密度

在重复性条件下获得的两次独立测定结果的绝对差值不得超过算术平均值的20%。

16 其他

方法定量限为10 μg/kg。

附 录 A

色谱图和质谱图

A.1 图 A.1、图 A.2 为 LC-MS/MS 测定丙烯酰胺的质量色谱图和质谱图。

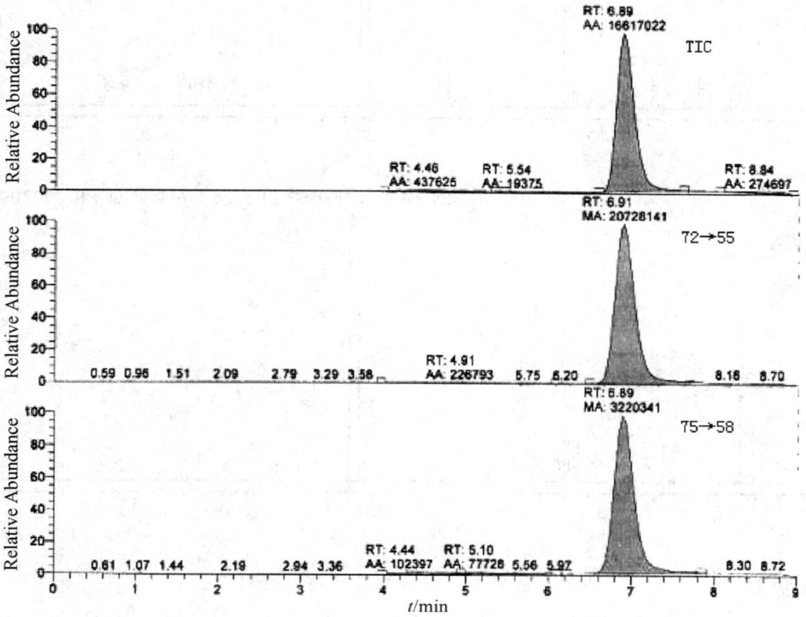

注：从上至下依次为总离子流图(TIC),丙烯酰胺选择离子流图(72→55)和$^{13}C_3$-丙烯酰胺内标选择离子流图(75→58)。

图 A.1 薯片中丙烯酰胺及同位素内标$^{13}C_3$-丙烯酰胺的质量色谱图

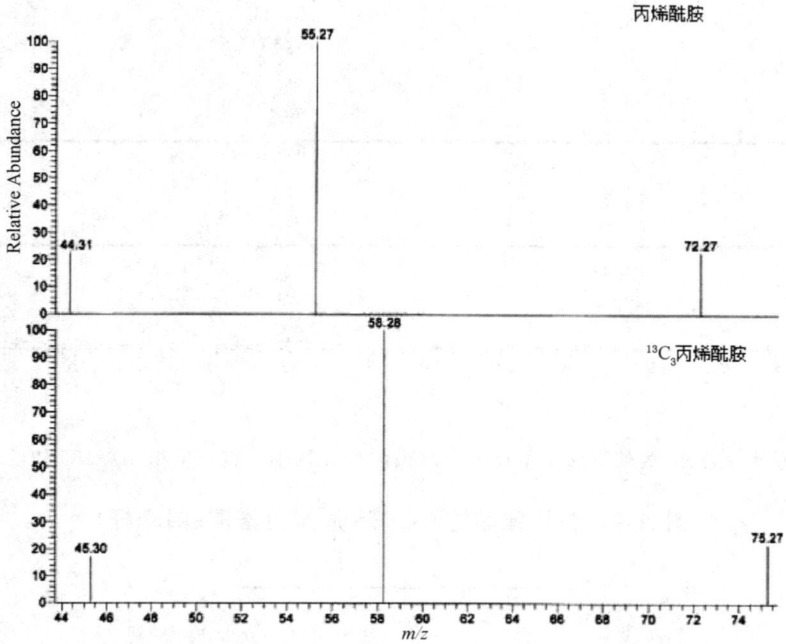

图 A.2 丙烯酰胺及内标$^{13}C_3$-丙烯酰胺的质谱图

A.2 图 A.3、图 A.4 为 GC-MS 测定丙烯酰胺的质量色谱图和质谱图。

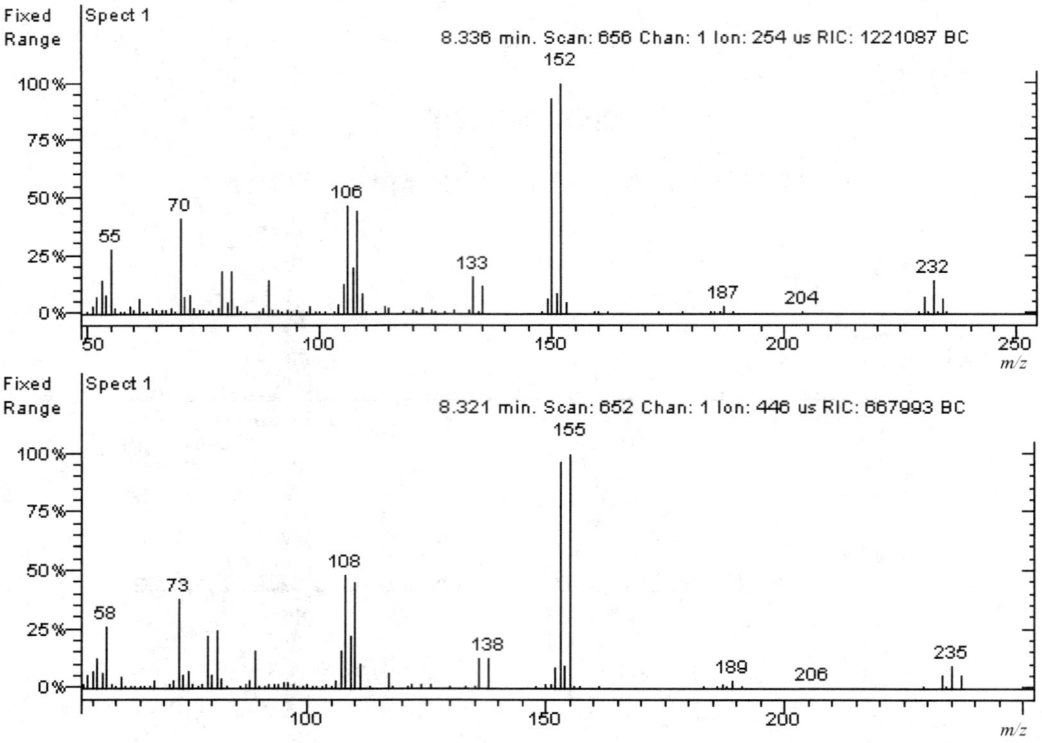

说明：

上图——丙烯酰胺；

下图——$^{13}C_3$-丙烯酰胺。

图 A.3 标准溶液的溴代衍生物 GC-MS 全扫描质谱图

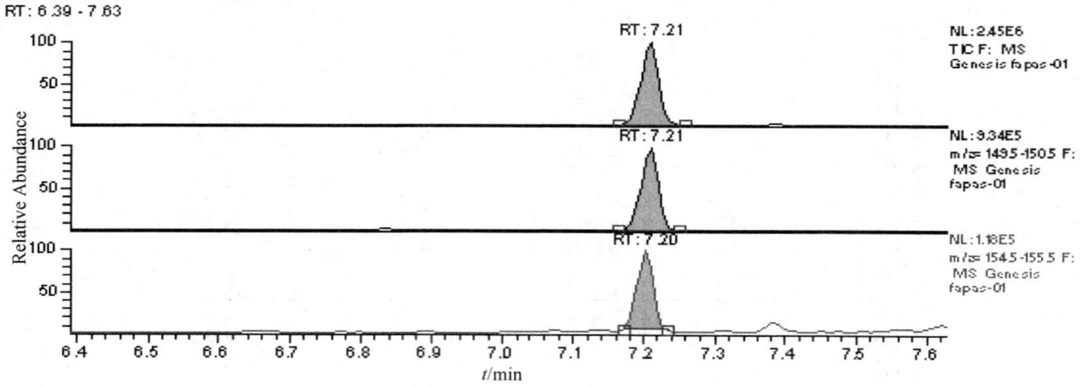

说明：

从上至下依次为总离子流图、丙烯酰胺衍生物 m/z 150 及 $^{13}C_3$ 丙烯酰胺衍生物 m/z155 的质量色谱图。

图 A.4 薯片样品的 GC-MS 质量色谱图(四级杆)

GB

中华人民共和国国家标准

GB 5009.223—2014

食品安全国家标准
食品中氨基甲酸乙酯的测定

2015-01-28 发布　　　　2015-07-28 实施

中华人民共和国
国家卫生和计划生育委员会　发布

食品安全国家标准
食品中氨基甲酸乙酯的测定

1 范围

本标准规定了啤酒、葡萄酒、黄酒、白酒等酒类以及酱油中氨基甲酸乙酯含量的气相色谱-质谱法测定。

本标准适用于啤酒、葡萄酒、黄酒、白酒等酒类以及酱油中氨基甲酸乙酯含量的测定。

2 原理

试样加 D_5-氨基甲酸乙酯内标后，经过碱性硅藻土固相萃取柱净化、洗脱，洗脱液浓缩后，用气相色谱-质谱仪进行测定，内标法定量。

3 试剂和材料

注：除非另有说明，本标准所用试剂均为分析纯，水为GB/T 6682规定的三级水。

3.1 试剂

3.1.1 无水硫酸钠（Na_2SO_4）。

3.1.2 氯化钠（NaCl）。

3.1.3 正己烷（C_6H_{14}）：色谱纯。

3.1.4 乙酸乙酯（$C_4H_8O_2$）：色谱纯。

3.1.5 乙醚（$C_4H_{10}O$）：色谱纯。

3.1.6 甲醇（CH_4O）：色谱纯。

3.1.7 碱性硅藻土固相萃取柱：填料 4 000 mg、柱容量 12 mL。

3.2 试剂配制

3.2.1 无水硫酸钠：450 ℃烘烤 4 h，冷却后贮存于干燥器中备用。

3.2.2 5%乙酸乙酯-乙醚溶液：取 5 mL 乙酸乙酯，用乙醚稀释到 100 mL，混匀待用。

3.3 标准品

3.3.1 氨基甲酸乙酯标准品（$C_3H_7O_2N$，CAS：51-79-6）：纯度大于 99.0%。

3.3.2 D_5-氨基甲酸乙酯标准品（$C_3H_2D_5NO_2$，CAS：73962-07-9）：纯度大于 98.0%。

3.4 标准溶液配制

3.4.1 D_5-氨基甲酸乙酯储备液（1.00 mg/mL）：准确称取 0.01 g（精确到 0.000 1 g）D_5-氨基甲酸乙酯标准品，用甲醇溶解、定容至 10 mL，4 ℃以下保存。

3.4.2 D_5-氨基甲酸乙酯使用液（2.00 μg/mL）：准确吸取 D_5-氨基甲酸乙酯储备液（1.00 mg/mL）0.10 mL，

用甲醇定容至 50 mL,4 ℃以下保存。

3.4.3 氨基甲酸乙酯储备液(1.00 mg/mL):准确称取 0.05 g(精确到 0.000 1 g)氨基甲酸乙酯标准品,用甲醇溶解、定容至 50 mL,4 ℃以下保存,保存期 3 个月。

3.4.4 氨基甲酸乙酯中间液(10.0 μg/mL):准确吸取氨基甲酸乙酯储备液(1.00 mg/mL)1.00 mL,用甲醇定容至 100 mL,4 ℃以下保存,保存期 1 个月。

3.4.5 氨基甲酸乙酯中间液(0.50 μg/mL):准确吸取氨基甲酸乙酯中间液(10.0 μg/mL)5.00 mL,用甲醇定容至 100 mL,现配现用。

3.4.6 标准曲线工作溶液:分别准确吸取氨基甲酸乙酯中间液(0.50 μg/mL)20.0 μL、50.0 μL、100.0 μL、200.0 μL、400.0μL 和氨基甲酸乙酯标准中间液(10.0 μg/mL)40.0 μL、100 .0 μL 于 7 个 1 mL 容量瓶中,各加 2.00 μg/mL D_5-氨基甲酸乙酯使用液 100 μL,用甲醇定容至刻度,得到 10.0 ng/mL、25.0 ng/mL、50.0 ng/mL、100 ng/mL、200 ng/mL、400 ng/mL、1 000 ng/mL 的标准曲线工作溶液,现配现用。

4 仪器和设备

4.1 气相色谱-质谱仪,带电子轰击源(EI)源。

4.2 涡旋混匀器。

4.3 氮吹仪。

4.4 固相萃取装置,配真空泵。

4.5 超声波清洗机。

4.6 马弗炉。

4.7 天平:感量为 0. 1 mg 和 1 mg。

5 分析步骤

5.1 试样制备

样品摇匀,称取 2 g(精确至 0.001 g)样品(啤酒超声 5 min 脱气后称量),加 100 .0 μL 2.00 μg/mL D_5-氨基甲酸乙酯使用液、氯化钠 0.3 g(若为酱油不加氯化钠),超声溶解、混匀后,加样到碱性硅藻土固相萃取柱上,在真空条件下,将样品溶液缓慢渗入萃取柱中,并静置 10 min。经 10 mL 正己烷淋洗后,用 10 mL 5%乙酸乙酯-乙醚溶液以约 1 mL/min 流速进行洗脱,洗脱液经装有 2 g 无水硫酸钠的玻璃漏斗脱水后,收集于 10 mL 刻度试管中,室温下用氮气缓缓吹至约 0.5 mL,用甲醇定容至 1.00 mL 制成测定液,供 GC/MS 分析。

5.2 仪器参考条件

气相色谱-质谱仪分析参考条件:

——毛细管色谱柱:DB-INNOWAX ,30 m×0.25 mm(内径)×0.25 μm(膜厚)或相当色谱柱;

——进样口温度:220 ℃;

——柱温:初温 50 ℃,保持 1 min,然后以 8 ℃/min 升至 180 ℃,程序运行完成后,240 ℃后运行 5 min;

——载气:氦气,纯度≥99.999%,流速 1 mL/min;

——电离模式:电子轰击源(EI),能量为 70 eV;

——四级杆温度:150 ℃;

——离子源温度:230 ℃;

——传输线温度:250 ℃;

——溶剂延迟:11 min;

——进样方式:不分流进样;

——进样量:1 μL～2 μL;

——检测方式:选择离子监测(SIM);

——氨基甲酸乙酯选择监测离子(m/z):44、62、74、89,定量离子 62;

——D_5-氨基甲酸乙酯选择监测离子(m/z)64、76,定量离子 64。

5.3 定性测定

按方法条件测定标准工作溶液和试样,低浓度试样定性可以减少定容体积,试样的质量色谱峰保留时间与标准物质保留时间的允许偏差小于±2.5%;定性离子对的相对丰度与浓度相当标准工作溶液的相对丰度允许偏差不超过表 1 的规定。

表 1 定性确证时相对离子丰度的最大允许偏差

相对离子丰度/%	>50	>20～50	>10～20	≤10
允许的最大偏差/%	±20	±25	±30	±50

5.4 定量测定

5.4.1 标准曲线的制作

将氨基甲酸乙酯标准曲线工作溶液 10.0 ng/mL、25.0 ng/mL、50.0 ng/mL、100 ng/mL、200 ng/mL、400 ng/mL、1 000 ng/mL(内含 200 ng/mL D_5-氨基甲酸乙酯)进行气相色谱-质谱仪测定,以氨基甲酸乙酯浓度为横坐标,标准曲线工作溶液中氨基甲酸乙酯峰面积与内标 D_5-氨基甲酸乙酯的峰面积比为纵坐标,绘制标准曲线。

5.4.2 试样测定

将试样溶液同标准曲线工作溶液进行测定,根据测定液中氨基甲酸乙酯的含量计算试样中氨基甲酸乙酯的含量,其中试样含低浓度的氨基甲酸乙酯时,宜采用 10.0 ng/mL、25.0 ng/mL、50.0 ng/mL、100 ng/mL、200 ng/mL 的标准曲线工作溶液绘制标准曲线;试样含高浓度氨基甲酸乙酯时,宜采用 50.0 ng/mL、100 ng/mL、200 ng/mL、400 ng/mL、1 000 ng/mL 的标准曲线工作溶液绘制标准曲线。

标准溶液质谱图见附录 A。

6 分析结果的表述

试样中氨基甲酸乙酯含量按式(1)计算:

$$X = \frac{c \times V \times 1\,000}{m \times 1\,000} \qquad \cdots\cdots (1)$$

式中:

X ——样品中氨基甲酸乙酯含量,单位为微克每千克(μg/kg);

c ——测定液中氨基甲酸乙酯的含量,单位为纳克每毫升(ng/mL);

V ——样品测定液的定容体积,单位为毫升(mL);

m ——样品质量，单位为克(g)；

1 000 ——换算系数。

计算结果以重复性条件下获得的两次独立测定结果的算术平均值表示，保留 3 位有效数。

7 精密度

在重复性条件下获得的两次独立测定结果的相对偏差，当含量≤50 μg/kg 时，不得超过算术平均值的 15%；当含量>50 μg/kg 时，不得超过算术平均值的 10%。

8 其他

当试样取 2 g 时，本方法氨基甲酸乙酯检出限为 2.0 μg/kg，定量限为 5.0 μg/kg。

附 录 A

标准溶液质谱图

A.1 氨基甲酸乙酯及 D_5-氨基甲酸乙酯总离子图见图 A.1。

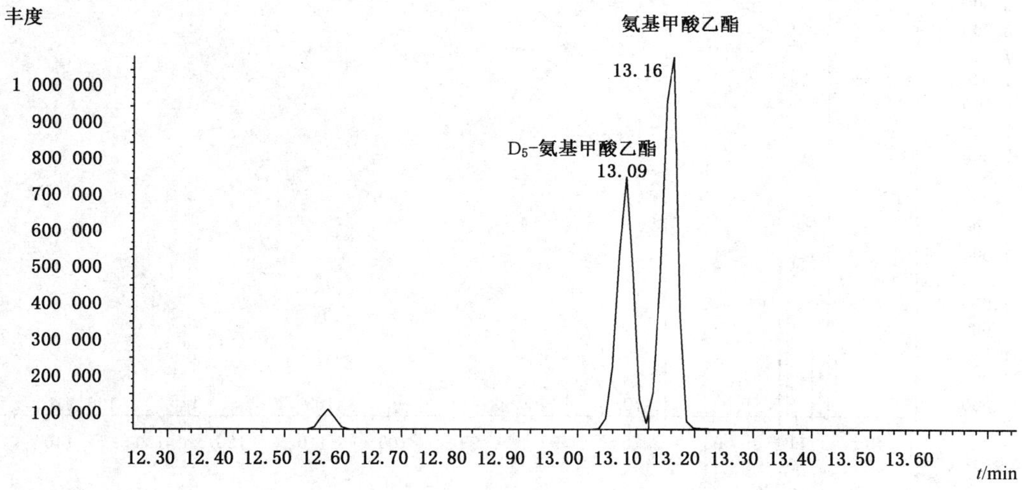

图 A.1 氨基甲酸乙酯及 D_5-氨基甲酸乙酯总离子图

A.2 氨基甲酸乙酯质谱图见图 A.2。

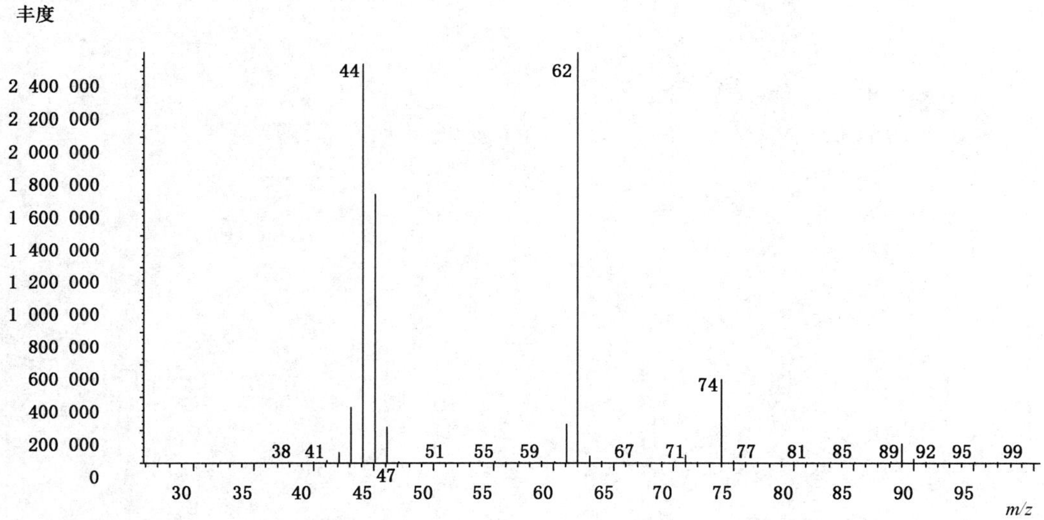

图 A.2 氨基甲酸乙酯质谱图

A.3 D_5-氨基甲酸乙酯质谱图见图 A.3。

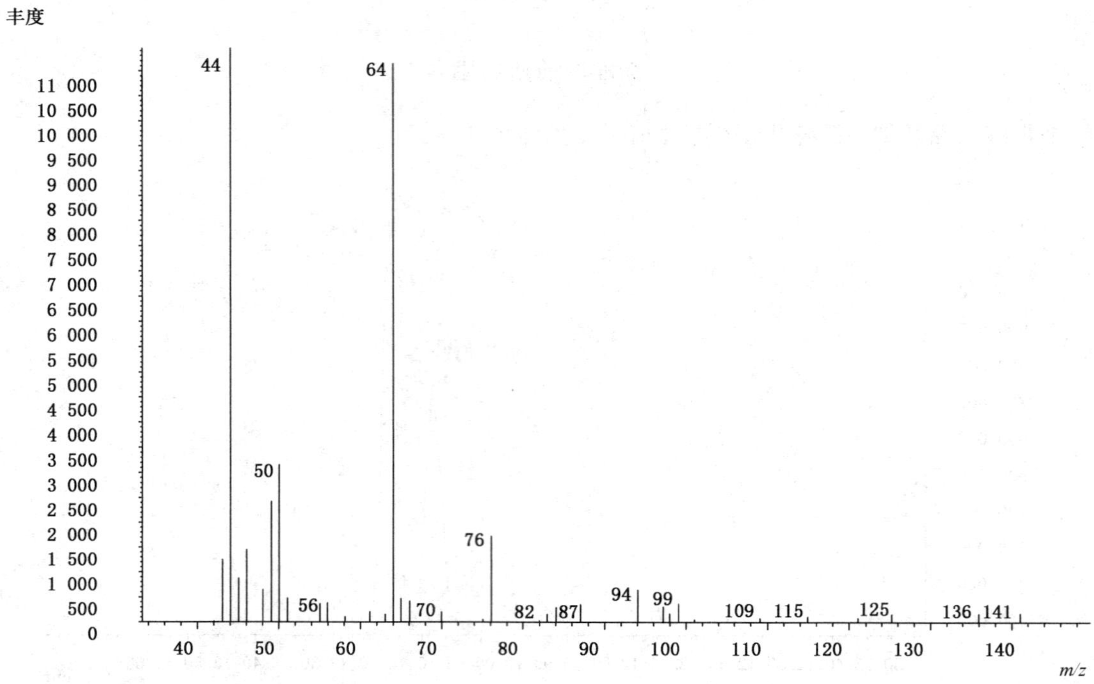

图 A.3 D_5-氨基甲酸乙酯质谱图

ICS 29.035.50
K 15

中华人民共和国国家标准

GB/T 5019.5—2014
代替 GB/T 5022—1998

以云母为基的绝缘材料 第5部分:电热设备用云母板

**Insulating materials based on mica—
Part 5:Rigid mica materials for heating equipment**

(IEC 60371-3-3:1983,Specification for insulating materials based on mica—
Part 3:Specification for individual materials—
Sheets 3: Specification for rigid mica materials for heating equipment,MOD)

2014-07-24 发布 2015-02-01 实施

中华人民共和国国家质量监督检验检疫总局
中国国家标准化管理委员会 发布

前　言

GB/T 5019《以云母为基的绝缘材料》分为以下几部分：

——第1部分：定义和一般要求；

——第2部分：试验方法；

——第3部分：换向器隔板和材料；

——第4部分：云母纸；

——第5部分：电热设备用云母板；

——第6部分：聚酯薄膜补强B阶环氧树脂粘合云母带；

——第7部分：真空压力浸渍(VPI)用玻璃布及薄膜补强环氧树脂粘合云母带；

——第8部分：玻璃布补强B阶环氧树脂粘合云母带；

——第9部分：单根导线包绕用环氧树脂粘合聚酯薄膜云母带；

——第10部分：耐火安全电缆用云母带；

——第11部分：塑型云母板。

本部分为GB/T 5019的第5部分。

本部分按照GB/T 1.1—2009给出的规则起草。

本部分代替GB/T 5022—1998《电热设备用云母板》，与GB/T 5022—1998相比存在如下差异：

——按产品所用云母基材和胶粘剂种类的不同，将产品分为六种类型。并增加了相应产品的厚度和性能的要求值；

——删除了"试验方法"和"检验规则"；

——增加了"供货形式"(见第8章)；

——将"标志、包装、运输、贮存"改为"标志"；

——增加了附录A。

本部分使用重新起草法修改采用IEC 60371-3-3:1983《以云母为基的绝缘材料规范　第3部分：单项材料规范　第3篇：电热设备用云母板规范》。

本部分与IEC 60371-3-3:1983相比存在如下差异：

——删除了国际标准的前言和引言；

——精简了其范围内容；

——增加了第2章"规范性引用文件"；

——增加了第3章"产品分类"；

——对IEC标准的性能表"试验方法章条号"一栏进行了重新编排；

——增加了资料性附录A。

本部分由中国电器工业协会提出。

本部分由全国绝缘材料标准化技术委员会(SAC/TC 51)归口。

本部分起草单位：桂林电器科学研究院有限公司。

本部分主要起草人：罗传勇、赵莹。

本部分所代替标准的历次版本发布情况为：

——GB/T 5022—1985、GB/T 5022—1998。

以云母为基的绝缘材料
第5部分：电热设备用云母板

1 范围

GB/T 5019 的本部分规定了以剥片云母或云母纸为基的电热设备用云母板的分类、要求、供货形式和标志。

本部分适用于用剥片云母或云母纸以合适的胶粘剂粘合而成的云母板。

2 规范性引用文件

下列文件对于本文件的应用是必不可少的。凡是注日期的引用文件，仅注日期的版本适用于本文件。凡是不注日期的引用文件，其最新版本(包括所有的修改单)适用于本文件。

GB/T 5019.2—2009 以云母为基的绝缘材料 第2部分：试验方法(IEC 60371-2:2004，MOD)

3 产品分类

产品根据其组成按表1分类。

表1 电热设备用云母板

类 型	组 成
HS1	剥片白云母、有机胶粘剂
HS2	剥片金云母、有机胶粘剂
HS3	剥片白云母、有机硅树脂胶粘剂
HP4	云母纸、有机胶粘剂
HP5	云母纸、有机硅树脂胶粘剂
HP6	云母纸、无机胶粘剂

4 一般要求

电热设备用云母板应硬度均匀，无斑点和外来杂质。

剥片云母的分级和外观以及云母纸和胶粘剂的种类由供需双方商定。

5 缺陷和导电粒子

缺陷和导电粒子可接受的形式和数量由供需双方商定。

注：GB/T 5019.2—2009 中对缺陷和导电粒子的检测方法待定。

6 厚度和公差

应按 GB/T 5019.2—2009 规定的试样和程序测量厚度。

厚度(中值)偏离标称厚度的公差不应超过表 2 和表 3 的规定，表 2 和表 3 还规定了在同一试样上个别测量值的允许偏差。

表 2 以剥片云母为基的材料厚度公差

单位为毫米

标称厚度[a]	公差			
	试样厚度（中值）	个别测量值		
		未打磨		打磨
0.30	±0.06	+0.20	−0.13	按供需双方的协议
0.40	±0.06	+0.20	−0.15	
0.50	±0.07	+0.25	−0.15	
0.60	±0.08	+0.25	−0.15	
0.80	±0.10	+0.27	−0.17	
1.00	±0.12	+0.30	−0.20	
1.00 以上	无公差规定			

[a] 标称厚度处于上列两相邻标称厚度之间者，则其公差按相邻的较大标称厚度的公差。

表 3 以云母纸为基的材料厚度公差

单位为毫米

标称厚度[a]	公差	
	试样厚度（中值）	个别测量值（未打磨和打磨）
0.20	±0.04	±0.05
0.30	±0.04	±0.05
0.40	±0.04	±0.06
0.50	±0.05	±0.07
0.60	±0.05	±0.07
0.80	±0.06	±0.08
1.00	±0.07	±0.10
1.00 以上	—	±10%

[a] 标称厚度处于上列两相邻标称厚度之间者，则其公差按相邻的较大标称厚度的公差。

7 性能要求

表 4 规定了电热设备用硬质云母板(无论以何种形式供货)的性能要求。

表 4 性能要求

性能	单位	要求						GB/T 5019.2—2009 试验方法章条号
		HS1	HS2	HS3	HP4	HP5	HP6	
胶粘剂含量	%	≤5.0	≤5.0	≤10.0	≤6.0	≤12.0	—	8
电气强度	kV/mm	≥7	≥7	≥7	≥7	≥7	≥7	22
密度	g/cm³	1.9～2.5	2.0～2.6	1.8～2.4	2.0～2.4	1.6～2.1	—	6

8 弯曲强度

待定。

9 供货形式

电热设备用硬质云母板产品可以以片、条或板供货。最小标称厚度为 0.30 mm(剥片云母)和 0.20 mm(云母纸)。

通常以下列形式供货：

a) 约 1 m 长,0.5 m～1 m 宽的片材；

b) 由片材切成的宽度不大于 200 mm 的条；

c) 按购方定货单切成规定尺寸的板。

10 标志

在包装上应标明下列内容：

a) 本部分编号以及产品型号,例如 GB/T 5019.5 HS3 型；

b) 制造厂名称或商标；

c) 标称厚度和尺寸；

d) 每包的件数和/或质量。

附 录 A
（资料性附录）
本部分章条编号与 IEC 60371-3-3：1983 章条编号对照

表 A.1 给出了本部分章条编号与 IEC 60371-3-3：1983 章条编号对照一览表。

表 A.1 本部分章条编号与 IEC 60371-3-3：1983 章条编号对照

本部分章条编号	对应的国际标准章条编号
1	1
2	—
3～9	2～8
附录 A	—

ICS 77.100
H 11

中华人民共和国国家标准

GB/T 5059.1—2014
代替 GB/T 5059.1—1985

钼铁 钼含量的测定 钼酸铅重量法、偏钒酸铵滴定法和 8-羟基喹啉重量法

Ferromolybdenum—Determination of molybdenum content—Lead molybdate gravimetric method, ammonium metavanadate titration method and 8-hydroxyquinoline gravimetric method

2014-06-09 发布 2015-01-01 实施

中华人民共和国国家质量监督检验检疫总局
中国国家标准化管理委员会 发布

前　言

GB/T 5059《钼铁》分为如下部分：

——第1部分：钼铁　钼含量的测定　钼酸铅重量法、偏钒酸铵滴定法和8-羟基喹啉重量法；

——第2部分：钼铁　锑含量的测定　孔雀绿分光光度法；

——第3部分：钼铁　铜含量的测定　火焰原子吸收光谱法；

——第5部分：钼铁　硅含量的测定　硫酸脱水重量法和硅钼蓝分光光度法；

——第6部分：钼铁　磷含量的测定　铋磷钼蓝分光光度法和钼蓝分光光度法；

——第7部分：钼铁　碳含量的测定　红外线吸收法；

——第9部分：钼铁　硫含量的测定　红外线吸收法和燃烧碘量法。

本部分为GB/T 5059的第1部分。

本部分按照GB/T 1.1—2009给出的规则起草。

本部分代替GB/T 5059.1—1985《钼铁化学分析方法　8-羟基喹啉重量法测定钼量》。本部分与GB/T 5059.1—1985相比，除编辑性修改外，主要技术变化如下：

——增加了第2章和第6章内容；

——增加了钼酸铅重量法；

——增加了偏钒酸铵滴定法；

——对8-羟基喹啉重量法进行了修订。

本部分由中国钢铁工业协会提出。

本部分由全国生铁及铁合金标准化技术委员会(SAC/TC 318)归口。

本部分起草单位：中钢集团吉林铁合金股份有限公司、洛阳栾川钼业集团股份有限公司。

本部分主要起草人：高玉敏、刘冰、袁萍、李雅华、聂淑兰、田永红。

本部分所代替标准的历次版本发布情况为：

——GB/T 5059.1—1985。

钼铁 钼含量的测定
钼酸铅重量法、偏钒酸铵滴定法和
8-羟基喹啉重量法

警告：使用本部分的人员应有正规实验室工作的实践经验。本标准并未指出所有可能的安全问题。使用者有责任采取适当的安全和健康措施，并保证符合国家有关法规规定的条件。

1 范围

GB/T 5059 的本部分规定了钼酸铅重量法、偏钒酸铵滴定法和 8-羟基喹啉重量法测定钼铁中钼含量的方法。

本部分适用于钼铁中钼含量的测定。测定范围(质量分数)：50.00%～75.00%。

2 规范性引用文件

下列文件对于本文件的应用是必不可少的，凡是注日期的引用文件，仅注日期的版本适用于本文件。凡是不注日期的引用文件，其最新版本(包括所有的修改单)适用于本文件。

GB/T 4010 铁合金化学分析用试样的采取和制备

3 方法一 钼酸铅重量法

3.1 原理

试料经硝酸、氟化铵、盐酸溶解，若有残渣进行回收，用氢氧化钠分离铁等干扰元素，加入乙二胺四乙酸二钠进一步掩蔽干扰元素，在乙酸-乙酸铵存在下，钼与乙酸铅反应生成钼酸铅沉淀，经过滤，洗涤，在 550 ℃灼烧，以钼酸铅形式称量，计算钼的含量。

3.2 试剂和材料

除非另有说明，在分析中仅使用确认为分析纯的试剂和蒸馏水或与其纯度相当的水。

3.2.1 氟化铵，固体。

3.2.2 混合熔剂，无水碳酸钠：无水碳酸钾＝1：1。

3.2.3 盐酸，ρ＝1.19 g/mL。

3.2.4 冰乙酸，ρ＝1.05 g/mL。

3.2.5 氨水，ρ＝0.90 g/mL。

3.2.6 硝酸，2＋3。

3.2.7 盐酸，1＋1。

3.2.8 氢氧化钠溶液，500 g/L。

3.2.9 氨水，1＋1。

3.2.10 乙二胺四乙酸二钠溶液，50 g/L。

3.2.11 乙酸-乙酸铵溶液，称取 250 g 乙酸铵溶解于 500 mL 水中，加入 150 mL 冰乙酸(3.2.4)，过滤后用水稀释到1 000 mL。

3.2.12　乙酸-乙酸铵洗涤液，取100 mL乙酸-乙酸铵溶液(3.2.11)，用水稀释至1 000 mL。

3.2.13　乙酸铅溶液，称取40 g乙酸铅，加30 mL冰乙酸(3.2.4)和200 mL水溶解，过滤后稀释到1 000 mL。

3.2.14　滤纸浆，用定量滤纸撕成碎片，在热水中搅拌成糊状。

3.2.15　甲基橙指示剂溶液，1 g/L。

3.2.16　单宁外指示剂溶液，10 g/L。

3.3　取制样

按照GB/T 4010的规定进行取制样，试样应通过0.125 mm筛孔。

3.4　分析步骤

3.4.1　试料量

称取0.50 g试料，精确至0.000 1 g。

3.4.2　空白试验

随同试料做空白试验。

3.4.3　测定

3.4.3.1　将试料(3.4.1)置于500 mL烧杯中，加入50 mL硝酸(3.2.6)、0.2 g氟化铵(3.2.1)，低温加热溶解后，加入10 mL盐酸(3.2.3)，低温加热至沸并除去氮氧化物，加水调整至体积约100 mL，加热煮沸，取下稍冷。

3.4.3.2　如有不溶性残渣，将上述溶液过滤，用热水洗涤烧杯及残渣，洗涤至滤液呈中性，保存滤液和洗液为主液。将残渣连同滤纸移入铂坩埚中，低温灰化后，置于550 ℃马弗炉中灼烧20 min，取出冷却后，加入2 g混合熔剂(3.2.2)，搅拌均匀，在950 ℃～1 000 ℃高温炉中熔融至透明，取出，冷却。用水洗净坩埚外壁，放入250 mL烧杯中，加入5 mL盐酸(3.2.7)，用热水浸出融块，将此溶液合并于主液中，加热调整至体积约100 mL，取下稍冷。

3.4.3.3　将溶液(3.4.3.1)或(3.4.3.2)边搅拌边加入氢氧化钠溶液(3.2.8)至少量沉淀产生，并过量加入10 mL。小心加热煮沸3 min，冷却，移入200 mL容量瓶中，用水稀释至刻度，混匀。用双层致密滤纸干过滤于500 mL三角烧瓶中，弃去初滤液。

3.4.3.4　准确移取100.00 mL滤液(3.4.3.3)于500 mL烧杯中，边搅拌边加入25 mL盐酸(3.2.3)，煮沸，取下稍冷，加入5 mL乙二胺四乙酸二钠溶液(3.2.10)，搅拌均匀，加水调整至体积约200 mL，加入10 mL氨水(3.2.5)，加入1～2滴甲基橙指示剂溶液(3.2.15)，用盐酸(3.2.7)和氨水(3.2.9)调至溶液呈红色后，再过量加入1 mL盐酸(3.2.7)。

3.4.3.5　加入50 mL乙酸-乙酸铵溶液(3.2.11)，加入少许滤纸浆(3.2.14)，用热水稀释至体积约300 mL，加入小块滤纸，用玻璃棒压住防止暴沸溅出，加热煮沸后，用滴管逐滴加入乙酸铅溶液(3.2.13)至单宁外指示剂溶液(3.2.16)不呈黄色，过量加入2 mL，加热煮沸5 min，体积要控制在200 mL以上，在约70 ℃保温40 min，取下。

3.4.3.6　用盛有少量滤纸浆的双层中速定量滤纸过滤，用小块滤纸擦净粘附在烧杯壁和玻璃棒上的沉淀，用热乙酸-乙酸铵洗涤液(3.2.12)洗净烧杯和玻璃棒，并继续用热乙酸-乙酸铵洗涤液(3.2.12)洗涤滤纸和沉淀15～20次。

3.4.3.7　将沉淀连同滤纸置于已恒量的瓷坩埚中，小心灰化，在550 ℃的马弗炉内灼烧30 min～50 min，取出稍冷，置于干燥器中，冷却至室温称量，反复灼烧，直至恒量。

3.5 结果计算

按式(1)计算钼的含量(质量分数)：

$$w(\mathrm{Mo})=\frac{[(m_1-m_2)-(m_3-m_4)]}{m_0}\times 0.2613\times 100\% \quad \cdots\cdots(1)$$

式中：

m_1 ——钼酸铅和瓷坩埚质量，单位为克(g)；

m_2 ——盛钼酸铅的瓷坩埚质量，单位为克(g)；

m_3 ——空白试验残渣和瓷坩埚质量，单位为克(g)；

m_4 ——空白试验用瓷坩埚质量，单位为克(g)；

m_0 ——试料量，单位为克(g)；

0.261 3——钼酸铅换算成钼的系数。

3.6 允许差

分析结果的差值应不大于表1所列允许差。

表1 允许差

%

钼含量(质量分数)	允许差
50.00～60.00	0.40
>60.00～75.00	0.50

4 方法二 偏钒酸铵滴定法

4.1 原理

试料用硝酸、氟化铵、硫酸分解，用氢氧化钠分离铁等，在氟化铵存在下，用硫酸肼还原钼，以N-苯基邻氨基苯甲酸及二苯胺磺酸钠为指示剂，用偏钒酸铵标准滴定溶液滴定，根据偏钒酸铵标准滴定溶液的消耗量，计算钼的含量。

4.2 试剂和材料

除非另有说明，在分析中仅使用确认为分析纯的试剂和蒸馏水或与其纯度相当的水。

4.2.1 氟化铵，固体。

4.2.2 氢氧化钠，固体，优级纯。

4.2.3 硫酸，ρ=1.84 g/mL。

4.2.4 磷酸，ρ=1.70 g/mL。

4.2.5 盐酸，1+1。

4.2.6 硝酸，1+1。

4.2.7 硫酸，1+1。

4.2.8 氢氧化钠溶液，200 g/L。

4.2.9 氟化铵溶液，25 g/L。

4.2.10 硫酸肼溶液，14 g/L。

称取 1.4 g 硫酸肼，加入 2 g 氢氧化钠（4.2.2），加入 10 mL 水溶解后用水稀释至 100 mL 混匀。

4.2.11 钼标准溶液：

称取 7.500 0 g 三氧化钼（基准）于 250 mL 塑料烧杯中，加入 5 g 氢氧化钠（4.2.2），加入少量水溶解后移入 1 000 mL 塑料容量瓶中，用水稀释至刻度，混匀。此溶液 1 mL 含 5.0mg 钼。

4.2.12 偏钒酸铵标准滴定溶液[$c(NH_4VO_3)\approx 0.010$ mol/L]。

4.2.12.1 偏钒酸铵标准滴定溶液的配制：

称取 1.15 g 偏钒酸铵，加入 500 mL 水，加入 100 mL 硫酸（4.2.3）溶解后，冷却至室温移入 1 000 mL 棕色容量瓶中，用水稀至刻度，混匀。

4.2.12.2 偏钒酸铵标准滴定溶液的标定：

随同做试剂空白试验。

准确移取钼标准溶液（4.2.11）[与试料分取液（50/250）钼含量接近]于 250 mL 烧杯中，加水调整至体积约 50 mL，加入 10 mL 氟化铵溶液（4.2.9），以下同分析步骤进行。

按式（2）计算偏钒酸铵标准滴定溶液对钼的滴定度：

$$T=\frac{m_1}{V_1-V_2} \qquad \cdots\cdots(2)$$

式中：

T ——偏钒酸铵标准滴定溶液对钼的滴定度，单位为毫克每毫升（mg/mL）；

m_1 ——移取钼标准溶液中钼的含量，单位为毫克（mg）；

V_1 ——滴定时钼标准溶液消耗偏钒酸铵标准滴定溶液的体积，当 3 份的极差不大于 0.1 mL 时取平均值，单位为毫升（mL）；

V_2 ——滴定时试剂空白消耗偏钒酸铵标准滴定溶液的体积，3 份取平均值，单位为毫升（mL）。

4.2.13 甲基红指示剂溶液，5 g/L。称取 0.5 g 甲基红指示剂用无水乙醇溶解并稀释至 100 mL。

4.2.14 N-苯基邻氨基苯甲酸指示剂溶液，2 g/L。用 2 g/L 无水碳酸钠溶液配制。

4.2.15 二苯胺磺酸钠指示剂溶液，5 g/L。

4.3 取制样

按照 GB/T 4010 的规定进行取制样，试样应通过 0.125 mm 筛孔。

4.4 分析步骤

4.4.1 试料量

按表 2 称取试料，精确至 0.000 1 g。

表 2 试料量

钼含量/%	称取试料量/g
50.00～60.00	0.40
>60.00～75.00	0.30

4.4.2 空白试验

随同试料做空白试验。

4.4.3 测定

4.4.3.1 将试料（4.4.1）置于 250 mL 烧杯中，加入 5 mL 硝酸（4.2.6），加入 0.2 g 氟化铵（4.2.1）、20 mL

硫酸(4.2.7)盖上表皿,加热溶解,取下稍冷,用水冲洗表皿及烧杯,取下表皿,继续加热至冒硫酸烟并保持15 min～20 min,除尽硝酸,取下。

4.4.3.2 冷却后加约100 mL热水,加热至可溶性盐类溶解,取下稍冷,边搅拌边加入氢氧化钠溶液(4.2.8)至少量沉淀产生,并过量加入20 mL,加热煮沸3 min～5 min,取下,冷却至室温,移入250 mL容量瓶中,用水稀释至刻度。

4.4.3.3 用双层致密滤纸干过滤于500 mL锥形瓶中,弃去初滤液,移取滤液50.00 mL于250 mL烧杯中,加入10 mL氟化铵溶液(4.2.9),加入1滴甲基红指示剂溶液(4.2.13),用盐酸中和溶液呈微红色,加入45 mL盐酸(4.2.5),加入5 mL硫酸肼溶液(4.2.10),加水调整至体积约150 mL,保持溶液体积煮沸10 min,取下,流水冷却至室温。

4.4.3.4 加入5 mL磷酸(4.2.4),加入20 mL硫酸(4.2.7)(此时溶液温度为15 ℃～30 ℃),用偏钒酸铵标准滴定溶液(4.2.12)滴至淡黄色,加入N-苯基邻氨基苯甲酸指示剂溶液(4.2.14)及二苯胺磺酸钠指示剂溶液(4.2.15)各5滴,继续缓慢滴定至溶液紫色突然加深且在30s内不褪色为终点。

4.5 结果计算

按式(3)计算钼的含量(质量分数):

$$w(\mathrm{Mo})=\frac{T(V-V_0)}{m_0\times\gamma\times1\,000}\times100\% \quad\cdots\cdots(3)$$

式中:

T ——偏钒酸铵标准滴定溶液对钼的滴定度,单位为毫克每毫升(mg/mL);

V ——滴定试料溶液消耗偏钒酸铵标准滴定溶液的体积,单位为毫升(mL);

V_0 ——滴定空白溶液消耗偏钒酸铵标准滴定溶液的体积,单位为毫升(mL);

m_0 ——试料量,单位为克(g);

γ ——试液的分取比。

4.6 允许差

分析结果的差值应不大于表3所列允许差。

表3 允许差

%

钼含量(质量分数)	允许差
50.00～60.00	0.40
>60.00～75.00	0.50

5 方法三 8-羟基喹啉重量法

5.1 原理

试料用硫酸、硝酸、氢氟酸分解,用氢氧化钠分离铁等,在乙二胺四乙酸和草酸铵存在下,钼以羟基喹啉盐形式沉淀,过滤,干燥,以无水羟基喹啉盐[$MoO_2(C_9H_6NO)_2$]形式称量,计算钼的含量。

5.2 试剂和材料

除非另有说明,在分析中仅使用确认为分析纯的试剂和蒸馏水或与其纯度相当的水。

5.2.1 草酸铵,固体。

5.2.2 氢氟酸,ρ=1.14 g/mL。

5.2.3 硝酸,ρ=1.42 g/mL。

5.2.4 盐酸，ρ=1.19 g/mL 。
5.2.5 硝酸，1+3。
5.2.6 盐酸，1+1。
5.2.7 硫酸，1+1。
5.2.8 氨水，1+1。
5.2.9 氢氧化钠，460 g/L～480 g/L。
5.2.10 乙二胺四乙酸溶液，100 g/L。
5.2.11 8-羟基喹啉溶液，30 g/L。称取 30 g 8-羟基喹啉，以 12 mL 冰乙酸溶解，加入 60 mL 水并加热至约 40 ℃，滴加氨水(5.2.8)直到有少量永久性沉淀形成，再滴加冰乙酸使沉淀恰好溶解，冷却至室温，以水稀释成 1 000 mL，混匀。

5.3 仪器与设备

5.3.1 玻璃坩埚，孔径 5 μm～10 μm。使用前需用硝酸溶液进行抽滤，并用蒸馏水冲洗干净，然后在 125 ℃干燥至恒量。使用后的坩埚用水冲去沉淀，置于盛有 5 mL～10 mL 硫酸(5.2.7)的小烧杯中，用硝酸(5.2.3)充满坩埚。烧杯加热至冒硫酸白烟，冷却，取出坩埚。在缓慢抽滤下通过约 100 mL 热水，干燥。
5.3.2 其他为一般实验室仪器。

5.4 取制样

按照 GB/T 4010 的规定进行取制样，试样应通过 0.125 mm 筛孔。

5.5 分析步骤

5.5.1 试料

按表 4 称取试料量，精确至 0.000 1 g。

表 4 试料量

钼含量/%	试料量/g
50.00～60.00	1.25
>60.00～75.00	1.00

5.5.2 空白试验

随同试料做空白试验。

5.5.3 测定

5.5.3.1 将试料(5.5.1)置于 150 mL 聚四氟乙烯烧杯中，加入 10 mL 硫酸(5.2.7)，加热但不至沸，滴加硝酸(5.2.3)至试料溶解并过量 0.5 mL。加入 5 mL 氢氟酸(5.2.2)，加热蒸发至冒硫酸白烟 15 min，冷却，加入 5 mL 盐酸(5.2.4)和 5 mL 硝酸(5.2.3)，加热 10 min 并稀释至 50 mL 左右。
5.5.3.2 在 650 mL～800 mL 的高型烧杯中，加入 50 mL 氢氧化钠溶液(5.2.9)和 50 mL 水。加热至沸，在烧杯上放一个颈长为 75 mm、颈直径约 1 mm 的漏斗，将溶液(5.5.3.1)缓慢地通过漏斗倒入烧杯中并保持氢氧化钠溶液继续沸腾，用 85 ℃～90 ℃的热水冲洗聚四氟乙烯烧杯，并经漏斗倒入溶液中，冲洗漏斗和高型烧杯上壁。煮沸 2 min～3 min，用水稀释至约 450 mL，冷却。将溶液移入 500 mL 容量瓶中，稀释至刻度，混匀。将原高型烧杯烘干，将容量瓶中的溶液倒入原烧杯中，静止 15 min～20 min。

用快速滤纸干过滤，弃去沉淀。

5.5.3.3 移取100 mL溶液(5.5.3.2)置于400 mL烧杯中，稀释至约200 mL，加入10 mL乙二胺四乙酸溶液(5.2.10)和3 g草酸铵(5.2.1)，缓慢加热至草酸铵溶解，冷至室温，以盐酸(5.2.6)和氨水(5.2.8)调至pH值为4.0(使用pH计)，加热至沸。加入20 mL 8-羟基喹啉溶液(5.2.11)，并在加入试剂时要保证溶液继续沸腾。

5.5.3.4 在不时搅拌下于80 ℃～90 ℃放置5 min～10 min。用已知恒量的玻璃坩埚(5.3.1)缓慢抽滤(溶液注入坩埚中的速度，应以坩埚中溶液不超过坩埚的一半高度为限)。用带橡皮头的玻璃棒将烧杯壁上的沉淀完全移入坩埚中，用约100 mL 80 ℃～90 ℃的热水洗涤坩埚中的沉淀。用热水洗净坩埚外壁。

5.5.3.5 将装有沉淀的坩埚置于滤纸上，在125 ℃烘至过夜，取出，置于干燥器中，室温放置1 h，称量。反复烘干至恒量。

5.6 结果计算

按式(4)计算钼的含量(质量分数)：

$$w(\mathrm{Mo})=\frac{[(m_1-m_2)-(m_3-m_4)]}{m_0}\times 0.230\,5\times 100\% \qquad \cdots\cdots\cdots\cdots(4)$$

式中：

m_1 ——羟基喹啉钼和玻璃坩埚质量，单位为克(g)；

m_2 ——盛羟基喹啉钼的玻璃坩埚质量，单位为克(g)；

m_3 ——空白试验残渣和玻璃坩埚质量，单位为克(g)；

m_4 ——空白试验用玻璃坩埚质量，单位为克(g)；

m_0 ——试料量，单位为克(g)；

0.230 5——羟基喹啉钼换算成钼的系数。

5.7 允许差

分析结果的差值应不大于表5所列允许差。

表5 允许差 %

钼含量(质量分数)	允许差
50.00～60.00	0.40
＞60.00～75.00	0.50

6 试验报告

试验报告应包括下列内容：

a) 鉴别试料、实验室和分析日期等资料；

b) 遵守本部分规定的程度；

c) 分析结果及其表示；

d) 测定中观察到的异常现象；

e) 对分析结果可能有影响而本部分未包括的操作，或者任选的操作。

ICS 77.100
H 11

中华人民共和国国家标准

GB/T 5059.2—2014
代替 GB/T 5059.2—1985

钼铁 锑含量的测定 孔雀绿分光光度法

Ferromolybdenum—Determination of antimony content—Malachite green spectrophotometric method

2014-06-09 发布　　2015-01-01 实施

中华人民共和国国家质量监督检验检疫总局
中国国家标准化管理委员会 发布

前　言

GB/T 5059《钼铁》分为如下部分：

——第1部分：钼铁　钼含量的测定　钼酸铅重量法、偏钒酸铵滴定法和8-羟基喹啉重量法；

——第2部分：钼铁　锑含量的测定　孔雀绿分光光度法；

——第3部分：钼铁　铜含量的测定　火焰原子吸收光谱法；

——第5部分：钼铁　硅含量的测定　硫酸脱水重量法和硅钼蓝分光光度法；

——第6部分：钼铁　磷含量的测定　铋磷钼蓝分光光度法和钼蓝分光光度法；

——第7部分：钼铁　碳含量的测定　红外线吸收法；

——第9部分：钼铁　硫含量的测定　红外线吸收法和燃烧碘量法。

本部分为GB/T 5059的第2部分。

本部分按照GB/T 1.1—2009给出的规则起草。

本部分代替GB/T 5059.2—1985《钼铁化学分析方法　孔雀绿分光光度法测定锑》。本部分与GB/T 5059.2—1985相比，除编辑性修改外，主要技术变化如下：

——增加了第2章和第9章的内容；

——增加了警告内容。

本部分由中国钢铁工业协会提出。

本部分由全国生铁及铁合金标准化技术委员会(SAC/TC 318)归口。

本部分起草单位：中钢集团吉林铁合金股份有限公司。

本部分主要起草人：袁萍、张宇帅、贾欣、吴丽玉、高玉敏。

本部分所代替标准的历次版本发布情况为：

——GB/T 5059.2—1985。

钼铁 锑含量的测定 孔雀绿分光光度法

警告:使用本部分的人员应有正规实验室工作的实践经验。本标准并未指出所有可能的安全问题。使用者有责任采取适当的安全和健康措施,并保证符合国家有关法规规定的条件。

1 范围

GB/T 5059 的本部分规定了孔雀绿分光光度法测定钼铁中锑含量的方法。

本部分适用于钼铁中锑含量的测定。测定范围(质量分数):0.005%~0.120%。

2 规范性引用文件

下列文件对于本文件的应用是必不可少的,凡是注日期的引用文件,仅注日期的版本适用于本文件。凡是不注日期的引用文件,其最新版本(包括所有的修改单)适用于本文件。

GB/T 4010 铁合金化学分析用试样的采取和制备

3 原理

试料经硝酸溶解,硫酸处理冒白烟,用盐酸溶解盐类,在酸性溶液中加入二氯化锡,将锑还原成三价,然后用亚硝酸钠将三价锑氧化成五价,用尿素破坏过剩的亚硝酸钠,加入孔雀绿与五价锑生成绿色络合物,用甲苯萃取,于分光光度计波长 640 nm 处测量其吸光度。

4 试剂与材料

除非另有说明,在分析中仅使用确认为分析纯的试剂和蒸馏水或与其纯度相当的水。

4.1 甲苯。

4.2 硝酸,1+3。

4.3 盐酸,1+1。

4.4 硫酸,1+1。

4.5 硫酸,1+8。

4.6 氯化亚锡溶液,10 g 氯化亚锡溶解于 100 mL 盐酸(4.3)中,混匀。

4.7 亚硝酸钠溶液,100 g/L。

4.8 尿素溶液,称取 50 g 尿素,溶解于 50 mL 热水中,混匀,冷却至室温。

4.9 孔雀绿溶液,称取 0.5 g 孔雀绿,溶解于 100 mL(3+1)乙醇中,混匀。

4.10 锑标准溶液:

4.10.1 称取 0.100 0 g 锑(质量分数大于 99.9%),溶解于 50 mL 浓硫酸中,再加入 50 mL 浓硫酸,冷却。移入预先盛有 600 mL 水的 1 000 mL 容量瓶中,以水稀释至刻度,混匀。此溶液 1 mL 含 0.1 mg锑。

4.10.2 移取 10.00 mL 锑标准溶液(4.10.1),置于 500 mL 容量瓶中,用硫酸(4.5)稀释至刻度,混匀。

此溶液 1 mL 中含 2.0 μg 锑。

5 取制样

按照 GB/T 4010 的规定进行取制样，试样应通过 0.125 mm 筛孔。

6 分析步骤

6.1 试料量

称取 0.20 g 试料，精确至 0.000 1 g。

6.2 空白试验

随同试料做空白试验。

6.3 测定

6.3.1 将试料(6.1)置于 250 mL 烧杯中，加 20 mL 硝酸(4.2)，盖上表皿，缓慢加热溶解试料，待试料溶解后，加入 10 mL 硫酸(4.4)，蒸发至冒硫酸白烟，取下冷却。以水洗净杯壁重新加热至冒硫酸白烟，用 80 mL 盐酸(4.3)溶解盐类，移入 100 mL 容量瓶。用盐酸(4.3)洗净烧杯并将溶液稀释至刻度，混匀。

6.3.2 移取 10.00 mL 溶液(6.3.1)，置于 150 mL 分液漏斗中。加入盐酸(4.3)使溶液体积为 20 mL，加入 10 mL 硫酸(4.4)，冷却。加入 1 mL 氯化亚锡溶液(4.6)、2 mL 亚硝酸钠溶液(4.7)，振荡 5 min，加入 1 mL 尿素溶液(4.8)、70 mL 水、1.00 mL 孔雀绿溶液(4.9)振荡 2～3 次，加入 20 mL 甲苯(4.1)振荡 1 min，分层后弃去水层。

6.3.3 将甲苯层移入比色皿中，以甲苯为参比，于分光光度计波长 640 nm 处，测量其吸光度。减去随同试料所做空白试验的吸光度，从校准曲线上查出相应的锑含量。

6.4 校准曲线的绘制

移取 0 mL、1.00 mL、3.00 mL、5.00 mL、7.00 mL、9.00 mL、12.00 mL 锑标准溶液(4.10.2)，置于一组 250 mL 烧杯中，加入 20 mL 硝酸(4.2)，10 mL 硫酸(4.4)，蒸发至冒硫酸白烟，冷却。用水洗净杯壁并重新蒸发至冒白烟，加入 10 mL 盐酸(4.3)，将溶液移入 150 mL 分液漏斗中。以下按 6.3.2 进行。减去试剂空白的吸光度。以锑量为横坐标，吸光度为纵坐标，绘制校准曲线。

7 结果计算

按式(1)计算锑的含量(质量分数)：

$$w(\mathrm{Sb})=\frac{m_1}{m_0\gamma}\times 100\% \qquad \cdots\cdots(1)$$

式中：

m_1——从校准曲线上查得的锑量，单位为克(g)；

γ ——试料溶液分取比；

m_0——试料量，单位为克(g)。

8 允许差

分析结果的差值应不大于表1所列允许差。

表1 允许差

%

锑含量(质量分数)	允许差
0.005～0.008	0.003
>0.008～0.020	0.004
>0.020～0.050	0.006
>0.050～0.120	0.008

9 试验报告

试验报告应包括下列内容：

a) 鉴别试料、实验室和分析日期等资料；

b) 遵守本部分规定的程度；

c) 分析结果及其表示；

d) 测定中观察到的异常现象；

e) 对分析结果可能有影响而本部分未包括的操作，或者任选的操作。

ICS 77.100
H 11

中华人民共和国国家标准

GB/T 5059.3—2014
代替 GB/T 5059.3—1985

钼铁　铜含量的测定 火焰原子吸收光谱法

Ferromolybdenum—Determination of copper content—The flame atomic absorption spectrometric method

2014-06-09 发布　　2015-01-01 实施

中华人民共和国国家质量监督检验检疫总局
中国国家标准化管理委员会　发布

前　言

GB/T 5059《钼铁》分为如下部分：

——第1部分：钼铁　钼含量的测定　钼酸铅重量法、偏钒酸铵滴定法和8-羟基喹啉重量法；

——第2部分：钼铁　锑含量的测定　孔雀绿分光光度法；

——第3部分：钼铁　铜含量的测定　火焰原子吸收光谱法；

——第5部分：钼铁　硅含量的测定　硫酸脱水重量法和硅钼蓝分光光度法；

——第6部分：钼铁　磷含量的测定　铋磷钼蓝分光光度法和钼蓝分光光度法；

——第7部分：钼铁　碳含量的测定　红外线吸收法；

——第9部分：钼铁　硫含量的测定　红外线吸收法和燃烧碘量法。

本部分为GB/T 5059的第3部分。

本部分按照GB/T 1.1—2009给出的规则起草。

本部分代替GB/T 5059.3—1985《钼铁化学分析方法　原子吸收分光光度法测定铜量》。本部分与GB/T 5059.3—1985相比，除编辑性修改外，主要技术变化如下：

——增加了第2章和第10章内容；

——增加了对仪器精密度的最低要求；

——更改了铁溶液的配制方法；

——将试料溶液稀释体积由原来的100 mL更改为200 mL；

——将校准曲线溶液稀释体积由原来的100 mL更改为200 mL。

本部分由中钢钢铁工业协会提出。

本部分由全国生铁及铁合金标准化技术委员会(SAC/TC 318)归口。

本部分起草单位：中钢集团吉林铁合金股份有限公司。

本部分主要起草人：郑海东、袁萍、贾欣、高玉敏、王哲。

本部分所代替标准的历次版本发布情况为：

——GB/T 5059.3—1985。

钼铁 铜含量的测定 火焰原子吸收光谱法

警告:使用本部分的人员应有正规实验室工作的实践经验。本部分并未指出所有可能的安全问题。使用者有责任采取适当的安全和健康措施,并保证符合国家有关法规规定的条件。

1 范围

GB/T 5059 的本部分规定了火焰原子吸收光谱法测定钼铁中铜含量的方法。

本部分适用于钼铁中铜含量的测定。测定范围(质量分数):0.10%~1.20%。

2 规范性引用文件

下列文件对于本文件的应用是必不可少的,凡是注日期的引用文件,仅注日期的版本适用于本文件。凡是不注日期的引用文件,其最新版本(包括所有的修改单)适用于本文件。

GB/T 4010 铁合金化学分析用试样的采取和制备

3 原理

试料以硫酸、硝酸分解,以硫酸处理冒白烟。用盐酸溶解可溶性盐类,在原子吸收光谱仪上,于波长 324.7 nm 处,用空气-乙炔火焰,铜空心阴极灯作光源,测定其吸光度,通过校准曲线计算试料中铜的含量。

4 试剂和材料

除非另有说明,在分析中仅使用确认为分析纯的试剂和蒸馏水或与其纯度相当的水。

4.1 过氧化氢,ρ=1.10 g/mL。

4.2 硝酸,ρ=1.42 g/mL。

4.3 盐酸,ρ=1.19 g/mL。

4.4 硫酸,ρ=1.84 g/mL。

4.5 硝酸,1 + 1。

4.6 盐酸,1 + 1。

4.7 盐酸,1 + 50。

4.8 硫酸,1 + 1。

4.9 铁溶液,20 mg/mL。

称取 20 g 基准铁(质量分数为 99.99%以上),置于 500 mL 烧杯中,加入 200 mL 盐酸(1+1),低温加热溶解,待完全溶解后,冷却至室温,移入 1 L 容量瓶中,以水稀释至刻度,混匀。此溶液 1 mL 含铁 20 mg。

4.10 铜标准溶液,0.50 mg/mL。

称取 0.500 0 g 纯铜(质量分数为 99.99%以上),置于 300 mL 烧杯中,盖上表皿,加入 10 mL 硫酸

(4.8)和20 mL硝酸(4.5),低温加热溶解,取下表皿,继续加热至硫酸冒烟,冷却,以少量水冲洗烧杯内壁,再重新加热至冒硫酸白烟后冷却。加入约 50 mL 水溶解可溶性盐类,移入 1 000 mL 容量瓶中,用水稀释至刻度,混匀。此溶液 1 mL 含铜 0.50 mg。

5 仪器与设备

分析中,除使用通常的实验室仪器、设备外,还使用原子吸收光谱仪。原子吸收光谱仪应备有空气-乙炔火焰燃烧器,铜空心阴极灯。

所用原子吸收光谱仪应达到下列技术指标:

5.1 精密度的最低要求

用最高浓度的标准溶液,测定 10 次吸光度,并计算其吸光度平均值和标准偏差。该标准偏差不超过平均值的 1.0%。

用最低浓度的标准溶液(不是零校准溶液),测定 10 次吸光度,并计算其吸光度平均值和标准偏差。该标准偏差不超过最高浓度标准溶液的平均吸光度值的 0.5%。

5.2 特征浓度

本标准铜的特征浓度应小于 0.10 μg/mL。

5.3 检出限

本标准铜的检出限应小于 0.10 μg/mL。

5.4 校准曲线的线性

校准曲线按浓度分为五段,最高段的吸光度差值与最低段的吸光度差值之比不应小于 0.8。

6 取制样

按照 GB/T 4010 的规定进行取制样,试样应通过 0.125 mm 筛孔。

7 分析步骤

7.1 试料量

按表 1 称取试料,精确至 0.000 1 g。

表 1 试料量

铜含量(质量分数)/%	试料量/g
0.10～0.50	0.50
>0.50～1.20	0.20

7.2 空白试验

随同试料做空白试验。

7.3 测定

7.3.1 试料溶液的制备

将试料(7.1)置于200 mL烧杯中,加入10 mL硫酸(4.8)、10 mL硝酸(4.5),盖上表皿。加热溶解,用水冲洗表皿并取下,加热蒸发至冒尽硫酸白烟。冷却,加入20 mL盐酸(4.6),加热溶解可溶性盐类,过滤,用盐酸(4.7)充分洗净,滤液和洗液收集于200 mL容量瓶中。冷却至室温,用水稀释至刻度,混匀。弃去残渣。

7.3.2 测量

将部分溶液(7.3.1)在原子吸收光谱仪上,波长324.7 nm处,用空气-乙炔火焰,以水调零点,测量其吸光度,从校准曲线上查出相应的铜的质量浓度,通过计算得出铜的含量。

7.4 校准曲线的绘制

7.4.1 移取0 mL、1.00 mL、2.00 mL、3.00 mL、4.00 mL、5.00 mL铜标准溶液(4.10),分别置于一组200 mL容量瓶中,加入10 mL铁溶液(4.9)(试料量为0.20 g时加入4 mL铁溶液)、20 mL盐酸(4.6),用水稀释至刻度,混匀。

7.4.2 按7.3.2测出校准曲线系列每一溶液的吸光度,减去零浓度溶液的吸光度后为铜校准曲线系列溶液的净吸光度,以铜的质量浓度为横坐标,净吸光度为纵坐标,绘制校准曲线。

8 结果计算

按式(1)计算试料中铜的含量(质量分数):

$$w(\mathrm{Cu})=\frac{(\rho-\rho_0)V}{m_0\times 10^3}\times 100\% \qquad \cdots\cdots(1)$$

式中:

ρ ——从校准曲线上查得试料溶液中铜的质量浓度,单位为毫克每毫升(mg/mL);

ρ_0 ——从校准曲线上查得空白溶液中铜的质量浓度,单位为毫克每毫升(mg/mL);

V ——试液的总体积,单位为毫升(mL);

m_0 ——试料量,单位为克(g)。

9 允许差

分析结果的差值应不大于表2所列允许差。

表2 允许差 %

铜含量(质量分数)	允许差
0.10～0.25	0.025
>0.25～0.50	0.035
>0.50～1.20	0.040

10 试验报告

试验报告应包括下列内容：

a) 鉴别试料、实验室和分析日期等资料；

b) 遵守本部分规定的程度；

c) 分析结果及其表示；

d) 测定中观察到的异常现象；

e) 对分析结果可能有影响而本部分未包括的操作，或者任选的操作。

ICS 77.100
H 11

中华人民共和国国家标准

GB/T 5059.5—2014
代替 GB/T 5059.5—1986

钼铁 硅含量的测定 硫酸脱水重量法和硅钼蓝分光光度法

Ferromolybdenum—Determination of silicon content—Sulphuric acid dehydration gravimetric method and molybdenum blue spectrophotometric method

2014-06-09 发布 2015-01-01 实施

中华人民共和国国家质量监督检验检疫总局
中国国家标准化管理委员会 发布

前言

GB/T 5059《钼铁》分为如下部分：

——第1部分：钼铁 钼含量的测定 钼酸铅重量法、偏钒酸铵滴定法和8-羟基喹啉重量法；

——第2部分：钼铁 锑含量的测定 孔雀绿分光光度法；

——第3部分：钼铁 铜含量的测定 火焰原子吸收光谱法；

——第5部分：钼铁 硅含量的测定 硫酸脱水重量法和硅钼蓝分光光度法；

——第6部分：钼铁 磷含量的测定 铋磷钼蓝分光光度法和钼蓝分光光度法；

——第7部分：钼铁 碳含量的测定 红外线吸收法；

——第9部分：钼铁 硫含量的测定 红外线吸收法和燃烧碘量法。

本部分为GB/T 5059的第5部分。

本部分按照GB/T 1.1—2009给出的规则起草。

本部分代替GB/T 5059.5—1986《钼铁化学分析方法 重量法测定硅量》。本部分与GB/T 5059.5—1986相比，除编辑性修改外，主要技术变化如下：

——本部分增加了方法二：硅钼蓝分光光度法。

——本部分对方法一进行了修订，增加了第2章和第9章的内容。

——方法一的测定范围由原标准的“小于2.50%”修改为“0.50%～2.50%”。

本部分由中国钢铁工业协会提出。

本部分由全国生铁及铁合金标准化技术委员会(SAC/TC 318)归口。

本部分起草单位：中钢集团吉林铁合金股份有限公司、辽宁沈宏集团股份有限公司、洛阳栾川钼业集团股份有限公司。

本部分主要起草人：袁萍、张英杰、高玉敏、王萍、安冬青、李海波、田永红。

本部分所代替标准的历次版本发布情况为：

——GB/T 5059.5—1986。

钼铁 硅含量的测定 硫酸脱水重量法和硅钼蓝分光光度法

警告:使用本部分的人员应有正规实验室工作的实践经验。本部分并未指出所有可能的安全问题。使用者有责任采取适当的安全和健康措施,并保证符合国家有关法规规定的条件。

1 范围

GB/T 5059 的本部分规定了硫酸脱水重量法和硅钼蓝分光光度法测定钼铁中硅含量。

本部分适用于钼铁中硅含量的测定。测定范围(质量分数):方法一硫酸脱水重量法 0.50%~2.50%,方法二硅钼蓝分光光度法 0.01%~1.00%。

2 规范性引用文件

下列文件对于本文件的应用是必不可少的,凡是注日期的引用文件,仅注日期的版本适用于本文件。凡是不注日期的引用文件,其最新版本(包括所有的修改单)适用于本文件。

GB/T 4010 铁合金化学分析用试样的采取和制备

3 方法一 硫酸脱水重量法

3.1 原理

试料以硝酸、盐酸分解,硫酸冒烟,使硅生成不溶性硅酸,经过滤、洗涤灼烧至恒量。加入氢氟酸处理,使硅呈四氟化硅挥发除去,再灼烧至恒量,由氢氟酸处理前后的称量之差测得硅含量。

3.2 试剂

除非另有说明,在分析中仅使用确认为分析纯的试剂和蒸馏水或与其纯度相当的水。

3.2.1 氢氟酸,ρ=1.15 g/mL。

3.2.2 盐酸,ρ=1.19 g/mL。

3.2.3 硝酸,1+1。

3.2.4 盐酸,1+4。

3.2.5 盐酸,1+10。

3.2.6 硫酸,1+1。

3.3 取制样

按照 GB/T 4010 的规定进行取制样,试样应通过 0.125 mm 筛孔。

3.4 分析步骤

3.4.1 试料量

称取 1.00 g 试料,精确至 0.000 1 g。

3.4.2 空白试验

随同试料做空白试验。

3.4.3 测定

3.4.3.1 将试料(3.4.1)置于300 mL烧杯中,加入20 mL硝酸(3.2.3)、5 mL盐酸(3.2.2),盖上表皿,缓慢加热分解,再加入20 mL硫酸(3.2.6),继续加热,冒浓硫酸白烟约15 min,取下。

3.4.3.2 冷却后,加入50 mL盐酸(3.2.4),加热溶解可溶性盐类,立即以致密性滤纸过滤,用擦棒将附在烧杯壁上的沉淀移于滤纸上,以温盐酸(3.2.5)洗涤沉淀及滤纸至无铁离子反应,再以温水洗至无酸性。弃去滤液。

3.4.3.3 将沉淀连同滤纸移入铂坩埚中,缓慢加热至滤纸灰化,然后置于1 100 ℃的高温炉中灼烧30 min,取出稍冷,置于干燥器中,冷至室温后称量,反复灼烧至恒量。

3.4.3.4 向坩埚(3.4.3.3)中,滴加2～3滴硫酸(3.2.6),温润残渣,加入5 mL氢氟酸(3.2.1),小心加热冒尽硫酸白烟,置于1 100 ℃的高温炉中灼烧15 min,取出稍冷,置于干燥器中冷却至室温后,称量,反复灼烧至恒量。

3.5 结果计算

按式(1)计算试样中硅含量(质量分数),以百分数表示:

$$w(\mathrm{Si})=\frac{[(m_1-m_2)-(m_3-m_4)]}{m_0}\times 0.467\ 4\times 100\% \qquad \cdots\cdots(1)$$

式中:

m_1 ——氢氟酸处理前铂坩埚与沉淀的质量,单位为克(g);

m_2 ——氢氟酸处理后铂坩埚与残渣的质量,单位为克(g);

m_3 ——氢氟酸处理前随同试料的空白与铂坩埚质量,单位为克(g);

m_4 ——氢氟酸处理后随同试料的空白与铂坩埚质量,单位为克(g);

m_0 ——试料量,单位为克(g);

0.467 4——二氧化硅换算为硅的系数。

3.6 允许差

实验室之间分析结果的差值应不大于表1所列允许差。

表1 允许差

%

硅含量(质量分数)	允许差
0.50～1.00	0.05
>1.00～2.00	0.08
>2.00～2.50	0.10

4 方法二 硅钼蓝分光光度法

4.1 原理

试样以硝酸溶解,在适当酸度下,加钼酸铵与硅酸生成硅钼黄络合物,加草酸-硫酸混合酸消除磷、砷的干扰，加硫酸亚铁铵将硅钼黄还原为硅钼蓝，在分光光度计波长 700 nm 处，测其吸光度。

4.2 试剂

除非另有说明，在分析中仅使用确认为分析纯的试剂和蒸馏水或与其纯度相当的水。

4.2.1 氢氟酸，ρ=1.15 g/mL。

4.2.2 硝酸，2+1。

4.2.3 硼酸饱和溶液。

4.2.4 尿素，100 g/L。

4.2.5 钼酸铵溶液，50 g/L。

4.2.6 硫酸亚铁铵溶液，100 mL 溶液中含有 5 mL 浓硫酸，过滤后使用。

4.2.7 草酸-硫酸混合酸，称取 50 g 草酸，置于 2 000 mL 烧杯中，加 500 mL 水，徐徐加入 200 mL 浓硫酸，溶解后，加入 1 300 mL 水，混匀。冷却至室温。

4.2.8 钼标准溶液，25 mg/mL。称取 12.50 g 钼粉置于 500 mL 烧杯中，加 60 mL 硝酸(2+3)，加热溶解后，冷却。移入 500 mL 容量瓶中，用水稀释至刻度，混匀。

4.2.9 铁标准溶液，10 mg/mL。称取 5.00 g 金属纯铁，加 60 mL 盐酸，加热溶解，加 5 mL 硝酸，煮沸除去氮化物，以水稀释至 500 mL。

4.2.10 硅标准溶液

4.2.10.1 称取 1.069 5 g 预先在 1 050 ℃烘 1 h 并于干燥器中冷却至室温的纯二氧化硅，置于预先盛有 6 g 碳酸钠(不含二氧化硅)的铂坩埚中，搅匀并覆盖少量碳酸钠，于 900 ℃高温炉中熔融 15 min，取出冷却，置于 400 mL 聚四氟乙烯烧杯中，用热水浸出融块并使其溶解，用水洗净坩埚，冷却，移入 500 mL 塑料容量瓶中，用水稀释刻度，混匀。此溶液 1 mL 含 1.0 mg 硅。

4.2.10.2 移取 10.00 mL 硅标准溶液(4.2.10.1)，于 1 000 mL 塑料容量瓶中，用水稀释至刻度，混匀，备用。此溶液 1 mL 含 0.01 mg 硅。

4.3 取制样

按照 GB/T 4010 的规定进行取制样，试样应通过 0.125 mm 筛孔。

4.4 分析步骤

4.4.1 试料量

称取 0.200 0 g 试料，精确至 0.000 1 g。

4.4.2 空白试验

随同试料做空白试验。

4.4.3 测定

4.4.3.1 将试料(4.4.1)置于 200 mL 塑料杯中，加 20 mL 硝酸(4.2.2)，于沸水浴中加热溶解，溶解 5 min～10 min，试料溶解后，将温度控制在 70 ℃～80 ℃时，滴加 10～15 滴氢氟酸(4.2.1)，保温5 min，加 5 mL 尿素溶液(4.2.4)，加 40 mL 硼酸饱和溶液(4.2.3)，混匀，静止 5 min，取下，冷却至室温，移入 200 mL 塑料容量瓶中，以水稀释至刻度，混匀。

4.4.3.2 移取 10.00 mL 溶液(4.4.3.1)于 100 mL 塑料容量瓶中，加 20 mL 水，5 mL 钼酸铵溶液(4.2.5)，混匀，在室温静置 30 min，加入 20 mL 草酸-硫酸混合酸(4.2.7)混匀，立即加入 10 mL 硫酸亚铁铵溶液(4.2.6)，以水稀释至刻度，混匀。

4.4.3.3 于分光光度计，适当比色皿，以随同试料的空白试验为参比，波长 700 nm 处测其吸光度，从校准曲线上查出相应的硅量。

4.4.4 校准曲线的绘制

4.4.4.1 移取 5 mL 钼标准溶液(4.2.8)和 5 mL 铁标准溶液(4.2.9),以下按 4.4.3.1 进行。移取 10.00 mL此溶液 7 份,根据试料含量分别加入 0.00 mL、0.10 mL、0.50 mL、2.00 mL、4.00 mL、6.00 mL、10.00 mL硅标准溶液(4.2.10.2),以下按 4.3.3.2 进行。

4.4.4.2 于分光光度计,适当比色皿,以零浓度硅参比液为参比,波长 700 nm 处测其吸光度,以硅含量为横坐标,吸光度为纵坐标绘制校准曲线。

4.5 结果计算

按式(2)计算试样中硅含量(质量分数),以百分数表示:

$$w(\mathrm{Si})=\frac{m_1\times V_0}{m_0\times V_1}\times 100\% \qquad \cdots\cdots(2)$$

式中:

m_1——从校准曲线上查得的硅含量,单位为(g);

V_0——试液总体积,单位为(mL);

V_1——分取试液体积,单位为(mL);

m_0——试料量,单位为克(g)。

4.6 允许差

实验室之间分析结果的差值应不大于表 2 所列允许差。

表 2 允许差 %

含硅量(质量分数)	允许差
0.010～0.050	0.008
>0.05～0.10	0.02
>0.10～0.50	0.03
>0.50～1.00	0.05

5 试验报告

试验报告应包括下列内容:

a) 鉴别试料、实验室和分析日期等资料;

b) 遵守本部分规定的程度;

c) 分析结果及其表示;

d) 测定中观察到的异常现象;

e) 对分析结果可能有影响而本部分未包括的操作,或者任选的操作。

ICS 77.100
H 11

中华人民共和国国家标准

GB/T 5059.7—2014
代替 GB/T 5059.7—1988

钼铁 碳含量的测定 红外线吸收法

Ferromolybdenum—The determination of carbon content—Infrared absorption method

2014-06-09 发布 2015-01-01 实施

中华人民共和国国家质量监督检验检疫总局
中国国家标准化管理委员会 发布

前　言

GB/T 5059《钼铁》分为如下部分：

——第1部分：钼铁　钼含量的测定　钼酸铅重量法、偏钒酸铵滴定法和8-羟基喹啉重量法；

——第2部分：钼铁　锑含量的测定　孔雀绿分光光度法；

——第3部分：钼铁　铜含量的测定　火焰原子吸收光谱法；

——第5部分：钼铁　硅含量的测定　硫酸脱水重量法和硅钼蓝分光光度法；

——第6部分：钼铁　磷含量的测定　铋磷钼蓝分光光度法和钼蓝分光光度法；

——第7部分：钼铁　碳含量的测定　红外线吸收法；

——第9部分：钼铁　硫含量的测定　红外线吸收法和燃烧碘量法。

本部分为GB/T 5059的第7部分。

本部分按照GB/T 1.1—2009给出的规则起草。

本部分代替GB/T 5059.7—1988《钼铁化学分析方法　红外线吸收法测定碳量》。本部分与GB/T 5059.7—1988相比，除编辑性修改外，主要技术变化如下：

——增加了第2章和第9章内容；

——增加了警告；

——试料量由原来"称取0.800～1.000 g"调整为"称取0.80 g试料，精确至0.001 g"。

本部分由中国钢铁工业协会提出。

本部分由全国生铁及铁合金标准化技术委员会(SAC/TC 318)归口。

本部分起草单位：中钢集团吉林铁合金股份有限公司。

本部分主要起草人：袁萍、高林、于桂萍、高玉敏、王海迪。

本部分所代替标准的历次版本发布情况为：

——GB/T 5059.7—1988。

钼铁　碳含量的测定　红外线吸收法

警告:使用本部分的人员应有正规实验室工作的实践经验。本部分并未指出所有可能的安全问题。使用者有责任采取适当的安全和健康措施,并保证符合国家有关法规规定的条件。

1　范围

GB/T 5059 的本部分规定了红外线吸收法测定钼铁中碳含量的方法。

本部分适用于钼铁中碳含量的测定。测定范围(质量分数):0.010%～0.400%。

2　规范性引用文件

下列文件对于本文件的应用是必不可少的,凡是注日期的引用文件,仅注日期的版本适用于本文件。凡是不注日期的引用文件,其最新版本(包括所有的修改单)适用于本文件。

GB/T 4010　铁合金化学分析用试样的采取和制备

3　原理

试料于高频感应炉的氧气流中加热燃烧,生成二氧化碳由氧气载至红外线分析器的测量室,二氧化碳吸收某特定波长的红外能,其吸收能与其浓度成正比,根据检测器接收能量的变化可测得碳量。

4　试剂和材料

除非另有说明,在分析中仅使用确认为分析纯的试剂和蒸馏水或与其纯度相当的水。

4.1　丙酮,蒸发后的残余物碳量小于 0.000 5%。

4.2　高氯酸镁,无水、粒状。

4.3　烧碱石棉,粒状。

4.4　玻璃棉。

4.5　钨粒,碳量小于 0.002%,粒度 0.8 mm～1.4 mm。

4.6　锡粒,碳量小于 0.002%,粒度 0.4 mm～0.8 mm。必要时应用丙酮(4.1)清洗表面,并在室温下干燥。

4.7　氧气,纯度大于 99.95%,其他级别氧气若能获得低而一致的空白时,也可使用。

4.8　动力气源,氮气或压缩空气,其杂质(水和油)含量小于 0.5%。

4.9　陶瓷坩埚,直径×高:23 mm×23 mm 或 25 mm×25 mm,并在高于 1 200 ℃的高温加热炉中灼烧 4 h 或通氧灼烧至空白值为最低。

4.10　坩埚钳。

5　仪器及设备

5.1　红外线吸收定碳仪(灵敏度为 1.0×10^{-6}),其装置如图 1:

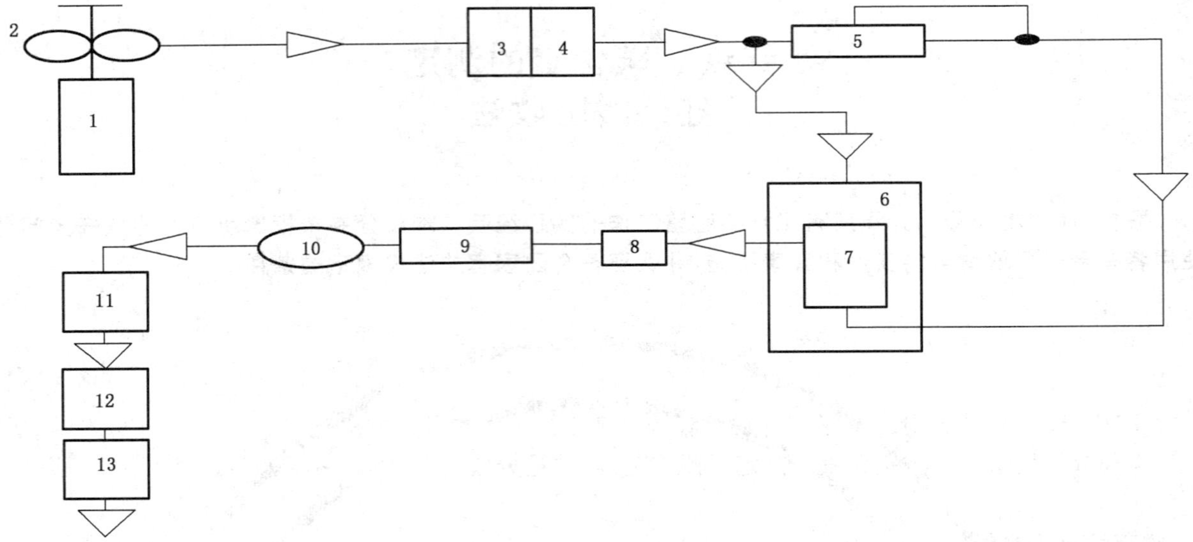

说明：
1 ——氧气瓶；
2 ——两级压力调节器；
3 ——洗气瓶；
4,9——干燥管；
5 ——压力调节器；
6 ——高频感应炉；
7 ——燃烧管；
8 ——除尘器；
10 ——流量控制器；
11 ——一氧化碳和二氧化碳的转换器；
12 ——除硫管；
13 ——二氧化碳检测器。

图 1 红外线吸收定碳仪装置图

5.1.1 洗气瓶：内装烧碱石棉(4.3)。

5.1.2 干燥管：内装高氯酸镁(4.2)。

5.2 气源

5.2.1 载气系统包括氧气容器、两级压力调节器及保证供给合适压力和额定流量的时序控制部分。

5.2.2 动力气源系统包括动力气(4.8)、两级压力调节器及保证供给合适压力和额定流量的时序控制部分。

5.3 高频感应炉

应满足试样熔融温度的要求。

5.4 控制系统

5.4.1 微处理机系统包括中央处理机、存储器、键盘输入设备、信息中心显示屏、分析结果打印机等。

5.4.2 控制功能包括自动装卸坩埚和炉台升降、自动清扫、分析条件选择设置、分析过程的监控和报警中断、分析数据的采集、计算、校正及处理等。

5.5 测量系统

主要由微处理机控制的电子天平(感量不大于 1.0 mg)、红外线分析器及电子测量元件组成。

6 取制样

按照 GB/T 4010 的规定进行取制样,试样应通过 0.125 mm 筛孔。

7 分析步骤

7.1 试料量

称取 0.80g 试料,精确至 0.001 g。

7.2 空白试验

随同试料做空白试验。重复足够次数,记录最小的、比较稳定一致的三次读数,计算平均值并输入到仪器中,在测定试料时仪器会自动扣除空白值。

7.3 分析准备

调试检查仪器,使仪器处于正常稳定状态,并选用最佳分析条件。

7.4 校正试验

根据待测试料的含碳量,选择相应的量程或通道,并选择三个同类型有证标准样品(待测试料含碳量应落在所选三个有证标准样品含碳量的范围内),依次进行校正,确认系统的线性,校正后测定的有证标准样品的结果波动均应在允许差范围内。

7.5 测定

将试料(7.1)置于预先盛有 0.30 g 锡粒(4.6)的坩埚(4.9)内,覆盖 1.50 g 钨粒(4.5),按仪器说明书操作,开始分析并读取结果。

8 允许差

分析结果的差值应不大于表 1 所列允许差。

表 1 允许差

%

碳含量(质量分数)	允许差
0.010～0.025	0.003
>0.025～0.070	0.006
>0.070～0.120	0.008
>0.120～0.400	0.012

9 试验报告

试验报告应包括下列内容：

a) 鉴别试料、实验室和分析日期等资料；

b) 遵守本部分规定的程度；

c) 分析结果及其表示；

d) 测定中观察到的异常现象；

e) 对分析结果可能有影响而本部分未包括的操作，或者任选的操作。

ICS 77.160
H 16

中华人民共和国国家标准

GB/T 5161—2014
代替 GB/T 5161—1985

金属粉末　有效密度的测定
液体浸透法

Metallic powders—Determination of effective density—Liquid immersion method

2014-06-09 发布　　2014-12-01 实施

中华人民共和国国家质量监督检验检疫总局
中国国家标准化管理委员会　发布

前　言

本标准按照GB/T 1.1—2009给出的规则起草。

本标准代替GB/T 5161—1985《金属粉末　有效密度的测定　液体浸透法》。本标准与GB/T 5161—1985相比主要变化如下：

——对标准的章节内容作了改动；

——删除了“吊斗法”及其相关内容；

——修改了粉末有效密度及比重瓶法的英文名称；

——对比重瓶的容积、真空度测量仪的测量范围作了规定，修改了天平的精度；

——增加了“9 试验报告”；

——修正了附录B中脱气蒸馏水的密度值。

本标准由全国有色金属标准化技术委员会(SAC/TC 243)归口。

本标准起草单位：广州有色金属研究院、西安健科新技术开发有限公司、厦门金鹭特种合金有限公司、钢铁研究总院。

本标准主要起草人：谭立新、蔡一湘、王志、吴其山、李红云。

本标准所代替标准的历次版本发布情况为：

——GB/T 5161—1985。

金属粉末　有效密度的测定 液体浸透法

1　范围

本标准规定了金属粉末有效密度的测定方法。

本标准适用于金属粉末有效密度的测定。

2　方法原理

将金属粉末样品置于预先测定了质量和容积的比重瓶中，加入液体介质，在真空环境下使这种液体介质充分地浸透到粉末颗粒的开孔隙中。根据阿基米德原理，测出粉末的有效体积，从而计算出单位体积的质量，即为粉末的有效密度。

3　术语和定义

下列术语和定义适用于本文件。

3.1

粉末有效密度　effective particle density

粉末的质量除以粉末的有效体积。

注：当颗粒存在闭孔隙时，闭孔隙被当作单个颗粒体积的一部分。

3.2

比重瓶法　pyknometry

用比重瓶做工具来测定粉末有效密度的方法。

3.3

粉末有效体积　effective volume of powders

粉末除去所有的开孔隙的体积后，粉末颗粒所占据的体积。

4　设备

4.1　比重瓶

可选玻璃做的比重瓶，容量为 25 mL 或 50 mL(如图 1 所示)，或其他合适类型的比重瓶。

4.2　真空除气装置

真空除气装置内应可以容纳比重瓶，并能清楚地观察到比重瓶内试样的情况。该装置应能与真空泵相连，使比重瓶可处在真空环境内。如附录 A 中图 A.1 所示。

4.3　真空度测量仪

真空度应可以测量到 0 kPa～26.66 kPa(0 mmHg～200 mmHg)。

4.4 天平

天平要有足够的量程，称量试样的精确度为 0.000 1 g。

4.5 温度计

温度计的分度值为±0.1 ℃。

5 测试准备

5.1 试样干燥

试样在 110 ℃温度下的空气浴中充分干燥后，放入干燥容器内冷却到室温待用。当试样需要冷却较长时间时，试样应完全平铺开，并在冷却过程中轻轻搅拌 1～2 次。

注 1：当试样在该加热温度下不稳定时，试样应该进行真空干燥而不是加热。

注 2：必要时建议记录试样质量的减少与时间的对应关系图以确保试样已干燥透彻。

5.2 浸透液的准备

比重瓶法选用的浸透液不能与试样发生化学反应，不能溶解试样。应选择浸润性好并在真空环境下不易挥发的液体。例如可选二甲苯作为浸透液。如果因为会发生化学反应或溶解试样的原因某液体不适用，可以选用蒸馏水、乙醇等作为浸透液。

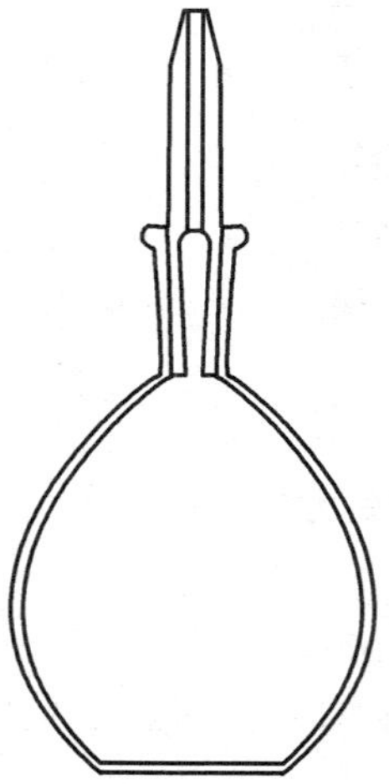

图 1 玻璃比重瓶

6 步骤

6.1 洗净比重瓶(4.1)，彻底烘干后称重(m_{p1})，精确到 0.000 1 g(以下相同)。

6.2 将粉末试样装入比重瓶中，约占比重瓶容积的 1/3，称重(m_{p2})。

6.3 缓慢地将浸透液加入比重瓶直至液面浸过样品，并使液面超过试样面。添加浸透液时要小心，不要让试样飞溅。

6.4 将装有粉末试样、浸透液的比重瓶放入真空装置(4.2)内除气，当压力达到 13.33 kPa(100 mmHg)以下，比重瓶内没有气泡溢出时停止除气，恢复到常压。除气过程中应缓慢减压使浸透液不至于沸腾，粉末试样不能飞出瓶外。

6.5 从真空装置中取出比重瓶静置一段时间使浸透液恢复到室温，达到热平衡后记录温度。称重之前应记录试样、比重瓶的温度并确保达到热平衡。

6.6 将浸透液灌满比重瓶，称重（m_{p3}），参见图 A.2。

6.7 除掉比重瓶中的试样和浸透液。洗净并烘干比重瓶，往比重瓶里注入新鲜的浸透液直至瓶盖的细管中也充满液体，称重（m_{p4}）。

6.8 用比重瓶法测量浸透液的有效密度：在测试温度下（室温），将已知密度为 ρ_w 的脱气蒸馏水（参见附录 B）灌满比重瓶，在天平上称量为 m_w，按式(1)计算出比重瓶的容积 V_0。

$$V_0 = \frac{m_w - m_{p1}}{\rho_w} \quad \cdots\cdots(1)$$

式中：

V_0 ——比重瓶的容积，单位为立方厘米（cm^3）；

m_w ——比重瓶盛满脱气蒸馏水后的质量，单位为克（g）；

m_{p1} ——比重瓶的质量，单位为克（g）；

ρ_w ——在测定温度下脱气蒸馏水的密度，单位为克每立方厘米（g/cm^3）。

浸透液的有效密度 ρ_l 可按式(2)计算：

$$\rho_l = \frac{m_{p4} - m_{p1}}{V_0} \quad \cdots\cdots(2)$$

式中：

ρ_l ——在测定温度下浸透液的有效密度，单位为克每立方厘米（g/cm^3）；

m_{p4} ——比重瓶盛满浸透液后的质量，单位为克（g）。

浸透液的有效密度精确到小数点后 4 位。当用脱气蒸馏水作为浸透液时，可直接采用附录 B 中脱气蒸馏水的有效密度值。6.6～6.8 允许的温差应控制在±1 ℃以内。

7 计算

将第 6 章中测得及计算的数值带入式(3)中，即可计算出粉末颗粒的有效密度。

$$\rho = \frac{(m_{p2} - m_{p1})}{(m_{p4} - m_{p1}) - (m_{p3} - m_{p2})}\rho_l \quad \cdots\cdots(3)$$

式中：

ρ ——有效密度，单位为克每立方厘米（g/cm^3）；

m_{p2} ——试样与比重瓶的质量和，单位为克（g）；

m_{p3} ——试样、浸透液及比重瓶三者的质量和，单位为克（g）。

8 平行测试

正常情况下平行测两个试样，取其算术平均值为测定结果。若两个测定值的相对误差超过 1%时，应平行地重测两次以上，取其算术平均值为最终测定结果。最终测定结果精确到小数点后第二位。

9 试验报告

试验报告应包括以下内容：

a） 检测单位的名称；

b） 测试日期；

c） 试样预处理的描述(加热温度和时间，抽真空时间)；

d） 比重瓶(类型，容量)；

e） 使用的浸透液的描述和测量温度；

f） 测定结果；

g） 任何可能影响到结果的因素；

h） 本标准编号。

附　录　A
（资料性附录）
真空除气装置及比重瓶法

真空除气装置的示意图见图 A.1，比重瓶法的示意图见图 A.2。

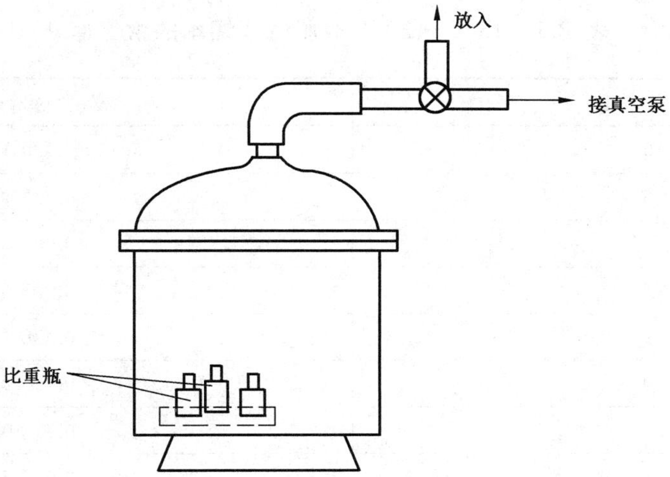

图 A.1　真空除气装置示意图

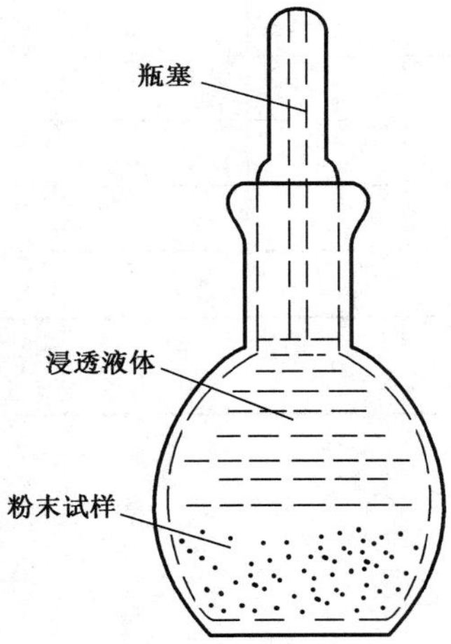

图 A.2　比重瓶法示意图

附 录 B
（资料性附录）
脱气蒸馏水的密度值

脱气蒸馏水的密度值见表 B.1。

表 B.1 15 ℃～30 ℃时脱气蒸馏水的密度值

温度/℃	密度/(g/cm³)
15	0.999 1
16	0.999 0
17	0.998 8
18	0.998 6
19	0.998 4
20	0.998 2
21	0.998 0
22	0.997 8
23	0.997 6
24	0.997 3
25	0.997 1
26	0.996 8
27	0.996 5
28	0.996 3
29	0.996 0
30	0.995 7

ICS 13.220.40;29.020
K 04

中华人民共和国国家标准化指导性技术文件

GB/Z 5169.33—2014/IEC/TS 60695-1-20:2008

电工电子产品着火危险试验 第33部分:着火危险评定导则 起燃性 总则

Fire hazard testing for electric and electronic products—Part 33:Guidance for assessing the fire hazard—Ignitability—General guidance

(IEC/TS 60695-1-20:2008,Fire hazard testing—Part 1-20:Guidance for assessing the fire hazard of electrotechnical products—Ignitability—General guidance,IDT)

2014-09-03 发布　　2015-04-01 实施

中华人民共和国国家质量监督检验检疫总局
中国国家标准化管理委员会　发布

前　言

GB/T 5169《电工电子产品着火危险试验》已经或计划发布以下部分：

——第1部分：着火试验术语；

——第2部分：着火危险评定导则　总则；

——第3部分：电子元件着火危险评定技术要求和试验规范制定导则；

——第5部分：试验火焰　针焰试验方法　装置、确认试验方法和导则；

——第9部分：着火危险评定导则　预选试验程序　总则；

——第10部分：灼热丝/热丝基本试验方法　灼热丝装置和通用试验方法；

——第11部分：灼热丝/热丝基本试验方法　成品的灼热丝可燃性试验方法；

——第12部分：灼热丝/热丝基本试验方法　材料的灼热丝可燃性指数(GWFI)试验方法；

——第13部分：灼热丝/热丝基本试验方法　材料的灼热丝起燃温度(GWIT)试验方法；

——第14部分：试验火焰　1 kW标称预混合型火焰　设备、确认试验方法和导则；

——第15部分：试验火焰　500 W火焰　装置和确认试验方法；

——第16部分：试验火焰　50 W水平与垂直火焰试验方法；

——第17部分：试验火焰　500 W火焰试验方法；

——第18部分：燃烧流的毒性　总则；

——第19部分：非正常热　模压应力释放变形试验；

——第20部分：火焰表面蔓延　试验方法概要和相关性；

——第21部分：非正常热　球压试验；

——第22部分：试验火焰　50 W火焰装置和确认试验方法；

——第23部分：试验火焰　管形聚合材料500 W垂直火焰试验方法；

——第24部分：着火危险评定导则　绝缘液体；

——第25部分：烟模糊　总则；

——第26部分：烟模糊　试验方法概要和相关性；

——第27部分：烟模糊　小规模静态试验方法　仪器说明；

——第28部分：烟模糊　小规模静态试验方法　材料；

——第29部分：热释放　总则；

——第30部分：热释放　试验方法概要和相关性；

——第31部分：火焰表面蔓延　总则；

——第32部分：热释放　绝缘液体的热释放；

——第33部分：着火危险评定导则　起燃性　总则；

——第34部分：着火危险评定导则　起燃性　试验方法概要和相关性；

——第35部分：燃烧流的腐蚀危害　总则；

——第36部分：燃烧流的腐蚀危害　试验方法概要和相关性；

——第38部分：燃烧流的毒性　试验方法概要和相关性；

——第39部分：燃烧流的毒性　试验结果的使用和说明；

——第40部分：燃烧流的毒性　毒效评定　装置和试验方法；

——第41部分：燃烧流的毒性　毒效评定　试验结果的计算和说明；

——第42部分：试验火焰　确认试验　导则；

——第 44 部分:着火危险评定导则　着火危险评定。

本部分为 GB/T 5169 的第 33 部分。

本部分按照 GB/T 1.1—2009 给出的规则起草。

本部分使用翻译法等同采用 IEC/TS 60695-1-20:2008《着火危险试验　第 1-20 部分:电工产品着火危险评定导则　起燃性　总则》。

与本部分中规范性引用的国际文件有一致性对应关系的我国文件如下:

——GB/T 261—2008　闪点的测定　宾斯基-马丁闭口杯法(ISO 2719:2002,MOD)

——GB/T 3536—2008　石油产品　闪点和燃点的测定　克利夫兰开口杯法(ISO 2592:2000,MOD)

——GB/T 5169.2—2013　电工电子产品着火危险试验　第 2 部分:着火危险评定导则　总则(IEC 60695-1-10:2009,IDT)

——GB/T 5169.5—2008　电工电子产品着火危险试验　第 5 部分:试验火焰　针焰试验方法　装置、确认试验方法和导则(IEC 60695-11-5:2004,IDT)

——GB/T 5169.11—2006　电工电子产品着火危险试验　第 11 部分:灼热丝/热丝基本试验方法　成品的灼热丝可燃性试验方法(IEC 60695-2-11:2000,IDT)

——GB/T 5169.12—2013　电工电子产品着火危险试验　第 12 部分:灼热丝/热丝基本试验方法　材料的灼热丝可燃性指数(GWFI)试验方法(IEC 60695-2-12:2010,IDT)

——GB/T 5169.13—2013　电工电子产品着火危险试验　第 13 部分:灼热丝/热丝基本试验方法　材料的灼热丝起燃温度(GWIT)试验方法(IEC 60695-2-13:2010,IDT)

——GB/T 5169.16—2008　电工电子产品着火危险试验　第 16 部分:试验火焰　50 W 水平与垂直火焰试验方法(IEC 60695-11-10:2003,IDT)

——GB/T 5169.17—2008　电工电子产品着火危险试验　第 17 部分:试验火焰　500 W 火焰试验方法(IEC 60695-11-20:2003,IDT)

——GB/Z 5169.32—2013　电工电子产品着火危险试验　第 32 部分:热释放　绝缘液体的热释放(IEC/TS 60695-8-3:2008,IDT)

——GB/T 5169.34—2014　电工电子产品着火危险试验　第 34 部分:着火危险评定导则　起燃性　试验方法概要和相关性(IEC/TR 60695-1-21:2008,IDT)

——GB/T 5169.44—2013　电工电子产品着火危险试验　第 44 部分:着火危险评定导则　着火危险评定(IEC 60695-1-11:2010,IDT)

——GB/T 14523—2007　对火反应试验　建筑制品在辐射热源下的着火性试验方法(ISO 5657:1997,IDT)

本部分做了下列编辑性修改:

——为与现有标准系列一致,将标准名称改为《电工电子产品着火危险试验　第 33 部分:着火危险评定导则　起燃性　总则》;

——删除了第 1 章中第 2、3 段资料性内容。

本部分由中国电器工业协会提出。

本部分由全国电工电子产品着火危险试验标准化技术委员会(SAC/TC 300)归口。

本部分负责起草单位:中国电器科学研究院有限公司。

本部分参加起草单位:深圳市计量质量检测研究院、威凯检测技术有限公司、工业和信息化部电子第五研究所、深圳出入境检验检疫局工业品检测技术中心、中国电子技术标准化研究院、广东出入境检验检疫局检验检疫技术中心、山东省产品质量监督检验研究院。

本部分主要起草人:揭敢新、何益壮、夏庆云、陈兰娟、张元钦、毕凯军、王忠义、武政、王锋、吴倩。

引　　言

火灾因产生热(热危害),以及产生毒性燃烧流、腐蚀性燃烧流和烟(非热危害),故会对生命和财产造成威胁。火灾开始于起燃,某些情况下可能发展成轰燃和完全着火。因此耐起燃性在着火危险的评定方面被认为是材料最重要的特性之一。如果没有起燃,就没有火灾。

对于大多数材料来说(除金属和其他一些元素外),起燃发生在气体状态下。当与空气混合的可燃蒸气温度高至放热氧化反应迅速扩散时,起燃即开始发生。起燃的难易程度与蒸气的化学性质、燃料/空气比例以及温度密切相关。

对于液体,可燃蒸气产生于液体的蒸发,且蒸发过程取决于液体的温度和化学成分。

对于固体,可燃蒸气产生于固体温度足够高时的热解。蒸发过程取决于固体的温度和化学成分,也取决于固体的厚度、密度、比热容和热导率。

试样的起燃难易程度取决于很多变量。评估起燃性需要考虑的因素有:

a) 试样的几何形状,包括厚度,以及棱边、角或者接头的存在;

b) 表面方向;

c) 空气流速和流向;

d) 起燃源的性质和位置;

e) 外部热通量的大小和位置;

f) 可燃材料是液体还是固体。

所有电工电子产品的设计都应考虑着火风险和潜在的着火危险。对元件、电路和设备的设计以及材料的筛选目的在于,即使发生了可预见的异常使用、故障和失效,也能将潜在的着火风险降低到可以接受的水平。IEC 60695-1-10 和 IEC 60695-1-11 为如何达到这一目的提供了指导。

首要目的是防止带电部件引起起燃,如果发生起燃,也要将着火限制在电工电子产品外壳内。

其次,也应为了将火焰蔓延至产品外的范围降到最低,以及将包括热、烟、毒性和腐蚀性的燃烧产物的有害影响降到最低。

涉及电工电子产品的火灾也可能因非电的外部引燃源引发。总体风险评估应考虑这一因素。

本部分给出了电工电子产品起燃性及其与着火危险的相关性的概述。

电工电子产品着火危险试验 第33部分:着火危险评定导则 起燃性 总则

1 范围

GB/T 5169 的本部分提供了电工电子产品及其材料起燃性的评定导则。包括如下方面的内容:

a) 起燃性的原理;

b) 合适的试验方法的选择;

c) 试验结果的使用和说明。

2 规范性引用文件

下列文件对于本文件的应用是必不可少的。凡是注日期的引用文件,仅注日期的版本适用于本文件。凡是不注日期的引用文件,其最新版本(包括所有的修改单)适用于本文件。

GB/T 4610—2008 塑料 热空气炉法点着温度的测定(ISO 871:2006,IDT)

IEC 60695-1-10 着火危险试验 第1-10部分:电工产品着火危险评定导则 总则(Fire hazard testing—Part 1-10:Guidance for assessing the fire hazard of electrotechnical products—General guidelines)

IEC 60695-1-11 着火危险试验 第1-11部分:电工产品着火危险评定导则 着火危险评定(Fire hazard testing—Part 1-11:Guidance for assessing the fire hazard of electrotechnical products—Fire hazard assessment)

IEC/TR 60695-1-21 着火危险试验 第1-21部分:电工产品着火危险评定导则 起燃性 试验方法概要和相关性(Fire hazard testing—Part 1-21:Guidance for assessing the fire hazard of electrotechnical products—Ignitability—Summary and relevance of test methods)

IEC 60695-2-11 着火危险试验 第2-11部分:灼热丝/热丝基本试验方法 成品的灼热丝可燃性试验方法(Fire hazard testing—Part 2-11:Glowing/hot-wire based test methods—Glow-wire flammability test method for end-products)

IEC 60695-2-12 着火危险试验 第2-12部分:灼热丝/热丝基本试验方法 材料的灼热丝可燃性指数(GWFI)试验方法(Fire hazard testing—Part 2-12:Glowing/hot-wire based test methods—Glow-wire flammability test method for materials)

IEC 60695-2-13 着火危险试验 第2-13部分:灼热丝/热丝基本试验方法 材料的灼热丝起燃温度(GWIT)试验方法(Fire hazard testing—Part 2-13:Glowing/hot-wire based test methods—Glow-wire ignitability test method for materials)

IEC/TS 60695-8-3 着火危险试验 第8-3部分:热释放 电工产品用绝缘液体的热释放(Fire hazard testing—Part 8-3:Heat release—Heat release of insulating liquids used in electrotechnical products)

IEC 60695-11-5 着火危险试验 第11-5部分:试验火焰 针焰试验方法 装置、确认试验方法和导则(Fire hazard testing—Part 11-5:Test flames—Needle-flame test method—Apparatus,confirmatory test arrangement and guidance)

IEC 60695-11-10　着火危险试验　第 11-10 部分:试验火焰　50 W 水平与垂直火焰试验方法(Fire hazard testing—Part 11-10:Test flames—50 W horizontal and vertical flame test methods)

IEC 60695-11-11　着火危险试验　第 11-11 部分:试验火焰　火焰源中起燃特性热通量的测定(Fire hazard testing—Part 11-11:Test flames—Determination of the ignition characteristic heat flux from a flame source)

IEC 60695-11-20　着火危险试验　第 11-20 部分:试验火焰　500 W 火焰试验方法(Fire hazard testing—Part 11-20:Test flames—500 W flame test methods)

ISO 2592　闪点和燃点的测定　克利夫兰开口杯法(Determination of flash and fire points Cleveland open cup method)

ISO 2719　石油产品闪点的测定　宾斯基-马丁闭口杯法(Petroleum products and lubricants—Determination of flash point—Pensky-Martens closed cup method)

ISO 5657　对火反应试验　建筑制品在辐射热源下的着火性试验方法(Reaction to fire tests—Ignitability of building products using a radiant heat source)

ISO 10840　塑料　标准着火试验应用指南(Plastics—Guidance for the use of standard fire tests)

3　术语和定义

下列术语和定义适用于本文件。

3.1

自起燃温度　auto ignition temperature

在规定的试验条件下,可燃气体或可燃性蒸气与空气或空气/惰性气体混合,发生起燃的(热表面)最低温度。

[EN 14522:2005,定义 3.1]

3.2

燃烧　combustion

物质与氧化剂的放热反应。

注:燃烧通常会放出燃烧流,并伴有火焰和/或灼热。

[ISO/IEC 13943:2000,定义 23]

3.3

着火　fire

a)　以放热和生成废水废气为特征的燃烧过程,同时伴有烟雾和/或火焰和/或灼热现象;

b)　时间和空间均失控的扩展快速燃烧。

[GB/T 5169.1—2007,定义 3.19]

3.4

着火危险　fire hazard

〈由着火引起的〉不期望的潜在性物质或条件。

3.5

燃点　fire point

在规定的试验条件下,标准的小火焰施加于材料表面,致使其起燃并继续燃烧一定时间所需的最低温度。

注 1:单位用摄氏度(℃)表示。

注 2:在某些国家,英文"fire point"包含另外的含义,即:消防设备场所,该场所也可带有火灾报警设备和消防说明注意事项。

[ISO/IEC 13943:2000,定义 53]

3.6

阻燃(名词)　**fire retardant**(noun)

为了熄灭、减少或抑制材料的燃烧,向材料中添加一种物质或对材料进行的一种处理。

[GB/T 5169.1—2007,定义 3.31]

3.7

火情　**fire scenario**

对特定场所真实火灾或大规模模拟试验,从起燃前到燃烧结束的一个或多个阶段条件(包括环境条件)的详细描述。

[GB/T 5169.1—2007,定义 3.32]

3.8

火焰(名词)　**flame**(noun)

气相中的燃烧区域,通常伴有发光现象。

[ISO/IEC 13943:2000,定义 60]

3.9

阻焰(名词)　**flame retardant**(noun)

为抑制或减少火焰出现和/或减小火焰传播(蔓延)速率,向材料中添加物质或对材料进行的一种处理。

注:使用阻焰不一定抑制着火。

[ISO/IEC 13943:2000,定义 65]

3.10

有焰燃烧　**flaming combustion**

气相中的燃烧,通常伴有发光现象。

[ISO/IEC 13943:2000,定义 72]

3.11

闪燃温度　**flash-ignition temperature;FIT**

在规定的试验条件下,施加火焰时足够的易燃气体被点燃时的最低温度。

[GB/T 4610—2008,定义 3.1]

3.12

轰燃　**flash-over**

在封闭的空间内可燃材料的整个表面突然转入着火状态。

[GB/T 5169.1—2007,定义 3.42]

3.13

闪点　**flash point**

在规定的试验条件下,产品受热产生的蒸气遇火即燃时,该产品的最低温度。

注:单位用摄氏度(℃)表示。

[GB/T 5169.1—2007,定义 3.43]

3.14

完全着火　**fully developed fire**

火灾中可燃材料全部转化为着火的状态。

[ISO/IEC 13943:2000,定义 80]

3.15

灼热燃烧　**glowing combustion**

在燃烧区域中,固体材料无焰而发光的燃烧。

[ISO/IEC 13943:2000,定义 84]

3.16

起燃性 ignitability

对规定条件下试样起燃难易程度的量度。

[ISO/IEC 13943:2000,定义 91]

3.17

起燃 ignition

燃烧的开始。

[ISO/IEC 13943:2000,定义 96]

3.18

引燃源 ignition source

引发燃烧的能量来源。

[ISO/IEC 13943:2000,定义 97]

3.19

起燃温度(最低) ignition temperature(minimum)

在规定的试验条件下,引燃源或材料按试验方法的规定可以开始维持燃烧的(最低)温度。

注:起燃需要有足够的可燃气体或氧气(空气),维持燃烧需要有足够的可燃气体的流量,最低起燃温度包含强调不定时间的热量,为了实际用途,标准应适当定义最低温度。

[GB/T 5169.1—2007,定义 3.51]

3.20

可燃性下限 lower flammability limit;LFL

可燃物质在空气中发生自燃的最低浓度。

3.21

自燃温度 spontaneous-ignition temperature;SIT

在规定的试验条件下,无任何火源时,通过加热而起燃的最低温度。

[GB/T 4610—2008,定义 3.2]

3.22

热惯量 thermal inertia

热导率、密度和热容率的乘积。

注 1:当材料暴露在热流中时,材料的热惯量值对其表面温度的上升率有很大影响。当低热惯量材料受热时,它的表面温度会迅速上升,反之亦然。

注 2:其代表性单位为 $J^2 \cdot s^{-1} \cdot m^{-4} \cdot K^{-2}$。

3.23

可燃性上限 upper flammability limit;UFL

可燃物质在空气中发生自燃的最高浓度。

4 起燃性原理

4.1 气体

气体的起燃取决于其与空气的混合情况。如果气体在起燃之前与空气混合,随后所发生的反应就是预混合燃烧。在燃烧器中的燃烧是可控的,但如果有大量的可燃气体与空气混合物被引燃,就会发生气体爆炸。

在多数火灾中,起燃导致火焰向未混合的可燃气体和空气接触的区域扩散。

混合气体可以用以下两种基本方式点燃：

a） 自燃——混合气体的温度升高；

b） 引燃——局部热源的介入，例如，火焰或电火花。

有些火灾是由材料气化起燃引起，但可燃气体也可以由液体蒸发（见 4.2）或固体热解而产生（见 4.3）。

4.1.1 可燃性限值

燃料的浓度太低或太高，火焰都不会在燃料与空气的混合气体中蔓延。浓度的极限值就是可燃性下限（LFL）和可燃性上限（UFL）。限值的引入是因为火焰需要一个最低温度来维持。太多的空气或燃料都不能维持足够高的温度。可燃性限值一般以燃料在混合气体中的体积分数来表示。

4.1.2 电弧着火

类似接线盒和电力变压器这样的电气设备出现故障会导致击穿放电（电弧），从而使绝缘材料热解产生高温易燃气体，这些气体迅速膨胀并与空气接触而引起爆炸（见 5.3.3.4）。

4.2 液体

4.2.1 概述

除一些不稳定的或活性的物质以外，液体通常不会起燃。起燃的通常是可燃蒸气。可燃蒸气是由液体蒸发产生的，蒸发过程取决于液体温度及其化学成分。

4.2.2 起燃参数

通常用温度来界定液体的起燃性。有三个不同的温度，分别是自起燃温度（见 3.1）、燃点（见 3.5）和闪点（见 3.13）。自燃是指在没有局部热源情况下的起燃。闪点和瞬间起燃有关。燃点和起燃后的持续燃烧有关。

一些不同的试验方法被用于测定这些特性温度。测得的温度取决于所用试验仪器的特性。因此当引用这些温度参数时应确定所用的试验方法。

4.2.3 绝缘液体

4.2.3.1 闪点的测定

可以引用 ISO 2719（宾斯基-马丁闭口杯法）方法测定绝缘液体的闪点。该方法测定的是一个密闭空间里的闪点，并用于检测少量挥发性材料。另一种方法是 ISO 2592（克利夫兰开口杯法），用于测定敞开液体表面上的闪点。按照 ISO 2592 测定的闪点通常低于按照 ISO 2719 测定的闪点。

4.2.3.2 锥形量热仪测定方法

目前，采用 IEC/TS 60695-8-3 来测定绝缘液体燃烧释放的热量。在有可控引燃源的条件下，将试样暴露在均匀的热通量辐射场中进行测试。起燃的相关特性可界定为在规定的热通量下的起燃时间，或支持起燃的最小入射热通量。

4.3 固体

4.3.1 概述

除（如下）一些特例外，固体通常不起燃。起燃的通常是可燃蒸气。可燃蒸气由固体热解产生，该过程取决于固体的温度及其化学成分。

特例情况如下：

——金属(见 4.3.3)；

——某些其他的非金属元素，如碳(见 4.3.4)、硫和磷；

——某些活性物质(见 4.3.5)；

——尘云(见 4.3.6)。

4.3.2 影响起燃的参数

就固体而言，材料可燃性挥发物的产生与该材料的温度密切相关。它可能受热输入类型的影响，例如：辐射热通量、对流热通量、传导热通量、施加的火焰、热丝或这些热源的组合。

起燃的难易程度还取决于可燃性挥发物的化学性质，这又与固体的化学性质有关。

材料的温升速率与固体的许多特性有关，如：

a) 厚度；

b) 热导率(κ)；

c) 密度(ρ)；

d) 比热容(c)；

e) 吸收率(热辐射的情况下)。

厚的试样其表面以下的材料可以传热，因此会降低外表面的温升速率从而提高耐起燃性。薄的试样不会产生这样的情况，因而耐起燃性较低。

然而，这类一般性规律不适用于大多数的热塑性塑料。这类材料遇热融化后即远离热源(例如，火焰或热丝)，通常不会起燃。这会造成一个耐起燃性高的假象。因此，在测试热塑性材料的起燃性时要特别考虑这一点。用标准着火试验测定热塑性材料会出现的问题，在 ISO 10840 中有论述。

众所周知，κ、ρ、c 的乘积是热惯量。如果材料的热惯量值很大，如固体金属，那么表面温升速率就相对较低，因此达到起燃温度需要的时间就相对较长。如果材料的热惯量值较小，如一些泡沫塑料或低密度的易燃材料，表面温升速率就会相对较高，因此达到起燃温度需要的时间就相对较短。

试样起燃后，如果火焰向热解前沿前方传递足够的热通量(通常为热辐射)，使试样持续热解并以充分的速率起燃，就会发生火焰蔓延。

传递到热解前沿前方的热通量的大小取决于试样的热释放速率和是否存在连续施加的热通量，而耐起燃性则与试样最低起燃温度和表面温升速率成函数关系。

4.3.3 金属

金属在空气中燃烧时其产物是金属氧化物。许多金属在其表面都有一层氧化膜，这是在金属低温氧化时形成的。这种金属氧化膜不能燃烧，因为其已是金属的氧化产物，块状金属在能够燃烧之前，其表面的氧化层应用某些方法去除。

根据金属的燃烧特性，可以把金属分为以下三种：

a) 在熔点或熔点以下起燃的金属(如铁和镁)。这些金属的熔点都在 650 ℃以上，一般不会生成氧化保护层；

b) 熔化以后起燃的金属(如铝、铅、锡和锌)。这些金属的熔点都在 660 ℃以下，一般都会生成氧化保护层；

c) 不起燃的低活性金属(如汞、银、金和铂)。

起燃的难易程度也受金属表面积/体积比值的影响。薄的金属薄膜和极细的金属粉末比块状金属更易起燃。这是因为氧化过程释放的热量与燃烧的表面积成正比，而最初通过热传导从表面流失的热量与金属的体积成正比。

4.3.4 碳(石墨)和焦炭

4.3.4.1 石墨

以石墨形式存在的纯碳在高于800 ℃的空气中可以燃烧。在800 ℃～1 200 ℃的温度范围内,发生的是无焰的表面燃烧(灼热燃烧)。1 200 ℃以上发生有焰燃烧,同时伴有CO产生并能看到火焰。

4.3.4.2 焦炭

焦炭是不纯的碳,挥发物含量和其多孔性是用来观测起燃温度范围的两个重要变量。正如观测石墨的有焰和无焰燃烧一样。许多含碳的材料在燃烧时其表面会形成一层焦炭,在着火初期,这些焦炭在一定程度上可以保护下层的材料。由此可以得出以极限氧指数表示的耐起燃性和一系列有机聚合物的成炭率之间的相互关系[1]。

4.3.5 活性物质

大多数着火的氧化剂都是空气中的氧气。但是,在一些材料中,氧化剂是材料分子结构的一部分或是以固体氧化剂形式与固体燃料混合在一起的。这些材料经常用来做易燃或易爆物品。以下是一些例子：

——"蓝色导火纸"(纤维素和硝酸钾)；

——黑火药(碳、硫磺和硝酸钾)；

——香烟(烟草和硝酸钾)；

——TNT(三硝基甲苯)。

4.3.6 尘云

尘云是固体气溶胶,悬浮在空气或者其他气体中的固体小颗粒,它们的起燃特性更像预混合气体而不像固体。

5 选择试验方法的考虑因素

5.1 概述

选择试验方法时应考虑一些重要的因素,包括涉及一种或多种火情、可能的引燃源、试样种类、试验程序和试验仪器的类型。

5.2 火情

所选择的试验方法应与涉及的火情相关,应考虑以下重要因素：

a) 试样的几何形状,包括厚度,以及棱边、角或者接头的存在；

b) 各向异性；

c) 表面方向；

d) 空气流速和流向；

e) 起燃源的性质和位置；

f) 外部热通量的大小和位置；

g) 可燃材料是液体还是固体。

5.3 引燃源

实验室试验所用的引燃源应与火情有关。就电工电子设备的着火危险而言,有两种引燃源：

a) 源自电工电子设备和系统内部的异常局部电阻热；

b) 源自电工电子设备和系统外部的火焰或过热。

在以上两种情况下，电工电子设备都可能发生电弧起燃，5.3.3 中有进一步讨论。

5.3.1 内部热源

如果待评估的引燃源在产品的内部或在零部件或仪器内部，可通过适当的试验方法模拟以下因素引起的过热：

a) 内部的金属部件(如电触头、导体等)；

b) 待评估的产品或内部零部件或装置燃烧引起的低传热小火焰；

c) 电弧(见 5.3.3)。

在可控的实验室条件下，可以采取以下适当的试验方法来测量和描述材料、产品，零部件或装置对热和/或火焰的反应特性。

GB/T 4610—2008 规定了用热空气炉测定塑料闪燃温度和自燃温度的实验室方法。这是用来评估塑料在引燃源影响下的阻燃性能的众多方法之一。

灼热丝试验方法(IEC 60695-2-11、IEC 60695-2-12 和 IEC 60695-2-13)模拟主要由与无明火的热部件接触导致过热而产生的起燃。

IEC 60695-2-11(GWT)仅用于零部件或装置。它提供了在最低起燃温度以上的起燃特性的定性评估，并提供了在规定温度条件下用燃烧时间来判定合格/不合格的标准。

IEC 60695-2-12(GWFI)和 IEC 60695-2-13(GWIT)均适用于绝缘材料的预选。GWFI 试验是用于评定材料在起燃后的有限时间内试样没有发生火焰蔓延的最高温度。GWIT 试验是通过测定最低起燃温度来评估材料的耐起燃性。

IEC 60695-11-5 适合模拟由小火焰引发的起燃。它适用于电工电子设备、组件和元件以及固体电气绝缘材料或其他可燃材料。该试验用来评估给定试样的可燃性并测定其自熄能力。

IEC 60695-11-10 和 IEC 60695-11-20 分别提供了有微小区别的试验方法。两种试验方法都是涉及明火直接接触到试样表面。根据移开试验火焰后材料的燃烧(或灼热)时间和是否产生燃烧滴落物来对材料进行分级。IEC 60695-11-10 中用的是标称 50 W 的试验火焰；而 IEC 60695-11-20 中用的试验火焰标称功率是其 10 倍，且火焰的施加时间也更长。两种试验方法都提供了用于质量保证或产品组成材料预选的分级体系。

注：IEC 60695-11-10 和 IEC 60695-11-20 的范围没有提及模拟的是内部还是外部的起燃。

IEC 60695-11-11 适合于模拟由非接触小火焰热通量引起的起燃。

5.3.2 外部热源

如果评估的引燃源在电工电子设备的外部，合适的试验方法应能模拟由以下原因产生的热应力：

a) 明火直接冲击设备的表面。

b) 与设备表面高热应力体(过热金属部件)的直接接触。

c) 间接的热通量：

  1) 热辐射；

  2) 热对流。

d) 电弧(见 5.3.3)。

5.3.1 描述的方法可以像模拟内部起燃一样模拟外部起燃。区别在于热应力的施加位置。模拟由小火焰引发起燃(见 5.3.1)的 IEC 60695-11-5 在评估如蜡烛明火这类外部引燃源方面获得了认同[1)]。

---

1) 见 IEC/TS 62441。

其他的试验方法可以有：

IEC 60695-11-10 和 IEC 60695-11-20——两种测试方法都涉及试样表面与明火的直接接触。

注：这些标准的范围没有提及模拟的是内部还是外部的起燃。

根据移开试验火焰后材料的燃烧(或灼热)时间和是否产生燃烧滴落物来对材料进行分级。IEC 60695-11-10 中用的是标称 50 W 的测试火焰；而 IEC 60695-11-20 中用的试验火焰标称功率是其 10 倍，且火焰的施加时间也更长。两种试验方法都提供了用于质量保证或产品组成材料预选的分级体系。

燃烧着的物体附近的间接热通量，可以用以下的热释放方法来评估：

IEC 60695-11-11(见 5.3.1)——模拟由非接触小火焰热通量引起的起燃。

ISO 5657 中的是一个小规模试验方法，通常适用于评估材料而不是产品。但如果产品的尺寸小于 100 mm，也可以直接被测试。用一个锥形的电阻加热器对试样进行加热，测量起燃后的热释放速率。

5.3.3 材料的电弧起燃

5.3.3.1 气体的电弧起燃

可燃性气体的电弧起燃需要一个最小的能量。该特性被应用在"本安"电缆上。这种电缆的电压和电感将由电路或继电器短路引起的火花的能量限制在能引发起燃的能量值以下。类似的原理用于规定油箱中所使用的电缆的电压和电流。

想要引燃可燃性气体或带有悬浮微粒的气体混合物时，通常使用高压电源启动火花塞或用于燃气炉(或油炉)的点火装置。

5.3.3.2 液体的电弧起燃

通常，液体要经过挥发才能发生电弧起燃。例如高压电弧击穿变压器油的气/液界面。辐射热的传输很容易使液体产生高温以至蒸发并起燃。因此通过设计来排除这种情况的可能性非常可取。

5.3.3.3 固体的电弧起燃

无论在潮湿或干燥的环境下，固体的电弧起燃都是由高或低的电压和电流共同作用而引起的。在适当的条件下，一些试验方法既可评估材料，也可评估成品。

IEC 60112:2003[2] 试验方法用来评估材料在电压不超过 600 V 时的电痕化情况。

注：IEC 60112:2003 的试验方法不是可燃性试验，但如果在试验期间发生起燃而且持续燃烧，则该材料没有通过试验。

EN 3475-603:2002[3] 和 EN 3475-604:2002[4] 中的试验方法用于测量航空工业所用电线，他们分别模拟电线上潮湿电弧和干燥电弧的扩散。有故障的绝缘电线和其他导体之间可能因电阻热而发生瞬间短路电弧，使绝缘材料发生热解或被烧焦。烧焦的绝缘体可以导电，所以能使短路电弧持续发生。电弧可能沿着电线上绝缘材料的热解方向持续扩散(即电弧起痕)。如果发生电弧的电线是电线束中的一部分，电线束中其他电线的绝缘材料也会被烧焦而出现电弧起痕。因此电弧起痕会导致整个电线包和电线束完全失效。

对于低电流/高电压，GB/T 6553—2003[5] 的斜面潮湿耐电痕化试验是合适的方法，值得注意的是，据报告显示，PTFE(聚四氟乙烯)在该火焰起燃试验中出现了难以想象的起燃。

在所有这些试验中，最初的泄漏电流都是毫安数量级。

在高电流/高电压的设备中，另一种情况是由成百上千安培的电弧引发起燃。这样的电弧会引起相当大的辐射热并伴有熔融/燃烧滴落物。这种起燃模式通常被整机故障测试所包含，这里的故障是有意将额定故障电流引入故障电路。IEC 60099-4:2004[6] 就是电弧可能穿过避雷器的聚合屏蔽物(外罩)并有可能将其点燃的例子。该规范允许的最大续燃时间是 2 min。

5.3.3.4 电力变压器中的电弧火灾

一些如接线盒和电力变压器这类的电气设备，其发生故障会导致击穿放电(即电弧)，可以使绝缘材料热解而产生高温可燃性气体。这些气体迅速膨胀并与空气接触，最终会引起爆炸。

含有绝缘油的电力变压器易出现这样的问题。近期在许多大功率实验室进行的试验表明，如果大于100 MVA的电力变压器的内部因故障引起短路，是不安全的。这种故障会引起一些油的热解并产生含有饱和碳氢化合物的混合气体。热解反应会引起变压器内部高温高压下气体的大量累积，常常会导致变压器结构的变形，随后发生爆炸。

附录A中包含了国外一些地下水力发电站和城市变电站因电弧引发的真实火灾事例。

5.4 试样的类型

试样可以是制成品、产品的部件、模拟产品(制成品有代表性的一部分)、有关规范中规定的材料(固体或液体)或材料的复合物。

应限定试样形状、尺寸和排列的变化。

5.5 试验程序和装置

应合理设计试验程序，使试验结果可用于危险分析。但如果只是出于质量控制或管理的目的，对于简单的试验就没有必要这样做。

试验装置应能测试实际的电工电子产品、模拟产品、材料及其复合物，如5.4所述。

在预期发生起燃的区域，试验装置应能以大致均匀的方式对试样施加来自外部热源或火焰的热通量。

可施加热通量的试验装置，应能点燃试样释放出的蒸气和空气的混合物。可采用电火花点火器和预混合燃气-空气火焰。

应采用与火情相关的空气流量。

6 试验结果的使用和说明

起燃的发生和起燃之后是否持续燃烧取决于上述的很多因素。最重要的是起燃性试验中变量的选择应能反映所考虑的火情的特性。

以下的参数可用于消防安全工程：

a) 自起燃温度；

b) 燃点；

c) 闪点；

d) 起燃温度；

e) 可燃性上限和下限；

f) 热惯量。

测量规定条件下起燃的难易程度是评估电工电子产品火灾中预计危险的一个重要因素。评估依据的原理是：耐起燃性越好，预计的危险就越小。因此，材料总是被期望有高的耐起燃性。

附　录　A
（资料性附录）
地下水力发电站和城市变电站因电弧引发的火灾事例

A.1　概要

类似变压器这样的油绝缘组件的电气故障，可能会引起地下水力发电站和城市变电站发生气体爆炸事故。

组件内部的电弧会引起油的部分热解，且气态热解产物会从内部逸出而与空气混合。

由于混合物的化学组成，会产生爆炸并有压力冲击波，如果没有被合适的防爆屏蔽物限制，爆炸会在发电站或变电站内部蔓延。

A.2　一般性的例子（非详尽的列表）

A.2.1　地下水力发电站

挪威，Tonstad，1973 年，瓷制电缆端子外部火花放电，伴有闪光。活性气体和油雾的爆炸致使 3 人死亡，1 人重伤。

挪威，Bardufoss，1975 年，控制电缆接头的某一单元短路。爆炸致使发电站损毁严重。

意大利，Roncovalgrande，1988 年，绝缘体的接地放电。活性气体和油雾的爆炸致使设备和建筑物损毁。

挪威，Skjomen，1998 年，控制系统中材料和系统的缺陷。爆炸和油火球致使变电站全部损毁。

挪威，Aroy，2001 年，操作失误以及线圈或线圈绝缘材料的缺陷。没有发生爆炸和火灾。

A.2.2　城市变电站（非详尽的列表）

加拿大，多伦多，1999 年，多伦多电力公司，温莎站。

澳大利亚，悉尼，1999 年，查茨伍德变电站。

澳大利亚，悉尼，2000 年，帕丁顿变电站。

美国，芝加哥，2000 年，芝加哥市区。

美国，匹兹堡，2000 年，匹兹堡市区。

澳大利亚，布里斯班，2001 年，田尼森变电站。

参 考 文 献

[1] Van Krevelen,D.W..Properties of Polymers,3rd edn.,Elsevier,1990,p732.

[2] IEC 60112:2003 Method for the determination of the proof and the comparative tracking indices of solid insulating materials

[3] EN 3475-603:2002 Aerospace series—Cables,electrical,aircraft use—Test methods—Resistance to wet arc tracking

[4] EN 3475-604:2002 Aerospace series—Cables,electrical,aircraft use—Test methods—Resistance to dry arc propagation

[5] GB/T 6553—2003 评定在严酷环境条件下使用的电气绝缘材料耐电痕化和蚀损的试验方法(IEC 60587:1984,IDT)

[6] IEC 60099-4:2004 Surge arresters—Part 4:Metal-oxide surge arresters without gaps for a.c.systems

[7] IEC 60695-11-40 Fire hazard testing—Part 11-40:Confirmatory test—Guidance

[8] Babrauskas,V..Ignition Handbook,Fire Science Publishers,Issaquah,WA(USA),2003.

[9] Beyler,C.L..Flammability Limits of Premixed and Diffusion Flames,Section 2,Chapter 9,pp.2-147 to 2-159 in SFPE Handbook of Fire Protection Engineering,National Fire Protection Association Press,Quincy,MA(USA),1995.

[10] Drysdale,D..An Introduction to Fire Dynamics,John Wiley and Sons,New York,N.Y.(USA),Chapters 6 and 7,pp.186-252,1985.

[11] Hilado,C.J..Flammability Test Methods Handbook,Technomic Publishing Co.,Inc.Westport,Co(USA),1973.

[12] Kanury,A.M..Ignition of Liquid Fuels,Section 2,Chapter 10,pp.2-160 to 2-170in SFPE Handbook of Fire Protection Engineering,National Fire Protection Association Press,Quincy,MA(USA),1995.

[13] Kanury,A.M..Flaming Ignition of Solid Fuels,Section 2,Chapter 13,pp.2-190 to 2-204 in SFPE Handbook of Fire Protection Engineering,National Fire Protection Association Press,Quincy,MA(USA),1995.

[14] IEC Guide 104:1997 The preparation of safety publications and the use of basic safety publications and group safety publications

[15] ISO/IEC Guide 51:1999 Safety aspects—Guidelines for their inclusion in standards

[16] GB/T 5169.1—2007 电工电子产品着火危险试验 第1部分:着火试验术语(IEC 60695-4:2005,IDT)

[17] ISO/IEC 13943:2000 Fire safety—Vocabulary

[18] EN 14522:2005 Determination of the auto ignition temperature of gases and vapours

ICS 13.220.40;29.020
K 04

中华人民共和国国家标准化指导性技术文件

GB/Z 5169.34—2014/IEC/TR 60695-1-21:2008

电工电子产品着火危险试验 第34部分:着火危险评定导则 起燃性试验方法概要和相关性

Fire hazard testing for electric and electronic products—Part 34:Guidance for assessing the fire hazard—Ignitability—Summary and relevance of test methods

(IEC/TR 60695-1-21:2008,Fire hazard testing—Part 1-21:Guidance for assessing the fire hazard of electrotechnical products—Ignitability—Summary and relevance of test methods,IDT)

2014-09-03 发布　　2015-04-01 实施

中华人民共和国国家质量监督检验检疫总局
中国国家标准化管理委员会　发布

前　　言

GB/T 5169《电工电子产品着火危险试验》已经或计划发布以下部分：

——第1部分：着火试验术语；

——第2部分：着火危险评定导则　总则；

——第3部分：电子元件着火危险评定技术要求和试验规范制定导则；

——第5部分：试验火焰　针焰试验方法　装置、确认试验方法和导则；

——第9部分：着火危险评定导则　预选试验程序　总则；

——第10部分：灼热丝/热丝基本试验方法　灼热丝装置和通用试验方法；

——第11部分：灼热丝/热丝基本试验方法　成品的灼热丝可燃性试验方法；

——第12部分：灼热丝/热丝基本试验方法　材料的灼热丝可燃性指数(GWFI)试验方法；

——第13部分：灼热丝/热丝基本试验方法　材料的灼热丝起燃温度(GWIT)试验方法；

——第14部分：试验火焰　1 kW标称预混合型火焰　设备、确认试验方法和导则；

——第15部分：试验火焰　500 W火焰　装置和确认试验方法；

——第16部分：试验火焰　50 W水平与垂直火焰试验方法；

——第17部分：试验火焰　500 W火焰试验方法；

——第18部分：燃烧流的毒性　总则；

——第19部分：非正常热　模压应力释放变形试验；

——第20部分：火焰表面蔓延　试验方法概要和相关性；

——第21部分：非正常热　球压试验；

——第22部分：试验火焰　50 W火焰　装置和确认试验方法；

——第23部分：试验火焰　管形聚合材料500 W垂直火焰试验方法；

——第24部分：着火危险评定导则　绝缘液体；

——第25部分：烟模糊　总则；

——第26部分：烟模糊　试验方法概要和相关性；

——第27部分：烟模糊　小规模静态试验方法　仪器说明；

——第28部分：烟模糊　小规模静态试验方法　材料；

——第29部分：热释放　总则；

——第30部分：热释放　试验方法概要和相关性；

——第31部分：火焰表面蔓延　总则；

——第32部分：热释放　绝缘液体的热释放；

——第33部分：着火危险评定导则　起燃性　总则；

——第34部分：着火危险评定导则　起燃性　试验方法概要和相关性；

——第35部分：燃烧流的腐蚀危害　总则；

——第36部分：燃烧流的腐蚀危害　试验方法概要和相关性；

——第38部分：燃烧流的毒性　试验方法概要和相关性；

——第39部分：燃烧流的毒性　试验结果的使用和说明；

——第40部分：燃烧流的毒性　毒效评定　装置和试验方法；

——第41部分：燃烧流的毒性　毒效评定　试验结果的计算和说明；

——第42部分：试验火焰　确认试验　导则；

——第44部分:着火危险评定导则　着火危险评定。

本部分为GB/T 5169的第34部分。

本部分按照GB/T 1.1—2009给出的规则起草。

本部分使用翻译法等同采用IEC/TR 60695-1-21:2008《着火危险试验　第1-21部分:电工产品着火危险评定导则　起燃性　试验方法概要和相关性》。

与本部分中规范性引用的国际文件有一致性对应关系的我国文件如下:

——GB/T 5169.9—2013　电工电子产品着火危险试验　第9部分:着火危险评定导则　预选试验程序　总则(IEC 60695-1-30:2008,IDT)

本部分做了下列编辑性修改:

——为与现有标准系列一致,将标准名称改为《电工电子产品着火危险试验　第34部分:着火危险评定导则　起燃性试验方法概要和相关性》;

——删除了第1章中第2、3段资料性内容。

本部分由中国电器工业协会提出。

本部分由全国电工电子产品着火危险试验标准化技术委员会(SAC/TC 300)归口。

本部分负责起草单位:中国电器科学研究院有限公司。

本部分参加起草单位:深圳市计量质量检测研究院、威凯检测技术有限公司、工业和信息化部电子第五研究所、深圳出入境检验检疫局工业品检测技术中心、中国电子技术标准化研究院、山东省产品质量监督检验研究院、广东出入境检验检疫局检验检疫技术中心、华为技术有限公司。

本部分主要起草人:揭敢新、何益壮、夏庆云、陈兰娟、张元钦、毕凯军、王忠义、王锋、武政、史迎春、吴倩。

引　言

火灾因产生热(热危害),以及产生毒性燃烧流、腐蚀性燃烧流和烟(非热危害),故会对生命和财产造成威胁。火灾开始于起燃,某些情况下可能发展成轰燃和完全着火。因此耐起燃性在着火危险的评定方面被认为是材料最重要的特性之一。如果没有起燃,就没有火灾。

对于大多数材料来说(除金属和其他一些元素外),起燃发生在气体状态下。当与空气混合的可燃蒸气温度高至放热氧化反应迅速扩散时,起燃即开始发生。起燃的难易程度与蒸气的化学性质、燃料/空气比例以及温度密切相关。

对于液体,可燃蒸气产生于液体的蒸发,且蒸发过程取决于液体的温度和化学成分。

对于固体,可燃蒸气产生于固体温度足够高时的热解。蒸发过程取决于固体的温度和化学成分,也取决于固体的厚度、密度、比热容和热导率。

试样的起燃难易程度取决于很多变量。评估起燃性需要考虑的因素有:

a) 试样的几何形状,包括厚度,以及棱边、角或者接头的存在;
b) 表面方向;
c) 空气流量和流向;
d) 起燃源的性质和位置;
e) 外部热通量的大小和位置;
f) 可燃材料是液体还是固体。

所有电工电子产品的设计都应考虑着火风险和潜在的着火危险。对元件、电路和设备的设计以及材料的筛选目的在于,即使发生了可预见的异常使用、故障和失效,也能将潜在的着火风险降低到可以接受的水平。IEC 60695-1-10 和 IEC 60695-1-11 为如何达到这一目的提供了指导。

首要目的是防止带电部件引起起燃,如果发生起燃,也要将着火限制在电工电子产品外壳内。

其次,也应为了将火焰蔓延至产品外的范围降到最低,以及将包括热、烟、毒性和腐蚀性的燃烧产物的有害影响降到最低。

涉及电工电子产品的火灾也可能因非电的外部引燃源引发。总体风险评估应考虑这一因素。

由于这些原因,许多试验用来评定电工电子产品及其构建材料的起燃性。本部分描述了评定电工电子产品或其所用材料的起燃性试验方法。本部分还包括以起燃性为重要量化指标的试验方法。本部分是 GB/T 5169 涉及着火危险评定导则的部分之一。

电工电子产品着火危险试验 第34部分:着火危险评定导则 起燃性 试验方法概要和相关性

1 范围

GB/T 5169 的本部分提供了测定电工电子产品及其材料起燃性的试验方法概要,包括以起燃性为重要量化指标的试验方法。

本部分陈述了当前各种试验方法的技术状况,在适当的地方,还对这些试验方法的相关性和使用作了特殊说明。

2 规范性引用文件

下列文件对于本文件的应用是必不可少的。凡是注日期的引用文件,仅注日期的版本适用于本文件。凡是不注日期的引用文件,其最新版本(包括所有的修改单)适用于本文件。

IEC 60695-1-30 着火危险试验 第1-30部分:电工产品着火危险评定导则 预选试验规程的使用(Fire hazard testing—Part 1-30:Guidance for assessing the fire hazard of electrotechnical products—Use of preselection testing procedures)

3 术语和定义

下列术语和定义适用于本文件。

3.1

燃烧 combustion

物质与氧化剂的放热反应。

注:燃烧通常会放出燃烧流,并伴有火焰和/或灼热。

[ISO/IEC 13943:2000,定义 23]

3.2

着火 fire

a) 以放热和生成废水废气为特征的燃烧过程,同时伴有烟雾和/或火焰和/或灼热现象;

b) 时间和空间均失控的扩展快速燃烧。

[GB/T 5169.1—2007,定义 3.19]

3.3

着火危险 fire hazard

〈由火灾引起的〉不期望的潜在性物质或条件。

3.4

燃点 fire point

在规定的试验条件下,标准的小火焰施加于材料表面,致使其起燃并继续燃烧一定时间所需的最低温度。

注1:单位用摄氏度(℃)表示。

注 2：在某些国家，英文“fire point”包含另外的含义，即：消防设备场所，该场所也可带有火灾报警设备和消防说明注意事项。

[ISO/IEC 13943:2000，定义 53]

3.5

阻燃(名词)　fire retardant(noun)

为了熄灭、减少或抑制材料的燃烧，向材料中添加一种物质或对材料进行的一种处理。

[GB/T 5169.1—2007，定义 3.31]

3.6

火情　fire scenario

对特定场所真实火灾或大规模模拟试验，从起燃前到燃烧结束的一个或多个阶段条件(包括环境条件)的详细描述。

[GB/T 5169.1—2007，定义 3.32]

3.7

火焰(名词)　flame(noun)

气相中的燃烧区域，通常伴有发光现象。

[ISO/IEC 13943:2000，定义 60]

3.8

阻焰(名词)　flame retardant(noun)

为抑制或减少火焰出现和/或减小火焰传播(蔓延)速率，向材料中添加物质或对材料进行的一种处理。

注：使用阻焰不一定抑制着火。

[ISO/IEC 13943:2000，定义 65]

3.9

有焰燃烧　flaming combustion

气相中的燃烧，通常伴有发光现象。

[ISO/IEC 13943:2000，定义 72]

3.10

闪燃温度　flash-ignition temperature;FIT

在规定试验的条件下，施加火焰时足够的易燃气体被点燃时的最低温度。

[GB/T 4610—2008，定义 3.1]

3.11

轰燃　flash-over

在封闭的空间内可燃材料的整个表面突然转入着火状态。

[GB/T 5169.1—2007，定义 3.42]

3.12

闪点　flash point

在规定的试验条件下，产品受热产生的蒸气遇火即燃时，该产品的最低温度。

注：单位用摄氏度(℃)表示。

[ISO/IEC 13943:2000，定义 76]

3.13

完全着火　fully developed fire

火灾中可燃材料全部转化为着火的状态。

[ISO/IEC 13943:2000，定义 80]

3.14

灼热燃烧 glowing combustion

在燃烧区域中，固体材料无焰而发光的燃烧。

[ISO/IEC 13943:2000，定义 84]

3.15

起燃性 ignitability

对规定条件下试样起燃难易程度的量度。

[ISO/IEC 13943:2000，定义 91]

3.16

起燃 ignition

燃烧的开始。

[ISO/IEC 13943:2000，定义 96]

3.17

引燃源 ignition source

引发燃烧的能量来源。

[ISO/IEC 13943:2000，定义 97]

3.18

起燃温度(最低) ignition temperature(minimum)

在规定的试验条件下，引燃源或材料按试验方法的规定可以开始维持燃烧的(最低)温度。

注：起燃需要有足量的可燃气体和氧气(空气)，维持燃烧需要有足够的可燃气体的流量，最低起燃温度包含强调不定时间的热量，为了实际用途，标准应适当定义最低温度。

[GB/T 5169.1—2007，定义 3.51]

3.19

可燃性下限 lower flammability limit；LFL

在有引燃源的条件下，使火焰于空气中刚好不发生蔓延的燃料蒸气的最小浓度。

注：气体或蒸气的浓度通常用指定温度和大气压下的体积分数(%)表示。固体和液体的气溶胶，以及气体中的粉尘混合物浓度用密度(g/m^3)表示。

3.20

自燃温度 spontaneous-ignition temperature；SIT

在规定的试验条件下，无任何火源时，通过加热而起燃的最低温度。

[GB/T 4610—2008，定义 3.2]

3.21

热惯量 thermal inertia

热导率、密度和热容率的乘积。

注 1：当材料暴露在热流中时，材料的热惯量值对其表面温度的上升率有很大影响。当低热惯量材料受热时，它的表面温度会迅速上升，反之亦然。

注 2：其代表性单位为 $J^2 \cdot s^{-1} \cdot m^{-4} \cdot K^{-2}$。

3.22

电痕化 tracking

在电应力和电解杂质的联合作用下，固体绝缘材料表面和/或内部导电通路的逐步形成。

[IEC 60112:2003，定义 3.1]

3.23

可燃性上限 upper flammability limit；UFL

在空气中，可燃材料产生自燃的最高浓度。

注：气体或蒸气的浓度通常用指定温度和大气压下的体积分数(%)表示。固体和液体的气溶胶，以及气体中的粉尘混合物浓度用密度(g/m^3)表示。

4 已出版的试验方法概要

本概要不能用来替代那些作为唯一有效引用文件的已出版标准。本部分陈述了当前各种试验方法的技术情况，在适当的地方，还对这些试验方法的相关性和使用作了特殊说明。

有些试验方法为材料试验，有些则为成品试验。表A.1列出了这些试验方法，以及材料试验与成品试验之间的区别。

注1：下述试验方法不全是专门的起燃或起燃性试验，一些已测得起燃性数据或可测量起燃性数据的试验包含于其中。

注2：没有可利用的重复性和再现性数据，建议可联系相关试验方法的作者或者出版社。

4.1 采用热空气或电加热的试验

4.1.1 采用热空气炉测定起燃温度，GB/T 4610

4.1.1.1 目的和原理

GB/T 4610—2008[1]规定了用热空气炉测定塑料闪燃温度和自燃温度的试验方法。

材料试样在热空气炉的加热室内用不同的温度加热，闪燃温度通过用小型引燃火焰在炉顶开口点燃溢出气体来测定。自燃温度的测定方法，除没有引燃火焰外，与闪燃温度的测定方法相同。

4.1.1.2 试样

材料可以是包括复合物在内的任何形式。如果其密度大于100 $kg\cdot m^{-3}$，则采用3 g的样品。对于密度小于100 $kg\cdot m^{-3}$的泡沫材料，去除外皮，切割成20 mm×20 mm×50 mm的尺寸。

4.1.1.3 试验方法

设定空气流速为25 $mm\cdot s^{-1}$，并选定初始试验温度。最后10 min，根据是否起燃，将试验温度降低或升高50 ℃，用新的试样重新试验。当确立了起燃温度的范围后，开始在此范围内用比最高温度低10 ℃的温度进行试验，并继续每次降低10 ℃，直到10 min内没有起燃为止。该起燃温度记录为能观察到起燃的最低温度。

4.1.1.4 重复性和再现性

相关数据在GB/T 4610—2008的附录A中有给出。

4.1.1.5 试验数据的相关性

该方法条件下的试验在比较不同材料相对着火性能方面起到很大作用。该试验条件下得到的值代表了材料起燃的最低环境温度。本试验结果可作为实际使用条件下的材料起燃难易程度等级划分的依据。

4.1.2 差示扫描量热法(DSC)，ISO 11357

4.1.2.1 概要

差示扫描量热法(DSC)是一种分析热量的方法，它不直接测量起燃，而是测定对起燃性有影响的许多特性，同时也能用于消防安全工程研究和火灾模型的建立。

其他有用的技术还包括热重分析(TGA)、差热分析(DTA)、热力学分析(TMA)、动态机械热分析(DMTA)和热解气相色谱法[2][3]。

4.1.2.2 目的和原理

ISO 11357[4]由7部分组成,给出了用DSC法测量如热塑性塑料和热固性塑料(包括模塑材料和复合材料)这些聚合物材料以下性能的方法:

- 玻璃化转变温度;
- 熔融和结晶的温度及热焓;
- 比热容;
- 聚合温度和/或时间以及聚合动力学;
- 氧化诱导时间;
- 结晶动力学。

DSC法是将试样和参比样置于指定大气压中,对其进行程序控温,测量流经两者的热流在温度和/或时间上的差异。

4.1.2.3 试样

试样可以是液体或固体。试样的最佳质量取决于所研究的参数,但通常在5 mg~50 mg之间。将试样放于试样皿中,如有必要,加上一个盖子密封。参比样通常为空的相同的试样皿。

4.1.2.4 试验方法

首先校准仪器,然后放入试样皿,仪器根据预期的热循环设定程序。依照生产厂商的说明书控制操作和分析数据。

4.1.2.5 重复性和再现性

相关数据在ISO 11357各部分的附录中给出。

4.1.2.6 试验数据的相关性

DSC法能够测量起燃着火模型中的两个重要参数,即与温度有关的比热容和气化热。

4.2 采用辐射热的试验

4.2.1 热释放速率——锥形量热仪法,GB/T 16172

4.2.1.1 目的和原理

GB/T 16172—2007[5]详述了有火花点火器存在时,试样在水平定位受到可控制等级的热辐射中,测定其热释放速率的方法。辐射范围为0 kW·m^{-2}~100 kW·m^{-2}。热释放速率的测量是通过燃烧产物气流中氧气浓度计算出的耗氧量和燃烧产物的流量来确定的。(持续有焰燃烧的)起燃时间也在该试验中确定。将试样置于称重传感器上,以便整个试验过程持续测量试样质量。

该试验方法建立在观测基础上,一般来说,净燃烧热与燃烧需氧量成比例。这个关系为每克氧耗释放出约13.1 kJ的热量。

4.2.1.2 试样

试样为100 mm×100 mm的正方形,厚度不超过50 mm。试样包裹在铝箔中,底面和侧面被铝箔包覆,而顶部表面暴露。将包装好的试样置于固定架上。适当的时候会用到一个底座。

4.2.1.3 试验方法

首先对仪器进行校准,然后设定排气流量和辐射等级。将试样置于辐射屏蔽层下,移去屏蔽层时,启动火花点火器开始试验。

持续燃烧 32 min 后,记录数据。用 3 个样品进行试验。

注:GB/T 16172—2007 描述了对热释放、质量和起燃时间的测定。然而很多锥形量热仪还可以测量 CO、CO_2 和产烟量。ISO 5660-2:2002[6] 就描述了产烟量的测量方法。

4.2.1.4 重复性和再现性

相关数据在 GB/T 16172—2007 附录 B 中给出。

4.2.1.5 试验数据的相关性

热释放速率是决定火灾危险性的最重要变量之一。一个典型的火灾中,多表面的物品有利于火灾的发展,因此对它的评估非常复杂。从实验室规模的试验得出,如果各个表面都起燃,则测定结果应由各表面的结果组成。

对任何燃烧的物品,应测量其着火规模,以推算其对周围物品的外部辐射的影响。遍布各个表面的火焰也应进行评估。由实验室规模的试验得知,通过已知被辐射单位面积的热释放速率和时间的关系来测定整个表面的热释放速率。总的着火输出功率涉及所有材料的所有表面总和。

辐射对起燃时间数据的影响也可用来推算起燃参数,例如材料的热惯性。

4.2.2 绝缘液体的热释放试验,IEC/TS 60695-8-3

4.2.2.1 目的和原理

IEC/TS 60695-8-3[7] 详述了电工电子产品暴露在规定热通量中时,其绝缘液体热释放和烟产物的测定试验方法。该标准可能对其他液体样品也适用。

该方法的原理与 4.2.1.1 描述的一致。另外,用如 ISO 5660-2:2002 描述的穿透排烟道的激光来测量产烟量。

4.2.2.2 试样

初始试验需要 20 cm^3 液体。主体试验需要 50 cm^3 液体。液体放于 15 mm 深的 100 mm×100 mm 矩形不锈钢试样盘中。

4.2.2.3 试验方法

仪器的校准方法与 GB/T 16172—2007 和 ISO 5660-2:2002 一致,初始试验的目的是为了得到试样在 1 200 s 内起燃的最小热通量(临界起燃热通量)。主体试验在该临界起燃热通量中进行。数据的分析方法也与 GB/T 16172—2007 和 ISO 5660-2:2002 一致。

4.2.2.4 重复性和再现性

目前没有可利用的数据。

4.2.2.5 试验数据的相关性

该试验可定量评估电工电子产品用液体的起燃难易程度。也可用于获得热释放量和产烟量数据。所有这些数据可用于包括着火危险评定在内的消防安全工程研究。

4.2.3 测定材料起燃和火焰蔓延性能的标准试验方法,ASTM E1321

4.2.3.1 目的和原理

ASTM E1321-97a(2002)[8]测量持续恒定热通量下垂直试样的起燃特性,以及由外部辐射热通量引起的材料垂直表面上的横向火焰蔓延特性。

4.2.3.2 试样

试样按预期使用形式进行试验。起燃试验的试样为155 mm×155 mm。火焰蔓延试验的试样为800 mm×155 mm。对于两种试验,如材料或复合物的公称厚度不大于50 mm,则用其全厚度进行试验。试验方法仅限于热厚型试样(即当露出的表面起燃时,材料背面不会出现明显的温升)。

4.2.3.3 试验方法

该试验方法由两个步骤组成:测定起燃和测定横向火焰蔓延。垂直安装的样品暴露在纵向空气/气体燃料的辐射热源中,这种热源与试样成15°角。

对于起燃试验,将试样暴露于30 kW·m^{-2}的热通量中,如果起燃在20 min内发生,则记录下起燃时间。重复试验直到得出起燃的最小热通量,其容差为±2 kW·m^{-2}。试验在较高的热通量(以约10 kW·m^{-2} 为增量)中重复进行,直到确定出最小起燃热通量与65 kW·m^{-2}之间的起燃时间/热通量曲线。所得的数据结合已确定的起燃原理从而得到材料可燃性能。

对于火焰蔓延试验,将试样暴露于渐变的热通量中,其较热端的热通量比由起燃试验测得的起燃所需最小热通量高约5 kW·m^{-2}。试样预热至达到热平衡;预热时间也由起燃试验测得。起燃后,火焰沿着试样水平前进,随时间留下烧痕。所得的数据结合已确定的起燃和火焰蔓延原理从而得出材料可燃性能。

4.2.3.4 重复性和再现性

目前没有可利用的数据。

4.2.3.5 试验数据的相关性

该试验方法的结果提供了起燃和横向蔓延所需的最小表面热通量和温度、材料的有效热惯性值,以及与横向火焰蔓延有关的火焰热参数。该结果可用于预测起燃时间,以及没有横向气流的规定外部热通量下垂直表面的横向火焰蔓延速度。数据可用于发展中的着火模型。

4.2.4 非接触火焰的起燃特性热通量测定,IEC 60695-11-11

4.2.4.1 目的与原理

IEC 60695-11-11[9]描述了一种测定电工电子产品、组件和材料的起燃特性热通量(ICHF)的试验方法。热通量来自于非接触火焰。该试验方法可测量入射热通量对起燃时间的影响。

4.2.4.2 试样

试样是从成品中切取的有代表性的部分材料样品。如果无法获取,则一般采用与产品部件制作工艺相同的方式制作同样厚度的试样。成品试验和材料试验的试样尺寸均为长75 mm±1 mm、宽75 mm±1 mm。首选厚度为0.75 mm±0.1 mm、1.5 mm±0.1 mm和3.0 mm±0.2 mm。

4.2.4.3 试验方法

首先,用热流计测量火焰垂直上方不同距离的入射热通量。其范围为30 kW·m^{-2}~75 kW·m^{-2}。

试样于 30 kW·m^{-2}～75 kW·m^{-2}范围内在 5 kW·m^{-2}倍数的热通量中进行试验，起燃特性热通量为使试样平均起燃时间大于 120 s 的最大热通量。

在该试验中，试样有焰燃烧恒定持续至少 5 s 才被认为是起燃。

4.2.4.4 重复性和再现性

没有可利用的数据。目前，有一组实验室间的比对试验正在进行。

4.2.4.5 试验数据的相关性

该试验方法是模拟成品、组件和材料在靠近火焰源但不接触到火焰的情况下的着火性能。蜡烛火焰靠近电工电子产品就是一个例子。

4.3 氧指数试验

4.3.1 氧指数——室温试验，GB/T 2406.2

4.3.1.1 目的和原理

GB/T 2406.2—2009[10]是在规定的试验条件下，测定氮氧混合气体中刚好维持小型垂直试样燃烧所需的最低氧气体积分数。试验结果以体积分数来表示氧指数值。

4.3.1.2 试样

模塑材料试样的尺寸为长 80 mm～150 mm、宽 10 mm、厚 4 mm。其他材料的尺寸在 GB/T 2406.2—2009 表 2 中有详述。

4.3.1.3 试验方法

将小型试样垂直置于沿着透明烟气管上升的氮氧混合气体中。点燃试样顶端，并观察试样的燃烧特性，将试样连续燃烧时间或试样燃烧长度与规定的限值进行对比，通过在不同氧浓度下测试一系列试样，估算燃烧所需的最低氧浓度。

4.3.1.4 重复性和再现性

试验数据在 GB/T 2406.2—2009 的 9.4 和附录 D 中给出。

4.3.1.5 试验数据的相关性

室温下的氧指数(OI)试验在 1966 年被 Fenimore 和 Martin[11]第一次提出。ASTM D 2863:1970 标准首次使用该方法，此后被许多国家标准和国际标准引用。1993 年发布的 GB/T 2406，现已修订为 GB/T 2406.2—2009。高温氧指数试验则在 ISO 4589-3:1996[12]中有描述(见 4.3.2)。

自 ASTM D 2863 成为标准后，发表了有关该试验的许多文章。例如 Weil，Hirschler 等[13]就有论述它与其他着火试验之间的关系以及与真实火灾之间的试验相关性。这篇文章得出的结论是该试验结果与任何其他着火试验和真实火灾的性能都没有很好的相关性。

GB/T 2406.1—2008[14]指出："该试验用于材料的质量控制，尤其适用于研究改进受试材料的阻燃剂的检验。单独的该试验方法不足以评定燃烧性能，也不宜用于安全控制和消费者保护的相关法规。"

在涉及 GB/T 2406.2—2009 和 ISO 4589-3:1996 时，也有如下陈述：

"这些小规模实验室试验仅作为材料试验。其主要用于材料的改进、一致性控制和/或预选，却并不是评价材料在使用中的潜在着火危险性的唯一方法。"

4.3.2 氧指数——高温试验,ISO 4589-3

4.3.2.1 目的和原理

ISO 4589-3:1996[12]是在规定温度范围为 25 ℃～150 ℃的试验条件下,测定氧氮混合气体中刚好维持小型垂直试样燃烧所需的氧气体积分数。在以塑料可经受的过热实际温度为试验温度情况下确定氧指数值,结果以百分数表示。

该标准也包含规定试验条件下小型垂直试样在空气中氧指数为 20.9%时的温度测定方法。其结果被定义为可燃性温度(FT),该方法局限于结果不超过 400 ℃的测定。

4.3.2.2 试样

模塑材料的试样尺寸是长 80 mm～150 mm、宽 10 mm、厚 4 mm。其他材料的尺寸在 GB/T 2406.2—2009 表 2 中有详述。

4.3.2.3 试验方法

将小型试样垂直置于沿着透明双壁烟气管罩上升的氮氧混合气体中。烟气管罩含有适用的加热器与预热器联合加热混合进料气体,使内管罩中的试样周围的气体维持在所需温度范围内。点燃试样顶端,并观察试样的燃烧特性,将试样连续燃烧时间或试样燃烧长度与规定的限值进行对比,通过在不同氧浓度下测试一系列试样,估算燃烧所需的最低氧浓度。

在 ISO 4589-3:1996 的附录 A 中给出了测量可燃性温度(FT)的替代方法。该方法中,空气在规定的试验温度下沿着烟气管罩上升,记录试样的燃烧行为。根据得到的燃烧现象决定在更高或者更低的温度下进行后续的试验。按每次 5 ℃以内的梯度温度重复试验,直到使试样满足至少一个测试判据的最低温度被确定为可燃性温度(FT)。

4.3.2.4 重复性和再现性

目前没有可利用的重复性数据。ISO 4589-3:1996 的附录 B 概述了 1986 年英国评定不同类型样品效应的相关性测试,从中可计算出再现性数据。8 个实验室参与了此次测试。

4.3.2.5 试验数据的相关性

见 4.3.1.5。

可燃性温度试验确定了规定温度下的合格/不合格判定标准,并广泛用于对材料在规定温度下是否符合标准要求的验证。该方法只适用于测试具有明显特征分级的材料。然而,对于达到标准要求的温度明显高于可燃性温度的不明化合物,在测试过程中应格外谨慎。那可能是因为,可燃性挥发物在起燃之前的调试阶段就从烟气管罩溢出,使得受试材料不及原始材料易燃。

反之,该试验对一些阻焰材料也会进行误判。如果材料的阻焰处理是通过热解过程中释放出气相阻焰剂(如水蒸气、二氧化碳及卤化锑/卤氧化物)实现的,那么这些阻焰剂很可能在起燃之前的调节阶段就从烟气管罩溢出,使得测受试材料比原始材料易燃。

4.4 灼热丝/热丝基本试验方法

4.4.1 灼热丝试验,IEC 60695-2-11、IEC 60695-2-12 和 IEC 60695-2-13

4.4.1.1 成品的灼热丝可燃性试验,IEC 60695-2-11

4.4.1.1.1 目的和原理

灼热丝是一个可以用电加热到规定温度的特定电阻丝环。试验装置在 IEC 60695-2-10[15]中有详述。

IEC 60695-2-11[16]的目的是确保在规定的条件下灼热丝不会使部件起燃，如果部件起燃，其燃烧的时间也是有限的，不会因火焰或由试样上滴落的燃烧或灼热颗粒而蔓延。

4.4.1.1.2 试样

试样应是一个完整的成品，试验条件与正常使用时的状况无明显差异。

如果试验不能在完整的成品上进行，则可采用下列方法之一：

a) 在需要测试的部件中切下一块；

b) 在完整的成品上开一小孔使测试部位与灼热丝接触；

c) 从完整的成品中取出需要测试的部件，进行单独试验。

4.4.1.1.3 试验方法

根据特定的试验程序，将加热后的灼热丝顶端与试样在观察和测量所需范围内接触规定的时间。

灼热丝顶端应水平地施加到正常使用时可能会遭受热应力的试样部件上。

4.4.1.1.4 重复性和再现性

没有可利用的数据。

4.4.1.1.5 试验数据的相关性

该试验为相关产品标委会规定的温度确定了一个合格/不合格的判定标准。电工委员会主要使用该试验确定与因故障可能过热的带电部件或电气连接件接触的绝缘材料的适用性。目的是确保绝缘材料的起燃不致引起产品的着火蔓延。

电气连接件的过热可能引发产品起燃，如果排除故障电流，通过了试验的绝缘材料被认为有自熄性。因此，尽管产品可能被认定为不可用，但也不会发生火焰蔓延，因而使用者及其财产不会遇到着火风险。

该试验作为2003年撤销的IEC 60695-2-3不良接触试验替代法已使用多年。

试验时，在检验绝缘材料支撑物完整性的同时，记录是否有燃烧或熔融物滴落至试样下方铺底层上。在大的产品里，放置一个正常使用时可能受到滴落物影响的材料置于试样下方。如果这层材料没有被损坏甚至没有受到熔融滴落物的影响，那么试样被认为是符合要求的。当没有该材料层接收滴落物，而产品又很可能出现滴落物时(例如滴落到一个可燃性表面上)，则将一张标准的包装绢纸覆盖在一块木板上用于评定。

操作者还应记录材料是否起燃，并通过测量火焰高度得到更多的信息。火焰高度难以测量，所以一些产品标准要求记录发生的起燃，然后在带电部件或者电气连接件上方的一个假定标准区域内进一步试验。这就是后续试验，可用针焰试验实现(见4.5.1)。

4.4.1.1.6 相关标准

IEC 60695-2-10。

IEC 60695-2-11。

4.4.1.2 材料的灼热丝可燃性试验，IEC 60695-2-12

4.4.1.2.1 目的和原理

灼热丝是一个可以用电加热到规定温度的特定电阻丝环。试验装置在IEC 60695-2-10中有详述。

IEC 60695-2-12[17] 的目的是测定固体电气绝缘材料或其他固体材料的灼热丝可燃性指数(GWFI)。GWFI 是 3 个试样满足规定条件所需的最高温度。

4.4.1.2.2 试样

试样的尺寸为≥60 mm×≥60 mm×首选厚度值。它们可以通过压塑、注塑或浇注,或从板材、成品的部件上切割而成。

4.4.1.2.3 试验方法

根据特定的试验程序,将加热后的灼热丝顶端与试样在观察和测量所需范围内接触规定的时间。

每次使用一个新试样,用不同的试验温度重复试验以确定材料的 GWFI。

4.4.1.2.4 重复性和再现性

没有可以利用的数据。

4.4.1.2.5 试验数据的相关性

该试验是对一系列标准试样进行的材料试验。获得的数据可以在预选过程中用来判断材料的性能是否满足 IEC 60695-2-11 中成品灼热丝可燃性试验方法的要求。该试验方法在确定设备所有物件的可燃性、防火性或着火危险性方面是无效的,因为绝缘系统或可燃部件的结构大小以及邻近的金属或非金属部件的布局和传热等,对所使用材料的可燃性都有很大影响。

作为指导着火危险评定的一个结果,一系列适当的可燃性和起燃预选试验可减少成品试验(参见 IEC 60695-1-30)。

4.4.1.2.6 相关标准

IEC 60695-2-10。

IEC 60695-2-12。

4.4.1.3 材料的灼热丝起燃性试验,IEC 60695-2-13

4.4.1.3.1 目的和原理

灼热丝是一个可以用电加热到规定温度的特定电阻丝环。试验装置在 IEC 60695-2-10 中有详述。

IEC 60695-2-13[18] 的目的是测定固体电气绝缘材料或其他固体材料的灼热丝起燃温度(GWIT)。GWIT 是发生起燃的最低温度。

4.4.1.3.2 试样

试样的尺寸为≥60 mm×≥60 mm×首选厚度值。它们可以通过压塑、注塑或浇注,或从板材、成品的部件上切割而成。

4.4.1.3.3 试验方法

根据特定的试验程序,将加热后的灼热丝顶端与试样在观察和测量所需范围内接触规定的时间。

每次使用一个新试样,用不同的试验温度重复试验以确定材料的 GWIT。

4.4.1.3.4 重复性和再现性

没有可以利用的数据。

4.4.1.3.5 试验数据的相关性

该试验是对一系列标准试样进行的材料试验。获得的数据可以在预选过程中用来判断材料的性能是否满足 IEC 60695-2-11 中成品灼热丝可燃性试验方法的要求。该试验方法在确定设备所有物件的起燃性,防火性或着火危险性方面是无效的,因为绝缘系统或可燃部件的结构大小以及邻近的金属或非金属部件的布局和传热等,对所使用材料的可燃性都有很大影响。

作为指导着火危险评定的一个结果,一系列适当的可燃性和起燃预选试验可减少成品试验(参见 IEC 60695-1-30)。

4.4.1.3.6 相关标准

IEC 60695-2-10。

IEC 60695-2-13。

4.4.2 热丝圈起燃性试验,IEC 60695-2-20[撤销于 2007-05-01]和 ANSI/ASTM D3874

4.4.2.1 目的和原理

该试验方法试图用预选方式区分材料对邻近电热丝和其他热源的耐起燃性。电气设备的某些正常(以及异常)运转下,绝缘材料可能靠近热电源如发动机、过电流导体或是电阻热源。如果所暴露热源的强度和/或持续时间足够,则绝缘材料可能起燃。

4.4.2.2 试样

试样为(125 mm±5 mm)×(13.0 mm±0.5 mm)的条形样品,其厚度可根据试验需要选择。

4.4.2.3 试验方法

在该试验方法中,试样中间部分缠绕一个金属加热丝圈,两端被水平支撑。此电路通过对金属加热丝以固定功率密度通电,使其迅速升温。对试样进行观察,直到出现下列其中一种情况:a)试样起燃;b)试样熔化;或 c)未出现起燃或熔化而时间超过了 120 s。根据实际情况,记录下起燃时间和完全熔化时间。

4.4.2.4 重复性和再现性

目前没有公布的可利用数据。ANSI/ASTM D3874-04[19]指出:"如果严格按照该试验方法进行测试,则平均测定值误差很可能在实验室间评定值的±15%以内。"然而,IEC 的实验室间比对研究表明,该误差值可能更大一些。

4.4.2.5 试验数据的相关性

该试验方法用于材料的预选、质量控制和产品评估。所得数据用于测定电气设备所用聚合物材料直接接触潜在引燃源或在其周围 0.8 mm 内时的适用性。

4.5 火焰试验

4.5.1 针焰试验,IEC 60695-11-5

4.5.1.1 目的和原理

IEC 60695-11-5[20]中的针焰试验是通过模拟因故障条件引起的小火焰所产生的效应,对着火危险进行评估。

4.5.1.2 试样

试样为完整的设备、部件或元件。

4.5.1.3 试验方法

一个 12 mm 高的丁烷试验火焰用于评定规定时间内火焰对试样某个部分的影响。将一个铺底层置于试样下方用于测定火焰蔓延性。试验火焰燃烧和结束时，观察试样的灼热、滴落物以及起燃情况。

4.5.1.4 重复性和再现性

目前没有可以利用的数据。

4.5.1.5 试验数据的相关性

针焰试验用于检验材料受绝缘材料火焰影响的适用性，这类绝缘材料用于支撑过热电气连接件的带电部件。该试验还可用于检验需要后续试验的材料(见 4.4.1.1.5)。

当满足 IEC 60695-2-11 要求的元件尺寸不适用于灼热丝试验装置时，则可采用 IEC 60695-11-5 的针焰试验。

4.5.2 50 W 水平与垂直火焰试验方法，GB/T 5169.16；500 W 火焰试验方法，GB/T 5169.17

4.5.2.1 目的和原理

GB/T 5169.16—2008[21]是使用 50 W 火焰的试验方法。GB/T 5169.17—2008[22]是使用 500 W 火焰的试验方法。

这些固体电气绝缘材料试验方法用于指示这些材料暴露于引燃源时的初始性能。试验结果可用来检验材料特性的稳定性，并为绝缘材料的研究开发以及各类材料间的对比和分类提供指示。

4.5.2.2 试样

两种试验方法的试样均为长 125 mm、宽 13 mm、厚度不超过 13 mm。

4.5.2.3 试验方法

这些试验是将一个引燃源施加到一个水平或垂直的试样上，并测量试样的燃烧长度或火焰表面蔓延速率。

注：IEC 60695-11-4[23]描述了产生 50 W 火焰的装置。IEC 60695-11-3[24]描述了产生 500 W 火焰的装置。

4.5.2.4 重复性和再现性

试验数据在 GB/T 5169.16—2008 的附录 A 和附录 B，以及 GB/T 5169.17—2008 的附录 A 中可以得到。

4.5.2.5 试验数据的相关性

该试验是对一系列标准试样进行的材料试验。获得的数据可以在预选过程中用来判定材料的性能是否满足成品的许多可燃性要求。该试验方法在确定设备所有物件的可燃性、防火性或着火危险性方面是无效的，因为绝缘系统或可燃部件的结构大小以及邻近的金属或非金属部件的布局和传热等，对所使用材料的可燃性都有很大影响。

作为指导着火危险评定的一个结果，一系列适当的可燃性和起燃预选试验可减少成品试验(参见IEC 60695-1-30)。

4.5.2.6 相关性标准

GB/T 5169.16—2008。

GB/T 5169.17—2008。

4.5.3 1 kW 标称预混合火焰试验，GB/T 5169.14

4.5.3.1 目的和原理

GB/T 5169.14—2007[25]给出了使用丙烷燃气产生1 kW标称预混合型试验火焰的具体要求。

4.5.3.2 试样

试验火焰可以用来测试电工设备、部件和元件以及固体电气绝缘材料或其他可燃材料。试样的详细情况在使用该试验火焰的相关标准中有描述。

4.5.3.3 试验方法

试验装置的示例在GB/T 5169.14—2007的附录B中有给出。许多试验使用该火焰引燃源。详细情况可参考相关试验方法。

注：在使用试验装置时，除非在相关规范中另有说明，建议燃烧器管的顶部到试样表面受试点的距离约为100 mm，且燃烧器在试验时被固定在适当的位置。

当测试条形材料时，试验人员可在测试期间随着试样的变形或燃烧移动火焰，此时蓝色焰心尖端应尽可能接近但不接触到试样。

4.5.3.4 试验火焰的确认

试验火焰通过测量规定铜块温升所需要的时间来进行确认。

4.5.3.5 试验数据的相关性

这种1 kW大功率预混合试验火焰广泛地用于模拟成品、元件和材料在直接接触火焰引燃源时对火的反应。

4.5.3.6 相关标准

GB/T 5169.14—2007。

GB/Z 5169.42—2013[26]。

4.5.4 飞机材料的垂直及60°试验，FAR 25

4.5.4.1 目的和原理

FAR 25.869(a)给出了对电气系统元件的要求。安装在飞机机身任一区域的电线和电缆上的绝缘物，当按照FAR 25:1999[27]附录F第Ⅰ部分中描述的60°本生灯试验进行测试时，应自行熄灭。

对乘务员舱和乘客舱中使用的材料和部件的要求在FAR 25.853中有给出。当按照FAR 25:1999附录F第Ⅰ部分中描述的垂直本生灯试验进行测试时，电气套管应自行熄灭。

4.5.4.2 试样

垂直本生灯试验的试样尺寸至少为宽 50 mm、长 305 mm，除非飞机上实际使用的尺寸还要小。试样厚度不应大于适合飞机使用的最小厚度。

60°本生灯试验的试样是一段电线或电缆。规格应与飞机上使用的一致。

4.5.4.3 试验方法

将一个引燃源施加到 60°或垂直的试样上。然后测量或记录试样的燃烧时间、燃烧长度，如果存在滴落物则还需记录其燃烧时间。

对电气套管施加火焰 12 s。对电线电缆施加火焰 30 s。

4.5.4.4 重复性和再现性

没有可利用的数据。

4.5.4.5 相关的测试数据

这些试验方法用于航空工业用电线、电缆和电气套管的材料预选、质量控制和产品评价。

4.5.4.6 相关标准

FAR 25：1999 附录 F 第Ⅰ部分。

4.6 电弧试验

4.6.1 电痕化指数试验，IEC 60112

4.6.1.1 目的和原理

IEC 60112：2003[28] 详述了测定固体绝缘材料的耐电痕化指数和相比电痕化指数的试验方法，这些材料取自设备部件的零件和使用交流电压的材料饰板。该标准也提供了腐蚀测定方法。

4.6.1.2 试样

试样应为平板状，厚度至少为 3 mm，且应有足够的面积以确保液体在试验过程中的流动不会溢出试样边缘，尺寸最好不小于 20 mm×20 mm。

4.6.1.3 试验方法

试样被支撑呈上表面基本水平，上表面经受由相距 4 mm 的两个铂电极施加的 100 V～600 V 交流电压。向两个电极之间的表面连续滴加电解质滴液，直到过载电流装置启动，或起燃并产生持续的火焰，或试验周期的结束。

单独试验是短时的(小于 1 h)，约 20 mg 的电解液以 30 s 的时间间隔滴下 50 滴或 100 滴。当外加电压降低时，引起失效所需的液滴数量通常会增加。而当电压低于临界值时，电痕化的现象则不会发生。

试验过程中，样品可能被腐蚀或者变软，因此允许电极进入样品。如果需要，可测量腐蚀深度。

如果出现穿孔，需记录下来。

4.6.1.4 重复性和再现性

相关数据在 IEC/TR 62062：2002[29] 中有报告。

4.6.1.5 试验数据的相关性

通过该试验，可以鉴别耐电痕化性能较低的材料以及潮湿环境下工作电气设备上使用的耐电痕化性能一般和优良的材料。

该试验不能很好地指示材料耐电弧源引发起燃这类初级失效模式的能力。该方法提出建立评价电痕化这类初级失效模式的加速条件。然而，这些加速条件不能准确地反映出电弧起燃区域的状况。该试验过程中经常发生起燃，这是出现不完全(或完全)炭化痕的二级失效模式。

注：为评定户外用材料的性能，要求采用更严酷的长期试验，采用较高电压和大量试样，见 IEC 60587[30] 的斜面试验。

4.6.1.6 相关标准

IEC 60112：2003。

4.6.2 大电流电弧起燃(HAI)试验，UL 746A-Sec.33

4.6.2.1 目的和原理

UL 746A—2012-Sec.33[31] 用于区分固体绝缘材料的耐电弧起燃能力。电气设备的某些正常或异常运转下，绝缘材料可能在电弧源附近。如果电弧的强度和/或持续时间足够，则绝缘材料可能起燃。

4.6.2.2 试样

试样为(125 mm±5 mm)×(13.0 mm±0.5 mm)的条形样品，其厚度可根据试验需要选择。

4.6.2.3 试验方法

两个分别为铜和不锈钢的电极均与水平呈 45°并与试样表面接触。不锈钢电极被移开一定距离，电弧消失；电极返回后，电弧重新产生。这一过程是沿着 45°轴线上循环进行的。试验开始时，用一个 32.5 A 的电流(功率因数为 0.5)进行通电，移动的电极往返运动，每分钟产生 40 次电弧，直到出现火焰(或样品经过 200 次电弧仍未起燃)。试验可在电极触头初始间距为 1.6 mm 或 3.2 mm 的情况下进行。

4.6.2.4 重复性和再现性

目前没有公布的数据可以利用。以下因素经常引起测量数据发生明显偏差：

a) 由交流频率和电弧不同步引起的电弧形变；

b) 试验周期内电极尖端的磨损；

c) 对可移动电极缺乏精确控制。

目前美国正在开发解决这些问题的修正方法。

4.6.2.5 试验数据的相关性

该试验方法用于材料的预选、质量控制和产品评估。所得数据用于确定靠近距非电弧源(如单个导体或母线)0.8 mm 以内时，或距电弧源(如相反极性的部件)12.7 mm 以内时电气设备用聚合物材料的适用性。

4.6.2.6 相关标准

ANSI/UL 746A—2012-Sec.33。

CAN/CSA C22.2[32]。

4.6.3 高电压电弧耐起燃(HVAR)试验,UL 746A-Sec.34

4.6.3.1 目的和原理

UL 746A—2012-Sec.34[33]用于区分经受如电气设备内某个高压电源发生故障而出现的高压、小电流电弧时,固体绝缘材料的耐起燃性和阻抗表面形成炭化通路的能力。

4.6.3.2 试样

试样为(125 mm±5 mm)×(13.0 mm±0.5 mm)的条形样品,其厚度可根据试验需要选择。将试样在 23 ℃±2 ℃和相对湿度 50%±5%条件下预处理至少 40 h。

4.6.3.3 试验方法

两个均与水平呈 45°的电极以 4.0 mm±0.1 mm 的距离放置在试样表面。试验开始时,用带有 2.36 mA 限流器的 5.2 kV 启动电路在两个电极之间产生一个连续电弧。试验持续 5 min,或直到起燃发生或试样上出现穿孔。

4.6.3.4 重复性和再现性

目前没有可以利用的数据。

4.6.3.5 试验数据的相关性

该试验方法用于材料的预选、质量控制和产品评估。所得数据有助于确定与非绝缘带电部件直接接触或靠近(距非电弧源 0.8 mm 或距电弧源 12.7 mm)的电气设备用聚合物材料的适用性。

4.6.3.6 相关标准

ANSI/UL 746A—2012-Sec.34。

CAN/CSA C22.2。

附 录 A
（资料性附录）
试验方法的适用性

A.1 试样方法的适用性

表 A.1 列出了第 4 章描述的试验方法，并对它们属于材料试验还是成品试验进行了区分。

表 A.1 试验方法的适用性

条款	试验方法	材料试验	成品试验	注释
4.1.1	热空气炉测定起燃温度 GB/T 4610—2008	√	×	该方法测量塑料的闪燃温度和自燃温度
4.1.2	差示扫描量热法 ISO 11357	√	×	该方法测量对起燃有影响的许多特性
4.2.1	锥形量热仪法 GB/T 16172—2007	√	如果几何形状合适	该方法主要为热释放试验，但也测量起燃时间
4.2.2	绝缘液体的热释放试验 IEC/TS 60695-8-3	√	√	该方法是针对绝缘液体的试验。其主要为热释放试验，但也测量起燃时间
4.2.3	材料起燃和火焰蔓延试验 ASTM E1321-97a(2002)	√	√	该方法主要用于评定室内建材
4.2.4	非接触火焰的起燃特性热通量测定 IEC 60695-11-11	√	√	该方法是测量非接触火焰热通量对起燃时间的影响
4.3.1	氧指数——室温试验 GB/T 2406.2—2009	√	×	该方法基于起燃后燃烧是否持续。其中氧体积分数是一个变量
4.3.2	氧指数——高温试验 ISO 4589-3:1996	√	×	该方法基于起燃后燃烧在空气中是否持续。其中温度是一个变量
4.4.1.1	成品的灼热丝可燃性试验 IEC 60695-2-11	×	√	该方法引燃源为一个热丝
4.4.1.2	材料的灼热丝可燃性试验 IEC 60695-2-12	√	×	该方法引燃源为一个热丝。是对灼热丝可燃性指数(GWFI)的测量
4.4.1.3	材料的灼热丝起燃性试验 IEC 60695-2-13	√	×	该方法引燃源为一个热丝。是对灼热丝起燃温度(GWIT)的测量
4.5.1	针焰试验 IEC 60695-11-5	√	√	该方法引燃源为一个小规模火焰
4.5.2	50 W 水平与垂直火焰试验方法 GB/T 5169.16—2008	√	×	该方法引燃源为一个 50 W 预混合火焰
4.5.2	500 W 火焰试验方法 GB/T 5169.17—2008	√	×	该方法引燃源为一个 500 W 预混合火焰
4.5.3	1 kW 标称预混合火焰试验 GB/T 5169.14—2007	√	√	该方法引燃源为一个 1 kW 预混合火焰

表 A.1（续）

条款	试验方法	材料试验	成品试验	注释
4.5.4	飞机材料的垂直及60°试验 FAR 25-附录 F-第Ⅰ部分	×	√	该方法是针对航空工业用电线电缆的试验
4.6.1	固体绝缘材料的耐电痕化指数和相比电痕化指数试验 IEC 60112:2003	√(CTI)[a]	√(PTI)[b]	引起持续火焰(燃烧超过 2 s)的起燃是该试验的一个失效判定准则
4.6.2	大电流电弧起燃(HAI)试验 UL 746A—2012-Sec.33	√	×	该方法用于评定高分子绝缘材料
4.6.3	高电压电弧耐起燃(HVAR)试验 UL 746A—2012-Sec.34	√	×	该方法用于评定高分子绝缘材料

[a] CTI=相比电痕化指数。

[b] PTI=耐电痕化指数。

参 考 文 献

[1] GB/T 4610—2008 塑料 热空气炉法点着温度的测定(ISO 871:2006,IDT)

[2] SFPE Handbook of Fire Protection Engineering, National Fire Protection Association Press, Quincy,MA(USA),1995,pp.1-103 to 1-106.

[3] Haines,P.J..Thermal methods of analysis,Blackie Academic&Professional,Glasgow,1995.

[4] ISO 11357 Plastics—Differential scanning calorimetry(DSC)

[5] GB/T 16172—2007 建筑材料热释放速率试验方法(ISO 5660-1:2002,IDT)

[6] ISO 5660-2:2002 Reaction-to-fire tests—Heat release,smoke production and mass loss rate—Part 2:Smoke production rate(dynamic measurement)

[7] IEC/TS 60695-8-3 Fire hazard testing—Part 8-3:Heat release—Heat release of insulating liquids used in electrotechnical products

[8] ASTM E1321-97a(2002) Standard test method for determining material ignition and flame spread properties

[9] IEC 60695-11-11 Fire hazard testing—Part 11-11:Test flames—Determination of the ignition characteristic heat flux from a non-contacting flame source

[10] GB/T 2406.2—2009 塑料 用氧指数法测定燃烧行为 第2部分:室温试验(ISO 4589-2:1996,IDT)

[11] Fenimore and Martin.Modern Plastics,43,p.141,1966.

[12] ISO 4589-3:1996 Plastics—Determination of burning behaviour by oxygen index—Part 3:Elevated-temperature test

[13] Weil,Hirschler,Patel.Said and Shakir,Fire and Materials,16(4),p.159,1992.

[14] GB/T 2406.1—2008 塑料 用氧指数法测定燃烧行为 第1部分:导则(ISO 4589-1:1996,IDT)

[15] IEC 60695-2-10 Fire hazard testing—Part 2-10:Glowing/hot-wire based test methods—Glow-wire apparatus and common test procedure

[16] IEC 60695-2-11 Fire hazard testing—Part 2-11:Glowing/hot-wire based test methods—Glow-wire flammability test method for end-products

[17] IEC 60695-2-12 Fire hazard testing—Part 2-12:Glowing/hot-wire based test methods—Glow-wire flammability test method for materials

[18] IEC 60695-2-13 Fire hazard testing—Part 2-13:Glowing/hot-wire based test methods—Glow-wire ignitability test method for materials

[19] ANSI/ASTM D3874-04 Standard test method for ignition of materials by hot wire sources

[20] IEC 60695-11-5 Fire hazard testing—Part 11-5:Needle flame test

[21] GB/T 5169.16—2008 电工电子产品着火危险试验 第16部分:试验火焰 50 W水平与垂直火焰试验方法(IEC 60695-11-10:2003,IDT)

[22] GB/T 5169.17—2008 电工电子产品着火危险试验 第17部分:试验火焰 500 W火焰试验方法(IEC 60695-11-20:2003,IDT)

[23] IEC 60695-11-4 Fire hazard testing—Part 11-4:Test flames—50 W flame—Apparatus and confirmational test method

[24] IEC 60695-11-3 Fire hazard testing—Part 11-3:Test flames—500 W flames—Apparatus and confirmational test methods

[25] GB/T 5169.14—2007 电工电子产品着火危险试验 第14部分：试验火焰 1 kW标称预混合型火焰 设备、确认试验方法和导则(IEC 60695-11-2:2003,IDT)

[26] GB/Z 5169.42—2013 电工电子产品着火危险试验 第42部分：试验火焰 确认试验 导则(IEC/TS 60695-11-40:2002,IDT)

[27] FAR 25:1999 Federal aviation regulations—Air worthiness standards—Part 25: Transport category—Airplanes

[28] IEC 60112:2003 Method for the determination of the proof and the comparative tracking indices of solid insulating materials

[29] IEC/TR 62062:2002 Results of the Round Robin series of tests to evaluate proposed amendments to IEC 60112

[30] IEC 60587 Test method for evaluating resistance to tracking and erosion of electrical insulating materials used under severe ambient conditions

[31] UL 746A—2012-Sec.33 Standard for polymeric materials—Short term property evaluations—Sec.33: High—Current arc ignition performance level categories

[32] CAN/CSA C22.2,No.0.17 Evaluation of properties of polymeric materials

[33] UL 746A—2012-Sec.34 Standard for polymeric materials—Short term property evaluations—Sec.34: High-voltage arc resistance to ignition performance level

[34] ISO/IEC 13943:2000 Fire Safety—Vocabulary

[35] GB/T 5169.1—2007 电工电子产品着火危险试验 第1部分：着火试验术语(IEC 60695-4:2005,IDT)

[36] IEC Guide 104:1997 The preparation of safety publications and the use of basic safety publications and group safety publications

[37] ISO/IEC Guide 51:1999 Safety aspects—Guidelines for their inclusion in standards

ICS 13.220.40;29.020
K 04

中华人民共和国国家标准

GB/T 5169.38—2014/IEC 60695-7-2:2011

电工电子产品着火危险试验 第38部分:燃烧流的毒性 试验方法概要和相关性

Fire hazard testing for electric and electronic products—Part 38:Toxicity of fire effluent—Summary and relevance of test methods

(IEC 60695-7-2:2011,Fire hazard testing—Part 7-2:Toxicity of fire effluent—Summary and relevance of test methods,IDT)

2014-09-03 发布 2015-04-01 实施

中华人民共和国国家质量监督检验检疫总局
中国国家标准化管理委员会 发布

前　言

GB/T 5169《电工电子产品着火危险试验》已经或计划发布以下部分：
——第1部分：着火试验术语；
——第2部分：着火危险评定导则　总则；
——第3部分：电子元件着火危险评定技术要求和试验规范制定导则；
——第5部分：试验火焰　针焰试验方法　装置、确认试验方法和导则；
——第9部分：着火危险评定导则　预选试验程序　总则；
——第10部分：灼热丝/热丝基本试验方法　灼热丝装置和通用试验方法；
——第11部分：灼热丝/热丝基本试验方法　成品的灼热丝可燃性试验方法；
——第12部分：灼热丝/热丝基本试验方法　材料的灼热丝可燃性指数(GWFI)试验方法；
——第13部分：灼热丝/热丝基本试验方法　材料的灼热丝起燃温度(GWIT)试验方法；
——第14部分：试验火焰　1 kW标称预混合型火焰　设备、确认试验方法和导则；
——第15部分：试验火焰　500 W火焰　装置和确认试验方法；
——第16部分：试验火焰　50 W水平与垂直火焰试验方法；
——第17部分：试验火焰　500 W火焰试验方法；
——第18部分：燃烧流的毒性　总则；
——第19部分：非正常热　模压应力释放变形试验；
——第20部分：火焰表面蔓延　试验方法概要和相关性；
——第21部分：非正常热　球压试验；
——第22部分：试验火焰　50 W火焰装置和确认试验方法；
——第23部分：试验火焰　管形聚合材料500 W垂直火焰试验方法；
——第24部分：着火危险评定导则　绝缘液体；
——第25部分：烟模糊　总则；
——第26部分：烟模糊　试验方法概要和相关性；
——第27部分：烟模糊　小规模静态试验方法　仪器说明；
——第28部分：烟模糊　小规模静态试验方法　材料；
——第29部分：热释放　总则；
——第30部分：热释放　试验方法概要和相关性；
——第31部分：火焰表面蔓延　总则；
——第32部分：热释放　绝缘液体的热释放；
——第33部分：着火危险评定导则　起燃性　总则；
——第34部分：着火危险评定导则　起燃性　试验方法概要和相关性；
——第35部分：燃烧流的腐蚀危害　总则；
——第36部分：燃烧流的腐蚀危害　试验方法概要和相关性；
——第38部分：燃烧流的毒性　试验方法概要和相关性；
——第39部分：燃烧流的毒性　试验结果的使用和说明；
——第40部分：燃烧流的毒性　毒效评定　装置和试验方法；
——第41部分：燃烧流的毒性　毒效评定　试验结果的计算和说明；
——第42部分：试验火焰　确认试验　导则；

——第44部分:着火危险评定导则 着火危险评定。

本部分为GB/T 5169的第38部分。

本部分按照GB/T 1.1—2009给出的规则起草。

本部分使用翻译法等同采用IEC 60695-7-2:2011《着火危险试验 第7-2部分:燃烧流的毒性 试验方法概要和相关性》。

本部分做了下列编辑性修改:

——为与现有标准系列一致,将标准名称改为《电工电子产品着火危险试验 第38部分:燃烧流的毒性 试验方法概要和相关性》;

——删除了第1章中第3、4段资料性内容。

本部分由中国电器工业协会提出。

本部分由全国电工电子产品着火危险试验标准化技术委员会(SAC/TC 300)归口。

本部分负责起草单位:中国电器科学研究院有限公司。

本部分参加起草单位:威凯检测技术有限公司、公安部四川消防研究所、广东出入境检验检疫局检验检疫技术中心、深圳市计量质量检测研究院、深圳出入境检验检疫局工业品检测技术中心、工业和信息化部电子第五研究所。

本部分主要起草人:揭敢新、夏庆云、赵成刚、武政、何益壮、毕凯军、张元钦、陈兰娟、吴倩。

引　言

GB/T 5169 中涉及燃烧流毒性的几个部分为电工电子产品标委会在采用和执行 ISO/TC 92 推荐方法时提供了指导，旨在最小化电工电子产品火灾引起的中毒危险。

电工电子产品主要作为火灾受害物时，燃烧流释放物可能助长着火危险，这也可能成为整个着火危险的一个重要因素。

电工电子产品标委会在其产品标准中对产品火灾的中毒危险评定应注意：本部分描述的毒效试验和其他毒性试验不能直接用于产品规范。由毒效试验得到的数据只能作为中毒危险评定的部分数据使用，还应考虑产品对于着火的其他基本反映数据（如质量损失率）。

电工电子产品着火危险试验 第38部分:燃烧流的毒性 试验方法概要和相关性

1 范围

GB/T 5169的本部分简要概述了评估急剧毒效的常用试验方法,以及其他毒性试验方法。内容包括对这些方法和真实火情之间相关性的特殊观测,并给出了如何使用这些试验方法的建议。

本部分对哪些试验方法能够得到与真实火情相关的毒效数据,以及哪些方法适用于着火危险评定和消防安全工程也给出了建议。

2 规范性引用文件

下列文件对于本文件的应用是必不可少的。凡是注日期的引用文件,仅注日期的版本适用于本文件。凡是不注日期的引用文件,其最新版本(包括所有的修改单)适用于本文件。

GB/T 5169.18—2013 电工电子产品着火危险试验 第18部分:燃烧流的毒性 总则(IEC 60695-7-1:2010,IDT)

IEC 60695-7-3 着火危险试验 第7-3部分:燃烧流的毒性 试验结果的使用和说明(Fire hazard testing—Part 7-3:Toxicity of fire effluent—Use and interpretation of test results)

ISO 13344 燃烧流致死毒效的测定(Estimation of the lethal toxic potency of fire effluents)

ISO 13571:2007 火灾生命威胁部分 使用火灾数据预估逃生时间的指导方针(Life-threatening components of fire—Guidelines for the estimation of time available for escape using fire data)

ISO 16312-1:2010 对于获取着火危险和风险评估所用燃烧流毒性数据的物理着火模型有效性的评估导则 第1部分:标准(Guidance for assessing the validity of physical fire models for obtaining fire effluent toxicity data for fire hazard and risk assessment—Part 1:Criteria)

ISO/TR 16312-2:2007 对于获取着火危险和风险评估所用燃烧流毒性数据的物理着火模型有效性的评估导则 第2部分:评估独立的物理着火模型(Guidance for assessing the validity of physical fire models for obtaining fire effluent toxicity data for fire hazard and risk assessment—Part 2:Evaluation of individual physical fire models)

ISO 19701 火灾烟气的取样和分析方法(Methods for sampling and analysis of fire effluents)

ISO 19702 燃烧流的毒性试验 用FTIR气体分析对燃烧废气中气体和蒸气的分析指南(Toxicity testing of fire effluents—Guidance for analysis of gases and vapours in fire effluents using FTIR gas analysis)

ISO 19703:2010 燃烧中有毒气体的产生和分析 实验室燃烧中物质产生、当量比和燃烧效率的计算(Generation and analysis of toxic gases in fire—Calculation of species yields,equivalence ratios and combustion efficiency in experimental fires)

ISO 19706:2007 火灾对人类威胁的评定指南(Guidelines for assessing the fire threat to people)

3 术语和定义

ISO/IEC 13943:2008界定的术语和定义适用于本文件,为方便使用,以下重复列出部分术语和定义。

3.1

急性毒性　acute toxicity

快速产生有毒作用的毒性。

参考:毒效 toxic potency(3.45)。

[ISO/IEC 13943:2008,定义 4.5]

3.2

燃烧(不及物动词)　**burn**(intransitive verb)

经受燃烧。

[ISO/IEC 13943:2008,定义 4.28]

3.3

燃烧(及物动词)　**burn**(transitive verb)

引起燃烧。

[ISO/IEC 13943:2008,定义 4.29]

3.4

可燃的(形容词)　**combustible**(adjective)

能够起燃和燃烧的。

[ISO/IEC 13943:2008,定义 4.43]

3.5

可燃物(名词)　**combustible**(noun)

能够燃烧的物品。

[ISO/IEC 13943:2008,定义 4.44]

3.6

燃烧　combustion

物质与氧化剂的放热反应。

注:燃烧通常会放出燃烧流,并伴有火焰和/或灼热。

[ISO/IEC 13943:2008,定义 4.46]

3.7

燃烧效率　combustion efficiency

非完全燃烧的放热量与理论上完全燃烧的放热量的比值。

注 1:燃烧效率只用于定义可完全燃烧时的情况。

注 2:燃烧效率是无量纲的,通常用百分数表示。

[ISO/IEC 13943:2008,定义 4.47]

3.8

完全燃烧　complete combustion

燃烧产物均为被充分氧化的燃烧。

注 1:这意味着,当氧化剂为氧气时,所有的碳转化为二氧化碳,而所有的氢转化为水。

注 2:如果燃烧材料中不止含有碳、氢和氧这三种元素,那么其他元素应在 298 K 的标准状态下转化为最稳定的产物。

[ISO/IEC 13943:2008,定义 4.50]

3.9

浓度　concentration

单位体积的质量。

注 1：对于燃烧流，其代表性单位为克每立方米（$g \cdot m^{-3}$）。

注 2：对于毒性气体，浓度通常表达为 $T=298$ K 和 $p=1$ atm 时的体积分数，其代表性单位为微升每升（μL/L），相当于 cm^3/m^3 或 10^{-6}。

注 3：当温度为 T、大气压为 p 时，气体浓度可以通过它的体积分数（假设为理想大气的性能）算得，即用体积分数乘以气体在该温度和大气压下的密度。

[ISO/IEC 13943:2008，定义 4.52]

3.10

外壳　enclosure

〈建成环境〉空间的外边界，可能含有一个或多个开口。

[ISO/IEC 13943:2008，定义 4.77]

3.11

当量比　equivalence ratio

理论混合气所需的燃料/空气比值除以实际燃料/空气比值。

注 1：标准状态下，干燥空气含有 20.95%体积的氧气。实际上输入气体中氧气的浓度可能变化，当量比的计算标准需要以干燥空气为基准。

注 2：当量比是无量纲的。

[ISO/IEC 13943:2008，定义 4.81]

3.12

暴露剂量　exposure dose

可吸入毒性气体或燃烧流的最大量的测量值，通过浓度-时间曲线下的面积积分得出。

注 1：对于燃烧流，其代表性单位为克分每立方米（$g \cdot min \cdot m^{-3}$）。

注 2：对于毒性气体，在 $T=298$ K 和 $p=1$ atm 时，其代表性的单位为微升分每升（$\mu L \cdot min \cdot L^{-1}$）；见体积分数（3.49）。

[IEC/IEC 13943:2008，定义 4.89]

3.13

暴露时间　exposure time

人、动物或试样暴露在规定条件下的时间长短。

[ISO/IEC 13943:2008，定义 4.90]

3.14

***F* 值　*F* factor**

会严重阻碍从火灾中逃生的刺激性有毒气体的最小浓度。

注：该浓度通常用 $T=298$ K 和 $p=1$ atm 条件下的体积分数表示，其代表性的单位为微升每升（μL/L），相当于 cm^3/m^3 或 10^{-6}。

[ISO/IEC 13943:2008，定义 4.94]

3.15

着火　fire

〈通常〉以排放热和燃烧流为特征的燃烧过程，常伴有烟和/或火焰和/或灼热。

[ISO/IEC 13943:2008，定义 4.96]

3.16

燃烧流　fire effluent

在着火情况下，由燃烧或热解产生的所有气体和气溶胶，包括悬浮颗粒。

[ISO/IEC 13943:2008，定义 4.105]

3.17

着火危险　fire hazard

由着火引起不期望的潜在性物质或条件。

[ISO/IEC 13943:2008，定义 4.112]

3.18

着火危险评定　fire hazard assessment

对可能引发着火的原因、后续火势发展的潜在性和类型，以及火灾可能造成的后果的评估。

3.19

着火羽流　fire plume

羽流　plume

着火上方易上浮的气流和在其中流动的任何材料。

[ISO/IEC 13943:2008，定义 4.118]

3.20

消防安全工程　fire safety engineering

通过分析特定火情或量化一组火情风险，以基于科学原理的工程方法来改进或评定建筑环境方面设计的一种应用。

[ISO/IEC 13943:2008，定义 4.126]

3.21

火情　fire scenario

通过识别研究所用火的特性以及它与其他可能发生的着火之间区别的关键事物，来对着火在时间方面的进程的一种定性描述。

注：其代表性地定义了起燃和火势的发展进程，完全着火阶段，着火衰退阶段，以及影响着火进程的环境和体系。

[ISO/IEC 13943:2008，定义 4.129]

3.22

着火试验　fire test

测定着火性能或将事物暴露于火灾影响范围内的试验。

注：着火试验的结果可用于定量试样着火的严重性或测定其耐火性或着火反应。

[ISO/IEC 13943:2008，定义 4.132]

3.23

阻焰　flame retardance

材料表现有减缓、终止或防止有焰燃烧的特性。

注 1：阻焰可以是基本材料的一种固有特性，也可以通过特殊处理获得。

注 2：试验过程中，材料表现的阻焰程度会根据试验条件而改变。

[ISO/IEC 13943:2008，定义 4.138]

3.24

阻燃剂(名词)　**flame retardant**(noun)

为抑制或延迟火焰的出现和/或降低火焰蔓沿速率而添加的物质或进行的处理。

注：阻燃剂的使用不一定会抑制着火或终止燃烧。

[ISO/IEC 13943:2008，定义 4.139]

3.25

阻燃的　flame retarded

用阻燃剂处理过的。

[ISO/IEC 13943:2008，定义 4.141]

3.26

轰燃　flashover

(着火的阶段)在一定范围内，可燃材料的整个表面突然转入着火状态。

[ISO/IEC 13943:2008，定义 4.156]

3.27

有效浓度分数　fractional effective concentration;FEC

一种刺激物的浓度与预期对普通敏感性暴露对象会产生特定影响的刺激物的浓度之比。

注1：概念上，有效浓度分数涉及所有影响，包括无能力、致死性或其他最终影响。

注2：如果不是用于某种特定的刺激物时，有效浓度分数代表燃烧氛围中所有刺激物的FEC总和。

注3：有效浓度分数是无量纲的。

[ISO/IEC 13943:2008，定义4.159]

3.28

有效剂量分数　fractional effective dose;FED

一种窒息性物质的暴露剂量与预期对普通敏感性暴露对象会产生特定影响的窒息性物质的暴露剂量之比。

注1：概念上，有效剂量分数涉及所有影响，包括无能力、致死性或其他最终影响。

注2：如果不是用于某种特定的窒息物质时，有效剂量分数代表燃烧氛围中所有窒息物质的FED总和。

注3：有效剂量分数是无量纲的。

[ISO/IEC 13943:2008，定义4.160]

3.29

完全着火　full developed fire

火灾中可燃材料全部转化为着火的状态。

[ISO/IEC 13943:2008，定义4.164]

3.30

热通量　heat flux

单位面积和单位时间释放、传输或接受的热能量总量。

注：其代表性单位为瓦特每平方米($W \cdot m^{-2}$)。

[ISO/IEC 13943:2008，定义4.173]

3.31

引燃源　ignition source

引发燃烧的能量来源。

[ISO/IEC 13943:2008，定义4.189]

3.32

无能力　incapacitation

身体不能完成特定任务的状况。

[ISO/IEC 13943:2008，定义4.194]

3.33

半致死浓度　lethal concentration 50

LC_{50}

在指定的暴露时间和暴露后时间内，以浓度效应数据为统计依据，计算出的引起给定生物50%死亡的毒性气体或燃烧流浓度。

注1：对于燃烧流，其代表性的单位为克每立方米($g \cdot m^{-3}$)。

注2：对于毒性气体，在$T=298$ K、$p=1$ atm时，其代表性的单位为微升每升($\mu L \cdot L^{-1}$)；见体积分数(3.49)。

[ISO/IEC 13943:2008，定义4.207]

3.34

半致死暴露剂量　lethal exposure dose 50

LCt_{50}

LC_{50}与测定期间暴露时间的乘积。

参考：浓度(3.9)和暴露剂量(3.12)。

注 1：LCt_{50} 为致死毒效的量。

注 2：对于燃烧流，其代表性的单位为克分每立方米($g \cdot min \cdot m^{-3}$)。

注 3：对于毒性气体，在 $T=298$ K、$p=1$ atm 时，其代表性的单位为微升分每升($\mu L \cdot min \cdot L^{-1}$)；见体积分数(3.49)。

[ISO/IEC 13943:2008，定义 4.208]

3.35

致死毒效　lethal toxic potency

以死亡为特定毒性效果的毒效。

参考：半致死暴露剂量，LCt_{50}(3.34)。

3.36

质量损失浓度　mass loss concentration

〈密封环境下〉燃烧时试样被消耗的质量除以试验箱的体积。

注：其代表性的单位为克每立方米($g \cdot m^{-3}$)。

[ISO/IEC 13943:2008，定义 4.222]

3.37

质量损失浓度　mass loss concentration

〈敞开环境下〉燃烧时试样被消耗的质量除以通过试验装置的气体的总体积。

注 1：该定义假定了质量是随时间在气流中稳定地被消耗。

注 2：其代表性的单位为克每立方米($g \cdot m^{-3}$)。

[ISO/IEC 13943:2008，定义 4.223]

3.38

物理着火模型　physical fire model

一种实验室流程，包括仪器、环境，以及用于表示着火的某一阶段的着火试验程序。

[ISO/IEC 13943:2008，定义 4.251]

3.39

热解　pyrolysis

由热作用引起的物质的化学分解。

注 1：热解通常针对有焰燃烧开始之前的着火阶段。

注 2：在火灾科学中，不设定有无氧气的存在。

[ISO/IEC 13943:2008，定义 4.266]

3.40

实际规模着火试验　real-scale fire test

按照产品的实际规模、产品实际安装和使用方式，以及周围环境来模拟特定应用状况的着火试验。

注：这类着火试验通常假设产品依照说明规定的条件和/或惯例使用。

[ISO/IEC 13943:2008，定义 4.273]

3.41

烟　smoke

燃烧流的可见部分。

[ISO/IEC 13943:2008，定义 4.293]

3.42

试样　test specimen

经受评定或测量过程的物体。

注：在着火试验中，这类物体可以是材料、产品、部件、结构组件，或可能是它们的组合。也可以是一个可模拟产品表现的传感器。

[ISO/IEC 13943:2008,定义 4.321]

3.43

热分解　thermal decomposition

加热或升高温度使物体的化学成分发生改变的过程。

注：不同于热降解。

[ISO/IEC 13943:2008,定义 4.323]

3.44

有毒的　toxic

引起中毒的。

注：一个有毒物质对活的生物体产生不利作用,例如,疼痛、麻醉或死亡。

[ISO/IEC 13943:2008,定义 4.335]

3.45

中毒危险　toxic hazard

暴露在有毒燃烧产物中而导致受到损害的潜在危险性。

参考:着火危险(3.17)。

[ISO/IEC 13943:2008,定义 4.337]

3.46

毒效　toxic potency

引起特定中毒效果所需的有毒物质的量度。

参考:半致死暴露剂量(3.34)。

注：毒效的值越小,毒效越大;反之亦然。

[ISO/IEC 13943:2008,定义 4.338]

3.47

有毒物质　toxicant

毒素　toxin

能引起中毒的物质。

[ISO/IEC 13943:2008,定义 4.340]

3.48

毒性　toxicity

能引起中毒的特性。

参考:急性毒性(3.1)和毒效(3.46)。

[ISO/IEC 13943:2008,定义 4.341]

3.49

体积分数　volume fraction

〈气体混合物中某种气体的〉以下两个参数的比值:

——在确定的温度和大气压下,气体单独占的体积,比上:

——在相同温度和大气压下,混合气体占的体积。

注 1：在温度为 T、大气压为 p 的条件下,某种气体的浓度可根据它的体积分数(假设为理想气体的状况)计算出来,就是用体积分数乘以这种气体在温度为 T、大气压为 p 时的密度。

注 2：除非另有规定,温度和大气压假定为 298 K 和 1 atm。

注 3：体积分数是无量纲的,通常用微升每升(μL/L)表示,相当于 cm^3/m^3 或 10^{-6} 或百分比。

[ISO/IEC 13943:2008,定义 4.351]

3.50

体积得率　volume yield

在 298 K 和 1 atm 条件下，燃烧流混合物的体积除以产生这部分燃烧流体积的试样所损失的质量。

注：其代表性的单位为立方米每克($m^3 \cdot g^{-1}$)。

[ISO/IEC 13943:2008，定义 4.352]

4　小规模毒性试验的作用

4.1　概述

小规模毒性试验，尤其是毒效试验，是获得中毒危险评定、着火危险评定或者消防安全工程计算所需数据的专用方法。

这些试验常被误认为能提供可直观表明材料或产品是否具有毒性或中毒危险的数据。然而，这样的认定是错误的，与 ISO 19706:2007 和 GB/T 5169.18—2013 中给出的指导方针相违背，从而可能无法正确地假定给定材料或产品引起的中毒危险。

因此，由小规模毒性试验得到的数据不能直接用于产品说明，也不能单独用于判定中毒危险等级。

由毒效试验得到的数据只能作为中毒危险评定的部分数据使用，还应考虑产品对于着火的其他基本反映数据(如质量损失率)。

4.2　毒效

毒效是火灾科学中的一个特有的术语，是产生特有中毒效果所需的有毒物质的量度。广泛应用的一种特有毒效是能导致暴露于有毒物质的生物死亡 50%的暴露剂量，即 LCt_{50}(半致死暴露剂量)。

在毒性混合体中，第 i 种有毒物质组分的暴露剂量$[D]_i$ 由以下等式确定：

$$[D]_i = \int C_i \mathrm{d}t = X_i \frac{1}{V} \int m \mathrm{d}t = X_i D_m$$

或者，如果第 i 种有毒物质组分的体积分数在一段时间内保持恒定，那么：

$$[D]_i = C_i \times t$$

式中：

C_i ——第 i 种有毒物质组分的体积分数；

X_i ——毒效试验中第 i 种有毒物质组分的体积得率；

D_m ——质量损失浓度的积分，即在暴露时间 t 内质量损失值与燃烧流体积之比的积分；

m ——试样在暴露时间内质量的减少值；

t ——暴露时间；

V ——燃烧流的扩散体积。

两种情况暴露剂量的单位均为体积分数×时间，如：min。

在某些情况下，m/V(即“质量损失浓度”)可取代体积分数，此时暴露剂量的单位为浓度×时间，如：$g \cdot min \cdot m^{-3}$。

假设暴露 30 min，质量损失浓度 20 $g \cdot m^{-3}$，并产生了明确的效果，那么物质的毒效为 600 $g \cdot min \cdot m^{-3}$。这就意味着：暴露 10 min，质量损失浓度 60 $g \cdot m^{-3}$，即可认为能够产生明确的效果；以此类推，暴露时间 20 min，质量损失浓度 30 $g \cdot m^{-3}$ 也同样可认为能够产生明确的效果。

给定物质燃烧流的毒效会随着用于产生燃烧流的着火模型的改变而改变，温度和通风条件是特别关键的变量。5.1 给出了进一步的论述。

4.3　有效剂量分数(FED)与中毒危险

由于毒效指燃烧流造成的毒性作用，所以它仅是测定任何给定火情中中毒危险的因素之一，用质量损失的单位表示。为估算给定火情中特定产品的中毒危险,燃烧流的量作为一个时间函数(产品的质量损失特性),与燃烧流扩散的体积同等重要。

就某一给定的分散体积而言,中毒危险与产品的毒效、质量损失率特性成比例。因此,高毒效低质量损失率的物质和低毒效高质量损失率的物质的中毒危险类似。

4.4 有效浓度分数(FEC)

对于感官和/或上呼吸道刺激物,评定中毒危险只与每种刺激物的浓度有关。每种刺激物的有效浓度分数(FECs)在离散递增时间点测定。累积总量超过指定临界值的时间代表可用于逃生的时间,可选作安全指标(见 ISO 13571:2007)。

4.5 常规毒效

进行中毒危险评估时,并不一定需要所研究物质的毒效数据。ISO 组织的大量研究以及其他出版物表明,大多数的产品和材料产生的火灾存在相似的毒效。

因此,为了评估任意火情产生的初始中毒危险,建议假定所有材料在通风良好的环境下,发生轰燃前的常规毒效为 900 $g \cdot min \cdot m^{-3}$,轰燃后则降低为 450 $g \cdot min \cdot m^{-3}$(见 ISO 13571:2007 的 7.4)。常规毒效的稳定性可通过使用常规值的 50%和 200%的毒效值进行重复测定得出结果。如果所选毒效值明显改变了评估结果,那么需要更准确的毒效数据。

5 小规模毒性试验的一般特性

5.1 概要

小规模毒性试验本质上主要由两个要素组成:

a) 分解条件(物理着火模型):能产生与火灾某一特定阶段相同成分的燃烧流;

b) 评定或计算燃烧流毒效的评估方法:一种是通过将动物暴露于可控的燃烧流中,监测它们的反应来完成;另一种是对燃烧流进行化学分析通过其浓度来评估。

无论哪种试验方法,其关键是能够找出试验中观察到的毒效或毒物浓度与试验材料质量损失的对应关系。

5.2 物理着火模型

给定材料不只具有单一的毒效。

给定材料的燃烧流组成不是该材料的固有属性,关键取决于该材料的燃烧条件。因此,燃烧流的毒效取决于燃烧条件。分解温度和通风量是影响燃烧流组成的主要变量,也是影响毒效的主要变量。

这些变量具有重要的作用,因为它们对产生的窒息物和刺激物的类型以及量有影响。例如,如果一种材料含有氮元素,那么在通风不好的条件下会形成氨或氰化氢,而在通风良好的条件下则产生氮的氧化物。

燃烧的条件也会影响碳转化为碳氧化物的效率(一氧化碳和二氧化碳之间的比例关系——CO_2/CO 值)。CO_2/CO 值越低,表明一氧化碳比例越高,那么毒效数值就越低(即毒性越大)。

标准试验方法规定的试验条件(物理着火模型)能够关联并重现想要得到的火情中的着火类型,这很重要。ISO 19706:2007 公布了着火类型的总体划分,如表 1 所示。氧浓度和辐照/温度是影响燃烧流毒效的重要因素。

在 ISO 16312-1:2010 导则中,给出了关于评定物理着火模型有效性的准则,以此获得着火危险和风险评定所需的燃烧流毒性数据;ISO/TR 16312-2:2007 给出了单个物理着火模型的评价方法。

ISO 19703:2010 提供了毒效产率的定义和计算公式,以及就当量比和燃烧效率而言,产生这些毒效的着火条件。

表 1　着火类型的特性(源自 ISO 19706:2007)

着火类型	燃料表面的热通量 kW/m²	最高温度 ℃ 燃料表面	最高温度 ℃ 上层	氧气体积 % 通入	氧气体积 % 消耗	燃料/空气当量比(羽流)	[CO]/[CO_2] V/V	(100×[CO_2])/([CO_2]+[CO]) %效率
1　无焰分解								
a) 自支持(焖燃)	不适用	450～800	25～85[d]	20	20	—	0.1～1	50～90
b) 起源于外部辐射的有氧热解	—	300～600[a]	[b]	20	20	<1	[c]	[c]
c) 起源于外部辐射的无氧热解	—	100～500	[b]	0	0	≥1	[c]	[c]
2　通风良好的有焰燃烧[d]	0～60	350～650	50～500	≈20	≈20	<1	<0.05[e]	>95
3　通风不足的有焰燃烧[f]								
a) 小范围、局部着火，通常在不良通风的空间内	0～30	300～600[a]	50～500	15～20	5～10	>1	0.2～0.4	70～80
b) 轰燃后的着火	50～150	350～650[g]	>600	<15	<5	>1[h]	0.1～0.4[i]	70～90

[a] 指定可燃物的该上限低于良好通风有焰燃烧。
[b] 着火空间上层的温度主要由外部辐照源和空间几何学决定。
[c] 几乎没有数据，但是对于热解，该比值是由材料化学性、局部通风情况以及热源条件决定的，预计会在很大范围内变化。
[d] 相对整个空间或流入量来说，该类型着火的氧耗很少，火焰尖端在上层热气的下方或 CO 产率未明显增加的上层，火焰接触其他物体时没有被截短，且燃烧速率受控于燃料的有效性。
[e] 该比值可能比耐火材料的值大一个数量级。当量比≈0.75 时，该比率没有明显增长；当量比在 0.75～1 之间时，该比率可能增长。
[f] 该类型着火的氧气需求量受通风口的限制；且火焰会扩至上层空间内。
[g] 假定与有良好通风的有焰燃烧类似。
[h] 没有测定羽流当量比；不适宜使用总的当量比。
[i] 测得较低比率的实例。通常，这些结果是来自房间通风口外的次级燃烧。

5.3　隔室火灾的着火阶段

火势发展的一般模型可以在隔室中建立，它的温度-时间曲线大致显示为 3 个阶段，外加一个衰退阶段(见图 1 和表 1)。

阶段 1(无焰分解)是维持燃烧之前的着火开始阶段，燃烧室温度几乎没有增加。这个阶段的主要危险是烟和毒性燃烧流。着火类型 1a)、1b)和 1c)在这个阶段都会发生。阶段 2(发展中的着火)从起燃开始直到燃烧室温度成指数增加。这个阶段的主要危害是火焰的蔓延、热释放、烟和毒性燃烧流。着火类型 2 相当于这一阶段。阶段 3(完全着火)的开始是室内所有可燃物的表面分解到一定程度时，整个室内突然起燃，并伴随温度急速并大幅度的上升(轰燃)。着火类型 3b)相当于这一阶段。

阶段3结束时，可燃物和/或氧气已被大量消耗，因此温度会以一定的速率下降，这也取决于系统的通风以及热量和质量转换特性。这个阶段通常被认为是衰退阶段。

这些阶段中每一个都可能产生不同的混合分解产物，这些分解产物会影响该阶段燃烧流的毒性。

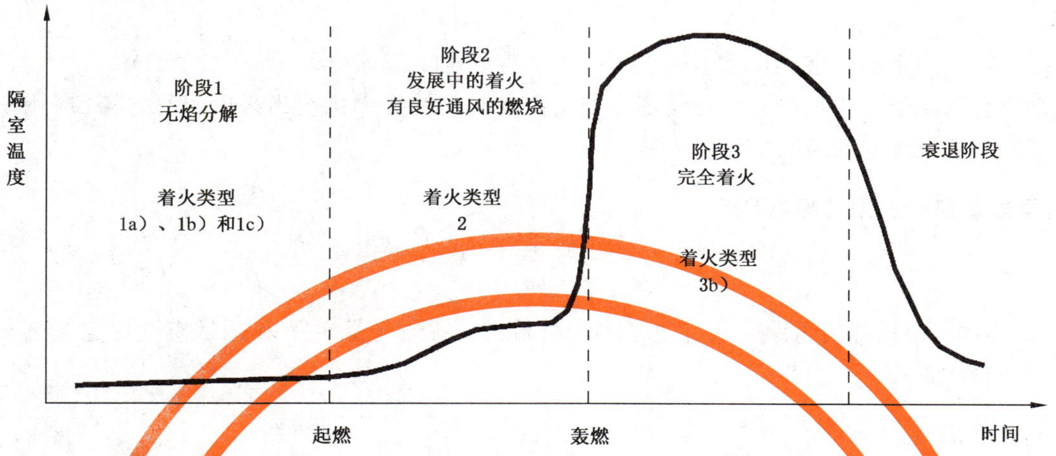

图1 隔室中着火发展的不同阶段

5.4 分析方法

早期关于燃烧流毒性的研究主要是建立在对火灾气体的化学分析基础上，由于缺乏单组分气体的毒效数据以及对分解温度和通风作用的判定，经常会给出错误的结论。

基于了解到燃烧流单一组分和可能存在的罕见高毒性物质之间潜在的关系只能通过动物暴露试验来确定，因此，20世纪70年代和80年代早期，动物试验为主要的研究方向。

这项工作得出，燃烧流组分间仅存在有限的相互作用，而且燃烧流中没有罕见高毒性的样本存在。绝大多数材料的燃烧流的毒效都在1.5个数量级范围内。

根据化学分析的结果和动物试验中所获得的基础毒理学数据，可以相当精确地计算出火灾气体混合物的毒效。这可以避免在毒效常规测定中对动物的使用需要，尽管公认有必要限制动物试验，但是当某一特定燃烧流没有可用的基础毒理学数据时，可能仍需动物试验。

5.4.1 化学分析方法

化学分析方法是采用传统的实验室分析技术对物理着火模型释放的燃烧流中各种气体浓度进行静态或动态的测定[1]。

有些因素对化学分析技术的精确程度有重要的影响：

a） 依据对试验材料成分的了解，选择用于分析的燃烧流种类应足以包含预期将会释放的种类。任何情况下，都应测定二氧化碳、一氧化碳和氧气。

b） 为了能将测得的气体浓度转换成试样的单位质量损失的浓度，应有一种可靠的方法对试验中试样的质量损失进行评估。

c） 测得的气体浓度和质量损失可以被转化为毒效值。计算方法参见IEC 60695-7-3。

在ISO 19701中，重新确认了燃烧流的取样和分析方法，而在ISO 19702导则中给出了FTIR（傅立叶变换红外）光谱分析方法。

5.4.2 动物暴露方法

不建议对动物试验方法进行更深入的研究。

注：在动物试验中，如果试样的质量损失无法测量，那么毒性组合物的产率就无法算出。

6 已出版的化学分析试验方法概要

6.1 概要

本概要不能用来替代那些作为唯一有效引用文件的已出版标准。

本章提及的化学分析试验方法是从国际范围内发布的标准中挑选出来的，现已广泛应用于电工电子技术领域。这里未包含所有的试验方法。

6.2 英国国防部——国防标准(DS)

6.2.1 概要

DS 02-713[2]中描述的试验方法探讨了小型材料试样在规定条件下和过量空气中完全燃烧所生成的小分子产物的毒性。

6.2.2 目的和原理

试验材料在燃烧条件下完全燃烧产生的气态小分子物质，其分析数据是以各种气体能在 30 min 内致死的暴露水平(体积分数)为基础进行数学计算而得出的综合毒性指数。

6.2.3 试样

从试验材料上提取足够数量的试样(通常为 3 个)。试样的质量根据燃烧流的性质和分析过程的灵敏度来选择，以能提供最佳分析精度为原则。

6.2.4 试验方法

试验仪器是一个容积不小于 0.7 m^3 的密封箱，有隔热的塑料片(如聚丙烯)作内衬。密封箱内部安装一个风机。用温度能达到 1 150 ℃±50 ℃的甲烷本生灯作为热源，并将试样固定在火焰范围内。燃烧时间要持续到确保整个试样燃尽，记录下时间。

试验箱内的气体用气体测量比色管进行取样。燃烧结束后将本生灯熄灭，打开风机运行 30 s 后关闭，然后抽取气样。试验首先测量气体中的卤素含量。此外监测气体包括：一氧化碳、二氧化碳、硫化氢、氨气、甲醛、氯化氢、丙烯腈、二氧化硫、氮氧化物、苯酚、氰化氢、溴化氢、氟化氢和光气。

气体测量的背景校正因子由空白试验测得。

试验结果表示为毒性指数，由下式进行加权计算得到：

$$毒性指数=\sum(C_\theta/C_f)$$

式中：

C_f ——暴露时间达到 30 min 能致死的气体体积分数，如表 2 所示；

C_θ ——100 g 试验材料的燃烧流分散在 1 m^3 空气中后气体的体积分数。

表 2 取自 DS 02-713 的各种气体 C_f 值

气体	$C_f\times10^6$
二氧化碳	100 000
一氧化碳	4 000
硫化氢	750
氨气	750

表 2（续）

气体	$C_f \times 10^6$
甲醛	500
氯化氢	500
丙烯腈	400
二氧化硫	400
氮氧化物	250
苯酚	250
氰化氢	150
溴化氢	150
氟化氢	100
光气	25

6.2.5 重复性和再现性

没有可利用的数据。

该试验的早期研究中，由于试验箱不够规范而缺乏再现性。同时，由于比色管缺乏精度且后续的分析方法存在时间上的滞后，所以使用比色管会带来较大的误差。长达 30 min 的取样过程中气体浓度也会有很大程度的衰减。

6.2.6 试验数据的相关性与特殊观测

该试验方法现在受到广泛的非议（参见 ISO/TR 16312-2:2007 的 6.5.10 和参考文献[3]）：

a) 该方法的火焰温度与通风条件意味着其物理着火类型与表 1 中描述的任何着火类型都不相当；

b) 用于总毒性指数计算的加权值是过时的，而且容易与材料的确切等级产生错误偏离；

c) 数据的表达形式不适用于中毒危险评估。

总之，不建议将该方法作为电工电子产品未来发展的基础；同时，由于受到物理着火模型、计算方法以及最终数据格式的限制，该方法也不应作为电工电子产品中毒危险的规范或其他控制方法的基础。该试验方法得出的数据不应用于中毒危险评估、着火危险评估以及消防安全工程计算。

跟许多物理着火模型一样，因缺少关于燃烧速率的表示方法，许多阻燃材料的燃烧速率不得不假定为与可燃材料一致。因此，针对不同着火类型进行风险评估时，需要额外的关于燃烧速率的数据。

该试验方法在 ISO/TR 16312-2:2007 中有讨论。

英国国防部打算用 NATO AFAP-3（参见 6.4.6）取代该试验方法。

6.2.7 参考文献

DS 02-713[2]。

6.3 空客工业标准

6.3.1 概要

空客 ABD 0031[4]包括用于空客商用飞机机身受压部位内部的防火设计标准，规定了火灾烟气毒性（FST）要求和适用的试验方法。以下内容仅与毒性要求有关。

6.3.2 目的和原理

除用于诸如旋钮、把手、滚轮、紧固件、夹子、垫圈、橡皮条、滑轮和小型带电部件的材料之外，那些用于飞机机身受压部位的非金属部件和按照 6.3.4 的描述进行试验。

6.3.3 试样

该试验方法应使用与 IEC/TS 60695-6-30[5] 中尺寸规格一致的试样，即 76.2 mm×76.2 mm×安装厚度。

6.3.4 试验方法

该试验与 ASTM E-662[6] NBS(美国国家标准局)烟箱的烟密度试验一起(非同时)进行。

在 4 min 的烟雾试验和 16 min 的电线/电缆绝缘材料试验完成后，即开始气体取样。

每个试验条件(有焰和无焰)至少取 2 个试样进行试验。

化学分析方法有离子色谱法和气相色谱法，也可采用其他方法，但应通过对比试验证实其他方法可获得相同的结果。

将下列气体得到的体积分数与规定的限值进行比较。在有焰和无焰情况下，在试验持续时间内(分别为 4 min 和 16 min)，烟中以下气体组分的平均体积分数不能超过表 3 中列出的限值。

表 3 气体组分的体积分数限值

气体组分	体积分数限值×10^6
氟化氢	100
氯化氢	150
氰化氢	150
二氧化硫	100
亚硝气	100
一氧化碳	3 500

6.3.5 重复性和再现性

没有可利用的数据。

6.3.6 试验数据的相关性与特殊观测

该方法着火与通风条件意味着其物理着火模型与表 1 中描述的任何着火类型不具有可比性。

该方法只考虑了有限的几种气体组分。

6.3.7 参考文件

ASTM E-662[6]；

AITM 2.0007[7]；

AITM 2.0008[8]；

AITM 3.0005[9]。

6.4 意大利电工委员会(CEI)标准

6.4.1 概要

CEI 20-37/7[10]描述的试验方法用于测定电线电缆及其材料燃烧时的烟模糊和腐蚀性,以及所产生气体的毒性指数。

6.4.2 目的和原理

该试验用于测量小型材料试样在有持续空气流管式炉中燃烧时产生的各种气体的量。

毒性指数是基于气体浓度和一系列加权因子计算得到的。

6.4.3 试样

试样为材料,也可切取自成品,质量通常为1.0 g。

6.4.4 试验方法

将试样装入石英管,并置于管式炉中,管式炉的温度设定为800 ℃±10 ℃,流经石英管中样品的空气流量设定为120 $L \cdot h^{-1} \pm 5\ L \cdot h^{-1}$。

燃烧流经过洗瓶,未被吸收的部分用气袋收集。

监测的气体包括:一氧化碳、二氧化碳、二氧化硫、甲醛、氨气、氰氢酸、氯化氢、溴化氢、氟化氢、硫化氢、丙烯腈和氮氧化物。

可用不同方法进行化学分析,例如,分光光度法、气相色谱法、红外分析法和电位法。

6.4.5 重复性和再现性

没有可利用的数据。

6.4.6 试验数据的相关性与特殊观测

该方法的试验温度和通风条件意味着其物理着火模型与表1中描述的任何着火类型都不相当。但是,只要改变试验的温度或空气流量,物理着火模型就能符合着火类型2或3b)(见表1)。

因为在试验期间和试验后都没有记录试样的质量损失,所以试验结果不能表示为毒效。

跟许多物理着火模型一样,因缺少关于燃烧速率的表示方法,许多阻燃材料的燃烧速率不得不假定为与可燃材料一致。因此,针对不同着火类型进行风险评估时,需要额外的关于燃烧速率的数据。

NATO开发了一个类似的试验AFAP-3[11],该试验在350 ℃或800 ℃、空气流量为2 $L \cdot min^{-1}$的条件下进行。在这两种温度条件下,除需测量一氧化碳、二氧化碳、氰化氢、氟化氢、氯化氢、溴化氢、氮氧化物和二氧化硫以外,还需测量丙烯腈、氨、苯酚、苯、苯乙烯和甲苯;在350 ℃条件下,则还需测量硫化氢、甲酸、二硫化碳和乙醛[12]。

6.4.7 参考文献

CEI 20-37/7[10];

NATO AFAP-3[11]。

6.5 法国标准(NF)

6.5.1 概要

NF C20-454[13]和NF X70-100[14][15]标准中表述的试验用于测定试样在管式炉中燃烧时释放的气

体的毒性指数。NF C20-454 适用于电工行业用材料,NF X70-100 适用于铁路工业用产品和材料。

6.5.2 目的和原理

该试验测定和量化试样在燃烧或热解过程释放的不同气体。

监测的气体包括:一氧化碳、二氧化碳、氯化氢、溴化氢、氟化氢、氰化氢、氮氧化物(NO 和 NO_2)、二氧化硫、甲醛和丙烯醛。

6.5.3 试样

试样为材料,也可切取自成品,质量通常为 1.0 g。

6.5.4 试验方法

试样放入石英燃烧管内部的燃烧舟中,再放到温度设定为 800 ℃的环型炉中;如果是 NF X70-100 试验,则温度设定为 400 ℃或 600 ℃。空气以 120 $L \cdot h^{-1}$的流量流经石英管,通过试样。

可用多种方法进行分析,包括色谱法、电位法、经典湿化学法、红外分析法和傅立叶红外分析法。

6.5.5 重复性和再现性

实验室间的试验数据报告在 NF X70-100-1 中。

6.5.6 试验数据的相关性与特殊观测

该方法的试验温度和通风条件意味着其物理着火模型与表 1 中描述的任何着火类型都不相当。但是,只要改变试验的温度或空气流量,物理着火模型就能符合着火类型 2 或 3b)(见表 1)。

因为在试验中或试验后都没有记录试样的质量损失,所以试验结果不能表示为毒效。

跟许多物理着火模型一样,因缺少关于燃烧速率的表示方法,许多阻燃材料的燃烧速率不得不假定为与可燃材料一致。因此,针对不同着火类型进行风险评估时,需要额外的关于燃烧速率的数据。

将 NF X70-100 的试验结果与列车所用材料实际规模着火试验得到的气体产率进行比较[16],发现结构材料的毒性存在合理的相关性。

NF X70-100 是描述在 CEN/TS 45545-2[17] 中的其中一种毒性试验方法。

NF X70-100 在 ISO/TR 16312-2:2007 中有讨论。

6.5.7 参考文献

NF C20-454[13];

NF X70-100-1[14];

NF X70-100-2[15];

CEN/TS 45545-2[17]。

6.6 国际电工委员会(IEC)标准

6.6.1 概要

IEC/TS 60695-7-50[18] 描述了燃烧流的产生以及对燃烧产物组分的鉴定和测量。该试验方法用动态的试样和不同温度、空气流量的管式炉来做着火模型,目的是再现表 1 中描述的着火类型范围内的某些分解条件。

该试验方法的目的是为了近似模拟着火类型 1b)、2 和 3b)(见表 1),必要时,也可模拟其他阶段。在该试验中,用取自成品的试样来进行燃烧流测量,或者如果仪器和方法允许,也可用成品来进行测量。

6.6.2 目的和原理

该试验方法与 DIN 53436-1[19]原理相同。管式炉和石英炉管类型的选择在 IEC 60754-2[20]中有规定，该标准还给出了试验条件下它们的已知性能，具有广泛的适用性。

该试验方法的试样是条状的材料，分成小块，以恒定的速度进入管状石英炉中，让一次空气通过管状石英炉流经样品，以支持燃烧。燃烧流从管状石英炉排出，进入混合试验箱，被二次空气稀释。然后对燃烧流进行分析并将其排出。

管状石英炉中的分解条件可以通过设置不同的燃烧温度和一次空气流量来模拟表 1 描述的着火类型范围内的分解条件或所要求的条件。

6.6.3 试样

试样沿着整个燃烧舟均匀分布，使样品的分解产物能持续地通过石英炉管。可燃物载荷约为 10 g 覆盖 400 mm(25 g • m^{-1})。

然而，任何情况下，试样都需保持均匀分布，同时已知单位长度的可燃物载荷，则可测得分解速率。

6.6.4 试验方法

每种材料都应按照表 4 设定的一种或多种分解条件下进行试验。

表 4　分解条件

着火类型		最高温度 T_{max}/℃	一次空气流量/(L • min^{-1})
1b)	无焰分解(氧化)	350	1.1
2	发展中的着火(有焰)	650	22.6
3b)	完全着火(有焰)，通风不良	825	2.7

调节一次空气流量到设定值，然后将炉温升至设定温度。空气应洁净而干燥(25℃时的相对湿度小于 1%)。试样均匀分布在燃烧舟上，燃烧舟引入石英炉管中，并使燃烧舟的前端到管式炉入口进气端的距离为 50 mm。调节二次空气流量使得通过混合箱的总空气流量为 50 L • min^{-1}。校准好取样和测量设备，然后开始试验。试样以 40 mm • min^{-1}的速度通过石英炉管。

6.6.5 燃烧流的取样

分析测定所用气体样品从混合箱中以 2 L • min^{-1} ±0.05 L • min^{-1}的流速被连续采集，经过干燥剂和烟过滤系统，再经过合适的分析仪，随后检测结果与可选的烟的光密度一起被连续记录下来。对于有焰燃烧试验，应在起燃发生时就开始对石英炉管进行观察；而对于无焰燃烧试验，则应观察确保试验过程中不会出现火焰。着火条件也可以通过测量气体和烟来验证。气体和烟监测器的输出信号从试验运行早期阶段就能获得。

当以上数据恒定时，说明试验已经达到动态稳定平衡条件。分解条件应稳定最少 10 min 以便能得到样品的分解行为和有毒产物特性。

6.6.6 重复性和再现性

没有可利用的数据。

6.6.7 试验数据的相关性与特殊观测

基于 IEC/TS 60695-7-51[21]描述的有效剂量分数(FED)的原理，该试验方法的结果可以用于毒效评估。

跟许多物理着火模型一样，因缺少关于燃烧速率的表示方法，许多阻燃材料的燃烧速率不得不假定为与可燃材料一致。因此，针对不同着火类型进行风险评估时，需要额外的关于燃烧速率的数据。

6.6.8 参考文献

IEC/TS 60695-7-50[18]；

DIN 53436-1[19]；

IEC 60754-2[20]；

IEC/TS 60695-7-51[21]。

6.7 国际标准化组织(ISO)标准

6.7.1 概要

ISO/TS 19700[22]是一个基于IEC/TS 60695-7-50的管式炉试验方法。该ISO试验最早在英国被开发为BS 7990[23]。

6.7.2 目的和原理

材料或产品试样在四种环境中的一个或多个稳定条件下进行燃烧，这些环境对应的温度和当量比代表着火的某一特殊阶段。着火的这四种类型在ISO 19706:2007中有描述，表现为：氧化热解、有良好通风条件的发展中的着火、小规模燃烧中削弱的着火、轰燃后削弱的着火。

6.7.3 试样

试样沿燃烧舟均匀地分布，分解产物以恒定流产生并作为样品经过石英炉管。可燃物载荷应约为20 g覆盖800 mm长(25 g・m^{-1})。试样应最好以一条均匀的横截面形式展开。

6.7.4 试验方法

每种材料应在表5所列的一种条件下进行试验。

表5 分解条件

着火类型 (见表1)	管式炉温度	首次空气流量	当量比 Φ
1b)，有氧分解	350 ℃	2 $dm^3 \cdot min^{-1}$	不适用
2，通风良好的有焰燃烧	650 ℃	10 $dm^3 \cdot min^{-1}$或15 $dm^3 \cdot min^{-1}$	<0.75
3a)，封闭的或通风不良空间内小规模燃烧的削弱的着火	650 ℃	变量	2.0
3b)，开放空间内轰燃后的着火	825 ℃	变量	2.0

6.7.5 重复性和再现性

ISO/TS 19700给出了以PMMA为例的重复性数据。ISO/TS 19700发布时未给出再现性的量化数据。

6.7.6 试验数据的相关性与特殊观测

在与着火类型1b)、2、3a)和3b)条件相当的情况下可得到毒效数据。ISO/TS 19700附录中给出了按照 ISO 13344 和 ISO 13571:2007 得到这些数据的方法。

该试验方法包括用于设定试样装入量和空气流量的预试验，以至在稳定分解期间获得预期的燃料/氧气当量比。这可能是目前可用的技术上最复杂且标准化的毒效试验，也因为技术上的复杂性，使其在使用方面具有局限性。

跟许多物理着火模型一样，因缺少关于燃烧速率的表示方法，许多阻燃材料的燃烧速率不得不假定为与可燃材料一致。因此，针对不同着火类型进行风险评估时，需要额外的关于燃烧速率的数据。

BS 7990 在 ISO/TR 16312-2:2007 中有讨论。

6.7.7 参考文献

IEC/TS 60695-7-50[18]；

BS 7990[23]；

ISO/TS 19700[22]。

6.8 国际海事组织(IMO)标准

6.8.1 概要

IMO FTP 法规[24]的产烟量试验与 ISO 5659-2[25]一致。该试验可测定烟密度和毒性。

6.8.2 目的和原理

该评价标准的试验方法被用作 1974 年国际海上人命安全公约(SOLAS)消防安全要求下的强制性试验方法。该试验方法在国际耐火试验程序应用规则(FTP 规则)中有详细说明，于 1996 年被 IMO 作为决议 MSC61(67)采用。推荐采用傅立叶变换红外光谱(FTIR)或其他可追溯的分析方法对燃烧流进行化学分析。

6.8.3 试样

试样按照 ISO 5659-2 的规定，尺寸为 75 mm×75 mm。

6.8.4 试验方法

试验方法通常按照 ISO 5659-2 进行。试验持续时间至少为 10 min，如果 10 min 内透光率没有达到最小值则试验要再延长 10 min。

用三个试样进行以下试验：

a) 辐照度 25 $kW \cdot m^{-2}$，有引燃火焰；

b) 辐照度 25 $kW \cdot m^{-2}$，无引燃火焰；

c) 辐照度 50 $kW \cdot m^{-2}$，无引燃火焰。

试验结果用气体的体积分数来表示，其最大允许值在表 6 中有给出。

表 6 气体成分的体积分数限值

气体成分	体积分数限值 $\times 10^6$
一氧化碳	1 450
氯化氢	600
二氧化硫	120
氮氧化物	350

表 6（续）

气体成分	体积分数限值×10^6
氰化氢	140
溴化氢	600
氟化氢	600

6.8.5 重复性和再现性

没有可利用的数据。

6.8.6 试验数据的相关性与特殊观测

试验期间当量比在变化。化学分析方法容易受到误差和干扰的影响。因为没有用风扇搅动，所以着火气体经过圆锥型加热器，可能积聚在顶部。气体将在烟尘和试验箱壁上沉积。没有毒性气体的产生与实际规模着火试验之间数据的对比报告。

尽管该方法相对容易操作，但得到的用于着火危险分析的燃烧流毒性数据存在可疑性。

一个用相同试验箱的毒性试验在 CEN/TS 45545-2 中有描述。

试验用的烟试验箱在 ISO/TR 16312-2:2007 中有讨论。

6.8.7 参考文献

IMO FTP 法规[24]；

ISO 5659-2[25]；

CEN/TS 45545-2[17]。

6.9 机动车电缆毒性试验

6.9.1 概要

EN 50305:2002[26] 的 9.2 描述的试验用于测量小型材料试样在过量空气条件下完全燃烧时的燃烧产物毒性。这些材料取自机动车电缆的绝缘物或保护套或其他非金属组成部分。

其只适用于“无卤素”材料。如果(通过钠融化)初始定性试验显示材料中存在有硫和氮，那么只需要进行二氧化硫和氮氧化物的定量分析。

注：“无卤素”在 EN 50306-1[27] 的第 3 章中有界定。

6.9.2 目的和原理

试验时，材料于 800 ℃条件下燃烧生成的小分子气体组分数据由计算机算得，用于分析每种材料的“暴露 30 min 的临界浓度”，并推导出综合毒性指数。

6.9.3 试样

试样为一块约 1 g 的机动车电缆绝缘物或保护套或其他非金属组成部分。

6.9.4 试验方法

管式炉试验装置在 EN 50267-1[28] 中有描述。

燃烧管温度维持在 800 ℃。材料试样被引入燃烧管，一股空气流流经管内并经过试样以支持燃烧。

此后分析燃烧流中的一氧化碳、二氧化碳和氰化氢。如果试样显示含有硫,则还需分析二氧化硫。如果试样显示含有氮,则还需分析氮氧化物。

空气的供应方法可为输入式或抽气式。如果是抽气式,那么在回路的最后有一个收集气体的气袋。如果是输入式,当输入空气时,连续分析可能存在的一氧化碳、二氧化碳、氰化氢和二氧化硫。间断式分析可能存在的其他气体,如氮氧化物。分析方法的细节在 EN 50305:2002 的附录 E 中有给出。

用如下的加权计算结果表示毒性指数 ITC:

$$\mathrm{ITC}=\frac{100}{m}\sum(M_z/\mathrm{CC}_z)$$

式中:

m ——试样的质量;

M_z ——试样燃烧产生的气体 z 的质量;

CC_z——气体 z 暴露 30 min 的临界浓度(见表 7)。

表 7 源自 EN 50305:2002 的 CC_z 值

气体	CC_z/(mg·m^{-3})
二氧化碳	90 000
一氧化碳	1 750
二氧化硫	260
氮氧化物	90
氰化氢	55

6.9.5 重复性和再现性

没有可利用的数据。

6.9.6 试验数据的相关性与特殊观测

该方法的试验温度和通风条件意味着其物理着火模型与表 1 中描述的任何着火类型都不相当。但是,只要改变试验的温度,物理着火模型就能符合着火类型 2。

加权值用于计算总毒性指数的方法已过时。

试验期间或试验后未记录试样的质量损失,因此试验结果不能表示为毒效。

跟许多物理着火模型一样,因缺少关于燃烧速率的表示方法,许多阻燃材料的燃烧速率不得不假定为与可燃材料一致。因此,针对不同着火类型进行风险评估时,需要额外的关于燃烧速率的数据。

6.9.7 参考文献

EN 50305:2002,9.2 和附录 E。

7 已公布的动物暴露试验方法概要

本概要不能用来替代那些作为唯一有效引用文件的已出版标准。

7.1 德国工业标准(DIN)

7.1.1 概要

DIN 53436 部分标准[19][29][30]描述的试验方法适用于规定条件下在空气流中发生热分解的固体和

液体材料,并用于评估这些热分解产物的相对急性吸入毒性。

7.1.2 目的和原理

该试验用于产生材料在空气流中的热分解产物,并测定分解产物和燃烧产物的吸入毒性。

7.1.3 试样

试样为长条形,尺寸为 400 mm×15 mm×2 mm。

如果试样密度小于 400 $kg \cdot m^{-3}$,那么试样的厚度应使其单位长度的质量为 400 $g \cdot cm^{-1}$。

7.1.4 试验方法

将长条形试样装在 1 300 mm 长的石英管中,用仪器对其进行持续分解。石英管外径 40 mm,壁厚 2 mm,被 100 mm 长的可控温环形炉包围。环型炉以 10 $mm \cdot min^{-1}$ 的速度沿着石英管的轴向移动。这样环形炉便会经过位于石英管底部的小石英玻璃管内的所有试样。(可变的)空气流沿着与环型炉移动相反的方向流经试样。

环型炉与空气流反向运动避免了热的分解气体对试样的未分解部分进行预热。试验温度设定在 200 ℃~900 ℃之间,并用标准装置测量。该标准装置是一根 200 mm 长上面焊接有热电偶的钢棒,并固定在试样支架上。在相同的炉温下,用标准装置进行 3 次测试来校准温度。试验运行时,燃烧流在石英管末端被新的空气冷却、稀释后,再送入吸收箱。吸收箱中暴露着老鼠的鼻子或整个身体。试验过程也可进行气体分析。

7.1.5 重复性和再现性

对该方法的评估由三个实验室完成[31][32]。

7.1.6 试验数据的相关性与特殊观测

已经有不同的研究人员用 DIN 53436-1 的管式炉分解模型来测定半致死浓度(LC_{50})数据。这种着火模型提供了长条形材料在与着火类型 1b)、3a)和 3b)(见表 1)相当的条件下进行分解的可能性。用相同质量或体积的受试材料在指定的条件下分解,燃烧流的浓度随着空气的稀释而变化,会很容易得到浓度效应关系。

该方法有利于获得均质材料燃烧或热解的毒理学数据和气体产率。试验时在指定条件下暴露 30 min 可测得致死毒效数据。所用试样的质量、体积或表面积可以参考毒理学的研究结果。

通过着火气体主要组分的浓度值也能计算半致死浓度(LC_{50})数据。这样,可以使动物试验的数量减到最少。

跟许多物理着火模型一样,因缺少关于燃烧速率的表示方法,许多阻燃材料的燃烧速率不得不假定为与可燃材料一致。因此,针对不同着火类型进行风险评估时,需要额外的关于燃烧速率的数据。

已发布的实际规模着火试验数据中,没有对毒效和气体产率数据进行的对比。

该试验方法在 ISO/TR 16312-2:2007 中有讨论。

7.1.7 参考文献

DIN 53436-1[19];

DIN 53436-2[29];

DIN 53436-3[30]。

7.2 美国国家标准局(NBS)方法

7.2.1 概要

"NBS杯"炉试验用于评估燃烧流的急性吸入毒性。

7.2.2 目的和原理

该试验方法是用1 L的杯形电热坩埚炉在静态封闭系统中产生有焰及无焰分解产物来测定毒效，该杯形电热坩埚直接与有6只动物(老鼠)的200 L暴露箱开口处相接，取样并用于燃烧流的分析。

报告结果是暴露30 min加上暴露后14 d期间的LC_{50}，表达为暴露箱单位体积内暴露的试样质量。

7.2.3 试样

试样质量通常不超过8 g,可以为材料或切取自成品。

7.2.4 试验方法

将一个1 L的不锈钢杯形电热炉加热到设定温度，然后将试样(典型值为1 g～8 g)放入炉中，所得尾气通过对流作用充满试验箱。

燃烧模式规定为有焰和无焰两种。在无焰燃烧模式中，炉温设为比试样起燃温度低25 ℃；而在有焰燃烧模式中，炉温则设为比试样起燃温度高25 ℃。试样的起燃温度于试验前在炉中测得。

试验在一个包含杯形炉的200 L干净塑料试验箱里进行。杯形炉顶部开口与试验箱底板、动物暴露箱开口及尾气分析取样口齐平。

将试样放入燃烧箱中，然后只把老鼠鼻子暴露在试验箱空气中30 min。若动物在暴露结束后未死亡，则继续观察14 d,这期间任何死亡都被视为暴露在燃烧流中的结果，并被考虑到LC_{50}的测定中。

持续监测O_2、CO及CO_2。

结果表示为有焰燃烧和无焰燃烧条件下的LC_{50}:在对试样于试验箱中暴露30 min以及暴露后14 d的观察，以单位试验箱体积中载荷样品的毫克数为报告结果。LCt_{50}通过用LC_{50}乘以30 min暴露时间算得。

其他需要记录的信息包括：试验箱条件，最高温度及O_2、CO和CO_2浓度。

7.2.5 重复性和再现性

相关NBS报告表明该方法具有良好重复性。

7.2.6 试验数据的相关性与特殊观测

目前NBS试验已被NIST(美国国家标准与技术研究院)试验广泛取代(见7.3)。

由于杯形炉最适合用于均质材料的试验而不适合用于混合试样或复合试样，因此NBS试验已受到非议。杯形炉形状封闭意味着大量的极其易燃的试样会导致温度骤升及氧气骤减，这都将影响动物对燃烧流的反应，因此也会影响试验结果。

此外，试样分解时的着火条件通常也很难描述。由于空气仅能通过顶部进入杯形炉，所以相对于燃烧范围小或不易燃的试样，燃烧剧烈的试样其火焰占据了炉体相当大的空间，有时可能导致其得到的氧气较少。

尽管一氧化碳的产量各有不同，但目前很少有在该方法和全尺寸条件下所测毒效的对比数据，因此该限制的实效性尚为未知。

结果以试样载荷总量的质量浓度表示，而非转化为易挥发的燃烧流总量的质量浓度。因此若试样未完全烧尽，则表达结果比实际燃烧流的质量浓度大，则得出的毒性也比实际燃烧流的毒性小。这可通过试验后测量残余试样质量并采用适当校正措施加以修正，但已公布的常规方法不包含该步骤。

该试验方法在 ISO/TR 16312-2:2007 中有讨论。

7.2.7 参考文献

Hartzell[33]；

Levin,B.C.et al.[34]；

Levin,B.C.,Paabo,M.and Birky,M.M.[35]。

7.3 美国国家标准与技术研究院(NIST)方法

7.3.1 概要

NIST 辐射炉法通过测定在静态密闭系统中的有焰燃烧产物和无焰分解产物来确定毒效。在 NFPA 269[36] 和 ASTM E1678[37] 中有应用。

首先从燃烧气体的分析数据中利用 FED 计算值评估致死毒效。这样可以使确认生物反应所需的动物试验数量降到最少。

报告的结果是 N-气体模型下暴露 30 min 加上暴露后 14 d 期间的 LCt_{50}，表达为暴露箱单位体积的试样质量损失与暴露时间的乘积。

7.3.2 目的和原理

燃烧装置由一个水平安装的内径 130 mm、长约 320 mm 的圆柱型石英燃烧池组成。通过一根约 30 mm×300 mm×300 mm 的不锈钢烟筒与动物暴露箱相连。燃烧池外面有四根钨石英辐射发热灯集中在试样面上。一个能容纳 76 mm×127 mm、厚度不超过 51 mm 的试样的平面连接着位于燃烧箱下面的称重传感器，持续监测试样的质量损失。用一个高能火花作为引燃源。

7.3.3 试样

试样质量通常不超过 8 g，可以为材料或切取自成品。样品台能容纳尺寸为 76 mm×127 mm、厚度不超过 51 mm 的试样。

7.3.4 试验方法

用一个辐射加热的水平燃烧池代替 NBS 试验中的垂直杯形炉，燃烧池应能容纳各种形状的试样，并固定在称重传感器上以连续测量样品质量损失。燃烧池通过不锈钢烟管和阀门与暴露箱相连。试样受到设定强度的热辐射作用，热辐射是由两个安装在燃烧池外部的辐射灯发出，并穿过燃烧池石英管壁作用在试样上。燃烧流通过烟管进入暴露箱。辐射 15 min 后，关闭烟管阀门和辐射灯。

试验的第一步不用动物，而是用合适尺寸的试样(质量通常为 5 g)暴露在热辐射中。试验箱中燃烧流的成分通过持续分析一氧化碳、二氧化碳、氧气以及其他预计会产生的有毒气体(如有机物、卤化氢、氰化氢)来监控。试样暴露 30 min 后是动物监测阶段，其中最后的 15 min 应关闭辐射灯和烟管阀门。在动物监测阶段结束时，用 N-气体模型和分析数据来计算暴露在试验箱中的动物所受到的燃烧流的致死 FED。将试样尺寸调整至试样 FED 约为 1.1，然后重新进行试验以确认。

一旦确定试样尺寸和 FED 的关系，就要用上述 NBS 试验的动物和暴露条件来重复进行两次试验。第一次试验将样品尺寸调整至预期 FED 为 1.4。如果 N-气体模型能很好的预测毒效，那么在第一次试验完成暴露 14 d 后，会有一只或两只动物死亡，第二次试验则六只动物全部死亡。如果 N-气体模型预测死亡率失败，那么燃烧流中的致死剂没有在 N-气体模型中，此时，实际的 LCt_{50} 要按照标准的毒物学技术用仪器和动物来测定。

整个阶段试验箱内碳氧化物浓度用红外光谱来测定,合适的话,卤化氢和氰化氢也可用红外光谱来测定。试验箱内的最低氧气浓度用顺磁式氧分析器测定,试样的质量损失用称重传感器测定。

试样暴露的热通量水平、试样的起燃时间和火焰的熄灭时间均需报告。

7.3.5 重复性和再现性

据 NIST 报告,该方法具有良好的重复性,但没有对该方法进行实验室间的比对评估。

7.3.6 试验数据的相关性与特殊观测

NIST 试验结果用 LCt_{50} 来表示,可直接用于着火危险预测计算的输入值。NIST 试验克服了 NBS 试验的许多缺点,尤其是试样适用性不高且 NBS 杯形炉存在的局部缺氧。热分解产物处于良好通风条件下,可以通过选择不同等级的辐射通量来模拟着火类型 1b)(如果试样不能自燃)、2、3a)和 3b)(见表 1)。该试验有利于获得作为材料和成品着火危险模型输入值的定量毒效数据。

据 NIST 的研究表明,该试验对轰燃后毒效的测得值约为全尺寸着火模型下的两倍以内[38]。

NIST 试验方法基于的原理是不能总以化学分析来测定燃烧流中的所有有毒成分。因此,尽管已经尽量减少毒效测量中的动物需求,但还是不能完全排除对动物的依赖。

该试验在 ISO/TR 16312-2:2007 中有讨论。

7.3.7 参考文献

NFPA 269[36];

ASTM E1678[37];

Hartzell,G.E.[33];

Alexeeff,G.V.and Packham,S.C.[39]。

7.4 匹兹堡大学(Upitt)方法

7.4.1 概要

匹兹堡大学箱式炉(在参考文献[40]中有描述)可以用于测量在发展中的着火分解条件下产物的毒效。

7.4.2 目的和原理

该试验方法用于浓度效应和毒效的测定,在马弗炉中利用流经系统的动态热流对试样进行梯度升温,马弗炉与有四只动物(老鼠)的暴露箱相连,并从暴露箱中抽样进行燃烧流分析。

目前,美国纽约要求将该试验方法用于部分建筑、电气和室内装饰的材料或产品中。

7.4.3 试样

试样可为材料,也可从成品上切取。燃烧流浓度随着马弗炉中试样质量的变化而变化,试样质量通常为 1 g~10 g。

7.4.4 试验方法

试样位于称重传感器上并被置于马弗炉中进行分解,马弗炉从室温开始以 20 ℃ · min^{-1} 的速率进行升温,通过的空气流量为 11 L · min^{-1}。在试样质量损失达到 1%后,马弗炉中的燃烧流被大量空气稀释带入动物暴露箱中。

将燃烧流导入一个容积为 4 L 的动物暴露玻璃箱里，从暴露箱中取出分析样。

只将老鼠的鼻子暴露于稀释过的燃烧流中进行 30 min 吸入试验。30 min 暴露时间从试样质量减少开始计算。在试验过程中和暴露结束后的 10 min 内死亡的老鼠可被用于判定剂量响应和毒效结果。

连续(用顺磁分析法)分析试验箱氧气浓度，用红外法测定一氧化碳浓度，且适当时对其他毒性燃烧气体(如适量的卤化氢和氰化氢)也进行连续分析。

7.4.5 重复性和再现性

多种相似材料和产品的结果表明该试验的重复性良好。

7.4.6 试验数据的相关性与特殊观测

该试验方法始于无焰氧化模型，经常于某个阶段转为有焰燃烧。在这个阶段下，CO_2/CO 比值变低(低于 20：1，通常低于 10：1)，且温度也较低(低于 600 ℃)。这些综合条件不太符合表 1 中的着火类型。其不能产生用于着火危险模型的输入数据。

跟许多物理着火模型一样，因缺少关于燃烧速率的表示方法，许多阻燃材料的燃烧速率不得不假定为与可燃材料一致。因此，针对不同着火类型进行风险评估时，需要额外的关于燃烧速率的数据。

纽约有超过 15 000 种产品的 LC_{50} 值已上报并归档[41]。63.3%的 LC_{50} 值介于 5 g～12.5 g 之间，另外的 32.7%则介于 12.5 g～28.1 g 之间。

该试验在 ISO/TR 16312-2:2007 中有讨论。

7.4.7 参考文献

Alarie, Y.C. and Anderson, R.C.[40]；

New York State[41]；

Kaplan, H.L., Grand, A.F., Hartzell, G.E.[42]；

Hartzell, G.E.[33]；

Levin, B.C., Paabo, M. and Birky, M.M.[35]。

7.5 建筑结构的日本着火毒性试验

7.5.1 概要

在 2000 年修订的日本建筑标准法中，消防安全的评估和认证由国土交通省(MLIT)认可的评估机构通过着火试验来完成。这些被认可的机构确定评估和认证的方法和标准。很多被认可的机构使用的毒性着火试验[43][44]所用燃烧系统与 BS 476-6[45]的相似。试样的燃烧流经过一个混合箱，然后进入动物暴露箱。测定 8 只老鼠全部达到无能力所需的时间。结果表达为一个确定的时间。

注：对于该试验，“无能力”定义为老鼠和旋转笼至少在 30 s 的时间内均停止活动。

7.5.2 目的和原理

这是一个将老鼠暴露于燃烧气体环境中，评价建筑用难燃材料和阻燃材料相对毒性的试验方法。试验设备由一个炉、一个预混合箱和一个带有 8 个旋转笼的动物暴露箱组成。

7.5.3 试样

试样可为材料，也可切取自成品，尺寸为 22 cm×22 cm，最大厚度为 1.5 cm。试验暴露面积为 18 cm×18 cm。

7.5.4 试验方法

动物暴露箱温度设为 30 ℃，且 8 个笼中都放入老鼠。试样首先被辅助热源加热 3 min，再由主热源继续加热 3 min。燃烧生成气以 10.0 L·min^{-1}的流速进入动物暴露箱。从加热开始后进行监测，持续 15 min。记录每只老鼠变为无能力所需要的时间。

如果致无能力的平均时间超过了规定时间，则判定试样通过了该试验。

7.5.5 重复性与再现性

4 个实验室对 6 种材料进行了测试，致无能力时间在实验室间的标准偏差小于 15%。每个实验室重复试验的一致性在 5%内。

7.5.6 试验数据的相关性与特殊观测

如今，该试验没有再广泛使用，因为很多被认可的机构接受未进行着火毒性试验而可燃物含量小于所确定限值的材料，而不进行着火毒性试验。很多被认可的机构也接受未进行着火毒性试验而燃烧性低或阻燃的材料，因为他们认为材料热释放能力低其释放的燃烧流毒性也小。

试验过程中或试验后未记录试样的质量损失，因此试验结果不能表达为毒效。

该试验方法有利于筛选各种产品的燃烧流致无能力毒效，但试验条件仅模拟的是着火类型 3a)（见表 1）。

7.5.7 参考文件

日本建设省(JMC)[43]；

BS 476-6[45]。

附 录 A
（资料性附录）
毒性试验方法总结

毒性试验方法总结见表 A.1。

表 A.1 毒性试验方法总结

试验方法类型	条款	试验方法	是否提供毒效数据	是否适合提供毒效数据	对应表 1 中的着火类型						评 论
					1a)	1b)	1c)	2	3a)	3b)	
化学分析	6.2	DS 02-713	否	否	否	否	否	否	否	否	该试验方法目前受到广泛非议。由该试验得到的数据不应用作中毒危险评估、着火危险评估或消防安全工程计算的输入值
	6.3	ABD 0031	否	否	否	否	否	否	否	否	该物理着火模型的着火和通风条件与表 1 中描述的任何一种着火类型无可比性
	6.4	CEI 20-37/7	否	是	否	否	否	否	否	否	这些试验方法的试验温度和通风条件与表 1 中描述的任何着火类型都不相当。然而，对试验温度或空气流量的其中一个条件进行修改，其物理着火模型就能符合着火类型 2 或 3b）
	6.5	NF C20-454 NF X70-100	否	是	否	否	否	[a]	否	否	
	6.6	IEC/TS 60695-7-50	是	不适用	[a]	是	[a]	是	[a]	是	该试验方法的试验结果可用于评估基于 IEC/TS 60695-7-51 描述的有效剂量分数（FED）原理的毒效
	6.7	ISO/TS 19700	是	不适用	[a]	是	[a]	是	是	是	该方法存在技术上的复杂性。 毒效数据相当于在着火类型 1b）、2、3a）和 3b）的条件下获得。ISO/TS 19700 的附录给出了如何按照 ISO 13344 和 ISO 13571:2007 得到这些数据的方法
	6.8	IMO FTP 法规	否	是	否	是	否	否	是	否	尽管该方法相对容易完成，但得到的用于着火危险分析的燃烧流毒性数据却存在可疑性
	6.9	EN 50305:2002 的 9.2	否	是	否	否	否	[a]	否	否	对试验温度进行修改，物理着火模型就能符合着火类型 2

表 A.1(续)

试验方法类型	条款	试验方法	是否提供毒效数据	是否适合提供毒效数据	对应表 1 中的着火类型						评　论
					1a)	1b)	1c)	2	3a)	3b)	
动物暴露	7.1	DIN 53436	是	不适用	否	是	否	否	是	是	该方法有利于获得均质材料燃烧或者热解的毒理学数据和气体产率
	7.2	NBS 杯炉法	是	不适用	否	是	否	是	否	否	目前 NBS 试验已被 NIST 试验广泛取代(见 7.3)
	7.3	NIST 辐射炉法	是	不适用	否	[b]	否	是	是	是	该试验有利于获得作为材料和成品着火危险模型输入值的定量毒效数据
	7.4	匹兹堡大学箱式炉法	是[c]	不适用	否	否	否	否	否	否	该试验方法不能产生用于着火危险模型的输入数据
	7.5	日本试验	是	不适用	否	否	否	否	是	否	该试验方法有利于筛选各种产品的燃烧流致无能力毒效,但试验条件仅模拟的是着火类型 3a)

[a] 可以模拟该着火类型,但试验方法不是在其标准的条件下进行的。

[b] 模拟的该着火类型所用试样不能自燃。

[c] 可计算毒效数据,但物理着火模型与表 1 中的任何着火类型都不相当。

参 考 文 献

[1] Le Tallec, Y.and Guillaume E..“Fire Gases and their chemical measurement” in ‘Hazards of Combustion Products’, Interscience Communications Ltd., London (2008).

[2] Ministry of Defence.Defence Standard 02-713 (NES 713) Issue 1, Determination of the toxicity index of the products of combustion from small specimens of materials (2000).

[3] Guillaume, E.and Chivas, C..“Fire models used in toxicity testing” in ‘Hazards of Combustion Products’, Interscience Communications Ltd., London (2008).

[4] ABD 0031 Airbus Directives (ABD) and procedures—Fire—Smoke—Toxicity

[5] IEC/TS 60695-6-30 Fire hazard testing—Part 6: Guidance and test methods on the assessment of obscuration hazards of vision caused by smoke opacity from electrotechnical products involved in fires—Section 30: Small scale static method—Determination of smoke opacity—Description of the apparatus

[6] ASTM E-662 Standard Test Method for Specific Optical Density of Smoke Generated by Solid Materials

[7] AITM 2.0007 Airbus Industry Test Methods—Determinations of the specific optical smoke density of aircraft interior materials (JAR/FAR Part 25, Appendix F-Part V)

[8] AITM 2.0008 Airbus Industry Test Methods—Determinations of the specific optical smoke density of electrical wire/cable insulation

[9] AITM 3.0005 Airbus Industry Test Methods—Determination of specific gas components of smoke generated by aircraft interior materials

[10] CEI 20-37/7 Tests on gases evolved during combustion of electric cables and their compounds—Part 7: Determination of toxicity index of gases evolved during combustion of electric cables

[11] NATO AFAP-3 NATO Reaction to fire tests for materials toxicity of fire effluents—Ed 2, 2005

[12] Hull, T.R.and Paul, K.T., Bench-scale assessment of combustion toxicity—A critical analysis of current protocols, Fire Safety Journal, 42(5), 2007 pp.340-365

[13] NF C20-454 Basic environmental testing procedures. Test methods. Fire behaviour. Analysis and titrations of gases evolved during pyrolysis or combustion of materials used in electrotechnics. Exposure to abnormal heat or fire. Tube furnace method

[14] NF X70-100-1:2006 Fire tests—Analysis of gaseous effluents—Part 1: methods for analysing gases stemming from thermal degradation

[15] NF X70-100-2:2006 Fire tests—Analysis of gaseous effluents—Part 2: tubular furnace thermal degradation method

[16] Fire Standardisation Research in Railways (FIRESTARR), Final Report, European Standards, Measurement and Testing Programme, Contract SMT4-CT97-2164, Commission of the European Communities, Brussels, Belgium, 2001.

[17] CEN/TS 45545-2 Railway applications—Fire protection on railway vehicles—Part 2: Requirements for fire behaviour of materials and components

[18] IEC/TS 60695-7-50 Fire hazard testing—Part 7-50: Toxicity of fire effluent—Estimation of toxic potency—Apparatus and test method

[19] DIN 53436-1 Producing thermal decomposition products from materials in an air stream

and their toxicological testing; decomposition apparatus and determination of test temperature (1981)

[20] IEC 60754-2 Test on gases evolved during combustion of electric cables—Part 2: Determination of degree of acidity of gases evolved during the combustion of materials taken from electric cables by measuring pH et conductivity (1991).

[21] IEC/TS 60695-7-51 Fire hazard testing—Part 7-51: Toxicity of fire effluent—Estimation of toxic potency—Calculation and interpretation of test results (2002).

[22] ISO/TS 19700 Controlled equivalence ratio method for the determination of hazardous components of fire effluents

[23] BS 7990 Tube furnace method for the determination of toxic product yields in fire effluents

[24] IMO FTP Code, International Code for Application of Fire Test Procedures (FTP Code) adopted by IMO as resolution MSC 61 (67) in 1996.

[25] ISO 5659-2 Plastics—Smoke generation—Part 2: Determination of optical density by a single-chamber test (1994)

[26] EN 50305:2002 Railway applications—Railway rolling stock cables having special fire performance—Test methods. (Clause 9.2, Toxicity. Annex E, Analysis methods for toxicity)

[27] EN 50306-1:2002 Railway applications—Railway rolling stock cables having special fire performance—Thin wall—Part 1: General requirements

[28] EN 50267-1:1999 Common test methods for cables under fire conditions—Tests on gases evolved during combustion of materials from cables—Part 1: Apparatus

[29] DIN 53436-2 Erzeugung thermischer Zersetzungsprodukte von Werkstoffen unter Luftzufuhr und ihre toxikologische Prüfung; Verfahren zur thermischen Zersetzung (1986)

[30] DIN 53436-3 Erzeugung thermischer Zersetzungsprodukte von Werkstoffen unter Luftzufuhr und ihre toxikologische Prüfung; Verfahren zu inhalationstoxikologischen Untersuchung (1989)

[31] Klimisch, H.J., Hollander, H.W. and Thyssen. Comparative measurements of the toxicity to laboratory animals of products of thermal decomposition generated by the method of DIN 53436, J., J. Comb. Tox. 7, 1980, pp. 209-230.

[32] Klimisch, H.J., Hollander, H.W. and Thyssen. Generation of constant concentrations of thermal decomposition products in inhalation chambers. A comparative study with a method according to DIN 53436. I. Measurement of carbon monoxide and carbon dioxide in inhalation chambers, J., J. Comb. Tox. 7, 1980, pp. 243-256.

[33] Hartzell, G.E.. Overview of combustion toxicology. Toxicology, 115, p. 7-23, published by Elsevier Science Ireland for the National Fire Protections Association (NFPA) (1996).

[34] Levin, B.C. et al.. Further Development of a Test Method for the Assessment of the Acute Inhalation Toxicity of Combustion Products, NBSIR 82-2532. Washington: US National Bureau of Standards (1982).

[35] Levin, B.C., Paabo, M. et Birky, M.M.. An Interlaboratory Evaluation of the National Bureau of Standards Test Method for Assessing the Acute Inhalation Toxicity of Combustion Products, NBSIR 83-2678. Gaithersburg: US National Bureau of Standards (1983).

[36] NFPA 269 Standard Test Method for Developing Toxic Potency Data for Use in Fire Hazard Modelling, NFPA International, Quincy, MA, USA.

[37] ASTM E1678 Standard Test Method for Measuring Smoke Toxicity for Use in Fire Hazard Analysis, ASTM International, West Conshohocken, PA, USA.

[38] Babrauskas, V., Harris Jr., R. H., Braun, E., Levin, B. C., Paabo, M. and Gann, R. G.. The Role of Bench-Scale Test Data in Assessing Real-Scale Fire Toxicity, NIST Technical Note 1284, National Institute of Standards and Technology, Gaithersburg, MD, USA, 1991.

[39] Alexeeff, G. V. et Packham, S. C.. Evaluation of Smoke Toxicity Using Concentration-Time Products. J. Fire Sci. 2(5): pp.362-379 (1984).

[40] Alarie, Y. C. and Anderson, R. C.. Toxicologic and acute lethal hazard evaluation of thermal decomposition products of synthetic and natural polymers, Toxicology and Applied Pharmacology, 51, 1979, pp.341-361.

[41] New York State Uniform Fire Prevention et Building Code, Article 15, Part 1120, Combustion Toxicity Testing and Regulations for Implementing Building Materials and Finishes; Fire Gas Toxicity Data File. New York State, Department of State, Office of Fire Prevention et Control, Albany, NY 12231 (1986).

[42] Kaplan, H. L., Grand, A. F., Hartzell, G. E.. Combustion toxicology—Principles and test methods. Technomic Publishing Co., Box 5535, Lancaster Pennsylvania 17604, USA (1983).

[43] Tsuchiya, Y.. New Japanese standard test for combustion gas toxicity, Journal of Combustion Toxicity 4, pp.5-7 (1977).

[44] Saito, F.. Toxicity test for fire resistive materials in Japan, Journal of Combustion Toxicology, 9, 1982, pp.194-205.

[45] BS 476-6 Fire tests on building materials and structures—Part 6: Method of test for fire propagation for products (1989)

[46] ISO/IEC 13943:2008 Fire safety—Vocabulary

ICS 29.130.39
K 20

中华人民共和国国家标准

GB/T 5171.1—2014
代替 GB/T 5171—2002

小功率电动机　第1部分:通用技术条件

Small power motors—Part 1:General technical requirements

2014-05-06 发布　　2014-10-28 实施

中华人民共和国国家质量监督检验检疫总局
中国国家标准化管理委员会　发布

前　　言

GB/T 5171《小功率电动机》预计由若干部分构成：

——第1部分：通用技术条件；

——其余部分将是今后制、修订的小功率电动机具体种类产品的技术条件、试验方法等内容。

本部分为GB/T 5171的第1部分。

本部分按照GB/T 1.1—2009给出的规则起草。

本部分代替GB/T 5171—2002《小功率电动机通用技术条件》。本部分与GB/T 5171—2002相比，主要变化如下：

——修改了适用的范围；

——增加了第3章"术语和定义"；

——修改了当电动机运行地点海拔超过1 000 m或运行地点的环境空气温度随海拔升高而降低时的温升限值修订要求；

——增加了第6章"试验时的测量仪器"；

——增加了第7章"控制器与电动机"；

——修改了第8章中电动机的额定输出的表述；

——增加了第9章"结构要求"；

——增加了10.2.4对电动机能效标识的要求；

——增加了11.1温升试验的表述；

——修改了温升试验时的冷却介质温度；

——增加了11.2.3温升试验时的电源要求；

——删除了原标准中6.2.1"电动机某一部分的温升"；

——修改了温升的测定内容；

——增加了11.3.1.2温升测量的热电偶法；

——增加了11.3.2温升测量的负载的确定；

——修改了电动机停车后测得温度值的修正内容；

——修改了表1温升试验限值；

——删除了原标准中6.4"运行条件与规定不同时温升限值的修正"；

——删除了原标准中6.5"试验地点等不同时温升限值的修正"；

——增加了12.3对所有非特定用途电动机考核其工作特性应提供三点的效率数据的要求；

——增加了12.4采用控制器的电动机的效率测量要求；

——修改了电动机绕组的绝缘电阻，在常态下不低于50 MΩ，在热态下不低于5 MΩ；

——增加了13.3.2.2试验电压中对于带有信号控制的电动机试验电压的方式和限值；

——增加了13.5匝间冲击电气强度试验内容；

——增加了16.1.14无刷直流电动机和交流变频电动机的起动性能在各类型电动机标准中规定；

——增加了16.6"空载"，规定了电动机空载电流的测试以及空载试验项目的具体数值及方法；

——增加了第20章"安全"，规定了电动机安全的一般性要求内容；

——增加了第21章"元器件"，规定了电动机上各种元器件的要求；

——增加了第22章"电磁兼容性"；

——修改了27.3中对产品说明书的要求；

——增加了第28章“电动机的选用”；

——增加了第30章“绿色设计”；

——增加了附录B“电动机的选用”。

本部分由中国电器工业协会提出。

本部分由全国旋转电机标准化技术委员会(SAC/TC 26)归口。

本部分起草单位：中国电器科学研究院有限公司、卧龙电气集团股份有限公司、开平市三威微电机有限公司、威凯检测技术有限公司、广东威灵电机制造有限公司、北京京仪敬业电工科技有限公司、珠海凯邦电机制造有限公司、杭州富生电器有限公司、宁波金帅集团有限公司、横店集团联宜电机有限公司、中山大洋电机股份有限公司、天津市中环天虹微电机有限公司、扬州宝珠电器有限公司、福建省产品质量检验研究院。

本部分主要起草人：吴国平、何湘吉、伍云山、罗军波、严伟灿、林棠华、周新根、刘志湖、杨中华、刘伟兵、张运昌、潘俊峰、吴展、张丽芳、金永波、姜新正、董立军、汪兆龙、林彤。

本部分所代替标准的历次版本发布情况：

——GB/T 5171—1991、GB/T 5171—2002。

小功率电动机　第1部分:通用技术条件

1　范围

GB/T 5171的本部分规定了小功率电动机的通用技术要求。

本部分适用于折算至1 500 r/min时最大连续额定功率不超过1.1 kW的电动机。

本部分也适用于上述功率以外的其他单相异步电动机。

各类型电动机的特殊要求及本部分未规定的其他要求应在各类型电动机的产品标准中规定。

2　规范性引用文件

下列文件对于本文件的应用是必不可少的。凡是注日期的引用文件,仅注日期的版本适用于本文件。凡是不注日期的引用文件,其最新版本(包括所有的修改单)适用于本文件。

GB/T 321　优先数和优先数系

GB 755　旋转电机　定额和性能

GB/T 1032　三相异步电动机试验方法

GB/T 1311　直流电机试验方法

GB 1971　旋转电机　线端标志与旋转方向

GB/T 2423.3　电工电子产品环境试验　第2部分:试验方法　试验Cab:恒定湿热试验

GB/T 2423.4　电工电子产品环境试验　第2部分:试验方法　试验Db:交变湿热(12 h+12 h循环)

GB/T 2829　周期检验计数抽样程序及表(适用于对过程稳定性的检验)

GB/T 2900.25　电工术语　旋转电机

GB/T 2900.27　电工术语　小功率电动机

GB 4343.1　家用电器、电动工具和类似器具的电磁兼容要求　第1部分:发射

GB 4706.1　家用和类似用途电器的安全　第1部分:通用要求

GB/T 4798.1　电工电子产品应用环境条件　第1部分:贮存

GB/T 4798.2　电工电子产品应用环境条件　第2部分:运输

GB/T 4942.1　旋转电机整体结构的防护等级(IP代码)　分级

GB/T 8128　单相串励电动机试验方法

GB/T 9651　单相异步电动机试验方法

GB 10068　轴中心高为56 mm及以上电机的机械振动　振动的测量、评定及限值

GB/T 10069.1　旋转电机噪声测定方法及限值　第1部分:旋转电机噪声测定方法

GB 12350　小功率电动机的安全要求

GB/T 12665　电机在一般环境条件下使用的湿热试验要求

GB/T 13126　机电产品湿热带防护包装通用技术条件

GB/T 13384　机电产品包装通用技术条件

GB 14536.1　家用和类似用途电自动控制器　第1部分:通用要求

GB/T 17626.2　电磁兼容　试验和测量技术　静电放电抗扰度试验

GB/T 17626.4　电磁兼容　试验和测量技术　电快速瞬变脉冲群抗扰度试验

GB/T 17626.5　电磁兼容　试验和测量技术　浪涌(冲击)抗扰度试验

GB/T 19142　出口商品包装通则

GB/T 22672　小功率同步电动机试验方法

GB/T 22719.1　交流低压电机散嵌绕组匝间绝缘　第1部分：试验方法

GB/T 23686　电子电气产品的环境意识设计导则

GB/T 23688　用能产品环境意识设计导则

GB/T 26572　电子电气产品中限用物质的限量要求

IEC 60384-14　电子设备用固定电容器　第14部分：分规范：电磁干扰抑制和电源网络连接用固定电容器(Fixed capacitors for use in electronic equipment—Part 14: Sectional specification: Fixed capacitors for electromagnetic interference suppression and connection to the supply mains)

3　术语和定义

GB 755、GB/T 2900.25、GB/T 2900.27、GB 4706.1 界定的以及下列术语和定义适用于本文件。

3.1

无刷直流电动机　brushless direct current motor

没有电刷和机械换向器，借助转子位置检测信号，控制各相绕组进行电子换向的电动机。

[GB/T 2900.27—2008，定义 4.29]

3.2

变频电动机　frequency-change motor

变频电源供电，并可通过频率改变来调节其运行转速的交流电动机。

3.3

永磁同步电动机　permanent magnet synchronous motor

其磁系统包含有一块或多块永久磁铁的同步电动机。

[GB/T 2900.27—2008，定义 4.11]

3.4

电子控制电动机　motor controlled by controller

需要控制器配套运行的电动机。

3.5

最大损耗点　maximum loss point

电动机从空载到额定负载点运行的过程中，产生最大损耗的运行点。

3.6

偶然过电流试验　accidental over-current test

确定电动机在规定时间内承受规定过电流倍数能力的试验。

[GB/T 2900.27—2008，定义 9.9]

3.7

型式试验　type test

对按照某一设计而制造的一台或几台电机所进行的试验，以表明这一设计符合一定的标准。

[GB 755—2008，定义 3.31]

4　运行条件

4.1　环境条件

4.1.1　海拔

海拔要求如下：

a) 海拔不超过 1 000 m;

b) 当运行地点的海拔超过 1 000 m 或运行地点的环境空气温度随海拔升高而下降时,电动机温升限值的修正按 GB 755 的规定。

4.1.2 环境空气最高温度

运行地点的环境空气最高温度随季节而变化,但不超过 40 ℃。

4.1.3 环境空气相对湿度

运行地点的最湿月月平均最高空气相对湿度为 90%,同时该月月平均最低温度不高于 25 ℃。

4.2 电气条件

4.2.1 电压的偏差:

当电源电压(如为交流电源时,频率为额定)与额定值的偏差不超过±5%时,电动机应能连续运行,其输出转矩仍应能维持额定值。

当电压与额定值发生上述偏差时,电动机的温升限值允许超过表 1 的规定。超过的数值应在各类型的电动机的标准中规定。但在电压偏差达上述极限而电动机作连续运行时,温升限值超过的最大允许值为 10 K。

4.2.2 频率的偏差:

当频率(电压为额定)与额定值的偏差不超过±2%时,交流电动机应能连续运行,其输出转矩仍应能维持额定值。

4.2.3 电压和频率同时发生偏差(两者偏差分别不超过±5%和±2%),若两者偏差都是正值,两者之和不超过 7%,若两者偏差都是负值或分别为正负值,两者绝对值之和不超过 5%时,交流电动机输出转矩仍应能维持额定值而连续运行,性能和温升按 4.2.1 的规定。

4.2.4 当电压和频率与额定值的偏差大于以上范围,但偏差方向相同时两者之和不超过 13%,或偏差方向相反时两者绝对值之和不超过 10%时,电动机仍应能维持额定转矩运行。实际使用时如要求电动机在这种情况下运行,应在数值、持续时间及发生频度等方面加以限制。

4.2.5 三相交流电动机应能在三相电压系统的电压负序分量不超过正序分量的 1%(长期运行),或不超过 1.5%(不超过几分钟的短时运行)且零序分量不超过正序分量 1%的条件下运行。

5 工作制和定额

工作制和定额按 GB 755 的规定。

6 试验时的测量仪器

6.1 电动机试验时采用的电气测量仪表的准确度应不低于 0.5 级,互感器的准确度应不低于 0.2 级,转速测量仪的准确度应不低于 0.1 级,转矩测量仪的准确度应不低于 0.5 级,频率表的准确度等级应不低于 0.1 级,测力计的准确度应不低于 1 级,温度测量仪器的示值误差限为±1 ℃,砝码的准确度应不低于 M3 等级,电阻测量仪的准确度应不低于 0.2 级,兆欧表的准确度应不低于 10 级,耐压测试仪的输出电压和输出电流准确度等级应不低于 5 级。

6.2 以上试验相关仪表应采用真有效值类测量仪器。

6.3 选择仪表时,应使测量值位于 20%~95%仪表量程范围内。

6.4 测功机或转矩测量仪的标称转矩,应不超过被试电动机额定转矩的 3 倍。

6.5 如有不同于上述的要求，应在具体产品的技术条件中规定。

7 控制器与电动机

7.1 当电动机的性能取决于所匹配的相应控制器时（如无刷直流电动机、变频调速异步电动机等），原则上将两者作为整体来考虑，作为一个系统应符合本部分的各项要求，并对系统进行本部分规定的各项试验。

7.2 对于控制器集成在内部的电动机，电动机整体应经受本部分规定的各项试验。

7.3 对于带有独立控制器的电动机，其控制器应具有足够的输出容量与过载能力，要与电动机的输出功率相匹配，制造商应在产品说明书中对控制器与电动机的输出容量与功率进行规定与说明。

如果电动机在不带控制器的情况下能独立运转，则该电动机单体应能经受本部分规定的各项试验，其控制器可参照 GB 14536.1 进行考核；如果电动机需配备控制器才能运转，则控制器与电动机作为一个整体应能经受本部分规定的各项试验，其控制器可参照 GB 14536.1 进行考核。

对于性能试验，试验报告中应标明试验时控制器所设置的实际功能参数。

8 额定值

8.1 电动机的额定输出是指转轴上的机械功率或机械转矩，用额定功率（W）或额定转矩（N·m）表示。

注：若以额定转矩作为额定输出，应保证输出功率（W）＝转矩（N·m）×转速下限值（r/min）×2π/60。

8.2 额定功率（W）应按以下规定选择：0.4、0.6、1.0、1.6、2.5、4、6、10、16、25、40、60、90、120、180、250、370、550、750、1 100、1 500、2 200，也可根据配套需要另行制定。

8.3 额定转矩应按 GB/T 321 的 R20 及其派生系列中选择。

8.4 交流电动机的额定频率为 50 Hz。

8.5 电动机的额定电压：

a） 直流电动机（V）：3、6、12、24、36、48、60、110、220；

b） 单相交流电动机（V）：12、24、36、42、110、（115）、220、（230）；

c） 三相交流电动机（V）：36、42、220、（230）、380、（400）。

对于具体的专用电动机，根据特殊需要可另行规定。

注：括号内的数值不推荐优先采用。

9 结构要求

产品标准应规定具体的防护等级、冷却方式、安装方式、安装尺寸及公差等。

10 标志

10.1 外观要求

本章规定的各种标志应能保证在电动机的整个使用期内不易磨损。

10.2 铭牌

10.2.1 每台电动机必须在机身明显位置上牢固地钉上或粘贴有制造厂表明电机额定数据及其他必要事项的铭牌。制造铭牌的材料及刻划方法应能保证其字迹在电动机的整个使用期内不易磨灭。

如铭牌装在机座上有困难时，允许装在电动机的其他明显位置上。

10.2.2 电动机的铭牌应包含下述内容：

a) 电动机名称；

b) 电动机型号或规格；

c) 制造商名称；

d) 制造日期或生产编号；

e) 接线图(在机壳或其他位置上另有接线图标牌时，可不必标明)；

f) 绝缘等级；

g) 外壳防护等级；

h) 工作制(仅对非连续工作制定额才要标明)；

i) 环境空气最高温度(仅对按高于 40 ℃的其他温度设计的电动机才要标明)；

j) 海拔(仅对按使用地点高于 1 000 m 设计的电动机才要标明)；

k) 总质量(kg)；

l) 效率(对于有能效标识要求的电动机)；

m) 额定数据：各类型电动机分别按 10.2.3 的规定。

10.2.3 各类型电动机在铭牌上标明的额定数据如下：

a) 异步电动机、同步电动机和交流换向器电动机在铭牌上标明的额定数据：
   1) 额定输出功率，W 或 kW，转矩定额的电动机仅标上额定输出转矩；
   2) 额定电压，V；
   3) 额定电流，A；
   4) 额定频率，Hz；
   5) 额定转速，r/min；
   6) 电容器电容量，μF(仅对单相电容电动机)；
   7) 电容器工作电压，V(仅对单相电容电动机)。

b) 直流电动机在铭牌上标明的额定数据：
   1) 额定输出功率，W 或 kW，转矩定额的电动机仅标上额定输出转矩；
   2) 额定电压或额定电压范围，V；
   3) 额定转速，r/min；
   4) 额定励磁电压，V(仅对他励电动机)；
   5) 额定励磁电流，A(仅对他励电动机)。

10.2.4 各类电动机(不包括非特定用途电动机)如因特殊需要或受铭牌位置的限制，应对 10.2.2 和 10.2.3 标明的项目有所增减时，应在各类电动机标准中规定，但不应对安全使用造成影响。至少应标明 10.2.2 中的 a)、b)、c)、d)与 10.2.3 中 a)的 1)、2)和 b)的 1)、2)，还应标明相应的网址，可以查询到以上规定的所有的铭牌数据。

10.3 旋转方向标志

对只适合一个旋转方向运行的电动机，应在明显的位置上设有指示旋转方向的标志(绕组永久性连接以致只能有一个旋转方向的电动机除外)。

10.4 接地标志

对设有接地装置的电动机，应在接地装置的附近设有指示接地的标志，此标志在电动机使用期内不会脱落。

10.5 绕组出线端标志

绕组出线端标志应按 GB 1971 的规定刻在出线端或用标号片标明并同时刻在接线板上，但不得单独悬挂标号片，标志刻印方法可用打印、在型塑品上压出或其他有效的方法。

专用电动机允许以出线颜色代替线端标志。

10.6 特殊标志

对于特殊电动机(如防爆电动机)，应按有关标准的规定加上特殊标志。

11 温升试验

11.1 总则

电动机应能在其额定和可能的负载下运行，能在多速状态下运转的电动机应能在最低、中间和最高转速下施加额定负载运行，在此过程中，电动机的各部位不应达到过高的温度。

11.2 温升试验时的条件

11.2.1 温升试验时的冷却介质温度

电动机温升试验过程中的冷却介质温度应保持在 20 ℃±5 ℃。

11.2.2 温升试验时冷却介质温度的测定

应采用在试验过程中的最后 1/4 时间内、按相等时间间隔测得的几个温度计读数的平均值，作为温升试验的冷却介质温度。

若冷却介质为空气，则空气的温度可由几只温度计分布在电动机的四周进行测定。温度计安置在距电动机 1 m～2 m 处，球部所处的位置为电动机机壳高度的一半，并应防止外来辐射热及气流的影响。

11.2.3 温升试验时的电源条件

交流电动机进行温升试验时，电源的 HVF 值应不大于 0.015，电压系统的负序分量应小于正序分量的 0.5%，零序分量的影响予以排除。

根据协议，可用测量电流系统的负序分量来取代测量电压系统的负序分量。电流系统的负序分量应不超过正序分量的 2.5%。

11.3 温升的测定

11.3.1 温度的测量方法

11.3.1.1 温度计法

所采用的“温度计”包括膨胀式温度计(例如水银、酒精等温度计)、半导体温度计以及非埋置的热电偶或电阻温度计，应将温度计贴附在电动机可接触的表面。为测出接触点表面的温度，从被测点至温度计的热传导应尽可能良好，测量点与温度计的球部应用绝缘材料复盖好。在电动机存在交变磁场的位置上，不应采用水银温度计。

11.3.1.2 热电偶法

本方法建议使用在电动机部件表面温度的测量，不建议使用本方法测量绕组的温度。

在采用热电偶测量绕组的温度时应考虑，当电动机断电后，热电偶的温度可能还会继续上升，因此电动机绕组的温度应记录其最高温度，该温度可能是断电以后才能达到。

11.3.1.3 电阻法

电阻法是以绕组的直流电阻在温度升高后电阻值相应增大的关系来确定绕组的温度，其所测得的是绕组的平均温度。用电阻法测量绕组温度时，试验前用温度计测得的绕组温度实际上应为冷却介质温度。因此，试验前被试电机在冷却介质中应放置足够长的时间，以保证电机内部温度与冷却介质温度相同。

绕组温升可由式(1)计算求得：

$$\Delta t=\frac{R_2-R_1}{R_1}(k+t_1)-(t_2-t_1) \qquad \cdots\cdots(1)$$

式中：

Δt ——绕组温升，单位为开尔文(K)；

R_2 ——试验结束时的绕组电阻，单位为欧姆(Ω)；

R_1 ——试验开始时的绕组电阻，单位为欧姆(Ω)；

k ——常数，对铜绕组为234.5；对铝绕组为225；对于铜铝混合绕组，按234.5计算；

t_1 ——试验开始时的绕组温度，单位为摄氏度(℃)；

t_2 ——试验结束时的冷却介质温度，单位为摄氏度(℃)。

11.3.2 负载的确定

11.3.2.1 概述

对于工作在一个电压范围内的调压类电动机以及有多种工作状态的电动机，应该在正常使用中可能出现的最不利情况下进行温升试验。

对于带有热保护器或热熔断体的电动机，在额定负载温升试验与空载温升试验时，电动机的安装位置应使得热保护器或热熔断体所处的位置为绕组中温度最高的地方，热保护器或热熔断体不允许动作。

11.3.2.2 有明确额定工作点的电动机

该类电动机采用直接负载法，通过测功机(或负载电动机)给被试电动机施加额定负载，在额定频率、额定电压、额定功率下进行试验。

对带电容运行的单相异步电动机，其温升试验应在最大损耗点进行考核。最大损耗点在额定点和空载点以及上述两点中间转速点三点中通过试验求取。

对电容运转电动机以及双值电容异步电动机，还应测取其空载时的温升。

11.3.2.3 带实际负载的电动机

该类电动机由于在正常工作条件时均带有实际负载，这些实际负载对电动机的温升影响较大，因此在进行温升测试时，需带上实际负载在额定频率、额定电压下进行试验。

11.3.3 绕组电阻读数

电动机停车后立即检测绕组电阻读数，时间不得超过15 s。

11.3.4 各类电动机温升试验的持续时间

11.3.4.1 最大连续定额(或S1工作制)电动机

试验应持续进行到电动机各部分达到热稳定状态。

11.3.4.2 短时定额(或 S2 工作制)电动机

试验持续时间即为该定额所规定的时限,试验开始时,电动机的温度与冷却介质温度差应在 5 K 以内。

试验结束时,温升应不超过表 1 规定的限值。

表 1

部　　件	温升/K
电动机绕组:	
——105(A 级)	60(50)
——120(E 级)	75(65)
——130(B 级)	80(70)
——155(F 级)	105(95)
——180(H 级)	125(115)
——220(C 级)	150(140)
永久短路的绝缘绕组、与绕组接触的铁心及其他部件及换向器:	
——105(A 级)	60
——120(E 级)	75
——130(B 级)	80
——155(F 级)	100
——180(H 级)	125
——220(C 级)	150
不与绕组接触的内部布线和外部布线、包括电源软线的橡胶或聚氯乙烯绝缘:	
——不带额定温度标志的	50
——带额定温度标志(T)的	T-25
电容器的外表面:	
——带最高工作温度标志(T)的	T-25
——不带最高工作温度标志的:	
● 用于无线电和电视干扰抑制的小型陶瓷电容器	50
● 符合 IEC 60384-14 电容器	50
● 其他电容器	20
换向器的温升限值应符合本身所采用的绝缘等级,但如换向器与绕组靠近,则表面温升应不超过邻近绕组所采用的绝缘等级的容许限值,温升值测定优先采用热时间常数较小的针触式热电偶温度计。 考虑到电动机的绕组平均温度通常高于绕组上放置热电偶各点的温度这一情况,使用电阻法测量时,温升限值以上表中不带括号的数值为准;使用热电偶时,温升限值以带括号的数值为准。	

11.3.4.3 周期定额(或 S3～S8 工作制)电动机

对断续负载,应按规定的负载周期连续运行,直至达到实际上相同的温度循环。判断的准则为:将两个工作周期上的相应点连成直线,其梯度应小于 2 K/h。如有必要,应在一段时间内,以适当的时间间隔进行测量。在最后一个运行周期内,产生最大热量时间一半时的温升应不超过表 1 的限值。

11.3.4.4 非周期定额(S9 工作制)电动机

温升试验应以制造厂拟定的等效连续定额按 11.3.4.1 进行,在拟定等效连续定额时,应以用户提出的考虑到额定负载和转速变化及允许过载程度的 S9 工作制为基础。

11.3.4.5 多种额定值电动机

对多种额定值电动机温升的测量，应在能产生最高温升时的额定值下进行。

11.4 电动机各部分温度和温升的限值

11.4.1 电动机在4.1所规定的环境条件下额定运行时，电动机各部分温度和温升限值应符合表1的规定。

11.4.2 轴承温度的测量方法按GB 755的有关规定，限值按各电动机的产品标准进行确定。

11.4.3 对短时定额电动机，其各部分的温升限值允许较表1规定的数值提高10 K。

11.4.4 对以S9工作制为基准的非周期工作定额的电动机，在运行期间，温升允许偶然超过表1的限值。

12 效率

12.1 电动机的效率是指电动机的机械输出功率和有功输入功率之比，通常用百分数表示。

12.2 效率的测定方法以直接法(推荐采用测功机)为准。用直接法测定效率时，电动机试验应符合11.3.4中规定的温升试验的持续时间，测量被试电动机的机械输出功率和有功输入功率以确定效率。

12.3 除电动机的额定效率外，对所有非特定用途或可变转速工作的电动机还应考核其工作特性，至少应提供三点的效率数据，包括运行功率为75%和50%额定负载时的效率。对有级多转速电动机，在每个规定转速状态下均应提供相应的三点效率数据。制造商应将工作特性效率指标在产品说明书中完整标明，并在相关产品手册及产品网站上完整公布。产品能效水平应按完整的工作特性综合判定，并在相关的能效标准中予以具体数值规定。

12.4 对于采用控制器控制的电动机，输入功率应在控制器的输入端取得，测试和考核系统的整体效率。同时分别测量控制器和电动机的效率，以进行系统的匹配分析。

13 介电性能试验

13.1 内容

电动机的介电性能试验包括测量绝缘电阻、绕组对地及绕组间电气强度试验和匝间绝缘电气强度试验。

13.2 绕组的绝缘电阻

电动机绕组的绝缘电阻，在常态下不低于50 MΩ，在热态下不低于5 MΩ。绝缘电阻测定用兆欧表，其电压按表2的规定。

表2

电动机额定电压U_N/V	兆欧表电压值/V
$U_N \leqslant 36$	250
$36 < U_N \leqslant 500$	500

13.3 电气强度试验

13.3.1 试验的一般要求

在试验前应先测定绕组的绝缘电阻。如需要进行超速、短时过转矩或偶然过电流试验时，本项试验应在这些试验后进行;如需进行温升试验,则本项试验应在温升试验后立即进行。

试验应在电机静止状态下进行。

试验电压施加于被试绕组对机壳间及绕组相互间,对于相互连接的多相绕组,如各相始末端不是单独引出的可作为一单独电路进行试验。

13.3.2 试验电压

13.3.2.1 试验电压的频率为 50 Hz,波形为实际正弦波,试验设备的容量不小于 0.5 kV·A,试验电压(有效值)为 1 000 V+2 U_N,但最低为 1 500 V。对于额定电压在 100 V 以下的电动机的绝缘绕组,其试验电压(有效值)为 500 V+2 U_N。

13.3.2.2 对于带有信号控制线的电动机,试验电压施加于信号线与电动机绕组之间,试验电压与 13.3.2.1 对绝缘绕组的要求一致。

13.3.2.3 试验过程中,跳闸电流值应不大于 10 mA。湿热试验以后跳闸电流应不大于 30 mA。

13.3.3 试验时间

试验时,施加的电压应从不超过试验电压全值的一半开始,逐渐地升高到试验电压的全值,试验电压自半值增加至全值的时间应不少于 10 s,全值电压试验时间应持续 1 min。在大量生产中作检查试验时,允许用 13.3.2 规定的试验电压值的 120%,历时 1 s 的试验代替,试验电压用试棒施加。

13.4 重复电气强度试验

电动机在验收时不应重复进行本项试验,但如用户提出要求,允许再进行一次电气强度试验,试验电压应为 13.3.2 规定的试验电压值的 80%。如有需要,在试验前应将电机烘干。

13.5 匝间绝缘电气强度试验

多匝线圈或绕组应进行匝间绝缘试验,以考核绕组匝间绝缘承受过电压的能力。试验可采用匝间冲击电气强度试验或短时升高电压试验:

a) 匝间冲击电气强度试验

   将具有规定峰值和波前时间的冲击电压波,交替(或同时)地直接施加于同一设计的被试品绕组或参照品绕组上,利用冲击电压在两者中引起的衰减振荡波形是否有差异来检测电动机绕组匝间绝缘是否良好。

   对于 380 V、50 Hz 三相交流电动机,峰值电压不小于 2 500 V,波前时间为 0.2 μs。

   对于 220 V、50 Hz 单相交流电动机,峰值电压不小于 2 100 V,波前时间为 0.2 μs。

   对于换向器电动机,冲击电压采用片间法或跨距法,试验电压一般应加在 180°角的两个换向片之间。额定电压为 220 V 的电动机其试验峰值电压不小于 1 100 V,对其他额定电压的电动机冲击电压试验的峰值按确定 5 倍 U_N(U_N 为电动机额定电压),但最低为 500 V。

   电动机的冲击试验的试验方法按 GB/T 22719.1 进行。

b) 短时升高电压试验

   电动机在 130%额定电压下运行,历时 3 min(电容运转电机为 1 min),电动机应无冒烟等击穿现象,试验时允许将电源频率提高到额定值的 110%。

14 泄漏电流

14.1 电动机应具有良好的绝缘性能,应按照 GB 12350 进行泄漏电流试验。

14.2 对于家用类电动机,不允许电动机外壳存在人体可感知的带电现象。如果产品中存在这种现象,应采取必要的表面绝缘措施或其他有效措施，使带电现象消失。

15 湿热试验

15.1 电动机湿热试验后应满足 GB/T 12665 的规定。

15.2 湿热试验方法按 GB/T 2423.3 规定，试验周期数 2 d。

有关专业产品如有必要也可按 GB/T 2423.4 进行湿热试验，试验周期数 6 d。

16 性能要求

16.1 起动性能

16.1.1 单速三相异步电动机的堵转转矩、最小转矩、最大转矩对额定转矩之比，在额定电压和额定频率下应不低于表 3 的规定。

表 3

功率 W	极数	堵转转矩/额定转矩	最小转矩/额定转矩	最大转矩/额定转矩
$P_N \leqslant 550$	2	2.25	1.55	2.40
	4	2.40	1.65	2.40
	6	1.90	1.45	1.90
	8	1.80	1.30	1.80
$550 < P_N \leqslant 1\ 500$	2	2.15	1.45	2.40
	4	2.25	1.55	2.40
	6	1.90	1.45	2.00
	8	1.80	1.30	1.90
$1\ 500 < P_N \leqslant 2\ 200$	2	2.00	1.30	2.40
	4	2.15	1.45	2.40

16.1.2 单相异步电动机的堵转转矩、最小转矩、最大转矩对额定转矩之比，在额定电压和额定频率下应不低于表 4 的规定。

表 4

电动机类型	极数	堵转转矩/额定转矩	最小转矩/额定转矩	最大转矩/额定转矩
单相电阻起动异步电动机	2,4	1.00	0.80	1.80
单相电容起动异步电动机	2,4	2.00	1.00	1.80
单相双值电容异步电动机	2,4	1.70	0.80	1.60
单相电容运转异步电动机	2,4	0.30	0.30	1.60
单相罩极异步电动机	2,4	0.25	0.25	1.30

16.1.3 异步电动机堵转电流或堵转电流对额定电流之比，在各类电动机标准中规定。

16.1.4 其他异步电动机和特殊用途异步电动机的起动性能在各类电动机标准中规定。

16.1.5 异步电动机计算堵转电流对额定电流之比时，所采用的额定电流应为额定功率、额定电压及效率和功率因数的保证值(不包括容差)求得。

16.1.6 同步电动机的堵转转矩、最小转矩对额定转矩之比，在额定电压和额定频率下应不低于表5的数值。

表 5

电动机类型	极数	$\frac{堵转转矩}{额定转矩}$	$\frac{最小转矩}{额定转矩}$
单相电容起动磁阻式同步电动机	4	2.50	1.00
单相双值电容磁阻式同步电动机	4	1.70	1.00
三相磁阻式同步电动机	4	2.50	1.00
三相永磁式同步电动机	4	2.20	1.00

16.1.7 在额定电压和额定频率下，同步电动机带上标称转动惯量的负载，其牵入转矩对额定转矩之比的保证值为1.2。

负载的标称转动惯量值，按式(2)计算：

$$J = 7.98 P_N^{1.15} / n_N^2 \qquad \cdots\cdots(2)$$

式中：

J ——负载的标称转动惯量，单位为千克二次方米($kg \cdot m^2$)；

P_N——电动机的额定功率，单位为瓦(W)；

n_N ——电动机的同步转速，单位为转每分(r/min)。

16.1.8 同步电动机的堵转电流或堵转电流与额定电流之比，在各类型电动机标准中规定。

16.1.9 其他同步电动机和特殊用途同步电动机的起动性能在各类型电动机标准中规定。

16.1.10 同步电动机计算堵转电流对额定电流之比时，所采用的额定电流应为额定功率、额定电压及效率和功率因数的保证值(不包括容差)求得。

16.1.11 直流电动机的起动性能在各类型电动机标准中规定。

16.1.12 交流换向器电动机的堵转转矩对额定转矩之比，在额定电压和额定频率下应不低于表6的规定。

表 6

<table>
<tr><td rowspan="4">参数名称</td><td colspan="6">转速/(r/min)</td></tr>
<tr><td colspan="2">$n_N \leqslant 8\ 000$</td><td>$8\ 000 < n_N \leqslant 12\ 000$</td><td>$12\ 000 < n_N \leqslant 18\ 000$</td><td>$n_N > 18\ 000$</td></tr>
<tr><td colspan="5">功率/W</td></tr>
<tr><td>16～90</td><td>120～750</td><td>16～1 100</td><td>40～1 500</td><td>90～1 100</td></tr>
<tr><td>$\frac{堵转转矩}{额定转矩}$</td><td>2.00</td><td>2.50</td><td>3.00</td><td>4.00</td><td>在相应标准中规定</td></tr>
</table>

16.1.13 交流换向器电动机的堵转电流对额定电流之比，在该类型电动机标准中规定。

16.1.14 无刷直流电动机和交流变频电动机的起动性能在各类型电动机标准中规定。

16.2 失步转矩

在额定电压和额定频率下，单相同步电动机的失步转矩对额定转矩之比应不低于1.4，三相同步电动机的失步转矩对额定转矩之比应不低于1.6。

16.3 短时过转矩

电动机在热状态下，应能承受如表7所示的过转矩试验历时15 s而无转速突变或停转及发生有害变形。此时，电压和频率(对交流电动机)应维持额定值。对直流电动机和交流换向器电动机，过转矩也可用过电流表示。

表 7

电动机类型	短时过转矩(超过额定转矩的百分数)/%
三相异步电动机	60
单相电阻起动异步电动机	45
单相电容起动异步电动机	45
单相双值电容异步电动机	40
单相电容运转异步电动机	40
同步电动机	30
直流电动机	60
交流换向器电动机	50
无刷直流电动机	50
交流变频电动机	50

16.4 超速

各类型电动机应能承受如表8规定的超速试验，历时2 min而不发生有害变形。对绕线转子电动机，在试验后应能承受电气强度试验的要求。

表 8

项目	电动机类型	超速要求
1	交流换向器电动机	1.1倍额定电压下的空载转速，对不能和负载分离的电动机，空载转速是指最轻负载时转速
2	直流电动机	
	a) 并励或他励电动机	1.2倍最高额定转速或1.15倍空载转速，两者取较高者
	b) 转速调整率为35%或以下的复励电动机	1.2倍最高额定转速或1.15倍空载转速，两者取较高者，但不超过1.5倍最高额定转速
	c) 串励电动机和转速调整率大于35%的复励电动机	除能承受1.1倍额定电压空载转速的电动机外，应为1.1倍安全运行最高转速，安全运行的最高转速应在铭牌上标明
	d) 永磁电动机	按本项a)的规定
	e) 无刷直流电动机	1.5倍额定转速
	f) 交流变频电动机	1.5倍额定转速
3	其他电动机	1.2倍最高额定转速

16.5 偶然过电流试验

16.5.1 三相交流电动机应能承受1.5倍额定电流，历时不少于2 min。对单相电动机，其偶然过电流不予规定。

16.5.2 直流和交流换向器电动机，在最高满磁场转速和相应的电枢电压下，应能承受1.5倍额定电流，历时不少于1 min。

16.5.3 其他电机的偶然过电流的要求在各类型电动机标准中规定。

16.6 空载

电动机空载测试可以反映产品批量生产中工艺和材料的一致性和稳定性，也是分析电动机整体性能的重要指标之一。空载试验项目应包括空载电流、空载功率和空载转速。具体数据由具体产品确定，方法可参考附录A。

17 换向

直流和交流换向器电动机应能在从空载到16.3和16.5分别规定的过电流和过转矩的运行中不产生有害火花，且不在换向器或电刷表面造成永久性损害。运行时，电刷位置不变。如需进行温升试验，则换向试验应在温升试验后立即进行，试验的持续时间应在各类型电动机标准中规定。

18 噪声

18.1 电动机的噪声数值分为N级(普通级)、R级(一级)、S级(优等级)和E级(低噪声级)四个等级。如无其他规定，电动机的噪声应符合N级数值。

18.2 不同轴承类别的异步电动机、同步电动机、直流电动机(额定转速下)在空载时的A计权声功率级的噪声数值应符合表9的规定，并在各类型电动机标准中规定具体的等级要求。本部分未规定的其他类型电动机的要求应在具体产品的技术条件中规定。

18.3 交流换向器电动机在额定转速下空载时的A计权声功率级的噪声最大允许值应符合表10的规定。

18.4 本部分未规定的其他类型电动机的要求应在具体产品的技术条件中规定。

18.5 电动机噪声的测定按GB/T 10069.1的有关规定进行。

表 9

轴承类别	同步转速/(r/min)	功率/W																							
		$P_N \leqslant 10$				$10 < P_N \leqslant 40$				$40 < P_N \leqslant 180$				$180 < P_N \leqslant 750$				$750 < P_N \leqslant 1\ 500$				$1\ 500 < P_N \leqslant 2\ 200$			
		声功率级/dB(A)																							
		N	R	S	E	N	R	S	E	N	R	S	E	N	R	S	E	N	R	S	E	N	R	S	E
滚动轴承	$n_o \leqslant 750$	—	—	—	—	—	—	—	—	55	50	45	40	60	55	50	45	—	—	—	—	—	—	—	—
	$750 < n_o \leqslant 1\ 000$	—	—	—	—	—	—	—	—	58	53	48	43	65	60	55	50	68	63	58	53	—	—	—	—
	$1\ 000 < n_o \leqslant 1\ 500$	50	45	40	35	57	52	47	42	62	57	53	47	67	62	57	52	73	68	63	58	78	73	68	63
	$1500 < n_o \leqslant 3\ 000$	55	50	45	40	62	57	52	47	67	63	57	52	72	67	62	57	78	73	68	63	83	78	73	68
	$3\ 000 < n_o \leqslant 5\ 000$	60	55	50	45	65	60	55	50	—	—	—	—	—	—	—	—	—	—	—	—	—	—	—	—
	$5\ 000 < n_o \leqslant 8\ 000$	65	60	55	50	70	65	60	55	—	—	—	—	—	—	—	—	—	—	—	—	—	—	—	—
滑动轴承	$n_o \leqslant 1\ 500$	45	40	35	30	—	—	—	—	—	—	—	—	—	—	—	—	—	—	—	—	—	—	—	—
	$500 < n_o \leqslant 3000$	50	45	40	35	55	50	45	40	60	55	50	45	—	—	—	—	—	—	—	—	—	—	—	—
	$3\ 000 < n_o \leqslant 5\ 000$	55	50	45	40	60	55	50	45	65	60	55	50	—	—	—	—	—	—	—	—	—	—	—	—
	$5\ 000 < n_o \leqslant 8\ 000$	60	55	50	45	65	60	55	50	70	65	60	55	—	—	—	—	—	—	—	—	—	—	—	—
	$8\ 000 < n_o \leqslant 12\ 000$	65	60	55	50	—	—	—	—	—	—	—	—	—	—	—	—	—	—	—	—	—	—	—	—

表 10

额定转速/(r/min)	额定功率/W			
	$P_N \leqslant 90$	$90 < P_N \leqslant 180$	$180 < P_N \leqslant 370$	$P_N > 370$
	声功率级/dB(A)			
$n_o \leqslant 4\ 000$	69	71	73	76
$4\ 000 < n_o \leqslant 6\ 000$	71	73	75	78
$6\ 000 < n_o \leqslant 8\ 000$	73	75	77	80
$8\ 000 < n_o \leqslant 12\ 000$	75	77	79	82
$12\ 000 < n_o \leqslant 18\ 000$	77	79	81	84
$n_o > 18\ 000$	79	81	83	86

19 振动

19.1 铁壳或铝壳结构的异步电动机在空载时的振动速度有效值应符合表 11 的规定。钢板壳异步电动机在空载时振动限值在该类产品标准中确定。

表 11

电机类型	振动速度有效值/(mm/s)
三相异步电动机	1.8
单相异步电动机	2.8

19.2 交流换向器电动机在额定转速下空载稳定运行时测得的振动速度有效值应符合表 12 的规定。

表 12

转速/(r/min)	冲片外径/mm	
	≤90	>90
	振动速度有效值/(mm/s)	
$n_o \leqslant 4\ 000$	1.8	2.8
$4\ 000 < n_o \leqslant 8\ 000$	2.8	4.5
$8\ 000 < n_o \leqslant 12\ 000$	4.5	7.1
$12\ 000 < n_o \leqslant 18\ 000$	11.2	11.2
$n_o > 18\ 000$	在相应产品标准中规定	

19.3 同步电动机空载时的振动速度有效值应符合表 13 的规定。

表 13

电动机类型	振动速度有效值/(mm/s)
三相同步电动机	1.8
单相同步电动机	2.8

19.4 其他各类型电动机的振动限值在各类型电动机标准中规定。

19.5 电动机振动测定按 GB 10068 的有关规定进行。

20 安全

20.1 对电动机安全的一般性考虑应包括电气(其结构应保证不易触电)、机械(不因机械损坏或不恰当运行而造成人身伤害)、燃烧(电机材料不得由于使用不当引起燃烧)、高温(运行时不因人体触及造成烫伤)、化学腐蚀(不得由于功能件腐蚀引起事故)、控制(对于带控制器电动机,要充分避免由于控制故障造成安全事故)和管理(提供给用户的信息要足够,以避免错误使用造成安全问题)等方面。

20.2 设计者不仅要考虑设备的正常工作条件,还要考虑可能的故障条件以及随之引起的故障。

20.3 本部分未规定的具体安全性能要求按 GB 12350 规定。

21 元器件

21.1 电动机上各种元器件应符合有关元器件的国家和行业标准,同时应当作为电动机的一个组成部分承受本部分规定的所有有关试验。

21.2 如果某元器件没有对应的国家和行业标准,或元器件在设计中未按它们规定的额定值使用,则该元器件应当按电动机实际存在的条件进行试验。试验所需要的样品数量通常与等效标准所要求的数量相同。

22 电磁兼容性

22.1 带换向器的电动机以及带有电子线路的电动机可能会引起连续干扰,应进行电磁兼容性测试,测试方法及限值按 GB 4343.1 的要求。

22.2 对电子线路控制的电动机,其控制器应能承受静电放电、电快速瞬变脉冲群以及浪涌抗扰度试验不出现故障,其中涉及交流电源端口的试验仅在适用时才进行:

a) 静电放电试验根据基础标准 GB/T 17626.2 和本部分表 14 中给出的试验信号和试验条件进行。

表 14

环境现象	试验规定	试验配置
静电放电	8 kV 空气放电 4 kV 接触放电	按 GB/T 17626.2
注:4 kV 的接触放电应施加于易触及的导电部件,但诸如插座孔里的金属触片除外。		

接触放电是优先的试验方法，对外壳的每个易触及的金属部件施加 20 次放电(10 次正极性、10 次负极性)。对于非导电外壳，应按 GB/T 17626.2 规定对垂直或水平耦合板进行放电。空气放电适用于不能使用接触放电的场合中。对表 14 以外(更低)的电压不需要试验。

b) 电快速瞬变脉冲群试验根据基础标准 GB/T 17626.4 和本部分表 15～表 16 中的要求进行，并且试验是在正、负两个极性上各进行 2 min。表 15 适用于直流电源输入和输出端口，表 16 适用于交流电源输入和输出端口。

表 15

环境现象	试验规定	试验配置
共模快速瞬变	0.5 kV(峰值) 5/50 ns Tr/Td 5 kHz 重复频率	按 GB/T 17626.4
应使用耦合/去耦网络来测试直流电源端口。		

表 16

环境现象	试验规定	试验配置
共模快速瞬变	1 kV(峰值) 5/50 ns Tr/Td 5kHz 重复频率	按 GB/T 17626.4
对于特低电压的交流电输入和输出端(端口)，这个测试仅适用于与(依据)制造商功能规范规定的总长度可超过 3 m 的电缆连接的端口； 应使用耦合/去耦网络来测试交流电源端口。		

c) 浪涌抗扰度试验根据基础标准 GB/T 17626.5 和本部分表 17 中的要求进行。

表 17

环境现象	试验规定	试验配置
浪涌	1.2/50(8/20)μs Tr/Td 2 kV 1 kV	按 GB/T 17626.5

依次施加 5 次正脉冲和 5 次负脉冲：

——相线之间：1 kV；

——相线与零线之间：1 kV；

——相线与保护地线间：2 kV；

——中线与保护地线间：2 kV。

对表 17 以外(更低)的电压不需要试验。

22.3 试验后器具应按预期继续运行。当器具按预期使用时，其性能降低或功能丧失不允许低于制造商规定的性能水平(或可容许的性能丧失)。在试验过程中，性能下降是允许的，但不允许实际运行状态或存贮数据有所改变。如果制造商未规定最低的性能水平或可容许的性能丧失，则可从产品说明书、文件及用户按预期使用时对器具的合理期望中推断。

23 工作期限

23.1 电动机的工作期限是指在规定的条件下，制造厂向用户保证的正常运行的期限。

23.2 电动机的工作期限以小时(h)计。

23.3 当电动机的工作期限短于一年时，则应在该类型电动机标准中规定工作期限。

23.4 工作期限试验的方法及要求在各类型电动机标准中规定。

24 容差

容差即试验实测值与标准中保证值的容许偏差，这是由于考虑到许可范围内的原材料性能的不一致，加工的偏差及测量的误差等不可避免的影响。

表18所列项目仅在各类型电动机的指标在标准中作为保证值时，才需要同时列出容差。如未规定更高的容差要求时，应按表18的规定。表18中的容差仅带一个符号时(如仅为"+"或仅为"-")，则反方向的容差不受限制。

表 18

项目	名称	容差
1	效率 η	$-0.15(1-\eta)$，最多为-0.04
2	交流电动机的功率因数 $\cos\varphi$	$-(1-\cos\varphi)/6$，最少-0.02，最多-0.05
3	转速或转差率(在额定负载及工作温度时) a) 永磁直流电动机或无刷直流电动机的转速 b) 并励及他励直流电动机的转速 c) 串励及复励直流电动机的转速 d) 交流换向器电动机的转速 e) 异步电动机的转差率	 ±15% ±15% ±20% ±20% 1 kW(或 kV·A)及以上　保证值的±20% 1 kW(或 kV·A)以下　保证值的±30%
4	异步和同步电动机的堵转电流	保证值的+20%
5	异步和同步电动机的堵转转矩	保证值的-15%，+25%(正容差仅在用户有需要时才作规定)
6	异步电动机的最大转矩和同步电动机的失步转矩	保证值的-10%，但计及容差后不小于16.1和16.2的规定
7	异步电动机的最小转矩	保证值的-15%
8	同步电动机的标称牵入转矩	保证值的-15%
9	噪声	+3 dB

25 检验规则

25.1 检验分为出厂检验和型式检验。

出厂检验是为了确定每台新装配完成的电动机在电或机械方面是否都符合其据以制造的标准的要求而进行的试验。

25.2 凡遇有下列情况之一者，应进行型式检验：

a) 新产品试制完成时；

b) 电动机设计和工艺上的变更足以引起某些性能发生变化时，则应进行有关的型式试验项目；

c) 当出厂检验结果与以前进行的型式检验结果发生不可容许的偏差时；

d) 定期抽试，每两年至少进行一次。

25.3 型式检验样机数量按 GB/T 2829 的规定，但至少 3 台。

25.4 电动机试验时应处于完全良好的状态。轴承、换向器及电刷等应平稳地工作，同时绕组的接法，外护罩以及电刷的安装位置等均应处于正常工作状态。

25.5 各类电动机出厂检验项目按表 19 规定，栏中“√”号表示该项试验适用于某一类型的电动机。

表 19

序号	检验项目	异步电动机	同步电动机	直流电动机	交流换向器电动机
1	外观检查	√	√	√	√
2	绕组对机壳及绕组相互间绝缘电阻的测定	√	√	√	√
3	绕组在实际冷状态下直流电阻的测定	√	√	—	—
4	电气强度试验	√	√	√	√
5	匝间绝缘试验	√	√	√	√
6	额定电压下空载试验数据的测定	√	√	√	√
7	堵转试验[a]	√	√	—	√
8	换向检查	—	—	√	√
9	超速试验	—	√	√	√
10	离心开关断开转速的测定[b]	√	—	—	—
11	转向检查	√	√	√	√

[a] 第 7 项试验对交流换向器电动机允许抽查。

[b] 第 10 项试验仅对带离心开关的单相电动机才需进行。

25.6 型式检验项目包括全部出厂检验项目，此外增加的项目见表 20。

表 20

序号	检验项目	异步电动机	同步电动机	直流电动机	交流换向器电动机
1	机械检查[a]	√	√	√	√
2	起动过程中最小转矩的测定[b]	√	√	—	—
3	最大转矩的测定[c]	√	√	—	—
4	牵入同步转矩的测定	—	√	—	—
5	短时过转矩试验	√	√	√	√

表 20（续）

序号	检验项目	异步电动机	同步电动机	直流电动机	交流换向器电动机
6	温升试验	√	√	√	√
7	额定数据检查 a） 功率 b） 电流 c） 转速 d） 效率 e） 功率因数 f） 电容器端电压[d]	 √ √ √ √ √ √	 √ √ √ √ √ √	 √ √ √ √ — —	 √ √ √ √ √ —
8	振动的测定	√	√	√	√
9	噪声的测定	√	√	√	√
10	无线电干扰的测试[e]	—	—	√	√
11	湿热试验	√	√	√	√
12	外壳防护等级试验[f]	√	√	√	√
13	偶然过电流试验	√	√	√	√
14	工作期限试验[g]	√	√	√	√
15	重量检查[h]	√	√	√	√
16	电源适应试验	√	√	√	√
对带控制器的电动机按电动机类型进行试验。					
[a] 对交直流两用电动机的型式检验以交流电动机为主。 [b] 在实际热态下进行。 [c] 在实际热态下进行。 [d] 仅对单相电容电动机才需进行，对起动电容器测定堵转时的端电压，对运转电容器测定空载和额定负载两点的工作电压。 [e] 对具有电子控制装置的所有电动机进行。 [f] 只有在产品标准中规定了外壳防护等级，在新产品设计定型时方进行试验，其试验方法按 GB/T 4942.1 的有关规定进行。 [g] 只有在产品标准中规定了工作期限，在新产品设计定型时方进行试验。 [h] 仅在新产品设计定型时进行检查。					

25.7 试验方法按 GB/T 1032、GB/T 9651、GB/T 1311、GB/T 8128、GB/T 10068、GB/T 10069.1、GB/T 12665、GB/T 22672 的有关规定进行。

26 质量保证期

小功率电动机的生产企业应：

——明确电动机的修理、更换、退货（简称为三包）的方式。自行设置或者指定修理单位的，应随产品向消费者提供三包凭证、修理单位的名单、地址、联系电话等。

——向负责修理的销售者、修理者提供修理技术资料、合格的修理配件，负责培训，提供修理费用。

保证在产品停产后五年内继续提供符合技术要求的零配件。

——妥善处理消费者直接或者间接的查询，并提供服务。

27 成套性

27.1 对轴伸上有键槽的电动机，交货时应配有符合各类电动机标准规定的键。

27.2 交货时应配有的其他附件和易损可换零配件应在各类电动机标准中规定。

27.3 电动机应附有产品合格证和使用维护说明书。如果是成批的定向供货则可以用双方约定的方式体现出说明书的全部内容，但每箱产品至少需要一份说明书。产品说明书上应标明所有可能的危险情况和故障处理情况，以避免由于用户的不恰当使用造成安全事故。

28 电动机的选用

电动机的选用与产品的技术特性密切相关，本部分通过对各类型电动机产品的技术特点描述，希望可给相关用户在系统设计时予以参考。详见附录 B。

29 包装、运输和贮存

29.1 包装和运输

电动机在包装前轴伸应采取临时性防锈涂封保护措施。

电动机的包装应符合 GB/T 13384 的要求；在湿热带地区储运的电动机的包装还应符合 GB/T 13126 的要求；供出口的电动机的包装还应符合 GB/T 19142 的要求。

在设计电动机的包装时，还应考虑产品的运输环境条件，GB/T 4798.2 中规定了运输环境条件的分级。

29.2 贮存

电动机的贮存条件应符合 GB/T 4798.1 的要求。

30 绿色设计

30.1 小功率电动机在寿命周期内需考虑到对环境的影响，应符合 GB/T 23686 与 GB/T 23688 的要求。

30.2 小功率电动机中铅(Pb)、汞(Hg)、镉(Cd)、六价铬(Cr^{6+})、多溴联苯(PBB)和多溴二苯醚(PBDE)等有害物质的含量应符合 GB/T 26572 的要求。

附　录　A
（资料性附录）
应用工序能力指数分析确定小功率电动机空载数据限值

A.1　导言

空载数据检验的意义主要在于验证生产过程的稳定性，并剔除个别不合格的产品。这就要求要确定小功率电动机空载数据的中心值及其偏差。

生产企业可以应用工序能力分析技术，通过下述有关步骤来确定小功率电动机空载数据的限值。电动机的用户在进货检验时也可通过工序能力分析来判断供应商的生产过程稳定性。应用统计技术应用计算机软件，可以很方便地进行工序能力指数分析。

本附录提供的方法及限值仅供参考。

A.2　工序能力指数的概念

工序能力指数是用来表示工序能力满足规范的程度，以便分析、判断工序能力状态。

常用的符号有：

$\overline{X}$：样本均值；

s：样本标准差；

TU：规范上限；

TL：规范下限；

T：规范范围 $T=\mathrm{TU}-\mathrm{TL}$；

M：规范范围中心值 $M=(\mathrm{TU}+\mathrm{TL})/2$；

ε：中心偏移量 $\varepsilon=|\overline{X}-M|$；

k：偏移系数 $k=2\varepsilon/T$；

C_p：双侧规范界限，中心无偏移（$\varepsilon=0$）时的工序能力指数；

$$C_p=T/6s$$

C_{pk}：双侧规范界限，中心偏移（$\varepsilon\neq0$）时的工序能力指数；

$$C_{pk}=(T-2\varepsilon)/6s=(1-k)C_p$$

A.3　确定现有产品的负载功率工序能力指数

在过程稳定的前提下，也就是在人、机、料、法、环、测无重大变化的情况下，抽取产品进行负载功率测试。通常，子组大小取为 4 或 5，抽取 20 个～25 个子组。应用工序能力分析计算工序能力指数 C_p。

A.4　工序能力判断及处理

根据工序能力指数 C_p 值，应用表 A.1 判定工序能力，采取相应的对策。

表 A.1 C_p 等级评定及处理原则

序号	C_p	级别	判定	可采取的对策
1	$C_p<0.67$	5	工序能力严重不足	必要时,停止生产,直到找出原因或全检
2	$0.67\leqslant C_p<1.0$	4	工序能力不足	找出原因,采取对策,产品全检
3	$1.0\leqslant C_p<1.33$	3	工序能力尚可	注意 5M1E 的变化情况,产品要加严检查
4	$1.33\leqslant C_p<1.67$	2	工序能力充分	继续维持现状
5	$1.67\leqslant C_p$	1	工序能力较高	可考虑抽检或免检

A.5 确定电动机空载数据限值

在采取对策改进后,工序能力可接受的情况下。剔除少量负载功率不合格的电动机数据,应用工序能力分析计算可以得到空载功率、空载电流和空载转速的工序能力分析图。

根据空载功率、空载电流和空载转速的工序能力分析图,进而确定空载功率、空载电流和空载转速的中心值和限值。

比如,取平均值为中心值,考虑到空载数据的离散程度通常比负载数据要大些,可按±10%确定上下限。

附 录 B
（资料性附录）
电动机的选用

B.1 导言

本附录并非提供一个电动机类型的选用约束，而是通过对各类型电动机产品的技术特点描述，给用户在系统设计时提供一个简明的思考方向。

B.2 异步电动机

B.2.1 异步电动机包括三相异步电动机与单相异步电动机。异步电动机在低于同步转速的速度下运行。在工频电制下，同步转速对于二极电机为 3 000 r/min、四极电机为 1 500 r/min、六极电机为 1 000 r/min、八极电机为 750 r/min 等。异步电动机在其额定点运行有较好的效率。系统运转转速建议不设计在高于某个同步转速点的附近，这势必选取更高的同步转速点，过大的滑差运行将带来较大的电磁损耗。通常建议将系统的运转功率设计或者选取在电动机额定功率的 0.8～1 倍之间，以使电动机有较好的运行效率。

B.2.2 三相异步电动机总体性能优于单相异步电动机，在电源条件允许情况下，可优先选择三相系统。

B.2.3 单相异步电动机主要以不同起动方式而分类。电容起动电动机具有较好的起动性能，电容运转电动机具有较好的运行性能，并方便双向旋转。双值电容异步电动机有较好的起动和运行性能。罩极电动机结构简单，适于对性能要求不高的小功率动力场合。

B.3 换向器电动机

B.3.1 换向器电动机包括直流电动机和交流换向器电动机。

B.3.2 换向器电动机可以有较灵活的设计转速，通常有较大的起动转矩（及较大的起动电流），适用于特殊转速或有较高起动性能的场合。

B.3.3 直流电动机有很好的控制性能，交流换向器电动机常用于高转速。部分交流换向器电动机不允许空载运转，以避免电动机在超过设计许可的高转速下运行。

B.4 同步电动机

同步电动机转速与电网频率有精确对应的关系。永磁同步电动机通常有较高的运行效率，但一般需要变频起动（或采用异步起动结构）。自起动爪极永磁同步是一种结构简单、低成本的电动机，通常附加齿轮减速机构成为低速电动机。磁滞同步电动机通常用于对可靠性、噪声和振动要求比较严格的场合，磁阻同步电动机是一种低成本电动机。通常可以用异步电动机派生制造。

B.5 控制方式

适当的控制方式有助于提高电动机的性能。如异步电动机、同步电动机的变频控制，无刷直流电动机的控制运行等，可以在起动、运行及效率方面取得较好的平衡，特别适合宽转速范围运转应用场合。

ICS 87.060.10
G 53

中华人民共和国国家标准

GB/T 5211.15—2014
代替 GB/T 5211.15—1988

颜料和体质颜料通用试验方法 第15部分:吸油量的测定

General methods of test for pigments and extenders—Part 15:Determination of oil absorption value

(ISO 787-5:1980,General methods of test for pigments and extenders—Part 5:Determination of oil absorption value,MOD)

2014-07-08 发布 2014-12-01 实施

中华人民共和国国家质量监督检验检疫总局
中国国家标准化管理委员会 发布

前　言

GB/T 5211《颜料和体质颜料通用试验方法》分为以下几部分：

——第1部分：水溶物的测定 冷萃取法；

——第2部分：水溶物的测定 热萃取法；

——第3部分：105 ℃挥发物的测定；

——第4部分：装填体积和表观密度的测定；

——第5部分：耐性测定法；

——第11部分：水溶硫酸盐、氯化物和硝酸盐的测定；

——第12部分：水萃取液电阻率的测定；

——第13部分：水萃取液酸碱度的测定；

——第14部分：筛余物的测定 机械冲洗法；

——第15部分：吸油量的测定；

——第16部分：白色颜料消色力的比较；

——第17部分：白色颜料对比率(遮盖力)的比较；

——第18部分：筛余物的测定 水法 手工操作；

——第19部分：着色颜料的相对着色力和冲淡色的测定 目视比较法；

——第20部分：在本色体系中白色、黑色和着色颜料颜色的比较 色度法。

其中第5部分是对GB/T 5211.5—1985《颜料耐水性测定法》、GB/T 5211.6—1985《颜料耐酸性测定法》、GB/T 5211.7—1985《颜料耐碱性测定法》、GB/T 5211.8—1985《颜料耐油性测定法》、GB/T 5211.9—1985《颜料耐溶剂性测定法》和GB/T 5211.10—1985《颜料耐石蜡性测定法》六项标准的整合修订，并于2008年代替了以上六项标准。

本部分为GB/T 5211的第15部分。

本部分按照GB/T 1.1—2009给出的规则起草。

本部分代替GB/T 5211.15—1988《颜料吸油量的测定》，与前版GB/T 5211.15—1988相比主要技术差异如下：

——前版为等效采用ISO 787-5:1980，本版为修改采用ISO 787-5:1980；

——规范性引用文件中"GB 9285"改为其修订版"GB/T 3186"；增加了文件"ISO 150"(见第2章，1988年版的第2章)；

——增加了"天平"和"小滴瓶"(见第5章，1988年版的第5章)；

——增加了用小滴瓶滴加油的方式(见7.2，1988年版的7.2)；

——修改了结果的计算公式(见第8章，1988年版的第8章)。

本部分使用重新起草法修改采用国际标准ISO 787-5:1980《颜料和体质颜料通用试验方法 第5部分：吸油量的测定》。

本部分与ISO 787-5:1980相比存在技术性差异，这些差异涉及的条款已通过在其外侧页边空白位置的垂直单线(|)进行了标示，附录A中给出了相应技术性差异及其原因的一览表。

本部分还做了下列编辑性修改：

——为与现有标准编号方式一致，将标准名称改为《颜料和体质颜料通用试验方法 第15部分：吸油量的测定》；

——增加了资料性附录A；

——将第7章悬置段内容(进行两份试样的平行测定)放到7.2中。

本部分由中国石油和化学工业联合会提出。

本部分由全国涂料和颜料标准化技术委员会(SAC/TC 5)归口。

本部分起草单位:中海油常州涂料化工研究院、上海一品颜料有限公司、山东东佳集团股份有限公司、百合花集团有限公司、安庆菱湖涂料有限公司、浙江飞鲸漆业有限公司、广州秀珀化工股份有限公司、杜邦中国集团有限公司。

本部分主要起草人:沈苏江、沈琴华、李化全、王峰、龙毛明、严杰、李国荣、周纯。

本部分所代替标准的历次版本发布情况为:

——GB/T 5211.15—1988;

——GB/T 1712—1979。

颜料和体质颜料通用试验方法
第15部分:吸油量的测定

1 范围

GB/T 5211—2014的本部分规定了测定颜料和体质颜料吸油量的通用试验方法。

注:当本通用方法不适用于某特定的产品时,应规定一个专用方法来测定吸油量。

2 规范性引用文件

下列文件对于本文件的应用是必不可少的。凡是注日期的引用文件,仅注日期的版本适用于本文件。凡是不注日期的引用文件,其最新版本(包括所有的修改单)适用于本文件。

GB/T 3186 色漆、清漆和色漆与清漆用原材料 取样(GB/T 3186—2006,ISO 15528:2000,IDT)

ISO 150 色漆和清漆用生、精制的和熟亚麻仁油 规范和试验方法(Raw,refined and boiled linseed oil for paints and varnishes—Specifications and methods of test)

3 定义

下列术语和定义适用于本文件。

3.1

吸油量 oil absorption value

颜料样品在规定条件下所吸收的精制亚麻仁油量。

注:可用体积/质量(mL/100 g)或质量/质量(g/100 g)表示。

4 试剂

精制亚麻仁油:符合ISO 150要求,酸值(以KOH计)为5.0 mg/g~7.0 mg/g。

5 仪器

5.1 平板:磨砂玻璃或大理石制,尺寸不小于300 mm×400 mm。

5.2 调刀:钢制,锥形刀身,长约140 mm~150 mm,最宽处为20 mm~25 mm,最窄处不小于12.5 mm。

5.3 小滴瓶:合适大小,体积一般不超过100 mL。

5.4 滴定管:容量为10 mL,分度值为0.05 mL。

5.5 天平:精确至0.01 g或更高的精确度。

6 取样

按GB/T 3186的规定取受试颜料的代表性样品。

7 步骤

7.1 试样

根据不同颜料吸油量的范围，建议按表1规定称取适量的试样。

表1 试样的质量

预计吸油量/(mL/100 g)	试样质量/g
<10	20
≥10 且<30	10
≥30 且<50	5
≥50 且≤80	2
>80	1

7.2 测定

进行两份试样的平行测定。

将试样(见7.1)置于平板(见5.1)上，用小滴瓶(见5.3)或滴定管(见5.4)滴加精制亚麻仁油，每次加油量为4滴～5滴，加完后用调刀用力压研，使油渗入受试样品，继续缓慢滴加至油和试样形成团块为止。从此时起，每加一滴油后需用调刀充分研磨，当形成稠度均匀的膏状物，恰好不裂不碎，又能粘附在平板上，即为终点。

全部操作应在20 min～25 min内完成，在此期间操作者应尽量用力研磨受试样品。记录所消耗油的质量或体积。

8 结果的表示

8.1 用小滴瓶滴加精制亚麻仁油时结果的计算

吸油量 x_1 以每100 g颜料产品所需油的质量表示，即单位为g/100 g时，按式(1)计算：

$$x_1=\frac{m_2-m_1}{m}\times 100 \qquad \cdots\cdots(1)$$

式中：

m ——试样质量，单位为克(g)；

m_1——盛有油的小滴瓶使用后的质量，单位为克(g)；

m_2——盛有油的小滴瓶使用前的质量，单位为克(g)。

吸油量 x_2 以每100 g颜料产品所需油的体积表示，即单位为mL/100 g时，按式(2)换算得到：

$$x_2=\frac{x_1}{\rho} \qquad \cdots\cdots(2)$$

式中：

ρ——试验温度下油的密度，单位为克每毫升(g/mL)。

注：油的密度可测定得到。试验温度为23 ℃时，油密度约为0.93 g/mL。

8.2 用滴定管滴加精制亚麻仁油时结果的计算

吸油量 x_3 以每100 g颜料产品所需油的体积表示，即单位为mL/100 g时，按式(3)计算：

$$x_3 = \frac{V}{m} \times 100 \quad \cdots\cdots(3)$$

式中：

m ——试样质量，单位为克(g)；

V ——测定所消耗油的体积，单位为毫升(mL)。

吸油量 x_4 以每 100 g 颜料产品所需油的质量表示，即单位为 g/100 g 时，按式(4)换算得到：

$$x_4 = x_3 \times \rho \quad \cdots\cdots(4)$$

式中：

ρ——试验温度下油的密度，单位为克每毫升(g/mL)。

注：油的密度可测定得到。试验温度为 23 ℃时，油密度约为 0.93 g/mL。

如果两次平行测定结果的相对误差大于10%，则应重新进行测定。

9 试验报告

试验报告至少应包括下列内容：

a） 试验颜料的类型和名称；

b） 本部分编号；

c） 试验结果；

d） 与本试验方法规定操作的差异；

e） 试验日期。

附 录 A
（资料性附录）
本部分与 ISO 787-5：1980 的技术性差异及其原因

表 A.1 给出了本部分与 ISO 787-5：1980 的技术性差异及其原因的一览表。

表 A.1 本部分与 ISO 787-5：1980 的技术性差异及其原因

本部分的章条编号	技术性差异	原因
2	删除了文件“ISO/R 385 滴定管”； “ISO 842”改为与其修订版 ISO 15528 对应的我国文件“GB/T 3186”	标准文本中未涉及； 采用国家标准使用更方便
5.3	增加了“小滴瓶”	标准中增加了用小滴瓶滴加油的方式
5.5	天平精度改为“精确至 0.01 g 或更高的精确度”	明确规定天平精度便于规范操作
7.1	增加了表题“表 1 试样的质量”； “10～30”“30～50”和“50～80”分别改为“≥10 且＜30”“≥30 且＜50”和“≥50 且≤80”	描述更加清晰
7.2	增加了用小滴瓶滴加油的方式	满足实际应用要求
7.2	删除了“当要求与该产品的商定样品的吸油量进行比较时则采用同样方法对商定样品重复试验”内容	表述更简洁
8	修改了结果的计算公式	结果计算与操作方式相对应，表述更严谨清晰
8	增加了平行测定误差要求	满足实际应用要求

ICS 77.140.10
H 40

中华人民共和国国家标准

GB/T 5216—2014
代替 GB/T 5216—2004

保证淬透性结构钢

Structural steels with specified hardenability bands

2014-12-05 发布 2015-09-01 实施

中华人民共和国国家质量监督检验检疫总局
中国国家标准化管理委员会 发布

前　言

本标准按照 GB/T 1.1—2009 给出的规则起草。

本标准代替 GB/T 5216—2004《保证淬透性结构钢》。

本标准与 GB/T 5216—2004 相比主要变化如下：

——标准适用范围中删除了“直径或厚度不小于 30 mm”的限制；

——分类和代号中取消了“钢按冶金质量分为优质钢和高级优质钢”；

——牌号由 24 个增加到 32 个(不包括含硫钢)，增加了 25CrH、28CrH、35CrMoH、17Cr2Ni2H、22CrNiMoH、27CrNiMoH、40CrNi2MoH、18Cr2Ni2MoH 等 8 个牌号及相关技术要求；

——调整了表 1 中部分牌号的成分上下限：含硼钢的硼含量下限改为 0.000 8%，上限统一为 0.003 5%；17CrMnBH 钢的锰含量上限由 1.30%调整到 1.40%；20CrMnTiH 钢的锰含量上限由 1.15%调整到 1.20%，铬含量上限由 1.35%调整到 1.45%；含硫钢的硫含量下限由 0.020%调整到 0.015%；15CrMoH 钢的碳含量范围更正为 0.12%～0.18%；

——统一了硫、磷杂质元素和铜、铬、镍残余元素含量要求；

——增加了钢中氧含量不大于 0.002 0%的要求；

——补充了 16CrMnH 和 20CrMnH 钢材退火或高温回火后的硬度要求；

——6.5.1 中增加了“公称直径或厚度小于 30 mm 钢材允许在中间坯上取样进行实测”规定；

——更改了淬透性带的表示方法；

——表 3 对低倍组织要求进行了分组规定，并增加了连铸钢“中心偏析”的要求；

——表 4 对非金属夹杂物要求进行了分组规定；

——附录 A 由“钢的淬透性计算方法”修改为“钢的理想临界直径 D_I 值的计算方法”。

本标准由中国钢铁工业协会提出。

本标准由全国钢标准化技术委员会(SAC/TC 183)归口。

本标准起草单位：钢铁研究总院、江阴兴澄特种钢铁有限公司、大冶特殊钢股份有限公司、石家庄钢铁有限责任公司、东北特殊钢集团有限责任公司、冶金工业信息标准研究院、宝钢特钢有限公司、攀钢集团江油长城特殊钢有限公司、苏州苏信特钢有限公司、首钢总公司。

本标准主要起草人：王毛球、栾燕、曹红福、李博鹏、王信康、陈庆新、张淑平、宋宁秋、俞杰、陈列、师莉、张丽娜、孟瑞瑛、金维松。

本标准历次版本发布情况为：

——GB 5216—1985；

——GB/T 5216—2004。

保证淬透性结构钢

1 范围

本标准规定了保证淬透性结构钢条钢的订货内容、分类和代号、尺寸、外形、重量及允许偏差、技术要求、试验方法、检验规则、包装、标志和质量证明书等。

本标准适用于机械制造用保证淬透性的热轧及热锻结构钢条钢(以下简称钢材)。用末端淬火方法测定或按公式计算钢的淬透性。

2 规范性引用文件

下列文件对于本文件的应用是必不可少的。凡是注日期的引用文件,仅注日期的引用文件适用于本文件。凡是不注日期的引用文件,其最新版本(包括所有的修改单)适用于本文件。

GB/T 222 钢的成品化学成分允许偏差

GB/T 223.3 钢铁及合金化学分析方法 二安替比林甲烷磷钼酸重量法测定磷量

GB/T 223.5 钢铁 酸溶硅和全硅含量的测定 还原型硅钼酸盐分光光度法

GB/T 223.11 钢铁及合金 铬含量的测定 可视滴定或电位滴定法

GB/T 223.13 钢铁及合金化学分析方法 硫酸亚铁铵滴定法测定钒含量

GB/T 223.14 钢铁及合金化学分析方法 钽试剂萃取光度法测定钒含量

GB/T 223.16 钢铁及合金化学分析方法 变色酸光度法测定钛量

GB/T 223.17 钢铁及合金化学分析方法 二安替比林甲烷光度法测定钛量

GB/T 223.18 钢铁及合金化学分析方法 硫代硫酸钠分离-碘量法测定铜量

GB/T 223.19 钢铁及合金化学分析方法 新亚铜灵-三氯甲烷萃取光度法测定铜量

GB/T 223.23 钢铁及合金 镍含量的测定 丁二酮肟分光光度法

GB/T 223.25 钢铁及合金化学分析方法 丁二酮肟重量法测定镍量

GB/T 223.26 钢铁及合金 钼含量的测定 硫氰酸盐分光光度法

GB/T 223.53 钢铁及合金化学分析方法 火焰原子吸收分光光度法测定铜量

GB/T 223.54 钢铁及合金化学分析方法 火焰原子吸收分光光度法测定镍量

GB/T 223.58 钢铁及合金化学分析方法 亚砷酸钠-亚硝酸钠滴定法测定锰量

GB/T 223.59 钢铁及合金 磷含量的测定 铋磷钼蓝分光光度法和锑磷钼蓝分光光度法

GB/T 223.60 钢铁及合金化学分析方法 高氯酸脱水重量法测定硅含量

GB/T 223.61 钢铁及合金化学分析方法 磷钼酸铵容量法测定磷量

GB/T 223.62 钢铁及合金化学分析方法 乙酸丁酯萃取光度法测定磷量

GB/T 223.63 钢铁及合金化学分析方法 高碘酸钠(钾)光度法测定锰量

GB/T 223.64 钢铁及合金 锰含量的测定 火焰原子吸收光谱法

GB/T 223.67 钢铁及合金 硫含量的测定 次甲基蓝分光光度法

GB/T 223.68 钢铁及合金化学分析方法 管式炉内燃烧后碘酸钾滴定法测定硫含量

GB/T 223.69 钢铁及合金 碳含量的测定 管式炉内燃烧后气体容量法

GB/T 223.71 钢铁及合金化学分析方法 管式炉内燃烧后重量法测定碳含量

GB/T 223.72 钢铁及合金 硫含量的测定 重量法

GB/T 223.75 钢铁及合金 硼含量的测定 甲醇蒸馏-姜黄素光度法
GB/T 223.76 钢铁及合金化学分析方法 火焰原子吸收光谱法测定钒量
GB/T 223.78 钢铁及合金化学分析方法 姜黄素直接光度法测定硼含量
GB/T 223.79 钢铁 多元素含量的测定 X-射线荧光光谱法(常规法)
GB/T 223.81 钢铁及合金 总铝和总硼含量的测定 微波消解-电感耦合等离子体质谱法
GB/T 223.84 钢铁及合金 钛含量的测定 二安替比林甲烷分光光度法
GB/T 223.85 钢铁及合金 硫含量的测定 感应炉燃烧后红外吸收法
GB/T 223.86 钢铁及合金 总碳含量的测定 感应炉燃烧后红外吸收法
GB/T 225 钢 淬透性的末端淬火试验方法(Jominy 试验)
GB/T 226 钢的低倍组织及缺陷酸蚀检验法
GB/T 228.1 金属材料 拉伸试验 第1部分:室温试验方法
GB/T 229 金属材料 夏比摆锤冲击试验方法
GB/T 231.1 金属材料 布氏硬度试验 第1部分:试验方法
GB/T 702 热轧钢棒尺寸、外形、重量及允许偏差
GB/T 908 锻制钢棒尺寸、外形、重量及允许偏差
GB/T 1979 结构钢低倍组织缺陷评级图
GB/T 2101 型钢验收、包装、标志及质量证明书的一般规定
GB/T 2975 钢及钢产品 力学性能试验取样位置及试样制备
GB/T 4336 碳素钢和中低合金钢 火花源原子发射光谱分析方法(常规法)
GB/T 6394 金属平均晶粒度测定法
GB/T 7736 钢的低倍缺陷超声波检验法
GB/T 10561 钢中非金属夹杂物含量的测定 标准评级图显微检验法
GB/T 11261 钢铁 氧含量的测定 脉冲加热惰气熔融-红外线吸收法
GB/T 13298 金属显微组织检验方法
GB/T 13299 钢的显微组织评定方法
GB/T 15711 钢材塔形发纹酸浸检验方法
GB/T 17505 钢及钢产品交货一般技术要求
GB/T 17616 钢铁及合金牌号统一数字代号体系
GB/T 20066 钢和铁 化学成分测定用试样的取样和制样方法
GB/T 20123 钢铁 总碳硫含量的测定 高频感应炉燃烧后红外吸收法(常规方法)
GB/T 20125 低合金钢 多元素含量的测定 电感耦合等离子体发射光谱法
GB/T 21834 中低合金钢 多元素成分分布的测定 金属原位统计分布分析法
GB/T 22368 低合金钢 多元素含量的测定 辉光放电原子发射光谱法(常规法)
YB/T 4305 钢铁及合金 氧含量的测定 惰性气体熔融-红外吸收法
YB/T 4307 钢铁及合金 氧、氮和氢含量的测定 脉冲加热惰气熔融-飞行时间质谱法(常规法)
YB/T 5293 金属材料 顶锻试验方法

3 订货内容

按本标准订货的合同或订单应包括下列内容：

a) 标准编号；
b) 产品名称；
c) 牌号或统一数字代号；

d) 交货的重量(或数量);
e) 尺寸与外形;
f) 使用加工方法(见 4.2);
g) 控制残余元素(如有要求,见 6.1.2);
h) 交货状态 (如有要求,见 6.3);
i) 淬透性(见 6.5);
j) 低倍组织组别(见 6.7);
k) 非金属夹杂物组别(见 6.8.2);
l) 特殊要求(如有要求,见 6.10)。

4 分类和代号

4.1 钢按钢类分为非合金结构钢和合金结构钢。

4.2 钢按使用加工方法分为压力加工用钢(UP)和切削加工用钢(UC)。钢的使用加工方法应在合同或订单中注明。

4.3 保证淬透性钢的代号为"H",按淬透性级别分为基准带(H)、上 2/3 带(HH)、下 2/3 带(HL),如 40CrH、40CrHH、40CrHL。

4.4 对含硫保证淬透性钢在"H"之前加入"S",如 16CrMnSH、16CrMnSHH、16CrMnSHL。

4.5 钢的牌号统一数字代号按 GB/T 17616 标准编写。

5 尺寸、外形、重量及允许偏差

5.1 热轧圆钢和方钢尺寸、外形、重量及其允许偏差应符合 GB/T 702 的规定。

5.2 热锻圆钢和方钢尺寸、外形、重量及其允许偏差应符合 GB/T 908 的规定。

5.3 其他尺寸、外形、重量及其允许偏差应符合相应标准或供需双方协议的规定,具体要求应在合同或订单中注明。

6 技术要求

6.1 牌号和化学成分

6.1.1 钢的牌号、统一数字代号及化学成分(熔炼分析)应符合表 1 的规定。

6.1.2 钢中残余元素铜含量应不大于 0.25%、铬含量应不大于 0.30%、镍含量应不大于 0.30%。热压力加工用钢的铜含量应不大于 0.20%。

6.1.3 钢中氧含量应不大于 0.002 0%。

6.1.4 钢坯和钢材成品化学成分的允许偏差应符合 GB/T 222 的规定。

表 1　钢的牌号及化学成分

序号	统一数字代号	牌号	化学成分(质量分数)/%										
			C	Si[a]	Mn	Cr	Ni	Mo	B	Ti	V	S[b]	P
1	U59455	45H	0.42～0.50	0.17～0.37	0.50～0.85	—	—	—	—	—	—		
2	A20155	15CrH	0.12～0.18	0.17～0.37	0.55～0.90	0.85～1.25	—	—	—	—	—		
3	A20205	20CrH	0.17～0.23	0.17～0.37	0.50～0.85	0.70～1.10	—	—	—	—	—		
4	A20215	20Cr1H	0.17～0.23	0.17～0.37	0.55～0.90	0.85～1.25	—	—	—	—	—		
5	A20255	25CrH	0.23～0.28	≤0.37	0.60～0.90	0.90～1.20	—	—	—	—	—		
6	A20285	28CrH	0.24～0.31	≤0.37	0.60～0.90	0.90～1.20	—	—	—	—	—		
7	A20405	40CrH	0.37～0.44	0.17～0.37	0.50～0.85	0.70～1.10	—	—	—	—	—		
8	A20455	45CrH	0.42～0.49	0.17～0.37	0.50～0.85	0.70～1.10	—	—	—	—	—		
9	A22165	16CrMnH	0.14～0.19	≤0.37	1.00～1.30	0.80～1.10	—	—	—	—	—		
10	A22205	20CrMnH	0.17～0.22	≤0.37	1.10～1.40	1.00～1.30	—	—	—	—	—		
11	A25155	15CrMnBH	0.13～0.18	≤0.37	1.00～1.30	0.80～1.10	—	—		—	—	≤0.035	≤0.030
12	A25175	17CrMnBH	0.15～0.20	≤0.37	1.00～1.40	1.00～1.30	—	—		—	—		
13	A71405	40MnBH	0.37～0.44	0.17～0.37	1.00～1.40	—	—	—	0.000 8～0.003 5	—	—		
14	A71455	45MnBH	0.42～0.49	0.17～0.37	1.00～1.40	—	—	—		—	—		
15	A73205	20MnVBH	0.17～0.23	0.17～0.37	1.05～1.45	—	—	—		—	0.07～0.12		
16	A74205	20MnTiBH	0.17～0.23	0.17～0.37	1.20～1.55	—	—	—		0.04～0.10	—		
17	A30155	15CrMoH	0.12～0.18	0.17～0.37	0.55～0.90	0.85～1.25	—	0.15～0.25	—	—	—		
18	A30205	20CrMoH	0.17～0.23	0.17～0.37	0.55～0.90	0.85～1.25	—	0.15～0.25	—	—	—		
19	A30225	22CrMoH	0.19～0.25	0.17～0.37	0.55～0.90	0.85～1.25	—	0.35～0.45	—	—	—		
20	A30355	35CrMoH	0.32～0.39	0.17～0.37	0.55～0.95	0.85～1.25	—	0.15～0.35	—	—	—		
21	A30425	42CrMoH	0.37～0.44	0.17～0.37	0.55～0.90	0.85～1.25	—	0.15～0.25	—	—	—		

表 1（续）

序号	统一数字代号	牌号	化学成分(质量分数)/%										
			C	Si[a]	Mn	Cr	Ni	Mo	B	Ti	V	S[b]	P
22	A34205	20CrMnMoH	0.17～0.23	0.17～0.37	0.85～1.20	1.05～1.40	—	0.20～0.30	—	—	—		
23	A26205	20CrMnTiH	0.17～0.23	0.17～0.37	0.80～1.20	1.00～1.45	—	—	—	0.04～0.10	—		
24	A42175	17Cr2Ni2H	0.14～0.20	0.17～0.37	0.50～0.90	1.40～1.70	1.40～1.70	—	—	—	—		
25	A42205	20CrNi3H	0.17～0.23	0.17～0.37	0.30～0.65	0.60～0.95	2.70～3.25	—	—	—	—		
26	A43125	12Cr2Ni4H	0.10～0.17	0.17～0.37	0.30～0.65	1.20～1.75	3.20～3.75	—	—	—	—		
27	A50205	20CrNiMoH	0.17～0.23	0.17～0.37	0.60～0.95	0.35～0.65	0.35～0.75	0.15～0.25	—	—	—	≤0.035	≤0.030
28	A50225	22CrNiMoH	0.19～0.25	0.17～0.37	0.60～0.95	0.35～0.65	0.35～0.75	0.15～0.25	—	—	—		
29	A50275	27CrNiMoH	0.24～0.30	0.17～0.37	0.60～0.95	0.35～0.65	0.35～0.75	0.15～0.25	—	—	—		
30	A50215	20CrNi2MoH	0.17～0.23	0.17～0.37	0.40～0.70	0.35～0.65	1.55～2.00	0.20～0.30	—	—	—		
31	A50405	40CrNi2MoH	0.37～0.44	0.17～0.37	0.55～0.90	0.65～0.95	1.55～2.00	0.20～0.30	—	—	—		
32	A50185	18Cr2Ni2MoH	0.15～0.21	0.17～0.37	0.50～0.90	1.50～1.80	1.40～1.70	0.25～0.35	—	—	—		

[a] 根据需方要求，16CrMnH、20CrMnH、25CrH 和 28CrH 钢中的 Si 含量允许不大于 0.12%，但此时应考虑其对力学性能的影响。

[b] 根据需方要求，钢中的硫含量（质量分数）也可以在 0.015%～0.035%范围。此时，硫含量允许偏差为±0.005%。

6.2 冶炼方法

除非合同中有规定，冶炼方法由生产厂自行选择。

6.3 交货状态

6.3.1 钢材通常以热轧或热锻状态交货。如需方要求(并在合同中注明)，也可以热处理(正火、退火或高温回火等)状态交货。

6.3.2 根据供需双方协议，压力加工用圆钢，表面可经车削、剥皮或其他精整方法交货。

6.4 硬度

6.4.1 退火或高温回火状态交货钢材的硬度应符合表2的规定。

表2 退火或高温回火状态交货钢材的硬度

序号	牌号	退火或高温回火后的硬度 HBW，不大于
1	45H	197
2	20CrH	179
3	28CrH	217
4	40CrH	207
5	45CrH	217
6	40MnBH	207
7	45MnBH	217
8	20MnVBH	207
9	20MnTiBH	187
10	16CrMnH	207
11	20CrMnH	217
12	20CrMnMoH	217
13	20CrMnTiH	217
14	17Cr2Ni2H	229
15	20CrNi3H	241
16	12Cr2Ni4H	269
17	20CrNiMoH	197
18	18Cr2Ni2MoH	229

6.4.2 未列于表2中的牌号如果以退火或高温回火状态交货，交货状态下钢材的硬度由供需双方协商确定。

6.5 淬透性

6.5.1 钢的淬透性采用末端淬火试验方法测定，公称直径或厚度小于30 mm的钢材允许在中间坯上取样进行实测。在供需双方达成协议时，也可以按公式计算方法确定淬透性。淬透性公式计算方法由供需双方协商确定，也可以参考附录A的D_1值计算法。

6.5.2 钢的淬透性带及其各点的硬度值应符合图2～图33及相应表中的规定，具体要求见6.6.1的规定。

6.5.3 测定淬透性试样的正火温度范围、端淬温度及其允许偏差应符合图2～图33相应表中的规定。

6.5.4 小于20HRC的硬度不作规定。

6.6 淬透性订货方法

6.6.1 可以按下列规定的任一种方法订货，并应在合同中注明：

A法：距淬火端某一距离的最大和最小硬度值，如图1中的H带A′～A，并用H带J34/45-9表示。

B法：距淬火端某一距离的最大和最小硬度值及另一距离的一个最大硬度值或最小硬度值，如图1中的H带A′～A+B(或B′)，并用H带J34/45—9+J≤39—15(或J≥28—15)表示。

C法：距淬火端两个距离的最大和最小硬度值，如图1中的H带A′～A+B′～B，并用H带J34/45—9+J28/39—15表示；也可以按H带A′～A+B(或B′)+C(或C′)订货，并用H带J34/45—9+J≤39—15(或J≥28—15)+J≤34—25(或J≥22—25)表示。

D法：按淬透性带订货。钢的淬透性应按图2～图33相应表中所列对应带的硬度值供应。

6.6.2 “B”法是基本订货方法，若无注明，以“B”法供货。

6.6.3 按“A、B、C”方法之一订货时，允许指定点以外的其余点的硬度值与淬透性带不一致。

6.6.4 按“D”法订货时，当被检验钢材的实际淬透性曲线(按照相应表中给定的离开淬火端的距离所测定的硬度值描绘出的曲线)与该钢的淬透性带走向一致时，允许有不多于两点的硬度值偏离淬透性带(不包括1.5 mm位置的硬度值)。

6.6.5 淬透性订货方法有H带、HH带和HL带三个带别。通常以H带供货，根据需方要求，并在合同中注明，也可按HH带和HL带供货(具体表示方法详见图1)。

6.6.6 当需方提出按淬透性订购本标准以外的其他牌号的结构钢时，其化学成分范围、淬透性指标、正火温度范围、端淬温度均由供需双方协商确定，并积累数据。

6.7 低倍组织

6.7.1 钢材的横截面酸浸低倍组织试片上不应有目视可见的缩孔、气泡、裂纹、夹杂、分层、翻皮及白点。供切削加工用的钢材允许有不超过表6规定允许深度的皮下夹杂等表面缺陷。

6.7.2 酸浸低倍组织合格级别应符合表3规定，其组别应在合同中注明。未注明时按Ⅱ组供货。

6.7.3 如供方能保证低倍组织检验合格，可采用超声检测法或其他无损检测法代替酸浸低倍检验。

表3 低倍组织合格级别

组别	一般疏松	中心疏松	锭型偏析[a]	中心偏析[b]
	级别，不大于			
Ⅰ	2	2	2	2
Ⅱ	3	3	3	3

[a] 仅适用于模铸钢；

[b] 仅适用于连铸钢。

6.8 高倍组织

6.8.1 钢材的奥氏体晶粒度为5级或更细。

6.8.2 钢材的非金属夹杂物合格级别应符合表4规定，其组别应在合同中注明。未注明时按Ⅱ组供货。

表 4　非金属夹杂物合格级别

<table>
<tr><td rowspan="2">组别</td><td rowspan="2">夹杂物类型</td><td>A</td><td>B</td><td>C</td><td>D</td><td>DS</td></tr>
<tr><td colspan="5">级别，不大于</td></tr>
<tr><td rowspan="2">Ⅰ</td><td>细系</td><td>2.5</td><td>2.5</td><td>1.5</td><td>1.5</td><td rowspan="2">2.0</td></tr>
<tr><td>粗系</td><td>2.0</td><td>1.5</td><td>1.0</td><td>1.0</td></tr>
<tr><td rowspan="2">Ⅱ</td><td>细系</td><td>3.0</td><td>3.0</td><td>2.0</td><td>2.0</td><td rowspan="2">—</td></tr>
<tr><td>粗系</td><td>2.5</td><td>2.0</td><td>1.5</td><td>1.5</td></tr>
<tr><td colspan="7">如需方有不同级别要求或需要含硫钢，其合格级别由供需双方协商确定。</td></tr>
</table>

6.9　表面质量

6.9.1　供压力加工用的钢材，表面不应有的裂纹、结疤、折叠及夹杂。如有上述缺陷必须清除。清除深度从钢材实际尺寸算起应符合表 5 的规定。清除宽度不小于深度的 5 倍，同一截面达到最大清除深度不得多于一处。允许有从实际尺寸算起不超过尺寸公差之半的个别细小划痕、压痕、麻点及深度不超过 0.2 mm 的小裂纹存在。

表 5　表面允许清除的最大深度

单位为毫米

钢材尺寸	允许清除深度
＜80	钢材尺寸公差的 1/2
≥80～140	钢材尺寸公差
＞140～200	钢材尺寸的 5%
＞200	钢材尺寸的 6%

6.9.2　供切削加工用的钢材，表面允许有从钢材公称尺寸算起不超过表 6 规定的局部缺陷。

表 6　局部缺陷允许深度

单位为毫米

钢材尺寸	局部缺陷允许深度
＜100	钢材尺寸负偏差
≥100	钢材尺寸公差

6.10　特殊要求

根据需方要求，经供需双方协议，并在合同中注明，可供应附加下列特殊要求的钢材：

a)　调整淬透性指标；

b)　缩小含碳量范围；

c)　加严氧含量；

d)　检验力学性能；

e)　检验热顶锻性能；

f)　用塔形试样检验发纹；

g) 检验带状组织；

h) 指定合金元素和残余元素的特殊含量范围；

i) 其他特殊要求项目。

7 试验方法

每批钢材的试验方法按表7的规定执行。

表7 钢材的检验项目、取样数量、取样部位及试验方法

序号	检验项目	取样数量/个	取样部位	试验方法
1	化学成分	1/炉	GB/T 20066	GB/T 223、GB/T 4336、GB/T 20123、GB/T 20125、GB/T 21834、GB/T 22368
2	氧含量	1	钢坯或钢材半径1/2处或对角线1/4处	GB/T 11261、YB/T 4305、YB/T 4307
3	拉 伸	2	不同根钢材，GB/T 2975	GB/T 228.1
4	冲 击	2	不同根钢材，GB/T 2975	GB/T 229
5	硬 度	3[a]	不同根钢材	GB/T 231.1
6	热顶锻	2	不同根钢材	YB/T 5293
7	淬透性	1	任一根钢坯或钢材	GB/T 225
8	低倍组织	2	模铸：相当于钢锭头部的不同根钢坯或钢材 连铸：不同根钢材	GB/T 226、GB/T 1979
9	塔 形	1	任一根钢材	GB/T 15711
10	非金属夹杂物	2	不同根钢坯或钢材	GB/T 10561
11	晶粒度	1	任一根钢材	GB/T 6394
12	带状组织	1	任一根钢材	GB/T 13299、GB/T 13298
13	超声检测	2	模铸：相当于钢锭头部的不同根钢坯或钢材 连铸：不同根钢材	GB/T 7736
14	尺 寸	逐根	整根钢材上	卡尺、千分尺
15	表 面	逐根	整根钢材上	目视

[a] 交货钢材少于3根时，按实际钢材数量测量硬度。

8 检验规则

8.1 检查和验收

8.1.1 钢材出厂的检查和验收由供方质量技术监督部门进行。

8.1.2 供方必须保证交货的钢材符合本标准或合同的规定，需方有权对本标准或合同所规定的任一检验项目进行检查和验收。

8.2 组批规则

钢材应按批检查和验收，每批由同一牌号、同一炉号、同一加工方法、同一尺寸、同一交货状态、同一

热处理制度(炉次)的钢材组成。

8.3 取样数量及取样部位

每批钢材的取样数量及取样部位应符合表7的规定。

8.4 复验与判定规则

8.4.1 钢材的复验与判定规则按GB/T 17505规定执行。

8.4.2 供方若能保证钢材合格时,对同一炉号的钢材或钢坯的低倍组织、非金属夹杂物和淬透性的检验结果,允许以坯代材,以大代小。

9 包装、标志和质量证明书

钢材的包装、标志和质量证明书应符合GB/T 2101的规定。

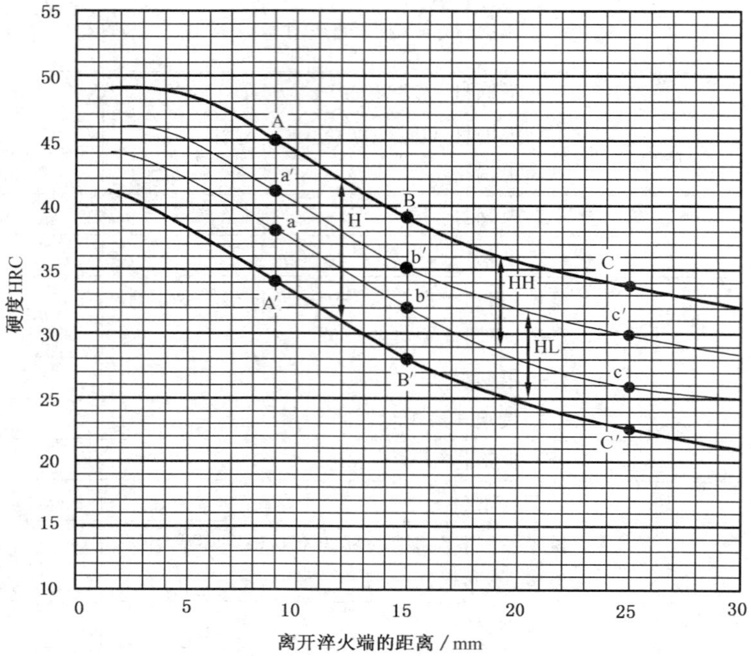

图1 按淬透性订货方法示意图

示例:

A法:如,H带A′~A=J34/45-9;再如,HH带a~A=J38/45-9;

B法:如,H带A′~A+B(或B′)=J34/45-9+J≤39-15(或J≥28-15);

再如,HH带a~A+B(或b)=J38/45-9+J≤39-15(或J≥32-15);

C法:1) 如,H带A′~A+B′~B(或C′~C)

=J34/45-9+J28/39-15(或J22/34-25);

再如,HH带a~A+b~B(或c~C)

=J38/45-9+J32/39-15(或J26/34-25);

2) 如,H带A′~A+B(或B′)+C(或C′)

= J34/45-9+J≤39-15(或J≥28-15)+J≤34-25(或J≥22-25);

再如,HH带a~A+B(或b)+C(或c)

= J38/45-9+J≤39-15(或J≥32-15)+J≤34-25(或J≥26-25);

D 法:按淬透性带订货。

45H

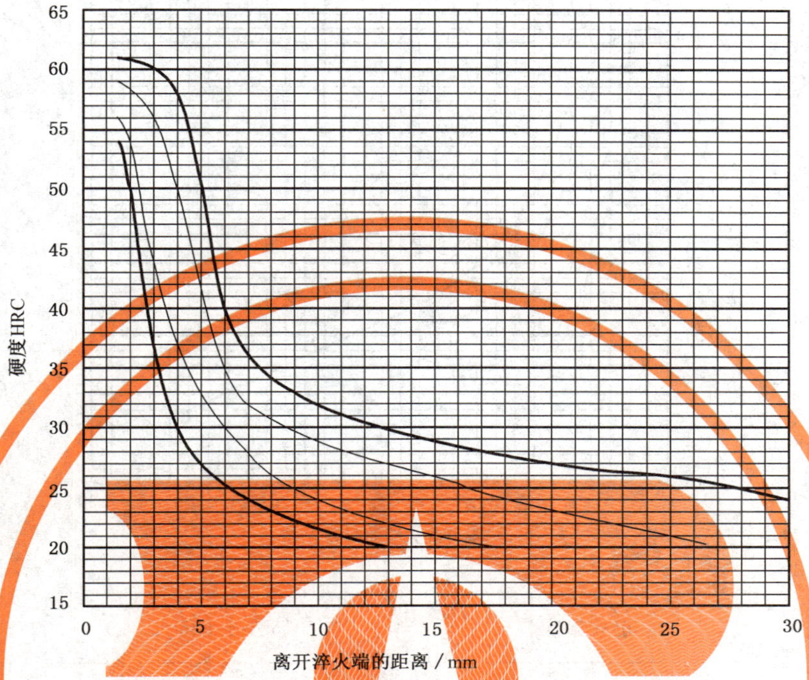

正火温度	850 ℃~870 ℃
端淬温度	(840±5)℃

淬透性带范围		离开淬火端下列距离(mm)处的 HRC										
		1.5	3	5	7	9	11	13	15	20	25	30
H	最大	61	60	50	36	33	31	30	29	27	26	24
	最小	54	37	27	24	22	21	20	—	—	—	—
HH	最大	61	60	50	36	33	31	30	29	27	26	24
	最小	56	44	33	28	25	23	22	21	—	—	—
HL	最大	59	56	42	32	30	29	28	25	23	21	—
	最小	54	37	27	24	22	21	20	—	—	—	—

图 2 45H 钢末端淬火曲线及硬度值

15CrH

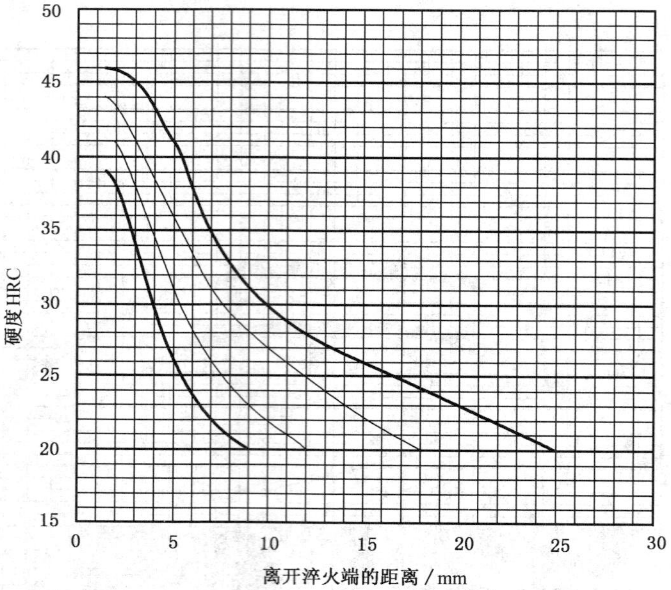

正火温度	915 ℃～935 ℃
端淬温度	(925±5)℃

淬透性带范围		离开淬火端下列距离(mm)处的 HRC										
		1.5	3	5	7	9	11	13	15	20	25	30
H	最大	46	45	41	35	31	29	27	26	23	20	—
	最小	39	34	26	22	20	—	—	—	—	—	—
HH	最大	46	45	41	35	31	29	27	26	23	20	—
	最小	41	38	31	26	23	21	—	—	—	—	—
HL	最大	44	41	36	31	28	26	24	22	—	—	—
	最小	39	34	26	22	20	—	—	—	—	—	—

图 3　15CrH 钢末端淬火曲线及硬度值

20CrH

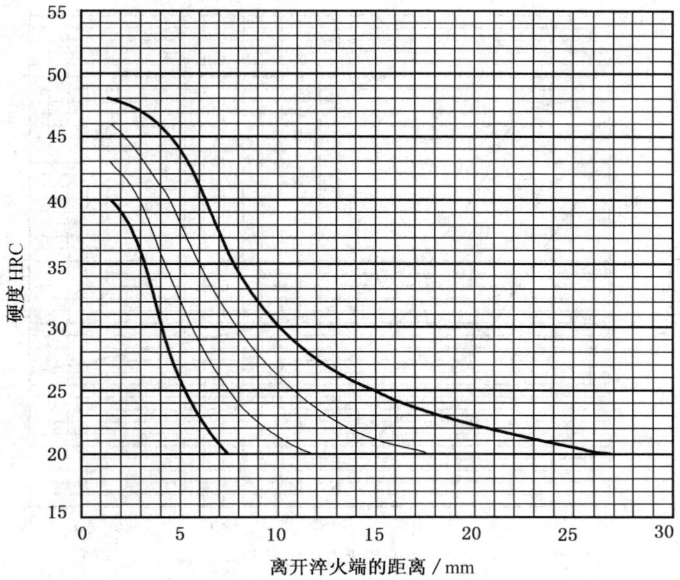

正火温度	880 ℃～900 ℃
端淬温度	(870±5)℃

淬透性带范围		离开淬火端下列距离(mm)处的 HRC										
		1.5	3	5	7	9	11	13	15	20	25	30
H	最大	48	47	44	37	32	29	26	25	22	—	—
	最小	40	36	26	21	—	—	—	—	—	—	—
HH	最大	48	47	44	37	32	29	26	25	22	—	—
	最小	43	40	32	26	23	21	—	—	—	—	—
HL	最大	46	44	38	32	28	25	22	21	—	—	—
	最小	40	36	26	21	—	—	—	—	—	—	—

图 4　20CrH 钢末端淬火曲线及硬度值

20Cr1H

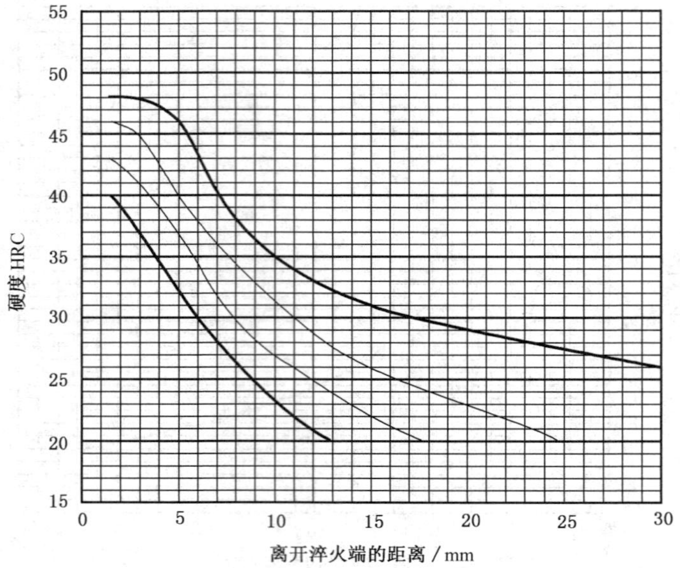

正火温度	915 ℃～935 ℃
端淬温度	(925±5)℃

淬透性带范围		离开淬火端下列距离(mm)处的 HRC										
		1.5	3	5	7	9	11	13	15	20	25	30
H	最大	48	48	46	40	36	34	32	31	29	27	26
	最小	40	37	32	28	25	22	20	—	—	—	—
HH	最大	48	48	46	40	36	34	32	31	29	27	26
	最小	43	41	37	32	28	26	24	22	—	—	—
HL	最大	46	45	40	36	33	30	28	26	23	20	—
	最小	40	37	32	28	25	22	20	—	—	—	—

图 5　20Cr1H 钢末端淬火曲线及硬度值

25CrH

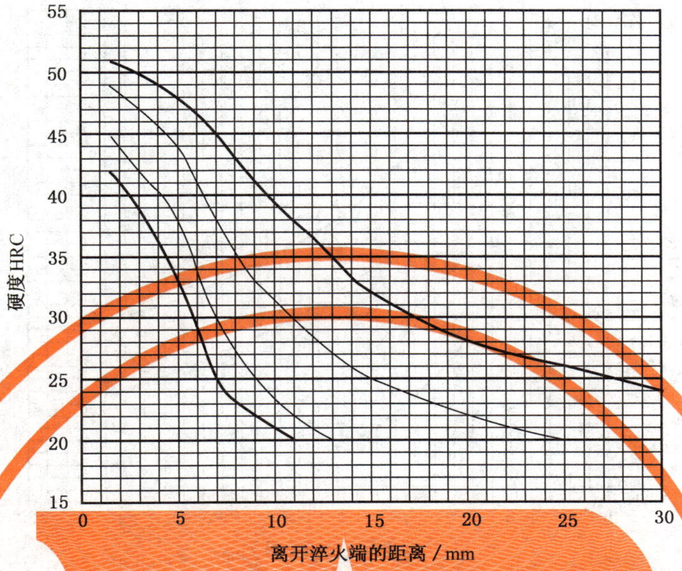

正火温度	910 ℃～930 ℃
端淬温度	(870±5)℃

淬透性带范围		离开淬火端下列距离(mm)处的 HRC										
		1.5	3	5	7	9	11	13	15	20	25	30
H	最大	51	50	48	45	41	38	35	32	28	26	24
	最小	42	39	33	25	22	20	—	—	—	—	—
HH	最大	51	50	48	45	41	38	35	32	28	26	24
	最小	45	42	38	30	25	22	20	—	—	—	—
HL	最大	49	47	44	38	33	30	27	25	22	20	—
	最小	42	39	33	25	22	20	—	—	—	—	—

图 6　25CrH 钢末端淬火曲线及硬度值

28CrH

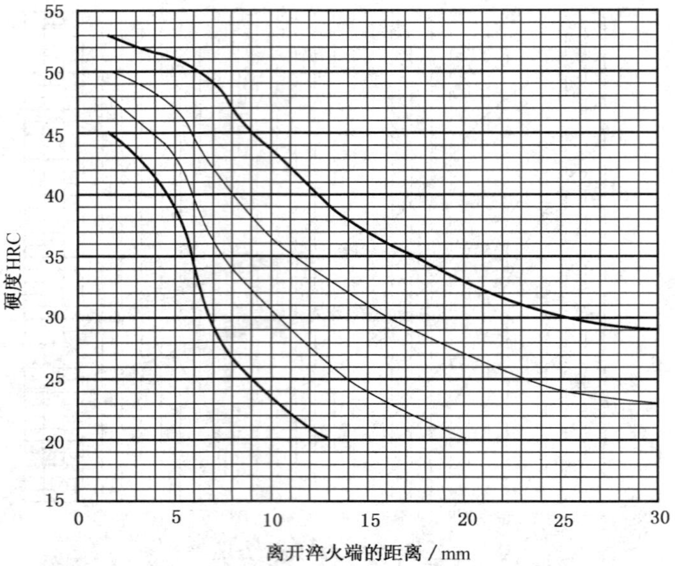

正火温度	910 ℃～930 ℃
端淬温度	(850±5)℃

淬透性带范围		离开淬火端下列距离(mm)处的 HRC										
		1.5	3	5	7	9	11	13	15	20	25	30
H	最大	53	52	51	49	45	42	39	36	33	30	29
	最小	45	43	39	29	25	22	20	—	—	—	—
HH	最大	53	52	51	49	45	42	39	36	33	30	29
	最小	48	46	43	36	32	29	26	23	20	—	—
HL	最大	50	49	47	42	38	35	33	30	27	24	23
	最小	45	43	39	29	25	22	20	—	—	—	—

图 7　28CrH 钢末端淬火曲线及硬度值

40CrH

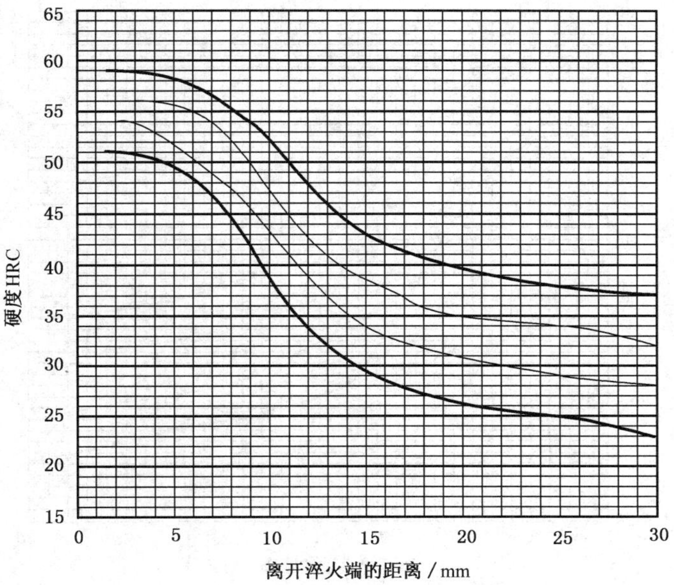

正火温度	860 ℃～880 ℃
端淬温度	(850±5)℃

淬透性带范围		离开淬火端下列距离(mm)处的 HRC										
		1.5	3	5	7	9	11	13	15	20	25	30
H	最大	59	59	58	56	54	50	46	43	40	38	37
	最小	51	51	49	47	42	36	32	30	26	25	23
HH	最大	59	59	58	56	54	50	46	43	40	38	37
	最小	54	54	51	49	46	41	37	34	31	29	28
HL	最大	56	56	56	54	50	45	41	39	35	34	32
	最小	51	51	49	47	42	36	32	30	26	25	23

图 8　40CrH 钢末端淬火曲线及硬度值

45CrH

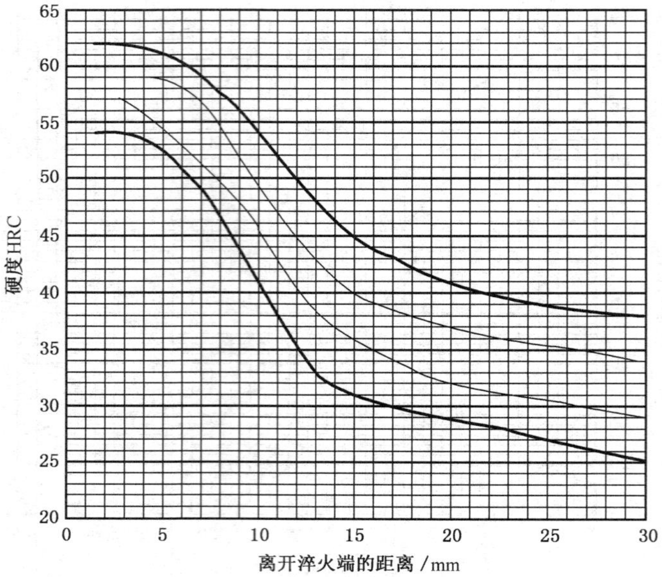

正火温度	860 ℃～880 ℃
端淬温度	(850±5)℃

淬透性带范围		离开淬火端下列距离(mm)处的 HRC										
		1.5	3	5	7	9	11	13	15	20	25	30
H	最大	62	62	61	59	56	52	48	45	41	40	38
	最小	54	54	52	49	44	38	33	31	28	27	25
HH	最大	62	62	61	59	56	52	48	45	41	40	38
	最小	57	57	54	51	48	43	38	36	32	31	29
HL	最大	59	59	59	57	52	47	43	40	37	36	34
	最小	54	54	52	49	44	38	33	31	28	27	25

图 9　45CrH 钢末端淬火曲线及硬度值

16CrMnH

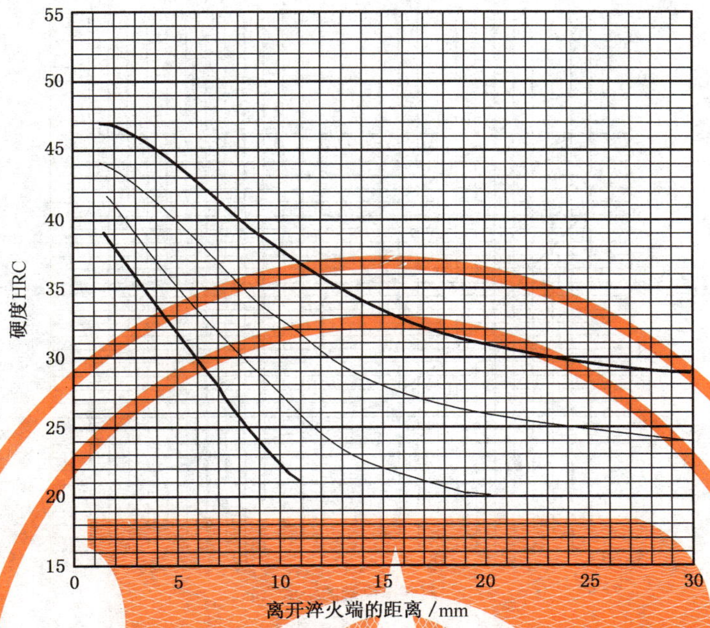

正火温度	910 ℃～930 ℃
端淬温度	(870±5)℃

淬透性带范围		离开淬火端下列距离(mm)处的 HRC										
		1.5	3	5	7	9	11	13	15	20	25	30
H	最大	47	46	44	41	39	37	35	33	31	30	29
	最小	39	36	31	28	24	21	—	—	—	—	—
HH	最大	47	46	44	41	39	37	35	33	31	30	29
	最小	42	39	35	32	29	26	24	22	20	—	—
HL	最大	44	43	40	37	34	32	30	28	26	25	24
	最小	39	36	31	28	24	21	—	—	—	—	—

图 10　16CrMnH 钢末端淬火曲线及硬度值

20CrMnH

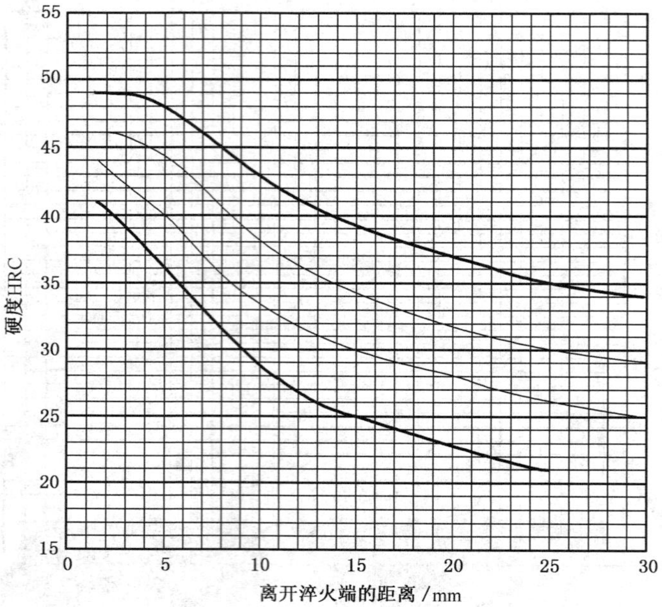

正火温度	910 ℃～930 ℃
端淬温度	(870±5)℃

淬透性带范围		离开淬火端下列距离(mm)处的 HRC										
		1.5	3	5	7	9	11	13	15	20	25	30
H	最大	49	49	48	46	43	42	41	39	37	35	34
	最小	41	39	36	33	30	28	26	25	23	21	—
HH	最大	49	49	48	46	43	42	41	39	37	35	34
	最小	44	42	40	37	34	33	31	30	28	26	25
HL	最大	46	46	44	42	39	37	36	34	32	30	29
	最小	41	39	36	33	30	28	26	25	23	21	—

图 11　20CrMnH 钢末端淬火曲线及硬度值

15CrMnBH

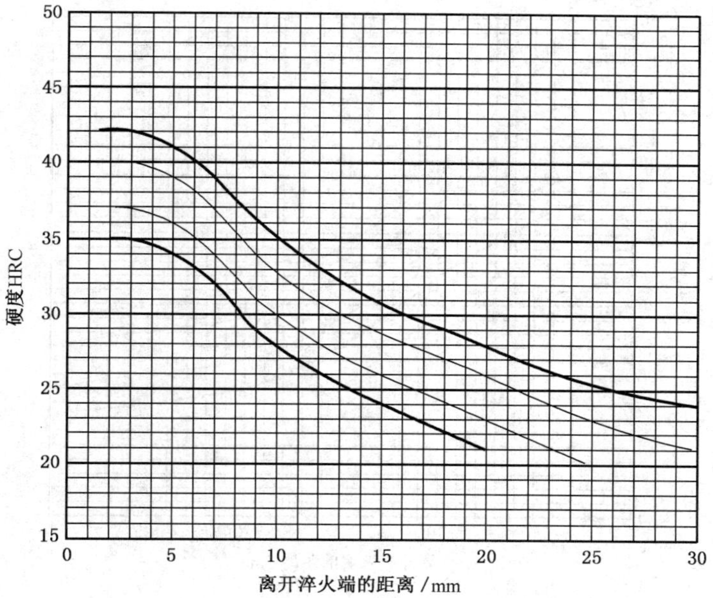

正火温度	920 ℃～940 ℃
端淬温度	(870±5)℃

淬透性带范围		离开淬火端下列距离(mm)处的 HRC										
		1.5	3	5	7	9	11	13	15	20	25	30
H	最大	42	42	41	39	36	34	32	31	28	25	24
	最小	35	35	34	32	29	27	25	24	21	—	—
HH	最大	42	42	41	39	36	34	32	31	28	25	24
	最小	37	37	36	34	31	29	27	26	23	20	—
HL	最大	40	40	39	37	34	32	30	29	26	23	21
	最小	35	35	34	32	29	27	25	24	21	—	—

图 12　15CrMnBH 钢末端淬火曲线及硬度值

17CrMnBH

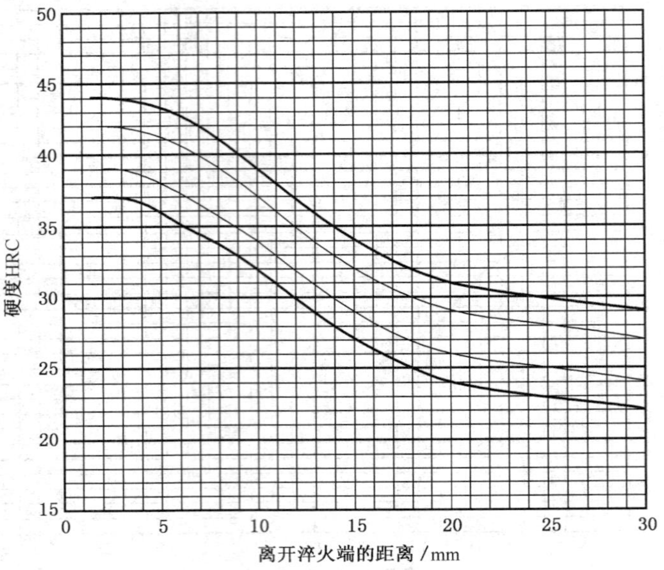

正火温度	920 ℃～940 ℃
端淬温度	(870±5)℃

淬透性带范围		离开淬火端下列距离(mm)处的 HRC										
		1.5	3	5	7	9	11	13	15	20	25	30
H	最大	44	44	43	42	40	38	36	34	31	30	29
	最小	37	37	36	34	33	31	29	27	24	23	22
HH	最大	44	44	43	42	40	38	36	34	31	30	29
	最小	39	39	38	36	35	33	31	29	26	25	24
HL	最大	42	42	41	40	38	36	34	32	29	28	27
	最小	37	37	36	34	33	31	29	27	24	23	22

图 13 17CrMnBH 钢末端淬火曲线及硬度值

40MnBH

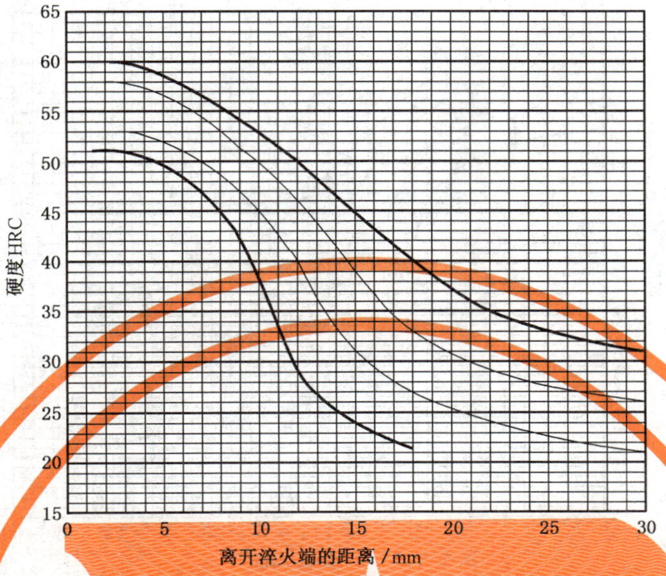

正火温度	880 ℃～900 ℃
端淬温度	(850±5)℃

淬透性带范围		离开淬火端下列距离(mm)处的 HRC										
		1.5	3	5	7	9	11	13	15	20	25	30
H	最大	60	60	59	57	55	52	49	45	37	33	31
	最小	51	50	49	47	42	33	27	24	20	—	—
HH	最大	60	60	59	57	55	52	49	45	37	33	31
	最小	53	53	51	49	47	40	36	31	25	22	—
HL	最大	58	58	57	55	51	46	44	39	31	27	26
	最小	51	50	49	47	42	33	27	24	20	—	—

图 14　40MnBH 钢末端淬火曲线及硬度值

45MnBH

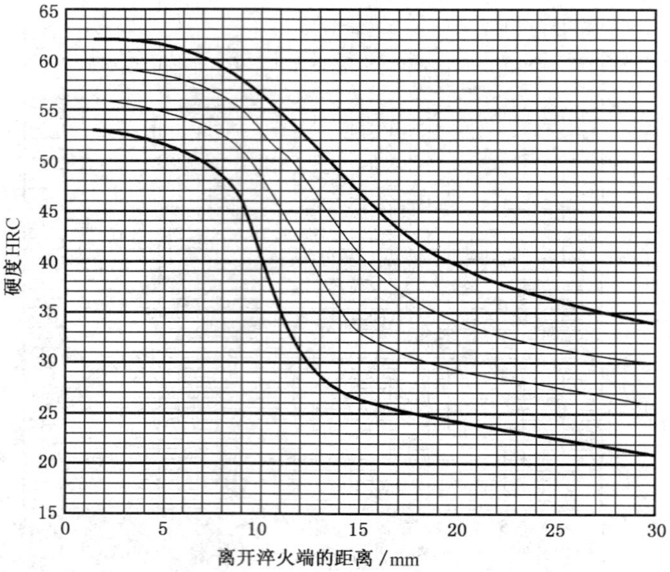

正火温度	880 ℃～900 ℃
端淬温度	(850±5)℃

淬透性带范围		离开淬火端下列距离(mm)处的 HRC										
		1.5	3	5	7	9	11	13	15	20	25	30
H	最大	62	62	62	60	58	55	51	47	40	36	34
	最小	53	53	52	49	45	35	28	26	23	22	21
HH	最大	62	62	62	60	58	55	51	47	40	36	34
	最小	56	56	54	52	48	43	38	33	29	27	26
HL	最大	60	60	60	57	54	51	46	41	34	31	30
	最小	53	53	52	49	45	35	28	26	23	22	21

图 15　45MnBH 钢末端淬火曲线及硬度值

20MnVBH

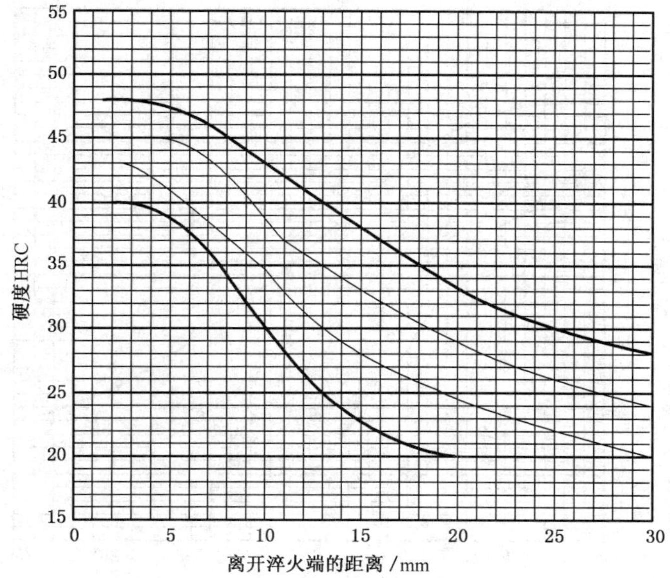

正火温度	930 ℃～950 ℃
端淬温度	(860±5)℃

淬透性带范围		离开淬火端下列距离(mm)处的 HRC										
		1.5	3	5	7	9	11	13	15	20	25	30
H	最大	48	48	47	46	44	42	40	38	33	30	28
	最小	40	40	38	36	32	28	25	23	20	—	—
HH	最大	48	48	47	46	44	42	40	38	33	30	28
	最小	43	43	40	38	36	33	30	28	25	22	20
HL	最大	45	45	45	44	40	37	35	33	29	26	24
	最小	40	40	38	36	32	28	25	23	20	—	—

图 16　20MnVBH 钢末端淬火曲线及硬度值

20MnTiBH

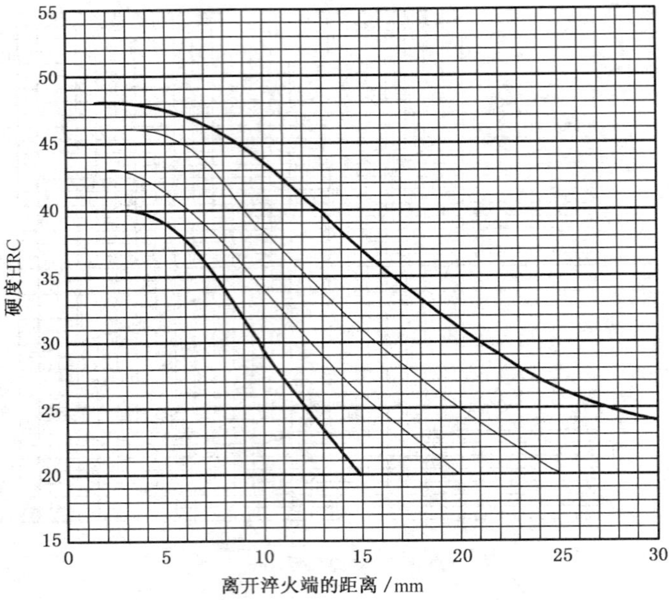

正火温度	930 ℃～950 ℃
端淬温度	(880±5)℃

淬透性带范围		离开淬火端下列距离(mm)处的 HRC										
		1.5	3	5	7	9	11	13	15	20	25	30
H	最大	48	48	48	46	44	42	40	37	31	26	24
	最小	40	40	39	36	32	27	23	20	—	—	—
HH	最大	48	48	48	46	44	42	40	37	31	26	24
	最小	43	43	41	38	36	32	29	26	20	—	—
HL	最大	46	46	46	44	40	37	34	31	25	20	—
	最小	40	40	39	36	32	27	23	20	—	—	—

图 17 20MnTiBH 钢末端淬火曲线及硬度值

15CrMoH

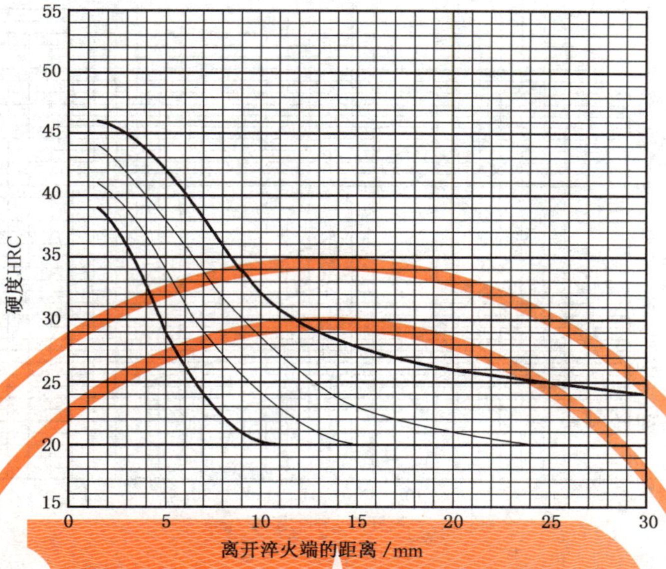

正火温度	915 ℃～935 ℃
端淬温度	(925±5)℃

淬透性带范围		离开淬火端下列距离(mm)处的 HRC										
		1.5	3	5	7	9	11	13	15	20	25	30
H	最大	46	45	42	38	34	31	29	28	26	25	24
	最小	39	36	29	24	21	20	—	—	—	—	—
HH	最大	46	45	42	38	34	31	29	28	26	25	24
	最小	41	39	34	29	26	23	21	20	—	—	—
HL	最大	44	42	38	34	30	28	25	23	21	20	—
	最小	39	36	29	24	21	20	—	—	—	—	—

图 18　15CrMoH 钢末端淬火曲线及硬度值

20CrMoH

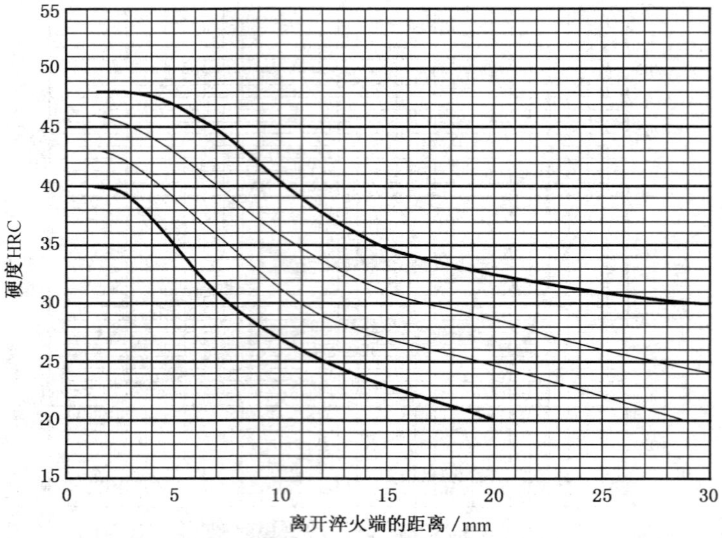

正火温度	915 ℃～935 ℃
端淬温度	(925±5)℃

淬透性带范围		离开淬火端下列距离(mm)处的 HRC										
		1.5	3	5	7	9	11	13	15	20	25	30
H	最大	48	48	47	44	42	39	37	35	33	31	30
	最小	40	39	35	31	28	25	24	23	20	—	—
HH	最大	48	48	47	44	42	39	37	35	33	31	30
	最小	43	42	39	36	33	30	28	27	25	22	—
HL	最大	46	45	43	40	37	35	33	31	29	26	24
	最小	40	39	35	31	28	25	24	23	20	—	—

图 19　20CrMoH 钢末端淬火曲线及硬度值

22CrMoH

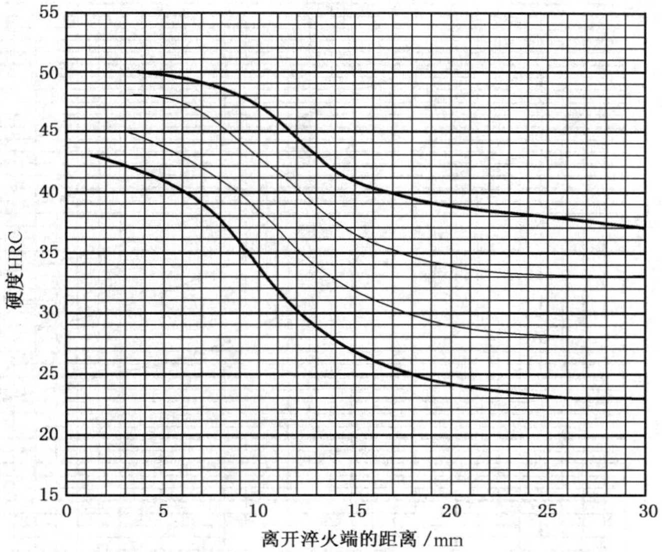

正火温度	915 ℃～935 ℃
端淬温度	(925±5)℃

淬透性带范围		离开淬火端下列距离(mm)处的 HRC										
		1.5	3	5	7	9	11	13	15	20	25	30
H	最大	50	50	50	49	48	46	43	41	39	38	37
	最小	43	42	41	39	36	32	29	27	24	24	23
HH	最大	50	50	50	49	48	46	43	41	39	38	37
	最小	45	45	43	41	40	37	34	32	29	29	28
HL	最大	48	48	48	47	44	42	39	37	34	34	33
	最小	43	42	41	39	36	32	29	27	24	24	23

图 20　22CrMoH 钢末端淬火曲线及硬度值

35CrMoH

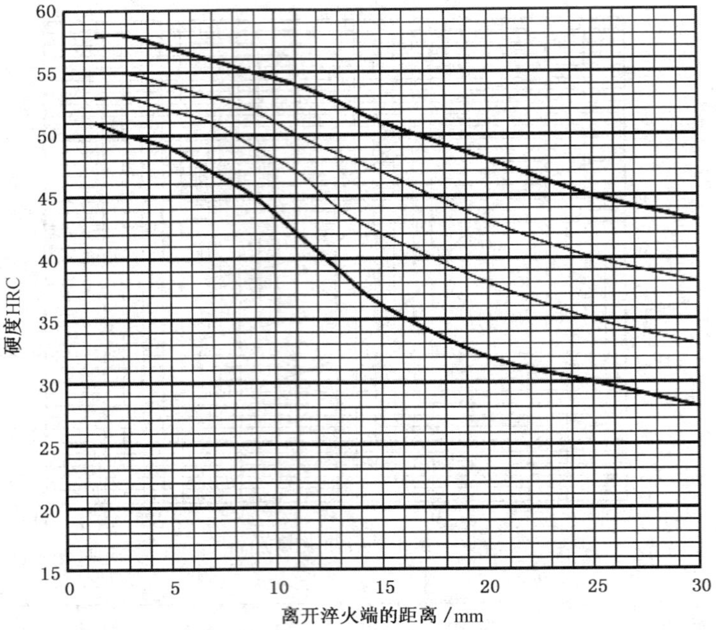

正火温度	860 ℃～880 ℃
端淬温度	(845±5)℃

淬透性带范围		离开淬火端下列距离(mm)处的 HRC										
		1.5	3	5	7	9	11	13	15	20	25	30
H	最大	58	58	57	56	55	54	53	51	48	45	43
	最小	51	50	49	47	45	42	39	37	32	30	28
HH	最大	58	58	57	56	55	54	53	51	48	45	43
	最小	53	53	52	50	48	46	45	42	37	35	33
HL	最大	56	55	54	53	52	50	48	46	41	40	38
	最小	51	50	49	47	45	42	39	37	32	30	28

图 21　35CrMoH 钢末端淬火曲线及硬度值

42CrMoH

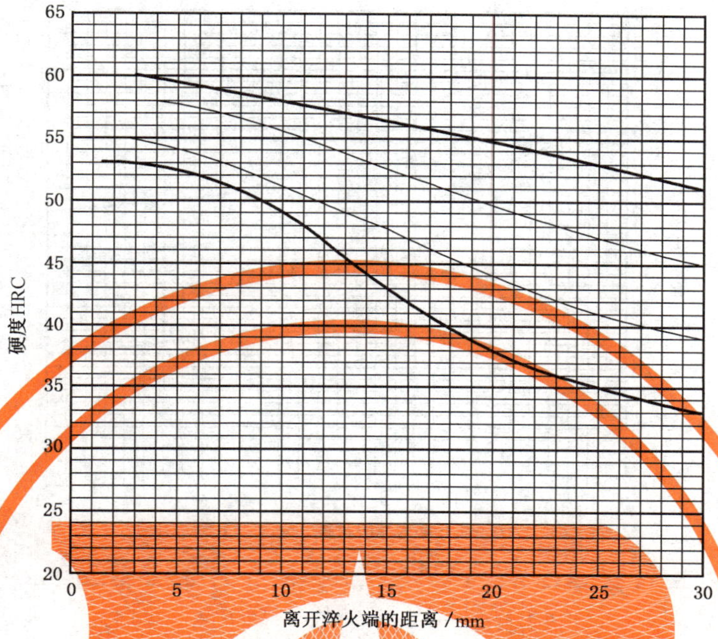

正火温度	860 ℃～880 ℃
端淬温度	(845±5)℃

淬透性带范围		离开淬火端下列距离(mm)处的 HRC										
		1.5	3	5	7	9	11	13	15	20	25	30
H	最大	60	60	60	59	58	57	57	56	55	53	51
	最小	53	53	52	51	50	48	46	43	38	35	33
HH	最大	60	60	60	59	58	57	57	56	55	53	51
	最小	55	55	54	53	52	50	49	48	44	41	39
HL	最大	58	58	58	57	56	55	54	52	50	47	45
	最小	53	53	52	51	50	48	46	43	38	35	33

图 22　42CrMoH 钢末端淬火曲线及硬度值

20CrMnMoH

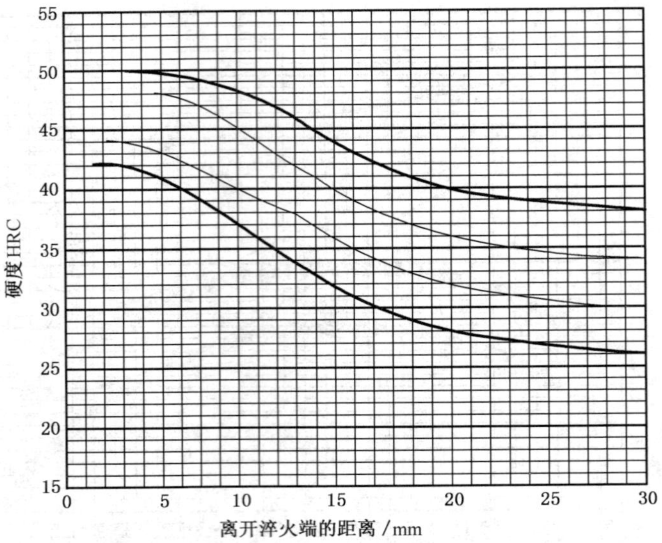

正火温度	860 ℃～880 ℃
端淬温度	(860±5)℃

淬透性带范围		离开淬火端下列距离(mm)处的 HRC										
		1.5	3	5	7	9	11	13	15	20	25	30
H	最大	50	50	50	49	48	47	45	43	40	39	38
	最小	42	42	41	39	37	35	33	31	28	27	26
HH	最大	50	50	50	49	48	47	45	43	40	39	38
	最小	44	44	43	41	40	39	37	35	32	31	30
HL	最大	48	48	48	47	45	43	41	39	36	35	34
	最小	42	42	41	39	37	35	33	31	28	27	26

图 23　20CrMnMoH 钢末端淬火曲线及硬度值

20CrMnTiH

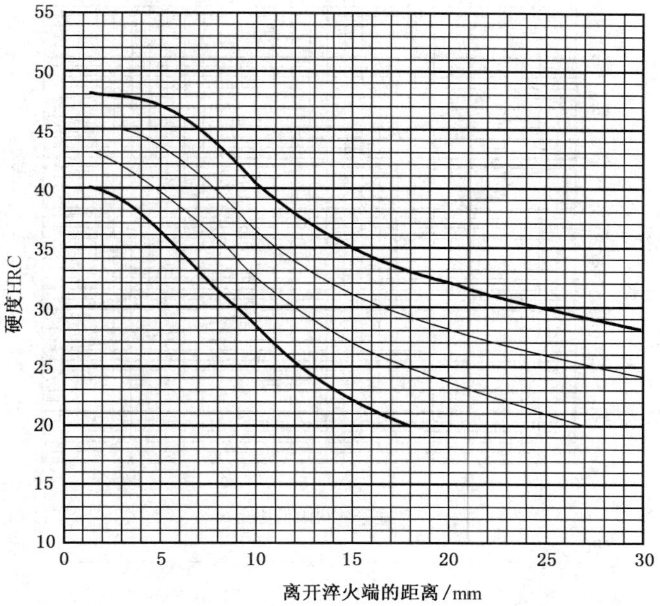

正火温度	900 ℃～920 ℃
端淬温度	(880±5)℃

淬透性带范围		离开淬火端下列距离(mm)处的 HRC										
		1.5	3	5	7	9	11	13	15	20	25	30
H	最大	48	48	47	45	42	39	37	35	32	29	28
	最小	40	39	36	33	30	27	24	22	20	—	—
HH	最大	48	48	47	45	42	39	37	35	32	29	28
	最小	43	42	39	37	34	31	29	27	24	21	—
HL	最大	45	45	44	41	38	35	33	31	28	26	24
	最小	40	39	36	33	30	27	24	22	20	—	—

图 24　20CrMnTiH 钢末端淬火曲线及硬度值

17Cr2Ni2H

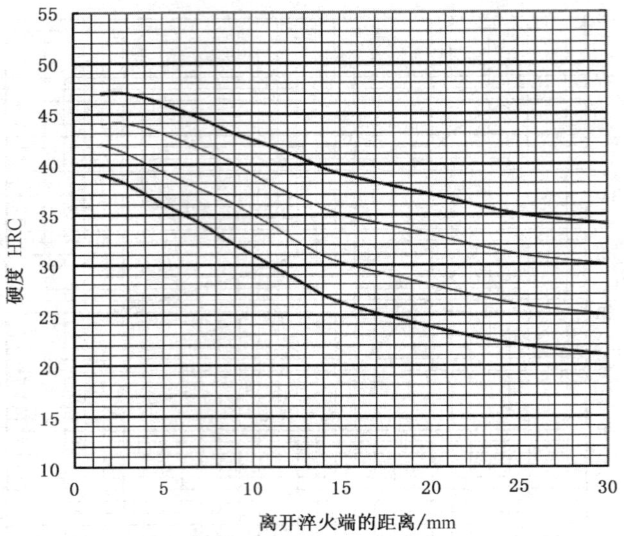

正火温度	910 ℃～930 ℃
端淬温度	(870±5)℃

淬透性带范围		离开淬火端下列距离(mm)处的 HRC										
		1.5	3	5	7	9	11	13	15	20	25	30
H	最大	47	47	46	45	43	42	41	39	37	35	34
	最小	39	38	36	35	32	30	28	26	24	22	21
HH	最大	47	47	46	45	43	42	41	39	37	35	34
	最小	42	41	39	38	36	34	32	30	28	26	25
HL	最大	44	44	43	42	39	38	37	35	33	31	30
	最小	39	38	36	35	32	30	28	26	24	22	21

图 25　17Cr2Ni2H 钢末端淬火曲线及硬度值

20CrNi3H

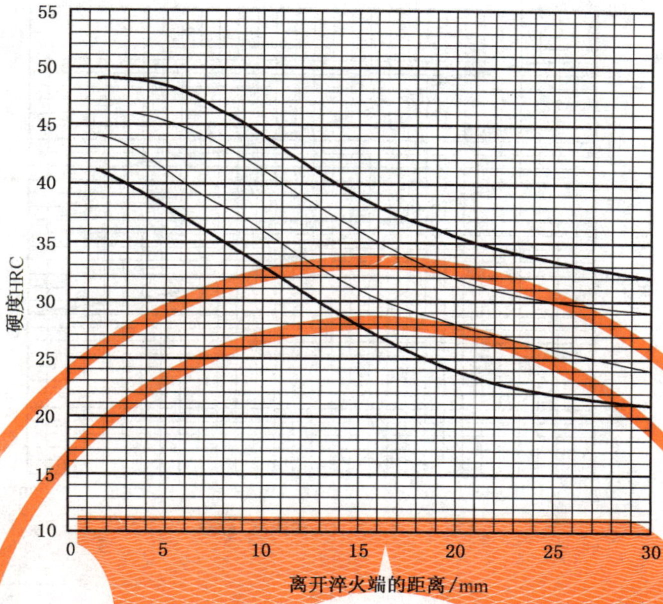

正火温度	850 ℃～870 ℃
端淬温度	(850±5)℃

淬透性带范围		离开淬火端下列距离(mm)处的 HRC										
		1.5	3	5	7	9	11	13	15	20	25	30
H	最大	49	49	48	47	45	43	41	39	36	34	32
	最小	41	40	38	36	34	32	30	28	24	22	21
HH	最大	49	49	48	47	45	43	41	39	36	34	32
	最小	44	43	41	39	37	35	33	31	28	26	24
HL	最大	46	46	46	44	42	40	38	36	32	30	29
	最小	41	40	38	36	34	32	30	28	24	22	21

图 26 20CrNi3H 钢末端淬火曲线及硬度值

12Cr2Ni4H

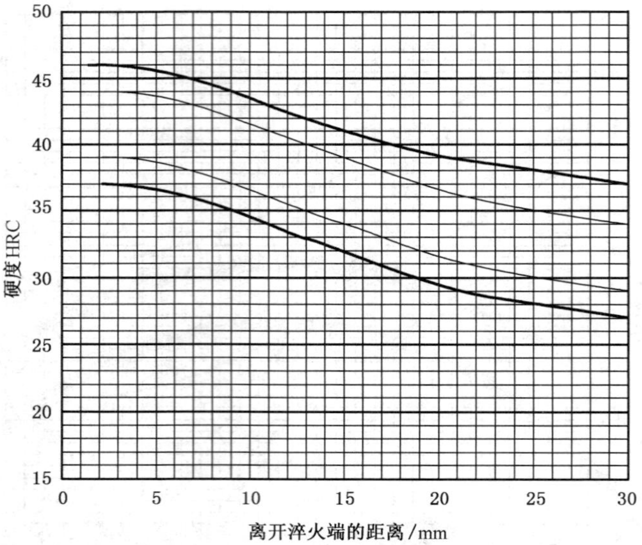

正火温度	880 ℃～900 ℃
端淬温度	(860±5)℃

淬透性带范围		离开淬火端下列距离(mm)处的 HRC										
		1.5	3	5	7	9	11	13	15	20	25	30
H	最大	46	46	46	45	44	43	42	41	39	38	37
	最小	37	37	37	36	35	34	33	32	29	28	27
HH	最大	46	46	46	45	44	43	42	41	39	38	37
	最小	39	39	39	38	37	36	35	34	31	30	29
HL	最大	44	44	44	43	42	41	40	39	37	36	35
	最小	37	37	37	36	35	34	33	32	29	28	27

图 27　12Cr2Ni4H 钢末端淬火曲线及硬度值

20CrNiMoH

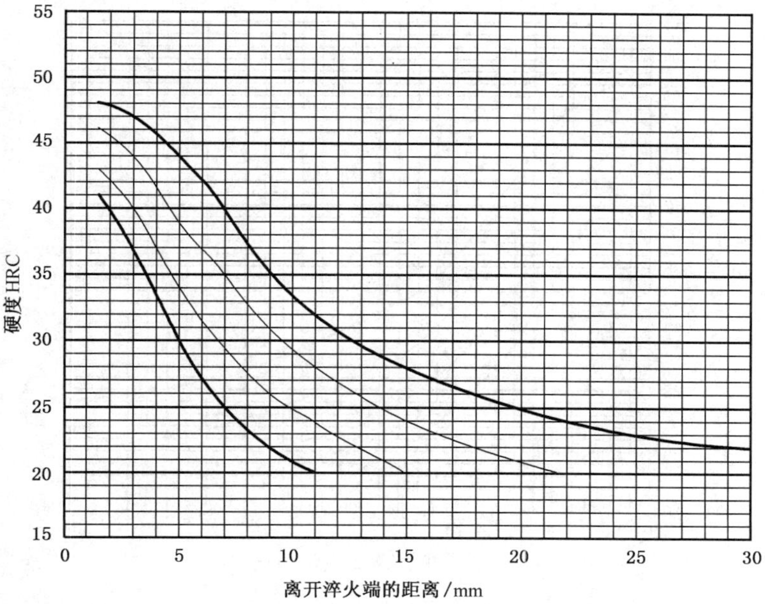

正火温度	920 ℃～940 ℃
端淬温度	(925±5)℃

淬透性带范围		离开淬火端下列距离(mm)处的 HRC										
		1.5	3	5	7	9	11	13	15	20	25	30
H	最大	48	47	44	40	35	32	30	28	25	24	23
	最小	41	37	30	25	22	20	—	—	—	—	—
HH	最大	48	47	44	40	35	32	30	28	25	24	23
	最小	43	40	34	30	26	24	22	20	—	—	—
HL	最大	46	44	39	35	31	28	26	25	22	20	—
	最小	41	37	29	25	22	20	—	—	—	—	—

图 28　20CrNiMoH 钢末端淬火曲线及硬度值

22CrNiMoH

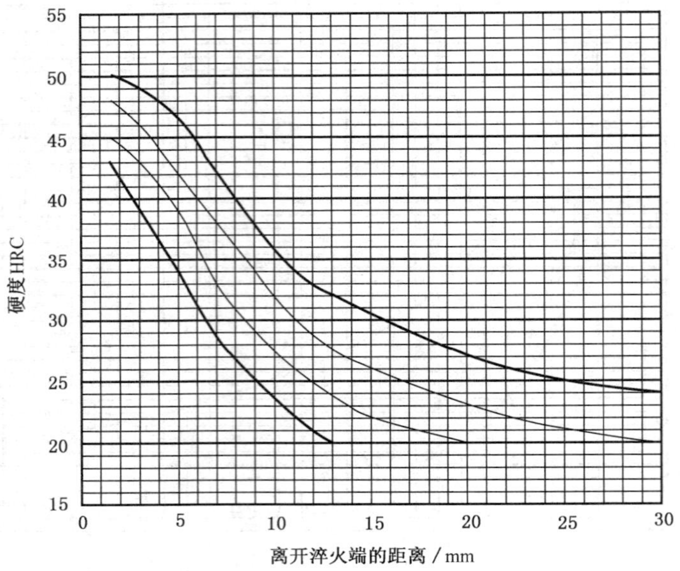

正火温度	920 ℃～940 ℃
端淬温度	(925±5)℃

淬透性带范围		离开淬火端下列距离(mm)处的 HRC										
		1.5	3	5	7	9	11	13	15	20	25	30
H	最大	50	49	47	42	38	34	32	31	27	25	24
	最小	43	39	34	28	25	22	20	—	—	—	—
HH	最大	50	49	47	42	38	34	32	31	27	25	24
	最小	45	43	39	33	29	26	24	22	20	—	—
HL	最大	48	46	42	38	34	30	28	26	23	21	20
	最小	43	39	34	28	25	22	20	—	—	—	—

图 29　22CrNiMoH 钢末端淬火曲线及硬度值

27CrNiMoH

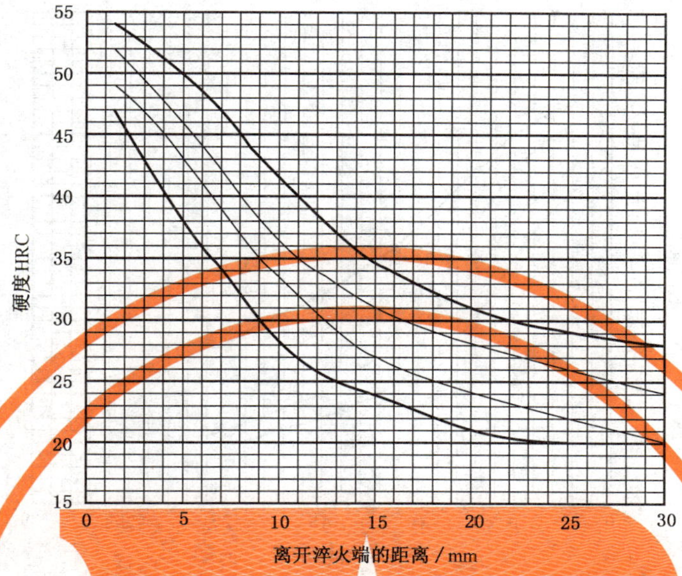

正火温度	900 ℃～920 ℃
端淬温度	(870±5)℃

淬透性带范围		离开淬火端下列距离(mm)处的 HRC										
		1.5	3	5	7	9	11	13	15	20	25	30
H	最大	54	52	50	47	43	40	38	35	31	29	28
	最小	47	43	38	34	30	27	26	24	21	20	—
HH	最大	54	52	50	47	43	40	38	35	31	29	28
	最小	49	46	42	39	35	31	30	26	24	23	22
HL	最大	52	49	46	42	38	36	34	32	28	26	24
	最小	47	43	38	34	30	27	26	24	21	20	—

图 30　27CrNiMoH 钢末端淬火曲线及硬度值

20CrNi2MoH

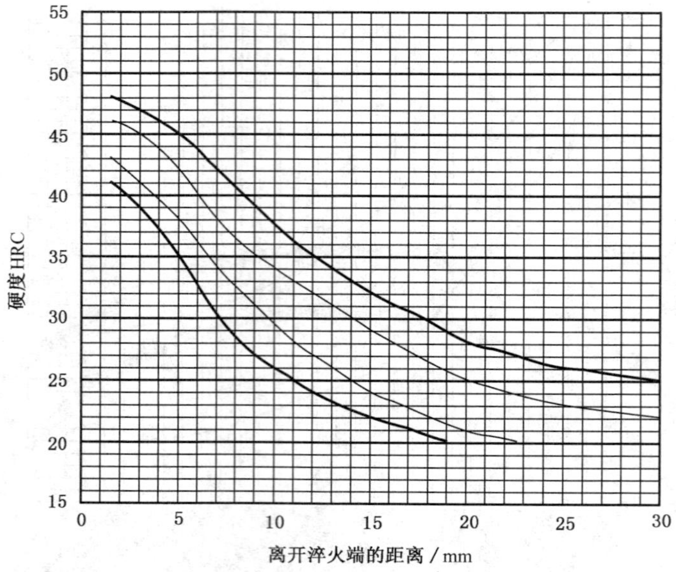

正火温度	920 ℃～940 ℃
端淬温度	(925±5)℃

淬透性带范围		离开淬火端下列距离(mm)处的 HRC										
		1.5	3	5	7	9	11	13	15	20	25	30
H	最大	48	47	45	42	39	36	34	32	28	26	25
	最小	41	39	35.	30	27	25	23	22	—	—	—
HH	最大	48	47	45	42	39	36	34	32	28	26	25
	最小	43	41	38	34	31	28	26	24	21	—	—
HL	最大	46	45	42	38	35	33	31	29	25	23	22
	最小	41	39	35	30	27	25	23	22	—	—	—

图 31　20CrNi2MoH 钢末端淬火曲线及硬度值

40CrNi2MoH

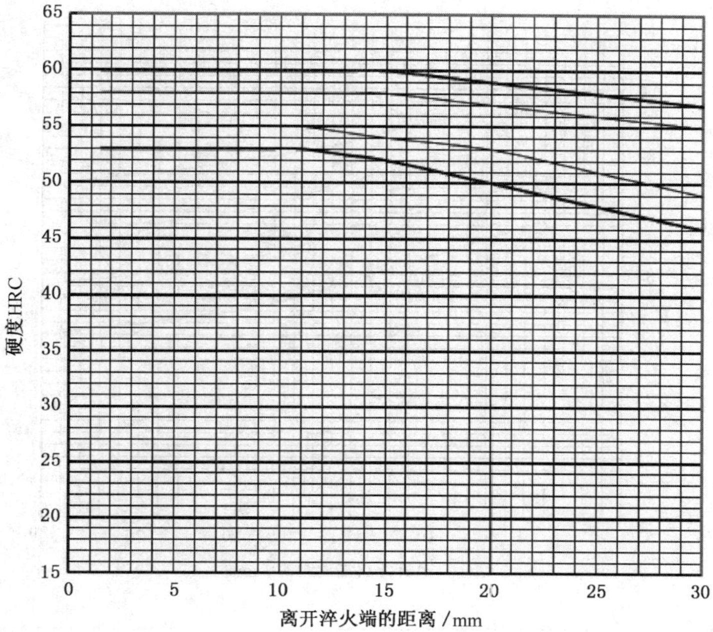

正火温度	860 ℃～880 ℃
端淬温度	(845±5)℃

淬透性带范围		离开淬火端下列距离(mm)处的 HRC										
		1.5	3	5	7	9	11	13	15	20	25	30
H	最大	60	60	60	60	60	60	60	60	59	58	57
	最小	53	53	53	53	53	53	52	52	50	48	46
HH	最大	60	60	60	60	60	60	60	60	59	58	57
	最小	55	55	55	55	55	55	54	54	53	51	49
HL	最大	58	58	58	58	58	58	57	57	56	55	55
	最小	53	53	53	53	53	53	52	52	50	48	46

图 32　40CrNi2MoH 钢末端淬火曲线及硬度值

18Cr2Ni2MoH

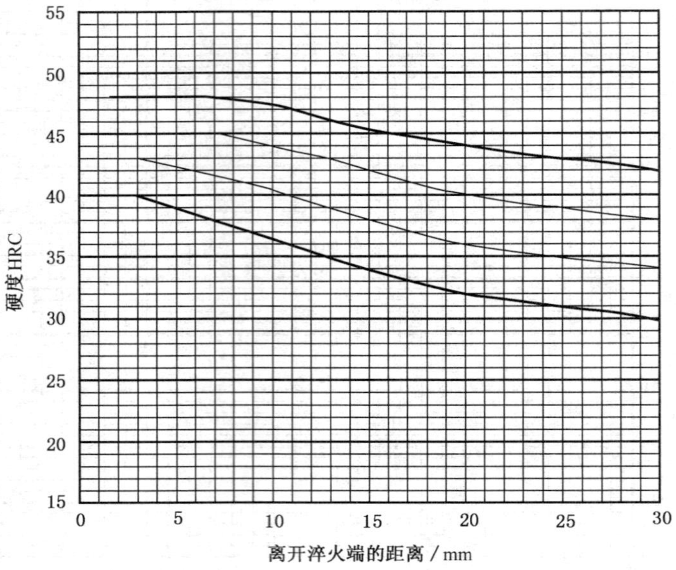

正火温度	915 ℃～935 ℃
端淬温度	(860±5)℃

淬透性带范围		离开淬火端下列距离(mm)处的 HRC										
		1.5	3	5	7	9	11	13	15	20	25	30
H	最大	48	48	48	48	47	47	46	46	44	43	42
	最小	40	40	39	38	37	36	35	34	32	31	30
HH	最大	48	48	48	48	47	47	46	46	44	43	42
	最小	43	43	42	41	40	40	39	38	36	35	34
HL	最大	45	45	45	45	44	43	42	42	40	39	38
	最小	40	40	39	38	37	36	35	34	32	31	30

图 33　18Cr2Ni2MoH 钢末端淬火曲线及硬度值

附　录　A
（资料性附录）
钢的理想临界直径 D_I 值的计算方法[1)]

钢的理想临界直径（D_I 值）可根据钢的化学成分（熔炼分析）进行计算。本方法适用于钢的化学成分（质量分数）范围为：

%C≤0.90
%Mn≤1.95
%Si≤2.00
%Cr≤2.50
%Mo≤0.55
%Cu≤0.55
%V≤0.20
%Zr≤0.25

A.1　非含硼钢

A.1.1　根据化学成分计算碳和合金元素因子见表 A.1。

表 A.1　根据化学成分计算碳和合金元素因子

化学元素	适用范围（质量分数）/%	计算因子
C	≤0.39	$f_C=0.540\ (\%C)$
	>0.39～0.55	$f_C=0.171+0.001\ (\%C)+0.265\ (\%C)^2$
	>0.55～0.65	$f_C=0.115+0.268\ (\%C)\ -0.038\ (\%C)^2$
	>0.65～0.75	$f_C=0.143+0.200\ (\%C)$
	>0.75～0.90	$f_C=0.062+0.409\ (\%C)-0.135\ (\%C)^2$
Mn	≤1.20	$f_{Mn}=1.000+3.333\ (\%Mn)$
	>1.20～1.95	$f_{Mn}=-1.120+5.100\ (\%Mn)$
Si	≤2.00	$f_{Si}=1.000+0.700\ (\%Si)$
Ni	≤1.50	$f_{Ni}=1.000+0.363\ (\%Ni)$
	>1.50～3.50	$f_{Ni}=0.321+1.450\ (\%Ni)-0.612\ (\%Ni)^2+0.125\ (\%Ni)^3$
Cr	≤2.50	$f_{Cr}=1.000+2.160\ (\%Cr)$
Mo	≤0.55	$f_{Mo}=1.000+3.000\ (\%Mo)$
Cu	≤0.55	$f_{Cu}=1.000+0.365\ (\%Cu)$
V	≤0.20	$f_V=1.000+1.730\ (\%V)$
Zr	≤0.25	$f_{Zr}=1.000+2.500\ (\%Zr)$

A.1.2　根据碳和合金元素因子按公式（A.1）计算理想临界直径 D_I 值。

1）参见《ASTM A255-10 钢的淬透性测试方法标准》。

$$D_I = 25.4 \cdot f_C \cdot f_{Mn} \cdot f_{Si} \cdot f_{Ni} \cdot f_{Cr} \cdot f_{Mo} \cdot f_{Cu} \cdot f_V \cdot f_{Zr}(mm) \quad \cdots\cdots\cdots(A.1)$$

A.2 含硼钢

A.2.1 根据化学成分计算理想临界直径 D_I(不考虑 B 元素)

计算方法同 A.1。

A.2.2 根据理想临界直径 D_I(不考虑 B 元素)和 C 因子 f_C 按公式(A.2)计算合金因子 f_A。

$$f_A = D_I / f_C / 25.4 \quad 或$$

$$f_A = f_{Mn} \cdot f_{Si} \cdot f_{Ni} \cdot f_{Cr} \cdot f_{Mo} \cdot f_{Cu} \cdot f_V \cdot f_{Zr} \cdots\cdots\cdots\cdots\cdots\cdots\cdots\cdots(A.2)$$

A.2.3 根据合金因子 f_A 和理想临界直径 D_I(不考虑 B 元素)计算 B 因子 f_B 见表 A.2。对于其他合金因子,需采用插值方法计算。

表 A.2 根据合金因子 f_A 和理想临界直径 D_I(不考虑 B 元素)计算 B 因子

合金因子 f_A	碳含量(质量分数)/%	B 因子 f_B
5	≤0.85	$f_B = 13.121 - 101.160(\%C) + 383.760(\%C)^2 - 729.900(\%C)^3 + 675.130(\%C)^4 - 242.440(\%C)^5$
	>0.85	$f_B = 1.000$
7	≤0.81	$f_B = 10.318 - 70.135(\%C) + 248.920(\%C)^2 - 454.750(\%C)^3 + 411.020(\%C)^4 - 146.470(\%C)^5$
	>0.81	$f_B = 1.000$
9	≤0.77	$f_B = 10.542 - 80.631(\%C) + 320.360(\%C)^2 - 653.010(\%C)^3 + 655.520(\%C)^4 - 257.510(\%C)^5$
	>0.77	$f_B = 1.000$
11	≤0.73	$f_B = 9.034 - 64.879(\%C) + 252.920(\%C)^2 - 515.530(\%C)^3 + 522.330(\%C)^4 - 208.460(\%C)^5$
	>0.73	$f_B = 1.000$
13	≤0.67	$f_B = 8.094 - 55.906(\%C) + 219.380(\%C)^2 - 466.230(\%C)^3 + 504.970(\%C)^4 - 219.450(\%C)^5$
	>0.67	$f_B = 1.000$
15	≤0.63	$f_B = 9.048 - 77.438(\%C) + 362.810(\%C)^2 - 895.730(\%C)^3 + 1\,101.900(\%C)^4 - 532.490(\%C)^5$
	>0.63	$f_B = 1.000$
18	≤0.59	$f_B = 6.921 - 48.238(\%C) + 207.290(\%C)^2 - 507.170(\%C)^3 + 644.040(\%C)^4 - 328.390(\%C)^5$
	>0.59	$f_B = 1.000$
22	≤0.55	$f_B = 7.240 - 55.334(\%C) + 254.540(\%C)^2 - 655.330(\%C)^3 + 867.430(\%C)^4 - 459.590(\%C)^5$
	>0.55	$f_B = 1.000$
26	≤0.53	$f_B = 7.116 - 56.580(\%C) + 273.620(\%C)^2 - 740.010(\%C)^3 + 1\,021.500(\%C)^4 - 559.450(\%C)^5$
	>0.53	$f_B = 1.000$

A.2.4 根据 f_B 和 D_I 按公式(A.3)计算含硼钢的理想临界直径 D_{IB}。

$$D_{IB} = D_I \cdot f_B \qquad \text{(A.3)}$$

附　录　B
（资料性附录）
本标准表1中部分牌号与国外牌号的对照表

本标准表1中部分牌号与国外牌号的对照表见表B.1。

表B.1　本标准表1中部分牌号与国外牌号的对照表

表1序号	GB/T 5216牌号	日本 JIS G4052:2008	欧洲 EN 10084:2008	美国 ASTM A304—2011
2	15CrH	SCr415H		
4	20Cr1H	SCr420H		
6	28CrH		28Cr4H	
9	16CrMnH		16MnCr5H	
10	20CrMnH		20MnCr5H	
17	15CrMoH	SCM415H		
18	20CrMoH	SCM420H		
19	22CrMoH	SCM822H		
20	35CrMoH	SCM435H		4135H
21	42CrMoH	SCM440H		4140H
24	17Cr2Ni2H		17CrNi6-6H	
27	20CrNiMoH			8620H
28	22CrNiMoH			8622H
29	27CrNiMoH			8627H
30	20CrNi2MoH			4320H
31	40CrNi2MoH			4340H
32	18Cr2Ni2MoH		18CrNiMo7-6H	

ICS 77.140.15
H 49

中华人民共和国国家标准

GB/T 5223—2014
代替 GB/T 5223—2002

预应力混凝土用钢丝

Steel wire for prestressing of concrete

(ISO 6934-2:1991,Steel for the prestressing of concrete—
Part 2:Cold-drawn wire,NEQ)

2014-06-24 发布　　2015-04-01 实施

中华人民共和国国家质量监督检验检疫总局
中国国家标准化管理委员会　发布

前　言

本标准按照 GB/T 1.1—2009 给出的规则起草。

本标准代替 GB/T 5223—2002，与 GB/T 5223—2002 相比主要技术内容变化如下：

——取消了普通松弛品种预应力钢丝；

——冷拉钢丝仅保留压力管道用冷拉钢丝；

——增大了盘重要求，减少了盘内径，增加了重量偏差要求；

——取消了用断后伸长率代替最大力总伸长率的方法，增加了重量偏差计算方法；

——为减少面积或直径偏差的影响，用规定特征荷载值取代了规定的应力值；

——增加了消除应力钢丝的规格；

——规定了最大力的最大值，取消每一交货批钢丝的实际强度不应高于其公称强度级 200 MPa；

——将松弛试验初始应力由公称抗拉强度百分比改为实际最大力百分比，取消原初始应力为 60% 最大力的要求，应进行初始力为实际最大力 70% 的 1 000 h 松弛试验，如需方要求，也可以做初始力为实际最大力 80% 的 1 000 h 松弛试验；

——将规定非比例伸长应力 $\sigma_{P0.2}$ 改为 0.2% 屈服力 $F_{P0.2}$，并由公称抗拉强度百分比改为实际最大力百分比；

——扩大了镦头强度检验的范围，不仅局限于供轨枕用钢丝；

——将公称直径大于 10 mm 钢丝的反复弯曲试验修改为弯曲试验；

——提高了压力管道用冷拉钢丝的性能要求；

——试验方法均执行 GB/T 21839；

——增加了对数值修约的要求；

——增加了特征值检验和交货检验型式试验要求；

——增加了压力管道用冷拉钢丝的氢脆敏感性应力腐蚀试验附录。

本标准使用重新起草法参考 ISO 6934-2:1991《预应力混凝土用钢　第 2 部分：冷拉钢丝》编制，与 ISO 6934 第 2 部分的一致性程度为非等效，主要差异如下：

——增加了螺旋肋钢丝；

——增加了强度级别；

——提高了低松弛钢丝的屈强比；

——参照 ASTM A 648 增加了冷拉钢丝用做压力管道时的性能要求。

本标准由中国钢铁工业协会提出。

本标准由全国钢标准化技术委员会（SAC/TC 183）归口。

本标准起草单位：中冶建筑研究总院有限公司、天津市银龙预应力材料股份有限公司、天津冶金集团中兴盛达钢业有限公司、辽宁通达建材实业有限公司、冶金工业信息标准研究院、日照钢铁控股集团有限公司、天津市泉子金属制品有限公司、首钢集团总公司、柳州欧维姆机械股份有限公司。

本标准主要起草人：朱建国、张莹、张楠、谢铁桥、余景歧、艾铁岭、谢志钦、孟晋忠、王文喜、毛爱菊、蔺秀艳、尹一、杨桂瑜、王玲君、刘玉庆、焦安杰、鲁志峰、鲁永泉、谢瑞萍、华剑平、任翠英。

本标准所代替标准的历次版本发布情况为：

——GB/T 5223—1985、GB/T 5223—1995、GB/T 5223—2002。

预应力混凝土用钢丝

1 范围

本标准规定了预应力混凝土用钢丝的术语和定义、分类、代号及标记、订货内容、尺寸、外形、重量及允许偏差、技术要求、试验方法、检验规则、包装、标志、质量证明书等。

本标准适用于预应力混凝土用冷拉或消除应力的低松弛光圆、螺旋肋和刻痕钢丝，其中冷拉钢丝仅用于压力管道。依据设计和施工方法适宜先张法和后张法制造高效能预应力混凝土结构。

2 规范性引用文件

下列文件对于本文件的应用是必不可少的。凡是注日期的引用文件，仅注日期的版本适用于本文件。凡是不注日期的引用文件，其最新版本(包括修改单)适用于本文件。

GB/T 228.1 金属材料 拉伸试验 第1部分：室温试验方法

GB/T 2103 钢丝验收、包装、标志及质量证明书的一般规定

GB/T 21839 预应力混凝土用钢材试验方法

GB/T 24238 预应力钢丝及钢绞线用热轧盘条

GB/T 24242.2 制丝用非合金钢盘条 第2部分：一般用途盘条

YB/T 081 冶金技术标准的数值修约与检测数值的判定原则

3 术语和定义

下列术语和定义适用于本文件。

3.1

冷拉钢丝 cold drawn wire

盘条通过拔丝等减径工艺经冷加工而形成的产品，以盘卷供货的钢丝。

3.2

消除应力钢丝 stress-relieved wire

按下述一次性连续处理方法之一生产的钢丝：

——钢丝在塑性变形下(轴应变)进行的短时热处理，得到的应是低松弛钢丝；

——钢丝通过矫直工序后在适当的温度下进行的短时热处理，得到的应是普通松弛钢丝。

3.3

松弛 relaxation

在恒定长度下应力随时间而减小的现象。

3.4

螺旋肋钢丝 helical rib wire

钢丝表面沿着长度方向上具有连续、规则的螺旋肋条(见图1)。

3.5

刻痕钢丝 indented wire

钢丝表面沿着长度方向上具有规则间隔的压痕(见图2)。

4 分类、代号及标记

4.1 分类及代号

4.1.1 钢丝按加工状态分为冷拉钢丝和消除应力钢丝两类。其代号为：

冷拉钢丝	WCD
低松弛钢丝	WLR

4.1.2 钢丝按外形分为光圆、螺旋肋、刻痕三种，其代号为：

光圆钢丝	P
螺旋肋钢丝	H
刻痕钢丝	I

4.2 标记

4.2.1 标记内容

按本标准交货的产品标记应包含下列内容：

a) 预应力钢丝；
b) 公称直径；
c) 抗拉强度等级；
d) 加工状态代号；
e) 外形代号；
f) 标准编号。

4.2.2 标记示例

示例 1：直径为 4.00 mm，抗拉强度为 1670 MPa 冷拉光圆钢丝，其标记为：
预应力钢丝 4.00-1670-WCD-P-GB/T 5223—2014

示例 2：直径为 7.00 mm，抗拉强度为 1570 MPa 低松弛的螺旋肋钢丝，其标记为：
预应力钢丝 7.00-1570-WLR-H-GB/T 5223—2014

5 订货内容

按本标准订货的合同应包含以下主要内容：

a) 本标准编号；
b) 产品名称；
c) 钢丝强度、加工状态；
d) 钢丝公称直径、长度（或盘径）及重量（或数量、或盘重）；
e) 用途；
f) 其他要求。

6 尺寸、外形、重量及允许偏差

6.1 光圆钢丝的尺寸及允许偏差应符合表 1 的规定。每米理论重量参见表 1。

表 1 光圆钢丝尺寸及允许偏差、每米理论重量

公称直径 d_n/mm	直径允许偏差/mm	公称横截面积 S_n/mm^2	每米理论重量/(g/m)
4.00	±0.04	12.57	98.6
4.80		18.10	142
5.00	±0.05	19.63	154
6.00		28.27	222
6.25		30.68	241
7.00		38.48	302
7.50		44.18	347
8.00	±0.06	50.26	394
9.00		63.62	499
9.50		70.88	556
10.00		78.54	616
11.00		95.03	746
12.00		113.1	888

6.2 螺旋肋钢丝的尺寸及允许偏差应符合表 2 的规定，外形见图 1，钢丝的公称横截面积、每米理论重量与光圆钢丝相同。

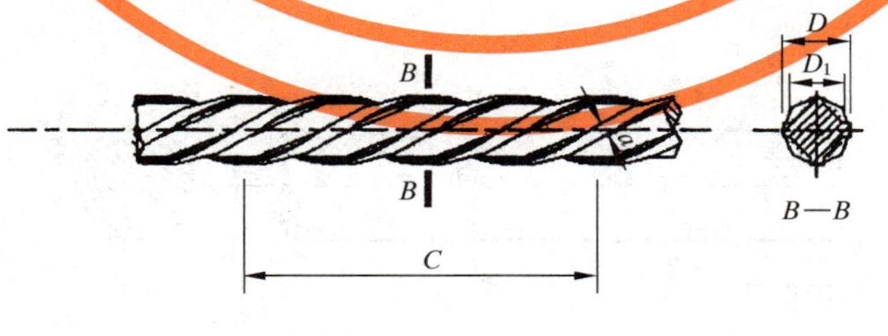

图 1 螺旋肋钢丝

表 2　螺旋肋钢丝的尺寸及允许偏差

<table>
<tr><th rowspan="2">公称直径
d_n/mm</th><th rowspan="2">螺旋肋
数量/条</th><th colspan="2">基圆尺寸</th><th colspan="2">外轮廓尺寸</th><th>单肋尺寸</th><th rowspan="2">螺旋肋导程
C/mm</th></tr>
<tr><th>基圆直径
D_1/mm</th><th>允许偏差/
mm</th><th>外轮廓直径
D/mm</th><th>允许偏差/mm</th><th>宽度
a/mm</th></tr>
<tr><td>4.00</td><td>4</td><td>3.85</td><td rowspan="13">±0.05</td><td>4.25</td><td rowspan="5">±0.05</td><td>0.90～1.30</td><td>24～30</td></tr>
<tr><td>4.80</td><td>4</td><td>4.60</td><td>5.10</td><td rowspan="2">1.30～1.70</td><td rowspan="2">28～36</td></tr>
<tr><td>5.00</td><td>4</td><td>4.80</td><td>5.30</td></tr>
<tr><td>6.00</td><td>4</td><td>5.80</td><td>6.30</td><td rowspan="2">1.60～2.00</td><td>30～38</td></tr>
<tr><td>6.25</td><td>4</td><td>6.00</td><td>6.70</td><td>30～40</td></tr>
<tr><td>7.00</td><td>4</td><td>6.73</td><td>7.46</td><td rowspan="8">±0.10</td><td>1.80～2.20</td><td>35～45</td></tr>
<tr><td>7.50</td><td>4</td><td>7.26</td><td>7.96</td><td>1.90～2.30</td><td>36～46</td></tr>
<tr><td>8.00</td><td>4</td><td>7.75</td><td>8.45</td><td>2.00～2.40</td><td>40～50</td></tr>
<tr><td>9.00</td><td>4</td><td>8.75</td><td>9.45</td><td>2.10～2.70</td><td>42～52</td></tr>
<tr><td>9.50</td><td>4</td><td>9.30</td><td>10.10</td><td>2.20～2.80</td><td>44～53</td></tr>
<tr><td>10.00</td><td>4</td><td>9.75</td><td>10.45</td><td>2.50～3.00</td><td>45～58</td></tr>
<tr><td>11.00</td><td>4</td><td>10.76</td><td>11.47</td><td>2.60～3.10</td><td>50～64</td></tr>
<tr><td>12.00</td><td>4</td><td>11.78</td><td>12.50</td><td>2.70～3.20</td><td>55～70</td></tr>
</table>

6.3　三面刻痕钢丝的尺寸及允许偏差应符合表 3 的规定，外形见图 2。钢丝的横截面积、每米理论重量与光圆钢丝相同。三条痕中的其中一条倾斜方向与其他两条相反。

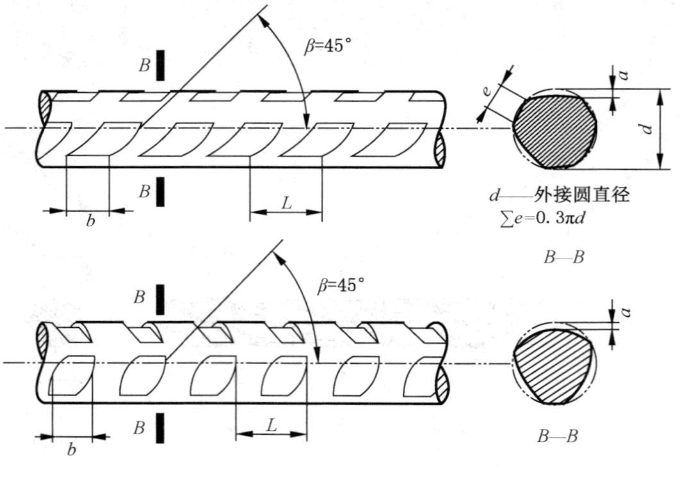

图 2　三面刻痕钢丝

表 3 三面刻痕钢丝尺寸及允许偏差

公称直径 d_n/mm	刻痕深度		刻痕长度		节距	
	公称深度 a/mm	允许偏差/mm	公称长度 b/mm	允许偏差/mm	公称节距 L/mm	允许偏差/mm
≤5.00	0.12	±0.05	3.5	±0.5	5.5	±0.5
>5.00	0.15		5.0		8.0	
注：公称直径指横截面积等同于光圆钢丝横截面积时所对应的直径。						

6.4 根据需方要求可生产表 1、表 2、图 2 以外规格与形状的钢丝。计算钢丝每米理论重量时钢的密度为 7.85 g/cm^3。

6.5 预应力钢丝的不圆度不得超出其直径公差的 1/2。在任何 600 mm 长的刻痕钢丝上，至少 90%的刻痕应符合表 3 的节距和形状的要求。

6.6 盘重

每盘钢丝由一根组成，其盘重不小于 1 000 kg，不小于 10 盘时允许有 10%的盘数不足 1 000 kg，但不小于 300 kg。

6.7 盘内径

6.7.1 冷拉钢丝的盘内径应不小于钢丝公称直径的 100 倍。

6.7.2 消除应力钢丝的公称直径 d≤5.0 mm 的盘内径不小于 1 500 mm，公称直径 d>5.0mm 的盘内径不小于 1 700 mm。

6.8 重量偏差

钢丝的每米重量与每米理论重量偏差应不大于±2%。

7 技术要求

7.1 制造方法

7.1.1 制造钢丝宜选用符合 GB/T 24238 或 GB/T 24242.2 规定的牌号制造，也可采用其他牌号制造，生产厂不提供化学成分。

7.1.2 钢丝应以热轧盘条为原料，经冷加工或冷加工后进行连续的稳定化处理制成。

7.1.3 成品钢丝不得存在电焊接头，在生产时为了连续作业而焊接的电焊接头，应切除掉。

7.2 力学性能

7.2.1 压力管道用无涂(镀)层冷拉钢丝的力学性能应符合表 4 规定。0.2%屈服力 $F_{p0.2}$ 应不小于最大力的特征值 F_m 的 75%。

表 4　压力管道用冷拉钢丝的力学性能

公称直径 d_n/mm	公称抗拉强度 R_m/MPa	最大力的特征值 F_m/kN	最大力的最大值 $F_{m,max}$/kN	0.2%屈服力 $F_{p0.2}$/kN ≥	每 210 mm 扭矩的扭转次数 N ≥	断面收缩率 Z/% ≥	氢脆敏感性能负载为 70%最大力时，断裂时间 t/h≥	应力松弛性能初始力为最大力 70%时，1 000 h 应力松弛率 r/% ≤
4.00		18.48	20.99	13.86	10	35		
5.00		28.86	32.79	21.65	10	35		
6.00	1 470	41.56	47.21	31.17	8	30		
7.00		56.57	64.27	42.42	8	30		
8.00		73.88	83.93	55.41	7	30		
4.00		19.73	22.24	14.80	10	35		
5.00		30.82	34.75	23.11	10	35		
6.00	1 570	44.38	50.03	33.29	8	30		
7.00		60.41	68.11	45.31	8	30		
8.00		78.91	88.96	59.18	7	30	75	7.5
4.00		20.99	23.50	15.74	10	35		
5.00		32.78	36.71	24.59	10	35		
6.00	1 670	47.21	52.86	35.41	8	30		
7.00		64.26	71.96	48.20	8	30		
8.00		83.93	93.99	62.95	6	30		
4.00		22.25	24.76	16.69	10	35		
5.00	1 770	34.75	38.68	26.06	10	35		
6.00		50.04	55.69	37.53	8	30		
7.00		68.11	75.81	51.08	6	30		

7.2.2　消除应力的光圆及螺旋肋钢丝的力学性能应符合表 5 的规定。0.2%屈服力 $F_{p0.2}$应不小于最大力的特征值 F_m 的 88%。

7.2.3　消除应力的刻痕钢丝的力学性能，除弯曲次数外其他应符合表 5 规定。对所有规格消除应力的刻痕钢丝，其弯曲次数均应不小于 3 次。

表 5 消除应力光圆及螺旋肋钢丝的力学性能

公称直径 d_n/mm	公称抗拉强度 R_m/MPa	最大力的特征值 F_m/kN	最大力的最大值 $F_{m,max}$/kN	0.2%屈服力 $F_{p0.2}$/kN ≥	最大力总伸长率 (L_0=200 mm) A_{gt}/% ≥	反复弯曲性能		应力松弛性能	
						弯曲次数/(次/180°) ≥	弯曲半径 R/mm	初始力相当于实际最大力的百分数/%	1 000 h 应力松弛率 r/% ≤
4.00		18.48	20.99	16.22		3	10		
4.80		26.61	30.23	23.35		4	15		
5.00		28.86	32.78	25.32		4	15		
6.00		41.56	47.21	36.47		4	15		
6.25		45.10	51.24	39.58		4	20		
7.00		56.57	64.26	49.64		4	20		
7.50	1 470	64.94	73.78	56.99		4	20		
8.00		73.88	83.93	64.84		4	20		
9.00		93.52	106.25	82.07		4	25		
9.50		104.19	118.37	91.44		4	25		
10.00		115.45	131.16	101.32		4	25		
11.00		139.69	158.70	122.59		—	—		
12.00		166.26	188.88	145.90		—	—		
4.00		19.73	22.24	17.37		3	10		
4.80		28.41	32.03	25.00		4	15		
5.00		30.82	34.75	27.12		4	15		
6.00		44.38	50.03	39.06		4	15		
6.25		48.17	54.31	42.39		4	20		
7.00		60.41	68.11	53.16		4	20		
7.50	1 570	69.36	78.20	61.04		4	20	70	2.5
8.00		78.91	88.96	69.44		4	20		
9.00		99.88	112.60	87.89	3.5	4	25		
9.50		111.28	125.46	97.93		4	25	80	4.5
10.00		123.31	139.02	108.51		4	25		
11.00		149.20	168.21	131.30		—	—		
12.00		177.57	200.19	156.26		—	—		
4.00		20.99	23.50	18.47		3	10		
5.00		32.78	36.71	28.85		4	15		
6.00		47.21	52.86	41.54		4	15		
6.25	1 670	51.24	57.38	45.09		4	20		
7.00		64.26	71.96	56.55		4	20		
7.50		73.78	82.62	64.93		4	20		
8.00		83.93	93.98	73.86		4	20		
9.00		106.25	118.97	93.50		4	25		
4.00		22.25	24.76	19.58		3	10		
5.00		34.75	38.68	30.58		4	15		
6.00	1 770	50.04	55.69	44.03		4	15		
7.00		68.11	75.81	59.94		4	20		
7.50		78.20	87.04	68.81		4	20		
4.00		23.38	25.89	20.57		3	10		
5.00	1 860	36.51	40.44	32.13		4	15		
6.00		52.58	58.23	46.27		4	15		
7.00		71.57	79.27	62.98		4	20		

7.2.4 对公称直径 d_n 大于 10 mm 钢丝进行弯曲试验。在芯轴直径 $D=10d_n$ 条件下，试样弯曲 180°后弯曲处应无裂纹。

7.2.5 钢丝弹性模量为(205±10)GPa，但不作为交货条件。当需方要求时，应满足该范围值。

7.2.6 根据供货协议，可以提供表 4、表 5 以外其他强度级别的钢丝，其力学性能按协议执行。

7.2.7 允许使用推算法确定 1 000 h 松弛值。应进行初始力为实际最大力 70%的 1 000 h 松弛试验，如需方要求，也可以做初始力为实际最大力 80%的 1 000 h 松弛试验。

7.2.8 供方应进行镦头强度检验，镦头强度不低于母材公称抗拉强度的 95%。

7.3 表面质量

7.3.1 钢丝表面不得有裂纹和油污，也不允许有影响使用的拉痕、机械损伤等。允许有深度不大于钢丝公称直径 4%的不连续纵向表面缺陷。

7.3.2 除非供需双方另有协议，否则钢丝表面只要没有目视可见的锈蚀凹坑，表面浮锈不应作为拒收的理由。

7.3.3 消除应力的钢丝表面允许存在回火颜色。

7.4 消除应力钢丝的伸直性

取弦长为 1 m 的钢丝，放在一平面上，其弦与弧内侧最大自然矢高，所有的钢丝均不大于 20 mm。

7.5 疲劳试验

经供需双方协商，合同中注明，可对钢丝进行疲劳性能试验。

7.6 氢脆敏感性应力腐蚀试验

经供需双方协商，合同中注明，可对消除应力钢丝进行氢脆敏感性应力腐蚀试验。

8 试验方法

8.1 表面检验

表面质量用目视检查。

8.2 外形尺寸检验

8.2.1 钢丝直径应用分度值为 0.01 mm 的量具测量，在任何部位同一截面两个垂直方向上测量。

8.2.2 螺旋肋钢丝的导程，刻痕钢丝的刻痕长度、节距应沿钢丝轴线方向测量，螺旋肋钢丝的肋宽应在螺旋肋法向上测量。

8.3 重量偏差

8.3.1 钢丝每米重量测量应采用如下方法：取 3 根长度不小于 500 mm 的钢丝，每根钢丝长度测量精确到 1 mm，称量每根钢丝的质量，精确到 0.1 g，然后按式(1)计算每根钢丝的每米重量。

$$M=\frac{1\,000\times m}{L} \qquad \cdots\cdots\cdots\cdots\cdots\cdots(1)$$

式中：

M——钢丝每米重量，单位为克/米(g/m)；

m——称得的钢丝质量，单位为克(g)；

L——钢丝长度，单位为毫米(mm)。

实测每米重量取3个计算值的平均值。

8.3.2 钢丝每米重量与理论重量的偏差(%)按公式(2)计算：

$$重量偏差=\frac{M-(试样总长度\times理论重量)}{试样总长度\times理论重量}\times100\% \quad \cdots\cdots(2)$$

8.4 拉伸试验

8.4.1 最大力

钢丝的拉伸试验按GB/T 21839的规定进行。需计算抗拉强度时取钢丝的公称横截面积值。

8.4.2 屈服力

拉伸试验按GB/T 21839的规定进行，拉伸试验中的钢丝横截面积按公称直径计算，规定非比例延伸力测定$F_{p0.2}$值。

8.4.3 最大力总伸长率

最大力总伸长率的测定按GB/T 21839的规定进行。使用计算机采集数据或使用电子拉伸设备的，测量总延伸率时预加负荷对试样所产生的伸长应加在总伸长内，测得的总延伸率应修约到0.5%。

8.4.4 断面收缩率

断面收缩率的测定按GB/T 228.1的规定进行。钢丝拉断后在缩颈最小处两个相互垂直的方向上测量其直径(需要时，应将试样断裂部分在断裂处对接在一起)取其平均值d_1，螺旋肋钢丝测量外轮廓。

断面收缩率按式(3)计算：

$$Z=\left[1-\left(\frac{d_1}{d_0}\right)^2\right]\times100\% \quad \cdots\cdots(3)$$

式中：

Z ——断面收缩率，%；

d_1 ——断后平均直径，单位为毫米(mm)；

d_0 ——原始平均直径，单位为毫米(mm)。

8.4.5 弹性模量

弹性模量的测定按GB/T 21839规定进行。

8.4.6 试验失效

如试样在夹头内或距钳口$2d_n$以内断裂而性能达不到本标准规定时，试验无效。

8.5 反复弯曲试验

钢丝反复弯曲试验应按GB/T 21839的规定进行。弯曲半径应符合表5相应的规定。

8.6 弯曲试验

钢丝弯曲试验应按GB/T 21839的规定进行。弯曲角度和芯轴直径应符合7.2.4相应的规定。

8.7 扭转试验

8.7.1 扭转试验应按GB/T 21839规定进行。

8.7.2 试验时试验机夹具间的距离应不小于 210 mm。

8.7.3 使用的扭转速率不大于 30 r/min。

8.7.4 轴向拉力为钢丝最大力负荷的 0.5%～2%。

8.7.5 试样应扭转至完全断开，断裂的截面应与钢丝的轴线垂直。扭转次数应达到表 4 的规定。

8.7.6 扭转后试样表面如有目视可见或裸手可触摸到的螺旋裂纹，该盘钢丝应按 8.7.7 进行复验。

8.7.7 复验试样按每 210 mm 长度扭转 3 圈的比例进行扭转，当进行到规定圈数时停机检验，如仍有目视可见或裸手可触摸到的螺旋裂纹，该盘钢丝应判定为不合格。

8.7.8 若试样在离夹头 $2d_n$ 范围内断裂，且未达到本标准规定的扭转次数，则该试验无效。

8.8 氢脆敏感性应力腐蚀试验

压力管道用冷拉钢丝氢脆敏感性应力腐蚀试验按附录 A 进行。

消除应力钢丝氢脆敏感性应力腐蚀试验按 GB/T 21839 规定进行。在实测最大力 80%时，试样应满足中位值不少于 5 h，单根试样不少于 2 h。

8.9 应力松弛性能试验

8.9.1 钢丝的应力松弛性能试验应按 GB/T 21839 规定进行。

8.9.2 试样标距长度不小于公称直径的 60 倍。

8.9.3 试样制备后不得进行任何热处理和冷加工。

8.9.4 允许用不少于 120 h 的测试数据推算 1 000 h 的松弛值。

8.10 镦头强度试验

钢丝的镦头直径应不小于钢丝公称直径的 1.5 倍，带锚具进行拉伸试验，此时钢丝的最大力与钢丝公称截面积之比即为镦头强度。

8.11 疲劳试验

疲劳试验所用试样应从成品钢丝上直接截取，试样长度应保证两夹具之间的距离不小于 140 mm。

钢丝应能经受 2×10^6 次 $0.7F_m$～$(0.7F_m-F_r)$脉动负荷后而不断裂。

光圆钢丝：$F_r/S_n=200$ MPa

螺旋肋及刻痕钢丝：$F_r/S_n=180$ MPa

注：

F_m ——钢丝最大力的特征值，单位为牛(N)；

F_r ——应力范围的等效负荷值，单位为牛(N)；

S_n ——钢丝的公称截面积，单位为平方毫米(mm^2)。

疲劳试验应力频率不大于 120 Hz，按 GB/T 21839 的规定进行。

8.12 数值修约

检验结果的数值修约与判定应符合 YB/T 081 的规定。

9 检验规则

钢丝的检验分特征值检验和交货检验。

9.1 交货检验

9.1.1 检查和验收

产品的工厂检查由供方质量检验部门按表6进行，需方可按本标准进行检查验收。

表6 供方出厂常规检验项目和取样数量

序号	检验项目	取样数量	取样部位	检验方法
1	表面	逐盘	—	目视
2	外形尺寸	逐盘	—	按8.2规定执行
3	消除应力钢丝伸直性	3根/每批	在每（任一）盘中任意一端截取	用分度值为1 mm的量具测量
4	重量偏差			按8.3规定执行
5	最大力			按8.4.1规定执行
6	0.2%屈服力 $F_{p0.2}$			按8.4.2规定执行
7	最大力总伸长率			按8.4.3规定执行
8	断面收缩率			按8.4.4规定执行
9	反复弯曲			按8.5规定执行
10	弯曲			按8.6规定执行
11	扭转			按8.7规定执行
12	镦头强度			按8.10规定执行
13[a]	弹性模量			按8.4.5规定执行
14[b]	应力松弛性能	不少于1根/每合同批		按8.9规定执行
15[b]	氢脆敏感性（压力管道用冷拉钢丝）	不少于9根/每合同批		按8.8规定执行

a 当需方要求时测定。

b 合同批为一个订货合同的总量。在特殊情况下，可以由工厂连续检验提供同一种原料、同一生产工艺的数据所代替。

9.1.2 组批规则

钢丝应成批检查和验收，每批钢丝由同一牌号、同一规格、同一加工状态的钢丝组成，每批质量不大于60 t。

9.1.3 检验项目及取样数量

9.1.3.1 不同品种钢丝的检验项目、取样数量、取样部位、检验方法应符合表6的规定。

9.1.3.2 1 000 h应力松弛试验、疲劳性能试验和消除应力钢丝的氢脆敏感性应力腐蚀试验只进行型式试验，即当原料、生产工艺、设备有较大变化，新产品投产及停产后重新生产时进行型式检验。只进行型式检验的检验项目、取样数量、取样方法和试验方法应符合表7的规定。

表 7 型式检验的项目及取样数量

序号	检验项目	取样数量	取样方法	试验方法
1	应力松弛试验	1	任选 1 盘切取	GB/T 21839
2	疲劳性能试验	2	任选 2 盘切取	
3	氢脆敏感性(消除应力钢丝)	6	任选 6 盘切取	

9.1.4 复验与判定规则

钢丝的复验与判定规则按 GB/T 2103 的规定执行。

9.2 特征值检验

9.2.1 特征值检验适用于下列情况：

a) 供方对产品质量控制的检验；

b) 需方提出要求，经供需双方协商一致的检验；

c) 第三方产品认证及仲裁检验。

9.2.2 特征值检验应按附录 B 规则进行。

10 包装、标志及质量证明书

钢丝的包装、标志及质量证明书等一般要求应按 GB/T 2103 的规定执行。

10.1 包装

钢丝一般按 GB/T 2103 中 A 类包装，特殊要求应在合同中注明，可按 B 类、C 类包装。

10.2 标志

钢丝应逐盘卷加拴标牌，其上注明供方名称、产品名称、标记、规格、强度级别、批号、执行标准编号、重量及件数等。

10.3 质量证明书

每一合同批应附有质量证明书，其中应注明供方名称、产品名称、标记、规格、强度级别、批号、执行标准、重量及件数、需方名称、发货日期、质量检验部门印记。

附　录　A
（规范性附录）
氢脆敏感性应力腐蚀试验

A.1　试验单元

取样时试验单元应由同一直径、同一级别、三个不同炉号组成，每炉应从不少于3个盘卷中各取一个试样。试样长度应满足两锚具间距不少于1 000 mm。

A.2　试验条件

试验溶液A体积为2 500 mL～3 000 mL，持荷间距不小于1 000 mm，试验期间试验力应保持在最大力的特征值70％±2％，其他试验条件应符合GB/T 21839的要求。

A.3　判定依据

试验时间为100 h，单根试样断裂时间均不小于75 h为合格。如果某一炉号中1根试样断裂时间小于75 h，允许从该炉号再取两卷试样进行复验，如果复验结果均不低于75 h，则判为合格；如果复验中，任何一个试样断裂时间低于75 h，则该炉号钢生产的钢丝判为不合格。

附 录 B
（规范性附录）
特征值检验规则

B.1 试验组批

试验批可依据实际要求决定，一般为产品批组成的合同批。

B.2 每批取样和检验数量

B.2.1 本附录规定的性能试验，应从不同卷钢丝上取 15 个试样（如适用时为 60 个试样）进行拉力试验。

B.2.2 120 h 松弛试验取 2 个试样。

B.2.3 疲劳试验取 2 个试样。

B.2.4 氢脆敏感性试验取 2 组共 12 个试样。

B.3 试验结果的评定

B.3.1 参数检验

为检验规定的性能，如特性参数 F_m、$F_{p0.2}$、A_{gt}，应确定以下参数：

a) 15 个试样的所有单个值 X_t（$n=15$）；

b) 平均值 m_{15}（$n=15$）；

c) 标准偏差 S_{15}（$n=15$）。

如果所有性能满足式(B.1)给定的条件，则该试验批符合要求。

$$m_{15}-2.33\times S_{15}\geqslant f_k \qquad \cdots\cdots\cdots\cdots(\text{B.1})$$

式中：

f_k ——要求的特征值；

2.33 ——当 $n=15$，90%置信水平（$1-a=0.90$），不合格率 5%（$p=0.95$）时验收系数 k 的值。

如果上述条件不能满足，系数 $k'=\dfrac{m_{15}-f_k}{S_{15}}$由试验结果确定。式中 $k'\geqslant 2$ 时，试验可继续进行。在此情况下，应从该试验批的不同根钢丝上切取 45 个试样进行试验，这样可得到总计 60 个试验结果（$n=60$）。

如果所有性能满足式(B.2)条件，则应认为该试验批符合要求。

$$m_{60}-1.93\times S_{60}>f_k \qquad \cdots\cdots\cdots\cdots(\text{B.2})$$

式中：

1.93——当 $n=60$，90%置信水平（$1-a=0.90$），不合格率 5%（$p=0.95$）时验收系数 k 的值。

B.3.2 属性检验

当试验性能规定为最大或最小值时，15 个试样测定的所有结果应符合本标准的要求，此时，应认为该试验批符合要求。

当最多有两个试验结果不符合条件时，应继续进行试验，此时，应从该试验批的不同根钢丝上，另取

45个试样进行试验，这样可得到总计60个试验结果，如果60个试验结果中最多有2个不符合条件，该试验批符合要求。

B.3.3 松弛试验、疲劳试验、氢脆敏感性试验

均符合本标准要求。

ICS 77.140.15
H 49

中华人民共和国国家标准

GB/T 5224—2014
代替 GB/T 5224—2003

预应力混凝土用钢绞线

Steel strand for prestressed concrete

(ISO 6934-4:1991, Steel for the prestressing of concrete—Part 4: Strand, NEQ)

2014-06-24 发布　　2015-04-01 实施

中华人民共和国国家质量监督检验检疫总局
中国国家标准化管理委员会　发布

前　言

本标准按照GB/T 1.1—2009给出的规则起草。

本标准代替GB/T 5224—2003《预应力混凝土用钢绞线》，与GB/T 5224—2003相比主要技术内容变化如下：

——增加了19丝钢绞线类别、规格、强度级别；

——增加了7丝钢绞线的规格；

——规定了最大力的最大值，取消供方每一交货批钢绞线的实际强度不能高于其抗拉强度级别200 MPa；

——将松弛试验初始力由特征最大力百分比改为实际最大力百分比，增加如无特殊要求只进行初始力为70%实际最大力 F_{ma} 的松弛试验，取消原初始力为60%最大力的要求；

——0.2%屈服力 $F_{p0.2}$ 值由不小于整根钢绞线公称最大力 F_m 的90%改为应在整根钢绞线实际最大力 F_{ma} 的88%～95%范围内；

——增大了部分规格钢绞线的盘径，增加重量偏差要求；

——增加了特征值检验和交货检验型式试验要求；

——增加了钢绞线特征值附录。

本标准使用重新起草法参考ISO 6934-4:1991《预应力混凝土用钢　第4部分：钢绞线》编制，与ISO 6934第4部分的一致性程度为非等效，主要差异如下：

——增加了强度级别，调整了规格；

——增加了刻痕钢绞线品种；

——调整了屈强比范围；

——规定了最大力的最大值；

——增加了附录A。

本标准由中国钢铁工业协会提出。

本标准由全国钢标准化技术委员会(SAC/TC 183)归口。

本标准起草单位：冶金工业信息标准研究院、中冶建筑研究总院有限公司、天津冶金集团中兴盛达钢业有限公司、天津市银龙预应力材料股份有限公司、辽宁通达建材实业有限公司、张家港新华预应力钢绞线有限公司(江西新华合资公司)、江苏帅龙集团有限公司、天津冶金钢线钢缆集团有限公司、柳州欧维姆机械股份有限公司、日照钢铁控股集团有限公司、山西黄河水利工程咨询有限公司。

本标准主要起草人：王玲君、张莹、江涛、李晓滨、毛爱菊、王文喜、蔺秀艳、余景歧、阎崇健、谢志安、尹一、杨桂瑜、蒋卫东、杨伟、施忠、王雅志、王国良、黄颖、王福良、严进宝、高锦平、任翠英。

本标准所代替标准的历次版本发布情况为：

——GB/T 5224—1985、GB/T 5224—1995、GB/T 5224—2003。

预应力混凝土用钢绞线

1 范围

本标准规定了预应力混凝土用钢绞线的术语和定义、分类和标记、订货内容、尺寸、外形、重量及允许偏差、技术要求、试验方法、检验规则、包装、标志和质量证明书。

本标准适用于由冷拉光圆钢丝及刻痕钢丝捻制的用于预应力混凝土结构的钢绞线（以下简称钢绞线）。

2 规范性引用文件

下列文件对于本文件的应用是必不可少的。凡是注日期的引用文件，仅注日期的版本适用于本文件。凡是不注日期的引用文件，其最新版本（包括所有的修改单）适用于本文件。

GB/T 5223 预应力混凝土用钢丝

GB/T 21839 预应力混凝土用钢材试验方法

GB/T 24238 预应力钢丝及钢绞线用热轧盘条

GB/T 24242.2 制丝用非合金钢盘条 第2部分：一般用途盘条

GB/T 24242.4 制丝用非合金钢盘条 第4部分：特殊用途盘条

YB/T 081 冶金技术标准的数值修约与检测数值的判定原则

3 术语和定义

下列术语和定义适用于本文件。

3.1

标准型钢绞线 standard strand

由冷拉光圆钢丝捻制成的钢绞线。

3.2

刻痕钢绞线 indented strand

由刻痕钢丝捻制成的钢绞线。

3.3

模拔型钢绞线 compact strand

捻制后再经冷拔成的钢绞线。

3.4

公称直径 nominal diameter

钢绞线外接圆直径的名义尺寸。

3.5

稳定化处理 stabilizing treatment

为减少应用时的应力松弛，钢绞线在一定张力下进行的短时热处理。

4 分类和标记

4.1 分类与代号

钢绞线按结构分为以下8类，结构代号为：

a) 用两根钢丝捻制的钢绞线 1×2

b) 用三根钢丝捻制的钢绞线 1×3

c) 用三根刻痕钢丝捻制的钢绞线 1×3I

d) 用七根钢丝捻制的标准型钢绞线 1×7

e) 用六根刻痕钢丝和一根光圆中心钢丝捻制的钢绞线 1×7I

f) 用七根钢丝捻制又经模拔的钢绞线 (1×7) C

g) 用十九根钢丝捻制的1+9+9西鲁式钢绞线 1×19 S

h) 用十九根钢丝捻制的1+6+6/6瓦林吞式钢绞线 1×19 W

4.2 标记

4.2.1 标记内容

按本标准交货的产品标记应包含下列内容：

a) 预应力钢绞线；

b) 结构代号；

c) 公称直径；

d) 强度级别；

e) 标准编号。

4.2.2 标记示例

示例1：公称直径为15.20 mm，抗拉强度为1 860 MPa的七根钢丝捻制的标准型钢绞线标记为：

预应力钢绞线 1×7-15.20-1860-GB/T 5224—2014

示例2：公称直径为8.70 mm，抗拉强度为1 720 MPa的三根刻痕钢丝捻制的钢绞线标记为：

预应力钢绞线 1×3I-8.70-1720-GB/T 5224—2014

示例3：公称直径为12.70 mm，抗拉强度为1 860 MPa的七根钢丝捻制又经模拔的钢绞线标记为：

预应力钢绞线(1×7)C-12.70-1860-GB/T 5224—2014

示例4：公称直径为21.8 mm，抗拉强度为1 860 MPa的十九根钢丝捻制的西鲁式钢绞线标记为：

预应力钢绞线 1×19S-21.80-1860-GB/T 5224—2014

5 订货内容

按本标准订货的合同应包含以下主要内容：

a) 本标准编号；

b) 产品名称；

c) 强度级别；

d) 结构代号；

e) 钢绞线尺寸、长度(或盘径)及重量(或数量、或盘重)；

f) 用途；

g) 其他要求。

6 尺寸、外形、重量及允许偏差

6.1 1×2 结构钢绞线的尺寸及允许偏差应符合表 1 的规定，钢绞线每米理论重量见表 1，外形见图 1。

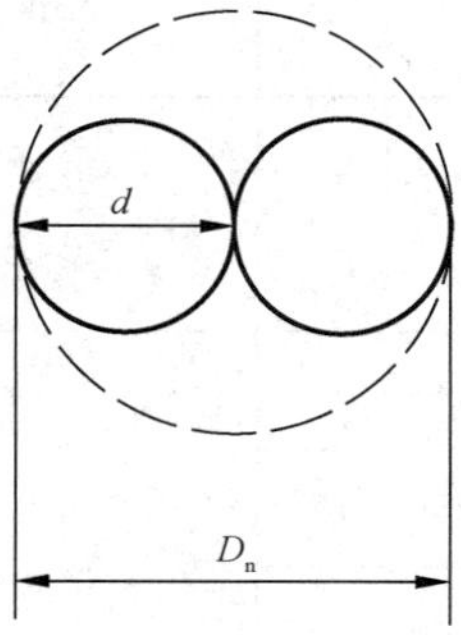

图 1 1×2 结构钢绞线外形示意图

表 1 1×2 结构钢绞线尺寸及允许偏差、公称横截面积、每米理论重量

钢绞线结构	公称直径		钢绞线直径允许偏差/mm	钢绞线公称横截面积 S_n/mm^2	每米理论重量/(g/m)
	钢绞线直径 D_n/ mm	钢丝直径 d/ mm			
1×2	5.00	2.50	+0.15 −0.05	9.82	77.1
	5.80	2.90		13.2	104
	8.00	4.00	+0.25 −0.10	25.1	197
	10.00	5.00		39.3	309
	12.00	6.00		56.5	444

6.2 1×3 结构钢绞线尺寸及允许偏差应符合表 2 的规定，每米理论重量见表 2，外形见图 2。

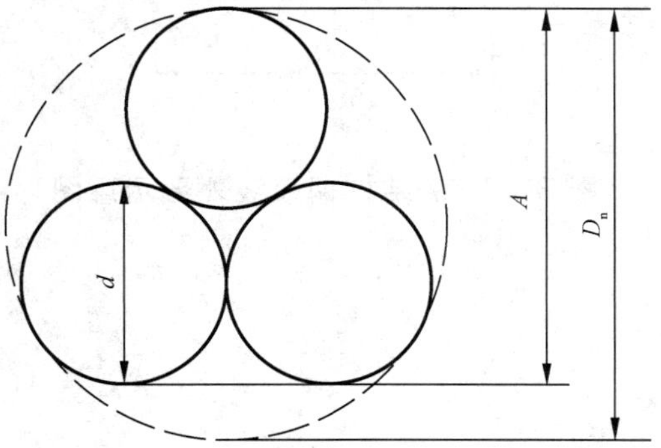

图 2 1×3 结构钢绞线外形示意图

表 2　1×3 结构钢绞线尺寸及允许偏差、公称横截面积、每米理论重量

钢绞线结构	公称直径		钢绞线测量尺寸 A/mm	测量尺寸 A 允许偏差/mm	钢绞线公称横截面积 S_n/mm^2	每米理论重量/(g/m)
	钢绞线直径 D_n/mm	钢丝直径 d/mm				
1×3	6.20	2.90	5.41	+0.15 −0.05	19.8	155
	6.50	3.00	5.60		21.2	166
	8.60	4.00	7.46	+0.20 −0.10	37.7	296
	8.74	4.05	7.56		38.6	303
	10.80	5.00	9.33		58.9	462
	12.90	6.00	11.20		84.8	666
1×3I	8.70	4.04	7.54		38.5	302

6.3　1×7 结构钢绞线尺寸及允许偏差应符合表 3 的规定，当用于煤矿时，需标识说明，其直径允许偏差为：−0.20 mm～+0.60 mm，每米理论重量见表 3，外形见图 3。

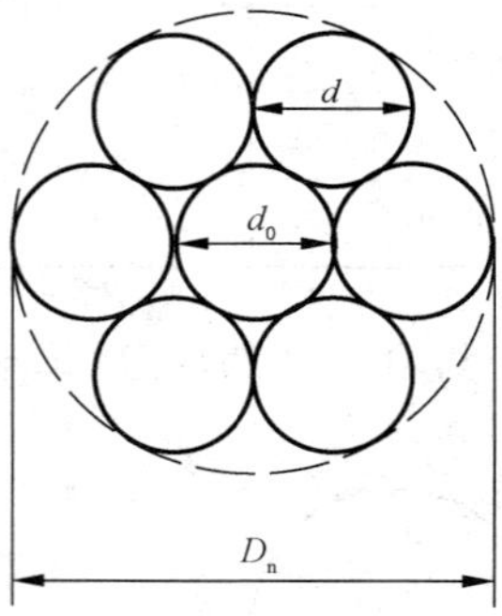

图 3　1×7 结构钢绞线外形示意图

表 3　1×7 结构钢绞线的尺寸及允许偏差、公称横截面积、每米理论重量

钢绞线结构	公称直径 D_n/mm	直径允许偏差/mm	钢绞线公称横截面积 S_n/mm^2	每米理论重量/(g/m)	中心钢丝直径 d_0 加大范围/% ≥
1×7	9.50 (9.53)	+0.30 −0.15	54.8	430	2.5
	11.10 (11.11)		74.2	582	
	12.70	+0.40 −0.15	98.7	775	
	15.20 (15.24)		140	1 101	
	15.70		150	1 178	
	17.80 (17.78)		191 (189.7)	1 500	
	18.90		220	1 727	
	21.60		285	2 237	
1×7I	12.70	+0.40 −0.15	98.7	775	
	15.20 (15.24)		140	1 101	
(1×7)C	12.70	+0.40 −0.15	112	890	
	15.20 (15.24)		165	1 295	
	18.00		223	1 750	

注：可按括号内规格供货。

6.4　1×19 结构钢绞线尺寸及允许偏差应符合表 4 的规定。每米理论重量见表 4，外形见图 4、图 5。

表 4　1×19 结构钢绞线的尺寸及允许偏差、公称横截面积、每米理论重量

钢绞线结构	公称直径 D_n/mm	直径允许偏差/mm	钢绞线公称横截面积 S_N/mm^2	每米理论重量/(g/m)
1×19S (1+9+9)	17.8	+0.40 −0.15	208	1 652
	19.3		244	1 931
	20.3		271	2 149
	21.8		313	2 482
	28.6		532	4 229
1×19W (1+6+6/6)	28.6		532	4 229

注：1×19 钢绞线的公称直径为钢绞线的外接圆的直径。

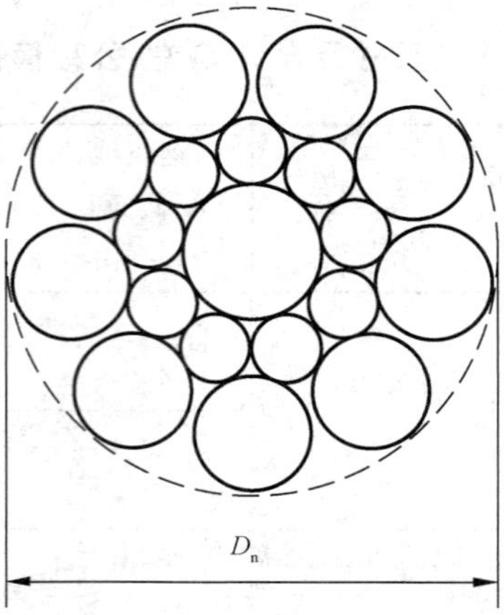

图 4　1×19 结构西鲁式钢绞线外形示意图

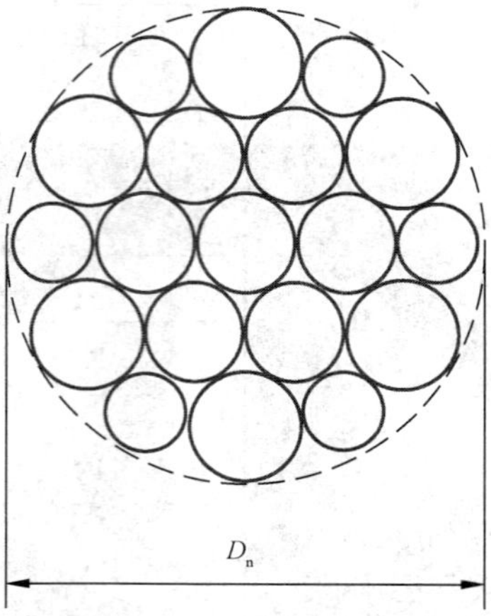

图 5　1×19 结构瓦林吞式钢绞线外形示意图

6.5　根据需方要求可以生产表 1～表 4 以外规格的钢绞线。计算钢绞线每米理论重量时钢的密度为7.85 g/cm^3。

6.6　每盘卷钢绞线重量不小于 1 000 kg，不小于 10 盘时允许有 10％的盘卷数小于 1 000 kg 但不小于 300 kg。

6.7　直径不大于 18.9 mm 的钢绞线，盘内径不小于 750 mm；直径大于 18.9 mm 的钢绞线，盘内径不小于 1 100 mm。卷宽为(750±50)mm，或(600±50)mm。

7　技术要求

7.1　制造

7.1.1　制造钢绞线宜选用符合 GB/T 24238 或 GB/T 24242.2、GB/T 24242.4 规定的牌号制造，也可采用其他的牌号制造，生产厂不提供化学成分。

7.1.2　钢绞线应以热轧盘条为原料，经冷拔后捻制成钢绞线。捻制后，钢绞线应进行连续的稳定化处理。捻制刻痕钢绞线的钢丝应符合 GB/T 5223 中相应条款的规定，钢绞线公称直径≤12 mm 时，其刻痕深度为 0.06 mm±0.03 mm；钢绞线公称直径＞12 mm 时，其刻痕深度为 0.07 mm±0.03 mm。

7.1.3 1×2、1×3、1×7 结构钢绞线的捻距应为钢绞线公称直径的 12 倍～16 倍，模拔钢绞线的捻距应为钢绞线公称直径的 14 倍～18 倍。1×19 结构钢绞线其捻距为钢绞线公称直径的 12 倍～18 倍。

7.1.4 钢绞线内不应有折断、横裂和相互交叉的钢丝。

7.1.5 钢绞线的捻向一般为左(S)捻，右(Z)捻应在合同中注明。

7.1.6 成品钢绞线应用砂轮锯切割，切断后应不松散，如离开原来位置，应可以用手复原到原位。

7.1.7 1×2、1×3、1×3I 成品钢绞线不允许有任何焊接点，其余成品钢绞线只允许保留拉拔前的焊接点，且在每 45m 内只允许有 1 个拉拔前的焊接点。

7.2 力学性能

7.2.1 1×2 结构钢绞线的力学性能应符合表 5 规定。

7.2.2 1×3 结构钢绞线的力学性能应符合表 6 规定。

7.2.3 1×7 结构钢绞线的力学性能应符合表 7 规定。

7.2.4 1×19 结构钢绞线的力学性能应符合表 8 规定。

表 5 1×2 结构钢绞线力学性能

钢绞线结构	钢绞线公称直径 D_n/mm	公称抗拉强度 R_m/MPa	整根钢绞线最大力 F_m/kN ≥	整根钢绞线最大力的最大值 $F_{m,max}$/kN ≤	0.2%屈服力 $F_{p0.2}$/kN ≥	最大力总伸长率 (L_0≥400 mm) A_{gt}/% ≥	应力松弛性能	
							初始负荷相当于实际最大力的百分数/%	1 000 h 应力松弛率 r/% ≤
1×2	8.00	1 470	36.9	41.9	32.5	对所有规格	对所有规格	对所有规格
	10.00		57.8	65.6	50.9			
	12.00		83.1	94.4	73.1			
	5.00	1 570	15.4	17.4	13.6			
	5.80		20.7	23.4	18.2			
	8.00		39.4	44.4	34.7			
	10.00		61.7	69.6	54.3			
	12.00		88.7	100	78.1			
	5.00	1 720	16.9	18.9	14.9			
	5.80		22.7	25.3	20.0			
	8.00		43.2	48.2	38.0		70	2.5
	10.00		67.6	75.5	59.5	3.5		
	12.00		97.2	108	85.5			
	5.00	1 860	18.3	20.2	16.1		80	4.5
	5.80		24.6	27.2	21.6			
	8.00		46.7	51.7	41.1			
	10.00		73.1	81.0	64.3			
	12.00		105	116	92.5			
	5.00	1 960	19.2	21.2	16.9			
	5.80		25.9	28.5	22.8			
	8.00		49.2	54.2	43.3			
	10.00		77.0	84.9	67.8			

表 6　1×3 结构钢绞线力学性能

钢绞线结构	钢绞线公称直径 D_n/mm	公称抗拉强度 R_m/MPa	整根钢绞线最大力 F_m/kN ≥	整根钢绞线最大力的最大值 $F_{m,max}$/kN ≤	0.2%屈服力 $F_{p0.2}$/kN ≥	最大力总伸长率 (L_0≥400 mm) A_{gt}/% ≥	应力松弛性能：初始负荷相当于实际最大力的百分数/%	应力松弛性能：1 000 h 应力松弛率 r/% ≤
1×3	8.60	1 470	55.4	63.0	48.8	对所有规格	对所有规格	对所有规格
	10.80		86.6	98.4	76.2			
	12.90		125	142	110			
	6.20	1 570	31.1	35.0	27.4			
	6.50		33.3	37.5	29.3			
	8.60		59.2	66.7	52.1			
	8.74		60.6	68.3	53.3			
	10.80		92.5	104	81.4			
	12.90		133	150	117			
	8.74	1 670	64.5	72.2	56.8			
	6.20	1 720	34.1	38.0	30.0		70	2.5
	6.50		36.5	40.7	32.1	3.5		
	8.60		64.8	72.4	57.0			
	10.80		101	113	88.9			
	12.90		146	163	128		80	4.5
	6.20	1 860	36.8	40.8	32.4			
	6.50		39.4	43.7	34.7			
	8.60		70.1	77.7	61.7			
	8.74		71.8	79.5	63.2			
	10.80		110	121	96.8			
	12.90		158	175	139			
	6.20	1 960	38.8	42.8	34.1			
	6.50		41.6	45.8	36.6			
	8.60		73.9	81.4	65.0			
	10.80		115	127	101			
	12.90		166	183	146			
1×3I	8.70	1 570	60.4	68.1	53.2			
		1 720	66.2	73.9	58.3			
		1 860	71.6	79.3	63.0			

表 7　1×7 结构钢绞线力学性能

钢绞线结构	钢绞线公称直径 D_n/mm	公称抗拉强度 R_m/MPa	整根钢绞线最大力 F_m/kN ≥	整根钢绞线最大力的最大值 $F_{m,max}$/kN ≤	0.2%屈服力 $F_{p0.2}$/kN ≥	最大力总伸长率（L_0≥500 mm）A_{gt}/% ≥	应力松弛性能：初始负荷相当于实际最大力的百分数/%	应力松弛性能：1 000 h 应力松弛率 r/% ≤
1×7	15.20 (15.24)	1 470	206	234	181	对所有规格	对所有规格	对所有规格
		1 570	220	248	194			
		1 670	234	262	206			
	9.50 (9.53)	1 720	94.3	105	83.0			
	11.10 (11.11)		128	142	113			
	12.70		170	190	150			
	15.20 (15.24)		241	269	212			
	17.80 (17.78)		327	365	288			
	18.90	1 820	400	444	352			
	15.70	1 770	266	296	234			
	21.60		504	561	444			
	9.50 (9.53)	1 860	102	113	89.8			
	11.10 (11.11)		138	153	121		70	2.5
	12.70		184	203	162	3.5		
	15.20 (15.24)		260	288	229			
	15.70		279	309	246			
	17.80 (17.78)		355	391	311		80	4.5
	18.90		409	453	360			
	21.60		530	587	466			
	9.50 (9.53)	1 960	107	118	94.2			
	11.10 (11.11)		145	160	128			
	12.70		193	213	170			
	15.20 (15.24)		274	302	241			
1×7I	12.70	1 860	184	203	162			
	15.20 (15.24)		260	288	229			
(1×7)C	12.70	1 860	208	231	183			
	15.20 (15.24)	1 820	300	333	264			
	18.00	1 720	384	428	338			

表 8　1×19 结构钢绞线力学性能

钢绞线结构	钢绞线公称直径 D_n/mm	公称抗拉强度 R_m/MPa	整根钢绞线最大力 F_m/kN ≥	整根钢绞线最大力的最大值 $F_{m,max}$/kN ≤	0.2%屈服力 $F_{p0.2}$/kN ≥	最大力总伸长率（L_0≥500 mm）A_{gt}/% ≥	应力松弛性能	
							初始负荷相当于实际最大力的百分数/%	1 000 h 应力松弛率 r/% ≤
1×19S（1+9+9）	28.6	1 720	915	1 021	805	对所有规格	对所有规格	对所有规格
	17.8	1 770	368	410	334			
	19.3		431	481	379			
	20.3		480	534	422			
	21.8		554	617	488			
	28.6		942	1 048	829	3.5	70	2.5
	20.3	1 810	491	545	432			
	21.8		567	629	499		80	4.5
	17.8	1 860	387	428	341			
	19.3		454	503	400			
	20.3		504	558	444			
	21.8		583	645	513			
1×19W（1+6+6/6）	28.6	1 720	915	1 021	805			
		1 770	942	1 048	829			
		1 860	990	1 096	854			

7.2.5　钢绞线弹性模量为(195±10)GPa，可不作为交货条件。当需方要求时，应满足该范围值。

7.2.6　0.2%屈服力 $F_{p0.2}$ 值应为整根钢绞线实际最大力 F_{ma} 的 88%～95%。

7.2.7　根据供需双方协议，可以提供表 5～表 8 以外的强度级别的钢绞线。

7.2.8　如无特殊要求，只进行初始力为 70% F_{ma} 的松弛试验，允许使用推算法进行 120 h 松弛试验确定 1 000 h 松弛率。用于矿山支护的 1×19 结构的钢绞线松弛率不做要求。

7.3　表面质量

7.3.1　除非用户有特殊要求，钢绞线表面不得有油、润滑脂等物质。

7.3.2　钢绞线表面不得有影响使用性能的有害缺陷。允许存在轴向表面缺陷，但其深度应小于单根钢丝直径的 4%。

7.3.3　允许钢绞线表面有轻微浮锈。表面不能有目视可见的锈蚀凹坑。

7.3.4　钢绞线表面允许存在回火颜色。

7.4　钢绞线的伸直性

取弦长为 1 m 的钢绞线，放在一平面上，其弦与弧内侧最大自然矢高不大于 25 mm。

7.5 疲劳性能、偏斜拉伸性能和应力腐蚀性能

经供需双方协商,合同中注明,可以进行轴向疲劳试验、偏斜拉伸试验和应力腐蚀试验。

8 试验方法

8.1 表面检验

表面质量用目视检查。

8.2 外形尺寸检验

钢绞线的直径应用分度值不大于0.02 mm的量具测量,测量位置距离端头不小于300 mm。1×2结构钢绞线的直径测量应测量图1所示的D_n值;1×3结构的钢绞线应测量图2所示的A值;测量1×7结构钢绞线直径应以横穿直径方向的相对两根外层钢丝为准,如图3所示D_n,在同一截面不同方向上测量三次,取平均值;1×19结构钢绞线公称直径为钢绞线外接圆直径。

8.3 拉伸试验

8.3.1 最大力

整根钢绞线的最大力试验按GB/T 21839的规定进行。如试样在夹头内或距钳口2倍钢绞线公称直径内断裂,达不到本标准性能要求时,试验无效。计算抗拉强度时取钢绞线的公称横截面积值。

8.3.2 屈服力

钢绞线屈服力采用引伸计标距(不小于一个捻距)的非比例延伸达到引伸计标距0.2%时所受的力($F_{p0.2}$)。为便于供方日常检验,也可以测定总延伸达到原标距1%的力(F_{t1}),其值符合本标准规定的$F_{p0.2}$值时可以交货,但仲裁试验时测定$F_{p0.2}$。测定$F_{p0.2}$和F_{t1}时预加负荷为公称最大力的10%。

8.3.3 最大力总伸长率

最大力总伸长率A_{gt}的测定按GB/T 21839规定进行。使用计算机采集数据或使用电子拉伸设备的,测量延伸率时预加负荷对试样所产生的延伸率应加在总延伸内。

8.3.4 弹性模量

弹性模量的测定按GB/T 21839规定进行。

8.4 应力松弛性能试验

8.4.1 钢绞线的应力松弛性能试验应按GB/T 21839规定进行。

8.4.2 试验标距长度不小于公称直径的60倍。

8.4.3 试样制备后不得进行任何热处理和冷加工。

8.4.4 允许用至少120 h的测试数据推算1 000 h的松弛率。

8.5 疲劳试验

疲劳试验所用试样是成品钢绞线上直接截取的试样,试样长度应保证两夹具之间的距离不小于500 mm。

钢绞线应能经受2×10^6次$0.7F_{ma}\sim(0.7F_{ma}-F_r)$脉动负荷后而不断裂。

光圆钢绞线：F_r/S_n=190 MPa；

刻痕钢绞线：F_r/S_n=170 MPa。

注：

F_{ma}——钢绞线的实际最大力，单位为牛(N)；

F_r ——应力范围的等效负荷值，单位为牛(N)；

S_n ——钢绞线的公称横截面积，单位为平方毫米(mm^2)。

疲劳试验按 GB/T 21839 的规定进行。

8.6 偏斜拉伸试验

一般用途的钢绞线其偏斜拉伸系数 D 应为≤28%；用于斜拉索的钢绞线其偏斜拉伸系数 D 应为≤20%。偏斜拉伸试验按 GB/T 21839 规定进行。

8.7 应力腐蚀试验

应力腐蚀试验按 GB/T 21839 规定进行。在实际最大力 F_{ma} 的 80% 时，试样应满足表 9 的规定。

表 9 钢绞线耐应力腐蚀性能

试验溶液	组成钢绞线的单丝直径 d_{sw}/mm	试验时间	
		最小值/h	中值/h
溶液 A	$d_{sw} \geq 3.2$	2.0	5
	$d_{sw} < 3.2$	1.5	3

8.8 数值修约

检验结果的数值修约与判定应符合 YB/T 081 的规定。

9 检验规则

钢绞线的检验分交货检验和特征值检验。

9.1 交货检验

9.1.1 检查和验收

产品的工厂检查由供方质量检验部门按表 10 进行，需方可按本标准进行检查验收。

表 10 供方出厂常规检验项目和取样数量

序号	检验项目	取样数量	取样部位	检验方法
1	表面	逐盘卷	—	目视
2	外形尺寸	逐盘卷	—	8.2

表 10（续）

序号	检验项目	取样数量	取样部位	检验方法
3	钢绞线伸直性	3 根/每批	在每(任)盘卷中任意一端截取	用分度值为 1 mm 的量具测量
4	整根钢绞线最大力	3 根/每批		8.4.1
5	0.2%屈服力	3 根/每批		8.4.2
6	最大力总伸长率	3 根/每批		8.4.3
7[a]	弹性模量	3 根/每批		8.4.4
8[b]	应力松弛性能	不小于 1 根/每合同批		8.5

[a] 当需方要求时测定。

[b] 在特殊情况下，松弛试验可以由工厂连续检验提供同一原料、同一生产工艺的数据所代替。

9.1.2 组批规则

钢绞线应成批检查和验收，每批钢绞线由同一牌号、同一规格、同一生产工艺捻制的钢绞线组成，每批重量不大于 60t。

9.1.3 检验项目及取样数量

要求如下：

a) 不同结构钢绞线的检验项目和取样数量应符合表 10 的规定。

b) 1 000 h 的应力松弛性能试验、轴向疲劳试验、偏斜拉伸试验、应力腐蚀试验只进行型式试验，即当遇到原料、生产工艺、设备有重大变化及新产品生产、停产后复产时进行型式检验。只进行型式检验取样方法和试验方法应符合表 11 的规定。

表 11 型式检验的项目及取样数量

序号	检验项目	取样数量	取样方法	试验方法
1	应力松弛试验	1	任选 1 盘切取	GB/T 21839
2	疲劳性能试验	1	任选 1 盘切取	
3	偏斜拉伸试验	10	任选 1 盘连续切取	
4	应力腐蚀试验	8	任选 1 盘切取	

9.1.4 复验与判定规则

当某一项检验结果不符合本标准相应规定时，则该盘卷不得交货。并从同一批未经试验的钢绞线盘卷中取双倍数量的试样进行该不合格项目的复验，复验结果即使有一个试样不合格，则整批钢绞线不得交货，或进行逐盘检验合格者交货。

9.2 特征值检验

9.2.1 特征值检验适用于下列情况：

a) 供方对产品质量控制的检验；

b) 需方提出要求，经供需双方协商一致的检验；

c） 第三方产品认证及仲裁检验。

9.2.2 特征值检验应按附录A中的规则进行。

10 包装、标志及质量证明书

10.1 包装

每盘卷钢绞线应捆扎结实，捆扎不少于6道。经双方协议，可加防潮纸、麻布等材料包装。

10.2 标志

每一钢绞线盘卷应拴挂标牌，其上注明供方名称、产品名称、标记、出厂编号、规格、强度级别、批号、执行标准编号、重量及件数等。

10.3 质量证明书

每一合同批应附有质量证明书，其中应注明供方名称、产品名称、标记、规格、强度级别、批号、执行标准号、重量及件数、需方名称、试验结果、发货日期、质量检验部门印记。

附 录 A
（规范性附录）
特征值检验规则

A.1 试验组批

试验批可依据实际要求决定，一般为产品批组成的合同批。

A.2 每批取样和检验数量

A.2.1 本附录规定的性能试验，应从不同卷钢丝上取 15 个试样（如适用时为 60 个试样）进行拉力试验。

A.2.2 120 h 松弛试验取 2 个试样。

A.2.3 疲劳试验取 2 个试样。

A.2.4 偏斜拉伸试验取 10 个试样。

A.2.5 应力腐蚀试验取 12 个试样。

A.3 试验结果的评定

A.3.1 参数检验

为检验规定的性能，如特性参数 F_m、$F_{p0.2}$、E，应确定以下参数：

a) 15 个试样的所有单个值 X_t（$n=15$）；

b) 平均值 m_{15}（$n=15$）；

c) 标准偏差 S_{15}（$n=15$）。

如果所有性能满足式(B.1)给定的条件，则该试验批符合要求。

$$m_{15}-2.33\times S_{15}\geqslant f_k \quad \cdots\cdots\cdots\cdots (A.1)$$

式中：

f_k ——要求的特征值；

2.33 ——当 $n=15$，90%置信水平（$1-\alpha=0.90$），不合格率 5%（$p=0.95$）时验收系数 k 的值。

如果上述条件不能满足，系数 $k'=\dfrac{m_{15}-f_k}{S_{15}}$ 由试验结果确定。式中 $k'\geqslant2$ 时，试验可继续进行。在此情况下，应从该试验批的不同卷钢绞线上切取 45 个试样进行试验，这样可得到总计 60 个试验结果（$n=60$）。

如果所有性能满足式(B.2)条件，则应认为该试验批符合要求。

$$m_{60}-1.93\times S_{60}>f_k \quad \cdots\cdots\cdots\cdots (A.2)$$

式中：

1.93——当 $n=60$，90%置信水平（$1-\alpha=0.90$），不合格率 5%（$p=0.95$）时验收系数 k 的值。

A.3.2 属性检验

当试验性能规定为最大或最小值时，15 个试样测定的所有结果应符合本标准的要求，此时，应认为该试验批符合要求。

当最多有两个试验结果不符合条件时，应继续进行试验，此时，应从该试验批的不同卷钢绞线上，另取 45 个试样进行试验，这样可得到总计 60 个试验结果，如果 60 个试验结果中最多有 2 个不符合条件，该试验批符合要求。

A.3.3 松弛试验、疲劳试验、偏斜拉伸试验、应力腐蚀试验

均符合本标准要求。

ICS 29.020
J 09

中华人民共和国国家标准

GB 5226.6—2014

机械电气安全　机械电气设备 第6部分：建设机械技术条件

Electrical safety of machinery—Electrical equipment of machines—Part 6: Requirements for construction machinery

2014-05-06 发布　　2015-06-29 实施

中华人民共和国国家质量监督检验检疫总局
中国国家标准化管理委员会　发布

前　言

本部分的第1章、第2章、第3章、第4章、第7章、第12章、第13章、第17章、第18章为推荐性的，其余为强制性的。

GB 5226《机械电气安全　机械电气设备》分为六个部分：

——第1部分：通用技术条件；

——第6部分：建设机械技术条件；

——第11部分：电压高于1 000 V a.c.或1 500 V d.c.但不超过36 kV的高压设备的技术条件；

——第31部分：缝纫机、缝制单元和系统的特殊安全和EMC要求；

——第32部分：起重机械通用技术条件；

——第33部分：半导体专用设备的特殊要求。

本部分为GB 5226的第6部分。

本部分由中国机械工业联合会提出。

本部分由全国工业机械电气系统标准化技术委员会(SAC/TC 231)归口。

本部分负责起草单位：中联重科股份有限公司、北京机床研究所、长沙海川自动化设备有限公司。

本部分参加起草单位：山河智能装备股份有限公司、上海华东建筑机械厂有限公司、山东省方圆集团有限公司、北京市凯商科技发展有限责任公司、上海派芬自动控制技术有限公司、深圳市华测检测技术股份有限公司、上海铭士防雷科技有限公司。

本部分主要起草人：曾杨、黄祖广、谢长宇、于晓颖、倪建军、张大庆、方力平、焦予民、刁俊和、刘华富、朱平、赵健、张迁、姚进。

引　　言

本部分与 GB 5226.1—2008《机械电气安全机械电气设备　第 1 部分:通用技术条件》配合使用。

图 1 为某典型建设机械和关联设备的框图,它示出本部分涉及的电气设备各个环节。图 1 有助于理解一台建设机械各个环节及其相关设备间的关系。圆括号内的数字为本部分的章条号。

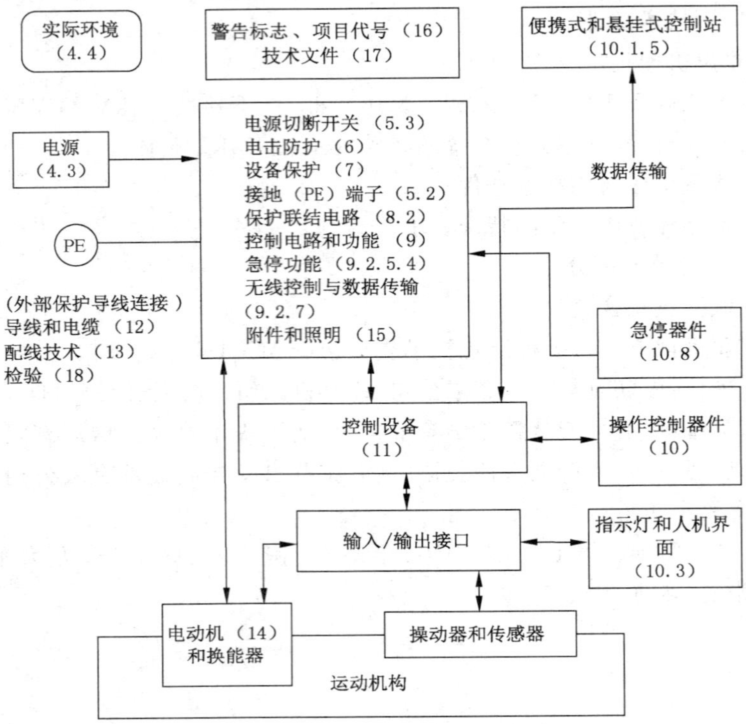

图 1　典型建设机械所涉及的电气设备框图

机械电气安全　机械电气设备
第6部分：建设机械技术条件

1　范围

GB 5226 的本部分适用于建设机械(包括协同工作的一组机械)的电气、电子设备及系统的特殊安全要求。

注1：建设机械是指用于工程建设与城镇建设中的机械与设备。本部分涉及建设机械示例见附录C。

注2：本部分中的"电气"一词包括电气、电子和可编程序电子三方面(如电气设备是指电气设备、电子设备和可编程序电子设备)。

注3：就本部分而言，"人"(person)一词泛指任何个人，包括受用户或其代理指派、使用和管理上述机械的人。

本部分适用的电气设备或电气设备部件，其标称电压不超过1 000 V a.c.或1 500 V d.c.，额定频率不超过200 Hz。

注4：对于较高电压要求见 GB 5226.3。

本部分未规定下述建设机械电气设备的附加和特殊技术要求：

——使用、处理或生产易爆材料(如油漆或锯末)的机械；

——易爆易燃环境中使用的机械；

——当加工或使用某种材料时会产生特殊风险的机械。

2　规范性引用文件

下列文件对于本文件的应用是必不可少的。凡是注日期的引用文件，仅注日期的版本适用于本文件。凡是不注日期的引用文件，其最新版本(包括所有的修改单)适用于本文件。

GB 755　旋转电机　定额和性能

GB/T 1251.1—2008　人类工效学　公共场所和工作区域的险情信号　险情听觉信号

GB/T 3805—2008　特低电压(ELV)限值

GB 5226.1—2008　机械电气安全　机械电气设备　第1部分：通用技术条件

GB/T 11918—2001　工业用插头插座和耦合器　第1部分：通用要求

GB/T 12668.1—2002　调速电气传动系统　第1部分：一般要求　低压直流调速电气传动系统额定值的规定

GB 14048.1—2012　低压开关设备和控制设备　第1部分：总则

GB 14048.2—2008　低压开关设备和控制设备　第2部分：断路器

GB 14048.3—2008　低压开关设备和控制设备　第3部分：开关、隔离器、隔离开关以及熔断器组合电器

GB 14048.4—2010　低压开关设备和控制设备　第4-1部分：接触器和电动机起动器　机电式接触器和电动机起动器(含电动机保护器)

GB/T 14048.5—2008　低压开关设备和控制设备　第5-1部分：控制电路电器和开关件　机电式控制电路电器

GB/T 14048.7—2006　低压开关设备和控制设备　第7-1部分：辅助电器　铜导体的接线端子排

GB/T 15706—2012　机械安全　设计通则　风险评估与风险减小

GB 18209.3　机械电气安全　指示、标志和操作　第3部分：操作件的位置和操作的要求

GB/T 21437.1—2008　道路车辆　由传导和耦合引起的电骚扰　第1部分：定义和一般描述

GB/T 21437.2—2008　道路车辆　由传导和耦合引起的电骚扰　第2部分：沿电源线的电瞬态传导

GB/T 21714.4—2008　雷电防护　第4部分：建筑物内电气和电子系统

GB/T 28554—2012 工业机械电气设备 内带供电单元的建设机械电磁兼容要求

GB 50057—2010 建筑物防雷设计规范

GB 50343—2012 建筑物电子信息系统防雷技术规范

JB/T 8437 起重机械无线遥控装置

QC/T 427—2013 汽车用电源总开关技术条件

ISO 10605:2008 道路车辆 静电放电产生的电骚扰试验方法(Road vehicles— Test methods for electrical disturbances from electrostatic discharge)

ISO 11451-1 道路车辆 窄带电磁场能量辐射的电气骚扰 车辆试验方法 第1部分:通则和定义(Road vehicles—Vehicle test methods for electrical disturbances from narrowband radiated electromagnetic energy—Part 1: General principles and terminology)

ISO 11451-2 道路车辆 窄带电磁场能量辐射的电气骚扰 车辆试验方法 第2部分:车辆外部的辐射源(Road vehicles—Vehicle test methods for electrical disturbances from narrowband radiated electromagnetic energy—Part 2: Off-vehicle radiation sources)

ISO 11452-1 道路车辆 窄带电磁场能量辐射的电气骚扰 部件试验方法 第1部分:通则和定义(Road vehicles—Component test methods for electrical disturbances from narrowband radiated electromagnetic energy—Part 1: General principles and terminology)

ISO 11452-2 道路车辆 窄带电磁场能量辐射的电气骚扰 部件试验方法 第2部分:电波吸收室(Road vehicles—Component test methods for electrical disturbances from narrowband radiated electromagnetic energy—Part 2: Absorber-lined shielded enclosure)

ISO 11452-3 道路车辆 窄带电磁场能量辐射的电气骚扰 部件试验方法 第3部分:TEM小室[Road vehicles—Component test methods for electrical disturbances from narrowband radiated electromagnetic energy—Part 3: Transverse electromagnetic mode (TEM)cell]

ISO 11452-4 道路车辆 窄带电磁场能量辐射的电气骚扰 部件试验方法 第4部分:大电流注入[Road vehicles—Component test methods for electrical disturbances from narrowband radiated electromagnetic energy—Part 4: Bulk current injection (BCI)]

ISO 11452-5 道路车辆 窄带电磁场能量辐射的电气骚扰 部件试验方法 第5部分:带状线(Road vehicles—Component test methods for electrical disturbances from narrowband radiated electromagnetic energy—Part 5: Stripline)

ISO 12603:2010 建筑施工机械与设备 分类(Building construction machinery and equipment—Classification)

3 术语和定义

GB 5226.1—2008 界定的以及下列术语和定义适用于本文件。

3.1

雷电电磁脉冲 lightning electromagnetic impulse;LEMP

雷电流的电磁效应。

[GB/T 21714.4—2008,3.4]

注:它包括传导浪涌及辐射脉冲电磁场辐射作用。

3.2

浪涌保护器 surge protective device;SPD

用于限制瞬态过电压和对浪涌电流进行分流的器件,它至少包含一个非线性元件。

4 基本要求

4.1 一般原则

应遵守 GB 5226.1—2008 中 4.1 的规定。

4.2 电气设备的选择

4.2.1 概述

应遵守 GB 5226.1—2008 中 4.2.1 的规定。

4.2.2 符合 GB 7251 系列标准的电气设备

应遵守 GB 5226.1—2008 中 4.2.2 的规定。

4.2.3 电源接触器的选择

带有辅助短路保护器件的接触器应按照 GB 14048.4—2010 中 7.2.5 的规定选择"2"型协调配合。

由安全控制电路启动，完成运动驱动机构停止功能的接触器，应按如下方法选择并和其他设备协调配置，确保不出现触头粘连现象或者即使触头粘连也不影响紧急停止功能。可采纳供方的建议（见 7.2.9）。

4.3 电源

应遵守 GB 5226.1—2008 中 4.3 的规定。

4.4 实际环境和运行条件

4.4.1 概述

电气设备应适应在 4.4.2～4.4.8 规定的实际环境和运行条件中使用。当实际环境和运行条件超出规定范围时，供方和用户之间应有一个协议（见 GB 5226.1—2008 附录 B）。

4.4.2 电磁兼容性（EMC）

应遵守 GB 5226.1—2008 中 4.4.2 的规定，针对内带供电单元的建设机械设备，应符合 GB/T 28554—2012 提出的抗扰度和发射限值要求，见附录 A。

4.4.3 环境空气温度

电气设备应能正常工作在预期使用环境空气温度－20℃～＋55℃范围内。对于特殊工作环境，由设备制造商与用户共同商定设备使用温度范围（见 GB 5226.1—2008 附录 B）。

4.4.4 湿度

应遵守 GB 5226.1—2008 中 4.4.4 的规定。

4.4.5 海拔

应遵守 GB 5226.1—2008 中 4.4.5 的规定。

4.4.6 污染

应遵守 GB 5226.1—2008 中 4.4.6 的规定。

4.4.7 离子和非离子辐射

应遵守 GB 5226.1—2008 中 4.4.7 的规定。

4.4.8 振动、冲击和碰撞

应遵守 GB 5226.1—2008 中 4.4.8 的规定。

4.5 运输和存放

电气设备应通过设计或采取适当的预防措施，以保障能经受得住在 −30 ℃～+65 ℃的温度范围内的运输和存放，并能经受温度高达 75 ℃、时间不超过 24 h 的短期运输和存放。应采取防潮、防振和抗冲击措施，以免损坏电气设备。供方与用户可能有必要达成专门协议（见 GB 5226.1—2008 附录 B）。

注：在低温下易损坏的电气设备包括 PVC 绝缘电缆、液晶显示器件。

4.6 设备搬运

应遵守 GB 5226.1—2008 中 4.6 的规定。

4.7 安装

应遵守 GB 5226.1—2008 中 4.7 的规定。

5 引入电源线端接法和切断开关

5.1 引入电源线端接法

5.1.1 一般要求

电气设备宜连接到单一电源上，如有需要其他电源供电的部分（如不同工作电压的电子设备），宜尽可能取自组成设备的器件（如变压器、换能器等）。对大型、复杂或以协同方式工作且占用较大空间的机械，可以采用一个以上的引入电源，由场地电源确定配置形式（见 5.3.1）。

建议电源线直接连到电源切断开关的电源端子上，采用插头/插座直接连接电源的方式除外[见 5.3.2f)]。

5.1.2 中线的连接

使用中线时应在设备技术文件（如安装图和电路图）中表示清楚，并应对中线提供单用绝缘端子（见 GB 5226.1—2008 附录 B）。电气设备内部的中线和保护联结电路之间不应相连，也不应使用 PEN 兼用端子。

例外情况：TN-C 系统电源到电气设备的连接点处，中线端子和 PE 端子可以相连。

5.2 连接外部保护接地系统的端子

应遵守 GB 5226.1—2008 中 5.2 的规定。

5.3 电源切断(隔离)开关

5.3.1 概述

应遵守 GB 5226.1—2008 中 5.3.1 的规定。

5.3.2 型式

电源切断开关应是下列型式之一：

a) 符合 GB 14048.3—2008 的隔离开关,使用类别 AC-23B 或 DC-23B;
b) 符合 GB 14048.3—2008 的隔离器,带辅助触点的隔离器,在任何情况下辅助触点都使开关器件在主触点断开之前先切断负载电路;
c) 绝缘符合 GB 14048.2—2008 的断路器;
d) 任何符合 IEC 产品标准和满足 GB 14048.1—2012 隔离要求,又在产品标准中定义适合作为电动机负荷开关或其他感应负荷应用类别的开关电器;
e) 通过软电缆供电的插头/插座组合;
f) 车载蓄电池电源总开关应满足 QC/T 427—2013 的要求。

5.3.3 技术要求

应遵守 GB 5226.1—2008 中 5.3.3 的规定。

5.3.4 操作装置

电源切断开关的操作装置(例如手柄)应容易接近,便于操作。

注:GB 18209.3 给出了操作方向要求。

5.3.5 例外电路

下列电路不必经电源切断开关切断:

——必要的照明电路;
——供给维修工具和设备(如手电钻、试验设备)专用连接的插头/插座电路;
——仅用于电源故障时自动脱扣的欠压保护电路;
——为满足操作要求宜经常保持通电的设备电源电路(如温度控制测量器件、加工中的产品加热器、程序存储器件);
——联锁控制电路;
——安全指示(如示高指示灯)设备供电电路。

但是建议给这些电路配备自己的切断开关。

这种不通过电源切断开关切断的电路应满足下列要求:

——在电源切断开关邻近设置符合 GB 5226.1—2008 中 16.1 要求的永久性警告标志;
——在维修说明书中相应说明,并应提供下列一项或多项内容:
- 在每个例外电路附近设置符合 GB 5226.1—2008 中 16.1 要求的永久性警告标志;或
- 使例外电路与其他电路隔离;
- 用颜色标识导线时,应遵守 GB 5226.1—2008 中 13.2.4 的规定。

5.4 防止意外起动的断开器件

应遵守 GB 5226.1—2008 中 5.3.3 的规定。

5.5 断开电气设备的器件

应遵守 GB 5226.1—2008 中 5.3.3 的规定。

5.6 对未经允许、疏忽和错误连接的防护

应遵守 GB 5226.1—2008 中 5.6 的规定。

6 电击防护

应遵守 GB 5226.1—2008 中第 6 章的规定。

7 电气设备的保护

7.1 概述

应遵守 GB 5226.1—2008 中 7.1 的规定。

7.2 过电流保护

7.2.1 概述

建设机械电路中的电流如会超过元件的额定值或导线的载流能力，则应按下面的叙述配置过电流保护。使用的额定值或整定值见 7.2.10。

7.2.2 电源线

应遵守 GB 5226.1—2008 中 7.2.2 的规定。

7.2.3 动力电路

应遵守 GB 5226.1—2008 中 7.2.3 的规定。

7.2.4 控制电路

应遵守 GB 5226.1—2008 中 7.2.4 的规定。

7.2.5 插座及其有关导线

应遵守 GB 5226.1—2008 中 7.2.5 的规定。

7.2.6 照明电路

应遵守 GB 5226.1—2008 中 7.2.6 的规定。

7.2.7 变压器

应遵守 GB 5226.1—2008 中 7.2.7 的规定。

7.2.8 过电流保护器件的设置

过电流保护器件应安装在电源引入处的受保护导线上，满足下列条件的场合除外，安装导线应采用减小短路可能性的方法(例如导线用外壳或通道保护)：

——支线路载流容量不小于负载所需容量；
——导线载流容量减小处与连接过电流保护器件处之间导线长度不大于 3 m。

7.2.9 过电流保护器件

应遵守 GB 5226.1—2008 中 7.2.9 的规定。

7.2.10 电流保护器件额定值和整定值

应遵守 GB 5226.1—2008 中 7.2.10 的规定。

7.3 电动机的过热保护

应遵守 GB 5226.1—2008 中 7.3 的规定。

7.4 异常温度的保护

应遵守 GB 5226.1—2008 中 7.4 的规定。

7.5 对电源中断或电压降落随后复原的保护

应遵守 GB 5226.1—2008 中 7.5 的规定。

7.6 电动机的超速保护

应遵守 GB 5226.1—2008 中 7.6 的规定。

7.7 接地故障/残余电流保护

应遵守 GB 5226.1—2008 中 7.7 的规定。

7.8 相序保护

应遵守 GB 5226.1—2008 中 7.8 的规定。

7.9 雷电和开关浪涌引起过电压的防护

雷电电磁脉冲(LEMP)会危及电气和电子系统，因此应采取 LEMP 防护措施以避免建设机械内电气和电子系统失效。

使电气和电子设备永久失效的 LEMP 可由下列因素产生：
——通过连接导线传输给设备的传导和感应浪涌；
——辐射电磁场直接作用于设备上的效应。

对 LEMP 应采取的基本防护措施包括：
——接地和搭接；
——磁屏蔽和布线；
——协调配合的 SPD 防护。

LEMP 和开关浪涌引起的过电压效应可用保护器件防护。

应提供的场合：
——LEMP 过电压抑制器应连接到电源切断开关的引入端子；
——开关浪涌过电压抑制器应连接到所有要求这种保护设备的端子。

雷击风险评估及防雷措施参见附录 B。

8 等电位联结

应遵守 GB 5226.1—2008 中第 8 章的规定。

9 控制电路和控制功能

9.1 控制电路

应遵守 GB 5226.1—2008 中 9.1 的规定。

9.2 控制功能

9.2.1 起动功能

应遵守 GB 5226.1—2008 中 9.2.1 的规定。

9.2.2 停止功能

应遵守 GB 5226.1—2008 中 9.2.2 的规定。

9.2.3 工作方式

应遵守 GB 5226.1—2008 中 9.2.3 的规定。

9.2.4 安全功能和/或安全防护措施的暂停

应遵守 GB 5226.1—2008 中 9.2.4 的规定。

9.2.5 操作

9.2.5.1 概述

应遵守 GB 5226.1—2008 中 9.2.5.1 的规定。

9.2.5.2 起动

应遵守 GB 5226.1—2008 中 9.2.5.2 的规定。

9.2.5.3 停止

应遵守 GB 5226.1—2008 中 9.2.5.3 的规定。

9.2.5.4 紧急操作(紧急停止、紧急断开)

应遵守 GB 5226.1—2008 中 9.2.5.4 的规定。

9.2.5.5 指令动作的监控

建设机械或建设机械部件的运动或动作可能导致危险情况时,应对运动或动作进行监控,如超程限制器、电动机超速检测,建设机械过载检测或防碰撞器件等装置。建议必要时,采用信息记录仪等对监控过程的重要数据进行记录(参见 GB 5226.1—2008 中附录 B)。

9.2.6 其他控制功能

应遵守 GB 5226.1—2008 中 9.2.6 的规定。

9.2.7 无线控制与数据传输

9.2.7.1 概述

本节叙述使用无线技术(如无线电、红外线、移动通信网络等)在建设机械控制系统和其他系统(如操作控制站、监控中心等)之间传输指令和信号的控制功能要求。

注:这些应用和系统完整性也适用于使用电缆(如同轴电缆、双绞线、光缆)、采用串行数据通讯技术的控制功能。

应提供手段(如操作键开关、存取代码)防止未经准许使用操作控制站。

每一台操作控制站应配备受其控制机械的清晰指示。

9.2.7.2 控制限制

应采取措施保证控制指令:

——只对预期使用的建设机械起作用;

——只对预期使用的功能起作用;

——只在预期的环境下起作用。

应采取措施防止建设机械对其他的信号响应(如抗同频干扰信号,参见 JB/T 8437)。应响应预期使用操作控制站的信号。

如必要,应提供手段使建设机械在一个或多个区域或位置上接受操作控制站的控制。

应采取措施保证操作控制站:

——能有效的接收信号及指令;

——不会对其他器件产生干扰。

9.2.7.3 数据传输

如必要,应采取措施保证指令和信号在传输过程中的可靠性:

——防止指令和信号的丢失;

——防止因传输异常而导致错误指令的执行;

——建设机械只响应符合指定密码规则的指令。

应对必要的指令进行存储记录。

如必要,应采取措施保证:

——连接和传输的安全(如身份认证、授权);

——对运行信息进行存储记录;

——对存储的运行信息进行备份。

9.2.7.4 安全要求

——采用无线控制的建设机械应具备切断设备总电源的功能(如总接触器或失压脱扣的空气断路器)。

——如必要,采用无线控制的建设机械,应设有明显的遥控指示灯。

——采用无线控制的建设机械,操作板控制与无线控制功能之间应实现联锁。

——无线控制站应具有抗同频干扰信号的能力,受到同频干扰时不允许出现误动作。

——接收机的壳体和中间继电器箱体应与建设机械可靠联接。

——无线控制站应根据使用场所，具有相应的防水、防尘等性能。

9.2.7.5 停止

应采取措施保证指令和信号在传输过程中的可靠性、保密性，确保：

——防止指令和信号的丢失；

——防止因传输异常而导致的错误指令的执行；

——对传输的指令和信号进行加密，机械只响应符合指定密码规则的指令。

应对必要的指令进行存储记录。

如必要，应采取措施保证：

——连接和传输的安全(如身份认证、授权)；

——对运行信息进行存储记录；

——对存储的运行信息进行备份。

配备有无线控制的建设机械：

——控制系统应确保停止指令的执行不造成设备及人身安全伤害；

——当执行涉及安全的控制指令时，应对操作人员有清晰的提示(如声音、指示灯、图文显示)。

9.2.7.6 使用多操作控制站

应遵守 GB 5226.1—2008 中 9.2.7.6 的规定。

9.2.7.7 电池供电的操作控制站

应遵守 GB 5226.1—2008 中 9.2.7.7 的规定。

9.3 联锁保护

应遵守 GB 5226.1—2008 中 9.3 的规定。

9.4 失效情况下的控制功能

9.4.1 一般要求

应遵守 GB 5226.1—2008 中 9.4.1 的规定。

9.4.2 失效情况下减低风险的措施

9.4.2.1 采用成熟的电路技术和元件

通常，只考虑单一故障，并采取措施降低风险。在风险程度较高的情况下，应采取措施确保多个故障也不会产生危险。这些措施包括但不限于：

——涉及主要控制功能的控制电路接地(见 9.4.3.1 和 GB 5226.1—2008 中图 3)；

——按 9.4.3.1 连接控制器件；

——按 9.2.2 中规定的断电方式停机；

——切断被控器件的所有通电回路(见 9.4.3.1)；

——使用强制(或直接)断开操作的开关电器(见 GB 14048.5—2008)；

——电路设计上要减少意外操作引起失效的可能性。

9.4.2.2 部分或完整采用冗余技术

应遵守 GB 5226.1—2008 中 9.4.2.2 的规定。

9.4.2.3 采用相异技术

应遵守 GB 5226.1—2008 中 9.4.2.3 的规定。

9.4.2.4 功能试验的规定

应遵守 GB 5226.1—2008 中 9.4.2.4 的规定。

9.4.3 接地故障和电压中断及电路连续性损失引起误操作的防护

9.4.3.1 接地故障

控制电路的接地故障不应引起意外的起动、运动或妨碍机械的停止。满足这些要求可采用但不限于 a)～d)4 种方法：

a) 由控制变压器供电的控制电路：

1) 控制电路电源接地的情况，在电源点，共用导体连接到保护联接回路。所有预期要操作电磁或其他器件(如继电器、指示灯)的触点、固态元件等插入控制电路电源有开关的导线一边与线圈或器件的端子之间。线圈或器件的其他端子(最好是同标记端)直接连接控制电路电源且没有任何开关要素的共用导体(见图 2)。

例外，保护器件的触点可以接在共用导线和线圈之间，以达到：

——在接地故障事件中，自动切断电路；或

——连接非常短(如在同一电柜中)以至不大可能有接地故障(如过载继电器)。

2) 控制电路由控制变压器供电且不连接保护联结回路。接线如图 2 所示，并配备有在接地故障中自动切断电路的器件(见 7.2.4)。

b) 控制电路由控制变压器供电，变压器带中心抽头绕阻，中心抽头连接保护接地回路，接线如图 3 所示，图中所有控制电路电源导线中，有包含开关元素的过电流保护器件。

注 1：对有中心抽头的接地控制电路，一个接地故障会在继电器线圈上留下 50% 的电压，在这种情况下，继电器会保持，导致不能停机。

注 2：线圈或器件可在一边或两边接通(或断开)。

c) 控制电路不经控制变压器供电而是下列的一种：

1) 直接连接到已接地电源的相导体之间；或

2) 直接连接到相导体之间或连接到不接地或高阻抗接地的电源相导体和中性导体之间。

在意外起动或停止失效事件中，或在 c)2)的情况中，可能引起危险情况或损坏机械的那些机械功能的起动或停止，应使用切换所有带电体的多极开关，在接地故障事件中应提供自动切断电路的器件。

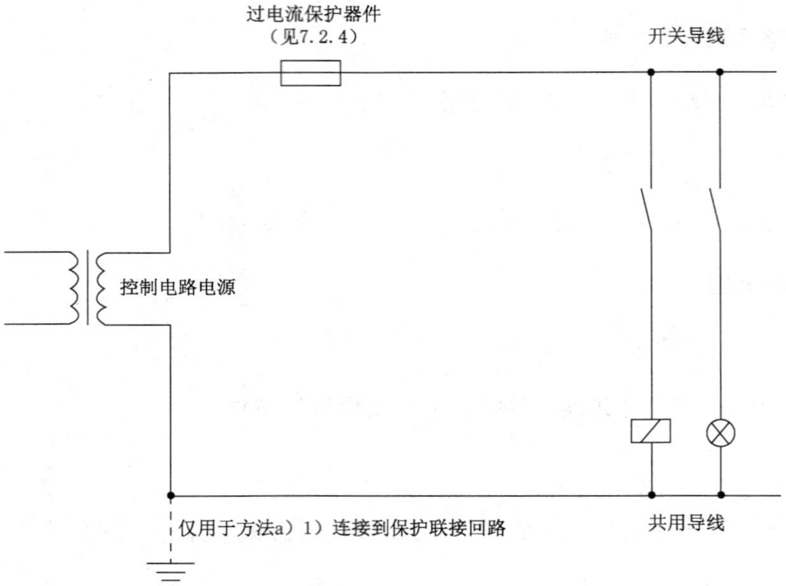

图 2 方法 a）

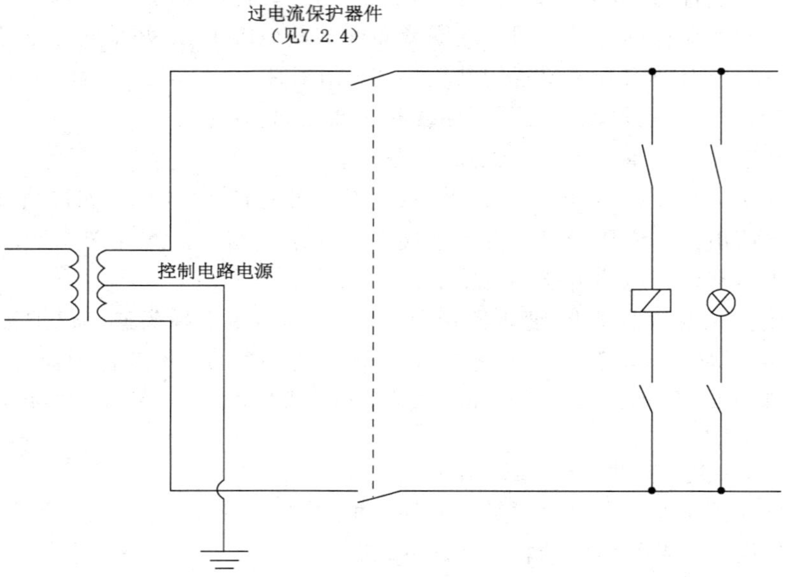

图 3 方法 b）

d) 控制电路由车载电源供电时，控制器件一边连接（或预期连接）到保护接地电路的控制电路中（见 7.2.4），各电磁操作件工作线圈的一端（最好是用同标记端）或任何其他电器件的一端应直接连接到该控制电路的接地边。所有操作线圈或电器件的控制器件的开关元件（如触头），应连接在线圈或电器件的另一端子与控制电路的另一边（即未接到保护接地电路的一边）之间（见图 4）。

注 3：车载电源供电系统多为混合接地，一个接地故障会使各控制器件的接地端电势不相等，可能导致继电器的误动作。

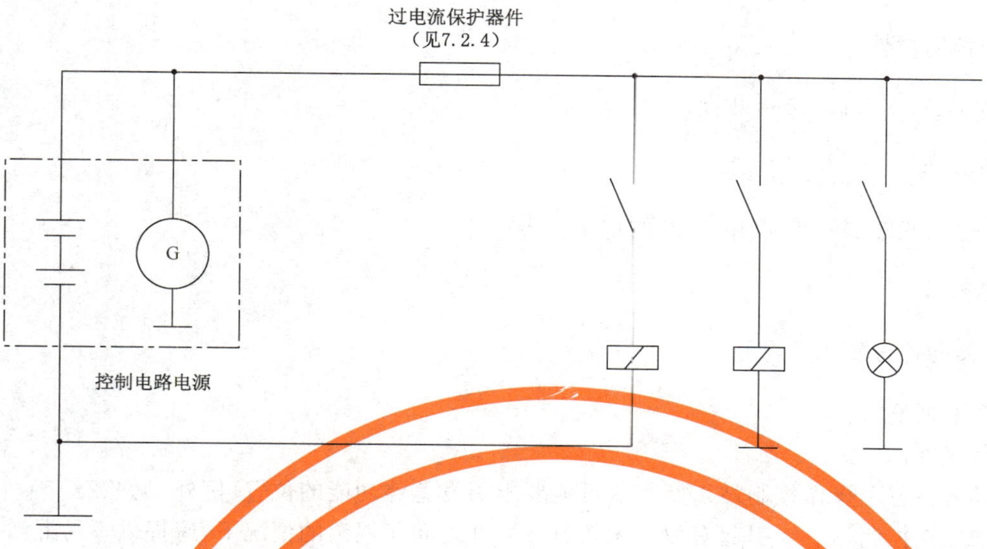

图 4　方法 d)

9.4.3.2　电压中断

应遵守 GB 5226.1—2008 中 9.4.3.2 的规定。

9.4.3.3　电路连续性损失

应遵守 GB 5226.1—2008 中 9.4.3.3 的规定。

9.5　风险减小策略

风险减小策略应涵盖机器的整个生命周期。

机器的危险分析和风险减小过程要求通过以下措施逐步消除或减小危险：

——通过设计消除危险或减小风险(见 GB/T 15706—2012 中 6.2)；

——通过防护装置和可能的附加保护措施减小风险(见 GB/T 15706—2012 中 6.3)；

——通过使用信息中关于遗留风险的规定减小风险(见 GB/T 15706—2012 中 6.4)。

10　操作板和安装在建设机械上的控制器件

10.1　总则

应遵守 GB 5226.1—2008 中 10.1 的规定。

10.2　按钮

应遵守 GB 5226.1—2008 中 10.2 的规定。

10.3　指示灯、显示器

应遵守 GB 5226.1—2008 中 10.3 的规定。

10.4　光标按钮

应遵守 GB 5226.1—2008 中 10.4 的规定。

10.5 旋动控制器件

应遵守 GB 5226.1—2008 中 10.5 的规定。

10.6 起动器件

应遵守 GB 5226.1—2008 中 10.6 的规定。

10.7 急停器件

10.7.1 急停器件位置

应符合下列要求：

——易接近；

——设置在各个操作控制站以及其他可能要求引发急停功能的位置(例外，见 9.2.7.5)。

在非法操作控制站可能引起有效和无效急停器件之间相混淆的情况下，应提供不易混淆的装置(如使用信息)。

10.7.2 急停器件型式

应遵守 GB 5226.1—2008 中 10.7.2 的规定。

10.7.3 操动器的颜色

应遵守 GB 5226.1—2008 中 10.7.3 的规定。

10.7.4 实现急停功能的电源切断开关

应符合 10.8.3 的颜色要求，电源切断开关本身操作在下列情况下可起急停功能的作用：

——切断开关易于操作者接近；

——切断开关是 5.3.2a)、b)、c)、d)、e)或 f)中所述形式。

10.8 紧急断开器件

10.8.1 紧急断开器件的位置

应遵守 GB 5226.1—2008 中 10.8.1 的规定。

10.8.2 紧急断开器件的型式

应遵守 GB 5226.1—2008 中 10.8.2 的规定。

10.8.3 操动器的颜色

应遵守 GB 5226.1—2008 中 10.8.3 的规定。

10.8.4 电源切断开关的本身操作实现紧急断开

用电源切断开关本身操作实现紧急断开的场合，切断开关应易于接近，并应满足 GB 5226.1—2008 中 10.9.3 的要求。

10.9 听觉报警器

应即时报警，其信号应至少持续到操作者干预或危险解除为止，且满足以下要求：

——声级明显高于环境噪声的级别,以便能够听清楚;
——易识别,尤其是脉冲或组脉冲间的持续时间和间隔,明显有别于其他听觉信号和环境噪声。

注:有关识别、可听度、分辨力的定义参见 GB/T 1251.1—2008。

11 控制设备:位置、安装和电柜

应遵守 GB 5226.1—2008 中第 11 章的规定。

12 导线和电缆

12.1 一般要求

应遵守 GB 5226.1—2008 中 12.1 的规定。

12.2 导线

应遵守 GB 5226.1—2008 中 12.2 的规定。

12.3 绝缘

应遵守 GB 5226.1—2008 中 12.3 的规定。

12.4 正常工作时的载流量

应遵守 GB 5226.1—2008 中 12.4 的规定。

12.5 导线和电缆的电压降

应遵守 GB 5226.1—2008 中 12.5 的规定。

12.6 软电缆

应遵守 GB 5226.1—2008 中 12.6 的规定。

12.7 汇流线、汇流排和汇流环

应遵守 GB 5226.1—2008 中 12.7 的规定。

12.8 通讯电缆要求

为增强通讯系统稳健性、可靠性,应采取措施(如接地、屏蔽等),加强抗干扰能力。必要时采用专用数据通讯电缆等措施。

13 配线技术

13.1 连接和布线

13.1.1 一般要求

电气系统导线的连接应牢固,导线、端子和连接方法应满足:
——连接方法应适合被端接导线的截面积和性质;
——当一个端子连接两根或多根导线时,应采用专门设计的端子,但一个端子的连接点只应连接一

根保护导线；

——只有提供的端子适用于焊接工艺要求才允许焊接连接；

——接线座的端子应清楚标示或用标签标明与电路图上相一致的标记；

——当错误的电气连接(例如由更换元器件引起的)可能对系统造成危险时，导线和端子应按照GB 5226.1—2008 中 13.2.1 的标识；

——软导线管和电缆的敷设应使液体能排离该装置；

——当端子不具备端接多股芯线的条件时，应提供拢合绞芯束的办法。不允许使用焊锡来达到此目的；

——屏蔽导线的端接应防止绞合线磨损并应容易拆卸；

——识别标牌应清晰、耐久，并适合于实际环境；

——接线座的安装和接线应使内部和外部配线不跨越端子(见 GB 14048.7—2006)；

——建议采用专用数据通讯电缆及连接器，如有必要，应采取特殊防护措施。

13.1.2 导线和电缆的敷设

应遵守 GB 5226.1—2008 中 13.1.2 的规定。

13.1.3 不同电路的导线

应遵守 GB 5226.1—2008 中 13.1.3 的规定。

13.1.4 感应电源系统传感器(拾取器)和传感器之间的连接

应遵守 GB 5226.1—2008 中 13.1.4 的规定。

13.2 导线的标识

应遵守 GB 5226.1—2008 中 13.2 的规定。

13.3 电柜内配线

应遵守 GB 5226.1—2008 中 13.3 的规定。

13.4 电柜外配线

应遵守 GB 5226.1—2008 中 13.4 的规定。

13.5 管道、接线盒与其他线盒

应遵守 GB 5226.1—2008 中 13.5 的规定。

14 电动机及有关设备

14.1 一般要求

应遵守 GB 5226.1—2008 中 14.1 的规定。

14.2 电动机外壳

应遵守 GB 5226.1—2008 中 14.2 的规定。

14.3 电动机尺寸

应遵守 GB 5226.1—2008 中 14.3 的规定。

14.4 电动机架与隔间

应遵守 GB 5226.1—2008 中 14.4 的规定。

14.5 电动机选择的依据

电动机及其有关设备的特性应根据预期的工作和实际环境条件(见 4.4)进行选择。在这方面,应考虑的要点包括:

——电动机型式;
——工作循环类型(见 GB 755);
——恒速或变速运行(以及随之发生的通风量变化的影响);
——机械振动;
——电动机控制的型式;
——当电动机特别是由静态变换器供电时馈电电压和(或)馈电电流的谐波频谱对温升的影响;
——起动方法及起动电流对接同一电源的其他用户运行可能的影响,还要考虑供电部门可能的特殊规定;
——反转矩负载随时间和速度的变化;
——大惯量负载的影响;
——恒转矩或恒功率运行的影响;
——电动机和变换器间可能需要电抗器;
——对采用调速方式的电动机驱动装置,应符合 GB/T 12668.1—2002 中的相关规定。

14.6 机械制动用保护器件

应遵守 GB 5226.1—2008 中 14.6 的规定。

15 附件和照明

15.1 附件

如果建设机械及其有关装置备有附件(如手提电动工具、试验设备)使用的电源插座,则应施加下列条件:

——电源插座应遵守 GB/T 11918—2001 的规定,否则它们应清楚标明电压和电流的额定值;
——应确保电源插座保护联结电路连续性,由 PELV 提供的除外;
——连往电源插座的所有未接地导线应按 7.2 和 7.3 的规定,提供合适的过电流保护和(必要时的)过载保护,并与其他电路的保护导线分开;
——在插座的电源引入线不通过建设机械或部分机械的电源切断开关切断的情况下,应采用 5.3.5 的要求。

注 1:见 GB 5226.1—2008 附录 B。

注 2:电源插座供电的电压等级超过安全电压等级(详见 GB/T 3805—2008),其电路应配备剩余电流保护器件(RCDs)。

15.2 建设机械和电气设备的局部照明

应遵守 GB 5226.1—2008 中 15.2 的规定。

16 标记、警告标志和参照代号

应遵守 GB 5226.1—2008 中第 16 章的规定。

17 技术文件

应遵守 GB 5226.1—2008 中第 17 章的规定。

18 检验

应遵守 GB 5226.1—2008 中第 18 章的规定。

附　录　A[1)]
（资料性附录）
电磁兼容

A.1　建设机械辐射的宽带电磁发射规范

A.1.1　测量方法

电磁辐射应遵守GB/T 28554—2012中附录B描述的方法，以规定的两种可选择的天线距离测量。由标准的用户选择。

A.1.2　宽带基准限值

建设机械距天线为(10±0.2)m处进行测量，在30 MHz～75 MHz频段，发射基准限值应为34 dB(μV/m)(50 μV/m)，在75 MHz～400 MHz频段为34 dB(μV/m)～45 dB(μV/m)(50 μV/m～180 μV/m)，超过75 MHz，限值随着频率的对数(线性地)增加，如GB/T 28554—2012中图A.1所示。在400 MHz～1 000 MHz频段，保持恒定的45 dB(μV/m)(180 μV/m)。

建设机械距天线(3±0.05)m处进行测量，在30 MHz～75 MHz频段，发射基准限值应为44 dB(μV/m)(160 μV/m)，在75 MHz～400 MHz频段，为44 dB(μV/m)～ 55dB(μV/m)(160 μV/m～562 μV/m)，超过75 MHz限值随着频率的对数(线性地)增加，如GB/T 28554—2012中图A.2所示。在400 MHz～1 000 MHz频段，保持恒定的55 dB(μV/m)(562 μV/m)。

试验中的样品，测量值应比基准限值至少低2.0 dB或20%，以dB(μV/m)或(μV/m)表示。

A.2　建设机械辐射的窄带电磁发射规范

A.2.1　测量方法

电磁发射应遵守GB/T 28554—2012中附录C描述的方法，以规定的两种可选择的天线距离测量。由标准的用户选择。

A.2.2　窄带基准限值

如果使用GB/T 28554—2012中附录C描述的方法，建设机械距天线为(10±0.2)m处进行测量，在30 MHz～75 MHz频段，发射基准限值应为24 dB(μV/m)(16 μV/m)，在75 MHz～400 MHz频段，为24 dB(μV/m)～35 dB(μV/m)(16 μV/m～56 μV/m)，超过75 MHz，限值随着频率的对数(线性地)增加，如GB/T 28554—2012中图A.3所示。在400 MHz～1 000 MHz频段，保持恒定的35 dB(μV/m)(56 μV/m)。

如果使用GB/T 28554—2012中附录C描述的方法，建设机械距天线(3±0.05)m处进行测量，在30 MHz～75 MHz频段，发射基准限值应为34 dB(μV/m)(50 μV/m)，在75 MHz～400 MHz频段，为34 dB(μV/m)～45dB(μV/m)(50 μV/m～180 μV/m)，超过75 MHz，限值随着频率的对数(线性地)增加，如GB/T 28554—2012中图A.4所示。在400 MHz—1 000 MHz频段，保持恒定的45 dB(μV/m)

1)　本附录的目的是规定建设机械电气单元、电气系统及电气系统驱动器、控制器等设备对其他设备可引起干扰的电磁发射限值，以及有关快速瞬变脉冲群、传导和辐射骚扰、静电放电的限值。

(180 μV/m)。

试验中的样品，测量值应比基准限值至少低 2.0 dB 或 20%。以 dB(μV/m)或(μV/m)表示。

A.3 建设机械对电磁辐射的抗扰度规范

A.3.1 试验方法

建设机械对电磁辐射的抗扰度试验应根据 ISO 11451-1 和 ISO 11451-2，以水平和垂直极化的方式进行。基准点和工作模式的确定应该是机械特性，并记录在试验报告中。抗扰度试验应按 ISO 11451-1 的要点进行，不考虑系统驻波比且采用正向功率作为控制的情况除外，试验报告应指明采用的控制方法。试验方法用替代法和 1 kHz 正弦波 80%调幅(AM)(参见 ISO 1145-1)，试验需要在 20 MHz～1 000 MHz 频段进行。

A.3.2 建设机械的抗扰度基准限值

涉及未调制信号均方根值的基准限值 24 V/m 适用。调制的试验信号的最大值应与未调制的试验信号的最大值一致。试验中的样品，抗扰度要求按照场强 30 V/m 执行(高出基准限值的 25%)。应满足 EN GB/T 28554—2012 中 4.1.3 的抗扰度试验的基本要求。

A.4 ESA 辐射的宽带电磁发射规范

A.4.1 测量方法

电磁干扰应遵守 GB/T 28554—2012 中附录 D 描述的方法测量。

A.4.2 ESA 宽带基准限制值

如果用 GB/T 28554—2012 中附录 D 描述的方法进行测量，在 30 MHz～75 MHz 频段，发射基准限值应为 64 dB(μV/m)～54 dB(μV/m)(1 600 μV/m～500 μV/m)，超过 30 MHz，限值随着频率的对数(线性地)减少。在 75 MHz～400 MHz 频段，为 54 dB(μV/m)～ 65 dB(μV/m)(500 μV/m～1 800 μV/m)，超过 75 MHz，限值随着频率的对数(线性地)减少，如 GB/T 28554—2012 中图 A.5 所示。400 MHz～1 000 MHz 频段，保持恒定的 65 dB(μV/m)(1 800 μV/m)。

试验中样品，测量值应比基准限值至少低 2.0 dB 或 20%，以 dB(μV/m)或 μV/m 表示。

A.5 ESA 辐射的窄带电磁发射规范

A.5.1 测量方法

遵守 GB/T 28554—2012 中附录 E 描述的方法试验。

A.5.2 ESA 窄带基准限制值

如果用 GB/T 28554—2012 中附录 E 的方法进行测量，在 30 MHz～75 MHz 频段，发射基准限值应为 54 dB(μV/m)～44 dB(μV/m)(500 μV/m～160 μV/m)，超过 30 MHz，限值随着频率的对数(线性地)减少。在 75 MHz～400 MHz 频段，为 44 dB(μV/m)～ 55 dB(μV/m)(160 μV/m～562 μV/m)，超过 75 MHz 限值随着频率的对数(线性地)减少，如 GB/T 28554—2012 图 A.6 所示。在 400 MHz～1 000MHz 频段，保持恒定的 55 dB(μV/m)(562 μV/m)。

试验中的样品,测量值应比基准限值至少低 2.0 dB 或 20%,以 dB(μV/m)或 μV/m 表示。

A.6 ESA 对电磁辐射的抗扰度规范

A.6.1 测量方法

ESA 对电磁场的抗扰度试验,采用 ISO 11452-2、ISO 11452-3、ISO 11452-4 或 ISO 11452-5 的测量方法。试验方法用替代法和 1 kHz 的正弦波 80% 的调幅(AM)。选择的试验方法应覆盖频段 20 MHz~1 000 MHz,采用 1 kHz 正弦波 80%调幅(AM)(见 ISO 11452-1)。

如果用替代法做消声室试验的校准方法,则正向输入功率可以用做控制而不考虑系统的驻波率。在 ESA 试验方法中,替代法或闭环法可以用做场校准。试验报告应指明采用的控制方法。

A.6.2 ESA 抗扰度基准限值

如根据 ISO 11452-1、ISO 11452-2、ISO 11452-3、ISO 11452-4、ISO 11452-5 进行试验,则抗扰度基准限值应为:

——150 mm 带状线试验方法:48 V/m(ISO 11452-5);

——横电磁波室(TEM 小室)试验方法:60 V/m(ISO 11452-3);

——大电流注入(BCI)试验方法:48 mA(ISO 11452-4);

——辐射场(线性吸收小室)试验方法:24 V/m(ISO 11452-2)。

基准限值应适合未调制信号的均方根值。调制的试验信号的最大值应与未调制的试验信号的最大值一致。

A 类的功能状态(ISO 11452-1)应适用于所有的试验。对于试验样品,基准限值应增加 25%。应用在建设机械上的 ESA 不应出现任何不允许的功能性改变。不允许的功能性改变进一步解释参见 GB/T 28554—2012 中 4.1.3。

A.7 静电放电(ESD)

A.7.1 试验方法

在 ISO 10605:2008 中描述的方法应当作为建设机械,或其部件上可能产生标准称之 ESD 的表面(例如通过操作员接触)的静电放电测试方法。

对于在建设机械或 ESA 内部易触及点选择 330 pF 放电电容,对于仅能在建设机械外部触及点选择 150 pF 放电电容。电阻均选择 2 kΩ。

A.7.2 基准限值

参考以下测试等级:

a) 建设机械

1) ± 4 kV 空气放电达到 A 类功能状态。

2) ± 8 kV 空气放电达到 C 类功能状态。

b) ESA

1) ± 4 kV 接触和空气放电达到 A 类功能状态。

2) ± 6 kV 接触放电和 ± 8 kV 空气放电达到 C 类功能状态。

A.8 瞬态传导

A.8.1 通则

当远程 ESA 通过配线系统与建设机械相连时，由 ESA 产生的脉冲可能激励电路或影响建设机械上其他的 ESA 或零部件。因此，对于 ESA 适合建设机械的发射与敏感度的最小值是有要求的。应认为某一 ESA 的发射值要小于系统所有的 ESA 敏感度。

A.8.2 试验方法

试验方法应采用 GB/T 21437.1—2008 和 GB/T 21437.2—2008 中描述的方法。

A.8.3 基准限值——传导发射

脉冲发射的最大值应低于抗扰度测试值。

A.8.4 基准限值和功能状态——传导抗扰

采用表 A.1 的试验等级和功能状态分类。在每一个不同的试验脉冲测试前，功能执行状态应当标明。表 A.2 给出了 12 V 和 24 V 内带供电单元系统的不同试验脉冲的应用范围。

对于每一个 ESA，如果可能，应增加描述正确的安装和与建设机械的连线或它的设计用于避免 ESA 和/或建设机械故障的介绍。

表 A.1 12 V 或 24 V 车载系统试验脉冲

<table>
<tr><th rowspan="2">试验脉冲</th><th colspan="2">试验等级</th><th colspan="2">系统功能状态</th></tr>
<tr><th>12 V 系统
V</th><th>24 V 系统
V</th><th>涉及抗扰性—相关功能</th><th>不涉及抗扰性—相关功能</th></tr>
<tr><td>1</td><td>−75</td><td>−450</td><td>C[a]</td><td>D</td></tr>
<tr><td>2a</td><td>+37</td><td>+37</td><td>B[a]</td><td>D</td></tr>
<tr><td>2b</td><td>+10</td><td>+20</td><td>C[a]</td><td>D</td></tr>
<tr><td>3a</td><td>−112</td><td>−150</td><td>A</td><td>D
−25 V/−35 V 为 A</td></tr>
<tr><td>3b</td><td>+75</td><td>+150</td><td>A</td><td>D
+25 V/+35 V 为 A</td></tr>
<tr><td>4</td><td>−6</td><td>−12</td><td>在发动机启动过程中
工作的 ESA 为 B[a]
其他的 ESA 为 C[a]</td><td>D</td></tr>
<tr><td>5[b]</td><td>+65</td><td>+123</td><td>C[a]</td><td>D</td></tr>
<tr><td colspan="5">[a] 不控制运行并且不产生有危险的设备动作。
[b] 如果 ESA 仅用于具有钳制发生器的设备，应用 GB/T 21437.2—2008 的抛负载试验脉冲 5b。这种情况应在给用户的文件中说明。钳制电压应经过协商。</td></tr>
</table>

表 A.2 试验脉冲应用

试验脉冲	应　　用
1	该试验脉冲模拟电源与感性负载断开连接时所产生的瞬态现象，适用于各种 DUT 在车辆上使用时与感性负载保持直接并联的情况
2a	该试验脉冲模拟由于线束电感使与 DUT 并联的装置内电流突然中断引起的瞬态现象
2b	该试验脉冲模拟直流电机充当发电机，点火开关断开时的瞬态现象
3a，3b	这些试验脉冲模拟由开关过程引起的瞬态现象。这些瞬态现象的特性受线束的分布电容和分布电感的影响
4	该试验脉冲模拟内燃机的起动电机电路通电时产生的电源电压的降低，不包括起动时的尖峰电压
5	该试验脉冲模拟抛负载瞬态现象。即模拟在断开电池(亏电状态)的同时，交流发电机正在产生充电电流，而发电机电路上仍有其他负载时产生的瞬态；抛负载的幅度取决于断开电池连接时，发电机的转速和励磁场强的大小。抛负载脉冲宽度主要取决于励磁电路的时间常数和脉冲幅度。大多数新型交流发电机内部，抛负载幅度由于增加限幅二极管而受到抑制(箝位)

A.8.5 功能状态分类

下列分类用于全部装置或系统的功能状态：

——A 类：装置或系统在暴露于骚扰期间和之后，能执行其预先设计的所有功能。

——B 类：装置或系统在暴露于骚扰期间，能执行其预先设计的所有功能；然而，有一项或多项指标超出规定的偏差。所有功能在骚扰停止之后，自动恢复到正常范围内。存储功能应保持 A 类水平。

——C 类：装置或系统在暴露于骚扰期间，不执行其预先设计的一项或多项功能，但在骚扰停止之后能自动恢复正常工作。

——D 类：装置或系统在暴露于骚扰期间，不执行其预先设计的一项或多项功能，直到骚扰停止之后并通过简单的“操作或使用”动作使装置或系统复位之后才能自动恢复正常工作。

附 录 B
(资料性附录)
雷电风险评估及雷电防护

B.1 概述

建设机械按其设备的重要性程度、内附电子设备的敏感程度、雷电造成的后果等因素，计算防雷装置的拦截效率可分为 A、B、C、D 四级。

B.2 建设机械年预计雷击次数

固定式建设机械防雷拦截效率计算见 GB 50343—2012。

塔筒式(筒仓式)建设机械年预计雷击次数可按式(B.1)计算：

$$N = 9C\pi H_t^2 N_g \qquad \cdots\cdots(B.1)$$

式中：

C ——暴露因子，平地 C 取 1；山顶 C 取 2；

H_t ——铁塔的高度，单位为千米(km)；

N_g ——建设机械所处地区雷击大地的年平均密度，单位为次每平方千米年[次/(km^2 · a)]。$N_g=0.1T_d$；

T_d ——年平均雷暴日。

B.3 建设机械雷电防护等级

建设机械按其安装作业高度、附设敏感电子设备的数量及敏感程度、接地效果(固定、移动)、所处工作环境(如雷暴日、雷电电量大小、土壤电阻率)、雷击后果、重要性程度等因素，大致分成如下保护级别，见表 B.1：

表 B.1 建设机械防雷等级选择表

雷电防护等级	雷击效果	建设机械
A 级	极易引入雷击、设备极易损坏、造成损失很大	大型沥青搅拌站(楼)；大型混凝土搅拌站(楼)；大型垃圾处理设备、大型高空作业机械、多功能市政机械。 100 m 以上桩工机械、高空作业机械、长臂架混凝土泵车
B 级	易于引入雷击、设备易损坏、造成损失较大	中型沥青搅拌站(楼)、大型旋挖钻机、混凝土泵车、垃圾处理设备、普通高空作业机械。 20 m～100 m 桩工机械、混凝土机械、混凝土制品机械、装修机械、园林机械等
C 级	较易引入雷击、设备较易损坏、造成一定损失	20 m 以下带微电子控制建设机械，如挖掘机械、铲土运输机械、压实机械、路面机械、混凝土制品机械、钢筋和钢筋预应力机械、环境卫生机械、垃圾处理设备等
D 级	不易引入雷击、设备不易损坏、造成损失较小	20 m 以下不带微电子控制建设机械，如挖掘机械、铲土运输机械、压实机械、路面机械、钢筋和钢筋预应力机械、环境卫生机械、垃圾处理设备等

B.4 雷电防护

B.4.1 一般要求

对于不同的建设机械,根据其安装高度、重要性程度、集成电子设备的多少,采取直击雷防护、等电位连接、屏蔽、共用接地、安装 SPD、布线、布局等防雷措施。

任何防雷措施都不能消除雷电的产生,只能提高雷电的防护等级。

B.4.2 A 级建设机械的雷电防护

A 级建设机械应采取以下雷电防护措施:

a) 设备顶部应安装避雷针(带、线),宜用滚球法计算其保护半径(滚球半径取 30 m),使建设机械在避雷针(带、线)的有效保护范围之内。参见 GB 50057—2010。

b) 避雷针引下线可单独设置,也可利用建设机械钢结构作为引下线,在活动关节连接处应采用编织铜线连接达到等电位,在固定连接处接触电阻应小于 0.2 Ω,所有连接处接触电阻和应不大于 10 Ω。

c) 应有良好的接地装置,接地电阻小于 10 Ω,并应保证直击雷引下线入地点与设备的引下线入地点应有足够远的距离,一般不小于 5 m。

d) 对于移动建设机械,应做好临时接地装置。

e) 弱电信号连接线宜采用金属屏蔽线。

f) 施工现场间距小于 50 m 的设备,其金属外壳应作等电位连接。

g) 电源应安装 1～2 级 SPD 进行过电压保护。

h) 极易受到雷击损害的信号线、现场工业控制总线等,应采取差模保护和共模保护(见图 B.1)。

图 B.1 SPD 接线形式图

i) 强弱电线与避雷针引下线宜分开适当的距离,以防止反击或电磁干扰。

j) 建设机械的弱电设备应尽量设置在雷击电磁脉冲影响最小的地方,或采用金属盒屏蔽。

B.4.3 B 级建设机械雷电防护

B 级建设机械应采取以下雷电防护措施:

a) 设备顶部应安装避雷针(带、线),宜用滚球法计算其保护半径(滚球半径取 45 m),使建设机械在避雷针(带、线)的有效保护范围之内。

b) 避雷针的引下线可直接利用建设机械的钢结构作为引下线。对连接处保持良好电气接触,活动关节处可不使用编织铜线做软连接。

c) 应有良好的接地装置,接地电阻小于 10 Ω,并应保证直击雷引下线入地点与设备的引下线入地点应有足够远的距离,一般不小于 5 m。

d) 对于移动建设机械,应做好临时接地装置。

e) 弱电信号连接线宜采用金属屏蔽线。

f) 施工现场间距小于 50 m 的设备，其金属外壳应作等电位连接。

g) 电源应安装 1 级 SPD 进行过电压保护。

h) 极易受到雷击损害的信号线、现场工业控制总线等，应采取差模保护和共模保护。(见图 B.1)。

i) 强弱电线与避雷针引下线宜分开适当的距离，以防止反击或电磁干扰。

j) 建设机械的弱电设备应尽量设置在雷击电磁脉冲影响最小的地方，或采用金属盒加以屏蔽。

B.4.4 C 级建设机械雷电保护

C 级建设机械应采取以下雷电防护措施：

a) C 级建设机械一般不设避雷针(带、线)。

b) C 级建设机械一般为移动式，弱电设备一般随机安装。

c) 对于固定式建设机械，应有良好的接地装置，并应保证直击雷引下线入地点与设备的引下线入地点应有足够远的距离，一般不小于 5 m。

d) 对于移动建设机械，应做好临时接地装置。

e) 电源应安装 1 级 SPD 进行过电压保护。

f) 建设机械的弱电设备应尽量设置在雷击电磁脉冲影响最小的地方，或采用金属盒加以屏蔽。

B.4.5 D 级建设机械雷电防护

D 级建设机械一般不作雷电防护处理。

B.5 建设机械防雷的管理及维护

建设机械防雷的管理及维护应采取以下措施：

a) 建设机械防雷装置的维护分为周期维护和日常维护。

b) 周期性维护的周期为一年，每年在雷雨季节到来之前，应进行一次全面检测。

c) 日常维护应在每次雷击之后进行，在雷电活动强烈地区对防雷装置应随时进行目测检查。

d) 检测外部防雷装置的电气连接性，若发现有脱焊、松动和腐蚀等，应进行相应的处理，应进行电气连续性的测量。

e) 检查避雷针(带、线)杆塔和引下线腐蚀情况及机械损伤，包括有雷击放电所造成的损伤。若有损伤，应及时修复，当锈蚀部分超过截面 1/3 时，应立即更换。

f) 测试接地装置的电阻值如果大于规定值，应检查接地装置和土壤条件，找出变化原因，采取有效的整改措施。

g) 检测内部防雷装置(金属外壳、机架)等电位连接的电气连续性，若发现连接处松动或断路，应及时修复。

h) 检查各类浪涌保护器的运行情况，有无接触不良，漏电流偏大，发热、绝缘性是否良好，积尘是否过多，发现问题应及时修复。

附 录 C
（资料性附录）
GB 5226 本部分涉及的建设机械举例

下列清单按 ISO 12603:2010 中的规定，给出了一些建设机械示例[2)]，他们的电气设备为本部分所涉及。对本部分而言，建设机械包括下列各类产品：

——土方机械和设备；

——基础施工和钻井装置；

——混凝土和灰浆的制备、输送、捣实设备及钢筋加工设备；

——检修机械和设备；

——装修和维护设备；

——路面施工与养护机械；

——特殊作业施工机械与设备；

——施工工作中常用机械和设备。

2） 这个清单仅列举了部分建设机械，并不意味无遗漏的。

参考文献

[1] GB 7251.1—2005 低压成套开关设备和控制设备 第1部分:型式试验和部分型式试验成套设备

[2] GB 7251.2—2006 低压成套开关设备和控制设备 第2部分:对母线干线系统(母线槽)的特殊要求

[3] GB 7251.3—2006 低压成套开关设备和控制设备 第3部分:对非专业人员可进入场地的低压成套开关设备和控制设备-配电板的特殊要求

[4] GB 7251.4—2006 低压成套开关设备和控制设备 第4部分:对建筑工地用成套设备(ACS)的特殊要求

[5] GB 7251.5—2008 低压成套开关设备和控制设备 第5部分:对公用电网动力配电成套设备的特殊要求

ICS 77.160
H 16

中华人民共和国国家标准

GB/T 5250—2014/ISO 4022:1987
代替 GB/T 5250—1993

可渗透性烧结金属材料 流体渗透性的测定

Permeable sintered metal materials—Determination of fluid permeability

(ISO 4022:1987,IDT)

2014-12-05 发布 2015-05-01 实施

中华人民共和国国家质量监督检验检疫总局
中国国家标准化管理委员会 发布

前　言

本标准按照 GB/T 1.1—2009 给出的规则起草的。

本标准代替 GB/T 5250—1993《可渗透性烧结金属材料　流体渗透性的测定》。

本标准与 GB/T 5250—1993 相比，主要有如下变化：

——对标准章节次序进行了调整。

——将“符号与定义”章节中的压力单位由 Pa 改为 N/m^2。

——对试样要求进行了更改。

——更改了原标准附录 A 中的部分编辑性错误。

本标准使用翻译法，等同采用 ISO 4022:1987《可渗透性烧结金属材料　流体渗透性的测定》。

与本标准中规范性引用的国际文件有一致性对应关系的我国文件如下：

GB/T 5163—2006　烧结金属材料(不包括硬质合金)可渗透性烧结金属材料　密度、含油率和开孔率的测定(ISO 2738:1999,IDT)。

本标准由全国有色金属标准化技术委员会(SAC/TC 243)归口。

本标准负责起草单位：西安宝德粉末冶金有限责任公司、西北有色金属研究院、钢铁研究总院。

本标准主要起草人：董领峰、曹柏亮、谈萍、吴引江、汤慧萍、李红云。

本标准所代替标准的历次版本发布情况为：

——GB/T 5250—1985、GB/T 5250—1993。

可渗透性烧结金属材料
流体渗透性的测定

1 范围

本标准规定了可渗透性烧结金属材料(其孔隙是连续贯通或者互相连接的)流体渗透性的测定方法。试验是在流体渗透性可用粘性和惯性渗透系数来表示的情况下进行的(参见附录A)。

本标准不适用于细长的管状试样,因为流体通过管状试样内孔方向的压降与流体通过管状试样壁厚方向的压降相比不可忽略(参见附录A.5)。

2 规范性引用文件

下列文件对于本文件的应用是必不可少的。凡是注日期的引用文件,仅注日期的版本适用于本文件。凡是不注日期的引用文件,其最新版本(包括所有的修改单)适用于本文件。

ISO 2738 烧结金属材料(不包括硬质合金) 可渗性烧结金属材料 密度、含油率和开孔率的测定(Sintered metal materials, excluding hardmetals—Permeable sintered metal materials—Determination of density,oil conten,andopen porosity)

3 原理

让已知黏度和密度的试验流体通过试样并测量其压降和体积流量。

黏性和惯性渗透系数与压降、体积流量、流体的黏度和密度以及流体所透过多孔金属试样的尺寸等参数相关。

4 符号与定义

本标准所采用术语的符号与定义见表1。

表1

术语	符号	定义	单位
渗透性	—	在压力梯度作用下流体通过多孔金属的能力	—
试验面积	A	垂直于流体流动方向的多孔金属材料的面积	m^2
厚度	e	在流体流动方向上试样的尺寸 a) 平板试样为试样厚度;b) 管状试样见6.1.2	m
长度	L	管状试样的长度(见图2)	m
黏性渗透系数	ψ_v	当流体阻力仅为粘性损失,在单位压力梯度作用下,单位动力学粘度的流体通过多孔金属材料的单位面积的体积流量,与试样大小无关	m^2
惯性渗透系数	ψ_i	当流体阻力仅为惯性损失,在单位压力梯度作用下,单位密度的流体通过多孔金属材料的单位面积的体积流量,与试样大小无关	m

表 1（续）

术语	符号	定　　义	单位
体积流量	Q	流体的质量流量除以其密度	m^3/s
上游压力	p_1	在试样上游的压力	N/m^2
下游压力	p_2	在试样下游的压力	N/m^2
平均压力	p	上下游压力的平均值	N/m^2
压降	Δp	多孔金属试样上下游之间的压力差	N/m^2
压降梯度	$\Delta p/e$	压降除以多孔试样的厚度	N/m^3
流速	Q/A	体积流量与试验面积之比	m/s
密度	ρ	在平均温度和压力下流体的密度	kg/m^3
动力学粘度	η	牛顿定律所确定的动力学粘度系数	$N\cdot s/m^2$
空白压降	Δp_c	当仪器不放置试样时，在上游和下游之测压口观察到的压力差。（由于测压口和其他原因产生的文丘里效应的影响，其随着通过仪器的流量而变化。）	N/m^2
平均绝对温度	T	在试样上游和下游两侧流体温度的平均值	K

5　试样

在使用气体测试之前，应从试样的微孔中去除所有液体。油脂应按 ISO 2738 的规定，使用合适的溶剂去除。测试前，试样应干燥。

6　仪器

6.1　夹具

本标准提供了两种适用于多孔试样流体渗透性测定的不同类型的夹具。仪器夹具的选择主要取决于试样的尺寸、形状和物理特性。

6.1.1　平板试样测试夹具

平板试样的夹具适用于平板状多孔试样局部区域的无损检测。

平板试样夹在两对带有弹性密封圈的卡头之间，里面一对密封圈的平均直径为 D_1，密封圈内部为测试区；外面一对密封圈的平均直径为 D_2，可在测试区域的外围形成一个可加压的保护环区（见图 1），保护环区的宽度应不小于试样的厚度，见式(1)。

$$\frac{D_2 - D_1}{2} \geqslant e \qquad \cdots\cdots(1)$$

调节保护环区内室和外室压力相等，防止流体泄漏。在试样上游一侧，尽量加大连接内室和外室的流体入口（见图 1）。在试样下游一侧，内室联接到流量计，由于存在一个较小的背压，外室经过压力调节阀导入大气，通过调节阀门可平衡内室和外室的压力。为了克服背压，稳定的控制平衡压力，可在试样和流量计之间安装一个限流阀。然而，理想的状态是试样下游一侧的压力应尽可能与大气压一致，除非必须调节流量计压降，一般情况不应使用限流阀。

密封圈推荐使用“O”型圈，其应有足够的弹性，以克服多孔金属表面缺陷及不平度的影响。在某些情况下，有必要分别对内室和外室加载密封，以确保测试区密封无流体泄漏。两对上、下密封圈应彼此相互对正。

6.1.2 管状试样测试夹具

用夹具夹持管状试样轴向的两个端面，使试验流体通过管壁由内向外渗透，如图 2 所示，流量计安装在试样的上游。应使用弹性密封圈，以确保测试时试样密封无泄漏。

6.2 试验流体

大多数情况下，气体比液体更适合作试验流体（参见附录 B）。试验气体应清洁、干燥。在需要以液体为流体测量渗透性时，应选用干净且不含有溶解性气体的液体。

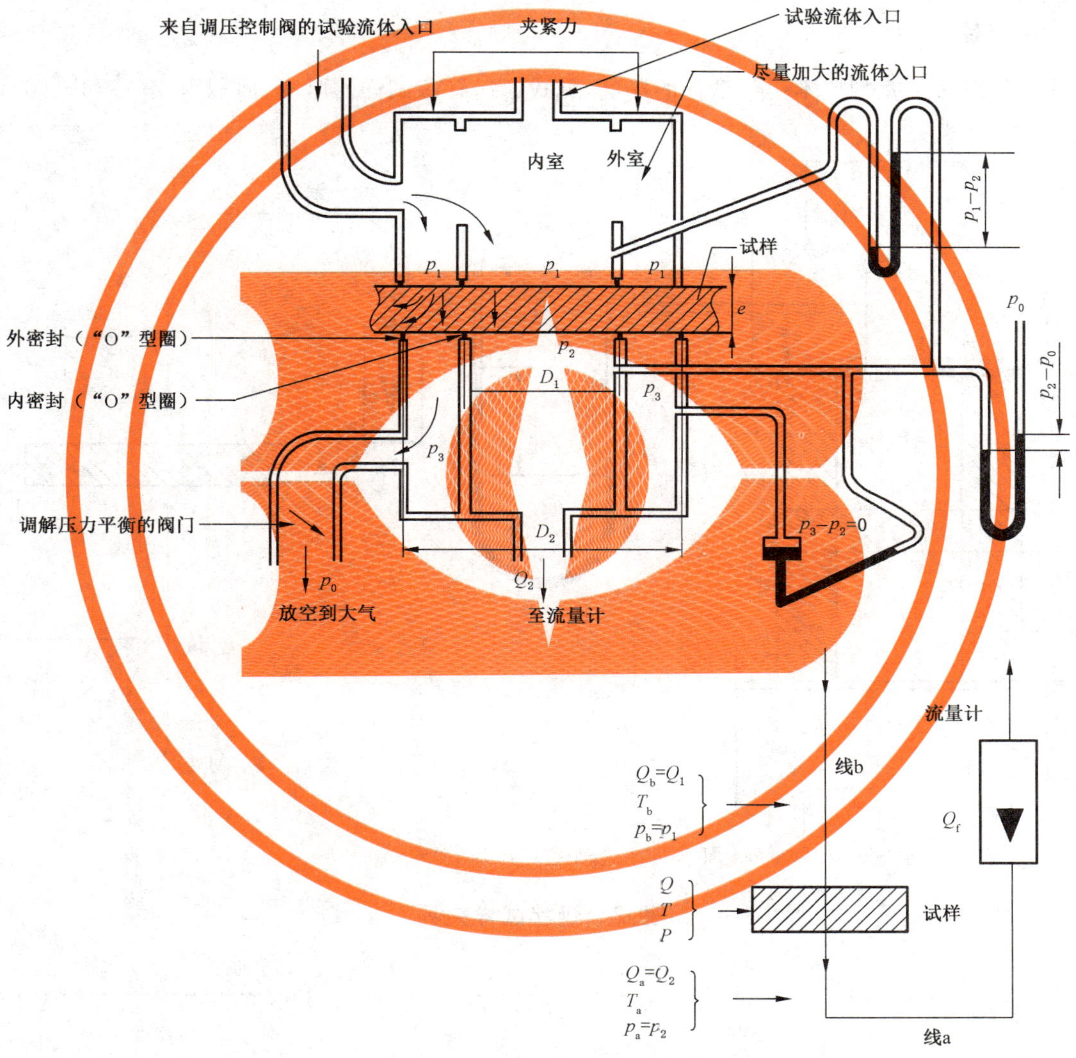

说明：

D_1 ——内密封圈平均直径；

D_2 ——外密封圈平均直径；

Q_2 ——压力为 p_2 时的体积流量；

p_0 ——大气压；

p_3 ——下游外室压力，调节到等于 p_2；

p_2-p_0——流量计压差；

p_1-p_2——通过多孔试样的压差。

图 1 保护环试验夹具示意图

7 试验步骤

7.1 试样厚度和面积的测量

7.1.1 平板试样

使用千分尺测量试样的厚度,使用游标卡尺测量试样的直径。千分尺测砧和测微螺杆端面的不平度应小于试样表面的不平度,其直径应不小于试样孔隙尺寸。

试验面积为垂直于流体流动方向的试样面积,要求试验区域内压力梯度均匀。

7.1.2 管状试样

密封保护环区的宽度应不小于试样的厚度,见式(1),管状试样的厚度、面积由式(2)和式(3)计算。

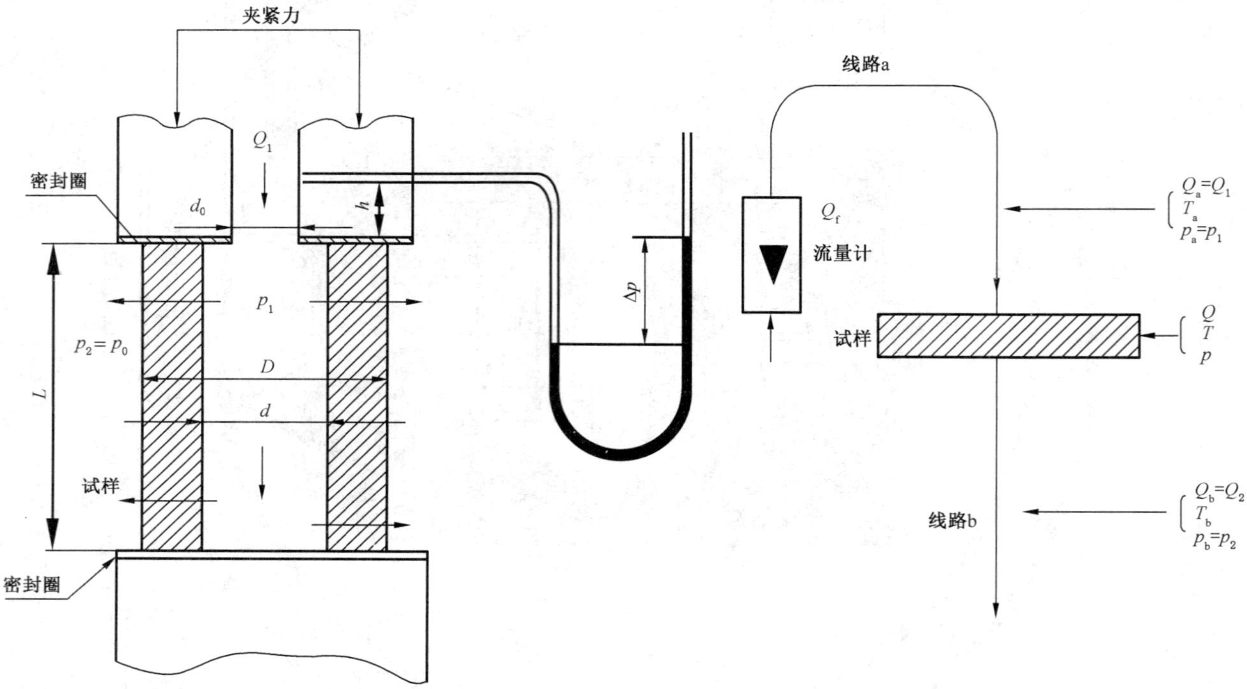

注:直径 d_0 约等于直径 d,尽量降低距离 h,以减小空白压降。

图 2 管状试样夹具

$$e=\frac{D\times(\ln r)^2}{2(r-1)} \quad \cdots\cdots(2)$$

$$A=\frac{\pi\times D\times L\times \ln r}{r-1} \quad \cdots\cdots(3)$$

式中:

$r=D/d$(参见图 2)。

当试样壁厚$(D-d)/2$小于 $0.1d$ 时,厚度 e 与试验面积 A 分别按式(4)和式(5)计算:

$$e=\frac{D-d}{2} \quad \cdots\cdots(4)$$

$$A=\frac{\pi\times L\times(D+d)}{2} \quad \cdots\cdots(5)$$

7.2 压降的测量

分别测定试样上游和下游压力，取其差值确定压降，也可以用一示差压力表直接测定。

空白压降是在流量要求范围内，不放置试样，观察到的压力降。该压降应不超过试样压降的10%。

7.3 流量的测量

使用标准流量计测量流量，测得的流量应校正到平均压力和温度下的值。

7.4 压力和温度的测量

测量流量计和试样位置的温度及压力，用以校正流量计的读数、计算通过试样的平均流量、确定试验流体的密度和黏度。

8 结果表示

8.1 平均流量

如果不是在流量计校准时的压力和温度下使用流量计，流量计的读数 Q_f，应予以校正。校正系数 C_f 由制造厂家提供。校正后的流量计读数 Q_a 按式(6)式计算。

$$Q_a = C_f \times Q_f \qquad \cdots\cdots(6)$$

再按气体定律方程将校正后的流量计读数 Q_a 转换成多孔试样的平均流量 Q，校正系数为 C_S，见式(7)、式(8)、式(9)和式(10)。

$$C_S = \frac{Q}{Q_a} = \frac{p_a}{p} \times \frac{T}{T_a} \qquad \cdots\cdots(7)$$

$$\text{平均流量：} Q = C_S \times Q_a \qquad \cdots\cdots(8)$$

$$\text{总校正系数：} C_0 = C_f \times C_S \qquad \cdots\cdots(9)$$

$$\text{平均流量：} Q = C_0 \times Q_f \qquad \cdots\cdots(10)$$

8.2 平均密度和黏度

由试样的平均压力和平均绝对温度，可查到流体平均密度和平均黏度。

8.3 结果计算

黏性渗透系数和惯性渗透系数是通过测定一系列相对应的流量和压降值来确定的，整个测试应至少测量5个不同流量值对应的压力值，流量间隔相等，最高流量值至少要比最低流量值大10倍。结果用方程式(11)来计算(参见附录A中的式A.2)：

$$\frac{\Delta p \times A}{e \times Q \times \eta} = \frac{1}{\psi_i} \times \frac{Q \times \rho}{A \times \eta} + \frac{1}{\psi_v} \qquad \cdots\cdots(11)$$

上述方程可改写为 $y = ax + b$ 的形式，式中：

$$y = \frac{\Delta p \times A}{e \times Q \times \eta} \qquad \cdots\cdots(12)$$

$$x = \frac{Q \times \rho}{A \times \eta} \qquad \cdots\cdots(13)$$

x 和 y 的值是根据相对应的流量—压降值来计算的。把 x 和 y 的值描绘在线性图纸上，作一条拟合最好的直线。此直线在Y轴上的截距为粘性渗透系数的倒数($1/\psi_v$)，直线的斜率为惯性渗透系数的倒数($1/\psi_i$)。在有疑虑的情况下，直线用最小二乘法确定。

注：如果测量是在层流条件下进行的，仅能给出黏性渗透系数(参见附录A)。

8.4 最终结果

报出黏性渗透系数，单位为若干 10^{-12} m^2（1 μm^2）；惯性渗透系数，单位为若干 10^{-6} m（1 μm），精确到±5%。

注：黏性渗透系数的单位有时也可以表征为达西（1Darcy=1 μm^2）。

9 试验报告

试验报告应包括下列内容：

a） 本标准号；

b） 鉴定测试样品所需的所有细节；

c） 所用仪器类型；

d） 所使用的试验流体；

e） 测试结果；

f） 本标准未规定的操作；

g） 影响测试结果的因素。

附 录 A
（资料性附录）
流体通过多孔材料的渗透机理

A.1 黏性流动

达西(Darcy)首先给出了流体通过多孔材料流动的经验公式，用水作为试验流体，在假设流体阻力仅为黏性损失的情况下，单位厚度上的压降和单位面积的流量以及流体黏度之间的关系式为方程式(A.1)：

$$\frac{\Delta p}{e}=\frac{Q\times\eta}{A\times\psi_v} \qquad \text{(A.1)}$$

A.2 黏性流动和惯性流动

在大多数情况下，流体通过多孔材料的流动可能同时涉及三种机理，其中各种流动会同时起作用，通常包括黏性流动、惯性流动和滑移流动。惯性流动与以下因素有关：流体通过曲折的孔隙流动时的方向变化而引起的能量损失；由于孔隙中局部紊流形成而引起的能量损失。结合达西的黏性损失方程，佛切迈尔(Forchheimer)提出方程 A.2(一般没有滑移流动)：

$$\frac{\Delta p}{e}=\frac{Q\times\eta}{A\times\psi_v}+\frac{Q^2\times\rho}{A^2\times\psi_i} \qquad \text{(A.2)}$$

上述方程在本标准 8.3 已采用。在黏性流体低速度(Q/A)流动的情况下，惯性项(方程 A.2)与黏性项(方程 A.1)相比，通常可以忽略。

A.3 滑移流动

方程 A.1 是假设孔隙尺寸比试验流体的平均分子自由程大很多的情况，在孔隙尺寸极小，气体在低压或高温情况下，这种假设失效。当气体分子的平均自由程与多孔金属的孔隙尺寸相同数量级时，发生滑移流动。当滑移流动存在时，多孔金属呈现出比滑移流动不存在时更大的可渗性。同时，当滑移流动存在时，通常没有惯性损失。方程 A.2 变为方程 A.3：

$$\psi_s=\frac{Q\times\eta\times e}{A\times\Delta p} \qquad \text{(A.3)}$$

式中：

ψ_s——滑移流动存在时的渗透系数。

滑移流动的校正以方程 A.4 给出：

$$\psi_s=\psi_v\times\left(1+\frac{2\times B}{p_1+p_2}\right) \qquad \text{(A.4)}$$

$$\text{即：}\psi_s=B\times\psi_v\times\left(\frac{2}{p_1+p_2}\right)+\psi_v \qquad \text{(A.5)}$$

式中：

B——克林柏格(Klinkenberg)因子。

对于给定的气体和多孔材料 B 为常数，其具有压力的量纲，随微孔尺寸和气体分子相对质量的减小而增加，随气体温度和粘度的增加而增加。在不同压力(p_1 和 p_2)的范围内测量 ψ_s，把 ψ_s 对

$2/(p_1+p_2)$ 作图,得到一条直线。此直线的斜率等于 $B\times\psi_v$,此直线在 ψ_s 轴上的截距等于黏性渗透系数 ψ_v。

A.4 壁效应和终端效应

在流体流动的方程 A.2 中,假设孔隙是均匀连续的,而在试样的表面上发生不连续现象时,则应考虑如下情况:

a) 封入容器中的试样边缘的壁效应;

b) 在所有试样的上游流体和下游流体接触面上的终端效应。

对于粉末冶金材料,如果试样的直径不小于组成多孔金属的颗粒直径大约 100 倍时,壁效应一般可以忽略。当试样直径为颗粒直径的 40 倍时,误差约小于 5%。

当试样厚度不小于组成多孔金属的颗粒直径的 10 倍时,终端效应一般可以忽略不计。当有壁效应的情况下,终端效应依赖于表面孔隙和内部孔隙之间的差值。

A.5 细长的管状多孔材料

方程 A.2 和在 7.1.2 中试样面积和厚度的计算,以及 7.2 中压降的测试,都是假定上游压力均匀分布于试样的每一部分。就细长的管状试样而言,这种假设是无效的。为了使流体沿着管状试样长度方向压力降的误差小于 5%,可采用下述方法:

a) 在离流体入口处的最远端接入第二个测压口,并将测得的压力值与距流体入口处最近的测压口获得的数值进行比较;

b) 遮住管子一半的面积,测定未遮住部分的渗透性。比较距流体入口最近和最远的两部分面积的渗透性。

附　录　B
（资料性附录）
试 验 流 体

在大多数情况下，用气体作试验流体比液体更方便。用液体作为试验流体有以下问题：

——很难除去可能被多孔金属捕获的所有固体微粒，因此使渗透性发生变化；

——溶解性气体脱溶在微孔内，导致"气体固锁"现象的出现；

——液体的静压力可能给测量压降增加困难；

——用液体试验耗费大；

——有些金属可能对一些液体有吸附作用，由此使孔隙尺寸趋于减少；

——由于毛细效应和表面效应，液体对孔隙表面的湿润程度可能影响到观测的渗透性，尤其是对小孔隙多孔金属更是如此。

在需要测定特定液体的渗透性时，可以采用液体进行试验，此种液体应是一种牛顿液体，并且符合下列条件：

a）　液体应没有固体粒子和溶解性气体；

b）　金属微孔应充满液体，并且在多孔金属试样的表面或微孔中均不允许形成气泡。

一般来说，只有当孔隙尺寸很大时，用液体作试验才能得到与气体相同的渗透性结果。基于上述原因，最好选用气体作试验流体。

但是，在以气体作渗透流体的情况下，惯性损失出现的可能性较大，所以更有必要使用附录A中的方程（A.2）。

ICS 71.040.40
G 86

中华人民共和国国家标准

GB/T 5275.1—2014/ISO 6145-1:2003

气体分析　动态体积法制备校准用混合气体　第1部分:校准方法

Gas analysis—Preparation of calibration gas mixtures using dynamic volumetric methods—Part 1:Methods of calibration

(ISO 6145-1:2003,IDT)

2014-07-08 发布　　2014-12-01 实施

中华人民共和国国家质量监督检验检疫总局
中国国家标准化管理委员会　发布

前　　言

GB/T 5275《气体分析　动态体积法制备校准用混合气体》分为以下几部分：

——第1部分：校准方法；

——第2部分：容积泵；

——第4部分：连续注射法；

——第5部分：毛细管校准器；

——第6部分：临界锐孔；

——第7部分：热式质量流量控制器；

——第8部分：扩散法；

——第9部分：饱和法；

——第10部分：渗透法；

——第11部分：电化学发生法。

本部分为GB/T 5275的第1部分。

本部分按照GB/T 1.1—2009给出的规则起草。

本部分使用翻译法等同采用ISO 6145-1:2003《气体分析　动态体积法制备校准用混合气体　第1部分：校准方法》。

与本部分中规范性引用的国际文件有一致性对应关系的我国文件如下：

——GB/T 5274—2008　气体分析　校准用混合气体的制备　称量法(ISO 6142:2001,IDT)；

——GB/T 10628—2008　气体分析　校准混合气体组成的测定和校验　比较法(ISO 6143:2001,IDT)；

——GB/T 14850—2008　气体分析　词汇(ISO 7504:2001,IDT)。

本部分由中国石油和化学工业联合会提出。

本部分由全国气体标准化技术委员会(SAC/TC 206)归口。

本部分起草单位：中国计量科学研究院、四平市天科气体有限公司、西南化工研究设计院有限公司。

本部分主要起草人：吴海、胡迎、陈雅丽。

气体分析　动态体积法制备校准用混合气体　第1部分:校准方法

1　范围

GB/T 5275 的本部分规定了动态体积法制备混合气体所涉及的校准方法,并简要介绍了动态体积法制备技术的部分实例。关于动态体积法制备技术在 GB/T 5275 的其他部分有更详细的描述。

2　规范性引用文件

下列文件对于本文件的应用是必不可少的。凡是注日期的引用文件,仅注日期的版本适用于本文件。凡是不注日期的引用文件,其最新版本(包括所有的修改单)适用于本文件。

ISO 6142　气体分析　校准用混合气体的制备　称量法(Gas analysis—Preparation of calibration gas mixtures—Gravimetric method)

ISO 6143　气体分析　校准混合气体组成的测定和校验　比较法(Gas analysis—Comparison methods for determining and checking the composition of calibration gas mixtures)

ISO 7504　气体分析　词汇(Gas analysis—Vocabulary)

3　术语和定义

ISO 7504 界定的以及下列术语和定义适用于本文件。

3.1

测量不确定度　uncertainty of measurement

表征合理地赋予被测量之值的分散性,与测量结果相关联的参数。

注 1:本部分中,一些方法和技术中出现的单个统计不确定度数值与系统不确定度数值按平方和后开平方的方法计算相对合成不确定度,有时候,也可以通过乘以包含因子"2"获得相对扩展不确定度。

注 2:为了与参考文献[1]相一致,混合气体组成的不确定度以相对扩展不确定度表示。

4　校准方法

4.1　概述

4.1.1　任何时候,校准用混合气体 M 中组分 i 的不确定度都取决于下列因素:

——校准方法的不确定度;

——使用频率;

——动态制备方法所用控制设备的稳定性。

评估整个过程的不确定度,应考虑校准过程中主要技术参数可能的瞬时变化与漂移。

根据使用的混合气体制备技术,可采用以下方法中的一种进行校准:

——流量(质量或体积)测量;

——比较法；

——标记法；

——直接化学分析。

表 1 给出了各种校准方法对于不同制备方法的适用性。

表 1　校准方法对于制备方法的适用性

<table>
<tr><th rowspan="2">制备方法</th><th colspan="4">校准方法</th></tr>
<tr><th>ISO 6143　比较法[a]</th><th>流量测量[a]</th><th>标记[a]</th><th>直接分析</th></tr>
<tr><td>容积泵法</td><td>+</td><td>—</td><td>+</td><td rowspan="8">可能适用，取决于组分性质</td></tr>
<tr><td>连续注射法</td><td>+</td><td>—</td><td>+</td></tr>
<tr><td>毛细管法</td><td>+</td><td>+</td><td>+</td></tr>
<tr><td>临界锐孔法</td><td>+</td><td>+</td><td>+</td></tr>
<tr><td>热式质量流量控制器法</td><td>+</td><td>+</td><td>+</td></tr>
<tr><td>扩散法</td><td>+</td><td>—</td><td>—</td></tr>
<tr><td>饱和法</td><td>+</td><td>—</td><td>—</td></tr>
<tr><td>渗透法</td><td>+</td><td>—</td><td>—</td></tr>
<tr><td colspan="5">[a] 加号指体积流量测量。原则上，连续注射法、扩散法和渗透法也可进行流量测量。但此时更多的是进行质量流量测量而不是体积流量测量。扩散管和渗透管的质量流量可通过悬浮天平进行连续测量。</td></tr>
</table>

4.1.2　校准方法的原理通常可分为如下两类：

——测量组分气体的体积或质量流量，再计算出最终混合气体浓度。混合气体各个组分可能采用不同的制备方法和不同的校准方法，但原理都是分别测量各个流量。

——直接测定最终混合气体。

由于各校准方法涉及不同原理，每种制备方法的原理都被分别给出。

由于校准方法的原理不同，测量气体流量的仪器不同，表述气体含量的单位也可能不同。

采用比较法校准时，气体含量以摩尔分数或摩尔浓度表示。因为大多用于比较法的校准用混合气体，如果存在的话，都是以这种形式表示的。

采用基于体积流量的方法校准时，气体含量将以体积分数表示。这些体积分数数据可换算为摩尔分数，但由于密度和摩尔体积数据的不确定度，换算会导致最终结果的不确定度增加。这样，气体组分含量最好采用体积分数表示。

称量法校准将给出混合气体组分含量的质量分数。质量分数值除以相应的原子质量或摩尔质量可换算为摩尔分数值。因此气体组分含量最好采用摩尔分数表示。

在某些情况下，混合气体总流量并不是分别测出的两种气体流量 q_A 和 q_B 的和。其原因可能是与理想气体定律的偏差，也可能是两种气体混合引起的背压、黏度等条件的变化。与理想气体定律的偏差可以较准确的预测，而其他不确定度可通过精细的仪器设计实现最小化。

4.1.3　流量测量通常采用：

——基准仪器，基于绝对原理，例如：

- 称量法。

——半基准方法(potentially primary method)，仪器容积通过称量水或其他密度更高的适当液体来测定，例如：

● 汞封活塞流量计；
● 钟罩式流量计。

——现有其他体积流量测量仪器，例如(此类仪器通过上述基准或半基准方法进行校准)：

● 皂膜流量计；
● 湿式气量计；
● 热式质量流量传感器；
● 浮子流量计。

皂膜流量计和汞封活塞装置的原理相同，即通过电子或观察(如采用高差计)记录皂膜或活塞通过起止点所用的时间，其中起止点是精确定义的，起止点间的体积可通过注入水和随后的称量操作来测定(见附录A)。

湿式气量计为一种整体化仪器，可显示通过流量计的气体的总体积(干式气量计也具有类似的整体性，但精确度较低，本部分未包含)。浮子流量计为连续显示仪器。热式质量流量传感器通过热通量的函数测量质量流量。

注：附录B对上述仪器进行了具体描述。

4.1.4 以上流量测量仪器可通过下列基准或半基准方法中的一种进行校准：

——称量法；
——汞封活塞流量计；
——钟罩式流量计。

称量法测量给定时间内以恒定流量通过被校准仪器的气体的质量。汞封活塞装置将一定体积的气体在可测的时间内推入待校准的仪器。钟罩式装置可产生恒定的、规定的气体流量，类似机械驱动的气柜。

钟罩式流量计与称量法在适当条件下可直接用于各种制备技术的校准，但更多情况下，有关数据信息要通过流量测量仪器进行转化。

4.2 基准或半基准测量仪器的描述

4.2.1 称量法

4.2.1.1 原理

气体从钢瓶流出并以恒定的流量通过被校准的仪器。这一过程应当持续足够长的时间，以便使钢瓶的质量变化可以准确测量。该过程可给出质量流量数据，该数据可转换为摩尔流量或带有预估不确定度的体积流量。

钢瓶和流量测量仪器的设置如图1所示。钢瓶(1)安装了压力调节阀(2)，在压力调节阀出口处安装了精密针型阀(3)和截止阀(4)，再连接到被校准仪器(5)。采用与指定气体流量相匹配而且尺寸最小的导管和配件，使针型阀出口和截止阀之间的死体积最小化。在被校准仪器的进气口处测量气体的温度与压力。

将钢瓶阀门打开，将压力调节阀出口压力调到某个值，如表压100 kPa(1 bar)，然后通过调节针型阀获得指定流量。条件稳定后，关闭截止阀，在阀门出口处与管路断开，再将钢瓶、调压阀、针型阀和截止阀一起作为一组合单元进行称量。再打开截止阀接通管路，使气流重新开始以相同的流量通过。令气流流通足够长的时间，使所用气体的质量可以得到准确测量，随后再关闭截止阀，像刚才一样重新称量钢瓶、调压阀、针型阀和截止阀组合单元。在这一过程中，先由气体质量变化计算气体体积，再由体积和时间计算气体流量，从而实现了对气流的准确测量。

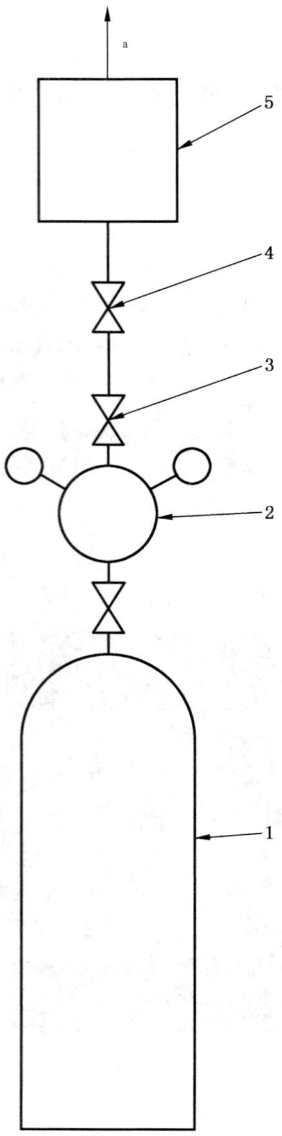

说明：

1——钢瓶；

2——压力调节阀；

3——针型阀；

4——截止阀；

5——被校准仪器。

[a] 放空。

图1 称量法

4.2.1.2 测量不确定度

4.2.1.2.1 称量不确定度

ISO 6142 对称量法制备混合气体进行了描述。根据 ISO 6142 规定的方法，可假定试验用气体质量称量的相对标准不确定度可达到 2×10^{-4}（即从 10 kg 钢瓶中取出的 20 g 气体，试验前后称量的不确定度为 2 mg,其相对标准不确定度为 $2\sqrt{2}/20\times10^{-3}$,即 1.4×10^{-4})。

4.2.1.2.2 气流不稳定导致的不确定度

只要两次称量时钢瓶及其流量控制装置内气压都处于相同水平,该不确定度可以忽略。然而,在称量前截止气流、针型阀和截止阀之间管路中的气压为压力调节阀设定压力,则再次开启时气流会出现波动。这种波动引起的不确定度,即为针型阀和截止阀之间管路中压缩气体量与流出气体量的比。假设试验中的死体积为 2 mL、气体压力为表压 1 bar、流出甲烷流量为 20 g,则标准不确定度为 7×10^{-5}。

压力波动效应会引起流量振动。要降低压力波动效应,就要在气体流量稳定之后读数,这样可以避免出现错误。

4.2.1.2.3 质量体积换算的不确定度

温度、压力、压缩系数(Z)以及气体摩尔质量等因素都会影响质量/体积换算的不确定度。0.05 ℃的温度和 10 Pa(0.1 mbar)的压力所导致的测量相对不确定度分别为 1.7×10^{-4} 和 10^{-4};压缩系数一般精确到小数点后四位,这意味着 10^{-4} 的不确定度、摩尔质量具有足够高的准确度,因而其不确定度贡献可以忽略。综上所述,相对标准不确定度不超过 2.2×10^{-4}。

4.2.1.2.4 流量变化引起的不确定度

如果被校准仪器测量瞬时流量或测量相对于钢瓶流出气体体积很小的体积,则流量变化也有不确定度贡献。

除了初始波动(见 4.2.1.2.2)以外,高质量的压力调节阀和针型阀应能保证流量稳定性保持在 0.2%左右,而这一点在每次安装中都应进行检验。这样的流量控制水平对应的相对标准不确定度为 2×10^{-3}。

4.2.1.2.5 时间测量的不确定度

气体流出钢瓶的时间可用电子计时器测量,其相对标准不确定度为 2×10^{-4}。

注:时间测量的不确定度一般取决于气体流出的时间。计时器的准确度可以非常高,但如果采用“手动”操作来开始和结束计时器,则时间测量的不确定度在±0.2 s,气体流出时间应在 1 000 s 才可达到上述相对不确定度。

4.2.1.2.6 相对合成标准不确定度

4.2.1.2.1～4.2.1.2.5 所述标准不确定度的合成如下:

—— 称量　　2×10^{-4};
—— 流量瞬变　　7×10^{-5};
—— 质量体积换算　　2.2×10^{-4};
—— 流量变化　　2×10^{-3};
—— 计时　　2×10^{-4};
—— 相对合成标准不确定度　　2.0×10^{-3}。

4.2.2 汞封活塞流量计

4.2.2.1 原理

将已知直径且均匀的玻璃测量管(见图 2)垂直置入带有温度控制的隔热箱内,保持恒温,温差不超过±0.02 ℃。

测量管被电管传感器分成数个部分，相邻两个光电管间的实际容积通过注水称量测定(见附录A)。采用密度更高的液体可获得更高的校准精度。

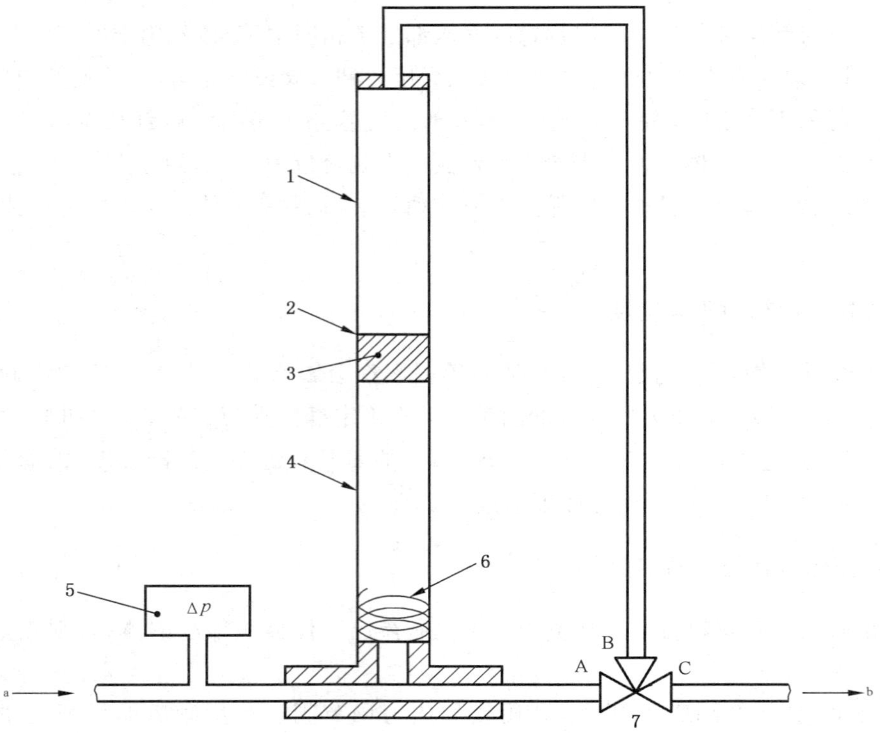

说明：

1——光电管传感器2(第一容积)；

2——光电管传感器3(第二容积)；

3——活塞；

4——光电管传感器1(开始计量)；

5——压力感应器；

6——弹簧；

7——三向阀门(A,B,C向)。

[a] 气体入口。

[b] 放空。

图2 汞封活塞流量计

流量恒定的气体推动无摩擦活塞以恒速向上移动。位移体积可通过测量管容积估算，或通过注水称量校准测量。

活塞由塑料(如PVC)或玻璃制成，带有水平环形凹槽，凹槽内注入汞。汞的纯度应能保证活塞在运行时不会出现阻塞，推荐采用经过三重蒸馏的汞。

活塞应在传感器1开始计时前达到一个恒定移动速度。

在活塞通过传感器2或传感器3时停止计时，该时间取决于流量和测量管尺寸。鉴于汞环的高反射性，传感器可为反射式。活塞本身重量会导致高背压，测得的压差在0.1 kPa(1 mbar)～1 kPa(10 mbar)之间。

测量程序为，首先关闭三向阀门(见图2)中的A阀门，活塞通过传感器1时立即开始计时，活塞通过下一个传感器时计时停止，将三向阀门重置到初始位置，活塞落到弹簧上，然后流量计即可重新启动。

4.2.2.2 测量不确定度

4.2.2.2.1 温度变化的影响

测量管由硼硅酸盐玻璃制成，其线性膨胀系数为 3.3×10^{-6} K^{-1}。因此，考虑到温度控制范围为 ±0.02 ℃，则测量管容积的相对标准不确定度约为 2×10^{-7}，而气体体积的相对标准不确定度为 7×10^{-5}。

注：应该注意到，如在上游的流量传感器被加热(例如 MFCs)，则可能存在温度梯度变化。这时玻璃的膨胀效应可以忽略不计。

4.2.2.2.2 压差和活塞压力的校正

采用系数($p_{cal}+p_{piston}$)/p_{use} 校正校准用(p_{cal})和实际用(p_{use}) 的流量仪器压差，这里活塞压力 p_{piston} 取值通常在 0.1 kPa～1 kPa 之间。

假定绝对压力测量的相对不确定度为±0.1%，活塞压力测量的相对不确定度低于±10 Pa，那么压力校正的相对不确定度为 1.4×10^{-3}。

4.2.2.2.3 透过活塞的扩散

汞封活塞的结构不确保活塞两边气体的组分相同。尽管气体沿汞封扩散仍是可能的，但通常认为扩散效应可忽略不计。

4.2.2.2.4 相对合成标准不确定度

4.2.2.2.1～4.2.2.2.3 所述标准不确定度的合成如下：

——温度　　7×10^{-5}；

——压力　　1.4×10^{-3}；

——透过活塞的扩散　　0；

——相对合成不确定度　　1.4×10^{-3}。

4.2.3 钟罩式流量计

4.2.3.1 概述

通过在测定的时间内以恒定的流速从钟罩流量计的气柜置换一定体积的气体来测量气体流量。

4.2.3.2 原理

图 3 给出了钟罩式流量计的示意图，钟罩(1)放置在注满密封液(3)的固定槽(2)中，标尺(4)用于读出钟罩的位置，钟罩连接在链子上，链子通过滑轮(5)，另一端连接配重物(6)以保持钟罩的位置。

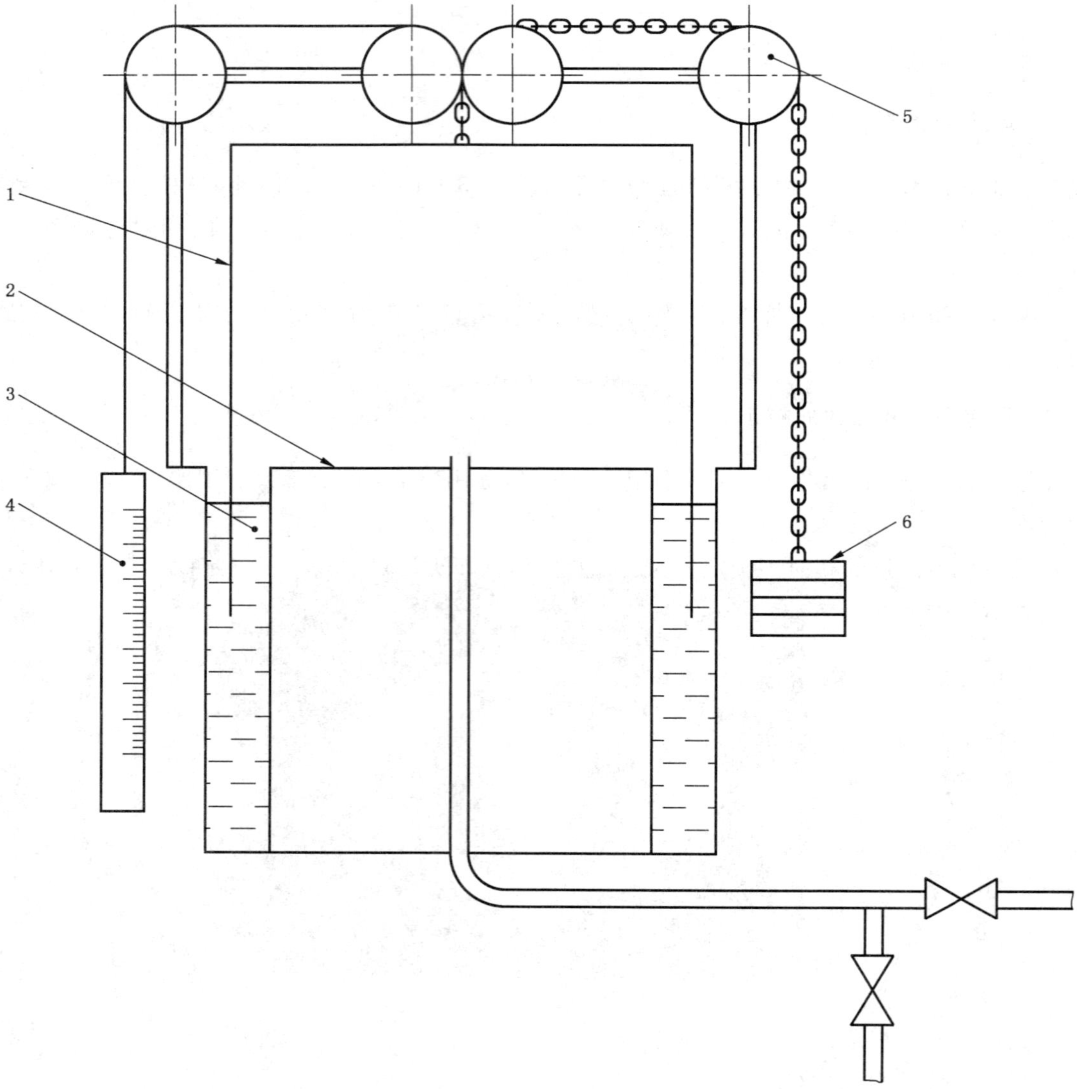

说明：

1——钟罩；

2——固定槽；

3——密封液；

4——标尺；

5——滑轮；

6——配重物。

图 3 钟罩式流量计示意图

运行原理如下：

——升起钟罩并注入空气；

——将钟罩降入固定槽，同时保持管路恒压，将一定体积的气体从钟罩中置换出去，通过计时器测定气体置换所用的时间，则可通过测得的体积和时间计算出气体流量。

4.2.3.3 测量不确定度

4.2.3.3.1 钟罩容积的不确定度

钟罩的容积通过在其使用范围内的多个点来测定，每个点测定容积的不确定度小于 0.5 cm^3。通过容积测定点作出最佳拟合曲线作为校准曲线，该校准曲线给出的测量相对标准不确定度为±0.05%。钟罩内放出气体的体积等于起止点的容积差，其相对不确定度为$\sqrt{2}$乘以校准的相对标准不确定度，即±0.07%。

4.2.3.3.2 使用标尺的不确定度

钟罩位置由标尺测定，而标尺读数准确度可高于 0.2 mm。假定钟罩位移为 1 m，则相对标准不确定度应为$\pm(\sqrt{2}\times0.03/\sqrt{3})/1\,000=0.16$ mm/m，或 1.6×10^{-4}。

4.2.3.3.3 置换时长的不确定度

电子计时的精度可优于±0.001 s。假定排气时间为 40 s，则置换时长的相对不确定度为$\pm(\sqrt{2}\times0.001/\sqrt{3})/40=2\times10^{-5}$。

4.2.3.3.4 气体输送设备的不确定度

开启和关闭排气的电磁阀，其运行速度的随机变化量应小于±0.03 s。如输气时间为 40 s，则相对不确定度为$\pm(\sqrt{2}\times0.03/\sqrt{3})/40=6\times10^{-4}$。

4.2.3.3.5 换算为标准条件下流量的合成不确定度

这些不确定度一般应通过在指定条件下校准进行避免。

4.2.3.3.1～4.2.3.3.4 所述的标准不确定度的合成如下：

——容积	7×10^{-4}；
——标尺	1.6×10^{-4}；
——计时	2×10^{-5}；
——输配	6×10^{-4}；
——换算	0；
——相对合成标准不确定度	0.9×10^{-3}。

这一数值是平均流量的合成不确定度，流量的不稳定没有考虑在内。

4.2.4 时间测量

流量测量仪器需要测量时间。皂膜流量计和汞封活塞流量计上的光电管会确定皂膜或活塞移动的上、下测量点。同样的，光电管能够记录湿式气量计指针通过刻度盘特定点的移动。称量法校准的截止阀可以连接计时器。总之，计时器应是精确的电子设备，其测量时间间隔的相对标准不确定度应不超过 2×10^{-4}。

4.2.5 压差校正

除汞封活塞流量计(见 4.2.2.2)外，都应使用系数 p_{cal}/p_{use} 对校准用和实际用的流量设备之间的压差进行校正。假定绝对压力测量的相对不确定度为±0.1%，则压差校正的相对不确定度为1.4×10^{-3}。

4.2.6 温差校正

流量仪器的校准(T_{cal})和使用(T_{use})温差可通过系数 T_{cal}/T_{use} 进行校正,其中 T 表示以开式温标表示的气流的绝对温度。假定温度测量的相对不确定度为±0.1%,则温差校正的相对不确定度为 1.4×10^{-3}。

4.2.7 不确定度计算

表 2 的第一列给出了基准校准方法(见 4.2.1.2.6、4.2.2.2.4 及 4.2.3.3.5)的相对合成标准不确定度。当用这些基准方法校准二级方法时(见附录 B),基准方法的不确定度贡献应在校准中考虑。表中还给出了测量和时间的标准不确定度对各个二级方法的不确定度的贡献量。这些不确定度数值通过平方和的平方根方式合成,得出每种校准方法的合成不确定度 u_c。

不确定度的大小取决于校准方法和流量控制设备的特性。例如,如果通过称量皂膜流量计的注水量来进行校准,由于要测量皂膜在刻度间移动的时间,则不确定度主要有三个来源。然而,当测量给出连续的读数时(例如浮子流量计或热式质量流量计等),流量校准方法一旦确定就无需考虑计时问题,也不存在计时的不确定度。

表 2 中所列的相对合成标准不确定度仅适用于 4.2 中所描述的校准方法以及附录 B 所描述的流量测量仪器。当利用 ISO 6145 中其他部分所描述的方法(参见参考文献)制备混合物时,应考虑所用方法的相对标准不确定度。

表 2 流量测量方法的不确定度评估(见 4.1.3)

基准校准方法	不确定度来源	二级流量测量仪器[a]			
		皂膜流量计	湿式气量计	浮子流量计	热式质量流量计
称量法 $u_{rel}\leqslant2.0\times10^{-3}$	校准	2.0×10^{-3}	2.0×10^{-3}	2.0×10^{-3}	2.0×10^{-3}
	测量	3.3×10^{-4}	5.1×10^{-4}	2.3×10^{-2}	1.0×10^{-4}
	时间	2.0×10^{-4}	2.0×10^{-4}	0	0
	u_c	2.0×10^{-3}	2.1×10^{-3}	2.3×10^{-2}	2.0×10^{-3}
汞封活塞流量计 $u_{rel}\leqslant1.4\times10^{-3}$	校准	1.4×10^{-3}	1.4×10^{-3}	1.4×10^{-3}	1.4×10^{-3}
	测量	3.3×10^{-4}	5.1×10^{-4}	2.3×10^{-2}	1.0×10^{-4}
	时间	2.0×10^{-4}	2.0×10^{-4}	2.0×10^{-4}	2.0×10^{-4}
	u_c	1.5×10^{-3}	1.5×10^{-3}	2.3×10^{-2}	1.4×10^{-3}
钟罩式流量计 $u_{rel}\leqslant0.9\times10^{-3}$	校准	0.9×10^{-3}	0.9×10^{-3}	0.9×10^{-3}	0.9×10^{-3}
	测量	3.3×10^{-4}	5.1×10^{-4}	2.3×10^{-2}	1.0×10^{-4}
	时间	2.0×10^{-4}	2.0×10^{-4}	2.0×10^{-4}	2.0×10^{-4}
	u_c	1.0×10^{-3}	1.1×10^{-3}	2.3×10^{-2}	0.9×10^{-3}
容积水称量法 $u_{rel}\leqslant7.7\times10^{-5}$	校准	7.7×10^{-5}	—	—	—
	测量	3.3×10^{-4}	—	—	—
	时间	2.0×10^{-4}	—	—	—
	u_c	3.9×10^{-4}	—	—	—
注:二级流量测量仪器的合成不确定度 u_c 是指可控条件下能实现的最佳合成不确定度。					
[a] 见附录 B。					

4.3 最终混合气体的测定

4.3.1 概述

这一方法可消除非相加性的不确定度，如组分混合时的体积变化等。

最终混合气体浓度的校准如4.3.2～4.3.3所述。

4.3.2 比较法

如果可能，应将制备的混合气体与经过认可的国家或国际机构制备或认证的标准进行比较，从而验证制备的混合气体的含量。验证结果将确认该混合气体在比较法分析限制范围内对于上述国家机构的溯源性。所述比较法在ISO 6143中有详细描述。

注：此项验证同时将提供校准用混合气体制备方法精确度的信息。

4.3.3 最终混合气体的测定

4.3.3.1 概述

最终混合气体的测定应采用以下方法之一进行：

a) 直接化学分析；

b) 采用比较或直接化学分析的标记法。

4.3.3.2 直接化学分析法

有时候，分析方法无需使用校准混合气就能够确定组分 i 在最终混合气体中的量。组分 i 的量用质量或摩尔数表示。需要测量分析过程所用混合气体的体积。

4.3.3.3 标记法

该方法应通过其他制备方法，在气体A中提前引入标记气体T，则气体A含有：

a) 已知体积分数 $\varphi_{T,A}$ 的标记气体T；

b) 已知体积分数 $\varphi_{i,A}$ 的组分 i。

无论采用直接化学分析法还是比较法，测量T在最终混合气体M中的体积分数 $\varphi_{T,M}$，可测得A在M中的稀释比率 $q_A/(q_A+q_B)$，进而得到组分 i 在最终混合气体M中的浓度，见式(1)和式(2)：

$$\varphi_{T,M}=\varphi_{T,A}\left(\frac{q_A}{q_A+q_B}\right) \qquad \cdots\cdots(1)$$

$$\varphi_{i,M}=\varphi_{i,A}\left(\frac{q_A}{q_A+q_B}\right) \qquad \cdots\cdots(2)$$

引入的标记气体不能与气体A和B发生反应。

如果可以采用标记气体，而且标记气体在最终混合物中的体积分数 $\varphi_{T,M}$ 的测量准确度和精密度都比待测组分的好，则比较法比较适用。例如，最终的体积分数 $\varphi_{i,M}$ 可能低于所用分析方法的实际检测限。

5 第4章中方法校准的混合气体的制备方法

5.1 概述

有多种制备方法可用于混合气体的制备，具体制备方法的选择取决于浓度范围、设备条件和不确定度要求等因素。几乎所有方法基于两个气体流量值(即气体A的流量 q_A 和气体B的流量 q_B)，最终得到的体积分数是用不含气体 A 的气体 B 来稀释纯气体组分 A 的一级近似值，见式(3)：

$$\varphi_{\mathrm{A}}=\frac{q_{\mathrm{A}}}{q_{\mathrm{A}}+q_{\mathrm{B}}} \qquad \cdots\cdots(3)$$

实际上，通常式为式(4)：

$$\varphi_{i,\mathrm{M}}=\varphi_{i,\mathrm{A}}\left[\frac{q_{\mathrm{A}}}{q_{\mathrm{A}}+q_{\mathrm{B}}}\right]+\varphi_{i,\mathrm{B}}\left[1-\frac{q_{\mathrm{A}}}{q_{\mathrm{A}}+q_{\mathrm{B}}}\right] \qquad \cdots\cdots(4)$$

a) 当组分 i 在气体 B 中的浓度 $\varphi_{i,\mathrm{B}}$ 等于 0 时[见式(5)]：

$$\varphi_{i,\mathrm{M}}=\varphi_{i,\mathrm{A}}\frac{q_{\mathrm{A}}}{q_{\mathrm{A}}+q_{\mathrm{B}}} \qquad \cdots\cdots(5)$$

——组分 i 的直接稀释，因为组分 i(气体 A)纯度不会是 100%；

——气体 A 的稀释，其中气体 A 中含有较低浓度的组分 i，以得到更低的组分 i 浓度。

b) 当组分 i 在气体 B 中的浓度 $\varphi_{i,\mathrm{B}}$ 不等于 0 时，即组分 i 浓度或质量分数很低时，一般有[见式(6)和式(7)]：

$$\left[\frac{q_{\mathrm{A}}}{q_{\mathrm{A}}+q_{\mathrm{B}}}\right]\ll 1 \qquad \cdots\cdots(6)$$

则：

$$\varphi_{i,\mathrm{M}}=\varphi_{i,\mathrm{A}}\left[\frac{q_{\mathrm{A}}}{q_{\mathrm{A}}+q_{\mathrm{B}}}\right]+\varphi_{i,\mathrm{B}} \qquad \cdots\cdots(7)$$

不同制备方法适用的浓度范围不同(见表 3)。

本条涉及的制备方法是混合气体的制备技术，除扩散法和渗透法外，其所用气体本身可能就是稀释混合物，该稀释混合物的组成是独立测定的。因此，任一制备方法所制备的气体组成范围都是可以扩展的，表 3 给出了体积分数的范围。

相对扩展不确定度表示某种制备方法制备前后一致的混合气体的能力。变化可根据系统响应时间分为长期或短期变化，长期变化的影响更重要。

表 3　以摩尔分数表示的制备方法的浓度范围

制备方法	体积分数范围(气体 B)	典型的相对扩展不确定度
容积泵法	10^{-4}～约 1	0.5
连续注射法	10^{-5}～10^{-2}	5.0
毛细管法	10^{-5}～1(标称值)	1.0
临界锐孔法	10^{-4}～1(标称值)	0.5
热式质量流量控制器法	10^{-9}～1(标称值)	1.0
扩散法	10^{-9}～10^{-3}	3.0
饱和法	[a]	1.0
渗透法	10^{-9}～10^{-6}	2.5

[a] 取决于组分的饱和值。

5.2　容积泵法(参见 ISO 6145-2)

每种气体分别由活塞泵输送并在出口处与其他气体混合。一台活塞泵由同步电机以恒速驱动，另一台通过齿轮以某个比例的速度驱动。可通过调整齿轮组改变混合气体组成。

每种组分的流量由式(8)给出：

$$q=V\times n \qquad \cdots\cdots(8)$$

式中：

V——活塞泵缸体的容积；

n ——每分钟泵输出频率。

当以下条件同时满足时,该方法制备混合气体的重复性可以得到保证:

a) 使用前,先将电机运行至少 30 min 以实现热均衡并消除短期现象(气体解析或分解等)。这一阶段,泵吸入干气;

b) 两个进气导管的压差应小于 20 Pa (2×10^{-4} bar),进气管和出气管的压差应小于 1kPa(10^{-2} bar)。

5.3 连续注射法(参见 ISO 6145-4)

将气态或液态的校准组分通过机械驱动的注射器以 q_A 的流量连续注入连续流动且流量为 q_B 的载气中。在玻璃容器中混合后,在常压下采集校准用混合气体。

5.4 毛细管法(参见 ISO 6145-5)

校准组分 q_A 在恒定压降下通过毛细管进入流量受控的载气 q_B 中。如果需要含量更低的气体,可将输出的校准混合气再通过另一个毛细管进一步稀释。

气体 A 通过毛细管的体积流量 q_A 由式(9)给出:

$$q_A=\frac{\pi r^4(p_1-p_2)}{8\eta L} \quad \cdots\cdots(9)$$

式中:

r ——毛细管半径;

p_1——毛细管进气口压力;

p_2——毛细管出气口压力;

η ——动态黏滞度;

L ——毛细管长度。

5.5 临界锐孔法(参见 ISO 6145-6)

气体通过临界锐孔时,通过临界锐孔的体积流量随着上游压力 p_1 的升高而增加。当临界锐孔的上游压力 p_1 和下游压力 p_2 之比到达临界值时,再进一步增加 p_1,气体体积流量则与 p_2 无关。

在此条件下,通过临界锐孔的气体质量流量由式(10)给出:

$$q_{M,A}=G\left(\frac{p_1}{\sqrt{T_1}}\right) \quad \cdots\cdots(10)$$

式中:

G ——气体/临界锐孔组合的常数,通过指定气体的校准测定;

T_1——临界锐孔上游的绝对温度。

临界锐孔法的优点是只要压力比 p_1/p_2 始终大于 2,就可不考虑下游温度和压力。

如果 ρ_A 是气体 A 的密度,则气体 A 的体积流量见式(11):

$$q_A=\frac{q_{M,A}}{\rho_A} \quad \cdots\cdots(11)$$

这一方法可很方便地扩展到含有任意种成分的混合气体。

使用这一方法制备校准用混合气体时,各成分应完全不含有任何固态或液态杂质。

如果混合气体中某组分的含量接近饱和时,应确保临界锐孔内温度降低时该组分不会出现冷凝。

5.6 热式质量流量控制器法(参见 ISO 6145-7)

这一方法使用热式质量流量控制器,可控制一种或多种气体组分的稳定流量。

热式质量流量传感器(见附录 A)可以检测通过气流前后电加热的热丝的温差。

上下游的探测器构成惠斯通电桥的一部分，其不平衡程度与气体流量有关。获得的信号经过放大和线性化处理后显示气体质量流量并被用于控制电控阀。

热式质量流量控制器针对一种气体进行校准后，可根据校正因子对其他气体的校准进行近似计算。这些校正因子主要但不完全是与气体在恒定压力下的热容量 c_p 有关。

5.7 扩散法(参见 ISO 6145-8)

扩散法是将管路连接装有液态校准组分的扩散池，并通过管路将蒸气均匀地扩散到载气流中。

载气流量不得超过 1 L/min 且扩散池的温度变化应控制在±0.1 ℃以内。

校准组分 A 的流量 q_A 通过式(12)计算：

$$q_A = \frac{AD}{L}\ln\left(\frac{p}{p-p_v}\right) \qquad \cdots\cdots (12)$$

式中：

A ——管路截面积；

D ——扩散系数；

L ——管路长度；

p ——扩散池内压力；

p_v——扩散蒸气分压。

可扩散率可以通过称量含有微量组分的容器来测量。

5.8 饱和法(参见 ISO 6145-9)

对于纯物质来说，与凝结态相平衡的蒸气压仅与温度有关。如果系统温度和混合气体总压力是已知的话，则可测定组分的体积分数。

使载气通过饱和器从而可以与凝结态的校准组分接触，并仔细测量饱和温度和压力。通常使用预饱和器以确保达到完全饱和。

组分 x 的体积分数 φ_x 近似地等于该组分在温度 T 时的蒸气压力 p_x 与饱和器中混合气体的总压力 p 的比，见式(13)：

$$\varphi_x = \frac{p_x}{p} \qquad \cdots\cdots (13)$$

在温度 T 下很多组分的相关分压(蒸气压)值可参考有关图表。

5.9 渗透法(参见 ISO 6145-10)

把校准组分装入一个全部或部分由聚合物构成的密封管或密封容器内，其中校准组分可以通过所述聚合物渗透。密封管或密封容器中的校准组分一般为与其自身蒸气相平衡的液体，但也可为气体。当密封管或密封容器中的校准组分为液态时，渗透率就应保持恒定；组分为气态时，渗透率将随气压下降而衰减。在这两种情况下，渗透率都取决于温度，在液态时这一点更为明显。

将装有校准组分的容器放入由载气吹扫的箱子内，再将整个箱子放入恒温装置中。

如果渗透率恒定，可通过在适当的时间间隔称量渗透管以测量渗透率。ISO 6145-10 描述了这一过程。

但如果称量很困难或不可靠(由于试管几何形状、质量相对变化非常小、显著的热冲击、注入了稀释组分或过长的稳定时间等原因)，可在适当的情况下采用比较法或直接分析法确定气体组成。

渗透法的不确定度主要来源于恒温槽的温度变化。当渗透管材料为聚四氟乙烯(PTFE)或氟化乙丙烯(FEP)时，温度偏差 0.15 K 可造成 2%的相对标准不确定度。

载气的品质同样重要。载气应清洁、干燥且不与校准组分发生反应。

附　录　A
（规范性附录）
通过称量容水量测量容积

A.1　原理

向仪器中注水，通过称量仪器上下两点间所包括部分体积的水的质量从而测定了仪器的容积，其中所述上下两点均设置了光电探测器。这一过程可对测量流量计容积进行校准。对于皂膜流量计来说，测得的容积不一定是皂膜移动的容积。用于容积测定的仪器如图 A.1 所示，校准的操作程序如下所述。

通过称量容水量测量容积的方法应用广泛。以下程序是此方法在测定皂膜流量计管路容积的具体应用。皂膜流量计在 B.1 中有进一步描述，具体如图 B.1 所示。

a）　首先确保待校准容积部分洁净且无油污。

b）　向量管 A 中注入不含空气的三重蒸馏水。量管 A 的容积应大于流量计，且应确保量管稳定地固定在相应位置。

c）　称量容器和封盖的质量，该容器应有足够容积容纳流量计放出的水。

d）　在探测器系统运行时，缓慢地打开阀门 1 使水流入流量计直至探测器 1 被激活。使水位高于这一探测器 1 cm～2 cm，关闭阀门 1。

e）　小心地打开阀门 2 排出阀门系统中的空气，随后使水流出直至探测器 1 对液面响应时立即关闭阀门 2。

f）　将容器去掉封盖放在阀门 2 之下。

g）　开阀门 2，使水缓慢流出流量计直至探测器 2 响应时立即关闭阀门 2，并盖上容器以防水挥发造成质量损失。检查并确定流量计排水过程中其位置是否仍然在设定位置，必要时进行重新调整。

h）　在分析天平上称量带封盖容器的质量从而测定水的质量。

可根据式(A.1)通过水的质量确定流量计容积：

$$m-\frac{m\rho_a}{\rho_w}=V_{H_2O}\rho_{H_2O}-V_{H_2O}\rho_a \quad \cdots\cdots(A.1)$$

式中：

m　——空气中水的质量(表观质量)；

ρ_a　——称量时空气密度；

ρ_w　——砝码密度；

V_{H_2O}——水的体积；

ρ_{H_2O}——水的密度。

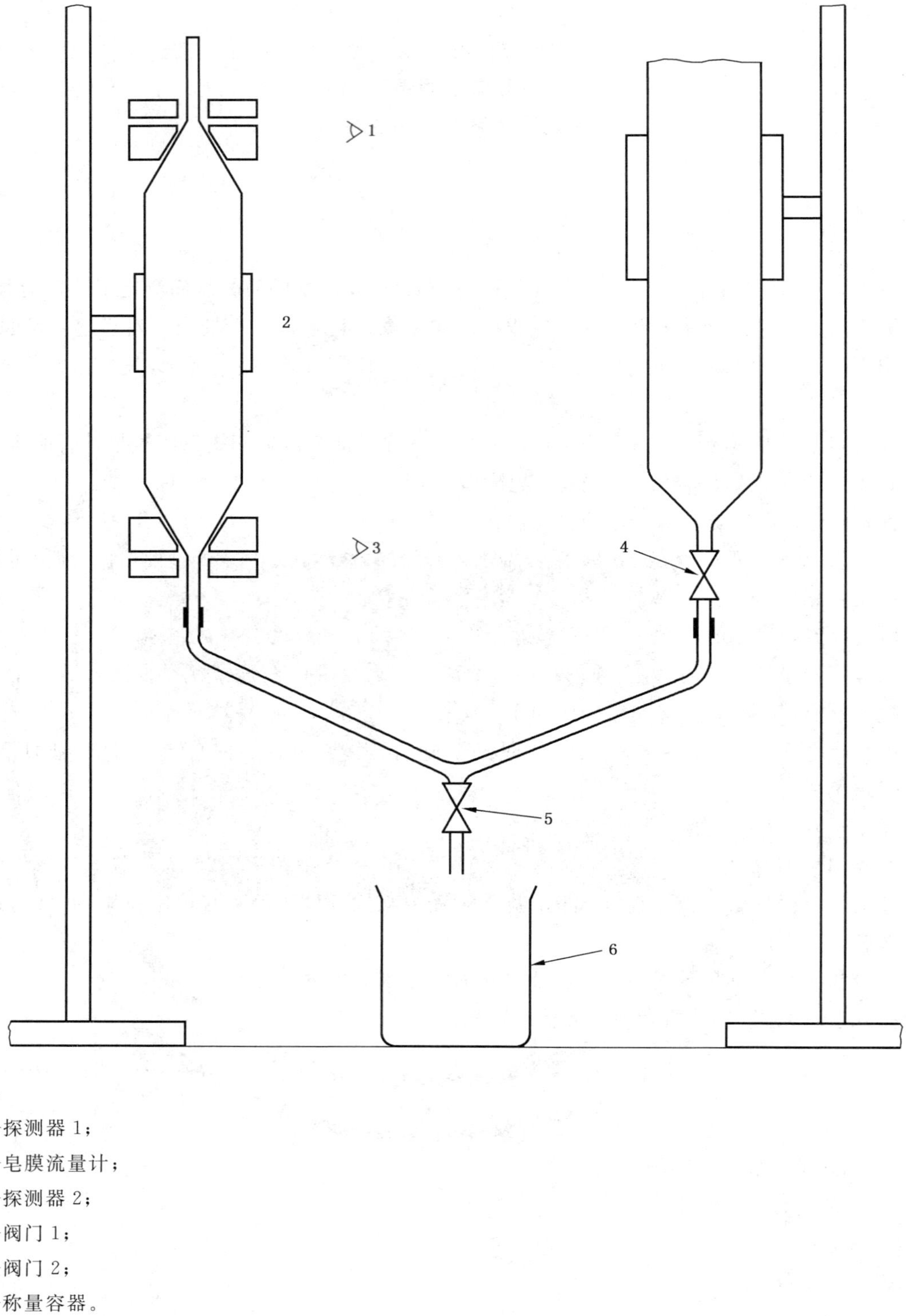

说明：

1——探测器 1；

2——皂膜流量计；

3——探测器 2；

4——阀门 1；

5——阀门 2；

6——称量容器。

图 A.1 皂膜流量计容积的测定

为方便计算水的体积，式(A.1)可转换为式(A.2)：

$$V_{H_2O}=\frac{m\left(1-\frac{\rho_a}{\rho_w}\right)}{\rho_{H_2O}-\rho_a} \qquad \cdots\cdots (A.2)$$

如果称量时水的温度与其在流量计中的温度相同，测得的水的体积即是仪器的校准容积。如果温度不同，则应进行校正。

如使用电磁天平在恒定的环境压力、温度、相对湿度下进行质量称量，则式(A.2)右边第二项所表示的浮力校正可忽略不计。但是，所使用的电磁天平应用可溯源的砝码对通常的使用范围进行校准。

A.2 响应不确定度

假定直径 8 mm 的试管的响应不确定度为 1 mm，则容积的不确定度为：

$$uV=\frac{2\pi\times(0.8)^2}{4}=0.1\ \text{cm}^3$$

且，例如，容积为 1 L 时，有：

$$\frac{uV}{V}=\frac{0.1}{1\ 000}=1.0\times10^{-4}$$

如响应不确定度仅为 0.1 mm，则容积的相对不确定度降低到 $1.0\times10^{-5}\%$。

A.3 水质量称量的不确定度

要求准确测量容器含水和不含水时的质量差。测量的准确度取决于所用砝码的可溯源准确度。

假定称量 1 kg～2 kg 水的不确定度为 10 mg，则质量的相对标准不确定度为：

$$\frac{u(m)}{m}=\frac{10}{1\times10^6}=1.0\times10^{-5}$$

A.4 空气密度 ρ_a 的不确定度

空气密度的不确定度取决于称量时大气压力、温度和空气相对湿度测量的准确度。这是一个浮力校正项，因此对容积的不确定度影响并不显著。

注：温度(优于±1 K)和相对湿度(40%～60%)等条件得到控制的情况下，空气密度的不确定度约为 2×10^{-6} kg·cm^{-3}。

A.5 水的密度 ρ_{H_2O} 的不确定度

水密度的不确定度对容积的不确定度有直接影响。ρ_{H_2O} 的不确定度源自水的状态(无空气蒸馏、去离子化等)，以及水温的测量。

表 A.1 列举了不同温度下水的密度。

表 A.1 不同温度下水的密度

温度 ℃	水的密度 g/cm³
15	0.999 13
18	0.998 62
20	0.998 23

假定所用的是不含空气、新蒸馏的水，则温度测量时 0.1 ℃的不确定度导致水密度的测量相对不确定度为 $u_{rel}(\rho_{H_2O})=1\times10^{-5}$，直接转换为水体积的测量不确定度即为 $u_{rel}(V_{H_2O})=2\times10^{-5}$。这是主要

的不确定度来源。

A.6 相对合成标准不确定度

A.2～A.5 所描述的不确定度的合成如下：

——响应	7.4×10^{-5}；
——称量	1.0×10^{-5}；
——空气密度	0；
——水的密度	2.0×10^{-5}；
——相对合成标准不确定度	7.7×10^{-5}。

各不确定度以平方和的平方根合成得到相对合成标准不确定度。

附　录　B
（规范性附录）
利用基准仪器校准二级仪器

B.1　皂膜流量计

B.1.1　原理

这种测量方法采用一种特殊的皂膜流量计，选择超常规的量管以提高容积和时间测量准确度。测量管（见图 B.1）垂直安装在绝热盒内，绝缘盒内有空气连续循环，温度控制在 23.3 ℃～23.5 ℃之间，变化在±0.02 ℃以内。温度由校准至 0.1 K、灵敏度为 0.01 K 的恒温器控制。

待测气体连续通过三个带有烧结鼓泡器的洗瓶，从而使其在测量管温度下达到水蒸气饱和状态，然后通过顶部的侧管进入测量管。

从顶部的中央试管逐滴加入产生皂膜的溶液。

溶液由含有 0.005 mol/L 的硫酸、4 mL/L 的非离子表面活性剂、1 mL/L 的有利于光吸收的着色剂（如混合指示剂）等的软化水组成。当溶液滴到达测量管顶端的窄段时，在测量管截面形成皂膜，且该皂膜会被气流向下推动。光电管和光源分别固定于测量管的两侧。皂膜通过光电管时将启动和停止精确的电子计时器。皂膜在测量管出口处破裂进入虹吸管，气体流出系统。测量管中的压力通过装满水并连接到出气口的 U 型管压力计测量。测量前应生成多个皂泡并使其通过试管以保证管壁彻底湿润。

B.1.2　温度变化的影响

记录的测量值均在 23.3 ℃～23.5 ℃的温度带内。测量管由硼硅酸盐玻璃制成，具有 $3.3\times10^{-6}\ K^{-1}$ 的线形膨胀系数。因此，将温度变化控制在±0.02 ℃之内时，测量管容积的相对标准不确定度约为 2×10^{-7}，而气体体积的相对标准不确定度约为 7×10^{-5}。

B.1.3　压降的影响

在任何流量值下，皂膜流量计内压强与大气压的差不应超过 100 Pa（1 mbar）。当压差为 10 Pa（0.1 mbar）时，相对标准不确定度为 10^{-4}。

B.1.4　通过皂膜的扩散

气体不会透过皂膜发生扩散，因为皂膜两边气体组成相同。

B.1.5　皂膜厚度的影响

可用量管准确测量皂膜层厚度和测量管内液体体积。每次测量时用两滴溶液即足以生成可在测量管内移动且不破裂的皂膜。皂膜厚度使测量管内容积发生变化。与 1 356 mL 的测量管体积相比，一滴液体的体积为 0.03 mL，即相应的相对标准不确定度为 2×10^{-5}，可重复度为±20%。

B.1.6　湿度差

饱和器相对高效，两种气体之间 1% 的相对湿度变化（$\Delta V/V$）相对应的气体体积相对变化为 3×10^{-4}。

$$\frac{\Delta p}{p}\times\frac{\Delta V}{V}=\frac{21.5}{760}\times\frac{1}{100}=3\times10^{-4}$$

其中,(Δp),21.5 mm 是水在指定温度 23.4 ℃时的饱和挥发压力。

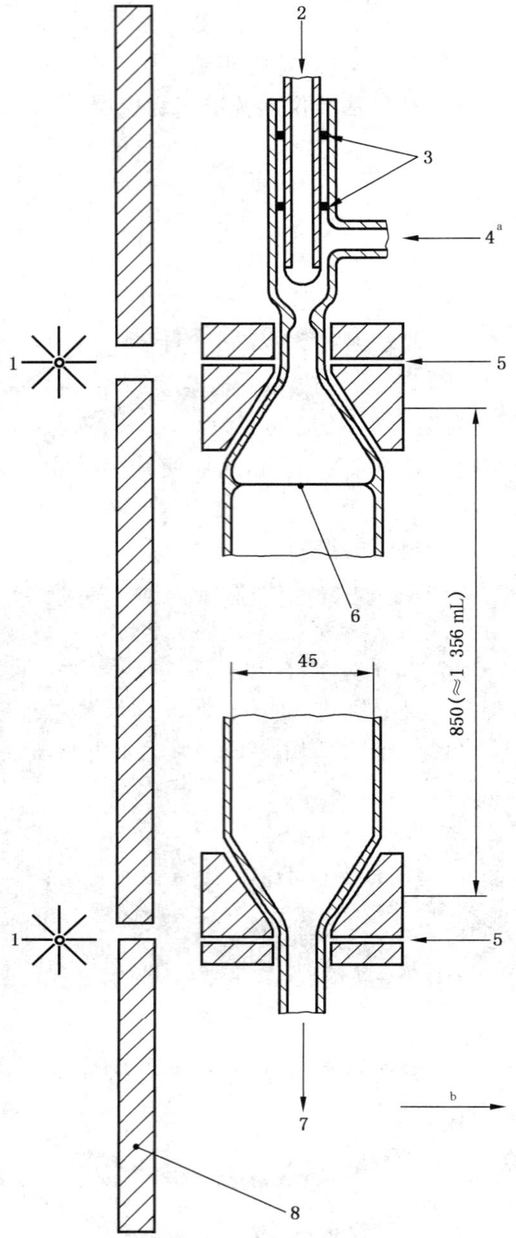

说明:
1——光源;
2——产生皂膜的溶液;
3——橡胶接头;
4——进气口;
5——光电管;
6——皂泡;
7——虹吸管;
8——周围器壁。
[a] 气体达到水蒸气饱和。
[b] 至出气口。

图 B.1 皂膜流量计测量管

B.1.7 气体水溶性

环境温度和压力下，1 mL 水通常可以溶解 0.02 mL 氢气、0.03 mL 氧气、0.87 mL 二氧化碳。

假使水是纯净的，那么溶入 0.06 mL 液体中的二氧化碳所导致测量管所引起的气体体积不确定度也仅为 0.05 mL/1 356 mL，即 4×10^{-4}的相对标准不确定度。

皂膜法温度范围内气体溶解度变化对相对标准不确定度没有明显影响。

B.1.8 水蒸气压的降低

表面活性剂或指示剂导致的水分压降低相对值仅为 1%。这种现象在校准和测量时是一样的，因此相应的不确定度可根据饱和度(见 B.1.6)用降低过程中的变化值来表示。如果变化相对值为 10%，则相对不确定度为 3×10^{-4}的 10%，即 3×10^{-5}。

B.1.9 相对合成标准不确定度

B.1.2～B.1.8 中描述的可能的不确定度的合成如下：

——温度	7×10^{-5}；
——压力	1×10^{-4}；
——扩散	0；
——膜厚	2×10^{-5}；
——湿度	3×10^{-4}；
——溶解度	4×10^{-5}；
——蒸气压	3×10^{-5}；
——总的不确定度	3.3×10^{-4}。

B.2 湿式流量计

B.2.1 原理

湿式流量计包括位于外壳内的一个能围绕水平轴转动的圆桶。圆桶按旋转轴径向被均分为 4 个室。每个室分别在两端有入口和出口。在外壳包装内，圆桶于水或油中旋转，调整圆桶位置使其起到密封作用，从而使得各室能连续抽气和送气。入口和出口的开口位置应该可以保证任何时候其中一个在液面以下。

将各室分隔开的叶片总是一直降至液面以下，但不连接到主轴，从而可以使得在圆桶转动时液体可以进入和流出各个室。

图 B.2 展示了流量计的单室运行情况。在图 B.2a)中，室被液体充满而且出入口均封闭。转动圆桶到如图 B.2b)的位置，这时气体流入室内，继续转动圆桶到如图 B.2c)的位置，出入口再次被密封，此时一定体积的气体被密封在室内，该气体随后在圆桶转到如图 B.2d)位置时被排出。

圆桶主轴上安装了指针，该指针在位于仪器前面的圆形刻度盘上转动，然后利用简单的机械积分器记录旋转次数。

该流量计通常的测量范围是 0.25 L/r～25 L/r，其适用的最大流量为 140 L/h～3 000 L/h。该流量计还带有外部水循环套，可以用于温度精密控制。

如果流量计内的液体是水，进入流量计的气体会在流量计温度下被水蒸气饱和。这避免了流量计中水的损失及气体体积校正的不确定度。如果液体为蒸汽压较低的油，则不应考虑预防措施。

运行该流量计需要施加很小的压力，该压力可以用 U 型管压力计在流量计入口处测量。由于各室之间存在微小的体积差异，在一个完整的旋转过程中气体输出的流量可能存在微小变化，因此，在可能的情况下,应利用流量计转动整数圈。因为上述同样的原因,入口压力在一个完整旋转过程中也会发生变化,所以应计算平均压力。

在校准和使用时应保持流量计水平。流量计内液面高度很关键,因为它决定了各室的容量。该液面高度可以在不通入气体的时候准确调整,调整后在对流量所需的各个参数进行校准。假定液体在一定时间内达到与被测量气体的饱和并且完全不含有其他气体,这时校准与所用气体无关。

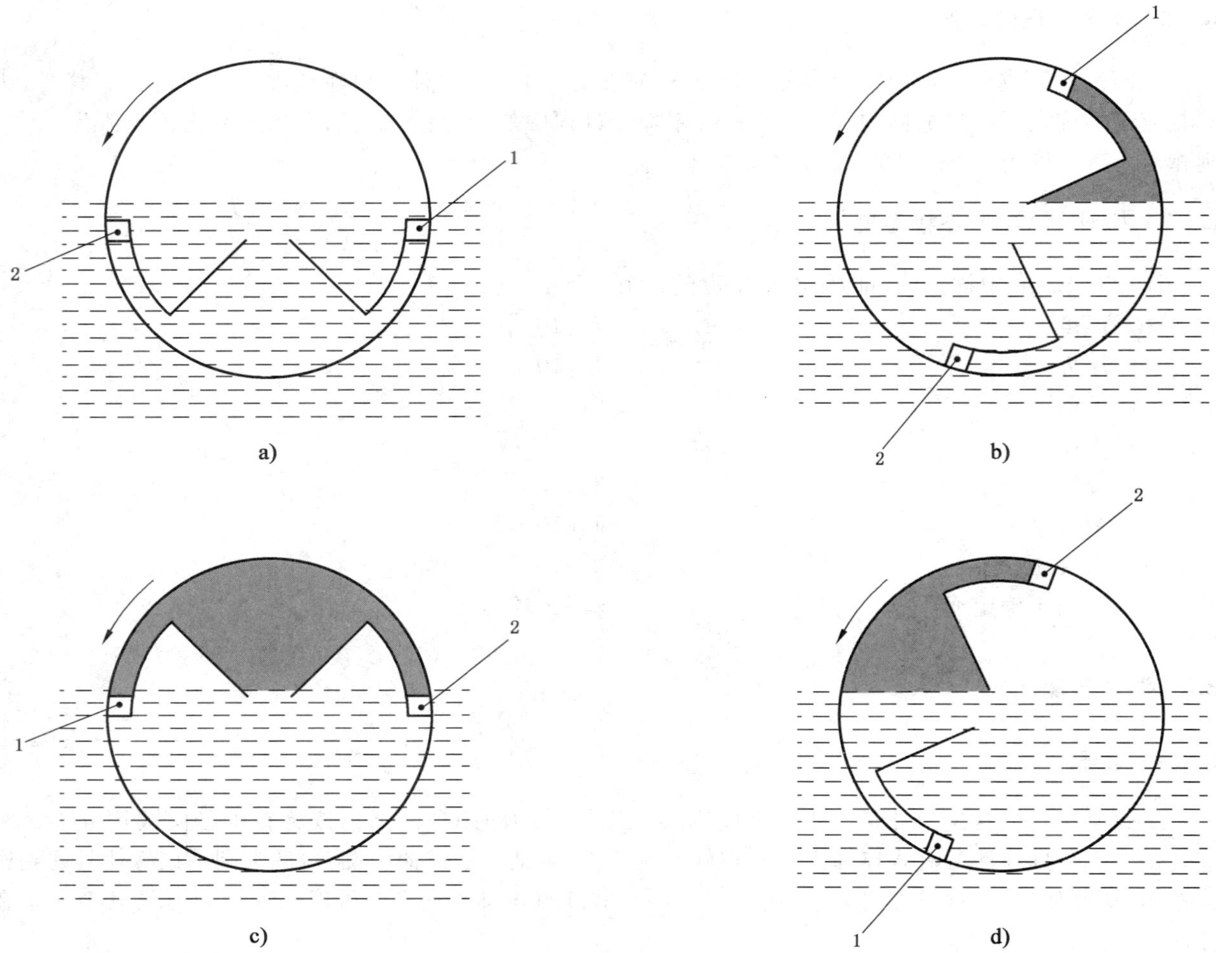

说明:

1——入口;

2——出口。

注 1:a)~d)仅展示了日常工作的 4 个叶片中的一个。

注 2:叶片按照被测气体进入流量计的方向转动。

注 3:气体从 a)中的入口(1)处进入室,然后随着叶片转动从出口(2)处排出。

注 4:过程是连续进行的,进程量由流量计面板上的指针指示。

注 5:积分设备记录和显示循环次数。圆桶主轴上安装的指针在仪器面板上的圆形刻度盘上转动,简易的机械积分器记录圈数。

图 B.2 具有单个室的湿式流量计的工作过程

B.2.2 温度变化

流量计的热膨胀可以忽略,因为热膨胀对流量计内气体体积的影响更大。假设校准过程中的温度被测量而且变化在 0.05 K，使用合适的校正，0.07 K 的最大变化值（2 次读数的不确定度均为 0.05 K）导致的相对标准不确定度为 3.4×10^{-4}。

B.2.3 压力的影响

大气压的测量不确定度为 2×10^{-5}，这可以导致被测值在校准和测量的偏差为 4×10^{-5}。流量计内的额外压力会在转动过程中变化，该额外压力的测量不确定度为 10 Pa（0.1 mbar），这导致被测值在校准和测量时的偏差为 2×10^{-4}。因此，相对标准不确定度为 2.0×10^{-4}。

实际使用的气压计的相对标准不确定度通常为 $\pm10^{-3}$。那么两次测量结果的不确定度为 1.4×10^{-3}。则包含了流量计额外压力测量的不确定度贡献的相对标准不确定度为 1.4×10^{-3}。

B.2.4 湿度差异

如果流量计内充装了 18 ℃～22 ℃水，那么温度变化 0.1 ℃导致水蒸气压的不确定度约为 14 Pa（0.14 mbar），这对气体体积的不确定度贡献为 1.4×10^{-4}。同样，饱和器效率变化 1%相对湿度，所导致的气体体积相对变化为 3×10^{-4}。因此，相对标准不确定度可以估算为 3.3×10^{-4}。

B.2.5 相对合成标准不确定度

B.2.2～B.2.4 所述的不确定度合成如下：

	水	油
——温度	3.4×10^{-4}	3.4×10^{-4}；
——压力	2.0×10^{-4}	2.0×10^{-4}；
——湿度	2.0×10^{-4}	2.0×10^{-4}；
——相对合成标准不确定	5.1×10^{-4}	3.9×10^{-4}。

B.3 热式质量流量传感器

B.3.1 原理

热式质量流量传感器将质量流量与气流上、下游温差联系起来。

对气流以恒定的热通量 Φ 加热，将使其温度上升，该温度变化 ΔT 由被测气体的热容量及其流量决定，见式(B.1)：

$$\Delta T=\frac{\Phi}{c_p\times q_m} \qquad \text{……（B.1）}$$

将式(B.1)进行变换可以得到质量流量 q_m，见式(B.2)：

$$q_m=\frac{\Phi}{c_p\times\Delta T} \qquad \text{……（B.2）}$$

然后，可以计算体积流量 q_V，见式(B.3)：

$$q_V=\frac{\Phi}{\rho\times c_p\times\Delta T} \qquad \text{……（B.3）}$$

式中：

Φ ——热通量，由仪器的构造原理决定；

ρ ——气体密度；

c_p ——恒定压力下的热容量，取决于气体种类。

位于气流上、下游的两个温度传感器成惠斯通电桥的两个臂，这两个传感器用来测定温度差异 ΔT，当气体流量为 0 时，该温度差异 ΔT 读数为 0。

B.3.2 温度变化的影响

温度变化可以导致 c_p 值和 ρ 值(当计算 q_V 时)的变化。

温度变化对 c_p 和 ρ 的影响因气体不同而不同。表 B.1 列出了温度约为 290 K、大气压约为 101.3 kPa (1 013 mbar)时氮气的 c_p、dc_p/dT、ρ 以及 $d\rho/dT$。

表 B.1 温度变化影响举例

气体	c_p $kJ \cdot kg^{-1} \cdot K^{-1}$	dc_p/dT $kJ \cdot kg^{-1} \cdot K^{-2}$	ρ $kg \cdot m^{-3}$	$d\rho/dT$ $kg \cdot m^{-3} \cdot K^{-1}$
N_2	1.04	0.000 04	1.163	0.004 0

注：注意屏蔽其他的温度变化来源，例如附近的磁场。

B.3.3 压力变化的影响

压力变化对 c_p 和 ρ 值的影响跟气体本身有关。表 B.2 列出了温度约为 290 K、大气压约为 101.3 kPa (1 013 mbar)时氮气的 c_p、dc_p/dp、ρ 以及 $d\rho/dp$。

表 B.2 压力变化影响举例

气体	c_p $kJ \cdot kg^{-1} \cdot K^{-1}$	dc_p/dp $kJ \cdot kg^{-1} \cdot K^{-1} \cdot kPa^{-1}$	ρ $kg \cdot m^{-3}$	$d\rho/dp$ $kg \cdot m^{-3} \cdot kPa^{-1}$
N_2	1.04	0.000 017	1.163	0.011 6

B.3.4 方位影响

一些传感器对他们的方位变化非常敏感。然而，关于这一现象的量化信息几乎没有。

实际上，传感器的方位应在校准和使用的时候尽量保持一致，尤其是在这种影响未知的时候更应如此。

B.3.5 热通量变化的影响

热通量 Φ 变化会直接影响到被测流量值。因此核查热通量是非常重要的。

对电压和电流测量结果表明稳定性可以优于 1.0×10^{-4}。

B.3.6 相对合成标准不确定度

以氮气为例，B.3.2～B.3.5 所描述的不确定度按以下方式合成：

——温度(±1 K) 2×10^{-5}；

——压力(1 kPa±0.01 kPa) 8×10^{-6}；

——方位 0；

——热通量 1.0×10^{-4}；

——相对合成标准不确定度 1.0×10^{-4}。

B.4 浮子流量计

B.4.1 原理

浮子流量计包括竖直安装的锥形玻璃管,该玻璃管小口朝下。该玻璃管中有球形或圆锥形浮子,浮子的最大直径略微小于比玻璃管底部口径。在玻璃管的顶部和底部均有合适的阻挡以防止浮子从玻璃管内射出。

当气体从玻璃管的底部进入,浮子会上升到某个位置,此时浮子与玻璃管间环形区域的压降正好可以支撑浮子的重量。浮子所在位置可以通过玻璃管上的刻度线读出。

流量 q 通过式(B.4)表示:

$$q = K_1 h \sqrt{\frac{\rho_f - \rho_g}{\rho_g}} \quad \cdots\cdots\cdots\cdots (B.4)$$

式中:

K_1 ——与气体种类和浮子几何形状有关的常数,包括气体从浮子和玻璃管间环形空间释放的系数;

h ——浮子在玻璃管内的高度;

ρ_f ——浮子的密度;

ρ_g ——气体的密度,单位与 ρ_f 相同。

由于 $\rho_f \gg \rho_g$,于是[见式(B.5)]:

$$q = \frac{K_2 h}{\sqrt{\rho_g}} \quad \cdots\cdots\cdots\cdots (B.5)$$

式中:

K_2——常数,包括 K_1 和浮子密度。

上述方程可以用于不同的气体,或者用于不同压力下的同种气体,只要考虑 ρ_g 的变化利用合适的换算因子就可以了。实际上,因为释放系数不同这样的处理方法会导致重大误差。因此,浮子流量计在使用前应用被测气体在相同的压力条件下进行校准。

任何单个的流量计其测量范围约为 10∶1。现有的流量计范围应覆盖动态体积法的流量,即 10 mL/min 以上都能被覆盖。

B.4.2 流量设定的重复性

在校准和使用时,当浮子位于标尺的上半部时可以测量的流量变化不会超过 2×10^{-2}。

B.4.3 温度变化的影响

通过与 4.2.1、4.2.2 以及 4.2.3 中的流量计比较,浮子流量计是相对粗的仪器。正因为如此,它经常用于环境条件中,并且没有对条件变化进行测量和校正。式(B.4)和式(B.5)表明流量与气体密度的平方根成反比,而气体密度本身与温度成反比,于是[见式(B.6)]:

$$\frac{\Delta q}{q} = \frac{1}{2}\left(\frac{\Delta T}{T}\right) \quad \cdots\cdots\cdots\cdots (B.6)$$

因此,对于校准和使用时的 3 K 温度差异,可导致的流量变化为 5×10^{-3}。

B.4.4 压力变化的影响

浮子流量计大多情况下用于大气压条件下。沿着流量计的压降很低[不超过 200 Pa(2 mbar)],但是大气压可能的变化是更大的。气体密度与压力直接相关,于是[见式(B.7)]:

$$\frac{\Delta q}{q}=\frac{1}{2}\left(\frac{\Delta p}{p}\right) \quad \cdots\cdots\cdots\cdots (B.7)$$

因此，对于校准和使用时的 2 000 Pa(20 mbar)气压差异，可导致的流量变化为 1×10^{-2}。

B.4.5 相对合成标准不确定度

B.4.2～B.4.4 所描述的不确定度合成如下：

——重置稳定性 2×10^{-2}；

——温度 5×10^{-5}；

——压力 1×10^{-2}；

——相对合成标准不确定度 2.3×10^{-2}。

参 考 文 献

[1] Guide to the expression of uncertainty in measurement (GUM), BIPM/IEC/IFCC/ISO/IUPAC/IUPAP/OIML 1995

[2] International vocabulary of basic and general terms in metrology (VIM), BIPM/IEC/IFCC/ISO/IUPAC/IUPAP/OIML 1993

[3] ISO 6145-2 Gas analysis—Preparation of calibration gas mixtures using dynamic volumetric methods—Part 2: Volumetric pumps

[4] ISO 6145-4 Gas analysis—Preparation of calibration gas mixtures using dynamic volumetric methods—Part 4: Continuous syringe injection method

[5] ISO 6145-5 Gas analysis—Preparation of calibration gas mixtures using dynamic volumetric methods—Part 5: Capillary calibration devices

[6] ISO 6145-6 Gas analysis—Preparation of calibration gas mixtures using dynamic volumetric methods—Part 6: Critical orifices

[7] ISO 6145-7 Gas analysis—Preparation of calibration gas mixtures using dynamic volumetric methods—Part 7: Thermal mass-flow controllers

[8] ISO 6145-8 Gas analysis—Preparation of calibration gas mixtures—Dynamic volumetric methods—Part 8: Diffusion method

[9] ISO 6145-9 Gas analysis—Preparation of calibration gas mixtures using dynamic volumetric methods—Part 9: Saturation method

[10] ISO 6145-10 Gas analysis—Preparation of calibration gas mixtures using dynamic volumetric methods—Part 10: Permeation method

ICS 71.040.40
G 86

中华人民共和国国家标准

GB/T 5275.2—2014/ISO 6145-2:2001

气体分析 动态体积法制备校准用混合气体 第2部分:容积泵

Gas analysis—Preparation of calibration gas mixtures using dynamic volumetric methods—Part 2:Volumetric pumps

(ISO 6145-2:2001,IDT)

2014-07-08 发布 2014-12-01 实施

中华人民共和国国家质量监督检验检疫总局
中国国家标准化管理委员会 发布

前　言

GB/T 5275《气体分析　动态体积法制备校准用混合气体》分为以下几部分：

——第1部分：校准方法；

——第2部分：容积泵；

——第4部分：连续注射法；

——第5部分：毛细管校准器；

——第6部分：临界锐孔；

——第7部分：热式质量流量控制器；

——第8部分：扩散法；

——第9部分：饱和法；

——第10部分：渗透法；

——第11部分：电化学发生法。

本部分为GB/T 5275的第2部分。

本部分按照GB/T 1.1—2009给出的规则起草。

本部分使用翻译法等同采用ISO 6145-2:2001《气体分析　动态体积法制备校准用混合气体　第2部分：容积泵》。

与本部分中规范性引用的国际文件有一致性对应关系的我国文件如下：

——GB/T 10628—2008　气体分析　校准混合气体组成的测定和校验　比较法(ISO 6143:2001，IDT)；

——GB/T 5275.1—2014　气体分析　动态体积法制备校准用混合气体　第1部分：校准方法(ISO 6145-1:2003，IDT)。

本部分由中国石油和化学工业联合会提出。

本部分由全国气体标准化技术委员会(SAC/TC 206)归口。

本部分起草单位：中国计量科学研究院、西南化工研究设计院有限公司、北京氦普北分气体工业有限公司。

本部分主要起草人：吴海、陈雅丽、赵俊秀、罗玉国。

气体分析　动态体积法制备校准用混合气体　第2部分:容积泵

1　范围

GB/T 5275 的本部分规定了用容积泵连续产生校准用混合气的方法,该方法通过多活塞容积泵、用纯气或混合气制备含两种或多种组分的校准用混合气体。这种泵可用于制备平衡气中气相组分的体积分数范围在0.1%以上的混合气体,测量的相对扩展不确定度 U 由相对合成不确定度乘以包含因子 $k=2$ 得出,其值不超过0.5%。

多个容积泵串联运行可获得更低浓度的混合气体。两个容积泵的串联组可制备的最低浓度为 10^{-6}。而且采用预混气代替纯气制备混合气体,还可得到更低浓度的混合气体,其结果及不确定度计算参见附录A。

此方法的优点是可连续制备大量混合气体,且可制备多组分混合气体。

2　规范性引用文件

下列文件对于本文件的应用是必不可少的。凡是注日期的引用文件,仅注日期的版本适用于本文件。凡是不注日期的引用文件,其最新版本(包括所有的修改单)适用于本文件。

ISO 6143　气体分析　校准混合气体组成的测定和校验　比较法(Gas analysis—Comparison methods for determining and checking the composition of calibration gas mixtures)

ISO 6145-1　气体分析　制备校准用混合气体的制备　动态体积法　第1部分:校准方法(Gas analysis—Preparation of calibration gas mixtures using dynamic volumetric methods—Part 1:Methods of calibration)

3　原理

气体A和气体B的二元混合气体,是使气体A和气体B分别通过一对单作用活塞泵中的一个(每个活塞泵各由一部电机驱动)而制备。组分A在混合气体中的体积分数 φ_A 由式(1)给出:

$$\varphi_A = q_A/(q_A + q_B) \qquad (1)$$

式中:

q_A ——校准组分A的体积流量;

q_B ——平衡气B的体积流量。

ISO 6145所描述的所有动态体积法中,q_A 和 q_B 都是指在相同的温度和压力条件下给出的。否则,特别是如果容积泵在高于环境大气压下用,就需要进行必要的修正。可根据理想气体定律进行修正,当气体明显偏离理想状态时可通过维里方程修正。

4　容积泵

4.1　描述

容积泵由一对单级计量泵组成,每个泵上由独立的同步电机驱动活塞。一个泵的驱动是由中间齿轮控制,另一个是直接控制。

制备包括两种气体A和气体B的二元混合气体,要将两种气体以环境大气压力供入计量泵,并将过量气体通过鼓泡器系统排入大气;两条管路分别连接到每个泵的气缸,一条吸入纯组分A或纯组分B,另一条通入混合室。一个活塞的往复速度可通过齿轮选择进行调节,另一个则始终保持恒定。这样就控制了气体A和气体B在混合气体中的体积分数。本原理的示意图见图1。

这类容积泵是商业化产品,该设备的三种类型分别描述如下:

a) 两个气缸容量相同,流量比范围为1:1到9:1;

b) 活塞驱动可调的气缸的容量是直接驱动的气缸的1/9,流量比范围为9:1到99:1;

c) 活塞驱动可调的气缸的容量是直接驱动的气缸的1/99,流量比范围为99:1到999:1。

一些容积泵装置配备了齿轮组或整体的转换齿轮组装置,流量比可通过表盘调节进行选择。

将容积泵串联使用可制备低浓度的混合气体,例如,两套c型容积泵串联运行可制备校准组分体积分数为10^{-6}的二元混合气体。也可将两种混合系统合成到一套容积泵中,使这些系统即可并联运行亦可串联运行。两套容积泵串联运行时可获得的最低体积分数为10^{-6}。

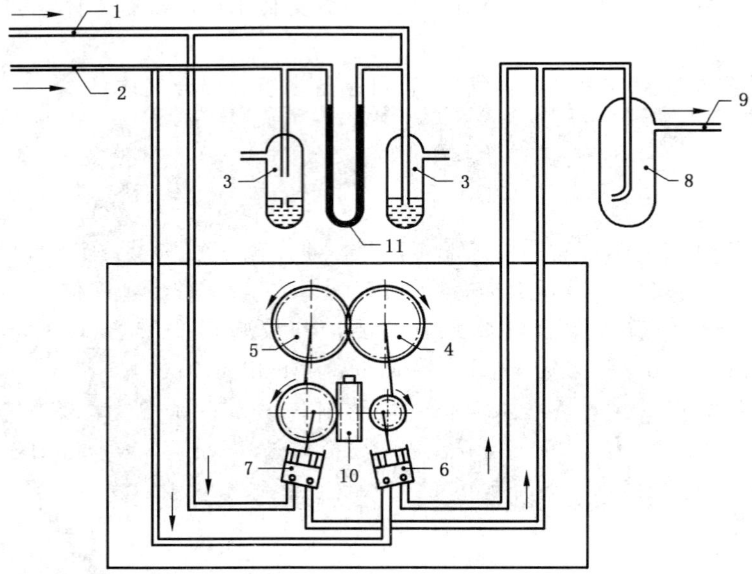

说明:

1——气体B进气口;
2——气体A进气口;
3——鼓泡器;
4——气缸A的驱动齿轮;
5——气缸B的驱动齿轮;
6——气缸A;
7——气缸B;
8——混合室;
9——校准混合气体出口;
10——中央驱动单元;
11——压力计。

图1 容积泵法混合气体的示意图

4.2 注意事项和有效性限制

容积泵法适用于制备不反应的气体,即气体组分所接触的容积泵各部件和容积泵系统外部管路的材料不发生化学反应的气体。因此,商用容积泵活塞应由青铜或带有陶瓷涂层的特殊合金制成,如采用后者,供应商应说明材质不与干燥的SO_2、H_2S、氨气、NO_2、HCl以及Cl_2等气体反应。输气管路应由与相应气体及气体混合物不反应的防腐不锈钢制成(适用的不锈钢型号可见EN 10088-1[1])。某些型号的容积泵在气缸和活塞间还有用于密封和润滑的低挥发性(25 ℃时蒸气压约为10^{-5} Pa)的全氟聚醚液体。一些其他类型的容积泵型号特别是一些老型号中，泵和齿轮组被浸入油浴中，使用的低挥发性的油应达到适当级别(级别在泵体上标明)。

对于所有的动态制备技术都要遵守一般的注意事项。制备所含组分与空气混合可能产生爆炸物的混合气体时更要特别小心。应采取相应措施确保仪器设备安全，如在气流通道的适当位置安装嵌入式火焰清除器等。

尽管容积泵可看作恒流量装置，但还需要通过某种校准法确定最终气体浓度。如同 ISO 6145 其他部分规定的其他动态法一样，应检验气体混合系统产生均匀的混合气体的有效性。仅用流量比来计算气体组成是不够的，制备方法应就要求的混合气体进行相应的验证才行。

容积泵法能长时间流出组成恒定的混合气体。目前商用容积泵的流量限制约为 5 L/min，而某些型号的最大流量仅为 0.75 L/min。

4.3 运行条件

确保泵外连接的流路系统均由适合的低孔隙度、不吸附的材料制成。确保管道清洁及连接部分安全。

使用可更换齿轮的容积泵时，确保齿轮安装在正确的齿轮轴上，否则容积泵可能出现过载或损坏，齿轮要正确标记。

参考制造商提供的操作手册确定容积泵运行的压力条件。某些型号的容积泵要求限制进气口间的压差。某些特殊型号的容积泵安装了额外的推进活塞，可允许出气口有较高的过压，否则，一般的容积泵应严格限制运行压力不能过高于环境大气压力。

使用容积泵制备混合气体前，应先将容积泵预热 30 min。如运行暂停较短的时间，如更换齿轮等，再次开始前应预热约 5 min。否则，产出气体的组成可能不恒定。

本条款概述了容积泵法制备混合气体的原理和应用，制备过程中的注意事项参见附录 B。各种类型的商用设备的详细信息请结合本部分参考设备制造商的操作说明。

5 计算

5.1 体积分数

组分 A 在气体 A 和 B 的二元混合气体中的体积分数由式(1)给出。

体积分数可根据 ISO 6145-1 规定的校准方法确定。应适当考虑所选方法的不确定度。

5.2 不确定度来源

商用容积泵制备混合气体的相对不确定度应低于±0.5%。

进气口存在过压或负压时、或出气口存在反压时可能出现误差。在油封泵中，泵内油的黏度可能也会对混合比产生影响。但只要泵内使用的油符合泵上标明的级别，以上误差可忽略不计。

混合过程的误差，可能来自待混合组分的温差，也可忽略不计。然而，气体在通过容积泵系统的短暂时间内可能没有足够的时间完全实现各组分温度均衡，因此应保证整个容积泵系统的温度完全均匀。如果泵的某部分由于日照等原因温度明显偏高，混合比很可能出现额外的和未知的误差。

5.3 体积分数的不确定度

恒温恒压下气体组分在校准用混合气体中体积分数的不确定度可通过组分气体和平衡气流量的不确定度估算得。

组分 A 的体积分数由式(1)给出。

φ_A 的相对扩展不确定度由式(2)给出：

$$\frac{U(\varphi_A)}{\varphi_A}=\frac{2q_B}{q_A+q_B}\sqrt{\left[\frac{u(q_A)}{q_A}\right]^2+\left[\frac{u(q_B)}{q_B}\right]^2} \qquad \cdots\cdots(2)$$

式(2)的推导参见 ISO 6145-7:2001[2] 的附录 C。相对标准不确定度平方和的平方根乘以包含因子 $k=2$，给出约为 95%的置信概率下的相对不确定度。

气体流量的不确定度 $u(q_A)$ 和 $u(q_B)$ 可根据 ISO 6145-7:2001 规定的流量校准方法获得。

这样进行的气体组成相对不确定度的评估完全取决于流量测量的不确定度。其他需考虑的因素包括气体混合的效率。要验证混合系统生成均匀校准用混合气体的效果，就要以此种方法制备混合气体，并根据 ISO 6143 规定的比较法验证气体组分。这一过程还会识别其他因素引起的偏差同时可以建立其向标准气体的溯源性。

附 录 A
（资料性附录）
预混气体用于制备高度稀释的混合气体

A.1 结果计算

用预混气代替纯气可制备稀释倍数更高的混合气体。结果的运算如下：

组分 A 在最终校准用混合气体中的体积分数由式(A.1)给出：

$$\varphi_{A}=\frac{\varphi_{A,M}q_{M}+\varphi_{A,B}q_{B}}{q_{M}+q_{B}}=\frac{\varphi_{A,M}q_{M}+\varphi_{A,B}q_{B}}{q_{\varphi}} \qquad \cdots\cdots (A.1)$$

式中：

$\varphi_{A,M}$——组分 A 在预混气体中的体积分数；

q_M ——预混气体积流量；

$\varphi_{A,B}$——组分 A 在平衡气 B 中的体积分数(通常为零)；

q_B ——平衡气 B 的体积流量；

q_{φ} ——校准用混合气体的体积流量。

注：仅当气体混合后不发生体积变化时，$q_{\varphi}=q_M+q_B$ 成立。

A.2 体积分数的不确定度

应考虑体积流量的不确定度以及组分在预混气及平衡气(如果有影响)中体积分数的不确定度。通常载气中不应含有校准组分。

当载气中不含有校准组分 A 时，可得式(A.2)：

$$\varphi_{A}=\frac{\varphi_{A,M}q_{M}}{q_{M}+q_{B}} \qquad \cdots\cdots (A.2)$$

体积分数 φ_A 的相对扩展不确定度由式(A.3)给出：

$$\frac{U(\varphi_{A})}{\varphi_{A}}=\frac{2q_{B}}{q_{B}+q_{M}}\sqrt{\left[\frac{u(q_{M})}{q_{M}}\right]^{2}+\left[\frac{u(q_{B})}{q_{B}}\right]^{2}+\left[\frac{q_{M}+q_{B}}{q_{B}}\right]^{2}\left[\frac{u(\varphi_{A,M})}{\varphi_{A,M}}\right]^{2}} \qquad \cdots\cdots (A.3)$$

式(A.3)的推导参见 ISO 6145-7:2001[2] 的附录 C。标准不确定度平方和的平方根乘以包含因子 $k=2$ 给出了约为 95%的概率下的相对扩展不确定度。

流量的不确定度都由制造商或经过认可的计量(校准)实验室依照 ISO 6145-1 规定的流量校准方法得出。

附 录 B
（资料性附录）
实 用 提 示

整个气路系统应清洁且无颗粒。

压力调节阀和相关管路应为特定气体组分专用。

截止阀应安装在压力调节阀和泵之间以确保不会通过压力调节阀漏气。

应精心选择气流通路的尺寸和材料，使其与气体组分的相互作用最小化。特别是压力调节阀一定要与其输送的气体相适应。传送活性组分应使用GC品质的不锈钢材料，传输非活性的平衡气可采用聚乙烯或聚四氟乙烯等塑料材料。只要有任何发生吸附的风险就应采用不锈钢材料。

开始运行时，传输活性组分的管路应先用相关组分气体进行吹扫。使用纯气或高浓度预混气时只需吹扫较短的时间，但使用较低浓度的预混气（体积分数低于 10^{-4}）时，可能需要进行数小时的管路吹扫。

气体分析仪的校准通常在环境大气压下进行。校准气体的输入压力应高于环境大气压，但不超过设备制造商说明的所用容积泵的最大压力（见4.3）。

分析仪校准过程短暂中断时，不能停止气体流动，连接导管一旦被拆掉就应进行充分密封以防止被污染。

如果容积泵的两个气缸A和B容量相同，可调节泵的对称度使氮气和氧气以1∶1的体积比混合。氧气相对氮气的体积分数可通过顺磁式氧分析仪测量。然而，这一过程应由泵的制造商在交货前进行。使用一定时间后，应由制造商对泵的对称度进行重新检验。

参 考 文 献

[1] EN 10088-1 Stainless steel—Part 1:List of stainless steels

[2] ISO 6145-7:2001 Gas analysis—Preparation of calibration gas mixtures using dynamic volumetric methods—Part 7:Thermal mass-flow controllers

[3] ISO 7504 Gas analysis—Vocabulary

ICS 71.040.40
G 86

中华人民共和国国家标准

GB/T 5275.4—2014/ISO 6145-4:2004

气体分析 动态体积法制备校准用混合气体 第4部分:连续注射法

Gas analysis—Preparation of calibration gas mixtures using dynamic volumetric methods—Part 4: Continuous syringe injection method

(ISO 6145-4:2004,IDT)

2014-07-08 发布 2014-12-01 实施

中华人民共和国国家质量监督检验检疫总局
中国国家标准化管理委员会 发布

前　言

GB/T 5275《气体分析　动态体积法制备校准用混合气体》分为以下几部分：

——第1部分：校准方法；

——第2部分：容积泵；

——第4部分：连续注射法；

——第5部分：毛细管校准器；

——第6部分：临界锐孔；

——第7部分：热式质量流量控制器；

——第8部分：扩散法；

——第9部分：饱和法；

——第10部分：渗透法；

——第11部分：电化学发生法。

本部分为GB/T 5275的第4部分。

本部分按照GB/T 1.1—2009给出的规则起草。

本部分使用翻译法等同采用ISO 6145-4:2004《气体分析　动态体积法制备校准用混合气体　第4部分：连续注射法》。

与本部分中规范性引用的国际文件有一致性对应关系的我国文件如下：

——GB/T 10628—2008　气体分析　校准混合气体组成的测定和检验　比较法(ISO 6143:2001，IDT)；

——GB/T 5275.1—2014　气体分析　动态体积法制备校准用混合气体　第1部分：校准方法(ISO 6145-1:2003，IDT)。

本部分由中国石油和化学工业联合会提出。

本部分由全国气体标准化技术委员会(SAC/TC 206)归口。

本部分起草单位：中国计量科学研究院、西南化工研究设计院有限公司、北京氦普北分气体工业有限公司、环境保护部标准样品研究所。

本部分主要起草人：周泽义、简红、陈雅丽、赵俊秀、田文。

气体分析　动态体积法制备校准用混合气体　第4部分:连续注射法

1　范围

GB/T 5275的本部分规定了从纯气或其他混合气体通过注射器向平衡气中连续注入校准组分,从而连续制备含两种或多种组分的校准用混合气体的方法。

使用预混气体代替纯气(参见附录A)可制备体积分数很低的混合气体。体积流量决定体积分数,可通过单个气体的流量计算得到,也可采用ISO 6145-1给出的适当方法独立测量。

连续注射法的优点是可连续制备大量混合气体,并且只要使用适当数目的注射器或单只注射器内含有已知的多组分混合气体,就可像制备二元混合气体一样方便地制备多组分混合气体。该方法还可通过很少的步骤,便捷地增高校准组分在混合气体中的体积分数。因此,也可用于评估气体分析仪的一些其他特性,如最低检出限、盲区以及精确度。该方法制备的二元混合气体(包含因子$k=2$)相对扩展不确定度为5%,适用范围为$10^{-5}\sim10^{-2}$(体积分数)。

2　规范性引用文件

下列文件对于本文件的应用是必不可少的。凡是注日期的引用文件,仅注日期的版本适用于本文件。凡是不注日期的引用文件,其最新版本(包括所有的修改单)适用于本文件。

ISO 6143　气体分析　校准混合气体组成的测定和校验　比较法(Gas analysis—Comparison methods for determining and checking the composition of calibration gas mixtures)

ISO 6145-1　气体分析　动态体积法制备校准用混合气体　第1部分:校准方法(Gas analysis—Preparation of calibration gas mixtures using dynamic volumetric methods—Part 1:Methods of calibration)

3　原理

气相或液相的校准组分,通过注射器推入毛细管再进入平衡气流中,毛细管可以是注射装置的针管,注射器活塞由适当的变速电机驱动。

组分A在与平衡气B混合的气体中的体积分数φ_A由式(1)给出:

$$\varphi_A=q_A/(q_A+q_B) \quad \cdots\cdots(1)$$

式中:

q_A——校准组分A的体积流量;

q_B——平衡气B的体积流量。

如果校准组分是以液态注入的,则其挥发后的气相流量由式(2)给出:

$$q_A=(q_{A,l}\times\rho_{A,l})/\rho_{A,g} \quad \cdots\cdots(2)$$

式中:

$q_{A,l}$——注入液体的体积流量,其计量单位与q_A相同;

$\rho_{A,l}$——液态组分在气体混合温度下的密度；

$\rho_{A,g}$——气态组分在与 $\rho_{A,l}$ 相同温度相同计量单位下的密度。

将式(2)代入式(1)可得到由以上参数表达的 φ_A 的值。

4 混合气体制备的应用

4.1 实验步骤

4.1.1 仪器

附录B给出了制备二元混合气体所用仪器示意图的实例。图B.1是向注射器注入气态校准组分的仪器示意图，图B.2是制备校准混合气体的气体混合系统示意图。

4.1.2 校准组分注射器的选择和校准

校准组分的流量由注射器截面积及活塞线性速率共同决定。制备给定校准组分体积分数的混合气体时，有时宜选择截面积较大(容量大)同时活塞速率较低的注射器，有时则是截面积较小同时活塞速率较高的泵更加适合(参见附录C的实用提示)。

根据待制备的校准用混合气体的体积分数和体积分数不确定度，选择适合的注射器驱动线性速率及注射器容积的组合。

由于是动态法，为验证注射器柱体的均匀性，就要确定注射器在制备混合气体的温度下，在各个刻度线时输送的气体或液体的体积。因此，如注射器由于操作运行等原因温度升高，那么在任何阶段进行任何测量之前，都应有相应的时间让注射器温度恢复到周围环境温度。这项容积校准工作可通过对注射器内已知密度的适当液体进行可追溯的质量测量实现。由于容积校准应在多点进行，即注射器部分注入，应注意确保观察液体位置时弯液面保持水平。

附录C给出了这一方法的实例。

4.1.3 注射器驱动的校准

注射器驱动应在混合气体制备温度下、使用可追溯于国际长度和时间标准的检测设备进行校准。附录C推荐了一种使用数字测微计和数字计时器进行校准的方法。

4.1.4 校准用混合气体的制备

当校准组分在气相仪器中时，如图B.1给出的实例，应将气体排空、吹扫、注入储气池和注射器，具体步骤如下：

a) 关闭连接装有校准组分钢瓶的截止阀。

b) 抽空整个装置中的气体，使装置中的压力足够低至储气池内的任何剩余气体对校准气体体积分数及最终校准混合气体组成的稳定性都不产生明显影响。装置内剩余压力约为100 Pa (1×10^{-3} bar)时应该比较适宜。但实际要求的最终真空度取决于最终混合气体的性质和组成。因此，评估校准混合气体的体积分数不确定度时，应充分考虑剩余气体分压。

c) 关闭真空泵和储气池之间的截止阀，向储气池注入校准组分并使其压力达到110 kPa (1.1 bar)。以同样的方式再次抽空和再次注入储气池。在最后的注入操作中调节储气池中校准组分的压力，使储气池中的压力足以将气体充入注射器。采取适当的预防措施，保证有害气体组分能安全地从工作区域排出。

d) 将注射器活塞推至底部，将空注射器的针管通过隔膜(见图B.1)插入储气池。反复拉动活塞以确保注射器经校准组分彻底吹扫至没有任何有影响的污染物。

e) 将活塞完全拉回至顶部，使注射器中充满气体，并将注射器从储气池的隔膜垫上取走。保持针管在注射器上的位置，将活塞推至第一条刻度线处并将注射器与混气系统连接。

注：使用隔膜垫可方便地将注射器与混气系统连接。

有时可方便地将液态校准组分注入注射器并使其在从喷嘴流出后挥发。这样注入的过程比较简单，但应注意确保空气或其他污染物没有或仅有极少量随液态组分一起进入注射器。

f) 使平衡气通过调压器和截至阀进入优化气路。根据要求，优化气路可能由嵌入恒温控制器中的净化器和/或加湿器和/或换热器等组成(也可能对这些仪器都没要求)。

g) 使优化过的平衡气经过校准过的流量计流入混气容器中，并在进气口与校准组分相遇。混合气容器可以是任何合理的配置。通过注射器以预定的恒定速度注入校准组分[气体以 e)所示方式进入注射器]，注射器带有机械驱动的活塞和变速电机。

4.2 适用领域

本方法适用于制备不反应的混合气体，即平衡气或校准组分不与流过路径的任何材料发生反应。

应当特别注意，使用本方法制备含有在空气中可能形成爆炸性气体的组分的混合气体时，应采取措施保证装置安全，如在 4.1 及图 B.2 所述装置外安装嵌入式火焰清除器等。

如同 ISO 6145 规定的其他动态法一样，气体混合系统产生混合气体的均匀性应经过检验。仅用流量比说明气体组成是不够的，制备方法应经过相应的验证。

4.3 运行条件

动态法的一般性注意事项应遵守。特别注意整个气体流动系统的构成材料，应该使用低孔隙度不吸附的材料。保证管路清洁和连接部分可靠。

只要测量范围适合、材料与需制备的混合气体兼容，任何流量计量方法都可用于平衡气流量的测量。平衡气在任何情况下都应不含任何微粒，尤其是使用变截面积流量计时应更加注意，这里浮子和管内壁间没有限制。

校准组分流过的毛细管或注射器针管的长度和截面积，应使注射器针管在以最大速率放出气体时不出现可测量的反压。此尺寸要求同样适用于气流经过的其他部分，以此保证气体流动路径中不出现压力梯度。

装置的所有部分都应保持在相同的温度下。

应用本方法的实例参见附录 C。

5 结果表示

5.1 体积分数

校准组分 A 在平衡气 B 中的体积分数由式(1)给出；如校准组分为液态，则由式(1)和式(2)共同给出。

体积分数根据 ISO 6145-1 描述的校准方法确定。应充分考虑所选方法相应的不确定度。

5.2 不确定度来源

不确定度的主要来源为平衡气流量、注射器容积的测定、注射器中活塞的移动速度等。注意 4.3 中提及的注意事项。气体流动路径的任何部分出现反压或气流在整个过程中没有保持恒温等都可能带来误差。特别是注射器在吸气过程中很可能因为与手接触而温度升高而与装置的其他部分的温度不同。在此重申 4.1.2 提到的注意事项，应保证注射器在制备混合气体前恢复到与装置其他部分相同的温度。

如果注射器的驱动电机为变频梯级型，气流可能不是稳定不变的，而是脉冲式的。注意到这一点，附录 C 给出了预防和避免此种影响的方法。

另一个不确定度的可能来源是校准组分和平衡气的混合不充分。可通过比较法(见 ISO 6143)用体积分数来检验气体混合的效率。这也可用于检验液态校准组分注入时的挥发效率(见 5.3)。

5.3 体积分数的不确定度

恒温恒压下校准组分在校准混合气体中体积分数的不确定度,可分别通过组分气体和平衡气流量的不确定度来评估。同时应考虑 5.2 中所述与各个流量相关的不确定度来源。

若组分 A 的体积分数由式(1)给出,则 φ_A 的相对扩展不确定度由式(3)给出:

$$\frac{U(\varphi_A)}{\varphi_A}=\left(\frac{2q_B}{q_A+q_B}\right)\left\{\left[\frac{u(q_A)}{q_A}\right]^2+\left[\frac{u(q_B)}{q_B}\right]^2\right\}^{\frac{1}{2}} \quad \cdots\cdots(3)$$

注:本公式的推导参见 ISO 6145-7:2001[2] 的附录 C。

标准不确定度贡献量的均方根和乘以包含因子 $k=2$ 给出了置信水平约为 95% 的相对扩展不确定度。

平衡气流量的标准不确定度 $u(q_B)$ 应依照 ISO 6145-1 的流量校准方法获得。

这样进行的气体组成相对不确定度的估算完全取决于流量测量的不确定度。其他应考虑的因素包括气体混合的效率。要验证混合系统是否生成了均匀的校准混合气体,就要以此种方法制备混合气体,并用 ISO 6143 规定的比较法验证气体组分。这样还会验证其他因素引起的偏差并建立校准混合气体的追溯性。

附　录　A
(资料性附录)
用预混合气制备高稀释混合气体

A.1　结果的计算

用预混合气代替纯气可制备稀释度更高的混合气体。二元混合气体相关的结果运算如下：

组分 A 在最终的校准混合气体中的体积分数由式(A.1)给出（气体混合时不发生体积变化）：

$$\varphi_A = \frac{\varphi'_A q_M + \varphi''_A q_B}{q_M + q_B} = \frac{\varphi'_A q_M + \varphi''_A q_B}{q_\varphi} \quad \cdots\cdots\cdots\cdots (A.1)$$

式中：

φ'_A——组分 A 在预混合气体中的体积分数；

q_M——预混合气体积流量；

φ''_A——组分 A 在平衡器气 B 中的体积分数(通常为零)；

q_B——平衡气 B 的体积流量；

q_φ——校准混合气体的体积流量。

A.2　体积分数的不确定度

有必要考虑体积流量的不确定度以及组分在预混气及平衡气(如果有影响)中的体积分数的不确定度。通常平衡气中不应含有校准组分。

当平衡气中不含有校准组分 A 时，体积分数由式(A.2)给出：

$$\varphi_A = \frac{\varphi'_A q_M}{q_M + q_B} \quad \cdots\cdots\cdots\cdots (A.2)$$

体积分数 φ_A 的相对扩展不确定度由式(A.3)给出：

$$\frac{U(\varphi_A)}{\varphi_A} = \frac{2q_B}{q_B + q_M}\left\{\left[\frac{u(q_M)}{q_M}\right]^2 + \left[\frac{u(q_B)}{q_B}\right]^2 + \left(\frac{q_M + q_B}{q_B}\right)^2\left[\frac{u(\varphi'_A)}{\varphi'_A}\right]^2\right\}^{1/2} \quad \cdots\cdots (A.3)$$

式(A.3)的推导参见 ISO 6145-7:2001 的附录 C。标准不确定度贡献量的均方根和乘以包含因子 $k=2$ 给出了置信水平约为 95% 的相对扩展不确定度。平衡气流量的不确定度可依照 ISO 6145-1 规定的流量校准方法得出。

附 录 B
（资料性附录）
校准混合气体制备的装置实例

图 B.1 给出了向注射器充入气态校准组分的装置示意图。其中，储气池的最大工作压力应不低于 140 kPa (1.4 bar)；压力计测量范围应为 10 kPa (0.1 bar)～200 kPa (2 bar)，不确定度应为 100 Pa (1 mbar)；压力释放阀应在 130 kPa (1.3 bar)压力下工作；真空泵应可实现 5 Pa(0.05 mbar)的真空。

硅橡胶是制造隔膜的合适材料。注射器应为气密型，即气体色谱分析使用的类型。

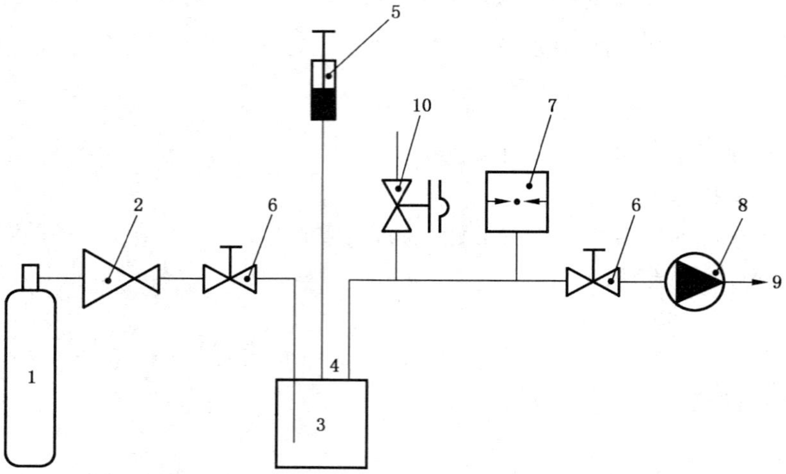

说明：

1 ——注入校准组分的压缩气钢瓶；
2 ——双级减压器；
3 ——储气池；
4 ——隔膜；
5 ——注射器；
6 ——截止阀；
7 ——压力计；
8 ——真空泵；
9 ——气体过滤器；
10——压力释放阀。

图 B.1 气态校准组分充入注射器的装置示意图

图 B.2 给出了连续注射法制备二元校准混合气体的装置示意图。

在加湿器后面安装流量计时要注意。如果湿度达到凝结点，凝出的液体会导致系统的明显误差。

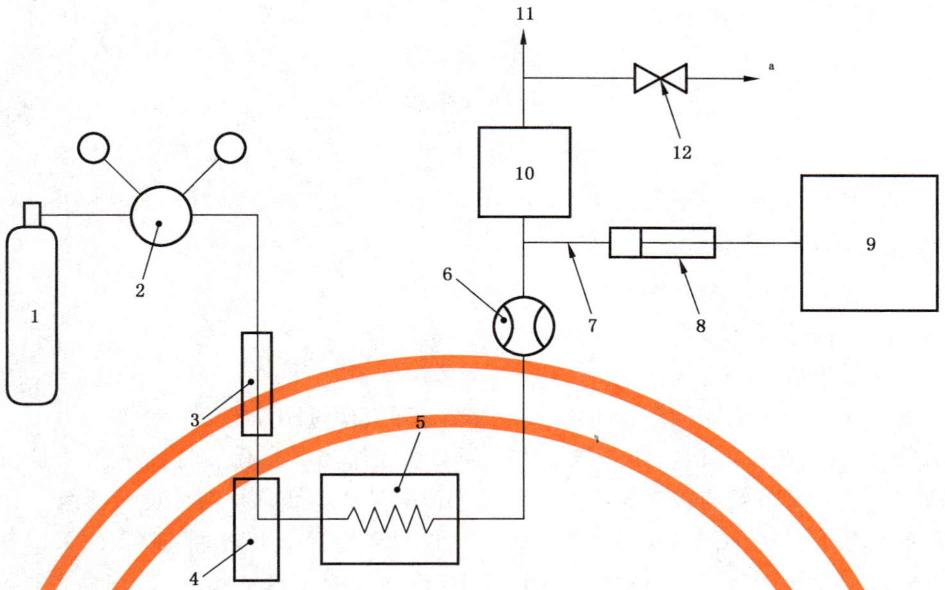

说明：

1 ——平衡气的压缩气钢瓶；
2 ——双级调压器；
3 ——净化器(如适用)；
4 ——加湿器(如适用)；
5 ——恒温器换热器；
6 ——流量计；
7 ——定量毛细管；
8 ——注射器；
9 ——注射器驱动泵；
10——混合室；
11——校准气体；
12——排气口截止阀。

[a] 排气口。

图 B.2 连续注射注入法制备二元校准混合气体装置示意图

附　录　C
（资料性附录）
注意事项

C.1　一般性提示

整个气路系统应清洁且无微粒。

调压器和相关管道应为特定气体组分专用。

截止阀应安装在平衡气钢瓶调压器下游以确保没有漏气通过调压阀。

应精心选择气路的尺寸和材料，使其与气体组分的相互作用最小化。特别是调压器一定要与其传送的气体相适应。注射器一般为玻璃制品。应使用GC质量的不锈钢材料传送活性组分。聚乙烯或聚四氟乙烯等塑料制品也可用于传输非活性的平衡气。但只要有发生吸附的风险就应采用不锈钢材料。

分析仪校准过程短暂中断时，气体传输不能停止，连接导管一旦被移开就应进行充分密封防止被污染。

注射器的驱动设备应为步进式变频电机。活塞低速移动时，放出的校准组分可能不是连续的气流而是不连续的等分试样。如果驱动装置步进时间间隔接近混气装置的时间常量时，出气口处气体组成将出现正弦变化。可通过增大混气装置容积或采用容量较小的注射器用较快的驱动速度实现相同的放气流量来克服这种情况。

校准组分为液体时，挥发入平衡气流的速度可能低于放气速度。在注射针管末端放置一个玻璃丝塞可以增大气体挥发的表面积。如果这还不能保证液体完全挥发，就应将液体流量降低至组分液体能快速完全挥发的流量值。此时平衡气流量应按比例降低以保证最终混合气体组成符合要求。同时还应检验平衡气流量相应降低后组分液体是否还能完全挥发。同时建议装有液态校准组分的注射器应针管向上垂直安装。

C.2　注射器计量性能测定方法实例

C.2.1　注射器容积的测定(V)

注射器容积(数据由意大利Ispra的EC联合研究中心提供)是通过将注射器注满水，再由注射器中水的质量(用梅特勒AT 201天平测量)测定的(按照22 ℃时水的密度为0.998 g/cm³折算)。称量过程采用了测量范围适合的高灵敏度天平(如下)。在一个磁滞周期内，进行了多次重复容积测量，结果见表C.1。

表C.1　注射器容积的测定结果

NO注射器的容积 V/μL					SO_2注射器的容积 V/μL		
注射器1	注射器2	注射器2	注射器3	注射器4	注射器1	注射器2	注射器3
24.71	39.9	40.0	78.49	99.37	39.72	49.22	69.47
24.80	39.6	39.9	78.40	99.30	39.81	49.28	69.52
24.69	39.6	40.0	78.48	99.50	39.67	49.31	69.42

表 C.1(续)

NO 注射器的容积 $V/\mu L$					SO_2 注射器的容积 $V/\mu L$		
注射器 1	注射器 2	注射器 2	注射器 3	注射器 4	注射器 1	注射器 2	注射器 3
24.80	39.9	40.0	78.60	99.50	39.76	49.24	69.45
24.77	40.0	40.0	78.58	99.45	39.72	49.20	69.44
24.76	39.9	40.1	78.65	99.43	39.66	49.37	69.36
24.74	39.9	39.9	78.69	99.47	39.74	49.23	69.37
24.76	39.8	40.1	78.63	99.44	39.74	49.32	69.39
24.85	39.9	40.0	78.52	99.33	39.68	49.22	69.43
24.73	39.9	39.9	78.56	99.47	39.72	49.27	69.37
24.73	40.2	39.7	78.60	99.55	39.69	49.28	69.47
24.74	39.9	—	78.58	99.48	39.81	49.24	69.47
24.74	40.1	—	78.65	99.46	39.69	49.27	69.46
24.71	40.0	—	78.79	99.36	39.76	49.25	69.44
24.84	40.1	—	78.63	99.36	39.76	49.18	69.36

C.2.2 容积确定的不确定度

测得容积的差别反映了注入清空过程和天平性能的差别。从表 C.1 中列举的容积 V 计算的标准偏差 $u_{V,1}$，见表 C.2。

天平在 0 g～5 g 的范围内，同样有相对于实际值+0.02 mg（等同于 0.02 mL)的线性偏差。假定为矩形分布，V 的相应的标准不确定度的最佳估算值如表 C.2 所示。

表 C.2 注射器容积的测定

注射器类型	注射器序号	平均容积 $V/\mu L$	容积测定中注入清空注射器的不确定度 $u_{V,1}/\mu L$	天平的不确定度 $u_{V,2}/\mu L$
NO	1	24.71	4.68×10^{-2}	1.15×10^{-2}
	2	39.86	4.56×10^{-2}	1.15×10^{-2}
	3	78.43	9.44×10^{-2}	1.15×10^{-2}
	4	99.23	7.15×10^{-2}	1.15×10^{-2}
SO_2	1	39.65	4.56×10^{-2}	1.15×10^{-2}
	2	49.16	4.94×10^{-2}	1.15×10^{-2}
	3	69.29	4.86×10^{-2}	1.15×10^{-2}

C.3 注射器驱动校准认证的实例

表 C.3 和表 C.4 中的数据由英国 Sira 检测认证公司提供。

注:以下具体内容写在证书抬头:客户名称、订单号、证书号、仪器接收日期、校准日期、仪器制造商、型号、系列号。

具有专利技术的"注射器泵"(注射器驱动)根据数字测微计和数字计时器进行校准,可溯源至国家标准。校准在 20 ℃±2 ℃下进行,注射器驱动泵根据制造商说明设定以下参数,而数字测微计则通常安装在注射器的位置上。

注射器类型:具有专利技术的塑料注射器,1 cm^3(1 mL)。

注射器直径:4.70 mm。

注射器容积:0.40 cm^3(40 mL)。

注射器活塞的初始位置从右手端测量。

表 C.3 使用数字测微计校准注射器活塞的结果

初始位置 mm	理论位移 mm	流量 2 mL/h 时的活塞位移 mm	流量 5 mL/h 时的活塞位移 mm	流量 10 mL/h 时的活塞位移 mm	活塞位移平均值 mm	理论与实验位移差 %
10	23.055	22.99	22.99	23.00	22.99	−0.3
35	23.055	23.01	23.01	22.98	23.00	−0.2
60	23.055	23.02	22.98	22.98	22.99	−0.3

表 C.4 使用计时器校准注射器活塞的结果

指示流量 mL/h	理论运行时长 s	运行时长第一次运行 s	运行时长第二次运行 s	运行时长第三次运行 s	运行时长平均值 s	理论与实验运行时长的差距 %
2	720.0	720.41	720.38	720.41	720.4	0.1
5	288.0	288.15	288.19	288.25	288.2	0.1
10	144.0	144.12	144.22	144.13	144.2	0.1

长度测量的不确定度估计为±0.03 mm,而时间测量的不确定度估计为±0.3 s。

附 录 D
（资料性附录）
连续注射法制备校准混合气体的浓度不确定度评估实例

D.1 模型方程

考虑以下不确定度：

a） 校准组分的体积分数；

b） 校准组分在平衡气中的体积分数；

c） 校准组分和平衡气的体积流量；

d） 活塞线性速率、注射器直径，或注射器容积和活塞在注射器中位移速率等测定的不确定度。

用式(D.1)表示：

$$\varphi = \frac{\varphi_A q_A + \varphi_B q_B}{q_A + q_B} \qquad \text{(D.1)}$$

校准组分的体积流量通常由注入泵的内部程序根据要求的流量 q、确定的注射器容积 V、注射器运行长度 L 以及活塞位移 l 来确定。以上都是各个注入泵的特性。用式(D.2)描述：

$$q_A = vS \qquad \text{(D.2)}$$

式中：

$v = \dfrac{l}{t}$；

$S = \dfrac{V}{L}$。

则合成不确定度 u_c 见式(D.3)：

$$\begin{aligned} u_c^2(\varphi) &= \left(\frac{\partial\varphi}{\partial\varphi_A}\right)^2 u^2(\partial\varphi_A) + \left(\frac{\partial\varphi}{\partial\varphi_B}\right)^2 u^2(\varphi_B) + \left(\frac{\partial\varphi}{\partial q_A}\right) + \left(\frac{\partial\varphi}{\partial q_B}\right) u^2(q_B) \\ &= \frac{(\varphi_A - \varphi_B)^2 [q_B^2 u^2(q_A) + q_A^2 u^2(q_B)]}{(q_A + q_B)^4} + \frac{q_A^2 u^2(\varphi_A) + q_B^2 u^2(\varphi_B)}{q} \end{aligned} \qquad \text{(D.3)}$$

扩展不确定度：$U(\varphi) = 2u_c(\varphi)$

可应用以式(D.4)计算 $u(q_A)$：

$$u^2(q_A) = v^2 u^2(S) + S^2 u^2(v) \qquad \text{(D.4)}$$

式中：

$u^2(v) = \dfrac{1}{l^2} u^2(l) + \dfrac{l^2}{t^4} u^2(t)$

且由式(D.5)：

$$u^2(S) = \frac{1}{l^2} u^2(V) + \frac{V^2}{l^4} u^2(l) \qquad \text{(D.5)}$$

D.2 参量清单

参量清单见表 D.1。

表 D.1 参量清单

参量	单位	描述
f	—	校准用混合气体体积分数
f_A	—	校准组分在校准组分气中的实际体积分数
q_A	m^3/s	校准组分体积流量
f_B	—	校准组分在平衡气中的体积分数
q_B	m^3/s	平衡气体积流量
S	m^2	注射器截面积
v	m/s	活塞线性速率
L	m	注射器运行长度
l	m	活塞位移
t	s	活塞位移时间
V	m^3	注射器容积

f_A 校准组分体积分数及其不确定度应由最终用户或具有相应资质的外部实验室进行评估。本例中，选定的纯度上下限分别为 0.995 和 1.000，其中，最大概率的纯度为 0.997 5，纯度为 0.995 或 1.000 的概率为零。纯度的概率分布为正弦分布，纯度为 0.997 5，在半宽 0.002 5 分布区间的概率为 100%。

q_A 应满足某些条件，如：注射器针管不会使注射器内出现反压、注射器保持室温、活塞被推动时不发生震动、活塞位移经过的注射器径向为恒量、采取措施让注射器里不出现死区、气体注入注射器后不透过针管或关闭阀发生扩散、校准混合气体是由不相互反应的气体组成。

f_B 可以制备体积分数低于 1×10^{-9} 二氧化硫。B 类三角分布标准不确定度可用半宽为 1×10^{-9} 的分布区间表示。

q_B 平衡气体积流量可通过，如热式质量控制器控制，扩展不确定度一般为 1%。例如，流量值 3.33 m^3/s，则标准不确定度为 $0.016\ 66\times10^{-5}$ m^3/s。

对于活塞位移，可使用注射器驱动校准证书列举的数据，值：0.023 m，分布半径：0.000 03 m，B 类矩形分布。

t 对于活塞位移时间，可使用注射器驱动校准证书 C.3 实例中的数据，值：288 s，分布半径：0.3 s，B 型矩形分布。

V 注射器的注入体积的测定可通过注水，再由注射器容纳水的质量推导体积进行（以 22 ℃时水密度 0.998 g/cm^3 为基础进行校正）。确定注射器容积的不确定度时，应包含天平的不确定度。对于注射器容积，可应用 C.2 确定注射器计量性能的方法实例中的数据，值：39.65×10^{-9} m^3，标准不确定度：4.70×10^{-11} m^3。

D.3 不确定度分布表

不确定度分布表见表 D.2。

表 D.2 不确定度分布表

参量	值	标准不确定度
f_A	0.997 5	1.02×10^{-3}
q_A	1.273×10^{-10} m^3/s	1.37×10^{-12} m^3/s
v	7.986×10^{-6} m/s	6.03×10^{-8} m/s
l	2.300×10^{-3} m	1.73×10^{-5} m
t	288.2 s	0.173 s
S	1.593×10^{-5} m^2	1.22×10^{-7} m^2
V	3.965×10^{-8} m^3	4.70×10^{-11} m^3
l	2.300×10^{-3} m	1.73×10^{-5} m
f_B	1.000×10^{-9}	4.08×10^{-10}
q_B	3.330×10^{-5} m^3/s	1.67×10^{-7} m^3/s
f	$3.819\ 5\times10^{-6}$	4.53×10^{-8}

D.4 结果

参量：f；

值：3.19×10^{-6}；

相对扩展不确定度：±2.4%；

包含因子：2。

参 考 文 献

[1] Guide to the expression of uncertainty in measurement (GUM), BIPM, IEC, IFCC, ISO, IUPAC, IUPAP, OIML, 1993, corrected and reprinted in 1995

[2] ISO 6145-7:2001 Gas analysis—Preparation of calibration gas mixtures using dynamic volumetric methods—Part 7: Thermal mass-flow controllers

[3] ISO 7504 Gas analysis—Vocabulary

ICS 71.040.40
G 86

中华人民共和国国家标准

GB/T 5275.5—2014/ISO 6145-5:2009

气体分析 动态体积法制备校准用混合气体 第5部分:毛细管校准器

Gas analysis—Preparation of calibration gas mixtures using dynamic volumetric methods—Part 5:Capillary calibration devices

(ISO 6145-5:2009,IDT)

2014-07-08 发布 2014-12-01 实施

中华人民共和国国家质量监督检验检疫总局
中国国家标准化管理委员会 发布

前　言

GB/T 5275《气体分析　动态体积法制备校准用混合气体》分为以下几部分：

——第 1 部分：校准方法；

——第 2 部分：容积泵；

——第 4 部分：连续注射法；

——第 5 部分：毛细管校准器；

——第 6 部分：临界锐孔；

——第 7 部分：热式质量流量控制器；

——第 8 部分：扩散法；

——第 9 部分：饱和法；

——第 10 部分：渗透法；

——第 11 部分：电化学发生法。

本部分为 GB/T 5275 的第 5 部分。

本部分按照 GB/T 1.1—2009 给出的规则起草。

本部分使用翻译法等同采用 ISO 6145-5:2009《气体分析　动态体积法制备校准用混合气体　第 5 部分：毛细管校准器》。

与本部分中规范性引用的国际文件有一致性对应关系的我国文件如下：

——GB/T 5275.1—2014　气体分析　动态体积法制备校准用混合气体　第 1 部分：校准方法(ISO 6145-1:2003,IDT)；

——GB/T 10628-2008　气体分析　校准混合气体组成的测定和校验　比较法(ISO 6143:2001,IDT)。

本部分由中国石油和化学工业联合会提出。

本部分由全国气体标准化技术委员会(SAC/TC 206)归口。

本部分起草单位：中国计量科学研究院、西南化工研究设计院有限公司、北京市华元气体化工有限公司。

本部分主要起草人：吴海、朱济兴、陈雅丽。

气体分析　动态体积法制备校准用混合气体　第5部分:毛细管校准器

1　范围

GB/T 5275 的本部分规定了一种利用内含单个或多个毛细管组合(气体分割器)的设备,由纯气体或混合气连续制备校准混合气体的方法。

单毛细管系统可用于制备组分体积分数在 10^{-8}～0.5 的混合气体。

本方法的相对扩展不确定度不超过 2%,可用于制备指定气体氛围的工业气体混合系统。

气体分割器用于从纯气或混合气制备一定体积比的混合气体。这种设备稀释获得体积分数 0.000 5～0.9 之间的基准气体,其相对重复性小于 0.5%。

气体分割器制备混合气体的溯源性,可通过将其与国家或国际气体标准比较来实现。实例参见附录 A。

2　规范性引用文件

下列文件对于本文件的应用是必不可少的。凡是注日期的引用文件,仅注日期的版本适用于本文件。凡是不注日期的引用文件,其最新版本(包括所有的修改单)适用于本文件。

ISO 6143　气体分析　校准混合气体组成的测定和校验　比较法(Gas analysis—Comparison methods for determining and checking the composition of calibration gas mixtures)

ISO 6145-1　气体分析　动态体积法制备校准用混合气体　第 1 部分:校准方法(Gas analysis—Preparation of calibration gas mixtures using dynamic volumetric methods—Part 1:Methods of calibration)

3　原理

气体在恒定压降下通过毛细管,以恒定的流速加入到一定流量的平衡气中。其中,平衡气也可能来自其他的毛细管。

应选择适当的毛细管,以使得气体按所需流量进入混合单元。如果选择的毛细管合适,则可以通过调节毛细管两端压降来获得所需流量。

商品化的气体分割器包括多个毛细管。包括毛细管组合的气体分割器可以用于稀释纯气,或利用平衡气对校准混合气进一步稀释从而再获得校准标准。

4　装置

4.1　双毛细管混合系统

4.1.1　结构

图 1 给出了包括双毛细管气体混合系统(即双毛细管系统)的一种可能结构。

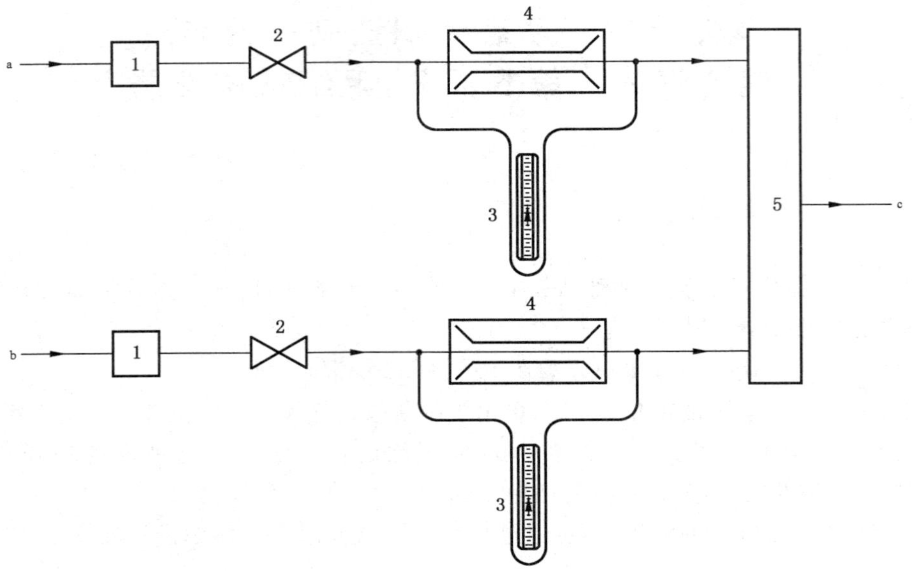

说明：
1——双级加压阀；
2——精密调节阀；
3——压差计；
4——毛细管；
5——混合单元。
[a] 气体A。
[b] 平衡气。
[c] 气体混合气体。

图1 双毛细管混合系统

4.1.2 装置

4.1.2.1 毛细管，每个毛细管均由装有双级压力调节阀、气体过滤器和精密调节阀的钢瓶供气。

4.1.2.2 双级压力调节阀，装有精密调节阀。

4.1.2.3 压差计，能测量毛细管两端的压差。

4.1.2.4 气体混合单元，每个毛细管分别向其注入气流，气流在其中混合并在出口处生成校准混合气体。

4.1.2.5 气体过滤器，过滤组分气体，防止毛细管堵塞。

4.1.2.6 恒温控制器(可选部件)，使毛细管的温度保持恒定。温度变化会使通过毛细管的组分气黏度发生显著变化，要达到高准确度就应对毛细管进行恒温控制。使用水套控制温度变化在±1 ℃时，最终混合气体的体积分数的变动不会超过±2%。

4.1.3 步骤

4.1.3.1 操作

打开供气钢瓶，将双级压力调节阀出口压力调至约为200 kPa，打开精密调节阀，调节毛细管两端压降的大小直至气体达到要求的流量值。所需的压降可以通过式(1)变换形式后评估得到。

任何时候制备的混合气体的准确程度主要受各组分流量的稳定性影响。这可以通过安装在每个毛细管两端的压差计读数的变化进行评估。

4.1.3.2 毛细管流量测定

从毛细管流出的气体 A 的体积流量 q_A 可由式(1)近似表示为：

$$q_A = \frac{\pi \times r^4 \times (p_1 - p_2)}{8 \times \eta \times L} \qquad \cdots\cdots(1)$$

式中：

r ——毛细管半径；

p_1 ——毛细管进口压力；

p_2 ——毛细管出口压力；

η ——使用温度下气体的动态黏度；

L ——毛细管长度。

对于给定的毛细管，通过利用独立校准因子可以将式(1)简化。获得该校准因子的方法如下：将通过毛细管的气流导入已知准确度的流量计。同时，在某个流量范围内，记录不同流量下的压差。于是通过将压差$(p_1 - p_2)$与流量拟合可以获得校准曲线。该直线的斜率见式(2)：

$$\begin{aligned} q_A &= K_A \times (p_1 - p_2)_A \\ &= K_A \times \Delta p_A \end{aligned} \qquad \cdots\cdots(2)$$

式中：

K_A ——气体 A 在此毛细管上的校正因子；

Δp_A ——气体 A 通过毛细管的压力差，$p_1 - p_2$。

实际上，由于流量的测定受很多因素的影响，例如气体黏度、温度的变化会影响流量的测定，故而推荐使用校正因子。

4.2 使用气体分割器的多毛细管设备

4.2.1 气体分割器结构

气体分割器利用了多毛细管组合。这种组合可按照图 1 所示系统或图 2 和图 3 所示的系统来实现。图 1 所示的系统中，每个毛细管的压差均被分别控制，而图 2 和图 3 所示系统中所有的毛细管压差都一样。

本部分中的气体分割器，即采用了所有毛细管压差均相等的方式。通常，这样的气体分割器可以分为两类：

a) 由不同的毛细管组合的气体分割器(4.2.2)；

b) 由相同的毛细管组合的气体分割器(4.2.3)。

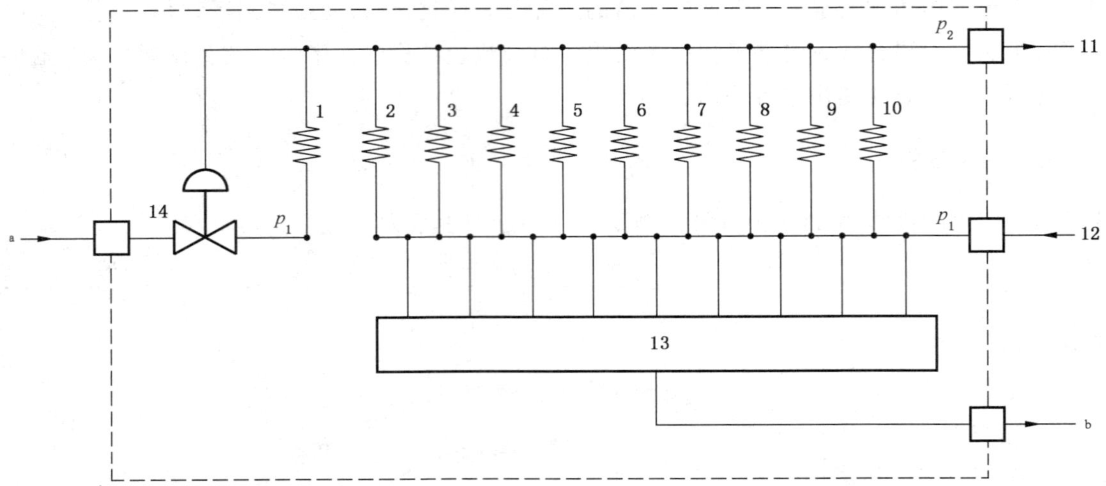

说明：

1　　——稀释气体毛细管；

2～10——组分气体毛细管；

11　 ——生成气体；

12　 ——组分气体，体积分数 ϕ_0；

13　 ——分割切换阀；

14　 ——压力调节阀。

[a] 稀释气体。

[b] 废气。

图 2　工作原理

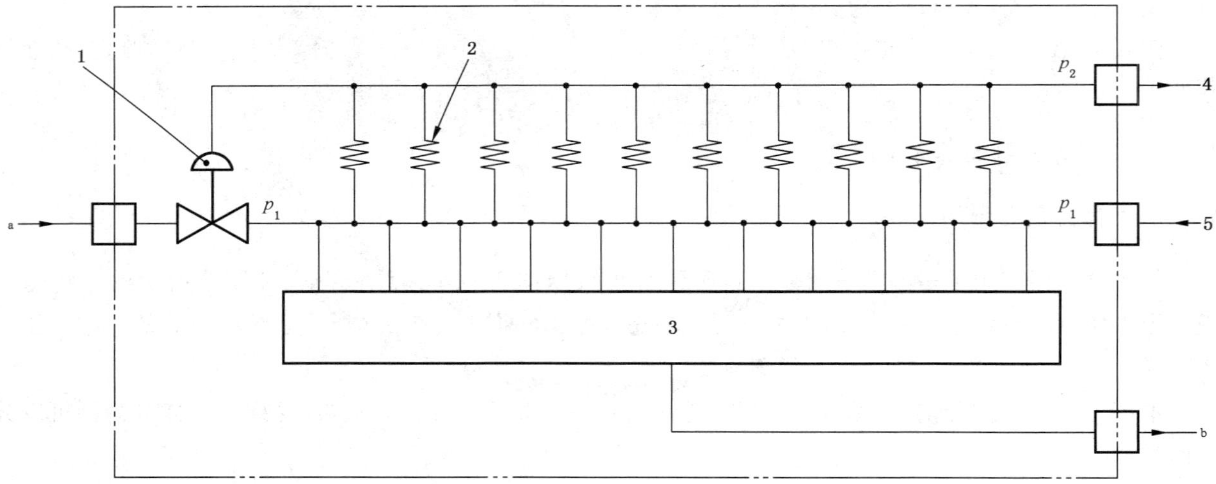

说明：

1——压力调节阀；

2——毛细管；

3——分割切换阀；

4——生成气体；

5——组分气体，体积分数 ϕ_0。

[a] 稀释气体。

[b] 废气。

图 3　包括相同毛细管的气体分割器

4.2.2 由不同的毛细管组合的气体分割器

在由不同的毛细管组合的气体分割器中，其用于组合的毛细管不少2个，由于毛细管的长度和直径不同，所以每个毛细管产生的流量不同(见图2)。通常，其中一个毛细管用于稀释气体(图2中毛细管1)，而另一个或另一组毛细管用于组分气体(图2中毛细管2)。

工作时，组分气体和稀释气体的压力应通过外部压力调节阀调节。

在必要时，可以通过增加毛细管并切换到与第一毛细管平行位置以获得更大的稀释因子。当组分气体单独通过某个毛细管的情况下，通过选择组分气体通过的毛细管，至少可以获得9种不同的稀释水平。利用不同的毛细管组合，可以获得的稀释因子范围为10～2 000。这些“组分气体毛细管”可以是结构相同的或不同的。

单个毛细管的流量可按照4.1.3.2测定。通过使用每个毛细管制备同一种混合气体，然后进行比对则足以测定或检验每个毛细管的稀释因子。

4.2.3 由相同的毛细管组合的气体分割器

该气体分割器包含的毛细管组合中，所有毛细管长度、直径完全相同。假设所用气体的黏度并没有太大差异，而且毛细管两端压力恒定，每个毛细管对气流的阻力相同。

大多数气体分割器都带有电磁阀切换系统，通过它可选择不同的毛细管，于是通过分割可以将气体稀释到不同的体积分数。

组分气体和稀释气体的流量应通过毛细管控制，然后再混合生成分割气体。生成气体的体积分数通过组分气体和稀释气体的流量计算获得。

在图3所示的例子中，气体分割器包括10个相同的毛细管。

4.2.4 操作包括相同毛细管的气体分割器

组分气体或稀释气体总是通过 m 个毛细管(如图2和图3所示例子中的10个毛细管)。通过选择组分气体和稀释气体通过的毛细管总数量，系统可以获得 $(m+1)$ 阶稀释结果，其中 m 值为 $0 \sim m$。由于 m 个毛细管的流量特性完全一样，外部对它们的影响也相等，因此，通过选择不同的毛细管，可以控制组分气体和稀释气体的流量，从而能获得所需的体积分数，并且不受温度和大气压变化的影响。在操作过程中，组分气体和稀释气体的压力应通过外部调节阀进行调节。

4.2.5 流量测定

对于包括非一致性毛细管的气体分割器，每个毛细管应通过4.1.3.2给出的方法进行校准。

对于包括一致性毛细管的气体分割器，通过每个毛细管的流量由总流量除以气体分割器中所有的毛细管数量获得，见式(3)。

$$q = \frac{q_{\text{all}}}{m} \qquad \cdots\cdots(3)$$

式中：

q ——通过每个毛细管的流量；

q_{all}——通过分割器内所有毛细管的总流量；

m ——气体分割器内所有毛细管的数量。

通过所有毛细管的总流量 q_{all} 由式(4)计算：

$$q_{\text{all}} = K \times (p_1 - p_2) = K \times \Delta p \qquad \cdots\cdots(4)$$

式中：

K——与温度以及组分气体不相关的校准因子，通过 4.1.3.2 所述方法确定。应考虑各个毛细管的校准因子以及每个毛细管与平均值的偏差。

从气体分割器流出的气体 A 的体积流量 q_A 可由式(5)计算：

$$q_A = n \times q \tag{5}$$

式中：

q_A——组分气体 A 的气体流量；

n——组分气体 A 通过的毛细管数量。

平衡气体 B 的体积流量 q_B 可由式(6)计算：

$$q_B = (m - n) \times q \tag{6}$$

5 结果表述

注：所有不确定度表述均与 ISO/IEC Guide 98-3(GUM)[1]要求一致。

5.1 体积分数

组分气体 A 的体积分数 φ_A 由式(7)计算：

$$\varphi_A = \frac{q_A}{\sum q} \tag{7}$$

式中：

φ_A——最终气体混合气体中组分气体的体积分数；

q——组分气体和平衡气体的流量。

如果利用了预混合气体，那么结果可由式(8)计算：

$$\varphi_A = \frac{q_A \times \varphi_{A0}}{\sum q} \tag{8}$$

式中：

φ_{A0}——混合前组分气体中气体 A 的体积分数。

对于包括一致性毛细管的气体分割器，式(7)和式(8)可以简化。假设所用气体的黏度差异很小，于是体积分数 φ_A 可由式(9)计算：

$$\varphi_A = \frac{n \times q}{m \times q} = \frac{n}{m} \tag{9}$$

式中：

n——组分气体(气体 A)通过的毛细管数量；

m——所有毛细管的数量(图 3 中 $m=10$)。

如果用到预混合气体的话则由式(10)计算：

$$\varphi_A = \frac{n}{m} \times \varphi_{A0} \tag{10}$$

5.2 不确定度来源

5.2.1 温度

为消除温度影响，大多数气体分割器将其所有的毛细管安装在同一个金属块上，这个金属块的作用是毛细管的散热器。任何温度变化同时对组分气和平衡气产生影响并相互抵消。安装在不同金属块上的毛细管的温度有可能不同，这时需要进行恒温控制。

5.2.2 黏度

黏度效应对通过毛细管的气体流量产生一定的影响。这一影响的大小取决于所用气体的种类及其体积分数。对于体积分数高于1%的气体，可以参考黏度数据。

有些由计算机控制进行仪器校准的气体分割器，内置了黏度效应对分割器本身校准曲线的校正。

5.2.3 压力

大气压的变化对两路气流的影响相同，相互抵消。对于气体分割器，当所有毛细管非常相似的时候，如果压差不发生显著下降（达70%）则压力影响则可以忽略，否则气体分配器的准确度会受到影响。

5.2.4 毛细管的形状

如式(1)所示，毛细管的形状对流量大小有重要影响。如果通过毛细管的气流通过校准因子(4.1.3.2)来确定时，可以识别这种几何形状的未知影响（例如内表面、不圆度）。

5.3 气体分割器的校准

为实现该方法所述的准确度，应对气体混合系统/气体分割器进行校准。校准应按照 ISO 6145-1 的规定进行，通过测量毛细管流量或通过按照 ISO 6143 将最终气体混合气体与气体标准样品的比对来实现。当对国家或国际标准的溯源性被要求时，则应采用比对的方法。

当对含一致性毛细管的气体分割器进行校准时，在体积分数范围内至少选择两点（分别为小于范围25%和大于范围75%），与可溯源至国家或国际标准的气体标准样品进行比较。

对含非一致性毛细管的气体分割器校准时，将通过各个组分气体毛细管产生的混合气体进行比对。通过每个毛细管生成一种混合气体，然后进行比对，这是以测定（验证）每个稀释因子。由于气体分割器的稀释因子差别很大，甚至达到不同数量级，应在比对中采用不同的气体分析仪或预混合气体。

这种比对的不确定度应考虑到混合气体制备的不确定度清单中。

附录A给出了这种方法的例子。

5.4 不确定度评定

如式(1)和式(2)所示，压降的变化会影响通过毛细管的流量。改变混合单元出口的大气压，则会导致压差 $\Delta p = p_1 - p_2$ 发生变化。

q_A 的相对合成标准不确定度，$u_c(q_A)/q_A$ 见式(11)：

$$\frac{u_c(q_A)}{q_A} = \sqrt{\left[\frac{u(K_A)}{K_A}\right]^2 + \left[\frac{u(\Delta p)}{\Delta p}\right]^2} \qquad (11)$$

式中：

$u(K_A)$——毛细管校准所得 K 的标准不确定度；

$u(\Delta p)$——由压差 Δp 变化引起的标准不确定度。

式(11)也适用气体分割器。如果是气体分割器，校准因子 K 的不确定度应不仅仅包括可能的温度和黏度效应，还应包括组合使用的毛细管的几何形状差异。K 的合成不确定度计算式推导参见附录B。

以二元混合气体为例，组成的不确定度表示为组分A的体积分数[见式(7)]的相对不确定度，如式

(12)所示：

$$\frac{U(\varphi_{A})}{\varphi_{A}}=\frac{2q_{B}}{q_{A}+q_{B}}\sqrt{\left[\frac{u(q_{A})}{q_{A}}\right]^{2}+\left[\frac{u(q_{B})}{q_{B}}\right]^{2}} \qquad \cdots\cdots(12)$$

式(12)左侧的$U(\varphi_{A})$，即为报告的扩展不确定度，当误差服从正态分布、取置信概率95%时，扩展不确定度为测量的标准不确定度乘以包含因子$k=2$。

附 录 A
（资料性附录）
数值实例

A.1 使用气体分割器校准气体分析仪

本例中，用氮气将4.571%的氮气中二氧化碳气体标准样品稀释生成体积分数为0%～4.571%的混合气体。气体分割器由计算机控制，生成的混合气体输入一台红外气体分析仪。结果的回归计算通过计算机程序执行，具体如表A.1所示。

所有用于校准的气体在使用前都应进行分析，检验其是否含有影响目标组分量值的气体。

表A.1 用气体分割器校准红外分析仪后的分析数据

校准气体/%	气体体积分数/%	红外分析仪的直接读数	当前曲线获得的值[a]	新曲线获得的值[b]	当前曲线的点对点相对差/%[c]	新曲线的点对点相对差/%[d]	当前曲线的满量程相对差/%FSR[e]	新曲线的满量程相对差/%FSR
100	4.571	93.79	4.571	4.569	0.00	−0.04	0.00	−0.03
90	4.113	87.09	4.138	4.135	0.61	0.53	0.50	0.44
80	3.655	79.17	3.659	3.655	0.11	0.00	0.09	0.00
70	3.197	71.07	3.202	3.197	0.16	0.00	0.09	0.01
60	2.740	62.48	2.744	2.739	0.15	−0.03	0.09	0.01
50	2.283	53.47	2.289	2.285	0.26	0.09	0.14	0.04
40	1.826	44.05	1.836	1.833	0.55	0.38	0.22	0.14
30	1.369	33.99	1.375	1.373	0.44	0.29	0.13	0.08
20	0.912	23.41	0.914	0.913	0.22	0.11	0.04	0.01
10	0.457	12.17	0.454	0.454	−0.66	−0.66	−0.06	−0.07
0	0.000	0.00	0.000	0.000	0.00	0.00	0.00	0.00

注：第6列和第7列中相对偏差表明相对不确定度优于1.0%。

[a] 由内存中存储的上次校准曲线获得的值。
[b] 新校准日期：1994年7月14日。
[c] 气体体积分数值和用当前曲线计算值之间的点对点相对差。
[d] 气体体积分数值和用新曲线计算值之间的点对点相对差。
[e] FSR：满量程。

表A.1给出的是气体分割器产生的混合气体输入红外分析仪后得到的数据。测量条件如下：

——系统：可溯源的混合气体；

——分析仪：AIA-120[1)]；

1) AIA-120为一种现有的商业化产品。本部分以之为例仅仅是为了便于读者理解，并不意味着该产品得到本部分的担保。

——组分：二氧化碳；

——来源：气体分割器；

——满量程：5.0%；

——状态：未保存；

——校准气体：45000/4/100794。

A.2 气体分割器的校准(溯源性评估程序)

校准时将可溯源的标准气体输入气体分析仪，并用由气体分割器校准分析仪得到的校准曲线计算结果，将基准混合气体输入分析仪来核验校正校准曲线，通常只需用两个点的校正气体来校正校准曲线上的个别点，一个在测量范围的<25%处，另一个在>75%处。

表A.2给出了校准过程的结果，表A.3给出了当前曲线系数和新系数的差异，表A.4说明了所使用的校正气体，校正混合气体(1～5)取得的值见表A.2。

表A.2 校正混合气体与曲线计算值的比较

校准气体	气体体积分数/%	红外分析仪的直接读数	当前曲线获得的值[a]	新曲线获得的值[b]	当前曲线的点对点相对差/%[c]	新曲线的点对点相对差/%[d]	当前曲线的满量程相对差/%FSR[e]	新曲线的满量程相对差/%FSR
1	4.092	86.20	4.082	4.079	−0.24	−0.32	−0.19	−0.26
2	2.537	58.40	2.535	2.530	−0.07	−0.28	−0.03	−0.13
3	2.520	58.10	2.520	2.515	0.00	−0.20	0.00	−0.09
4	1.993	47.40	1.995	1.991	0.10	−0.10	0.04	−0.04
5	1.083	27.40	1.085	1.083	0.18	0.00	0.04	0.00

注：所有结果都优于0.32%。通用曲线获得结果与溯源性校准气体之间吻合，这证明所得的曲线是有效的校准曲线，该曲线的准确度优于+0.5%。

[a] 由内存中存储的上次校准曲线获得的值。

[b] 新校准日期：1994年7月14日。

[c] 气体体积分数值和用当前曲线计算值之间的点对点相对差。

[d] 气体体积分数值和用新曲线计算值之间的点对点相对差。

[e] FSR：满量程。

表A.2中的第4列和第5列分别是校正气体用旧的校准曲线计算得到的值和由它们校正该曲线后重新计算得到的值。校正气体原值与用分析仪校准曲线计算值之间的差异以相对偏差的形式列在第7列中。

表A.3 曲线系数比较

曲线系数	当前曲线	新曲线
a1	+3.511 400e+002	+3.510 400e+002
a2	+2.022 700e+000	+1.987 400e+000
a3	−1.726 700e−002	−1.683 700e−002
a4	+1.192 700e−004	+1.185 900e−004

表 A.4　校正气体的编号

校正混合气体	编号
1	40000/4/230393
2	25000/4/300493
3	CAL-726
4	CAL-892
5	10000/4/270892

表 A.4 中，校正混合气体 3 和 4 由计量机构提供。其他校正气体由能提供溯源性的气体供应商制备。

附 录 B
（资料性附录）
K 的合成不确定度计算式推导

本附录给出了式(11)的推导以及由此获得的相对合成不确定度。由式(2)，去除下标，可以推导如下，见式(B.1)：

$$K=\frac{q}{\Delta q} \qquad \cdots\cdots(B.1)$$

于是有式(B.2)：

$$u^2(K)=\left(\frac{\partial K}{\partial q}\right)^2\times u^2(q)+\left(\frac{\partial K}{\partial \Delta p}\right)^2\times u^2(\Delta p) \qquad \cdots\cdots(B.2)$$

通过对式(B.1)求偏导数，可以获得如下结果，见式(B.3)和式(B.4)：

$$\frac{\partial K}{\partial q}=\frac{1}{\Delta p} \qquad \cdots\cdots(B.3)$$

$$\frac{\partial K}{\partial \Delta p}=-\frac{1}{(\Delta p)^2} \qquad \cdots\cdots(B.4)$$

将式(B.3)和式(B.4)带入式(B.2)，于是有式(B.5)和式(B.6)：

$$u^2(K)=\frac{u^2(q)}{(\Delta p)^2}+\frac{q^2\times u^2(\Delta p)}{[(\Delta p)^2]^2} \qquad \cdots\cdots(B.5)$$

$$u(K)=\sqrt{\frac{u^2(q)}{(\Delta p)^2}+\frac{q^2\times u^2(\Delta p)}{[(\Delta p)^2]^2}} \qquad \cdots\cdots(B.6)$$

参 考 文 献

[1] ISO/IEC Guide 98-3:2008 Uncertainty of measurement—Part 3: Guide to the expression of uncertainty in measurement (GUM:1995)

ICS 71.040.40
G 86

中华人民共和国国家标准

GB/T 5275.6—2014/ISO 6145-6:2003

气体分析 动态体积法制备校准用混合气体 第6部分:临界锐孔

Gas analysis—Preparation of calibration gas mixtures using dynamic volumetric methods—Part 6: Gritical orifices

(ISO 6145-6:2003, IDT)

2014-07-08 发布 2014-12-01 实施

中华人民共和国国家质量监督检验检疫总局
中国国家标准化管理委员会 发布

前　言

GB/T 5275《气体分析　动态体积法制备校准用混合气体》分为以下几部分：

——第1部分：校准方法；

——第2部分：容积泵；

——第4部分：连续注射法；

——第5部分：毛细管校准器；

——第6部分：临界锐孔；

——第7部分：热式质量流量控制器；

——第8部分：扩散法；

——第9部分：饱和法；

——第10部分：渗透法；

——第11部分：电化学发生法。

本部分为GB/T 5275的第6部分。

本部分按照GB/T 1.1—2009给出的规则起草。

本部分使用翻译法等同采用ISO 6145-6:2003《气体分析　动态体积法制备校准用混合气体　第6部分：临界锐孔》。

与本部分中规范性引用的国际文件有一致性对应关系的我国文件如下：

——GB/T 5275.1—2014　气体分析　动态体积法制备校准用混合气体　第1部分：校准方法(ISO 6145-1:2003,IDT)；

——GB/T 10628—2008　气体分析　校准混合气体组成的测定和校验　比较法(ISO 6143:2001,IDT)。

本部分由中国石油和化学工业联合会提出。

本部分由全国气体标准化技术委员会(SAC/TC 206)归口。

本部分起草单位：中国计量科学研究院、西南化工研究设计院有限公司、上海杰瑞德检测技术有限公司。

本部分主要起草人：刘沂玲、陈雅丽、王根棠。

气体分析　动态体积法制备校准用混合气体　第6部分:临界锐孔

1　范围

GB/T 5275的本部分规定了通过临界锐孔系统用纯气或混合气连续制备两种或多种组分的校准混合气体的方法。通过选择适合的锐孔组合并配合纯气的使用,校准组分在校准混合气体中的体积分数可以以10^4为系数变化。另外通过改变锐孔系统的初始压力可使校准组分的体积分数以10^2为系数变化。临界锐孔法的不确定度主要取决于流量校准方法、温度变化以及出口压力。二元混合气体可得到的体积分数相对扩展不确定度(在包含因子$k=2$时)为3%。

使用预混气体而不是纯气可制备体积分数低得多的混合气体(参见附录A)。确定质量或体积分数的质量流量或体积流量,可通过计算得出,也可采用ISO 6145-1给出的适当方法单独测量。

这种制备方法的优点是可连续制备大量混合气体,并且只要使用适当数量的锐孔,制备多组分混合气体就如制备二元混合气体一样容易。流量范围可从每分钟几毫升到每分钟10 L。

本方法特别适用于在大气压力下制备混合气体,但也可在高于大气压的压力下制备混合气体。

使用本方法的实用提示参见附录B。

2　规范性引用文件

下列文件对于本文件的应用是必不可少的。凡是注日期的引用文件,仅注日期的版本适用于本文件。凡是不注日期的引用文件,其最新版本(包括所有的修改单)适用于本文件。

ISO 6143　气体分析　校准混合气体组成的测定和校验　比较法(Gas analysis—Comparison methods for determining and checking the composition of calibration gas mixtures)

ISO 6145-1　气体分析　动态体积法制备校准用混合气体　第1部分:校准方法(Gas analysis—Preparation of calibration gas mixtures using dynamic volumetric methods—Part 1:Methods of calibration)

3　原理

气体在逐渐增大的上游压力p_1下通过临界锐孔时,通过锐孔的体积流量增大。当锐孔的上游压力p_1和下游压力p_2之比达到临界值时,进一步提高p_1,气体流量变得与p_2无关。

对于给定气体,恒温下临界压力比见式(1)

$$\left(\frac{p_2}{p_1}\right)_{\text{crit}}=\left(\frac{2}{\gamma+1}\right)^{\frac{\gamma}{\gamma-1}} \qquad \cdots\cdots(1)$$

式中:

γ——恒定压力和体积下气体的摩尔热容量之比。

单原子、双原子和三原子气体的临界压力比约为0.5。

在低于$(p_2/p_1)_{\text{crit}}$的压力比p_2/p_1下运行的锐孔系统被称为临界锐孔系统。使用这样的系统可保持恒定的气体流量。在实际操作中,很容易对系统进行设置使p_2等于环境大气压力。

制备校准用混合气体时,通过临界锐孔的载带气以已知的流量流出,与来自另一声孔的校准组分汇合。然后混合气体通过一个混合管,在混合管的末端用ISO 6145-1给出的适当方法测量流量。因为不论是否有载带气流，校准组分的体积流量始终不变，可在载带气流停止后测量校准组分的体积流量。校准用混合气体的浓度可从两个测得的临界流量计算出来。

4 制备混合气体的应用

4.1 锐孔系统和实验程序的描述

二元混合气体制备的设置原理示意图如图1所示。

图1中，分别用于加入载带气和校准组分的锐孔(9和10)安装在锐孔系统(11)上。钢瓶(1和13)分别装有载带气和其他气体组分，通过减压阀(3和15)和防止污染的金属过滤器(5和17)连接到混合系统上。在每条管路的过滤器上游都安装减压阀和压力计。载带气管路上安装截止阀(8)，另一管路上安装放空阀。

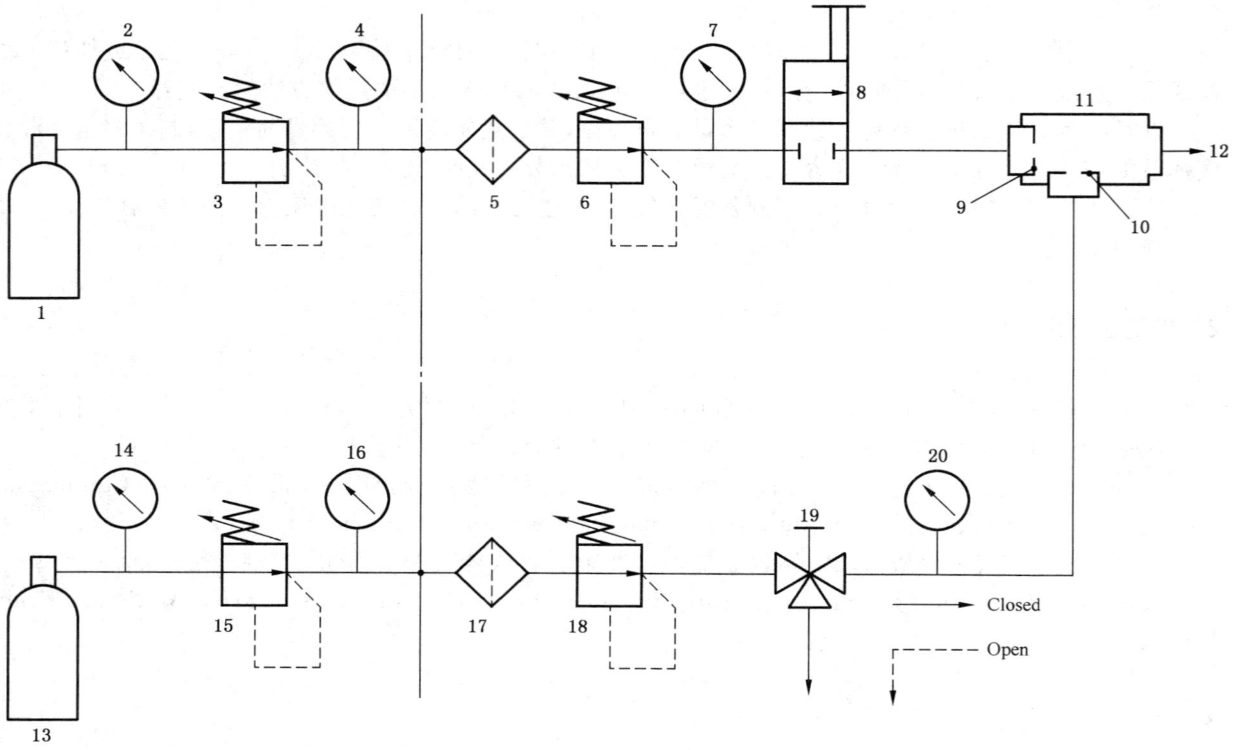

说明：

1——压力钢瓶(载带气)；
2——压力计(入口压力)；
3——减压阀；
4——压力计(输送压力)；
5——过滤器；
6——调压阀；
7——压力计；
8——截止阀；
9——锐孔(载带气)；
10——锐孔(校准组分)；
11——锐孔系统；
12——校准混合气体出口；
13——压力钢瓶(校准组分)；
14——压力计(入口压力)；
15——减压阀；
16——压力计(输送压力)；
17——过滤器；
18——调压阀；
19——放空阀；
20——压力计。

图1 临界锐孔系统制备校准用混合气体

运行气体混合系统时，打开钢瓶阀门，调节压力计(4 和 16)的读数，使每个压力计的读数都分别比压力计(7 和 20)的期望值高 200kPa(2bar)。

打开调压阀(6 和 18)使载气和校准组分分别流过相应的锐孔，关闭截止阀(8)断开载带气流，反复打开和关闭放空阀(19)用校准组分冲洗另一边管路，再关闭放空阀(19)，调节调压阀(18)使压力计(20)的值被设定为生成要求流量(见下)所需的压力值，再根据 ISO 6145-1 给出的任一种方法在锐孔系统(11)的出口(12)处测量气体流量。

再打开截止阀(8)，调节调压阀(6)将压力计(7)指示的压力设定到生成要求流量所需的压力值。然后再用 ISO 6145-1 给出的任一种方法测量载气和校准组分的合成流量。

4.2 有效范围

临界锐孔法适用于制备不反应的混合气体，即与锐孔系统内流动路径或辅助设备的材料不发生化学反应的气体。用本方法制备所含组分在空气中可能形成爆炸性气体的混合气体时要特别小心。应采取相应措施确保仪器设备安全，如在 4.1 列举的部件外安装嵌入式火焰清除器等(除非系统已有的嵌入式金属过滤器实际上是经核准的烧结金属火焰清除器)。这一点对本方法特别重要，因为稀释系统中气体的压力高于大气压力。

本方法不是绝对的，因为气体体积流量公式中带有气体摩尔质量，每个锐孔系统应针对其使用的特定气体进行校准。

4.3 操作条件

应遵守动态制备技术的一般注意事项。注意气体流动系统的材料应是低孔隙度、不吸附的材料。确保管道清洁、连接部分可靠。

5 操作参数和结果的计算

5.1 选择适合的锐孔系统

过 $p_2 \leqslant 0.5p_1$ 的锐孔的气体体积流量由式(2)给出：

$$q_0 = \frac{p_1}{p_n} \times \sqrt{\frac{T_n}{T_1}} \times A \times \sqrt{\frac{RT_n}{M}} \times \sqrt{\gamma \times \left(\frac{2}{\gamma+1}\right)^{\frac{\gamma+1}{\gamma-1}}} \qquad \cdots\cdots(2)$$

式中(以适当的单位计量)：

q_0 ——气体在通常状况下的体积流量；

p_1 ——通过锐孔气体的上游压力；

p_n ——标准大气压(101.325 kPa)；

T_n ——常温(273.15 K)；

T_1 ——气体的上游温度；

A ——锐孔截面积；

R ——通用气体常数[8.314 510 J/(mol·K)]；

M ——气体摩尔质量，单位为克每摩尔(g/mol)；

γ ——恒定温度和体积下气体摩尔热容量的比。

在恒定温度 T_1 下，式(2)可简化为式(3)：

$$q_0 = D \times d^2 \times M^{-\frac{1}{2}} \times p_1 \qquad \cdots\cdots(3)$$

式中：

d ——锐孔直径；

D——常数。

多原子气体分子的摩尔热容量比 γ 是由已知的恒压下摩尔热容量值 c_p 计算得出的。而恒定体积下的摩尔热容量 c_V 是由关系式 $c_p-c_V=R$ 计算得出的，D 值也可通过计算得出。

计算常量 D 后，式(3)可用于计算在上游压力 p_1 下传送摩尔质量为 M 的气体在指定流量时的锐孔直径。

5.2 体积分数的计算

组分 A 在混合气体中的体积分数 φ_A 可由式(4)计算：

$$\varphi_A=q_A/(q_A+q_B) \qquad \cdots\cdots(4)$$

式中：

q_A——校准组分的体积流量；

q_B——载气的体积流量。

按照 ISO 6145-1 的规定确定流量时，应适当考虑所选方法的不确定度。

5.3 不确定度的来源

5.3.1 概述

气体通过锐孔的体积流量取决于锐孔上游压力和锐孔温度。因此，使用高质量的减压阀和调压阀，使锐孔上游压力保持恒定是非常重要的。校准组分和载带气的膨胀系数会略有不同，取决于各自偏离理想状态的程度。然而，只要各个锐孔温度相同，可近似地认为，温度的微小变化引起的流量比变化可忽略不计。

5.3.2 下游压力

热动力学处理导致气体体积流量与下游压力 p_2 无关。但在实际操作，即实际的锐孔中，这并不能完全实现。因此，超临界流时，下游压力仍有一定影响，使下游压力 p_2 出现波动时体积流量相应发生变化。流量与压力的特征曲线取决于锐孔几何形状以及气流通过锐孔的方向。为使测量精确度达到最高，这一曲线应通过校准确立。

5.3.3 温差

锐孔系统通常应设置为每个锐孔的温度相同。然而，如果生成二元混合气体的两种组分温度不同，就应用气体热膨胀系数校正其中一种气体的体积流量。理想气体的热膨胀系数为 0.003 661/K，这个值在两种气体温差较小时可近似地用于实际气体。

以下例子显示了相关误差的量级。二氧化碳的热膨胀系数为 0.003 72/K，氢气的热膨胀系数为 0.003 66/K。用临界锐孔法在 293 K 温度下制备体积分数为 0.5 的氢气和二氧化碳的混合气体。然而当两种气体存在温差：氢气温度为 292 K，二氧化碳温度为 294 K 时，氢气在混合气体中的体积分数为 $1.003\ 66\times0.5=0.52$，而二氧化碳的体积分数为 $(1-0.003\ 72)\times0.5=0.498$。2 K 的温差引起的体积分数误差为 0.4%。这说明，应保证组分气体温度相同或在有温差时对体积流量进行校正。

5.3.4 混合效率差

另一个可能的误差来源是校准组分和载带气混合效率差。可用比较法(见 ISO 6143)验证气体体积(质量)分数从而检验混合效率。

5.4 体积分数的不确定度

恒温恒压下校准组分在校准用混合气体中体积分数的不确定度可由校准组分和载带气流量的不确

定度估算。

式(4)给出了组分 A 的体积分数。

φ_A 的相对扩展不确定度由式(5)给出:

$$\frac{U(\varphi_A)}{\varphi_A}=\left[\frac{2q_B}{q_A+q_B}\right]\left[\left(\frac{u(q_A)}{q_A}\right)^2+\left(\frac{u(q_B)}{q_B}\right)^2\right]^{\frac{1}{2}} \quad \cdots\cdots(5)$$

式(5)的推导参见 ISO 6145-7:2001[1]的附录 C。相对标准不确定度贡献量的均方根和乘以包含因子 $k=2$,给出约为 95%的范围概率。

气体流量的不确定度 $u(q_A)$和 $u(q_B)$值依照 ISO 6145-1 规定的流量校准方法获得。

气体组成相对不确定度的评价完全取决于流量测量的不确定度。其他应考虑的因素包括气体混合的效率。要验证混合系统生成均质校准用混合气体的效果,就要以此种方法制备混合气体,并用 ISO 6143 规定的比较法验证气体组分。这一过程还会验证其他因素引起的偏差并建立与标准气体的追溯性。

附　录　A
（资料性附录）
预混气体用于制备高度稀释的混合气体

A.1　结果的计算

用预混气代替纯气可制备稀释度更高的混合气体。结果的运算如下所示：

组分 A 在最终的校准用混合气体中的体积分数由式(A.1)给出：

$$\varphi_A = \frac{\varphi_A{}' \times q_M + \varphi''_A \times q_B}{q_M + q_B} = \frac{\varphi'_A \times q_M + \varphi''_A \times q_B}{q_\varphi} \quad \cdots\cdots\cdots\cdots\cdots\cdots(A.1)$$

式中：

φ'_A ——组分 A 在预混气体中的体积分数；

q_M ——预混气体积流量；

φ''_A ——组分 A 在底气 B 中的体积分数(通常为零)；

q_B ——底气 B 的体积流量；

q_φ ——校准用混合气体的体积流量。

注：当且仅当气体混合后不发生体积变化时，$q_\varphi = q_M + q_B$ 成立。

A.2　体积分数的不确定度

有必要考虑体积流量的不确定度以及组分在预混气及底气(如果有影响)中体积分数的不确定度。通常底气中不含有校准组分。

当底气中不含有校准组分 A 时，由式(A.2)给出：

$$\varphi_A = \frac{\varphi'_A \times q_M}{q_M + q_B} \quad \cdots\cdots\cdots\cdots\cdots\cdots\cdots\cdots\cdots\cdots(A.2)$$

体积分数 φ_A 的相对扩展不确定度由式(A.3)给出：

$$\frac{U(\varphi_A)}{\varphi_A} = \frac{2q_B}{q_M + q_B}\left[\left(\frac{u(q_M)}{q_M}\right)^2 + \left(\frac{u(q_B)}{q_B}\right)^2 + \left(\frac{q_M + q_B}{q_B}\right)^2\left(\frac{U(\varphi'_A)}{\varphi'_A}\right)^2\right]^{\frac{1}{2}} \quad \cdots\cdots\cdots(A.3)$$

该式的推导见 ISO 6145-7:2001[1] 的附录 C。标准不确定度贡献量的均方根和乘以包含因子 $k=2$ 给出了约为 95% 的范围概率。

流量的不确定度由 ISO 6145-1 规定的流量校准方法得出。

附 录 B
（资料性附录）
实 用 提 示

B.1 一般提示

整个气体流动系统应确保洁净、无颗粒物。

调压器和相关管道应为特定气体组分专用。

截止阀应安装在调压器和临界锐孔之间以确保通过调压器时不漏气。

应精心选择气流通路的尺寸和材料，使其与气体组分的相互作用最小化。特别是调压器一定要与其传送的气体相适应。传送活性组分应使用GC质量的不锈钢材料，传输非活性的底气可采用聚乙烯或聚四氟乙烯等塑料材料。但只要有发生吸附的风险就应采用不锈钢材料。

开始运行时，传输活性组分的管道应先用相应组分气体进行清洗。使用纯气或高浓度预混气时只需清洗较短的时间，但使用较低浓度的预混气（体积分数低于10^{-4}）时，可能需要进行数小时的管道清洗。

分析仪校准过程短暂中断时，不能停止气体流动，连接管路一旦被移开就应进行充分密封防止被污染。

注：气体通过锐孔时可能发生液化（焦耳-开尔文效应）。使用本方法时，如有任何气体组分很容易冷凝，就应考虑到液化的情况，还要确定这一方法是否适用于特定混合气体的制备。然而，如果温度保持在环境温度20 ℃或更高的温度值，且不同锐孔间的温差可忽略不计（见5.3.3），则最终气体组成不应有另加的不确定度。

B.2 校准装置的构成

对于锐孔本身，配备几个成对（成套）校准组分和载带气锐孔的系统是很方便的。将锐孔放在混合装置中可减少污染，对所有锐孔，与进口压力有关的体积流量的特征曲线都可预先确定。

使用临界锐孔法作为气体混合方法时，建议锐孔上游压力从300 kPa（3 bar）～600 kPa（6 bar）范围。

使用如下所述设备（并参考4.1和图1），实验显示，气体通过锐孔的体积流量的相对复现性在1.7×10^{-3}以内。

a） 减压阀和压力计：传送压力范围150 kPa～2 000 kPa（1.5 bar～20 bar）。

b） 调压阀：保持每个锐孔的上游压力为恒定值。

c） 绝对压力计：测量范围0 kPa～700 kPa（0 bar～7 bar）。

d） 测量不确定度为满量程的0.07%：

——响应灵敏度0.01%；

——最大滞后量0.05%；

——最大温度系数0.002%/K。

e） 流量测定的测量不确定度：

——0.1 mL/min～3 mL/min范围内0.2%；

——校准组分流量范围3.0 mL/min～30 mL/min内0.5%；校准用混合气体流量在10 L/h～600 L/h范围内0.2%。

f) 锐孔直径范围：5 μm～1 000 μm。

注：上述技术数据引用自参考文献[2]给出的相应仪器的制造商规格。

B.3 一些相关物理特性(见 5.1)

B.3.1 常见多原子气体的 c_p 值

气体	c_p[J/(mol·K)]
NO_2	37.3
SO_2	39.9
C_3H_8	70(293 K)
	72.8(298 K)
NH_3	35.8
CO_2	37.3

B.3.2 一些气体的体积膨胀系数(见 5.3.3)

以下数值是温度范围 273 K～373 K 之间，100 kPa(1 bar)的平均系数。

H_2	3.66×10^{-3} K^{-1}
N_2	3.68×10^{-3} K^{-1}
CO_2	3.72×10^{-3} K^{-1}

参 考 文 献

［1］ ISO 6145-7:2001 Gas analysis—Preparation of calibration gas mixtures using dynamic volumetric methods-Part 7: Thermal mass-flow controllers

［2］ VDI 3490-16 Measurement of gases, calibration gas mixtures—Dynamic preparation with critical orifice systems

［3］ ISO 7504 Gas analysis—Vocabulary

［4］ GUM. Guide to the expression of uncertainty in measurement. BIPM, IEC, IFCC, IUPAC, IUPAP, OIML, 1st edition, 1993[1)]

ICS 71.040.40
G 86

中华人民共和国国家标准

GB/T 5275.7—2014/ISO 6145-7:2009

气体分析 动态体积法制备校准用混合气体 第7部分:热式质量流量控制器

Gas analysis—Preparation of calibration gas mixtures using dynamic volumetric methods—Part 7: Thermal mass-flow controllers

(ISO 6145-7:2009,IDT)

2014-07-08 发布 2014-12-01 实施

中华人民共和国国家质量监督检验检疫总局
中国国家标准化管理委员会
发布

前 言

GB/T 5275《气体分析 动态体积法制备校准用混合气体》分为以下几部分：

——第1部分：校准方法；

——第2部分：容积泵；

——第4部分：连续注射法；

——第5部分：毛细管校准器；

——第6部分：临界锐孔；

——第7部分：热式质量流量控制器；

——第8部分：扩散法；

——第9部分：饱和法；

——第10部分：渗透法；

——第11部分：电化学发生法。

本部分为GB/T 5275的第7部分。

本部分按照GB/T 1.1—2009给出的规则起草。

本部分使用翻译法等同采用ISO 6145-7:2009《气体分析 动态体积法制备校准用混合气体 第7部分：热式质量流量控制器》。

与本部分中规范性引用的国际文件有一致性对应关系的我国文件如下：

——GB/T 10628—2008 气体分析 校准混合气体组成的测定和校验 比较法(ISO 6143:2001, IDT)；

——GB/T 14850—2008 气体分析 词汇(ISO 7504:2001, IDT)。

本部分由中国石油和化学工业联合会提出。

本部分由全国气体标准化技术委员会(SAC/TC 206)归口。

本部分起草单位：中国计量科学研究院、西南化工研究设计院有限公司。

本部分主要起草人：胡树国、陈雅丽。

气体分析 动态体积法制备校准用混合气体 第7部分:热式质量流量控制器

1 范围

GB/T 5275 的本部分详细阐述了使用市售热式质量流量控制器利用纯气或混合气连续制备含两种或多种组分的校准混合气体的方法。

使用本方法制备校准混合气体所能达到的最好水平如下:相对测量扩展不确定度(由合成标准不确定度乘以包含因子 $k=2$ 得到)U 不大于 2%。

如使用预混合气体代替纯气,可制备摩尔分数低于 10^{-6} 的混合气体。质量流量的测量不是绝对的,质量流量控制器需要单独校准。

这种制备方法的优点是可连续制备大量混合气体,并且只要使用适当数量的热式质量流量控制器,就可像制备二元混合气体一样方便地制备多组分混合气体。

注:气体混合系统以热式质量流量控制器为基础,有些还包括商品化的计算机和自动控制装置。

2 规范性引用文件

下列文件对于本文件的应用是必不可少的。凡是注日期的引用文件,仅注日期的版本适用于本文件。凡是不注日期的引用文件,其最新版本(包括所有的修改单)适用于本文件。

ISO 6143 气体分析 校准用混合气体组成的测定和校验 比较法(Gas analysis—Comparison methods for determining and checking the composition of calibration gas mixtures)

GB/T 5275.1—2014 气体分析 校准用混合气体的制备 动态体积法 第1部分:校准方法(ISO 6145-1:2003,IDT)

ISO 7504 气体分析 词汇(Gas analysis—Vocabulary)

3 术语和定义

ISO 7504 界定的术语和定义适用于本文件。

4 原理

本部分描述了使用市售热式质量流量控制器利用纯气或混合气连续制备两种或多种组分的校准混合气体的方法。将流量控制器的设定值调节至预设值,可以连续、快速改变混合气的组成。通过选择适当的热式质量流量控制器组合,利用纯气进行稀释,可使目标组分气的体积分数变化 1 000 倍。

5 程序

5.1 概述

在恒压下,将每种气体组分以已知且受控的流量从校准过的热式质量流量控制器流出以制备混合气体。为达到可接受的测量不确定度,需要使用高精确的流量计在不考虑质量流量控制器的设定时,测量相应的流量(见 GB/T 5275.1—2014 中表 1)。

热式质量流量控制器由质量流量测量单元和电控比例阀组成(参见参考文献[1]和[2])。

5.2 使用恒流电源的热式质量流量控制器

气体流经恒流电源的加热器，在加热器的上、下游分别测量温度。

热式质量流量控制器由加热器、温度传感器和相关电路组成，原理如图 1 所示。加热器上下游的两个温度传感器构成了惠斯通电桥回路的两臂，没有气流通过时，读数被平衡为零。气流通过系统时，在两个传感器之间形成了温度差 ΔT，由此热通量 Φ 表示见式(1)：

$$\Phi = c_p \times \Delta T \times q_m \quad \cdots\cdots(1)$$

式中：

c_p ——恒压下单位质量气体的热容量或气体摩尔热容量；

q_m ——质量流量。

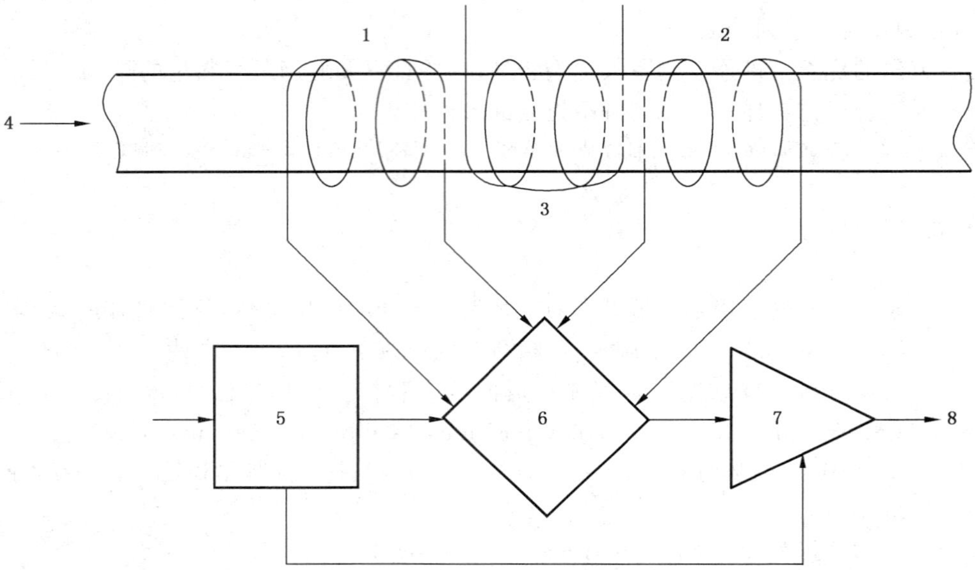

说明：

1——温度传感器 1；

2——温度传感器 2；

3——加热装置；

4——气源；

5——电流源；

6——惠斯通电桥；

7——微分放大器；

8——读出信号。

图 1 恒流源的热式质量流量控制器

上、下游探测器的温差使惠斯通电桥回路出现电势差并生成信号。将该信号与微分放大器可调节的参照电压值比较，得到的输出信号用于操控控制阀以调节流量。

5.3 恒温控制的热式质量流量控制器

本系统中(见图 2)，气体按顺序依次通过 3 个加热器，每个加热器都与一个自调节的惠斯通电桥中的一个臂相连接。系统不再测量温差，而是控制每个加热器的输入使整个气体流动路径的温度分布保持均匀。惠斯通电桥的电流与热量损失成比例，因此其与气体流量也成比例。输出信号同样用于操控电磁阀以控制质量流量。

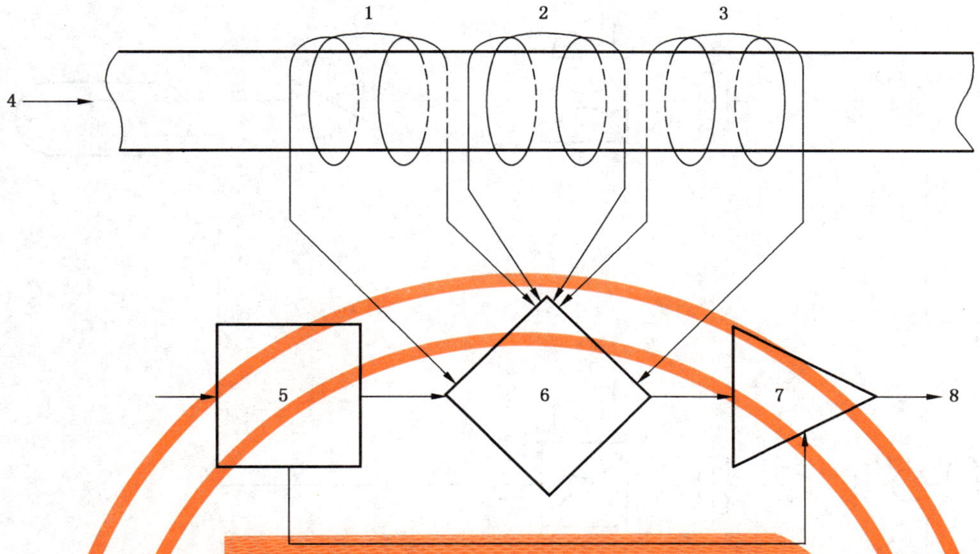

说明：

1——加热器 1；

2——加热器 2；

3——加热器 3；

4——气源；

5——电流源；

6——惠斯通电桥；

7——微分放大器；

8——读出信号。

图 2　恒温控制的热式质量流量控制器

在制备多组分混合气体时，通常每种组分使用一个热式质量流量控制器。双通道控制器可用于制备二元混合气体，例如制备空气为底气的某种混合物。

6　混合气体的制备

6.1　步骤

二元混合气体制备的设备示意图如图 3 所示。

应记录校准时的压力和温度。

根据拟混合的气体以及它们均非理想气体的事实，气体体积分数可能在一定程度上受到环境温度和压力的影响。校准分析仪器时的压力和温度应尽可能地接近依照 ISO 6143 给出的检验热式质量流量控制器时的温度和压力(见 7.3)。

校准混合气体的含量通常用体积分数表示；而制造商提供的热式质量流量控制器的精度通常以仪器全刻度的百分比表示。本部分“范围”部分引用的 2%的相对扩展不确定度是指混合气体中校准组分体积分数的 2%。这一不确定度值是在假定系统中每一个热式质量流量控制器的使用均达到最佳状态，即每一个热式质量流量控制器均在达到或非常接近其最大流量情况下运行。因此，如某一热式质量流量控制器在运行过程中的流量仅为其全量程的10%，则其以最大流量百分比表示的扩展不确定度（区别于相对扩展不确定度）可能为±1%；但如以实际流量的百分数表示，扩展不确定度则变为10%。

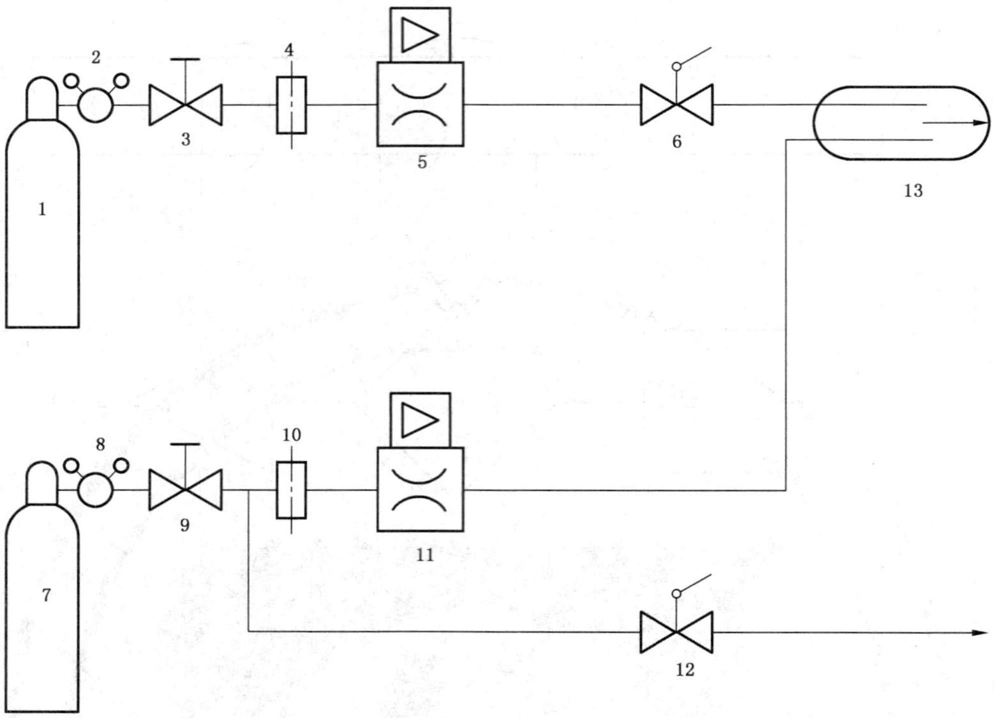

说明：

补充气体：

1——带有压力钢瓶；

2——调压器；

3——截止阀；

4——过滤器；

5——热式质量流量控制器；

6——截止阀。

校准组分：

7——带有压力钢瓶；

8——调压器；

9——截止阀；

10——过滤器；

11——热式质量流量控制器；

12——截止阀；

13——混合容器。

图3 热式质量流量控制器制备二元混合气体的混合仪器

使用两个全量程为1 000 mL/min的热式质量流量控制器，一个流量设定为100 mL/min，另一个设定为1 000 mL/min，即可制备校准组分体积分数为1∶10的二元混合气体。但是，在这种情况下，第一个热式质量流量控制器的气体流量的扩展不确定度将达到流量的±10.00%，而体积分数的相对扩展不确定度将达±10.05%。要制备相对扩展不确定度为2%的混合气体，就应在制备过程中使用一个全量程为100 mL/min的热式质量流量控制器和一个全量程为1 000 mL/min的热式质量流量控制器，并使两者的运行流量接近其全量程。

制备多组分混合气体时也应注意同样的要求。

注 1：附录 B 中简要描述了无需对外部气体流量或体积分数进行校准的方法；提供有关方法的完整描述的参考资料请参见参考文献。

分别装有载气和校准组分的钢瓶(1)和(7)通过调压器(2)和(8)以及截止阀(3)和(9)连接至热式质量流量控制器(5)和(11)。两个串联的过滤器(4)和(10)用于防止气体的污染。气体从两个控制器进入混合容器(13)。

建议调节阀的工作压力范围在 60 kPa[0.6 bar[1)]～600 kPa(6.0 bar)之间。组分气体使用的调节阀应适用于该气体组分(例如孔板应为不锈钢或其他抗腐蚀材料)。同样，热式质量流量控制器也应符合于气体组分和混合气体的要求。

通过调压阀将控制器输入压力设定为适当值，并打开截止阀(3)、(6)、(9)，通过截止阀(12)清洗组分气体的进入路径，对截止阀(12)应快速操作。

调节控制器的设定点以获得相应流量，该流量的比例应为符合所需二元混合气体组成的正确比例。同时，多次开关截止阀(12)继续组分气体清洗进气管路的操作，直至流通路径通过体积至少为其容积 10 倍的气体。

系统彻底清洗后，将气体通过热式质量流量控制器通入由惰性材料制成的混合容器(13)。只要混合容器(13)下游的流动阻力低于气源时，混合气流就可以在环境大气压力下进入仪器。

注 2：本方法在使用时，多数情况下混合气体在环境大气压力下传送，但在出口处压力较高时也可以使用。然而，此时应充分考虑 c_p 的变化以及气体组分密度随压力的变化，以便评估过程的有效性。

6.2 有效范围

本方法适用于制备不反应的混合气体，即不与热式质量流量控制器系统内流动路径或辅助设备的材料发生反应的气体。用本方法制备所含组分在空气中可能形成爆炸性气体的混合气体时要特别小心。应采取相应措施确保仪器设备安全，除在 6.1 列举的部件外，还要加装嵌入式阻火器。

本方法不是绝对的，每个热式质量流量控制器应根据其使用的特定气体进行校准。

6.3 运行条件

传感器系统有效运行的条件是在加热装置范围和下游传感器间除气流引起的热损失和热增量外没有其他热损失或热增量，并且气流的温度分布应均匀。c_p 保持恒定的假设仅在一定的温度范围内有效。应遵守动态制备技术的一般注意事项。应注意气体流动系统的构造材料，应采用低孔隙度、不吸附的材料。确保管道清洁连接部分可靠。

除非确定热式质量流量控制器的效果与其方位无关，热式质量流量控制器的方位应始终与校准时的方位相同。在使用有疑问的组分时应对控制器进行校准，在改变气体类型时应咨询制造商；可能需要更换传感器。

7 计算

7.1 体积分数

体积分数可根据 GB/T 5275.1—2014 第 4 章规定的任一校准方法确定。应适当考虑所选方法的不确定度。

热式质量流量控制器的校准将定义质量流量 q_m 或体积流量 q_V，取决于选用的校准方法，见式(2)和

1) 1 bar＝100 kPa＝0.1 MPa＝10^5 N/m^2。

式(3)。

$$q_m = \frac{\Phi}{c_p \times \Delta T} \quad \cdots\cdots(2)$$

$$q_V = \frac{\Phi}{\rho \times c_p \times \Delta T} \quad \cdots\cdots(3)$$

式中：

ρ——组分气体密度。

摩尔分数见式(4)：

$$x_A = \frac{q_{m,A}}{M_A} \Big/ \left(\frac{q_{m,A}}{M_A} + \frac{q_{m,B}}{M_B}\right) \quad \cdots\cdots(4)$$

式中：

$q_{m,A}$——组分 A 的质量流量值；

M_A——组分 A 的摩尔质量；

$q_{m,B}$——组分 B 的质量流量值；

M_B——组分 B 的摩尔质量。

相应的体积分数见式(5)：

$$\varphi_A = q_{V,A} / (q_{V,A} + q_{V,B}) \quad \cdots\cdots(5)$$

7.2 不确定度来源

商品化的热式质量流量控制器通常模拟或数字显示体积单位的气体流量。通常只要周围环境温度保持在仪器校准温度的±5 ℃以内，控制器的精确度为全量程的±1%。相应的设定值的重复性为全量程的±0.2%。

假定在校准和使用时使用同样的仪器测量温度和压力，则测量的标准不确定度保持恒定。

从式(2)和式(3)可得出式(6)和式(7)：

$$\frac{u(q_m)}{q_m} = \left\{\left[\frac{u(\Phi)}{\Phi}\right]^2 + \left[\frac{u(c_p)}{c_p}\right]^2 + \left[\frac{u(\Delta T)}{\Delta T}\right]^2\right\}^{1/2} \quad \cdots\cdots(6)$$

$$\frac{u(q_V)}{q_V} = \left\{\left[\frac{u(\Phi)}{\Phi}\right]^2 + \left[\frac{u(c_p)}{c_p}\right]^2 + \left[\frac{u(\Delta T)}{\Delta T}\right]^2 + \left[\frac{u(\rho)}{\rho}\right]^2\right\}^{1/2} \quad \cdots\cdots(7)$$

注：式(6)和式(7)给出的相对合成不确定度的表达式仅作为信息给出，用来确定对 $u(q_m)/q_m$ 以及 $u(q_V)/q_V$ 产生贡献的参数。Φ 和 ΔT 是热式质量流量控制器的函数，其相应不确定度已包括在制造商提供的不确定度之内。

以下是 c_p 随温度和压力相应变化的典型实例。数据显示，温度压力变化的效应与控制器自身不确定度相比可忽略不计。

示例：由于温度和压力变化引起 c_p 的相应变化，以 N_2 为例，100 kPa(1 bar)压力下温度从 290 K 变化 5 K，c_p 的相应变化约为 0.000 2。290 K 温度下压力从 100 kPa(1 bar)变化至 200 kPa(2 bar)，c_p 的相应变化约为 0.001。

7.3 测量的不确定度

恒温恒压下校准组分在校准混合气体中体积分数的不确定度可通过组分气体和补充气体流量的不确定度进行评估。

组分 A 的体积分数由式(5)给出。

$\varphi_{V,A}$ 的相对扩展不确定度由式(8)给出：

$$\frac{U(\varphi_{V,A})}{\varphi_{V,A}} = \left(\frac{2q_{V,B}}{q_{V,A} + q_{V,B}}\right) \times \left\{\left[\frac{u(q_{V,A})}{q_{V,A}}\right]^2 + \left[\frac{u(q_{V,B})}{q_{V,B}}\right]^2\right\}^{1/2} \quad \cdots\cdots(8)$$

注：式(8)的推导参见附录 C 中 C.1。

正态分布时采用包含因子 $k=2$，置信概率为 95%。

依照 ISO 6145-1 规定的方法校准热式质量流量控制器可估算气体流量的不确定度。

这样的气体组成相对不确定度的估算完全取决于流量测量的不确定度。其他应考虑的因素包括气体混合的效率。要验证混合系统所生成均匀校准用混合气体的效果，应要依照第 6 章规定的方法制备混合气体，并依照 ISO 6145 规定的比较法验证气体组成。室内的环境压力和温度均应记录。

这一过程还会验证其他因素引起的偏差并建立与标准气体的溯源性。

附　录　A
（资料性附录）
预混合气体用于制备高稀释混合气体

A.1　体积分数的计算

用预混合气代替纯气可制备稀释度更高的混合气体。体积分数的计算如下所示(同样参见参考文献[3])：

组分A在补充气B中的体积分数由式(A.1)给出：

$$\varphi=\frac{\varphi'_{\mathrm{A}}\times q_{V,\mathrm{M}}+\varphi''_{\mathrm{A}}\times q_{V,\mathrm{B}}}{q_{V,\mathrm{M}}+q_{V,\mathrm{B}}}=\frac{\varphi'_{\mathrm{A}}\times q_{V,\mathrm{M}}+\varphi''_{\mathrm{A}}\times q_{V,\mathrm{B}}}{q_{\varphi}} \quad \cdots\cdots\cdots\cdots(\mathrm{A.1})$$

式中：

φ'_{A} ——组分A在预混合气体中的体积分数；

$q_{V,\mathrm{M}}$ ——预混合气体积流量；

φ''_{A} ——组分A在底气B中的体积分数(通常为零)；

$q_{V,\mathrm{B}}$ ——补充气体B的体积流量；

q_{φ} ——校准用混合气体的体积流量。

注：当且仅当气体混合后不发生体积变化时，$q_{\varphi}=q_{V,\mathrm{M}}+q_{V,\mathrm{B}}$成立。

A.2　体积分数的不确定度

有必要考虑体积流量的标准不确定度以及校准组分在预混合气及补充气体(如果有影响)中体积分数的不确定度。通常补充气体中不应含有校准组分。

当补充气体中不含有校准组分A时，由式(A.2)给出：

$$\varphi_{\mathrm{A}}=\frac{\varphi'_{\mathrm{A}}\times q_{V,\mathrm{M}}}{q_{V,\mathrm{M}}+q_{V,\mathrm{B}}} \quad \cdots\cdots\cdots\cdots(\mathrm{A.2})$$

体积分数 $\Phi_{V,\mathrm{A}}$ 的相对扩展不确定度由式(A.3)给出：

$$\frac{u(\varphi_{\mathrm{A}})}{\varphi_{\mathrm{A}}}=\frac{q_{V,\mathrm{B}}}{q_{V,\mathrm{B}}+q_{V,\mathrm{M}}}\times\left\{\left[\frac{u(q_{V,\mathrm{M}})}{q_{V,\mathrm{M}}}\right]^{2}+\left[\frac{u(q_{V,\mathrm{B}})}{q_{V,\mathrm{B}}}\right]^{2}+\left(\frac{q_{V,\mathrm{M}}+q_{V,\mathrm{B}}}{q_{V,\mathrm{B}}}\right)^{2}\times\left[\frac{u(\varphi'_{\mathrm{A}})}{\varphi'_{\mathrm{A}}}\right]^{2}\right\}^{1/2} \quad \cdots\cdots\cdots\cdots(\mathrm{A.3})$$

式(A.3)的推导参见C.2。

附　录　B
（资料性附录）
应用提示

B.1　设备

整个气体流动系统应清洁且无微粒。

调压阀和相关管道应为特定气体组分专用。

热式质量流量控制器校准和用于制备校准用混合气体时应保持在相同方位。

运行范围应适合于气体组分、混合比例、最小流量以及可能的体积分数。

注：热式质量流量控制器的运行流量应接近其全量程，见6.1。

截止阀应安装在调压阀和热式质量流量控制器之间，确保没有泄露气体通过调压阀。

应该精心挑选气流通路的尺寸和材料，使其与气体组分的相互作用能达到最小程度。特别是调压阀一定要适合其传输的气体。传输活性组分时应使用GC上使用的不锈钢材料，传输非活性的补充气体可采用聚乙烯或聚四氟乙烯等材料。只要有发生吸附的风险就应采用不锈钢材料。

校准组分输送管路的内径一般应在1.5 mm～2.0 mm之间，而补充气体管路的内径应在4.0 mm～6.0 mm之间。

B.2　操作

用校准气体前，应保证校准组分管路已用相应组分进行充分清洗。使用纯气或高浓度预混合气时只应清洗较短的时间，但使用较低浓度的预混合气（体积分数低于10^{-4}）时，可能需要进行数小时的管道清洗。

通常在大气压力下校准气体分析仪时，校准气体的输入应无过压，因此应该使用适合的分流管。过压取决于校准组分以及分析仪所能承受的压力。

使用腐蚀性或毒性气体时，过量气体应得到安全排放，但应避免使用长排放管以使背压效应最小化。

分析仪校准过程短暂中断时，不应停止气体流动，连接导管一旦被移开就应进行充分密封防止被污染。

B.3　校准与精度

现已开发出使用高精度的质量流量控制器组成的气流稀释系统（不限于热式质量流量控制器），具体介绍参见参考文献[4]。这一方法可实现不同的体积分数，且体积分数的不确定度通常在±0.4%；要更好地了解该方法可参阅原始论文，论文详细叙述了基于校准组分及逸出校准气体流量的不确定度分析，且对照称量法对该方法进行了实验验证。论文给出了11篇相关参考文献。

另有一篇论文（参考文献[5]）介绍了改进热式质流量控制器不确定度计算的方法。该论文叙述了如何基于数学理论用最小二乘法确定最佳校准曲线，并将气流系统校准引起的不确定度的贡献量从系统每次运行出现的随机不确定度中分开。该论文的参考文献[4]中有关气流稀释系统的内容，描述了相关实验和数学过程；但原则上它也适用于本部分描述的二元混合气体的制备方法。论文给出了22项参考文献。

附 录 C
（资料性附录）
不确定计算

C.1 $\varphi_{V,A}$的相对标准不确定度的推导

本章公式采用 7.3、附录 A 中给定的符号，但为了使公式简化，省略了下标“V”。

组分 A 在组分 A 与补充气体 B 的混合气体中的浓度由式(C.1)给出：

$$\varphi_A = \frac{q_A}{q_A + q_B} \qquad \cdots\cdots (C.1)$$

式中：

q_A ——组分 A 的流量；

q_B ——组分 B 的流量。

φ_A 的不确定度见式(C.2)：

$$u(\varphi_A) = \left\{ \left(\frac{\partial \varphi_A}{\partial q_A}\right)^2 \times [u(q_A)]^2 + \left(\frac{\partial \varphi_A}{\partial q_B}\right)^2 \times [u(q_B)]^2 \right\}^{1/2} \qquad \cdots\cdots (C.2)$$

对式(C.1)微分，有：

$$\left(\frac{\partial \varphi_A}{\partial q_B}\right)^2 = \left[\frac{q_B}{(q_A+q_B)^2}\right]^2$$

$$\left(\frac{\partial \varphi_A}{\partial q_B}\right)^2 = \left[\frac{-q_A}{(q_A+q_B)^2}\right]^2$$

代入式(C.2)，相对标准不确定度为：

$$\begin{aligned}\frac{u(\varphi_A)}{\varphi_A} &= \left(\frac{q_A+q_B}{q_A}\right)\left[\frac{1}{(q_A+q_B)^2}\right]\{q_B^2[u(q_A)]^2 + q_A^2[u(q_B)]^2\}^{1/2} \\ &= \frac{q_A \times q_B}{q_A(q_A+q_B)} \times \left\{\left[\frac{u(q_A)}{q_A}\right]^2 + \left[\frac{u(q_B)}{q_B}\right]^2\right\}^{1/2} \\ &= \frac{q_B}{q_A+q_B} \times \left\{\left[\frac{u(q_A)}{q_A}\right]^2 + \left[\frac{u(q_B)}{q_B}\right]^2\right\}^{1/2}\end{aligned}$$

在 7.3 中采用的包含因子为“2”，置信概率为 95%。

C.2 体积分数的不确定度——数学推导

不确定度表达式由热式质量流量控制器法推导得来，但也同样适用于 ISO 6145 各部分描述的其他方法。

本章使用 7.3 和附录 A 给出的符号，只是为了公式的简化省略了下标“V”(如在 $q_{V,M}$中)。

假定载气 B 不含有组分 A，则由式(C.3)给出：

$$\varphi_A = \frac{\varphi'_A \times q_M}{q_M + q_B} \qquad \cdots\cdots (C.3)$$

φ_A 的标准不确定度见式(C.4)：

$$u(\varphi_A) = \left\{ \left(\frac{\partial \varphi_A}{\partial q_M}\right) \times [u(q_M)]^2 + \left(\frac{\partial \varphi_A}{\partial q_B}\right)^2 \times [u(q_B)]^2 + \left(\frac{\partial \varphi_A}{\partial \varphi'_A}\right)^2 \times [u(\varphi'_A)]^2 \right\}^{1/2} \qquad \cdots\cdots (C.4)$$

代入式(C.4)并除以 φ_A，φ_A 的相对标准不确定度为：

$$\frac{u(\varphi_A)}{\varphi_A}=\frac{q_M+q_B}{\varphi'_A\times q_M}\times\left\{\left[\frac{\varphi'_A\times q_B}{(q_M+q_B)^2}\right]\times[u(q_M)]^2+\left[\frac{\varphi'_A\times q_M}{(q_M+q_B)}\right]^2\times[u(q_B)]^2\times[u(\varphi'_A)]^2\right\}^{1/2}$$

$$=\frac{1}{\varphi'_A\times q_M}\times\left\{\left(\frac{\varphi'_A\times q_B}{q_M+q_B}\right)^2\times[u(q_M)]_2+\left(\frac{\varphi'_A\times q_M}{q_M+q_B}\right)\times[u(q_B)]^2+q_M^2\times[u(\varphi'_A)]^2\right\}^{1/2}$$

$$=\frac{q_M\times q_B}{\varphi'_A\times q_M}\times\left\{\left(\frac{\varphi'_A}{q_M+q_B}\right)\times\left[\frac{u(q_M)}{q_M}\right]^2+\left(\frac{\varphi'_A}{q_M+q_B}\right)^2\times\left[\frac{u(q_B)}{q_B}\right]^2+\frac{q_M^2\times[u(\varphi'_A)]^2}{q_M^2\times q_B^2}\right\}^{1/2}$$

$$=\frac{q_B}{\varphi'_A}\times\left\{\left(\frac{\varphi'_A}{q_M+q_B}\right)^2\times\left[\frac{u(q_M)}{q_M}\right]^2+\left(\frac{\varphi'_A}{q_M+q_B}\right)^2\times\left[\frac{u(q_B)}{q_B}\right]^2+\left[\frac{u(\varphi'_A)}{q_B}\right]^2\right\}^{1/2}$$

$$=\frac{q_B}{q_M+q_B}\times\left\{\left[\frac{u(q_M)}{q_M}\right]^2+\left[\frac{u(q_B)}{q_B}\right]^2+\left(\frac{q_M+q_B}{q_B}\right)^2\times\left[\frac{u(\varphi'_A)}{\varphi'_A}\right]^2\right\}^{1/2}$$

正态分布时，采用包含因子 $k=2$，置信概率为 95%。

参 考 文 献

[1] ISO 14511:2001 Measurement of fluid flow in closed conduits—Thermal mass flowmeters

[2] TISON,S.A.(NIST).A critical evaluation of thermal mass flow meters.J.Vacuum Science Tech.A,14(4),1996,pp.2582-2591

[3] ISO/IEC Guide 98-3 Uncertainty of measurement—Part 3:Guide to the expression of uncertainty in measurement (GUM:1995)

[4] GOODY,B.A,MILTON,M.J.T (NPL).High-accuracy gas flow dilutor using mass flow controllers with binary weighted flows.Meas.Sci.Technol.,13,2002,pp.1138-1145

[5] MILTON,M.J.T,HARRIS,P.M.,SMITH,I.M.,BROWN,A.S.and GOODY,B.A (NPL).Implementation of a generalized least-squares method for determining calibration curves from data with general uncertainty structures.Metrologia,43,2006,pp.S291-S298

[6] ISO 6142 Gas analysis—Preparation of calibration gas mixtures—Gravimetric method

ICS 71.040.40
G 86

中华人民共和国国家标准

GB/T 5275.8—2014/ISO 6145-8:2005

气体分析　动态体积法制备校准用混合气体　第8部分:扩散法

Gas analysis—Preparation of calibration gas mixtures using dynamic volumetric methods—Part 8: Diffusion method

(ISO 6145-8:2005,IDT)

2014-07-08 发布　　　　2014-12-01 实施

中华人民共和国国家质量监督检验检疫总局
中国国家标准化管理委员会　发布

前　言

GB/T 5275《气体分析　动态体积法制备校准用混合气体》分为以下几部分：

——第1部分：校准方法；

——第2部分：容积泵；

——第4部分：连续注射法；

——第5部分：毛细管校准器；

——第6部分：临界锐孔；

——第7部分：热式质量流量控制器；

——第8部分：扩散法；

——第9部分：饱和法；

——第10部分：渗透法；

——第11部分：电化学发生法。

本部分为GB/T 5275的第8部分。

本部分按照GB/T 1.1—2009给出的规则起草。

本部分使用翻译法等同采用ISO 6145-8:2005《气体分析　动态体积法制备校准用混合气体　第8部分：扩散法》。

与本部分中规范性引用的国际文件有一致性对应关系的我国文件如下：

——GB/T 5275.7—2014　气体分析　动态体积法制备校准用混合气体　第7部分：热式质量流量控制器（ISO 6145-7:2009，IDT）。

本部分由中国石油和化学工业联合会提出。

本部分由全国气体标准化技术委员会（SAC/TC 206）归口。

本部分起草单位：中国计量科学研究院、西南化工研究设计院有限公司、上海淞化气体化工有限公司。

本部分主要起草人：周泽义、陈雅丽、蔡体杰。

气体分析　动态体积法制备校准用混合气体　第8部分：扩散法

1　范围

本部分规定了通过扩散法制备摩尔分数在 10^{-9}～10^{-3} 范围内的校准用混合气体的动态法。本方法的相对扩展不确定度 U，其值不超过±2%，由合成标准不确定度乘以包含因子（$k=2$）得到。

若扩散源和使用位置间的管路很短，则扩散法可用于制备沸点在 40 ℃～160 ℃范围内的室温下为液态有机组分的低浓度校准用混合气体。

本部分规定的扩散法，不仅适用于制备与大气环境和室内空气中浓度相当的多种烃类的校准用混合气体，也适用于制备低浓度的水混合气体。

2　规范性引用文件

下列文件对于本文件的应用是必不可少的。凡是注日期的引用文件，仅注日期的版本适用于本文件。凡是不注日期的引用文件，其最新版本（包括所有的修改单）适用于本文件。

ISO 6145-7　气体分析　动态体积法制备校准用混合气体　第7部分：热式质量流量控制器（Gas analysis—Preearation of calibration gas mixtures using dynamic volumetric methods—Part 7：Thermal mass-flow controllers）

3　原理

校准组分经合适尺寸（长度、直径）的扩散管扩散，进入待制备混合气体的载气流中。容器中装入已知高纯度的液态校准组分作为组分蒸气来源，在容器上垂直安装扩散管。这一装置（扩散池）放置在恒温槽中，恒温槽被已知恒定流量的高纯度载气吹扫（如图1所示）。混合气体的组成由校准组分的扩散质量流量和载气流量确定。

校准组分的扩散质量流量原则上取决于：

——校准组分在载气中的扩散系数；

——校准组分在恒温槽温度下的蒸气压；

——扩散管尺寸。

通过将扩散管放置在磁悬浮式微量天平上进行连续称量，或通过其他微量天平周期性称量，可精确测定扩散的质量流量。测定方法会影响校准组分的（瞬时）质量流量不确定度。

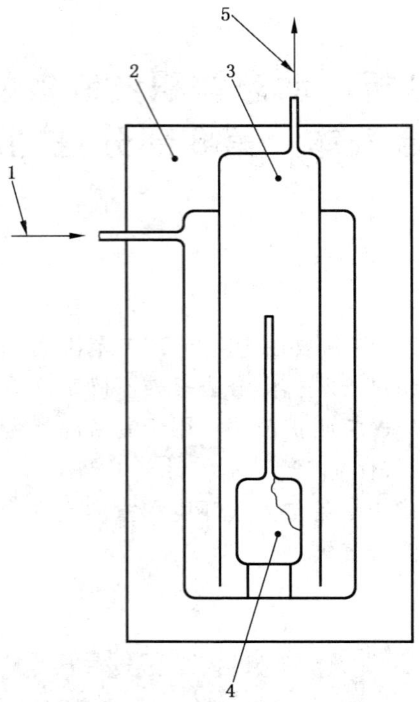

说明：
1——载气进口；
2——恒温槽；
3——扩散管；
4——液体储存容器；
5——校准混合气体出口。

图 1 扩散仪示意图

4 试剂与材料

4.1 液态校准组分，纯度应尽可能高以避免影响扩散质量流量。如果可能，应知道杂质的性质和量，并应对杂质的影响作出修正。

4.2 载气纯度，通过适当的分析技术，如傅立叶变换红外光谱法或气相色谱法来测定。载气应与校准组分相配适应。例如，空气不可用作制备具有氧化性的校准组分混合气体的载气。

5 仪器

5.1 扩散装置

5.1.1 材料

扩散装置应选择能避免对校准组分具有物理或化学吸附或解吸效应的材料。校准组分含量越低，吸附或解吸效应的影响越大。

扩散容器、扩散管、恒温槽、混合器最好由硼硅酸盐玻璃制成。载气和校准组分的输送管路应选择不易发生化学反应、能弯曲的材料。特别要注意管路连接部分的气密性。

5.1.2 载气流量设置

载气到达扩散池之前，应控制载气温度使其与扩散池恒温槽的温度相同。为了达到第1章所规定的不确定度，恒温槽温度控制在±0.15 K之内。

载气的最低流量应足以带走所有的校准组分蒸气而不出现饱和。最高流量应低到足以避免校准组分蒸气在扩散管内出现对流。扩散装置尺寸应确保扩散管中载气流的雷诺数低于100。25 ℃时，应可近似满足以下条件：

$$v \times d < 1.6 \times 10^{-6}$$

式中：

v ——载气的平均线速度，单位为米每秒(m/s)；

d ——载气流经管路的直径，单位为米(m)。

5.1.3 温度选择

温度选择取决于扩散池特性及要求的扩散质量流量。进行温度控制时，扩散池内的热平衡温度值或者接近环境温度或略高于环境温度，减少或避免对温度控制的影响。选择略高于环境温度有以下两个优点：

——接近环境温度时可更容易实现温度控制；

——可更容易控制载气温度。

5.2 扩散池

扩散池由硼硅酸盐玻璃制成的储存容器和一个扩散管组成，容器能容纳足够量的液态校准组分。参考文献[1]给出了多个设计实例。

理论上，可用式(1)预测扩散体积流量，反过来可计算制备特定流量校准组分适用的扩散管和恒温槽尺寸及温度。

$$q_V(\mathrm{A}) = \frac{A}{L} \times D \times \ln\left(\frac{p}{p - p_V}\right) \qquad \cdots\cdots(1)$$

式中：

$q_V(\mathrm{A})$——组分A的体积流量，单位为立方米每秒(m^3/s)；

A ——扩散管截面积，单位为平方米(m^2)；

L ——扩散管长度，单位为米(m)；

D ——扩散系数，单位为平方米每秒(m^2/s)；

p ——扩散池内压力，单位为帕或千帕(Pa或kPa)；

p_V ——校准组分分压，单位为帕或千帕(Pa或kPa)。

可用文献介绍的方法计算扩散系数。Fuller-Schettler-Giddings法[2]是最成功的方法，但易出现高达25%的误差。参考文献[4]给出了校准组分、载气和蒸气适用的原子和结构体积增加数据。

为达到最佳性能，扩散管尺寸应保持在以下范围内：

——$L>0.03$m；

——L与扩散管直径的比>3；

——直径：0.001 m ~ 0.02 m。

注：根据扩散原理制备校准气体的装置为商用装置，可制备含有高吸附性蒸气的校准用混合气体。附录A给出了此类装置的具体性能及其应用于制备体积分数为10^{-9}的标准湿气的实例。

6 运行程序

6.1 预检测及操作条件

校准组分装入或注入扩散管前，应用适当的分析技术（如傅立叶变换红外光谱法或气相色谱法）检测校准组分的纯度以便量化可能存在的主要杂质。

在已知且恒定的温度和载气流量下定期检测扩散质量流量，考察扩散池中校准组分的稳定性。假如扩散质量流量变化每月超过 1%，说明存在杂质，应更换扩散池中的液体。

初次将扩散池放入恒温槽中时，在进行第一次称量前应使系统达到温度平衡，确保扩散质量流量的稳定，一般需 24 h。

要改变校准用混合气体的浓度，可调节载气的流量，或采用二次稀释法。不宜以改变扩散池恒温槽温度来改变校准用混合气体浓度。

使用过程中应保持扩散池恒温以避免恢复热平衡所需时间引起的延迟。

6.2 质量损失的测定

6.2.1 扩散池的处置

为确保称量准确，处置扩散池时，使用手套、洁净的钳子或镊子，避免用手直接接触。如果适合，这主要取决于扩散池的类型，可在称量前关闭扩散池。

6.2.2 周期性称量模式

连续读数过程中应保持称量室内的温度和相对湿度为常量。将扩散池周期性地从恒温槽中移出、称量后再迅速放回恒温槽。在给定时间间隔内，扩散池质量会降低。这一质量变化的测量具有一定的不确定度。因此，称量时间间隔的选择取决于不确定度要求。选择的时间间隔应使该间隔内引起称量的不确定度只占扩散池质量损失的很小比例（如 1%）。通过计算周期性称量所得的质量差以及称量的时间间隔可确定扩散质量流量。

扩散质量流量亦取决于环境空气压力，应按式（2）转换成标准压力（通常为 101.325 kPa）下的流量。

$$\overline{q}_m(\mathrm{A})=\frac{\Delta m}{\Delta t}\times\frac{\overline{p}}{p_0} \qquad \cdots\cdots(2)$$

式中：

$\overline{q}_m(\mathrm{A})$——时间间隔 Δt 内，来自扩散池的组分 A 的平均质量流量，单位为克每米（g/m）；

Δm ——连续称量间的质量差，单位为克（g）；

Δt ——连续称量间的时间间隔，单位为分（min）；

$\overline{p}$ ——称量间隔内的平均空气压力，单位为千帕（kPa）；

p_0 ——校正用标准压力（通常为 101.325 kPa），单位为千帕（kPa）。

用实际空气压力按式（3）由 $\overline{q}_m(\mathrm{A})$ 计算出实际的瞬时质量流量：

$$q_m(\mathrm{A})=\overline{q}_m(\mathrm{A})\times\frac{p_0}{p} \qquad \cdots\cdots(3)$$

式中：

p——实际空气压力，单位为千帕（kPa）。

注：附件 B 为甲苯和氯仿扩散池质量流量的时间函数实例。

6.2.3 连续称量模式

扩散池在称量测力传感器上连续称量，并将数据传输到计算机的采集、分析与诊断系统。选择称量记录的频率，使其尽可能接近由扩散速率除以称量系统准确度得到的值。这就是相对恒定质量损失速度的系统偏差。

示例：扩散速率为 2.0×10^{-6} g/min，称量系统准确度为 1×10^{-6} g，建议取样频率为 2 min^{-1}。

7 结果表示

7.1 计算

校准组分 A 在最终混合气体中的质量浓度 $\beta(\text{A})$ 由式(4)给出：

$$\beta(\text{A})=\frac{q_m(\text{A})}{q_V} \qquad \cdots\cdots(4)$$

式中：

$q_m(\text{A})$——校准组分 A 的扩散速率(质量流量)，量纲为质量/时间，如 μg/min；

q_V ——载气和组分气的总体积流量，量纲为体积/时间，如 L/min。

实际操作时，体积流量 q_V 中的组分气体积流量可忽略不计。二次稀释时，体积流量 q_V 等于载气流量和稀释气流量之和。

以上计算给出了混合气体的质量浓度 $\beta(\text{A})$，量纲为质量/体积，单位可为 μg/min。注意此时的浓度取决于温度和压力。

计算得到的浓度值，通过测量条件下组分气的摩尔质量 $M(\text{A})$ 及混合气体摩尔质量 M_{tot}，可换算成摩尔分数 $x(\text{A})$，见式(5)。混合气体的体积流量 $q_{V,\text{tot}}$ 乘以测量条件下混合气体的密度 ρ_{tot} 可计算出混合气体的质量流量。再将 $(q_{V,\text{tot}}\times\rho_{\text{tot}})$ 除以 M_{tot} 可得到摩尔质量流量。实际操作中，可使用测量条件下载气的密度和摩尔质量：

$$x(\text{A})=\frac{q_m(\text{A})}{M(\text{A})}\times\frac{M_{\text{tot}}}{q_{V,\text{tot}}\times\rho_{\text{tot}}} \qquad \cdots\cdots(5)$$

由式(4)和式(5)可得式(6)：

$$x(\text{A})=\frac{\beta(\text{A})}{M(\text{A})}\times\frac{M_{\text{tot}}}{\rho_{\text{tot}}} \qquad \cdots\cdots(6)$$

如载气测量得到的是质量流量 $q_{m,\text{cg}}$，则最终混合气体的摩尔分数可通过组分气的摩尔质量 $M(\text{A})$ 及载气的摩尔质量 M_{cg} 进行计算。如组分气流量在总的质量流量中可忽略不计，则按式(7)计算：

$$x(\text{A})=\frac{q_m(\text{A})}{M(\text{A})}\times\frac{M_{\text{tot}}}{q_{m,\text{cg}}} \qquad \cdots\cdots(7)$$

此结果可换算成所需的计量单位。

注：式(4)、式(6)、式(7)通过常数相关联，而此常数的不确定度可忽略不计(摩尔质量测定的相对不确定度通常为 $\pm1\times10^{-5}$)。因此，摩尔分数的相对不确定度与质量浓度的相对不确定度相同。

7.2 不确定度来源

7.2.1 概述

有多种不确定度来源，主要有：

a) 扩散池的质量流量测量的不确定度；

——天平；

——浮力效应；

——校准组分纯度；

——校准组分稳定性；

——吸附和解吸附效应；

b） 校准组分质量流量短期波动的不确定度；

c） 时间测量的不确定度；

d） 载气和稀释气流量的测量的不确定度；

——流量计；

——载气和稀释气的纯度；

e） 载气和稀释气流量短期波动的不确定度。

附录C给出了周期性称量的扩散法制备校准用混合气体的不确定度评估的实例。

7.2.2 扩散池质量流量测量的不确定度

7.2.2.1 天平

质量测量的不确定度通常来自称量仪器校验和天平精度。称量仪器应经过可溯源的校准。连续称量的间隔应足够大，以使天平精度对合成不确定度的贡献趋于最小。

7.2.2.2 浮力效应

称量时扩散池在空气中的浮力会影响称量质量。通过计算浮力变化可对此进行补偿。扩散池的实际质量损失 Δm 可通过式(8)进行计算：

$$\Delta m = m_1 - m_2 + (\rho_1 - \rho_2) V \quad \cdots\cdots (8)$$

式中：

m_1——第一次称量时扩散池的称量质量；

m_2——第二次称量时扩散池的称量质量；

ρ_1 ——第一次称量时的空气密度；

ρ_2 ——第二次称量时的空气密度；

V ——扩散池体积。

如果大气条件(温度、压力、湿度)在第一次和第二次称量间的时间间隔内恒定，则质量损失，即两次称量的质量差，无需进行浮力校正。

如用双盘天平，可使用与扩散池体积相同的参比物作比较称量。

如用单盘天平，可用与扩散池体积相同的参比物作浮力校正。

或者，如不进行浮力校正，则应充分考虑浮力效应的不确定度。

7.2.2.3 校准组分的纯度

如4.1所述，用扩散池制备混合气体前，校准组分中的杂质含量应进行全分析。为此应运用适合的分析方法。定期(如每周)测定在恒定的温度和载气流量下测定扩散池的质量流量就能很好证明单一组分的扩散(见6.1)。

7.2.2.4 校准组分的稳定性

一些物质可能发生聚合或与其他物质发生反应或与扩散池材料发生作用后，会改变最终混合气体的浓度。在确定最终的不确定度时应考虑这一因素。

7.2.2.5 吸附或解吸附效应

仪器使用前通过测量混合气体中校准组分的含量随时间变化，检验其是否达到平衡。

7.2.3 校准组分质量流量的短期波动

除上述因素引起的不确定度之外，用于计算实际浓度值的瞬时质量流量可能会出现短期波动。通常，与短期波动相关的不确定度以如下形式加入平均质量流量见式(9)：

$$q_m(\mathrm{A})=\bar{q}_m(\mathrm{A})+\sum\delta q_m(\mathrm{A}) \quad \cdots\cdots(9)$$

式中：

$\sum\delta q_m(\mathrm{A})$——因质量流量短期波动引起的 $q_m(\mathrm{A})$ 的不确定度值的总和。

用麦克斯韦-安托尼方程式将温度和空气压力函数 D 和 p_V 代入式(2)，则 $\sum\delta q_m(\mathrm{A})$ 变为式(10)：

$$\sum\delta q_m(\mathrm{A})=(c_1+c_2)\times\delta p+c_3\times\delta T \quad \cdots\cdots(10)$$

式中：

δp ——空气压力的短期变化；

δT ——扩散池温度的短期变化；

c_1、c_2、c_3——根据扩散池、校准组分和外部特征条件推导的敏感度系数。

用式(10)计算不确定度值显示，实际操作中，当扩散池的温度变化控制在±0.15 K之内时，空气压力的正常波动将对 $q_m(\mathrm{A})$ 值引入约0.4%～0.6%的相对不确定度。这主要由温度变化引起组分蒸气压的变化所致。

7.2.4 时间的测量

称量间隔时间测定的不正确源于时间测量的误差。使用经过可溯源校准的测量仪器可将误差最小化。不确定度整体分析中应考虑校准的不确定度。

7.2.5 载气和稀释气流量的测量

7.2.5.1 流量计

载气和稀释气的流量测量会影响校准用混合气体组成的最终不确定度。使用经过可溯源校准的流量计可使不确定度最小化。可根据ISO 6145-1的规定，估算各种流量计的不确定度。

7.2.5.2 载气和稀释气的杂质

载气中的任何杂质都应确认、量化或设定其相对浓度的上限。为此应使用适合的分析技术。

7.2.6 载气和稀释气流量的短期波动

载气和稀释气流量的短期波动应通过重复的流量测量进行检验。通常，与上述波动相关的相对不确定度计算值小于0.4%。

7.2.7 泄漏的可能性

扩散装置内的泄漏会影响混合气体测量的不确定度。如果载气吹扫扩散池后立即出现泄漏，那么制备的混合气体的浓度低于用式(2)计算出的数值。在使用该系统进行测量前，应对扩散装置进行彻底的检漏测验，并设定最大允许泄漏量。

附 录 A
（资料性附录）
用扩散池校准装置评估湿度计响应速度的实例

A.1 基本背景

扩散法用于水分的制备已有多年，也可用于制备包括甲烷在内的不反应的混合气体。图 A.1 的示意图与标准第 5 章描述的装置相类似，前面章节提及的重要变量都有监控器监控。

该方法的重要性和便利性在于，它是用质量作为主要参比单位，能对设计的具有相同扩散质量流量的不同扩散池进行基本性能评估和比较。可较好地重复制备浓度在 $5\times10^{-9}\sim10^{-3}$ 范围内的校准混合气体。

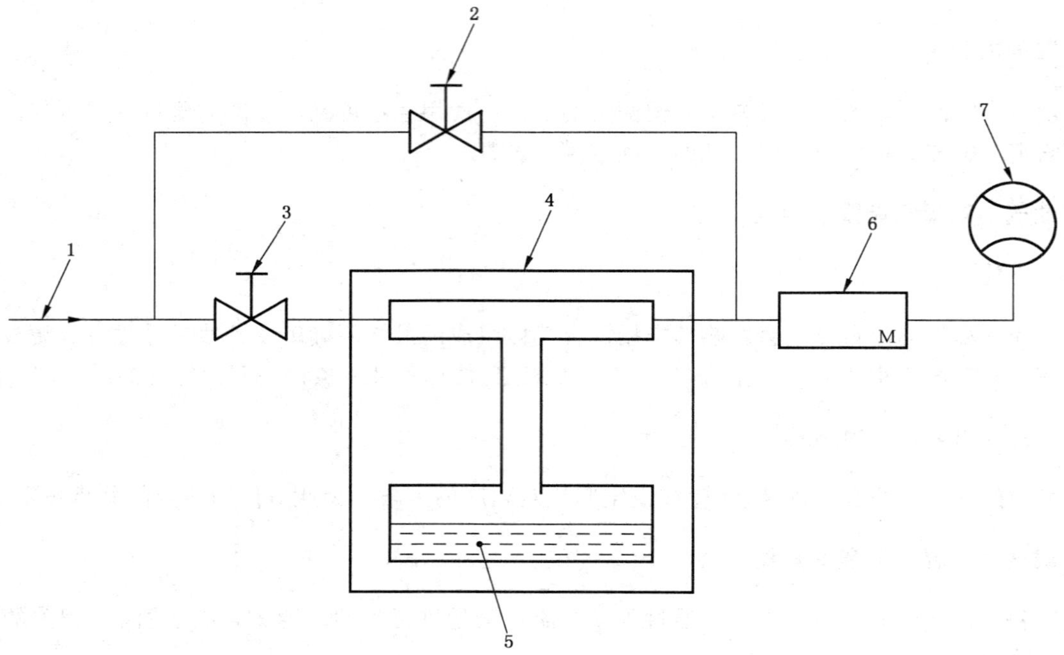

说明：
1——干燥空气；
2——流量控制阀 V2；
3——流量控制阀 V1；
4——恒温槽；
5——水；
6——湿度计；
7——流量计。

图 A.1 扩散池校准装置示意图

多年收集的数据显示，在 10^{-9} 的浓度范围内，不确定度基本不大于±2%。先确定各扩散池的扩散质量流量数据再与其他数据进行比较研究。这一方法建立了便利的在任何特定位置进行实时控制的基础。可用快速响应湿度计测定短期的湿气生成的稳定性，进而排除与时间相关的均值。

扩散法特别适用于在校准单个湿气感应器时确定响应时间。

通常，示值误差归结于待校准单元达到平衡时的状态。这就需要不同的时间，并且取决于仪器自身和校准系统的响应。现在则可以对仪器响应时间进行准确评估和动态校准，并给出与湿度变化和响应时间推移相关的示值误差。这对最终用户调节操作方法以获得过程测量中与可实现的取样时间相关的重要读数非常有价值。

A.2 实例

在以下实例中，扩散校准装置用于对多个正在评估的湿度计进行响应速度比较测试。经测试，全部湿度计的精确度都在制造商给出的允差内；但短暂地暴露于高湿度环境后，并不是全部湿度计都能在最终用户要求的取样时间内给出重复数据。以下设置可使最终用户能够在动态和实际操作条件下确立每一个湿度计的性能特征。

空气经加热再生式干燥器除水后送入校准装置（见图 A.1），设置流量控制阀 V1，使其以恒定流量吹扫扩散池，从而确保进入湿度计的湿气质量。

通常用于校准商用湿度计的扩散池流量为 400 mL/min，生成的湿气含量为 12 mL/m³。因为在 100 mL/min～500 mL/min 范围以内的流量变化不会改变单位时间内扩散进入干燥空气流内的水的质量，所以不必对流量控制阀 V1 进行恒定流量监控。

流量控制阀 V2 确定注入取样管路的干燥空气的流量。改变阀门设置将立即使湿度计在 10^{-9} 数量级取样浓度上发生变化，从而评估真实的仪器响应速度。在上例中，10^{-9} 数量级的湿度计取样浓度（L，以 mL/m³ 为单位表示）可通过式（A.1）计算：

$$L=\frac{12\times 400}{\sum q} \qquad \cdots\cdots\cdots\cdots(\text{A.1})$$

式中：

$\sum q$ ——进入湿度计的混合气体的总流量，单位为毫升每分（mL/min），另外 400 mL/min 流量（体积分数）给出的扩散率为 12 mL/m³。

市场可提供不同扩散管直径和长度的扩散池，以满足从霜点到低于－70 ℃露点的湿度范围。

A.3 扩散池湿度气的稳定性

图 A.2 给出了鉴定合格的扩散池湿度气实例。可以看到，在严格控制的条件下，从三个扩散池（标为 TC 16、TC 17 和 TC 18）得到的湿度气之间的相关性在 0.5%以内。与此相应，在浓度 10 mL/m³ 的含量水平上，湿气变化范围低于±0.05 mL/m³。这就给出了一个较低的不确定度初始基数，加上个体结构额外的不确定度后，仍能给出可接受的世界不同地区的实际数据互换性。

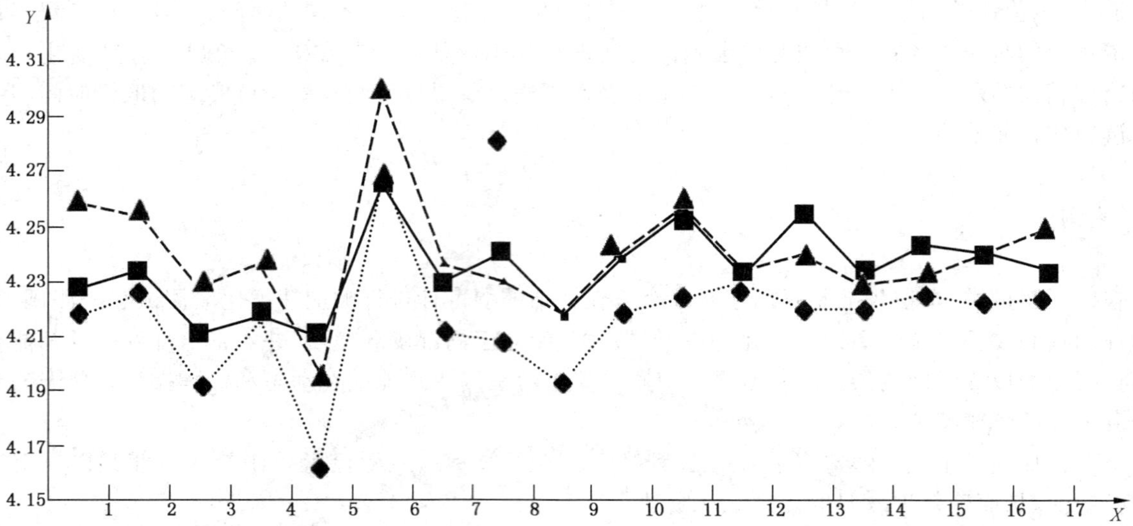

说明：

X ——时间，d；

Y ——混合湿度气，mg/d；

TC 16；

TC 17；

TC 18。

注：数据经压力和时延校正，由英国 MCM Thorpe Arch 公司提供。

图 A.2 湿度气的稳定性

附 录 B
（资料性附录）
甲苯和氯仿扩散池性能测试实例

图 B.1 出示了甲苯和氯仿扩散池混合气体(10^{-9} g/min)实例。表 B.1 列出了有关数据。

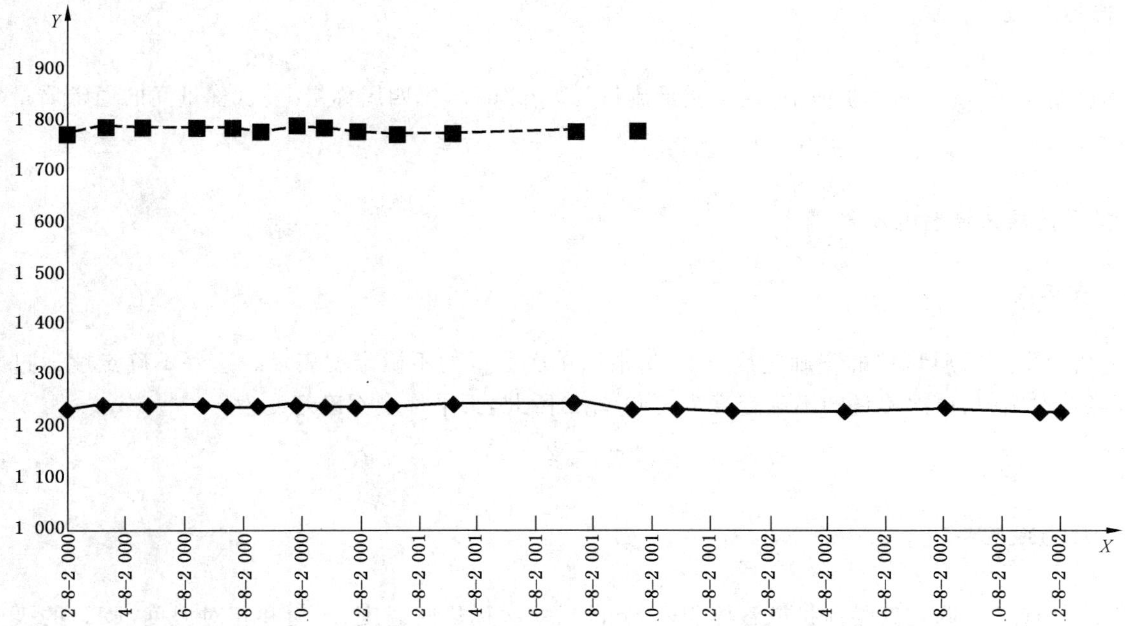

说明：

X——日期；

Y——质量流量，单位为毫克每分(mg/min)；

—◆—甲苯；

■ 氯仿。

图 B.1 扩散池性能测试

表 B.1 扩散池质量流量

甲苯质量流量 10^{-9} g/min		氯仿质量流量 10^{-9} g/min	
1 237	1 249	1 782	1 777
1 244	1 259	1 790	1 779
1 244	1 242	1 788	1 785
1 245	1 244	1 786	1 782
1 237	1 238	1 784	
1 241	1 242	1 780	
1 249	1 244	1 791	
1 243	1 240	1786	
1 243	1 243	1 780	
1 242	平均：1 244		平均：1 784
1 247	标准偏差：5		标准偏差：4

附　录　C
（资料性附录）
周期性称量系统不确定度计算实例

C.1　概述

本例基于 10 cm^3 的苯扩散池，通常质量流量 5.0 μg/min，每四周称量一次（称量间的通常质量差为 201.6 mg）。

C.2　扩散池质量流量的测量

C.2.1　天平

连续测量所得质量差的不确定度 u 以$\sqrt{2}$乘以单次称量的不确定度表示。这一不确定度通过天平校准得到，本例中，单次称量的不确定度为±50 μg。因此，天平称量不确定度为：

$$\mu(m_1-m_2)=\pm\sqrt{2}\times 50=\pm 70\ \mu g$$

C.2.2　浮力效应

浮力效应的不确定度是由扩散管体积（10 cm^3）、单次称量时温度、压力和相对湿度（RH）的极值计算得出。压力、温度和湿度的极值组合为 98.6 kPa/292.9 K/60%RH 和 103.7 kPa/292.5 K/40%RH，相应的空气密度极值为 1 165.5 μg·cm^{-3}[5]，假定按余弦分布处理，则空气密度的不确定度为：

$$u(\rho)=\frac{(1\ 231.7-1\ 166.5)}{2\sqrt{3}}=15.7\ \mu g\cdot cm^{-3}$$

那么体积为 10 cm^3 的扩散池的不确定度为：

$$u(\text{浮力})=\pm 10\times 15.7=\pm 157\ \mu g$$

称量的总不确定度为：

$$u(\Delta m)=\pm 172\ \mu g$$

对于通常质量流量为 5.0 μg/min，称量间隔为四周的扩散池，天平称量的相对不确定度为：

$$\frac{u(\Delta m)}{\Delta m}=\pm 172/201\ 600=0.000\ 85=0.09\%$$

C.2.3　物质纯度

以制造商给出的纯度（≥99.8%）来估算不确定度，假定按余弦分布处理且不对杂质进行校正，则物质纯度的相对不确定度为：

$$u(\text{纯度})=\pm\frac{0.2}{\sqrt{3}}=\pm 0.12\%$$

C.2.4　时间测量

若连续称量间时间间隔的测量不确定度小于 1 min。时间间隔为 40 320 min，则测量的不确定度可忽略不计。

C.2.5 压力校正

用式(2)和式(3)校正压力对扩散质量流量的影响。应用式(2)时,应知道称量间的平均压力。通过连续记录短期压力测量值测量压力时,四周时间内平均压力的不确定度降至所用压力计的校准不确定度。通常,相对不确定度可达到±0.1%或更小。此时,可假定:

$$u(\overline{p})=\pm 0.1\%$$

实际压力状态的后校正应知道实际压力 p。如采用单一的压力测量,则不确定度为压力计的校准不确定度加上单一压力读数的不确定度。对于所用的压力计而言,压力读数的不确定度为±0.05 kPa,则相应的总相对不确定度为±0.11%。因此,压力校正相关的总相对不确定度为:

$$u(p,\text{cor})=\pm\sqrt{2}\times 0.1=\pm 0.15\%$$

C.2.6 稳定性及吸附效应

使用苯时,预计不存在稳定性问题。选择适当的材料和平衡时间,吸附效应可忽略不计。

C.2.7 短期波动

对于苯来说,用7.2.3规定的方法进行计算,可得到的相对不确定度为±0.5%。

$$u(q_m,\text{短期})=\pm 0.5\%$$

C.2.8 质量流量的合成不确定度

通过合成上述不确定度,在假定条件下,扩散池的瞬时(实际)质量流量的相对合成不确定度为:

$$u(\text{c},q)=\pm\sqrt{\frac{u^2(\Delta m)}{(\Delta m)^2}+u^2(\text{纯度})+u^2(p,\text{cor})+u^2(\text{短期})}=\pm 0.5\%$$

C.3 载气流量

C.3.1 流量计

汞封活塞流量计读数的不确定度由计时传感器之间容积校准的不确定度得到,相对不确定度为:

$$u(\text{流量计})=\pm 0.1\%$$

C.3.2 流量测量

实际流量测量的不确定度由连续三次流量测量的相对标准偏差表示,通常相对标准偏差小于±0.05%。

$$u(q_V,\text{meas})=\pm\frac{0.05}{\sqrt{3}}=\pm 0.03\%$$

C.3.3 压力和温度校正

测得的载气流量需转换成标准压力和温度(101.325 kPa,293.15 K)条件下的流量,在实际使用校准气体时再修正到实际温度和压力状态下的流量:

$$q_{V,\text{cor}}=q_{V,\text{mass}}\frac{101.325}{p_{\text{meas}}}\times\frac{t_{\text{meas}}}{293.15}$$

$$q_{V,\text{act}}=q_{V,\text{cor}}\frac{101.325}{p_{\text{act}}}\times\frac{t_{\text{act}}}{293.15}$$

合成校正后的不确定度,包括温度和压力两项测量,每项测量都带有±0.11%的相对不确定度(校

准加读数),则相对合成不确定度为:

$$u(pT,\mathrm{cor})=\pm 2\times 0.11\%=0.22\%$$

C.3.4 载气中的杂质

通过适当的气体净化,如通过分子筛干燥加上硅胶和活性炭过滤(可能再加上对烃类的催化转化),载气中苯的浓度可低于 0.5×10^{-9} g/m³。则相关不确定度为:

$$u(\mathrm{cg},\text{纯度})=\pm\frac{0.5\times10^{-9}}{\sqrt{3}}=\pm 0.3\times10^{-9}\ \mathrm{g\cdot m^{-3}}$$

这一不确定度只对校准气体含量低于 60×10^{-9} g/m³ 的情况有影响。

C.3.5 载气流量的短期波动

由于已对实际温度条件进行了流量校正,这里只需考虑与温度无关的短期波动。对于所用质量流量控制器而言,这些短期波动取决于测量,其相对不确定度为±0.1%,所以:

$$u(q_{\mathrm{cg}},\text{短期})=\pm 0.1\%$$

C.3.6 载气流量的合成不确定度

通过对上述不确定度的合成,可估得上述条件下瞬时(实际)载气流量的相对合成不确定度为:

$$\begin{aligned}u(\mathrm{cg},q_V)&=\pm\sqrt{u^2(\text{流量})+u^2(\text{标准测量条件})+u^2(\mathrm{cg},\text{纯度})+u^2(pT,\mathrm{cor})+u^2(\mathrm{cg},\text{短期})}\\&=\pm 0.26\%\end{aligned}$$

C.4 校准组分含量的合成不确定度

合成校准组分质量流量不确定度和载气体积流量不确定度,可估算得到校准组分含量的相对不确定度为:

$$u(\rho)=\pm\sqrt{u^2(\mathrm{c},q_m)+u^2(\mathrm{cg},q_V)}=\pm 0.6\%$$

C.5 校准组分含量的扩展不确定度

置信区间为95%,包含因子 $k=2$,可得到校准组分含量的相对扩展不确定度为:

$$U(\rho)=\pm 1.2\%$$

参 考 文 献

[1] G.O NFISON.Gas Mixtures Preparation and Control.Lewis Publisher,Chelsea M1.1992

[2] F.N Fuller.P.D SCHOOLER and J.C GIDDINGS.A New Method of Binary Gas Phase Diffusion Coefficients.Ind.Cng,5(1966)pp.19-27

[3] RLID,PRAUSN.IZ and SNCRWOOD.Controlled lest Atmospheres-Principles and techniques,ann Arbor Science Publishers Inc..Ann Arbor,Michigan,USA 1971.p.147,3rd ed

[4] R.SCIWARIZ.Guide to Mass Determination with High Accuracy,PIB-Bericht MA-40:1995:P.26

[5] ISO 6143 Gas analysis—Comparison methods for determining and checking the composition of calibration gas mixtures

[6] ISO 6145-1:1986 Gas analysis—Preparation of calibration gas mixtures—Dynamic volumetric methods—Part 1:Methods of calibration

[7] ISO 6145-6 Gas analysis—Preparation of calibration gas mixtures using dynamic volumetric methods—Part 6:Critical orifices

ICS 71.040.40
G 86

中华人民共和国国家标准

GB/T 5275.9—2014/ISO 6145-9:2009

气体分析 动态体积法制备校准用混合气体 第9部分:饱和法

Gas analysis—Preparation of calibration gas mixtures using dynamic volumetric methods—Part 9: Saturation method

(ISO 6145-9:2009,IDT)

2014-07-08 发布 2014-12-01 实施

中华人民共和国国家质量监督检验检疫总局
中国国家标准化管理委员会 发布

前　言

GB/T 5275《气体分析　动态体积法制备校准用混合气体》分为以下几部分：

——第1部分：校准方法；

——第2部分：容积泵；

——第4部分：连续注射法；

——第5部分：毛细管校准器；

——第6部分：临界锐孔；

——第7部分：热式质量流量控制器；

——第8部分：扩散法；

——第9部分：饱和法；

——第10部分：渗透法；

——第11部分：电化学发生法。

本部分为GB/T 5275的第9部分。

本部分按照GB/T 1.1—2009给出的规则起草。

本部分使用翻译法等同采用ISO 6145-9:2009《气体分析　动态体积法制备校准用混合气体　第9部分：饱和法》。

与本部分中规范性引用的国际文件有一致性对应关系的我国文件如下：

——GB/T 10628—2008　气体分析　校准混合气体组成的测定和校验　比较法(ISO 6143:2001，IDT)；

——GB/T 14850—2008　气体分析　词汇(ISO 7504:2001，IDT)。

本部分由中国石油和化学工业联合会提出。

本部分由全国气体标准化技术委员会(SAC/TC 206)归口。

本部分起草单位：中国计量科学研究院、西南化工研究设计院有限公司。

本部分主要起草人：王德发、陈雅丽。

气体分析　动态体积法制备校准用混合气体　第9部分:饱和法

1　范围

GB/T 5275的本部分是利用动态体积法制备校准用混合气体的系列国家标准的一部分。本部分规定了使用一种或多种易冷凝的组分连续制备校准用混合气体的方法。通过对相对标准不确定度贡献的合成,得到本方法的相对扩展不确定度不大于1%(扩展因子 $k=2$)。

与该系列的其他部分不同,本部分所描述的方法不需要精确测量流速,因为在计算体积分数的公式中没有流量参数。

对于易冷凝和气相部分易发生表面吸附的气体组分,使用静态法很难制备浓度精确稳定的校准混合气。而且,这种校准用混合气体的压力不能接近饱和蒸气压,否则会发生冷凝。饱和蒸气压法就可以用来制备这类混合气体。

2　规范性引用文件

下列文件对于本文件的应用是必不可少的。凡是注日期的引用文件,仅注日期的版本适用于本文件。凡是不注日期的引用文件,其最新版本(包括所有的修改单)适用于本文件。

ISO 6143　气体分析　校准混合气体组成的测定和校验　比较法(Gas analysis—Comparison methods for determining and checking the composition of calibration gas mixtures)

ISO 7504 气体分析　词汇(Gas analysis—Vocabulary)

ISO 16664　气体分析　校准用气体及混合气体的使用　指南(Gas analysis—Handling of calibration gases and gas mixtures—Guidelines)

3　术语和定义

ISO 7504界定的术语和定义适用于本文件。

4　原理

当与其凝聚相达成平衡时,纯物质的蒸气压仅取决于温度。在压力接近大气压且气相间没有显著的相互作用(例如碳氢化合物混合气间发生的相互作用)的情况下,可根据系统的温度和压力计算该组分的体积分数。

如果没有其他外部因素影响,在一定的温度下,让载气单纯地通过接触气态组分的凝聚相来达成饱和平衡是非常缓慢的。为了加速这个过程,在较高温度 T_1 下,使载气通过凝聚相,然后将得到的混合气体冷却至低于露点的温度 T_2。为了确保能达到饱和,温度之差(T_1-T_2)至少要为5 K。

组分 x 的体积分数近似地等于该组分在温度 T_2 时的蒸气压 p_x 除以相同温度下冷凝器中混合气体的总压力 p,即得式(1):

$$\varphi_x=\frac{p_x}{p} \qquad (1)$$

温度 T_2 下该组分的相对分压(蒸气压)值可参见参考文献[1]～[4]中的图表。

5 装置

5.1 组建

图 1 为利用饱和法制备校准用混合气体的装置示意图。

从载气源(图 1 中的 1)流出的载气首先要连续通过含有石英纤维材料的过滤器(图 1 中的 2),以便除去载气中的悬浮颗粒。

注:仅在采用了混合气体循环系统时才要求配置图 1 中的第 11 项和第 12 项装置。

为了将组分的体积分数的不确定度降到最小,仪器设备的安装和使用应按照 5.2～5.8 中规定的内容进行。

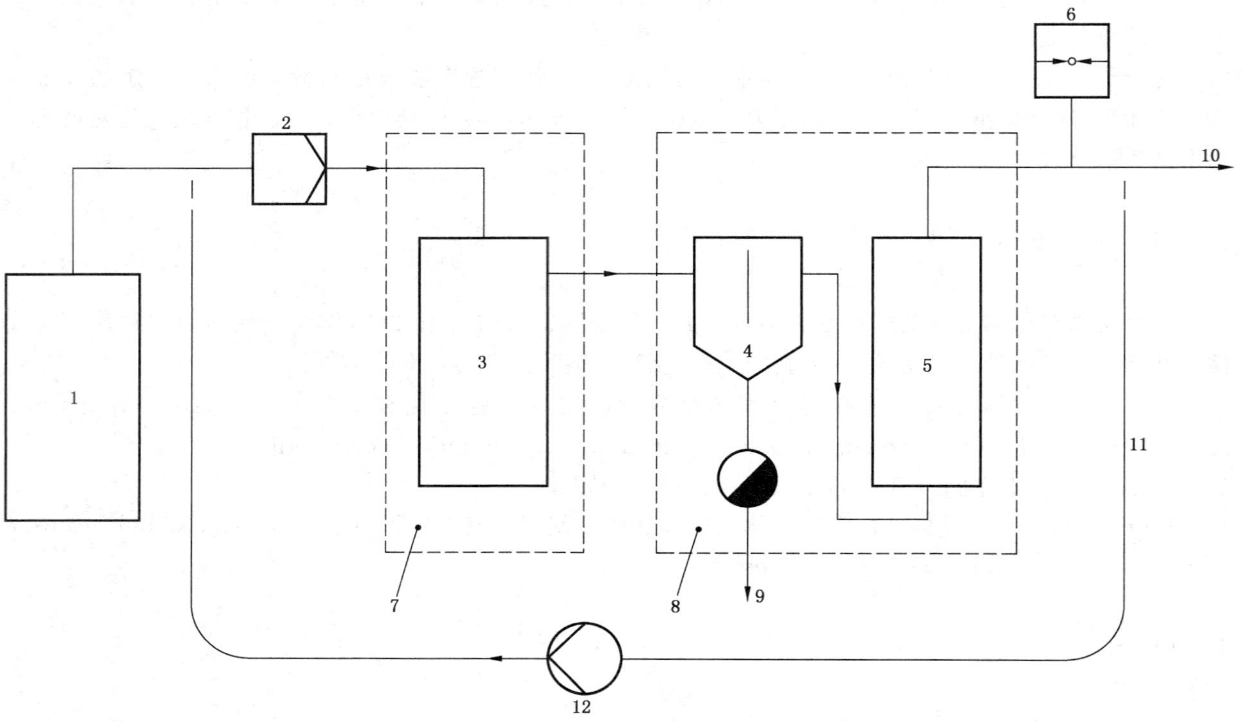

说明:

1——载气源;

2——悬浮颗粒物过滤器;

3——饱和器;

4——冷凝器,由导热性好的材料制成(如,铜、不锈钢);

5——带调节阀的压力平衡器;

6——压力计;

7——恒温控制器(T_1);

8——恒温控制器(T_2);

9——冷凝剂出口;

10——校准用混合气体出口;

11——循环系统;

12——循环泵。

图 1 饱和法制备校准用混合气体系统装置示意图

5.2 载气预处理

载气在进入到饱和器之间应经过净化和干燥处理。

5.3 材料兼容性

装置中所使用的元件，尤其是样品管路，其构成材料不能与校准用混合气体中的组分发生反应。避免使用能够与组分气或混合气发生渗透或吸附的材料。如果对某材料不能确定其兼容性，那么在使用其制备混合气样品之前需要检验兼容性。

5.4 材料选择

装置中使用的样品管线的横截面积要足够大，以便使气阻产生的压差足够小，以至可以忽略不计。

5.5 压力测试

在压力平衡器的出口处测量总压力。

5.6 温度控制

按照 ISO 16664 中规定的校准用混合气体的传输规定执行。

确保输气管路的温度高于 T_2，以防止冷凝。必要时应对连接管线进行加热。

5.7 测量仪器

采用专业的高精密测量仪器，其温度计的测量误差小于 ±0.05 K，压力测量装置的测量误差小于 ±1 hPa [1 mbar]。

注：1 bar=10^5 N/m^2 =0.1 MPa。

5.8 纯度

由于某些杂质的存在会影响蒸气压，故所用组分的纯度应大于 99.99%。

注：如果该方法应用于例如 ISO 6144:2003[5] 中 8.2.5 所描述的一些实例，则不必使用如此高纯度的组分原料。因为在此情况下评价相对扩展不确定度时，还需要考虑一些其他因素的贡献。

6 操作程序

6.1 安装操作

合理布置冷却面，以保证在冷凝剂出口处气体的温度与冷凝器的温度相等。在冷凝器之后安装一个带有调节阀的压力平衡器，以便除去气流中的悬浮物。保持压力平衡器和冷凝器的温度相同。采用合适的冷却和加热元件，通过控制回路，使冷凝剂的温度保持恒定，以维持冷凝器和压力平衡器的恒温。

除了温度 T_2，冷凝器中混合气体的压力 p 也应保持恒定并显示出来。将冷凝器中生成的冷凝液收集到回收槽中，或用泵连续不断地将其排出。

6.2 直流系统的操作

在温度 T_1 下，将载气通入饱和器中(图 1 中的 3)校准组分的液相部分。确保载气流中组分的温度高于其后的冷凝器(图 1 中的 4)的温度 T_2。在冷凝器中冷却混合气，直到校准组分开始出现冷凝为止。得到的冷凝液经冷凝液出口(图 1 中的 9)排出。从冷凝器出来的校准混合气，再进入到一个压力平衡器(图 1 中的 5)，在其中把可能存在的任何悬浮液滴都分离出来。冷凝器(图 1 中的 4)与压力平衡器(图 1 中的 5)都安装于温度为 T_2 的恒温控制容器(图 1 中的 8)中。使用压力计(图 1 中的 6)在采样出口(图 1 中的 10)处测量校准混合气的压力。

6.3 封闭循环系统的操作

也可使用封闭的循环系统。该系统可以连续运行，而且可以更快地达成饱和平衡，减少平衡所需要的时间。通过循环泵(图 1 中的 12)，校准用混合气体沿辅助回路(图 1 中的 11)循环。

校准用混合气体沿气路循环几次，建立平衡后，就可以在取样点(图 1 中的 10)取气。从系统中抽掉的样气应用来自气源(图 1 中的 1)的载气进行补充，以避免该平衡系统中的压力发生改变。

注：通过观察冷凝液的流量可以检查冷凝器中是否建立了饱和平衡。由于气相与凝聚相的体积比约为 1 000 : 1，而且只有载气中的一小部分组分在冷凝器中作为冷凝液被分离出来，故通过出口(图 1 中的 9)处的体积流量很小。测量出口处气体的露点便可确认是否达到了平衡。

7 测量的不确定度

相对不确定度取决于冷凝器中气体的总压力以及饱和蒸气压。附录 A 可以用来计算饱和蒸气压的数值。既然气体总压力已知且不确定度令人满意，那么蒸气压的不确定度就取决于：

——冷凝液温度测定的不确定度；

——温度控制(例如 $\Delta T<0.05$ K，这是可以测得的)；

——所用蒸气压数据的不确定度；

——气体组分的纯度。

利用式(2)，根据各个分量不确定度的评定结果，评价校准组分 x 的体积分数的相对扩展不确定度。

总的相对扩展不确定度由各个分量的相对标准不确定度的平方求和，再开平方求得，如式(2)所示：

$$\frac{U(\varphi_{\mathrm{A}})}{\varphi_{\mathrm{A}}}=2\times\sqrt{\left\{\left[\frac{u(p_x)}{p_x}\right]_{T_2}\right\}^2+\left[\frac{u(p)}{p}\right]^2+\left\{\left[\frac{T_2}{p_x}\times\left(\frac{\mathrm{d}p_x}{\mathrm{d}T}\right)_{T_2}-1\right]\times\left[\frac{u(T)}{T}\right]_{T_2}\right\}^2} \quad\cdots\cdots(2)$$

式中：

$\frac{U(\varphi_{\mathrm{A}})}{\varphi_{\mathrm{A}}}$ ——校准组分体积分数的相对扩展不确定度；

$\left[\frac{u(p_x)}{p_x}\right]_{T_2}$ ——工作温度为 T_2 时，蒸气压曲线上对应点的相对标准不确定度；

$\frac{u(p)}{p}$ ——总压力测量的相对标准不确定度；

$\left(\frac{\mathrm{d}p_x}{\mathrm{d}T}\right)_{T_2}$ ——工作温度为 T_2 时，蒸气压曲线上对应点的蒸气压变化率；

$\left[\frac{u(T)}{T}\right]_{T_2}$ ——温度为 T_2 时，测量的相对标准不确定度。

对于正态分布，95%的置信度所使用的包含因子为“2”。

注 1：利用偏微分方程表示相对合成标准不确定度 $U(\varphi_x)/\varphi_x$ 的方法参见 ISO 6145-7:2009[6] 中的附录 C。

注 2：式(1)是一个近似公式，其中还可以包含由于气相部分是非理想气体而造成的不确定度来源。当利用这个方法制备校准混合气，评价混合气的体积分数的不确定度时，应该考虑到这一点。尤其是当该混合气中的校准组分是易于冷凝的组分，此时不处于完全的理想状态。一般来说，精确计算这部分的不确定度贡献是不太可能的，但是它比其他因素的不确定度贡献小得多，以至于可以忽略不计。文献报道显示，对于某些混合气，压力增加的微分值比体积变化的微分值小，但是对于另外一些混合气刚好相反。

为了检验混合系统中校准混合气是否充分地混合均匀，需要利用第6章中描述的一种方法制备某混合气体，然后根据ISO 6143中的规定进行比较，以检验混合气中的特定组分。此方法还能够用于鉴别该混合气与其他气源之间的浓度差别，也可以用于建立与标准混合气之间的溯源链。

该方法还能够用于制备低浓度的校准混合气。如果因为浓度过低而无法使用ISO 6143中规定的方法对浓度量值进行比较，则需要在其校准证书或报告中明确说明，该体积分数是计算得到的，没有经过ISO 6143的方法验证。

注3：因为组分在载气中的溶解性不同，所以可能存在稳定的过饱和现象。

注4：附录B给出了有关计算的实例。

附　录　A
（资料性附录）
各种物质的蒸气压

表 A.1 和表 A.2 包括各种物质的蒸气压和相关特性，即在工作温度 20℃时及在沸点时的蒸气压及温度梯度。蒸气压数据经计算得出，利用了蒸气压曲线的经验关系式（参见参考文献中的[3]、[4]、[7]、[8]、[9]和[10]）。在计算时应该使用最新的数据。

对于表 A.1 中的化合物，计算是基于安东尼公式，见式（A.1）：

$$\log_{10} p_x = A + \frac{B}{C + t} \qquad \text{(A.1)}$$

对于表 A.2 的相对蒸气压的计算公式见式（A.2）：

$$\log_e \left(\frac{p}{p_c}\right) = \frac{Ax + Bx^{1.5} + Cx^3 + Dx^6}{1 - x} \qquad \text{(A.2)}$$

这里：$x = 1 - \frac{T}{T_c}$

式中：

p ——蒸气压，单位为百帕[hPa(mbar)]；

t ——温度，单位为摄氏度（℃）；

T ——温度，单位为开（K）；

p_c ——临界压力，单位为百帕[hPa(mbar)]；

T_c ——临界温度，单位为开（K）；

A、B、C、D ——特定化合物蒸气压公式中的蒸气压常数。

蒸气压公式（A.1）和式（A.2）只有在温度范围 $t_{min} \sim t_{max}$ 内成立，对应的温度范围分别参见表 A.1 和表 A.2。式（A.1）是将原始的安东尼公式调整为以“10”为底而不是以“e”为底的蒸气压的对数形式。表 A.1 中的系数也都对应以“10”为底。使用该公式要限制在很短的蒸气压范围内，如 10 hPa～2 000 hPa，才能得到高准确度的结果。

如果想得到更宽范围的蒸气压，就应使用式（A.2），即瓦格纳公式。与式（A.1）不同，该式是以“e”为底的气压比的对数，不同化合物所对应的系数参见表 A.2。

在（20±5）℃的温度范围内，可从表中的 p 值以及 $\mathrm{d}p/\mathrm{d}T$ 值，通过线性外推法计算蒸气压的近似值，如附录 B.2 中的实例所示。在这个温度范围之外，应使用式（A.1）和式（A.2）进行计算。计算温度 T 下的蒸气压曲线的斜率，要基于邻近温度下的饱和蒸气压，可以按导数 $(\mathrm{d}p/\mathrm{d}T)_T$ 计算，也可以近似等于 $(\Delta p/\Delta T)_T$，见式（A.3）：

$$\left(\frac{\mathrm{d}p}{\mathrm{d}T}\right)_T = \left(\frac{\Delta p}{\Delta T}\right)_T = \frac{[p(T+1) - p(T-1)]}{2} \qquad \text{(A.3)}$$

表 A.1 各种物质的蒸气压数据[适用于安东尼公式(A.1)]及相关特性

化合物	20 ℃蒸气压 hPa(mbar)	20 ℃ d*p*/d*T* hPa/K (mbar/K)	沸点 ℃	蒸气压方程式常数 *A*	蒸气压方程式常数 *B*	蒸气压方程式常数 *C*	t_{min} ℃	t_{max} ℃	引用(参见参考文献)
丙酮	246.6	11.0	56.3	7.356 47	−1 277.03	237.23	−32	78	[1]
乙酰基乙醛	998.6	37.6	20.4	7.181 40	−1 070.60	236.00	−59	40	[1]
丙烯醛	293.8	12.5	53.1	7.032 64	−1 132.00	228.00	−38	87	[3]
丙烯腈	111.7	5.3	77.4	7.041 15	−1 208.30	222.00	−18	112	[3]
丙烯酸乙酯	41.2	2.2	99.6	7.112 25	−1 292.00	215.00	1	136	[3]
丙烯酸甲酯	88.2	4.5	80.3	7.120 85	−1 211.00	214.00	−13	117	[3]
甲酸	44.2	2.2	100.7	7.484 36	−1 551.38	245.71	9	125	[1]
苯胺	0.6	0.05	184.0	8.625 20	−2 423.62	254.33	−5	71	[1]
四乙基铅	0.3	0.03	183.1	9.554 90	−2 938.00	273.15	9	75	[4]
四甲基铅	31.2	1.6	110.1	8.145 90	−1 950.00	273.15	−20	49	[4]
1,3-丁二烯	2 399.0	76.7	−4.4	6.974 89	−930.55	238.85	−58	15	[1]
正丁酸	1.6	0.1	163.7	6.421 70	−1 367.40	200.00	19	61	[1]
2-氯-1,3-丁二烯	240.7	10.0	59.4	7.651 90	−1 545.00	273.15	6	59	[4]
环己烷	103.4	4.9	80.7	6.966 20	−1 201.53	222.65	7	105	[1]
环己醇	1.4	0.1	161.1	9.161 90	−2 643.00	273.15	21	66	[4]
环己酮	4.5	0.3	155.7	8.516 90	−2 304.00	273.15	1	39	[4]
1,2-二氯苯	1.3	0.1	179.1	8.630 90	−2 493.00	273.15	20	59	[4]
1,4-二氯苯	0.5	0.1	174.0	12.950 90	−3 876.00	273.15	28	53	[4]
1,1-二氯乙烷	244.3	10.7	57.3	7.167 80	−1 201.05	231.27	−33	79	[1]
1,2-二氯乙烷	83.0	4.1	83.5	7.283 56	−1 341.37	230.05	−12	107	[1]
1,1-二氯乙烯	663.4	25.4	31.6	7.097 05	−1 099.45	237.16	−28	33	[2]
顺-1,2-二氯乙烯	217.5	9.6	60.4	7.147 20	−1 205.44	230.62	1	84	[2]
反-1,2-二氯乙烯	360.7	14.9	47.7	7.090 03	−1 141.98	231.93	−38	85	[2]
二氯甲烷	475.3	19.8	39.6	7.076 22	−1 070.07	223.24	−43	60	MI
乙醚	586.0	23.3	34.6	7.109 62	−1 090.64	231.20	−49	55	[1]
N,*N*-二甲基苯胺	0.8	0.1	193.1	8.249 90	−2 445.00	273.15	30	193	[4]
二甲基二硫	29.3	1.6	109.7	7.102 82	−1 346.34	218.86	6	135	[1]
1,4-二噁烷	38.4	2.0	101.3	7.556 45	−1 554.68	240.34	20	105	[2]
二联苯	0.004	0.000 4	255.0	10.504 90	−3 799.00	273.15	11	61	[4]
3-氯-1,2-环氧丙烷	16.2	0.9	118.0	8.685 90	−2 192.00	273.15	−17	17	[4]
乙酸	15.4	0.9	117.9	7.552 18	−1 558.03	224.79	17	142	[1]
乙酸乙酯	98.3	5.0	77.1	7.133 61	−1 195.13	212.47	−14	100	[1]

表 A.1(续)

化合物	20 ℃蒸气压 hPa(mbar)	20 ℃ d*p*/d*T* hPa/K (mbar/K)	沸点 ℃	蒸气压方程式常数 *A*	蒸气压方程式常数 *B*	蒸气压方程式常数 *C*	t_{min} ℃	t_{max} ℃	引用(参见参考文献)
乙酸甲酯	229.9	10.7	56.9	7.186 21	−1 156.43	219.69	−29	78	[1]
乙酸乙烯酯	120.3	5.9	72.7	7.335 00	−1 296.13	226.66	22	72	[2]
乙醇	58.6	3.5	78.3	8.336 75	−1 648.22	230.92	3	66	[1]
氯乙烷	1 343.2	47.5	12.3	7.073 94	−1 012.77	236.67	−66	32	[1]
乙二醇	0.1	0.01	197.4	9.532 90	−3 073.00	273.15	53	197	[4]
乙二醇一乙醚	6.3	0.4	134.8	8.449 0	−2 300.00	273.15	80	135	[4]
乙二醇一甲醚	11.9	0.7	124.6	8.432 90	−2 157.00	273.15	−13	125	[4]
环氧乙烷	1 449.6	53.2	10.5	8.815 06	−2 005.78	334.77	0	32	[2]
乙硫醇	579.1	22.9	35.0	7.076 96	−1 084.53	231.39	−49	66	[1]
正庚烷	47.2	2.5	98.4	7.021 67	−1 264.90	216.54	−2	123	[1]
正己烷	161.8	7.3	68.7	7.000 91	−1 171.17	224.41	−25	92	[1]
间甲苯酚	0.1	0.01	202.9	10.214 90	−3 280.00	273.15	52	88	[4]
甲基丙烯酸甲酯	41.0	2.3	101.3	8.885 90	−2 132.00	273.15	−30	2	[4]
甲醇	130.0	7.0	64.5	8.202 77	−1 580.88	239.50	−11	52	[1]
丁酮	99.9	4.8	79.6	7.333 57	−1 368.21	236.50	−16	103	[1]
2-己酮	3.6	0.3	127.6	9.945 90	−2 753.00	273.15	8	39	[4]
甲基环己烷	48.3	2.4	100.9	6.947 90	−1 270.76	221.42	−3	127	[1]
甲硫醇	1 702.3	59.5	6.0	7.156 53	−1 015.55	238.71	−70	25	[1]
1-甲基萘	0.1	0.01	244.8	8.430 90	−2 778.00	273.15	107	168	[4]
4-甲基-2-戊酮	19.8	1.2	116.5	6.822 20	−1 190.69	195.45	14	143	[1]
2-甲基-1-丙醇	9.3	0.7	107.7	7.345 04	−1 190.38	166.67	25	128	[1]
氯苯	11.7	0.7	132.3	8.372 90	−2 141.00	273.15	−13	71	[4]
吗啡	9.1	0.6	127.8	9.530 90	−2 313.00	273.15	−6	26	[4]
萘	0.1	0.01	218.0	10.521 90	−3 429.00	27.15	3	28	[4]
硝基苯	0.4	0.03	210.7	8.329 90	−2 564.00	27.15	92	210	[4]
正戊烷	565.6	21.8	36.1	6.977 86	−1 064.84	232.01	−50	58	[1]
α-蒎烯	4.3	0.3	156.1	6.977 43	−1 446.38	208.03	19	156	[2]
β-蒎烯	2.9	0.2	166.0	7.023 27	−1 511.74	210.24	19	166	[2]
异丙醇	44.1	2.8	82.3	8.242 68	−1 580.92	219.61	2	100	[1]
丙酸	4.0	0.3	141.2	7.004 30	−1 471.50	210.00	15	43	[1]
异丙醚	159.3	7.3	68.3	6.974 43	−1 139.34	218.74	24	67	[2]
异丙苯	4.4	0.3	152.5	8.755 90	−2 377.0	273.15	3	38	[4]

表 A.1（续）

化合物	20 ℃ 蒸气压 hPa(mbar)	20 ℃ dp/dT hPa/K (mbar/K)	沸点 ℃	蒸气压方程式常数			t_{min} ℃	t_{max} ℃	引用 (参见 参考 文献)
				A	B	C			
吡啶	20.5	1.2	115.3	8.467 90	−2 098.00	273.15	22	55	[4]
二硫化碳	396.7	15.6	46.2	7.067 69	−1 169.11	241.59	4	80	[2]
1,1,2,2-四氯乙烷	4.1	0.3	145.1	6.756 58	−1 228.06	179.94	25	130	[2]
四氯化碳	121.6	5.6	76.6	7.104 45	−1 265.63	232.15	−21	101	[1]
四氢呋喃	172.9	7.9	66.0	7.121 42	−1 203.11	226.36	−20	89	[1]
四氢噻吩	18.6	1.0	121.1	7.120 30	−1 401.94	219.61	14	147	[1]
噻吩	83.5	4.1	84.2	7.084 16	−1 246.02	221.35	−12	108	[1]
苯硫酚	1.6	0.1	169.2	8.893 90	−2 559.00	273.15	19	56	[4]
甲苯	29.2	1.6	110.6	7.085 40	−1 348.77	219.98	13	136	[1]
三乙胺	82.0	4.0	88.8	8.183 90	−1 838.00	273.15	−15	20	[4]
三甘醇	0.001	0.000 1	376.8	7.882 90	−3 170.00	273.15	22	52	[4]
1,1,1-三氯乙烷	131.4	6.1	74.1	6.969 54	−1 172.17	221.64	−21	98	[1]
1,1,2-三氯乙烷	22.1	1.3	113.9	7.103 01	−1 332.60	211.38	12	139	[1]
三氯甲烷	210.2	9.4	61.2	6.962 88	−1 106.94	218.55	−29	84	[1]
间二甲苯	8.3	0.5	139.1	7.458 14	−1 639.05	230.69	0	60	[2]
对二甲苯	8.8	0.5	138.3	7.194 82	−1 505.94	221.00	25	60	[2]

表 A.2　各种物质的蒸气压数据[适用于瓦格纳公式(A.2)]及相关特性

化合物	20 ℃蒸气压 hPa (mbar)	20 ℃ dp/dT hPa/K (mbar/K)	沸点 ℃	蒸气压常数方程式				p_c 10^3 hPa	T_c K	t_{min} ℃	t_{max} ℃
				A	B	C	D				
1,2-二溴乙烷	11.7	0.7	131.5	−7.450 07	2.228 49	−3.977 95	−0.247 34	53.5	646	17	373
二乙胺	252.0	11.3	55.4	−7.267 96	1.158 10	−3.911 25	−1.179 81	37.1	496.5	−33	223
二甲胺	1 704.4	63.9	6.9	−7.902 95	2.815 77	−6.313 38	−0.224 07	53.1	437.7	−33	165
乙二胺	12.5	0.8	117.2	−8.822 54	2.278 67	−3.526 36	−6.975 79	62.8	593	12	320
光气	1 601.1	56.0	8.0	−7.081 77	1.604 61	−2.571 53	−1.883 77	56.7	455	−57	182
环氧丙烷	587.6	23.7	35.0	−6.975 69	0.636 50	−1.491 87	−6.377 43	49.2	482.2	−24	209
四氯乙烷	18.4	1.0	121.2	−7.360 67	1.827 32	−3.477 35	−1.000 33	47.5	620.2	−21	347
氯乙烯	3 346.8	102.7	−13.4	−6.500 08	1.214 22	−2.578 67	−2.009 37	51.5	425	−65	152
水	23.4	1.4	100.0	−7.764 51	1.458 38	−2.775 80	−1.233 03	221.2	647.3	2	374

附　录　B
（资料性附录）
不确定度评价实例

B.1　概述

本附录列举了几个评价制备校准混合气时混合气中组分体积分数的相对扩展不确定度的实例。

B.2　制备以水蒸气为组分的校准用混合气体

假定：

——温度 $T_2=20\ ℃$；

——压力=10 000 hPa(10 bar)(循环法)；

——$u(p_x)=0.02$ hPa(0.02 mbar)；

——$\dfrac{u(p)}{p}=\dfrac{10}{10\ 000}$；

且：

——$|u(T)|=0.05\ ℃$。

应用表 A.2 给出的水的蒸气压数据：

$p_x(20\ ℃)=23.4$ hPa(23.4 mbar)

$\left(\dfrac{\mathrm{d}p_x}{\mathrm{d}T}\right)_{20\ ℃}=1.4$ hPa/K(1.4 mbar/K)

根据式(1)计算水的体积分数为：

$$\varphi_x=\frac{p_x}{p}=\frac{23.4}{10\ 000}=2.34\times10^{-3}$$

根据式(2)计算得出混合气体的相对扩展不确定度为：

$$\frac{U(\varphi_x)}{\varphi_x}=2\sqrt{\left(\frac{0.02}{23.4}\right)^2+\left(\frac{10}{10\ 000}\right)^2+\left\{\left[\frac{(273.15+20)}{23.4}\times1.4-1\right]\times\frac{0.05}{(273.15+20)}\right\}^2}$$

水蒸气体积分数的相对扩展不确定度即为：

$$\frac{U(\varphi_x)}{\varphi_x}=2\sqrt{(0.9\times10^{-3})^2+(1\times10^{-3})^2+(2.8\times10^{-3})^2}=6.2\times10^{-3}$$

因此，扩展不确定度为：

$U(\varphi_x)=2.34\times10^{-3}\times6.2\times10^{-3}=1.5\times10^{-5}$

在本例中，水的体积分数为：

$\varphi_x=2.34\times10^{-3}\pm1.5\times10^{-5}$。

B.3　制备以正己烷蒸气为组分的校准用混合气体

假定：

——温度 $T_2=15.8\ ℃$；

——$u(p_x)=0.4$ hPa(0.4 mbar)；

——$\frac{u(p)}{p}=\frac{1}{1\,000}$；

且：

$|u(T)|=0.05$ ℃。

应用表 A.1 给出的正己烷的蒸气压数据：

$p_x(20\ ℃)=161.8$ hPa(161.8 mbar)

$\left(\frac{\mathrm{d}p_x}{\mathrm{d}T}\right)_{20\ ℃}=7.3$ hPa/K(7.3 mbar/℃)

15.8 ℃时蒸气压的近似值为：

$$p_x(15.8\ ℃)\approx p_x(20\ ℃)+(15.8-20)\left(\frac{\mathrm{d}p_x}{\mathrm{d}T}\right)_{20\ ℃}=161.8-4.2\times7.3=131.1\ \mathrm{hPa}(131.1\ \mathrm{mbar})$$

以 20 ℃时蒸气压曲线的斜率近似计算 15.8 ℃时的斜率：

$$\left(\frac{\mathrm{d}p_x}{\mathrm{d}T}\right)_{15.8\ ℃}\approx\left(\frac{\mathrm{d}p_x}{\mathrm{d}T}\right)_{20\ ℃}=7.3\ \mathrm{hPa/K}(7.3\ \mathrm{mbar/℃})$$

计算结果为：

$$\frac{U(\varphi_x)}{\varphi_x}=2\sqrt{\left(\frac{0.4}{131.1}\right)^2+\left(\frac{1}{1\,000}\right)^2+\left\{\left[\frac{(273.15+15.8)}{131.1}\times7.3-1\right]\times\frac{0.05}{(273.15+15.8)}\right\}^2}$$

正己烷蒸气体积分数的相对扩展不确定度即为：

$$\frac{U(\varphi_x)}{\varphi_x}=2\sqrt{(3.1\times10^{-3})^2+(1\times10^{-3})^2+(2.6\times10^{-3})^2}=8.4\times10^{-3}$$

如果根据正己烷的蒸气压公式中的更准确的数据进行计算(例如，根据表 A.1 中给出的正己烷蒸气压常数，利用安东尼公式计算)：

$p_x(15.8\ ℃)=133.4$ hPa(133.4 mbar)

$\left(\frac{\mathrm{d}p_x}{\mathrm{d}T}\right)_{15.8\ ℃}=6.2$ hPa/K(6.2 mbar/℃)

则得到的相对扩展不确定度为：

$$\frac{U(\varphi_x)}{\varphi_x}=2\sqrt{(3\times10^{-3})^2+(1\times10^{-3})^2+(2.2\times10^{-3})^2}=8.0\times10^{-3}$$

饱和法的最终评测应采用可溯源至国家标准或国际标准的标准气体，根据 ISO 6143 规定的比较法进行。

参 考 文 献

[1] LIDE,D.R.(ed.).CRC handbook of chemistry and physics,88th ed.CRC,Boca Raton,FL,2007-2008

[2] D'ANS,J.,LAX,E.Taschenbuch für Chemiker und Physiker [Pocket-book for chemists and physicists],3rd ed.Springer,Berlin,1967

[3] LANDOLT,H.,BÖRNSTEIN,R.Zahlenwerte und Funktionen aus.Physik,Chemie,Astronomie,Geophysik und Technik [Numerical values and functions from physics.chemistry,astronomy,geophysics,and engineering],6th ed.Springer,Berlin,1960

[4] LANGE,N.A.Handbook for chemistry,15th ed.McGraw-Hill,New York,NY,1999

[5] ISO 6144:2003 Gas analysis—Preparation of calibration gas mixtures—Static volumetric method

[6] ISO 6145-7:2009 Gas analysis—Preparation of calibration gas mixtures using dynamic volumetric methods—Part 7:Thermal mass-flow controllers

[7] TRC thermodynamic tables: Hydrocarbons; non-hydrocarbons. Thermodynamics Research Center,Texas A & M University System,College Station,TX,1986

[8] BOUBLIK,T.,FRIED,V.,HALA,E.The vapour pressures of pure substances,2nd ed.London,1984

[9] REID,R.C.,PRAUSNITZ,J.M.,POLING,B.E.The properties of gases and liquids,4th ed. Property Data Bank,New York,NY,1987

[10] LANDOLT,H.,BÖRNSTEIN, R. Zahlenwerte und Funktionen [Numerical values and functions],Vol.2,Part 2.Berlin,1960

[11] ISO 6145-1 Gas analysis—Preparation of calibration gas mixtures—Dynamic volumetric methods—Part 1:Methods of calibration

[12] VDI 3490-3:1980 Messen von Gasen—Prüfgase—Anforderungen und Maßnahmen für den Transfer [Measurement of gases—Calibration gas mixtures—Requirements and precautions for the transfer]

ICS 71.040.40
G 86

中华人民共和国国家标准

GB/T 5275.11—2014/ISO 6145-11:2005

气体分析　动态体积法制备校准用混合气体 第11部分：电化学发生法

Gas analysis—Preparation of calibration gas mixtures using dynamic volumetric methods—Part 11: Electrochemical generation

(ISO 6145-11:2005,IDT)

2014-07-08 发布　　2014-12-01 实施

中华人民共和国国家质量监督检验检疫总局
中国国家标准化管理委员会　发布

前　　言

GB/T 5275《气体分析　动态体积法制备校准用混合气体》分为以下几部分：

——第1部分:校准方法；

——第2部分:容积泵；

——第4部分:连续注射法；

——第5部分:毛细管校准器；

——第6部分:临界锐孔；

——第7部分:热式质量流量控制器；

——第8部分:扩散法；

——第9部分:饱和法；

——第10部分:渗透法；

——第11部分:电化学发生法。

本部分为GB/T 5275的第11部分。

本部分按照GB/T 1.1—2009给出的规则起草。

本部分使用翻译法等同采用ISO 6145-11:2005《气体分析　动态体积法制备校准用混合气体　第11部分:电化学发生法》。

与本部分中规范性引用的国际文件有一致性对应关系的我国文件如下：

——GB/T 5275.1—2014　气体分析　动态体积法制备校准用混合气体　第1部分:校准方法(ISO 6145-1:2003,IDT)；

——GB/T 10628—2008　气体分析　校准混合气体组成的测定和校验　比较法(ISO 6143:2001,IDT)。

本部分由中国石油和化学工业联合会提出。

本部分由全国气体标准化技术委员会(SAC/TC 206)归口。

本部分起草单位:中国计量科学研究院、西南化工研究设计院有限公司。

本部分主要起草人:张培壮、陈雅丽。

气体分析 动态体积法制备
校准用混合气体
第 11 部分:电化学发生法

1 范围

GB/T 5275 的本部分规定了通过用电化学法生成校准组分并将其引入载气流制备校准混合气体的方法。通过改变气体流量或改变通过电解池的电荷即可改变混合气体的组成。校准混合气体含量的相对扩展不确定度 U 由相对合成标准不确定度乘以包含因子 $k=2$ 得到,其值不大于 5%。

本部分规定的制备方法多用于制备体积分数范围在 $0.1\times10^{-6}\sim250\times10^{-6}$ 之间的校准用混合气体。

注 1:可用电化学法发生的气体包括氧气(O_2)、氢气(H_2)、氰化氢(HCN)、硫化氢(H_2S)、氯气(Cl_2)、溴(Br_2)、二氧化氯(ClO_2)、氨(NH_3)、一氧化氮(NO)、氮气(N_2)、二氧化碳(CO_2)、磷化氢(PH_3)、砷化氢(AsH_3)以及臭氧(O_3)。

注 2:电化学法的优点是能在几分钟内很快地制备稳定的校准混合气体。

注 3:气体混合系统以电化学气体发生装置以及热式质量流量控制器为基础,配有计算机和自动控制装置,可进行商业开发。实例参见附录 A。

2 规范性引用文件

下列文件对于本文件的应用是必不可少的。凡是注日期的引用文件,仅注日期的版本适用于本文件。凡是不注日期的引用文件,其最新版本(包括所有的修改单)适用于本文件。

ISO 6143 气体分析 校准混合气体组成的测定和校验 比较法(Gas analysis—Comparison methods for determining and checking the composition of calibration gas mixtures)

ISO 6145-1 气体分析 动态体积法制备校准用混合气体 第 1 部分:校准方法(Gas analysis—Preparation of calibration gas mixtures using dynamic volumetric methods—Part 1:Methods of calibration)

GB/T 5275.7—2014 气体分析 动态体积法制备校准用混合气体 第 7 部分:热式质量流量控制器(ISO 6145-7:2009,IDT)

3 步骤

3.1 原理

电化学发生法是气体制备的基本方法,电化学发生法中,生成校准组分的量与电荷通过量成正比,比例系数为法拉第常数[1 mol 电子(或单电荷离子)传送的电荷量]的倒数,等于阿伏伽德罗常数(N_A)与一个电子的电量($-e$)的乘积。

$$F = N_A \times e \qquad \cdots\cdots(1)$$

式中:

F——96485.3415 C/mol,相对不确定度为 4.0×10^{-8}(参见参考文献[1]、[2]和[3])。

只要满足第 5 章给定的条件,精确测定通过电解池的电流即可确定产生的气体量。

3.2 载气

载气的流量应根据 ISO 6145-1 规定的某一种方法测定。

3.3 生成气体的电解系统

表 1 列举了一些使用铂或其他电极可通过直接电解定量制备的气体，还包括通过在适当的电极周围用活性炭吸附来抑制不要的组分的实例。

表 1 生成气体的电解系统

要制备的气体	电解系统	另一电极释放的气体	产出每电荷制备所需气体的摩尔分数在数值上等于法拉第常数
O_2 或 H_2	Pt、H_2SO_4、Pt Pt、K_2SO_4、Pt Pt、KOH、Pt	H_2 或 O_2	1/4(O_2) 1/2(H_2)
O_2	Pt、H_2SO_4、Hg_2SO_4、+C、Hg Pt、中性溶液、活性炭 Pt、KOH、HgO、+C、Hg Pt、KOH、CdO、Cd	无	1/4
N_2	Pt、N_2H_4、H_2SO_4、Pt	H_2	1/4
Cl_2	Pt、NaCl、Pt	H_2	1/2
CO_2	Pt、$H_2C_2O_4$、Pt	H_2	1
NO	Pt、(NOH)SO_4、+ H_2SO_4、+C、Pt[a]	O_2	1

[a] 此系统也用于制备二氧化氮[4]。

3.4 装置

3.4.1 电解池构造

为了适应校准需要，电解池构造的设计应保证生成的校准组分以最大效率输送到载气流中。第 5 章给出了电解池操作运行应满足的一些条件。图 B.1 和图 B.2 给出了电解池的实例。

3.4.2 电流供应和气体流量控制

3.4.2.1 系统产生的校准组分气体的含量取决于 3 个因素：

a) 通过电解池的电流，此电解池以一定的体积流量产生校准组分；

b) 载气的(体积)流量；

c) 电解池的效率。

注：电解池的效率是指得到校准组分的实际量与根据电解池供电量计算出的理论量的比值(见 4.2.3)，这取决于电解池的设计。电解池设计的实用提示见第 5 章，实例参见附录 C。

3.4.2.2 供电电压在 0.5 V～1.0 V 间的电池以及测量范围为 0.5 mA～5.0 mA、不确定度 1%的毫安表是符合使用要求的。也可使用直流发电机，但可能会出现交流纹波，而交流纹波会影响电解过程。

3.4.2.3 可使用经载气校准、体积流量在 0.2 L/min～5.0 L/min 之间不确定度为 1%的流量测量装置(如热式质量控制器)。

注：ISO 6145-1 给出了测量载气流量的方法，并叙述了校准热式质量控制器的程序。

3.5 混合气体的制备

3.5.1 载气

将选定的载气通过电解池来制备校准混合气体，载气的流量应经校准过、设定为已知流量的热式质量流量控制器来控制。如载气为空气，可用小型空气泵供给。其他载气可通过调节高压钢瓶送至质量流量控制器。应先用载气将电解池吹扫 2 min 再施加电解所需的电压。

载气在使用前应测定纯度，特别要注意那些可能与电解生成气体发生交叉干扰或反应的杂质。选择泵送空气作为载气时则应使用适当的净化措施去除所有干扰物质。

3.5.2 电压供应

电池给电解池输送的电压应缓慢提高直至电极出现气泡。这一点的电压值被称为反应电压。电压达到这一值时电解发生，电极处生成校准组分。数值稳定后记下毫安表的读数。表 D.1 给出了不同电解液的反应电压。

通过改变载气流量或通过电解池的电流可得到不同浓度的校准混合气体。建议最好把参数值选在适用范围的中间值。

3.5.3 混合气体成分量的计算

校准组分在标准混合气体中的体积分数 φ_A 可由式(2)进行计算：

$$\varphi_A = \frac{q_A}{q_A + q_B} \qquad (2)$$

式中：

q_A——校准组分的体积流量；

q_B——载气的体积流量。

考虑到载气流量很大，校准组分的贡献量可忽略不计，这样式(2)即可变为式(3)：

$$\varphi_A = \frac{q_A}{q_B} \qquad (3)$$

q_A 可根据式(4)计算，而 q_B 为载气流量，单位为毫升每秒(mL/s)。

$$q_A = \left(\frac{I \times K \times V_m}{z \times F}\right) \times \left(\frac{T_1}{T_R}\right) \qquad (4)$$

式中：

q_A——校准组分体积流量，单位为毫升每秒(mL/s)；

I——电流，单位为安培(A)；

K——由电解池效率和电解反应(见表 1)确定的无量纲因子，通常由制造商提供或通过实验测定；

V_m——由数值等于法拉第常数的电荷生成气体的摩尔体积，单位为升每摩尔(L/mol)；

z——1 个离子带有的电荷数；

F——法拉第常数(见 3.1；96485.3415 C/mol)；

T_1——电解池温度，通常为环境温度，单位为开尔文(K)；

T_R——参比温度，通常为 273.15 K。

式(4)以式(4a)～式(4c)为基础：

$$n = \frac{Q}{z \times F} = \frac{I \times t}{z \times F} \qquad (4a)$$

式中：

n——物质的量，单位为摩尔(mol)；

Q——电荷量，单位为库仑(C)；

t——时间，单位为秒(s)。

$$I \times t = Q = n \times z \times F = \frac{V}{V_m} \times z \times F \quad \cdots\cdots\cdots\cdots (4b)$$

式中：

V——生成气体的体积，单位为升(L)；

V_m——由数值等于法拉第常数的电荷生成气体的摩尔体积，单位为升每摩尔(L/mol)。

$$q \approx \frac{V}{t} = I \times V_m \times \frac{1}{z \times F} \quad \cdots\cdots\cdots\cdots (4c)$$

加入无量纲因子 K[由电解池效率以及电解反应确定(见表 1，通常由制造商提供或实验测定)]以及温度校正因子即可得到式(4)。

示例：

生产氮中溴混合气体，获得了以下数据：

a) 电解液为 1 mol/L 溴化锌水溶液，电极为铂电极。

b) 分解压力 V_d 为 1.81V(见注 1)。

c) 通过电解池的电流 I 为 0.1 mA。

d) 周围环境温度/电解池温度为 20℃，参比温度 T_R 为 0 ℃。

校准组分体积分数 q_A 的计算(电解池电解)：溴为双原子分子，因此 $z=2$。电解池效率因子 K 为 0.998，根据式(4)，由下式得出 q_A：

$$q_A = \left(\frac{0.1\ \mathrm{mA} \times 22.4\ \mathrm{L/mol} \times 0.998}{2 \times 96485.34\ \mathrm{As/mol}}\right) \times \left(\frac{293.15\ \mathrm{K}}{273.15\ \mathrm{K}}\right)$$

$$= \left(\frac{0.1 \times 10^{-3} \times 22.4L \times 0.998}{2 \times 96\,485.34\ \mathrm{s}}\right) \times \left(\frac{293.15}{273.15}\right)$$

$$= 12.5 \times 10^{-9}\ \mathrm{L/s} = 12.5 \times 10^{-6}\ \mathrm{mL/s}$$

载气流量 q_B 由热式质量流量控制器测得，为 5 L/h=5 000 mL/3 600 s=1.39 mL/s

代入式(3)，校准组分在混合气体中的体积分数 φ_A 为：

$$\varphi_A = \frac{q_A}{q_B} = \frac{12.5 \times 10^{-6}\ \mathrm{mL/s}}{1.39\ \mathrm{mL/s}} = 8.99 \times 10^{-6}$$

注 1：严格地讲，由电压表 V_d 测得的电解池电压高于由 $I \times R$ 得到的分解电压，其中 I 是电流，单位为安培；R 为电阻，单位为欧姆。然而，由于 I 值很小，R 值也不大，$I \times R$ 的量可忽略不计，V_d 测得的电压尽管约大 0.1%，但也可直接当作分解电压。

注 2：可按照 ISO 6143 规定的比较法，以国家机构制备的标准混合气体为参照，对最终得到的校准混合气体进行检验。这一过程还将确定其他来源的偏差并建立与标准混合气体的溯源性。

注 3：可通过一些分析方法验证校准混合气体。例如，可用适当溶液吸收一定体积的混合气体，并用体积滴定确定溴的含量。如果用以上分析方法的结果确定校准混合气体的体积分数或质量浓度值，则在总体不确定度评价中应包括分析过程的不确定度。

4 不确定度评估

4.1 序言

式(2)给出了校准组分在校准混合气体中的体积分数 φ_A 由式(5)计算：

$$\varphi_A = q_A/(q_A + q_B) \quad \cdots\cdots\cdots\cdots (5)$$

式中：

q_A——校准组分的体积流量；

q_B——载气的体积流量。

4.2 不确定度来源

4.2.1 载气流量

用 ISO 6145-1 规定的方法测量载气流量时，应适当考虑与测量方法相关的不确定度。推荐采用热式质量流量控制器控制进入电解池的载气流量。ISO 6145-7 给出了使用热式质量流量控制器制备校准混合气体的具体方法，本部分介绍的方法只使用了一个控制器。一个适合的控制器应具有温度和压力补偿。此方法的相对扩展不确定度小于 1%。

4.2.2 气体生成

电化学发生法的气体生成由通过电解池的电流控制。可使用校准至读数的 1% 且有证书的毫安表。

4.2.3 生成的气体在电解液中的吸附

电解生成的气体应先与电解液分离再与载气混合。这是电解池效率最大的潜在误差来源。如果电解池设计不合理，那么目标气体组分可能没有进入混合室而是逸入大量存在的电解液中。为防止这一现象，通常用半渗透膜将电解液与混合室隔开。应对生成的混合气体进行分析检验以评估电解池的效率。电解池的效率，通过分析电解池实际气体产出量与根据电流计算得到的理论量之比得到，应高于 97%。

4.2.4 含水量的影响

大多数电解液是吸湿的，根据载气湿度的不同，电解液可能会损失或增加水分。对于非常干或非常潮湿的载气，可以测定其修正量，但通常认为它对不确定度的影响远小于±1%。

4.2.5 温度影响

载气和生成的校准组分应在相同温度下通过电解池。为了评估式(4)中生成气体的量，应对此温度进行测定。此测量将是不确定度的一个来源。

4.2.6 电解化学品的纯度

制造气体发生电解液所用的化学品中的杂质可能在电解过程中引入干扰物质。应使用高纯度的化学品制备电解液从而避免此类影响。如使用不纯的化学品将是不确定度的一个来源。

4.2.7 载气中的杂质

应当把载气中可能与生成的校准组分发生干扰或反应的杂质作为一种不确定度来源来考虑。

4.3 体积分数的不确定度

恒温恒压下气体组分在校准混合气体中体积分数的不确定度可通过载气流量和电解池生成气体流量(见 3.5.3 的注 3)各自的不确定度估得。

组分 A 的体积分数由式(1)给出。

φ_A 的相对扩展不确定度由式(6)给出：

$$\frac{U(\varphi_A)}{\varphi_A}=\left[\frac{2q_B}{q_A+q_B}\right]\left[\left(\frac{u(q_A)}{q_A}\right)^2+\left(\frac{u(q_B)}{q_B}\right)^2\right]^{\frac{1}{2}} \qquad \cdots\cdots(6)$$

$$\left[\frac{u(q_A)}{q_A}\right]^2=\left[\frac{1}{I\times K\times T_1}\right]^2\times[(K\times T_1)^2\times u^2(I)+(I\times T_1)^2\times u^2(K)+(K\times I)^2\times u^2(T_1)] \qquad \cdots\cdots(7)$$

式(7)的推导参见 GB/T 5275.7—2014 的附录 C。相对标准不确定度贡献量的均方根和乘以包含因子 $k=2$,给出以置信水平约为 95%为基础的相对扩展不确定度。

$u(q_A)$的标准不确定度由电解工艺的标准不确定度推导得出。

载气流量的标准不确定度 $u(q_B)$可根据 ISO 6145-1 规定的流量校准方法获得(见 3.5.3 的注 3)。

这样进行的气体组成相对不确定度的估算完全取决于流量测量的不确定度。其他应考虑的因素包括气体混合的效率。要验证混合系统生成均匀校准混合气体的效果,就要以此种方法制备混合气体,并根据 ISO 6143 规定的比较法验证气体组分。这一过程还会验证其他因素引起的偏差并建立与标准气体的溯源性。

5 电化学电解池的设计

5.1 应精心选择电解池的材料。电解池体的材料应能承受电解液和电解反应生成物,能经受工业使用的苛刻条件,且能容易地铸造或机械加工成最终形态。

5.2 电极的材料非常关键。电极应能够承受长期浸在选用的电解液中,能抵抗电极表面的氧化或还原,能加工成适合的形状以便在电解池内使用,并且能传导维持反应所需的电流。

5.3 应保证电极效率,并保证不发生次要反应。这是一项基本的质量控制措施。每一个不同特定条件下的反应都应该能够完成。

5.4 不得通过使用过量的电流或电压得到要求的校准组分含量。例如,电解草酸溶液生成二氧化碳时,一旦电流超过一个临界值,电解池阳极就会生成氧气。使用带有参比电极(参见参考文献[5])的三电极系统能在工作电极上实现更好的电压控制。

5.5 另一电极处释放的不需要的气体不应进入校准系统。这在气体产品进入测量系统前可能重新结合时特别重要。

5.6 校准组分的生成应迅速进行,产生的气体应快速完全地脱离;应采取预防措施保证气体温度始终为周围环境温度。

附　录　A
（资料性附录）
商业电化学电解池实例

A.1　电解液

现有的电化学装置是用于生成氯气再将其引入载气。电解液为酸化(盐酸)的氯化锂水溶液(约 5 mol/L)以及水中少量的氯化铜组分(约为 0.1 mol/L)。

注：铜可使电解液带有颜色。

A.2　电极及电解池材料

在此，有效电极是由带钛金属涂层的氧化钌制成的尺寸稳定的阳极(DSA)，阴极为细铂丝。池体材料为带有 PTFE(聚四氟乙烯)膜的聚碳酸酯，PTFE 膜被热封到聚碳酸酯上以排出阴极产生的全部氢气。另一 PTFE 膜将主体中的电解液与混合室隔开，在混合室中载气将生成的氯气带走。氯气的生成非常接近混合室隔膜，这样大部分的氯气都能与载气混合从而实现了较高的电解池效率。

A.3　电器设备/范围

装置的主要电路板为生成气体的电解池提供范围在 0.035 mA～3.59 mA(标准范围)或 0.003 5 mA～0.075 mA(微量范围)内的温度补偿电流，并且经过测量不确定度小于 1%的有证标准进行了校准。

A.4　流量控制/范围

载气流由一台微型泵(空气)提供，由嵌入仪器的质量流量传感器调节。质量流量传感器的工作范围为 0 L/min～6 L/min，并且经过测量不确定度小于 1%的有证标准进行了校准。通过数字显示的微处理器可控制电流和载气流量，从而以 0.5 L/min 的流量生成体积分数在 0.5×10^{-6}～50×10^{-6}范围内(标准范围)或体积分数在 0.05×10^{-6}～1×10^{-6}范围内(微量范围)的混合气体。

体积分数的范围与流量线性相关，而流量可通过内部泵在 0.2 L/min～1 L/min 范围内调节或通过外部泵在 0 L/min～3 L/min 范围内调节。这样，在整个流量范围 0.1 L/min～3 L/min 内，体积分数范围为 0.1×10^{-6}～250×10^{-6}(标准范围)和 0.01×10^{-6}～5×10^{-6}(微量范围)。

A.5　电解池参数

电化学电解池注入一次电解液在最大电流下可生成约 50 L 气体。整个装置由电解池、泵、质量流量传感器、电池、控制面板、微处理器等组成，其质量约为 1.5 kg。供电采用 4 个 C 型电池或一个 9 V 的连续运行的直流电源连接器。仪器一般在约 5 min 后平衡，其产出量能超过预期要求的 90%。

图 A.1 显示了电解池生成含有氯气校准组分的混合气体的性能。电解池在 2 min 内使组分含量超过了要求值的 90%并在 4 min 后使其保持在5×10^{-6}的稳定水平上。生成的氯气体积分数保持在5×10^{-6}的水平，总体测量不确定度小于 5%。

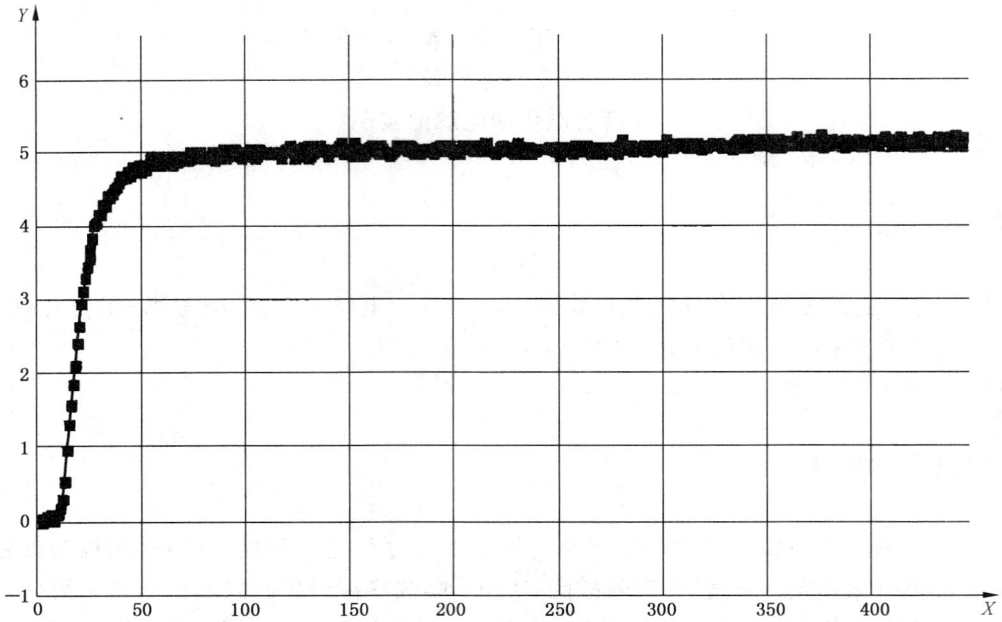

说明：

X ——时间，单位为秒(s)；

Y ——$f(Cl_2) \times 10^{-6}$。

图 A.1 电化学电解池生成氯气的实例

附 录 B
（资料性附录）
用于气体生成的电解池示意图

电解池示意图如图 B.1 和图 B.2 所示。

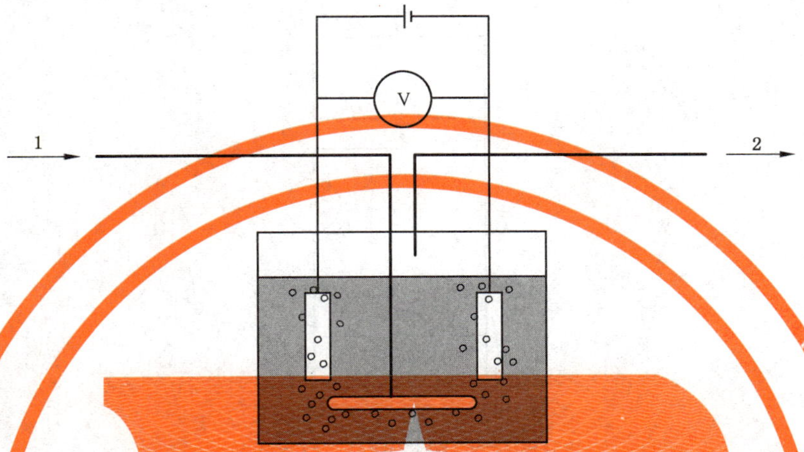

说明：

1——载气入口；

2——混合气体出口；

V——电压表。

图 B.1 产出复合气的电解池，如氧气校准装置

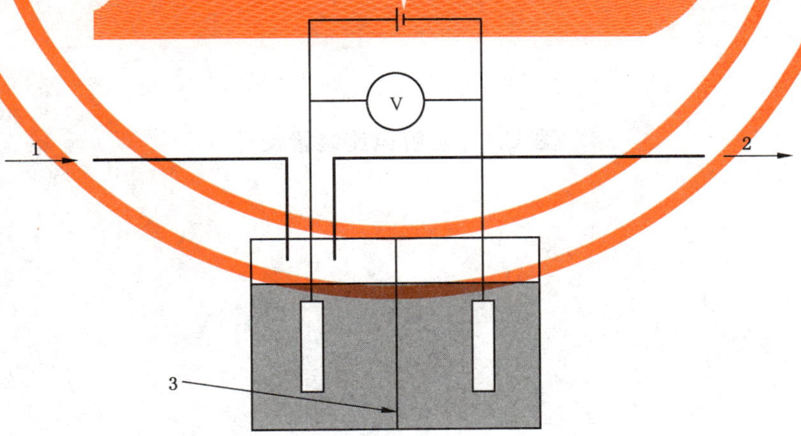

说明：

1——载气入口；

2——混合气体出口；

3——防止两种溶液混合的膜；

V——电压表。

图 B.2 产出单一气体的电解池，如溴校准装置

附　录　C
（资料性附录）
生成气体的电解池供电示意图

典型的电解电流装置设计示意图如图 C.1 所示。

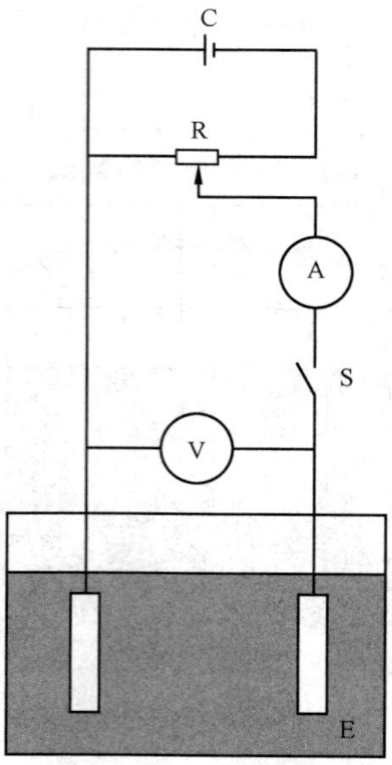

说明：
A——毫安表；
C——电池；
E——电解池；
R——变阻器；
S——开关；
V——电压表。

图 C.1　电解电流装置设计

附　录　D
（资料性附录）
光滑铂电极之间溶液的分解电压

表 D.1 给出了可用作电解液的各不同物质 1 N 溶液的分解电压。

表 D.1　分解电压

物质	分解电压 V
硫酸锌（$ZnSO_4$）	2.55
硫酸镍（$NiSO_4$）	2.09
硫酸镉（$CdSO_4$）	2.03
硝酸镉[$Cd(NO_3)_2$]	1.98
硫酸钴（$CoSO_4$）	1.92
氯化镉（$CdCl_2$）	1.88
硝酸（HNO_3）	1.69
硫酸（H_2SO_4）	1.67
磷酸（H_3PO_4）	1.70
高氯酸（$HClO_4$）	1.65
盐酸（HCl）	1.31
氯化镍（$NiCl_2$）	1.85
溴化锌（$ZnBr_2$）	1.80
氯化钴（$CoCl_2$）	1.78
硝酸铅[$Pb(NO_3)_2$]	1.52
硫酸铜（$CuSO_4$）	1.49
硝酸银（$AgNO_3$）	0.70
氢溴酸（HBr）	0.94
氢碘酸（HI）	0.52
氢氧化钠（NaOH）	1.69
氢氧化钾（KOH）	1.67
氨水（NH_4OH）	1.74

参考文献

[1] CODATA, 1998 CODATA recommended values, 1998, www. physics. nist. gov/cuu/Constants/index.html

[2] MOHR,P.J.TAYLOR,B.N.CODATA recommended values of the fundamental physical constants:1998.Joumal of Physical and Chemical Reference Data,28(6),1999,pp.1713-1852

[3] MOHR,P.J.and TAYLOR.B.N.CODATA recommended values of the fundamental physical constants:1998,Reviews of Mosern Physics,72(2).2000.pp.351-495

[5] HERSCH,P.,SAMBUCETTI,C.J.and DEURINGER,R.Chim.Anal.46,1964,P.31

[6] GUM, Guide to the expression of uncertainty in measurement. BIPM, IEC, IFCC, ISO, IUPAC,IUPAP,OIML,1993[1)]

[7] ISO 7504 Gas analysis—Vocabulary

[8] CRC,Handbook of Chemistry and Physics,84th ed.,2003-2004,www.hbcpnetbase.com

1) 1995 年修正并重新印刷。